STRUKTUR UND EIGENSCHAFTEN
DER MATERIE
EINE MONOGRAPHIENSAMMLUNG
BEGRÜNDET VON **M. BORN** UND **J. FRANCK**
HERAUSGEGEBEN VON **F. HUND**-LEIPZIG UND **H. MARK**-WIEN

XX

KONTINUIERLICHE SPEKTREN

VON

DR. WOLFGANG FINKELNBURG

DOZENT FÜR PHYSIK
AN DER TECHNISCHEN HOCHSCHULE DARMSTADT

MIT 103 ABBILDUNGEN

BERLIN
VERLAG VON JULIUS SPRINGER
1938

ISBN 978-3-642-49638-7   ISBN 978-3-642-49932-6 (eBook)
DOI 10.1007/978-3-642-49932-6

Vorwort.

Das vorliegende Buch will unsere gegenwärtige Kenntnis der gesamten kontinuierlichen Erscheinungen in den optischen wie den Röntgenspektren mit den ihnen zugrunde liegenden Vorgängen der Elektronen-, Atom- und Molekülphysik in geschlossener, systematischer Form behandeln. Als kontinuierlich wird dabei jedes Spektrum angesehen, das nicht aus scharfen Linien besteht. Dieser Versuch, neben die Linien- und Bandenspektroskopie gleichsam eine Spektroskopie der Kontinua zu stellen, entspringt einem praktischen Bedürfnis. In fast allen spektroskopischen Werken nämlich sind die nicht streng diskontinuierlichen Spektren weitgehend vernachlässigt worden, obwohl die kontinuierlichen Erscheinungen in den Spektren für die gesamte Atomphysik ebenso wie für die verschiedensten Einzelgebiete der Physik, Chemie und Astronomie von oft entscheidender Bedeutung sind.

Die Aufgabe des Buches ist also eine doppelte. Es will einmal als systematische Darstellung eine Einführung in das gesamte Gebiet der Kontinua-Spektroskopie geben. Zweitens aber soll es als möglichst vollständiger Bericht über den augenblicklichen Stand der sehr weit verzweigten Forschung eine Hilfe sein für alle auf den verschiedenen Gebieten der Kontinua-Spektroskopie Arbeitenden und die Verbindung herstellen zwischen den in den einzelnen Kapiteln behandelten speziellen Forschungsgebieten. Das scheint besonders dort notwendig und fruchtbar, wo nahe verwandte Gebiete von Forschern verschiedener Fachgruppen (Physikern, Chemikern, Ingenieuren und Astronomen) bearbeitet werden und die gegenseitige Kenntnis von Problemen wie Ergebnissen erfahrungsgemäß gering ist.

Das Buch wendet sich deshalb an Physiker, Chemiker und Astronomen, und zwar an die Vertreter des Experiments und der Technik ebenso wie an die der Theorie. Aus diesem Grunde wurden die einzelnen Gebiete jeweils in einem Einleitungsabschnitt oder -kapitel möglichst anschaulich ohne Heranziehung mathematischer Theorien behandelt, diese dagegen in einem jeweils folgenden Abschnitt dargestellt. Bei der Behandlung des Beobachtungsmaterials wurde Wert darauf gelegt, daß die Diskussion auch ohne Kenntnis der rein theoretischen Abschnitte verständlich blieb. Besonders für die Vertreter der experimentellen und technischen Wissenschaften sind die Übersichtskapitel XV und XVI bestimmt, deren Studium wiederum die Kenntnis der theoretischen Abschnitte nicht erfordert.

Gemäß dem Ziel des Buches, eine Hilfe zu sein bei der weiteren, allmählich immer mehr in Fluß geratenden Kontinua-Forschung, wurden diejenigen Gebiete, über die schon ausführliche Darstellungen vorliegen (z. B. das Röntgenbremskontinuum) relativ kurz behandelt gegenüber solchen Gebieten, die bisher zusammenfassend überhaupt noch nicht bearbeitet worden sind. Aus dem gleichen Grunde wurden allgemein die noch offenen Fragen bei der Behandlung stark in den Vordergrund gerückt.

Von besonderer Wichtigkeit erschien endlich ein Verzeichnis der gesamten Kontinua-Literatur, weil die Einzelarbeiten über fast alle Zeitschriften der Physik, Chemie und Astronomie verstreut sind und zudem vielfach im Titel keinerlei Hinweis auf ihre Zugehörigkeit zu dem hier behandelten Gebiet enthalten. Die Literatur findet sich deshalb am Schluß des Buches zusammengestellt, und zwar nach Kapiteln und gelegentlich auch Abschnitten unterteilt angeordnet. Auf möglichste Vollständigkeit bis zum 1. Januar 1938 wurde Wert gelegt.

Mein Dank gilt Herrn Prof. Dr. F. HUND für die Durchsicht des Manuskripts und für wertvolle Ratschläge, meiner Mutter für ihre Hilfe bei den Korrekturen, und dem Verlag für die schöne Ausstattung des Buches.

Darmstadt, im März 1938.

WOLFGANG FINKELNBURG.

Inhaltsverzeichnis.

Inhaltsverzeichnis.   IX

Seite

I. Einleitung.

1. Übersicht über die kontinuierlichen Spektren.

a) Die kontinuierlichen Spektren und ihr Zusammenhang mit den Vorgängen der Atom- und Molekülphysik.

Die aus Elementarteilchen zusammengesetzten Bausteine der Materie, in erster Linie also die Atomkerne, die Atome und die Moleküle, besitzen Energieniveaufolgen, die aus Bereichen diskreter und solchen kontinuierlicher Energiewerte sich zusammensetzen. Die diskreten Energiewerte entsprechen den einzelnen stationären Zuständen jener Systeme. Jeder kontinuierliche Energiebereich dagegen entspricht einer kontinuierlichen Mannigfaltigkeit nichtstationärer, freier Zustände. In einem solchen „*freien*" Zustand befindet ein atomares System sich dann, wenn nach einem Zerfallsvorgang seine Gesamtenergie sich aus der potentiellen Energie der Bruchstücke sowie einem kontinuierlich variablen Betrag kinetischer Energie zusammensetzt.

So gehört zu dem diskreten Energieniveauspektrum des stabilen Atoms mit seinen verschiedenen diskreten Anregungszustanden das kontinuierliche Termspektrum des Systems Ion + Elektron + kinetische Energie, zum diskreten Termspektrum eines stabilen Moleküls mit seinen gequantelten Schwingungszuständen das kontinuierliche Energieniveauspektrum des in seine Atome dissoziierten Moleküls, dessen Bruchstücke sich mit kontinuierlich variabler Energie relativ zueinander bewegen.

Ein Spektrum kommt nun beim Übergang eines Systems von einem Energiezustand in einen anderen dadurch zustande, daß die Differenz der Energien beider Zustände nach der grundlegenden Gleichung

$$(1,1) \qquad E_2 - E_1 = h\,c\,\nu = \frac{h\,c}{\lambda}$$

als Strahlung der Wellenzahl ν emittiert oder absorbiert wird*. Den Übergängen zwischen den diskreten Energiewerten verschiedener Anregungszustände von Atomen entsprechen so die diskreten Linien in den Atomspektren, den Übergängen zwischen den diskreten Energiewerten der Elektronen-, Schwingungs- und Rotationszustände der Moleküle die Bandensysteme, Banden und Bandenlinien der diskreten Molekülspektren (Bandenspektren).

Geht dagegen das betrachtete System bei dem Übergang aus einem stationären in einen freien Zustand über, kombinieren also ein diskreter

---

* Es wird in diesem Buch einheitlich mit Wellenzahlen gerechnet, weil diese den Vorzug der direkten Verbindung mit dem Experiment besitzen.

Energiezustand und ein kontinuierlicher Energiebereich miteinander, so erfolgt dieser Übergang unter Emission oder Absorption eines kontinuierlichen Spektrums. In allen den Fällen also, in denen einer der Zustände, zwischen denen der Übergang erfolgt, oder beide nicht stationär, sondern frei sind, besteht das bei dem Übergang entstehende Spektrum nicht aus diskreten Linien oder Banden, sondern ist ein kontinuierliches Spektrum. Dissoziation und Rekombination von Molekülen, ebenso wie Elektronenabtrennung von Atomen und Molekülen und ihre Wiedervereinigung ergeben beispielsweise, wenn sie unter Absorption oder Emission von Strahlung verlaufen, kontinuierliche Spektren.

Nicht nur durch solche Primärprozesse aber kommen kontinuierliche Spektren zustande, sondern auch infolge komplizierter Wirkungen zahlreicher Systeme aufeinander, die wir als Gruppenvorgänge bezeichnen wollen. Solche Gruppenvorgänge spielen namentlich bei sehr dichter Packung von Atomen und Molekülen eine entscheidende Rolle. Wie später im einzelnen gezeigt werden wird, entstehen unter solchen Umständen aus den scharfen, diskreten Energieniveaus der isolierten Atome breite Energiebänder, also kontinuierliche Energiebereiche, bei deren Kombination kontinuierliche Spektren emittiert und absorbiert werden. Haben wir es also bei den kontinuierlichen Gasspektren im wesentlichen mit dem Ergebnis von Primärprozessen zu tun, so sind für die kontinuierlichen Spektren von Materie im flüssigen und festen Zustand meist Gruppenvorgänge verantwortlich. Besonders gilt dies auch für die Temperaturstrahlung fester Körper, also für die kontinuierliche Strahlung, welche zum Glühen erhitzte Materie im festen und flüssigen Zustand emittiert.

Wir haben bisher stets von echten kontinuierlichen Spektren gesprochen, bei denen einer der beiden kombinierenden Zustände tatsächlich aus einer Folge unendlich wenig verschiedener Energiezustände besteht, also einen kontinuierlichen Energiebereich besitzt. Von diesem Fall streng zu unterscheiden ist der namentlich in den Spektren mehratomiger Moleküle nicht selten vorkommende Fall, daß ein Zustand mit einer Folge anderer, diskreter, aber sehr dicht liegender Zustände kombiniert. Hierbei entsteht ein Spektrum aus einzelnen Linien (Bandenlinien), die aber so dicht beieinander liegen können, daß namentlich bei Verwendung von Spektralapparaten mäßiger Dispersion der Eindruck eines kontinuierlichen Spektrums entsteht. Wir sprechen in diesem Fall von unechten kontinuierlichen Spektren. Im allgemeinen wird bei Verwendung genügend großer Dispersion (Gitter großer Brennweite) bei einem unechten kontinuierlichen Spektrum der Eindruck der Homogenität verschwinden und durch eine Andeutung von Linienstruktur der wahre Charakter des unechten Kontinuums als Bandensystem offenbar werden. Auf die Methoden, auf andere Weise zwischen echten und unechten Kontinua zu unterscheiden, wird in Kap. XI bei den mehratomigen Molekülen eingegangen werden. Unsere Ausführungen im folgenden betreffen, sofern es nicht ausdrücklich anders betont wird, stets echte Kontinua.

Da der Wellenlängenbereich, in dem ein kontinuierliches Spektrum zu suchen ist, nach Gl. (1,1) nur von der Differenz der Energien der beiden kombinierenden Zustände abhängt, treten kontinuierliche Spektren ebenso wie diskontinuierliche in allen Spektralgebieten auf, im sichtbaren, ultraroten und ultravioletten Gebiet ebenso wie im Röntgen- und γ-Strahlgebiet.

Während aber die Linien- und Bandenspektren ebenso wie die diskreten Röntgenspektren schon frühzeitig untersucht wurden und ihre theoretisch und experimentell gesicherte Deutung bereits in die Lehrbücher übergegangen ist, finden sich selbst in den meisten Darstellungen der Spektroskopie die kontinuierlichen Spektren nur mit ein paar Sätzen flüchtig berührt und werden dann als unbequem, meist ohne jeden Hinweis auf ein ihnen etwa zukommendes Interesse, wieder verlassen. Und das, obwohl kontinuierliche Strahlung fast mehr noch als diskrete dem Physiker auf Schritt und Tritt begegnet. So senden die Sonne und mit ihr alle Fixsterne uns kontinuierliche Strahlung zu, und das gleiche gilt für alle glühenden festen Körper und namentlich die als Wärmestrahler bezeichneten technischen Lichtquellen (S. 276f.). Darüber hinaus aber begegnen kontinuierliche Spektren dem Spektroskopiker bei allen seinen Untersuchungen, sei es als wohlausgebildete, über weite Spektralgebiete sich ausdehnende Spektren wie bei der Absorption so vieler mehratomiger Moleküle (S. 216f.), oder in Emission bei starken Entladungen unter hohem Druck, bei vielen Funkenentladungen und Flammen (S. 300f.), sei es als oftmals störender kontinuierlicher Untergrund bei den verschiedensten Entladungsarten, sei es als kontinuierliche Schwänze anschließend an die Konvergenzstellen von Linien- oder Bandenserien oder als verbreiterte Linien, Banden oder Bandengruppen.

Wenn trotz dieser weiten Verbreitung die kontinuierlichen Spektren das Stiefkind der Spektroskopie geblieben sind, so liegen die Gründe dafür in der Schwierigkeit ihrer Untersuchung und Deutung. Aus den diskreten Linienspektren läßt sich durch Wellenlängenmessungen leicht ein Zahlenmaterial gewinnen, das das Auffinden quantitativer Gesetzmäßigkeiten ermöglicht und damit eine Grundlage für die theoretische Bearbeitung und Deutung darstellt. Tatsächlich hat ja auch dieser Weg zu den gewaltigen Erfolgen der Atom- und Molekülphysik geführt.

Bei den Kontinua liegt der Fall ungleich ungünstiger. Einmal ist die Messung der Intensitätsverteilung eines kontinuierlichen Spektrums eine wesentlich schwierigere Aufgabe als Wellenlängenmessungen einer Anzahl diskreter Linien. Zweitens aber ist die Intensitätsverteilung eines Kontinuums gegenüber kleinen Änderungen der Versuchsbedingungen (der Temperatur und des Druckes bei Absorption; bei Emission

1*

außerdem der Anregungsbedingungen) viel empfindlicher als die Wellenlängen der Linien, weil ein freier Zustand eines Systems durch äußere Einwirkungen viel leichter zu beeinflussen ist als ein gebundener, stationärer Zustand. In der Kontinuaspektroskopie ist ein quantitativer Vergleich von Theorie und Beobachtung daher an die genaueste Kenntnis und Erfassung aller Versuchsbedingungen geknüpft; zur theoretischen Behandlung bedarf man folglich *speziellerer* und *komplizierterer* Modelle als zur Behandlung stationärer Atom- und Molekülzustände.

b) Die Rolle der kontinuierlichen Spektren in den verschiedenen Gebieten der Physik, Chemie und Astronomie.

Infolge dieser Schwierigkeiten ist bisher nur bei verhältnismäßig wenigen kontinuierlichen Spektren ein exakter quantitativer Vergleich von Theorie und Beobachtung möglich gewesen. Trotzdem hat aber die Bedeutung, die die kontinuierlichen Spektren als Anzeichen des Auftretens von Primärprozessen wie Photoionisation, Dissoziation, Rekombination ebenso wie für die Ermittlung interatomarer Wechselwirkungen besitzen, in den letzten Jahren zu einer steigenden Anteilnahme der Spektroskopiker, und damit zu einer rasch wachsenden, wenn auch bisher meist nur qualitativen Kenntnis der kontinuierlichen Spektren und ihrer Deutung geführt.

Beim Atom- und Molekülphysiker ist dieses Interesse ein selbstverständliches; denn das Verhalten des vom Atom losgelösten Elektrons vervollständigt erst das Verständnis des noch an den Kern gebundenen, in verschiedenen stationären Zuständen angeregten Elektrons, und das gleiche gilt für die Ionisations- und Dissoziationszustände von Molekülen. Die Übergänge von Elektronen wie von Atomen aus dem gebundenen in den freien Zustand und umgekehrt zeigen ja augenfällig die untrennbare Verbindung von diskreter und Kontinuaspektroskopie in der Atom- und Molekülphysik.

In ähnlicher Weise dokumentiert sich im Zusammenhang des kontinuierlichen Röntgen-Absorptionsspektrums mit den diskreten Röntgenemissionslinien der Zusammenhang zwischen freien und gebundenen Zuständen, während das Röntgenbremsspektrum als Beispiel für die Kombination zweier freier Zustände des Elektrons die ganze Fülle der durch die Atomphysik gegebenen Möglichkeiten der Wechselwirkung von Strahlung und Materie aufzeigt. Als Sondergebiet der Röntgenphysik muß endlich noch der Comptoneffekt erwähnt werden, dessen Bedeutung für die Atomphysik unseres Erachtens erst die Auffassung der gestreuten „Linie" als Comptonkontinuum mit charakteristischer Intensitätsverteilung offenbar gemacht hat.

Interesse bietet die Kontinuaforschung endlich für die Frage des Zusammenhangs der Aggregatzustände. Denn die Tatsache, daß Eisendampf angeregt ein charakteristisches Linienspektrum ausstrahlt, während ein erhitztes Stück Eisen ein kontinuierliches Spektrum besitzt, dessen Intensitätsverteilung in Beziehung zum PLANCKschen Gesetz steht, ist ebenso allgemein bekannt wie die auf dieser PLANCKschen Strahlung beruhende pyrometrische Temperaturbestimmung. Es ist klar, daß dieser augenfällige Unterschied von diskreter und kontinuierlicher Strahlung, der in fast sämtlichen Physiklehrbüchern ohne Bemerkung übergangen wird, auf einem Unterschied in der Packung, d. h. der Wechselwirkung der Fe-Atome beruhen muß, und so kommt den Übergängen zwischen beiden Extremzuständen, z. B. der kontinuierlichen Strahlung des hochkomprimierten Fe-Dampfes, besonderes Interesse zu.

Bei mehreren anderen Gebieten der Physik und Chemie liegt das Interesse an den Kontinua mehr in Richtung der Spektralanalyse, indem aus der Beobachtung bestimmter kontinuierlicher Spektren auf das Auftreten der entsprechenden Prozesse geschlossen wird, so in der Physik der Gasentladungen und besonders in der Photochemie, in der ja die durch Absorption eines kontinuierlichen Spektrums bewirkte und angezeigte Moleküldissoziation für die Einleitung chemischer Reaktionen von der größten Bedeutung ist. Eine quantitative Kenntnis des Absorptionskontinuums, also des Absorptionskoeffizienten in seiner Frequenzabhängigkeit, dürfte hier die Voraussetzung für die theoretische Erfassung des Reaktionsverlaufes sein.

Auf die Astrophysik haben wir durch Erwähnung des Sonnenkontinuums schon hingewiesen. Da jegliche Kunde, die von den Sternen zu uns kommt, abgesehen wohl nur von der Höhenstrahlung, in Lichtsignalen besteht, ist es klar, daß jede aus dem Spektrum zu erschließende Kenntnis für den Astrophysiker von Wert ist. Daß die Emissionsspektren der Sonne und der Fixsterne kontinuierlich sind, wurde bereits erwähnt; aber auch gewisse Gasnebel emittieren neben einem Linienspektrum ein Kontinuum. Gestatten erstere besonders Werte der effektiven Temperatur der Sternoberflächen zu ermitteln, so versprechen letztere interessante Aufschlüsse über den Zustand der Materie in den Gasnebeln. Auch ein Grenzgebiet der Kontinuaspektroskopie, das der Linienverbreiterungen, ist in der Astrophysik zu Ansehen gelangt, weil Breite und Struktur der Absorptionslinien direkte Folgerungen auf den physikalischen Zustand der absorbierenden Sternatmosphären erlauben. Von entscheidender Bedeutung endlich ist die Theorie der kontinuierlichen Absorption durch die hochionisierte Materie im Sterninnern für den Strahlungstransport aus dem Sterninnern nach außen und damit für die Frage des Strahlungsgleichgewichts und der Stabilität der Fixsterne überhaupt.

In den letzten Jahren hat endlich auch ein Gebiet der angewandten Physik steigendes Interesse an den kontinuierlichen Spektren genommen und durch zielbewußte Arbeit viel zur Erweiterung unserer Kenntnisse beigetragen, die Lichttechnik. Seit der Konstruktion leistungsfähiger Gasentladungslampen zu Beleuchtungszwecken geht die Entwicklung in Richtung einer Kontrolle und willkürlichen Beeinflussungsmöglichkeit der Farbe des ausgestrahlten Lichtes, d. h. der Intensitätsverteilung des emittierten Spektrums. Hierbei spielen die von vielen dieser Lampen emittierten Kontinua wegen ihrer erwähnten leichten Beeinflußbarkeit durch Änderung von Druck und Entladungsbedingungen eine wichtige Rolle.

c) Übersicht über die Behandlung des Stoffs.

Auf die Methoden der Untersuchung der kontinuierlichen Spektren gehen wir später von Fall zu Fall im einzelnen ein. Allgemein ist bei der Beobachtung eines Kontinuums die erste Aufgabe die Feststellung seines Trägers, namentlich die Entscheidung, ob es sich um ein Atom- oder Molekülkontinuum handelt. Die Untersuchung des Verhaltens bei Änderung der Versuchsbedingungen wird in den meisten Fällen nicht nur über den Träger Aufschluß geben, sondern auch Rückschlüsse auf den besonderen Vorgang erlauben, auf den das Kontinuum zurückzuführen ist. Bei Absorptionskontinua können Druck, Temperatur und Länge der absorbierenden Schicht variiert werden, während in Emission außerdem noch die Änderung der Anregungsart (Glimmentladung, Bogen, Funke, Flamme, Fluoreszenz) zur Verfügung steht. Ist man sich auf diese Weise über die Deutungsmöglichkeiten klar geworden, so wird man mit Hilfe der Theorie die nach den verschiedenen Deutungshypothesen zu erwartenden Eigenschaften des Kontinuums ermitteln und durch neue Beobachtungen zu einer klaren Entscheidung und schließlich zu einer quantitativen Erfassung zu kommen suchen.

Wir werden im folgenden nicht diesen Weg gehen, sondern der besseren Übersicht halber systematisch alle die Vorgänge behandeln, die zum Auftreten kontinuierlicher Spektren führen können. Dabei werden wir die Theorie durch Besprechung der wichtigsten Beispiele der entsprechenden Kontinua ergänzen und damit den notwendigen Zusammenhang mit der Beobachtung wahren. In zwei Schlußkapiteln sollen dann, um den Bedürfnissen des reinen Experimentators und Praktikers zu entsprechen, alle bekannten Kontinua noch einmal, nach ihrer Stellung im periodischen System der Elemente sowie nach experimentellen Gesichtspunkten geordnet, mit kurzen Hinweisen auf ihre Deutung zusammengestellt werden.

2. Theoretische Grundbegriffe.

a) Klassische und wellenmechanische Vorstellungen und Grundgleichungen.

Wir geben zunächst eine kurze Darstellung der für die Behandlung der Kontinua notwendigen theoretischen Grundbegriffe. Denn wenn wir

uns auch im folgenden noch vielfach, und besonders in den Einleitungs-
abschnitten der einzelnen Kapitel, der Vorstellungen der klassischen
Physik und der Bohrschen Theorie bedienen, um dem wellenmechanisch
nicht geschulten Leser das Verständnis zu erleichtern und die wesentlichen Züge in möglichst einfacher Weise darzulegen, so ist für die Erfassung aller feineren Züge und für jede quantitative Rechnung die
Wellenmechanik natürlich unentbehrlich und wird auch in unserer
Darstellung entsprechend viel verwandt. Für den weiteren Ausbau
der Kontinuaspektroskopie kann sie allein den Weg weisen. Im gegenwärtigen Stadium aber wird in der Originalliteratur vielfach noch mit
den verschiedenen Begriffen und Vorstellungen gleichzeitig und neben-
einander gearbeitet, und zur Erzielung größtmöglicher Klarheit werden
wir das im vollen Bewußtsein der darin liegenden Unsystematik auch
hier tun. Das bedingt aber die Voranstellung der wesentlichsten Begriffe der verschiedenen Vorstellungsgruppen und ihren Vergleich.

In der klassischen Vorstellung, die nach dem Korrespondenzprinzip
auch in der anschaulichen Bohrschen Theorie vollständig erhalten bleibt,
haben wir es mit den Bewegungen der meist punktförmig gedachten
Elektronen, Atome und Moleküle zu tun, deren Ort, Impuls und Energie
für jeden Zeitpunkt bei Kenntnis der Anfangsbedingungen und der
wirkenden Kräfte $\Re$ aus den Newtonschen Gleichungen

$$(2,1) \qquad \Re_r = m \cdot \frac{d^2 r}{d t^2}$$

berechenbar sind.

In der Wellenmechanik tritt an die Stelle des in berechenbarer Weise
auf einer Bahn sich bewegenden punktförmigen Teilchens eine sein Verhalten beschreibende Ψ-Funktion, deren Quadrat $\Psi\Psi^*$ bei geeigneter
Normierung z. B. für jeden Raumpunkt die Wahrscheinlichkeit dafür
angibt, das Teilchen dort anzutreffen. Nach der allgemein gültigen
Heisenbergschen Ungenauigkeitsbeziehung sind dabei Energie, Impuls und Koordinaten in Abhängigkeit von der Zeit nicht wie in der
klassischen Physik gleichzeitig exakt angebbar, sondern jeweils nur
ein Partner der Bestimmungsstückpaare Energie — Zeit und Impuls —
Koordinaten. Da der Impuls $\mathfrak{p}$ des Teilchens und die Wellenlänge λ
der entsprechenden Ψ-Welle nach der Beziehung von de Broglie $p = h/\lambda$
miteinander verknüpft sind, bleiben bei gegebener Energie E des Teilchens die Zeit und bei gegebener Wellenlänge λ seiner Ψ-Welle die
Ortskoordinaten völlig unbestimmt und umgekehrt. Der Bewegungszustand eines Teilchens wird also klassisch beschrieben durch seine
Bahn (Abhängigkeit des Ortes von der Zeit), wellenmechanisch dagegen
durch die Frequenz $\bar{\nu} = E/h$ und die Wellenlänge λ seiner Ψ-Welle.

Besitzt nun ein Teilchen, wie etwa ein Elektron in einem diskreten
Anregungszustand im Atom, eine bestimmte Energie E, so kann seine

Wellenfunktion Ψ als Produkt einer Ortsfunktion ψ und einer Zeitfunktion dargestellt werden:

$$(2,2) \qquad \Psi = \psi \cdot e^{2\pi i \frac{E}{h} t} = \psi \cdot e^{2\pi i c \nu t} .$$

Bei Bildung der physikalisch interessierenden Größe $\Psi\Psi^*$ fällt dann der Zeitfaktor heraus, und wir können statt mit der Wellenfunktion Ψ mit der zeitunabhängigen Eigenfunktion ψ rechnen. Ist aber die Teilchenenergie nicht exakt bestimmt, betrachten wir also etwa freie Elektronen mit kinetischen Energien zwischen E und $E + dE$, so sind damit auch die Wellenzahlen $\nu = E/h\,c$ der Ψ-Welle nicht konstant, und wir müssen mit der vollständigen zeitabhängigen Wellenfunktion Ψ rechnen.

An die Stelle der NEWTONschen Gleichungen (2,1) der Punktmechanik treten in der Wellenmechanik Differentialgleichungen, die die Abhängigkeit der Ψ-Funktionen vom Potential V angeben, und zwar gilt für die zeitabhängige Wellenfunktion Ψ eines einzigen Teilchens:

$$(2,3) \qquad \Delta \Psi - \frac{8\,\pi^2\,m}{h^2} V\,\Psi - \frac{4\,\pi\,i\,m}{h} \frac{\partial \Psi}{\partial t} = 0 .$$

Die Energie des Systems E kommt hierin nicht vor. Unter den Lösungen $\Psi_{(x,\ldots t)}$ von (2,3) befinden sich nun solche, die das Verhalten des Teilchens beschreiben für den Fall, daß dieses die nach (2,2) zu diesem Verhalten erforderliche Energie E besitzt. Für diese Funktionen gilt Gl. (2,2), und man erhält durch Differentiation von (2,2) nach der Zeit und Einsetzen in (2,3) die für die zeitunabhängigen Eigenfunktionen ψ gültige SCHRÖDINGER-Gleichung

$$(2,4) \qquad \Delta \psi + \frac{8\,\pi^2\,m}{h^2} (E - V)\,\psi = 0 .$$

Infolge der durch die physikalische Bedeutung von ψ gegebenen Randbedingungen der Eindeutigkeit und Stetigkeit von ψ im ganzen Raum und des Nicht-Unendlichwerdens im Unendlichen besitzt Gl. (2,4) Lösungen ψ nur für gewisse diskrete Werte und gewisse kontinuierliche Bereiche der Energie E; man spricht deshalb von den *Eigenwerten* der Energie und den zugehörigen *Eigenfunktionen* ψ.

Aus der Deutung von ψ folgt, da die Wahrscheinlichkeit, das Teilchen irgendwo im Raum anzutreffen, gleich eins sein muß, durch Integration von $\psi\psi^*$ über dem ganzen Raum die Normierungsbedingung für ψ:

$$(2,5) \qquad \int \psi\psi^*\,d\,v = 1 .$$

Je nach dem betrachteten Fall kann bzw. muß die Normierung aber auch anders vorgenommen werden, z. B. bei einem Elektronenstrom, der als Ganzes durch eine ψ-Funktion beschrieben wird, auf Dichte eins des Stromes im Unendlichen. Außer der Normierungsbedingung gilt für die zu zwei Eigenwerten E_1 und E_2 gehörenden Eigenfunktionen ψ_1 und ψ_2 weiter stets die Orthogonalitätsbedingung

$$(2,6) \qquad \int \psi_1 \psi_2^* \, dv = 0 \quad \text{für} \quad E_1 \neq E_2 .$$

Die das Verhalten eines Elektrons im Atomfeld beschreibende ψ-Funktion errechnet sich bei bekanntem Atompotential V durch Integration von (2,4). Im allgemeinen ist aber V zunächst nicht genau bekannt, sondern muß erst durch Näherungsrechnungen (S. 19) bestimmt werden, und das gleiche gilt für das die Bewegung der Atome im Molekül bestimmende Potential (S. 112f.). Auch die Eigenfunktionen selbst können nach verschiedenen Verfahren, auf die wir in Kap. II und VIII näher eingehen, näherungsweise berechnet werden, wenn die direkte Integration von (2,4) zu kompliziert wird.

b) Die spektrale Intensität und ihr Zusammenhang mit Übergangswahrscheinlichkeit, Lebensdauer und Oszillatorenstärke.

Die Emissions- und Absorptionsintensitäten von Spektren sind quantentheoretisch durch die Übergangswahrscheinlichkeiten zwischen den entsprechenden Energiezuständen bestimmt, d. h. durch die Zahl solcher Übergänge eines Systems pro Sekunde. Man unterscheidet die spontane Übergangswahrscheinlichkeit A und die durch Strahlung erzwungene Übergangswahrscheinlichkeit $B \cdot \varrho_\nu$, wo ϱ_ν die Strahlungsdichte der Wellenzahl $\nu = \dfrac{E_1 - E_0}{h\,c}$ ist. Bezeichnen wir nun mit N_0 die Zahl der normalen Atome oder Moleküle pro cm³, mit N_1 die der Teilchen im Zustand E_1, sowie mit g_0 und g_1 die statistischen Gewichte der beiden Zustände, so ist die pro Sekunde und cm³ absorbierte bzw. emittierte Energie der Wellenzahl ν

$$(2,7) \qquad E_{\nu\,\text{abs}} = N_0\,g_0\,h\,\nu\,c\,\varrho_\nu\,B_{01} ,$$

$$(2,8) \qquad E_{\nu\,\text{emitt}} = N_1\,g_1\,h\,\nu\,c\,(A_{10} + \varrho_\nu\,B_{10}) .$$

Dabei bestehen zwischen den Übergangswahrscheinlichkeiten A_{10}, B_{10} und B_{01} nach EINSTEIN[4]* die Beziehungen:

$$(2,9) \qquad A_{10} = 8\,\pi\,h\,\nu^3\,B_{10} ,$$

$$(2,10) \qquad g_0\,B_{01} = g_1\,B_{10} .$$

Drückt man mittels dieser Beziehungen (2,7) und (2,8) als Funktionen allein von A_{10} aus, so erhält man

$$(2,7\,\text{a}) \qquad E_{\nu\,\text{abs}} = N_0\,g_1\,\varrho_\nu \cdot \frac{c}{8\,\pi\,\nu^2}\,A_{10} ,$$

$$(2,8\,\text{a}) \qquad E_{\nu\,\text{emitt}} = N_1\,g_1\,h\,\nu\,c\,A_{10}\,(1 + \varrho_\nu/8\,\pi\,h^2\,\nu^4) .$$

Das zweite Glied von (2,8) bzw. (2,8a) stellt die durch Einstrahlung bewirkte Emission (sog. negative Einstrahlung) dar und spielt, wie sich

---

* Die hochgestellten Zahlen beziehen sich auf das Literaturverzeichnis S. 317 ff.

aus (2,8a) errechnet, erst bei Strahlungsdichten entsprechend Temperaturen über 10000° eine Rolle.

Die Übergangswahrscheinlichkeit A_{ik} ist nun wellenmechanisch gegeben durch

$$(2,11) \qquad \left\{ \begin{aligned} A_{ik} &= \frac{64\,\pi^4\,e^2}{3\,c^3\,h^4}\,(E_i - E_k)^3\,|\Re_{ik}|^2 \\ &= \frac{64\,\pi^4\,e^2\,v^3}{3\,h}\,|\Re_{ik}|^2\,, \end{aligned} \right.$$

worin e die Elementarladung und $\Re$ die „Übergangsmatrix" darstellt, die sich zur Berechnung der Polarisationsverhältnisse noch in ihre Komponenten nach den Koordinatenachsen aufspalten läßt:

$$(2,12) \qquad |\Re_{ik}|^2 = |X_{ik}|^2 + |Y_{ik}|^2 + |Z_{ik}|^2\,.$$

Der Zusammenhang der Matrixkomponenten mit den Eigenfunktionen der Zustände, zwischen denen der Übergang erfolgt, ist gegeben durch

$$(2,13) \qquad X_{ik} = \int \psi_i\,x\,\psi_k^*\,dv$$

und die entsprechenden Ausdrücke für Y und Z; die Übergangswahrscheinlichkeit hängt also symmetrisch vom Anfangs- und Endzustand ab.

Die von einem System pro Sekunde ausgestrahlte Intensität der Wellenzahl v ergibt sich aus (2,8a) und (2,11) bei Vernachlässigung der erzwungenen Emission zu

$$(2,14) \qquad J_v = \frac{64\,\pi^4\,e^2\,c\,v^4}{3}\,|\Re_{ik}|^2\,.$$

Da A_{ik} die sekundliche Zahl der Übergänge des Systems vom Zustand E_i zum Zustand E_k angibt, können wir $1/A_{ik}$ als die mittlere Lebensdauer des Systems im Zustand E_i bezeichnen, falls von E_i aus nur ein Übergang zu einem Zustand E_k möglich ist. Für den allgemeinen Fall, in dem Übergänge zu einer Anzahl von Zuständen E_k möglich sind, gilt dann folgerichtig

$$(2,15) \qquad \tau_i = \frac{1}{\sum\limits_{k} A_{ik}}\,.$$

In der BOHRschen Theorie besitzt diese Lebensdauer eine besonders anschauliche Bedeutung: im Mittel erfolgt nach Ablauf dieser Zeit spontan ein Übergang des Systems in einen Zustand geringerer Energie. Dabei ist τ (vgl. STERN und VOLMER[26]) gleich der aus der MAXWELL-HERTZschen Theorie folgenden Abklingdauer eines Resonators der Ladung und Masse des Elektrons und der Wellenzahl v:

$$(2,16) \qquad \tau = \frac{3\,m\,c}{8\,\pi^2\,e^2\,v^2}\,.$$

Das Rechnen mit Lebensdauern statt mit Übergangswahrscheinlichkeiten ist, wie wir z. B. in den Abschn. 10 und 40 sowie im ganzen Kap. XII sehen werden, in vielen Fällen besonders bequem und anschaulich.

Noch eine weitere Beziehung zwischen klassischer und Quantenphysik ist für das folgende wichtig. Die Intensität eines Überganges und des dabei entstehenden Spektrums ist quantentheoretisch bestimmt durch die Wahrscheinlichkeit des Übergangs (2,11), klassisch durch die Zahl N der schwingenden Resonatoren (Ersatzoszillatoren) in der Volumeneinheit bzw. durch die Anzahl f dieser Oszillatoren pro System (Atom oder Molekül). Der Zusammenhang zwischen der klassischen Oszillatorenstärke f_{ik} und der quantentheoretischen Übergangswahrscheinlichkeit A_{ik} ist (für den ersten Teil der Formel vgl. LADENBURG[22]) gegeben durch

$$(2,17) \qquad f_{ik} = \frac{m\,c}{8\,\pi^2\,e^2\,\nu^2}\,A_{ik} = \frac{8\,\pi^2\,m\,c\,\nu}{3\,h}\,|\Re_{ik}|^2\,.$$

Die Bedeutung von f_{ik} wird aber erst anschaulich klar durch den von KUHN, THOMAS und REICHE[21, 24] geführten Nachweis, daß die Summe der f-Werte aller von einem Zustand aus möglichen Übergänge gleich ist der Zahl n der für den Übergang in Betracht kommenden Elektronen (also $n = 1$ bei den Alkalien, $n = 2$ bei Helium usw.):

$$(2,18) \qquad \sum_k f_{ik} = n\,.$$

Dabei ist über die diskreten Übergänge zu summieren, über die zu kontinuierlichen Energiebereichen zu integrieren. Die Angabe gebrochener f-Werte (z. B. $f = 1/57$ für die Hg-Linie 2537 Å oder $f = 0,8$ für eine Alkali-Resonanzlinie) zeigt deutlich die übertragene Bedeutung der klassisch naturgemäß ganzzahligen f-Werte, zeigt aber gleichzeitig in viel direkterer Weise als die Angabe einer Übergangswahrscheinlichkeit, welcher Bruchteil der gesamten Absorptionsintensität in einer Linie oder einem bestimmten Teil eines Spektrums konzentriert ist. Wir werden in Kap. III, Kap. VIII, Abschn. 34d und in Kap. XII von diesen f-Werten vielfach Gebrauch machen.

c) Absorptionskoeffizienten.

Ein paar Worte müssen noch über die Absorptionskoeffizienten gesagt werden. Das Arbeiten mit den im Schrifttum vorkommenden Absorptionskoeffizienten erscheint nämlich darum oft nicht ganz einfach, weil diese auf verschiedene Einheiten bezogen werden und daher mit ihren verschiedenen Dimensionen oft nicht vergleichbar sind.

Nach der Strahlungstheorie ist der atomare bzw. molekulare Absorptionskoeffizient definiert als die Wahrscheinlichkeit der Strahlungsabsorption durch ein Atom bzw. Molekül, bezogen auf einen einfallenden Strahlungsstrom von 1 Lichtquant pro Sekunde, cm² und Wellenzahleinheit. Er besitzt die Dimension cm², gibt also den Absorptionsquerschnitt des Atoms an und hängt mit den Übergangsgrößen von Abschn. 26 zusammen durch die Beziehung

$$(2,19) \qquad \varepsilon_a(\nu) = h\,c\,\nu\,B,$$

woraus nach Gl. (2,9) und (2,11) folgt

$$(2,20) \qquad \varepsilon_a(\nu) = \frac{8\,\pi^3\,e^2\,\nu}{3\,h}\,|\Re|^2.$$

Bezeichnet man nun mit J_0 die Intensität des einfallenden, mit J die des vom absorbierenden Medium durchgelassenen Lichtes und mit l die Länge der absorbierenden Schicht, so ist der natürliche Absorptionskoeffizient ε **experimentell** definiert durch

$$(2,21) \qquad J = J_0\,e^{-\varepsilon x l} \qquad\qquad \varepsilon = \ln(J_0/J)\cdot 1/xl.$$

Außer diesem natürlichen Absorptionskoeffizienten ε findet man in experimentellen Arbeiten noch vielfach den dekadischen Absorptionskoeffizienten, den wir im folgenden stets mit α bezeichnen werden, und der definiert ist durch

$$(2,22) \qquad J = J_0\,10^{-\alpha x l} \qquad\qquad \alpha = \log(J_0/J)\cdot 1/xl.$$

Der Zusammenhang zwischen natürlichen und dekadischen Absorptionskoeffizienten ist damit

$$(2,23) \qquad \begin{cases} \varepsilon = \alpha\cdot\ln 10 = 2{,}3026\,\alpha \\ \alpha = \varepsilon\cdot\log e = 0{,}4343\,\varepsilon \end{cases}$$

Die Größe x in Gl. (2,21) und (2,22) gibt an, auf welche Einheiten der Absorptionskoeffizient bezogen ist. Tabelle 1 gibt eine Übersicht über die verschiedenen im Schrifttum viel benutzten Absorptionskoeffizienten

Tabelle 1. **Vergleich der Absorptionskoeffizienten ε_x, α_x.**

Bezeichnung des Absorptionskoeffizienten	$\varepsilon_a,\,\alpha_a$	$\varepsilon_c,\,\alpha_c$	$\varepsilon_p,\,\alpha_p$	$\varepsilon_l,\,\alpha_l$
$x =$	N	c	p	l
Dimension von ε bzw. α	cm^2	cm^2	$cm\ Dyn^{-1}$	cm^{-1}

mit den von uns im folgenden verwendeten Bezeichnungen. Darin bedeuten N die Zahl der Atome bzw. Moleküle pro cm^3, c die Konzentration in Mol pro Liter und p den Gasdruck in mm Hg = Torr. ε_a ist der durch Gl. (2,20) theoretisch definierte atomare bzw. molekulare Absorptionskoeffizient. ε_c und α_c werden besonders in chemischen Arbeiten viel benutzt und hängen mit ε_a bzw. α_a durch die LOSCHMIDTsche Zahl L zusammen:

$$(2,24) \qquad \varepsilon_a = \frac{1000\,\varepsilon_c}{L} = \frac{\varepsilon_c}{6{,}06\cdot 10^{20}}\,; \qquad \alpha_a = \frac{\alpha_c}{6{,}06\cdot 10^{20}}.$$

Die Umrechnung von ε_p und ε_l auf ε_a erfordert die Kenntnis der Temperatur bzw. der Dichte der absorbierenden Substanz.

II. Allgemeine Theorie der kontinuierlichen Zustände von Elektronen und ihrer Spektren.

3. Anschauliche Bedeutung der Zustände gebundener und freier Elektronen und der den Übergängen entsprechenden Prozesse.
Das vollständige Energieniveauschema eines Atoms.

In den folgenden Kapiteln werden die kontinuierlichen Spektren behandelt, die durch Energiezustandsänderungen von Elektronen zustande kommen. Da den stationären „Bahnen" der im Atom oder Molekül gebundenen Elektronen einzelne diskrete Energiezustände entsprechen, eine kontinuierliche Mannigfaltigkeit von Energiewerten aber nur freien, vom Atom oder Molekül losgelösten Elektronen zur Verfügung steht, zeigt das Auftreten eines kontinuierlichen Spektrums bei einer Änderung des Energiezustands an, daß die Elektronen im Anfangs- oder Endzustand des Übergangs oder in beiden frei waren. Kontinuierliche Elektronenspektren treten infolgedessen bei drei verschiedenen Vorgängen auf:

1. bei der Absorption gebundener Atom- oder Molekülelektronen, wenn durch die Absorption die Elektronen aus ihren Atomen bzw. Molekülen befreit werden und im Endzustand freie Elektronen mit kinetischer Energie darstellen (Photoionisation),

2. bei der Umkehrung dieses Vorganges, nämlich dem Übergang freier Elektronen in diskrete Atom- oder Molekülzustände unter Ausstrahlung der Bindungsenergie plus ihrer kinetischen Energie (Strahlungsrekombination), und

3. bei der Absorption und Emission von Strahlung durch freie Elektronen, wenn diese auch im Endzustand freie Elektronen bleiben.

In den Kap. III, IV und V werden die zu diesen drei Prozessen gehörenden Kontinua im einzelnen behandelt; wir besprechen hier nur die ihnen gemeinsame allgemeine Theorie der Elektronenkontinua.

Regen wir ein normales Atom durch Energiezufuhr an, so bringen wir das Leuchtelektron dadurch in seine verschiedenen angeregten Zustände. Diesen entsprechen diskrete Energiewerte, und bei Übergängen zwischen ihnen werden die Spektrallinien des Atoms emittiert oder absorbiert. Führen wir dem Atom aber einen Energiebetrag zu, der die Bindungsenergie des Leuchtelektrons übersteigt, so kann das Atom ionisiert werden. Das Elektron gelangt dadurch in einen freien Zustand, und der kontinuierlichen Mannigfaltigkeit von Beträgen kinetischer Energie, die das freie Elektron besitzen kann, entspricht sein kontinuierlicher Energiebereich im Termschema. Erfolgt die Anregung und Ionisierung des Atoms speziell durch Lichtabsorption, so werden beim Übergang in die angeregten Zustände die einzelnen Spektrallinien absorbiert, an deren Seriengrenze sich nach kurzen Wellen zu ein kontinuierliches

Absorptionsspektrum anschließt, das anzeigt, daß das Elektron bei der durch Lichtabsorption bewirkten Abtrennung (Photoionisation) kontinuierlich variable Beträge kinetischer Energie mitnehmen kann.

Die Umkehrung der Photoionisation stellt die Strahlungsrekombination eines freien Elektrons mit einem positiven Atomion zum neutralen Atom dar. Bei Übergängen aus angeregten Atomzuständen in tiefere Zustände werden die diskreten Spektrallinien emittiert. Geht dagegen ein freies Elektron in einen diskreten, gebundenen Zustand über, so wird außer der Bindungsenergie des Elektrons in dem betreffenden (u. U. angeregten) Zustand noch seine kinetische Energie ausgestrahlt. Beobachtet wird also ein kontinuierliches Emissionsspektrum, das sich genau wie das Absorptionsgrenzkontinuum nach kurzen Wellen an eine Atomseriengrenze anschließt. Abb. 1 zeigt diese Vorgänge im Termschema. Den Übergängen A_L entsprechen die Absorptionslinien, den Übergängen A_k das an ihre kurzwellige Grenze sich anschließende Absorptionskontinuum. In Emission zeigt Abb. 1 die Verhältnisse an zwei Serien mit verschiedenem Endterm: E_L sind die den Linien entsprechenden Übergänge, während die Übergänge E_k der Einfangung freier Elektronen mit kinetischer Energie in zwei verschiedene stationäre Zustände entsprechen und den Anlaß zur Emission von Seriengrenzkontinua darstellen.

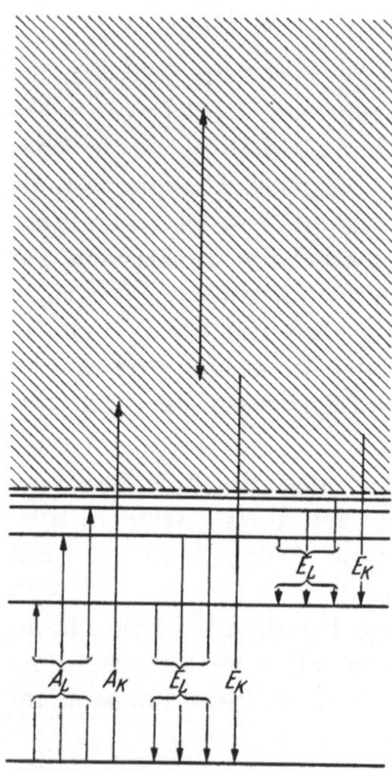

Abb. 1. Schematische Darstellung der den Atomspektren entsprechenden Übergänge.
A_L und A_K: Absorptionslinien und Grenzkontinuum in Absorption.
E_L und E_K: Emissionslinien und Grenzkontinuum in Emission. Oberster Doppelpfeil: frei-frei-Übergang.

Außer diesen Atomgrenzkontinua in Absorption und Emission haben wir als dritten Fall die Elektronenkontinua als Folge der Kombination zweier freier Zustände im kontinuierlichen Energiebereich, angedeutet durch den obersten Doppelpfeil in Abb. 1. Ein solcher frei-frei-Übergang, bei dem Anfangs- und Endzustand im Kontinuum liegen, bedeutet, daß freie Elektronen im Feld positiver Ionen einen Teil ihrer kinetischen Energie ausstrahlen oder umgekehrt durch Absorption kinetische Energie gewinnen. Klassisch entspricht der frei-frei-Strahlung die Ausstrahlung eines in einem elektrischen Feld ungleichförmig sich bewegenden Ladungsträgers. Nach der BOHRschen Theorie handelt es sich um Übergänge zwischen Hyperbelbahnen verschiedener Energie, da ja den stationären Zuständen

Kreis- und Ellipsenbahnen, den freien Zuständen dagegen Parabel- und Hyperbelbahnen entsprechen.

Der Spektralbereich, in dem diese Kontinua auftreten, hängt nach Gl. (1,1) von der Größe der Energieänderung ab. Handelt es sich bei den Übergängen in Abb. 1 um solche des Leuchtelektrons eines Atoms, so liegen die Spektren im Sichtbaren und Ultraviolett, bei Übergängen E_k in angeregte Zustände auch im Ultrarot. Haben wir es dagegen bei einem Übergang A_k mit der Photoionisation eines der inneren Elektronen eines Vielelektronenatoms (Fe oder Cu) zu tun, dessen Ionisierungsenergie einige TausendVolt beträgt, so liegt das entsprechende Absorptionskontinuum im Röntgengebiet (Einzelheiten s. S. 32 f.). Entsprechend ist es bei der frei-frei-Strahlung. Haben wir als Anfangszustand Elektronen mit vielen Tausend Volt Geschwindigkeit (Kathodenstrahlen), die im Feld der Antikathodenatome etwa einer Röntgenröhre abgebremst werden und dabei ihre Energie ausstrahlen, so liegt diese frei-frei-Strahlung, das kontinuierliche Röntgenbremsspektrum, im Röntgengebiet (s. S. 71 f.), und der obere Endpunkt unseres Pfeils in Abb. 1 wäre im gleichen Maßstab etwa 10 m höher im Kontinuum zu zeichnen. Werden umgekehrt Elektronen von einigen Volt Geschwindigkeit in einer Gasentladung abgebremst, so erhalten wir ein Bremskontinuum im sichtbaren Spektralgebiet (s. Abschn. 21, S. 78 f.).

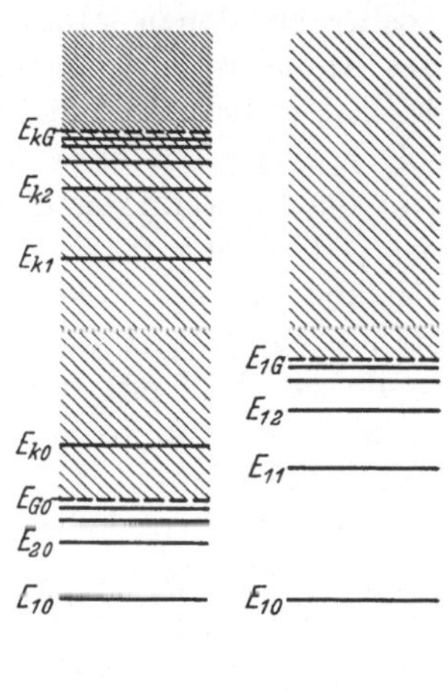

Abb. 2. Termschema eines Mehrelektronenatoms, zur Veranschaulichung von Doppelanregung und strahlungslosen Übergängen.

Wir haben bei dieser anschaulichen Darstellung der Verhältnisse einen schrittweisen Übergang von der Elektronenanregung zur Ionisation gemacht und werden in diesem Sinne auch weiterhin ein Atom und das aus ihm durch Ionisation entstehende System Ion + Elektron als das gleiche physikalische System betrachten (vgl. die entsprechende Definition des Moleküls auf S. 101). Das ist auch die in der Wellenmechanik übliche Auffassung, in der die SCHRÖDINGER-Gleichung (2,4) das gesamte Verhalten des Atoms beschreibt, wobei als Nullpunkt der Energiezählung die des Systems Ion + Elektron bei kinetischer Energie Null gewählt wird. Den diskreten Energiezuständen des gebundenen Atomelektrons entsprechen dann die negativen diskreten Eigenwerte der Energie, den kinetische Energie besitzenden freien Elektronen der positive Eigenwertbereich der Gl. (2,4). In diesem Sinne gehören also auch die kontinuierlichen Eigenwertbereiche zum Atomtermschema. Abb. 2 zeigt ein solches für ein Mehrelektronenatom. E_{00} bezeichnet den Grundzustand des Atoms, E_{10}, E_{20} usw. die Anregungszustände des „äußersten“, am leichtesten abtrennbaren Atomelektrons, an die sich von der Ionisierungsgrenze dieses Elektrons E_{G0} an die kontinuierlichen Zustände E_{k0} dieses Elektrons anschließen. Irgendein Zustand E_{k0} kann nun gleichzeitig wieder als Grundzustand des einfach geladenen positiven Ions aufgefaßt werden, das bei Anregung eines zweiten Elektrons die diskreten Energiezustände E_{k1}, E_{k2} usw. annehmen kann. An die Ionisierungsgrenze dieses zweiten Elektrons E_{kG} schließt sich dessen kontinuierliches Energiegebiet E_{kk} an, in dem nun wieder die Energiezustände des doppelt positiv geladenen Atomions liegen u.s.f. Das vollständige Termschema des Atoms ist aber noch viel komplizierter. Die Anregung des zweiten Elektrons braucht nämlich nicht, wie bisher angenommen, erst zu erfolgen, wenn das erste bereits abgetrennt ist; sie kann vielmehr bereits stattfinden, wenn das erste nur angeregt ist. So ist z. B. im Zustand E_{10} das erste Elektron im ersten angeregten Zustand, das zweite im tiefsten Zustand. In der Folge möge nun das Elektron 2 angeregt werden (Zustände E_{11}, E_{12}, E_{13} ...), bis es bei E_{1G} ionisiert werden möge, wobei in diesem Fall ein freies Elektron und ein angeregtes Ion entstehen. Lassen wir nun auch das erste Elektron alle möglichen Anregungsstufen durchlaufen, so ergibt sich schon bei nur zwei Leuchtelektronen ein äußerst verwickeltes Termschema, in dem diskrete Energiezustände und kontinuierliche Energiebereiche sich vielfach überlagern. Das bedeutet aber, daß bei einer bestimmten Energie zwei oder mehr verschiedene Elektronenanordnungen des Systems möglich sind, z. B. eine, in der Elektron 1 im ersten und Elektron 2 im zweiten angeregten Zustand sich befindet (E_{12}), und eine andere, in der Elektron 1 frei ist und Elektron 2 sich im Grundzustand befindet (E_{k0}). Wir werden in Abschn. 10 auf die aus der Überlagerung diskreter und kontinuierlicher Elektronenzustände folgenden Effekte näher eingehen. Wir sehen aber schon hier grundsätzlich ein, daß nach dem Energieprinzip ein Übergang des Atoms aus dem Zustand E_{12} in den Zustand E_{k0} möglich ist, daß ein doppelt angeregtes Atom (E_{12}) also von sich aus spontan ein Elektron abgeben, in den Zustand E_{k0} übergehen kann. Auf alle Einzelheiten gehen wir später ein, wollten hier nur zeigen, daß das vollständige Termschema eines Atoms in sich bereits alle Möglichkeiten von Übergängen, mit denen wir uns in Kap. III—V zu befassen haben, enthält.

4. Die klassisch-korrespondenzmäßige Theorie der Elektronenkontinua.

Die Behandlung der Elektronenkontinua nach der alten Quantentheorie ist von BOHR[1, 2], EPSTEIN[5, 6, 7], KRAMERS[19] und WENTZEL[28] durchgeführt worden. Nach dieser Vorstellung entsprechen den stationären Zuständen der Elektronen im Atom Kreis- und Ellipsenbahnen, den Zuständen der freien Elektronen Parabel- und Hyperbelbahnen mit dem Atomkern als Brennpunkt. Während dem gebundenen Elektron nur bestimmte, durch die Quantenbedingungen ausgezeichnete Bahnen zur Verfügung stehen, sollen für das freie Elektron alle möglichen Hyperbelbahnen erlaubt sein (vgl. allerdings EPSTEIN[6]). BOHRs mathematische Behandlung der Linienserie und des anschließenden Kontinuums ergab, daß das Korrespondenzprinzip einen kontinuierlichen Übergang der Intensität der letzten Serienlinien in die des Grenzkontinuums erwarten läßt, entsprechend der Tatsache, daß zwischen hoher Anregung des Elektrons bis nahe der Ionisierungsgrenze und der tatsächlichen Ionisation physikalisch kein wesentlicher Unterschied mehr besteht. BOHR weist endlich bereits darauf hin, daß auch ein Kontinuum existieren muß, das durch Änderung des Energiezustandes freier Elektronen zustande kommt. KRAMERS und WENTZEL erkannten in dieser letzten Vorstellung die Grundlage der Theorie des kontinuierlichen Röntgenbremsspektrums und führten diese quantitativ durch (vgl. S. 65).

Zur Berechnung der Spektren nach der BOHRschen Theorie wird klassisch-elektrodynamisch die Strahlung des im Feld des Atomrumpfes sich bewegenden Elektrons berechnet und dann eine Fourieranalyse dieser Strahlung durchgeführt. Für die Linienspektren fordert dann das Korrespondenzprinzip, daß im Zeitmittel die klassisch berechnete Energie ausgestrahlt wird, daß die Wellenzahlen der Strahlung aber durch die Gl. (1,1)

$$\nu = (E_a - E_e)/hc$$

mit der Änderung des Energiezustandes $(E_a - E_e)$ des Systems verknüpft sind. Die Übertragung dieser Bedingung auf Übergänge, an denen Hyperbelbahnen beteiligt sind (kontinuierliche Spektren), ist nicht willkürfrei, und wird von KRAMERS und WENTZEL in verschiedener Weise durchgeführt. Während ersterer bis zu der durch Gl. (1,1) bei $E_e = 0$ gegebenen kurzwelligen Grenze des Kontinuums die klassisch berechnete Intensitätsverteilung als richtig annimmt und das klassische Spektrum einfach bei der quantentheoretischen Grenze abschneidet, schiebt WENTZEL das klassische Spektrum in solcher Weise zusammen, daß seine kurzwellige Grenze mit der quantentheoretisch geforderten übereinstimmt. Wir werden in Abschn. 19 zeigen, daß die KRAMERSsche Rechnung mit der Erfahrung befriedigender übereinstimmt als die WENTZELsche, und daß sie wegen ihrer Einfachheit als Näherungsrechnung immer noch große Bedeutung besitzt.

5. Die wellenmechanische Theorie der Elektronenkontinua.

Eine genaue Berechnung der Intensität und Intensitätsverteilung von Elektronenkontinua ist nur wellenmechanisch möglich. Sie erfordert eine quantitative Kenntnis der Eigenfunktionen der beiden kombinierenden Zustände, die nach Gl. (2,13) in den Ausdruck für die Übergangswahrscheinlichkeit (2,11) eingehen. Wir behandeln deshalb zunächst kurz die Theorie der Eigenfunktionen der diskreten und der kontinuierlichen Zustände von Elektronen.

a) Die Eigenfunktionen diskreter und kontinuierlicher Elektronenzustände.

Ausgangspunkt ist die SCHRÖDINGER-Gleichung (2,4). Nach Transformation auf Polarkoordinaten r, ϑ, φ und Abtrennung der im Augenblick nicht interessierenden, zu den Winkelkoordinaten gehörenden Anteile durch den Ansatz

$$(5,1) \qquad \psi = \chi \cdot P_l^m (\cos \vartheta)\, e^{i\,m\,\varphi},$$

wo $P_l^m (\cos \vartheta)$ die zugeordneten Kugelfunktionen sind, erhalten wir für den radialen Anteil χ der Eigenfunktion die Gleichung

$$(5,2) \qquad \frac{d^2 \chi}{d\,r^2} + \frac{2}{r}\frac{d\chi}{dr} + \frac{8\,\pi^2\,m}{h^2}\left(E - V - \frac{l\,(l+1)}{r^2}\right)\chi = 0,$$

worin r den Abstand vom Atomkern und l die Bahnimpulsquantenzahl darstellen. Zur Vereinfachung setzt man meist noch

$$(5,3) \qquad R = r \cdot \chi$$

und erhält damit als Differentialgleichung für R:

$$(5,4) \qquad \frac{d^2 R}{d\,r^2} + \frac{8\,\pi^2\,m}{h^2}\left(E - V - \frac{l\,(l+1)}{r^2}\right) R = 0.$$

Diese Gleichung besitzt nur für *bestimmte diskrete* Werte $E < 0$ Lösungen R, nämlich die Eigenfunktionen der diskreten Elektronenzustände, dagegen für *alle* Werte $E > 0$, die kontinuierlichen Zustände des vom Atom abgetrennten, freien Elektrons. Setzt man das Atomfeld nun in erster Näherung als COULOMB-Feld an, dessen Potential mit $1/r$ geht, so schreibt sich (5,4) in der einfacheren Form

$$(5,5) \qquad \frac{d^2 R}{d\,r^2} + \left(A + \frac{B}{r} + \frac{C}{r^2}\right) R = 0,$$

in der sich die Konstanten A und C aus dem Vergleich von (5,4) und (5,5) ergeben, während $B\,(r)$ durch die noch zu berechnende, spezielle Form des Atomfeldes gegeben ist. Setzt man $B\,(r) = \dfrac{8\,\pi^2\,m\,e^2}{h^2}$, so hat man die Differentialgleichung des H-Atoms und erhält für R die Wasserstoffeigenfunktionen, die sich für die durch die Quantenzahlen n und l bestimmten diskreten E-Werte ergeben als:

$$(5,6) \qquad R_{n,l} = N_r \cdot (2\,r)^l \cdot e^{-r}\, L_{n+l}^{(2l+1)}.$$

Hierin bedeutet N_r einen Normierungsfaktor, auf den wir in Abschn. b zu sprechen kommen, und $L_{n+l}^{(2l+1)}$ die $(2\,l+1)$-ten Ableitungen der $(n+l)$-ten LAGUERREschen Polynome.

Für den kontinuierlichen Eigenwertbereich $E > 0$ ergeben sich schon beim H-Atom für die Eigenfunktionen wesentlich verwickeltere Ausdrücke. Während an Stelle der Hauptquantenzahl n in der Eigenfunktion des freien Elektrons der Energiewert E selbst als Parameter tritt, behält die Bahnimpulsquantenzahl ihre Bedeutung bei. Nach FUES[11] und SUGIURA[27] ergibt sich für den r-abhängigen Anteil der Eigenfunktion eines freien Elektrons mit der Bahnimpulsquantenzahl l:

$$(5{,}7) \qquad R = N_r \cdot \frac{i\,r^l}{2} \int\limits_{-i\sqrt{E}}^{+i\sqrt{E}} e^{zr} \left(z - i\,\sqrt{E}\right)^{l - \frac{iB}{2\sqrt{E}}} \left(z + i\,\sqrt{E}\right)^{l + \frac{iB}{2\sqrt{E}}} dz,$$

worin N_r wieder einen in Abschn. b zu berechnenden Normierungsfaktor bedeutet.

Der erste Schritt zur Berechnung der Eigenfunktionen eines Elektrons in einem beliebigen Atom ist die Ermittlung der in die Gl. (5,5) eingehenden Größe B, d. h. des Atomfeldes, in dem sich das betrachtete Elektron bewegt. Hierzu gibt es verschiedene Näherungsmethoden, von denen die von KRAMERS[20], HARTREE[13, 14] und HYLLERAAS[17] entwickelten am meisten benutzt werden. Berechnet werden dabei stets die kleinen Abweichungen des tatsächlichen Atomfeldes vom reinen COULOMBschen Feld.

KRAMERS[20] gewinnt aus seiner korrespondenzmäßigen Methode der halbzahligen Quantelung einen Zusammenhang zwischen den Eigenworten E_n des Elektrons im Feld und dem Potential dieses Feldes $V(r)$:

$$(5{,}8) \qquad 2 \cdot \int\limits_{r_1}^{r_2} \sqrt{2\,m\,[E_n - V(r)]}\; dr = \left(2\,n + \tfrac{1}{2}\right) h.$$

Durch Einsetzen der aus den Spektren bekannten Energiezustände der Elektronen errechnet sich so das tatsächliche Feld.

Wohl am meisten benutzt wird die HARTREEsche Methode des „self consistent field". HARTREE[13, 14] setzt für jedes Atomelektron ein Potential an, das dem des gesamten Atoms vermindert um das des gerade betrachteten Elektrons entspricht. Er löst dann die SCHRÖDINGER-Gleichung (5,5) für jedes Elektron mit diesem angenommenen Potential und erhält daraus Ladungsverteilungen der einzelnen Elektronen, aus denen sich nun wiederum das gesamte Atomfeld konstruieren läßt. Dieses ist dann das richtige, wenn es mit dem zur Lösung der SCHRÖDINGER-Gleichung angesetzten übereinstimmt. Für die Anwendung der Methode auf die uns in Abschn. 7 a besonders interessierenden Alkaliatome vgl. etwa THOMA[125].

Die dritte Methode, die von HYLLERAAS[17] stammt, liefert direkt die interessierenden Eigenfunktionen der diskreten Zustände, gestattet aber daraus rückwärts auch das Atomfeld zu berechnen. Sie ist eine empirische Methode, indem die gesuchten Eigenfunktionen des Elektrons im Mehrelektronenatom in physikalisch sinnvoller Weise in einer den H-Eigenfunktionen (5,6) verwandten Form angesetzt werden, wobei einige Parameter zunächst unbestimmt bleiben. Diese werden dann nach einem Variationsverfahren berechnet, indem das Integral

$$(5,9) \qquad \int \left(\sum_k \frac{h^2}{8\,\pi^2\,m_k}\,\Delta_k\,\psi + V\,\psi^2 \right) dv$$

bei Summation über alle k Elektronen unter Berücksichtigung der Normierungsbedingung (2,5) für richtig gewählte ψ ein Minimum werden muß. Die Eigenfunktionen der diskreten Zustände, auf deren Verlauf es, wie wir bei der Berechnung der Atomgrenzkontinua in Abschn. 7 sehen werden, sehr genau ankommt, erhält man so nach HYLLERAAS direkt. Aus Gl. (5,5) erhält man sie, wenn $B(r)$ nach der Methode von KRAMERS oder genauer der von HARTREE bestimmt ist, durch Einsetzen der aus den Spektren bekannten Eigenwerte der Energie und schrittweise numerische Integration von großen zu kleinen r-Werten. Die nachträgliche Darstellung der so gefundenen Eigenfunktionen durch analytische Ausdrücke erleichtert die Normierung.

Für die mit diesen diskreten Eigenfunktionen kombinierenden Eigenfunktionen kontinuierlicher Elektronenzustände benutzt man auch bei Vielelektronenatomen meist einfach die Wasserstoffeigenfunktionen (5,7), nimmt damit also an, daß für freie Elektronen der spezielle Charakter des Atomfeldes ohne wesentliche Bedeutung ist. Für die Richtigkeit dieses Schlusses spricht die spektroskopisch bekannte Tatsache, daß Atomzustände um so wasserstoffähnlicher werden, je höher sie angeregt sind; und was für hoch angeregte Elektronenzustände gilt, gilt natürlich in weit besserer Näherung für Zustände freier Elektronen.

b) Die Normierung der Elektroneneigenfunktionen.

In den Ausdrücken (5,1), (5,6) und (5,7) für die Elektroneneigenfunktionen steht noch bei jedem der zu den Koordinaten r, ϑ und φ gehörenden Anteile ein unbestimmter Faktor N_r, N_ϑ und N_φ, der der Normierung der Eigenfunktionen (S. 8) dient. Bei den Eigenfunktionen der diskreten Zustände bereitet die Normierung keine Schwierigkeit; sie erfolgt im allgemeinen so, daß $\int \psi\psi^*\,dv = 1$ wird, entsprechend der Tatsache, daß die Wahrscheinlichkeit, das Elektron irgendwo im Raum anzutreffen, gleich eins sein muß. Der zum Radialanteil gehörige Normierungsfaktor N_r ergibt sich daraus nach SOMMERFELD für diskrete Eigenfunktionen zu

$$(5,10) \qquad N_r = \sqrt{\left(\frac{2}{r_0}\right)^3 \frac{(n-l-1)!}{2\,n\,[(n+l)!]^3}}\,,$$

die zu den Winkelanteilen gehörigen Normierungsfaktoren N_ϑ und N_φ für diskrete wie kontinuierliche Eigenfunktionen zu

$$(5,11) \qquad N_\varphi = \frac{1}{\sqrt{2\,\pi}}\,,$$

$$(5,12) \qquad N_\vartheta = \sqrt{\frac{(2\,l+1)\,(l-m)!}{2\,(l+n)}}\,,$$

wo m die Magnetquantenzahl ist.

Auf die Bedeutung und Normierung von Eigenfunktionen im kontinuierlichen Energiebereich müssen wir etwas genauer eingehen. Eine Normierung der von dem stetig veränderlichen Energieparameter E abhängigen kontinuierlichen Eigenfunktion $R(E)$ nach der üblichen Formel (2,5) in der Form

$$(5,13) \qquad \int \psi(E_1) \cdot \psi^*(E_2)\, dv = \begin{cases} 0 \text{ für } E_1 \neq E_2 \\ 1 \text{ für } E_1 = E_2 \end{cases}$$

ist wegen der Stetigkeit von $\psi(E)$ mit E nicht möglich. Nach WEYL[29] und FUES[11] teilt man deshalb den gesamten Energiebereich in kleine Abschnitte $\varDelta E_n$ ($n = 1, 2, 3, \ldots$) ein und rechnet statt mit $\psi(E)$ jetzt mit Funktionen

$$(5,14) \qquad \varphi_n = \int_{\varDelta E_n} \psi(E)\, dE\,.$$

Für Funktionen φ_n solcher Bereiche gilt, wie man sofort sieht, Gl. (5,13). Da bei Verkleinerung von $\varDelta E_n$ zwar das Integral (5,13) gegen Null geht, das Verhältnis

$$(5,15) \qquad \int \varphi_n \varphi_n^*\, dv : \varDelta E_n$$

aber endlich und von $\varDelta E_n$ unabhängig bleibt, definiert man jetzt die mittleren Eigenfunktionen des Kontinuums $\overline{\psi}_n$ durch

$$(5,16) \qquad \overline{\psi}_n = \frac{1}{\sqrt{\varDelta E_n}} \cdot \varphi_n = \frac{1}{\sqrt{\varDelta E_n}} \cdot \int_{\varDelta E_n} \psi(E)\, dE$$

und kann mit diesen $\overline{\psi}_n$ wie mit den Eigenfunktionen diskreter Zustände rechnen. So kann man die Orthogonalitäts- und Normierungsbedingung entsprechend (2,5) und (2,6) in der Form schreiben

$$\begin{aligned}(5,17) \\ (5,18)\end{aligned} \qquad \lim_{\varDelta E \to 0} \int \overline{\psi}_n \overline{\psi}_m^*\, dv = \begin{cases} 0 \text{ für } n \neq m \\ 1 \text{ für } n = m \end{cases}$$

Nach FUES läßt sich dann der Normierungsfaktor $N_r(E)$ der kontinuierlichen Eigenfunktion (5,7) explizit angeben als

$$(5,19) \qquad N_r^2(E) = \frac{e^{\frac{2\pi B}{\sqrt{E}}} \left(1 - e^{-\frac{\pi B}{\sqrt{E}}}\right)}{\pi^2 B (2\sqrt{E})^{2l} \displaystyle\prod_{n=1}^{l} \left(1 + \frac{B^2}{4 E n^2}\right)} \cdot \frac{1}{(l!)^2}\,.$$

c) Übergangsformeln und abgeleitete Beziehungen.

Nach (2,11) und (2,12) ist die Übergangswahrscheinlichkeit vom Zustand E' zum Zustand E'' gegeben durch

$$(5,20) \qquad A_{E'E''} = \frac{64\,\pi^4 e^2 \nu^3}{3\,h} \left[|X_{E'E''}|^2 + |Y_{E'E''}|^2 + |Z_{E'E''}|^2\right],$$

$$(5,21) \qquad X_{E'E''} = \int \psi_{E'l'm's'}\, x\, \psi_{E''l''m''s''}\, dv$$

und die entsprechenden Ausdrücke für $Y_{E'E''}$ und $Z_{E'E''}$. Ist einer der beiden Zustände diskret, so ist für E die Hauptquantenzahl n einzusetzen. Während E sich um beliebige Beträge ändern kann, gelten für die die Eigenfunktionen ψ weiterhin charakterisierenden Quantenzahlen l, m und s die üblichen Auswahlregeln; es ist also bei „erlaubten" Übergängen stets:

$$(5{,}22) \qquad l'' = l' \pm 1; \quad m'' = \begin{cases} m' \\ m' \pm 1; \end{cases} \quad s'' = s'.$$

Durch Einsetzen der nach Abschn. 5a berechneten Eigenfunktionen unter Berücksichtigung der Normierungsbedingungen Abschn. 5b in die Formeln (5,21) und Eingehen in (5,20) sowie Ausrechnung von (2,14) erhält man so die theoretische Intensitätsverteilung von kontinuierlichen Emissionsspektren. Absorptionskontinua werden theoretisch entweder nach Abschn. 2c durch den atomaren Absorptionskoeffizienten $\varepsilon_a(\nu)$ oder in Analogie zu den f-Werten diskreter Spektren [s. Gl. (2,17)] durch Angabe der $df/d\nu$- bzw. df/dE-Werte gekennzeichnet:

$$(5{,}23) \qquad \frac{df}{d\nu} = \frac{8\,\pi^2\,m\,c\,\nu}{3\,h}\,|\Re|^2$$

$$(5{,}24) \qquad \frac{df}{dE} = \frac{8\,\pi^2\,m}{3\,h^2}\,(E - E_0)\,|\Re|^2\,.$$

Der aus den Absorptionsmessungen nach S. 12 direkt ableitbare atomare Absorptionskoeffizient $\varepsilon_a(\nu)$ hängt mit $df/d\nu$ und den Übergangselementen [s. Gl. (2,20)] zusammen durch

$$(5{,}25) \qquad \varepsilon_a = \frac{8\,\pi^3\,e^2\,\nu}{3\,h}\,|\Re|^2 = \frac{\pi\,e^2}{m\,c}\,\frac{df}{d\nu}\,.$$

III. Absorptionsgrenzkontinua und Photoionisation.

6. Allgemeines über Photoionisation und kontinuierliche Absorption.

Auf S. 13f. des vorigen Kapitels ist der Zusammenhang der kontinuierlichen Absorption von Elektronen mit den durch sie bewirkten atomaren Prozessen dargestellt worden. In diesem Kapitel behandeln wir als erste Gruppe die in Absorption an die Atomlinienserien sich anschließenden Grenzkontinua und die mit diesen verwandten Erscheinungen, also die Absorption kontinuierlicher Strahlung durch gebundene Atom- und Molekülelektronen. Der Anfangszustand der absorbierenden Elektronen ist also jeweils ein diskreter Energiezustand, während der Endzustand im kontinuierlichen Energiebereich (vgl. Abb. 1 und 2) liegt, d. h. die Elektronen nach der Absorption frei sind.

Am einfachsten liegen die Verhältnisse beim Atom. Absorption von Spektrallinien ergibt Anregung des absorbierenden Leuchtelektrons in höhere diskrete Zustände, Absorption einer Wellenlänge des an die

Grenze einer Linienserie nach kurzen Wellen sich anschließenden Grenzkontinuums Ionisation des Atoms, d. h. Abtrennung des absorbierenden Elektrons. Bei Absorption der der langwelligen Grenze des Kontinuums entsprechenden Wellenzahl ν_G wird das Elektron eben frei, bei Absorption eines kurzwelligeren Lichtquants der im Kontinuum liegenden Wellenzahl ν erhält es den die Ionisierungsenergie E_G übersteigenden Energiebetrag als kinetische Energie mit:

$$(6,1) \qquad E_\text{kin} = h\,c\,(\nu - \nu_G).$$

Diese Loslösung von Elektronen unter Absorption der zur Abtrennung erforderlichen Energie bezeichnet man als Photoionisation oder allgemeiner als Photoeffekt, wenn die Abtrennung des Elektrons nicht von einem bestimmten Atom oder Molekül, sondern aus einem Atomkomplex, etwa einem Metallgitter, erfolgt.

Die Bedeutung der Untersuchung der Absorptionsgrenzkontinua liegt nun zum Teil darin, daß die Ausbeute der Photoionisation durch Licht einer bestimmten Wellenlänge der Absorptionsintensität eben dieser Wellenlänge proportional ist. Die Ermittlung der Wellenzahlabhängigkeit des kontinuierlichen Absorptionskoeffizienten eines bestimmten Gases ergibt also direkt die Ausbeute der Photoionisation bei Einstrahlung dieser Wellenlängen, und damit nach Gl. (6,1) ein Maß für die Geschwindigkeitsverteilung der auftretenden Photoelektronen.

Die Lage dieser Grenzkontinua im Spektrum hängt von der Bindungsfestigkeit, d. h. der Ionisierungsenergie E_G der absorbierenden Elektronen ab, die nach Gl.

$$(6,2) \qquad E_G = h\,c\,\nu_G$$

die Lage der langwelligen Grenze des Kontinuums bestimmt. Jedes Atom besitzt folglich außer dem an die Resonanzserie sich anschließenden kurzwelligsten Grenzkontinuum, das der Photoionisation des im Grundzustand befindlichen Leuchtelektrons entspricht, noch eine große Zahl langwelligerer Grenzkontinua, die sich an die langwelligeren Linienserien anschließen und der Photoionisation *angeregter* Elektronen entsprechen. Voraussetzung für ihre Beobachtung ist natürlich, daß genügend Elektronen in den betreffenden Zuständen vorhanden sind, und das ist im allgemeinen nur bei sehr hoher Temperatur, besonders also in den Sternatmosphären, der Fall. Im Laboratorium wird man daher praktisch in Absorption nur die zum Grundzustand der Atome gehörenden Grenzkontinua beobachten (Abschn. 7). Diese Überlegungen gelten offensichtlich in gleicher Weise für Moleküle, auf deren Absorptionsgrenzkontinua wir in Abschn. 8 eingehen.

Die Absorption kontinuierlicher Strahlung braucht aber nicht nur durch die äußersten Elektronen (Valenzelektronen) zu erfolgen, sondern genügend kurzwellige Strahlung, etwa Röntgenstrahlung, kann auch durch sehr fest gebundene innere Elektronen von Atomen höherer

Ordnungszahl absorbiert werden, wobei diese dann mit kinetischer Energie den Atomverband verlassen. So beträgt z. B. die Ionisierungsenergie eines der beiden innersten K-Elektronen des Silberatoms rund $E_G = 25\,000$ Volt, und tatsächlich beobachtet man bei Durchstrahlung einer dünnen Silberschicht mit kontinuierlichen Röntgenstrahlen ein Absorptionskontinuum, das sich von der diesem Energiewert entsprechenden Grenze $\nu_G = 0,485$ Å aus nach kurzen Wellen zu erstreckt. In Abschn. 9 gehen wir näher auf diese Röntgenabsorptionskontinua ein.

In diesem Kapitel werden endlich zwei nur locker mit der Photoionisation zusammenhängende Sonderfälle behandelt, die Autoionisation in Abschn. 10 und das COMPTON-Kontinuum in Abschn. 11. Die Autoionisationsspektren entstehen durch Absorptionsübergänge von Elektronen in die in Abschn. 3 bereits erwähnten halbstationären Zustände, die durch Überlagerung diskreter und kontinuierlicher Energiezustände gleicher Energie entstehen (Abb. 2). Das COMPTONsche sog. Streukontinuum aber entsteht dadurch, daß monochromatische Lichtquanten hoher Energie, also harte Röntgenstrahlen bestimmter Wellenlänge, nach Absorption der zur Abtrennung eines Atomelektrons erforderlichen Energie wieder ausgestrahlt, quantenhaft gestreut werden. Da die durch diesen Prozeß frei werdenden Elektronen verschiedene Beträge kinetischer Energie miterhalten, entsteht aus der primär scharfen Röntgenlinie ein Streukontinuum, dessen Intensitätsverteilung den Ablauf des COMPTON-Effektes im einzelnen zu untersuchen gestattet.

7. Theorie und experimentelle Untersuchung spezieller Atomgrenzkontinua in Absorption.

Das über Atomgrenzkontinua in Absorption vorliegende Material an quantitativen Rechnungen und Messungen ist noch sehr lückenhaft und teilweise wenig befriedigend.

Zur quantitativen Beschreibung eines Absorptionskontinuums benutzt man meist die korrespondenzmäßige Oszillatorenstärke [s. S. 11, Gl. (2,17)], und zwar bestimmt man die kontinuierliche Gesamtabsorption $\int\limits_{\nu_G}^{\infty} \dfrac{df}{d\nu}\,d\nu$ (abgekürzt vielfach durch $\int f_{\mathrm{kont}}$), sowie als Maß für die Wellenlängenabhängigkeit der Absorption die Größen df/dE oder $df/d\nu$ [vgl. S. 22, Gl. (5,23) und (5,24)], also die f-Werte pro Wellenzahl- oder Energieeinheit. Kommt es dagegen auf den Zusammenhang der kontinuierlichen Absorption mit der Zahl der durch die Absorption erzeugten freien Photoelektronen an, so rechnet man mit dem wellenzahlabhängigen Absorptionskoeffizienten $\varepsilon_a(\nu)$, der mit seiner Dimension cm² den Wirkungsquerschnitt für Photoionisation darstellt und mit $df/d\nu$ und der Übergangsmatrix $\mathfrak{R}$ verknüpft ist durch Gl. (5,25):

$$\varepsilon_a(\nu) = \frac{\pi e^2}{m c}\frac{df}{d\nu} = \frac{8\,\pi^2 e^2 \nu}{3\,h}\,|\mathfrak{R}|^2 .$$

a) Die Absorptionskontinua der Alkaliatome.

Zu einem Vergleich von Rechnung und Beobachtung eignen sich nur die Absorptionskontinua der Alkalien, weil diese allein infolge der geringen Ionisierungsspannungen dieser Atome in einem spektroskopisch noch einigermaßen zugänglichen Spektralbereich liegen (erste Beobachtung durch WOOD[140, 141] und HOLTSMARK[78]). Dafür besteht bei den Alkalien aber die Schwierigkeit, daß stets auch ein gewisser Bruchteil von Molekülen vorhanden ist, deren Absorption sich von der der Atome nur schwer einwandfrei trennen läßt. Die ersten Messungen von HARRISON[73, 74] und DITCHBURN[55] zeigen diese Störung sehr stark, und es ist z. B. noch nicht klar, ob an dem experimentell festgestellten zweiten Ionisierungsmaximum des Kaliumdampfes bei 5,25 Volt und der gleichen Erscheinung beim Cäsium Moleküle irgendwie beteiligt sind (Näheres s. S. 27).

TRUMPY[126—128], der für die Hauptseriengrenzkontinua des Li und Na einen quantitativen Vergleich von Theorie und Beobachtung durchgeführt hat, verwendet deshalb ein 70 cm langes Stahlabsorptionsrohr bei geringem Dampfdruck und vermeidet dadurch die bei höherem Druck störende Absorption zwischen den Serienlinien, die anscheinend von Molekülen herrührt. Er mißt photographisch-photometrisch den Verlauf der Grenzkontinua, wegen deren Erstreckung ins fernere Ultraviolett allerdings nur in einer Ausdehnung von 2000—3000 cm^{-1}. Wegen der Unsicherheit der Dampfdruckbestimmung verzichtet TRUMPY auf die Angabe absoluter df/dE-Werte und beschränkt sich darauf, den relativen Verlauf von df/dE in dem der Messung zugänglichen Teil der Kontinua zu bestimmen. Da wegen der Ultraviolettausdehnung der Kontinua auch die gesamte Oszillatorenstärke $\int_{E_G}^{\infty} \frac{df}{dE} dE$ nicht direkt gemessen werden konnte, berechnet TRUMPY getrennt die f-Summe der Hauptserienlinien $\sum_{n=2}^{\infty} f$ und des zugehörigen Ionisationskontinuums $\int_{E_G}^{\infty} \frac{df}{dE} dE$ und zieht zur Sicherung seiner Rechnung den Grad der Genauigkeit des Summensatzes (2,18), hier in der Form

$$(7,1) \qquad \sum_{n=2}^{\infty} f + \int_{E_G}^{\infty} \frac{df}{dE} dE = 1,$$

sowie den kontinuierlichen Übergang von df/dE an der Seriengrenze heran.

Zur wellenmechanischen Berechnung der Kontinua bestimmt TRUMPY die Atomfelder von Li und Na nach der Methode von KRAMERS und HARTREE (S. 19), und daraus durch schrittweise Integration der SCHRÖDINGER-Gleichung (5,4) bzw. (5,5) die Eigenfunktionen des Grundzustandes, während für die des kontinuierlichen Energiebereiches eine Form wie Gl. (5,7) benutzt wird. Mittels der Gl. (2,12), (2,13) und (5,24) für df/dE erhält er so theoretisch für den Anfang der Grenzkontinua den in Abb. 3 dargestellten Verlauf für Li und Na. Abb. 4

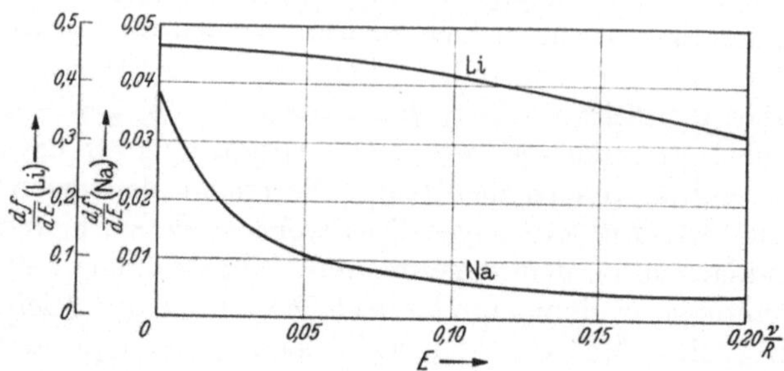

Abb 3. Berechneter Verlauf von df/dE für Lithium und Natrium. Abszisse ist $E = \nu/R$ ($R =$ RYDBERG-Konstante); Nullpunkt ist die Seriengrenze. (Nach TRUMPY[128].)

zeigt zum Vergleich die experimentellen df/dE-Kurven der beiden Kontinua, die den erwarteten Gang zeigen. Für df/dE an der Seriengrenze,

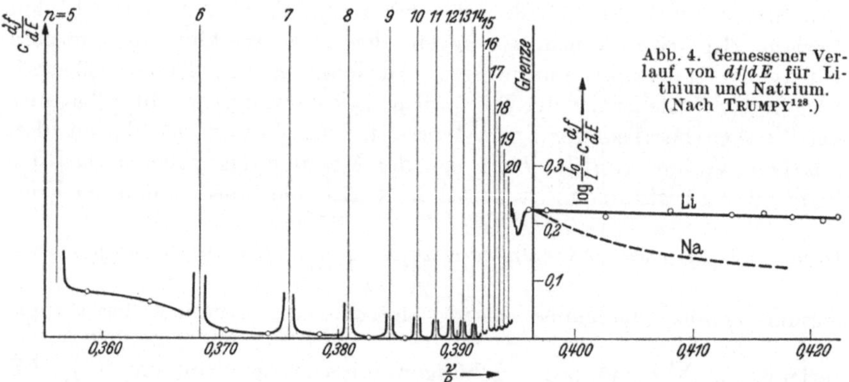

Abb. 4. Gemessener Verlauf von df/dE für Lithium und Natrium. (Nach TRUMPY[128].)

für die gesamte kontinuierliche Absorption und für den Summensatz findet TRUMPY:

Tabelle 2.

Lithium . . .	$\left(\dfrac{df}{dE}\right)_{\text{Grenze}} = 0{,}46$	$\int f_{\text{kont}} = 0{,}24$	$\sum\limits_{n=2}^{\infty} f + \int f_{\text{kont}} = 1{,}01$
Natrium . . .	$\left(\dfrac{df}{dE}\right)_{\text{Grenze}} = 0{,}038$	$\int f_{\text{kont}} = 0{,}0021$	$\sum\limits_{n=2}^{\infty} f + \int f_{\text{kont}} = 0{,}998$

Entsprechend der hundertmal kleineren kontinuierlichen Gesamtabsorption des Natriums bei nur zehnmal kleinerem df/dE-Grenzwert fällt die Absorptionsintensität bei Na nach kurzen Wellen zu sehr viel schneller ab als die des Li (vgl. Abb. 3 und 4).

Eine ähnliche Rechnung von Hargreaves[72] führt zu übereinstimmenden Ergebnissen bis auf die Feststellung eines schwachen Maximums der df/dE-Kurve bei $v/R = 0,1$. Nach Trumpy kann dieser Fehler durch eine Ungenauigkeit in der Berechnung der Grundzustandseigenfunktion verursacht sein.

Eine Berechnung des Hauptseriengrenzkontinuums des Kaliums hat Phillips[102] ausgeführt, um den oben schon erwähnten merkwürdigen Befund von Lawrence und Edlefsen[87] aufzuklären, nach denen die Wahrscheinlichkeit der Photoionisierung von der Hauptseriengrenze bei

4,32 Volt nach kurzen Wellen zu nicht monoton abfällt, sondern ein zweites Maximum bei 5,25 Volt besitzt (vgl. Abb. 5). Phillips berechnet das Atomfeld zur gegenseitigen Kontrolle nach den Methoden von Kramers und Hartree (s. S. 19) mit einer Korrektion für die Polarisation des Atomrumpfes. Er findet für df/dE an der Seriengrenze den Wert 0,0024, entsprechend nach Gl. (5,25) einem atomaren Absorptionskoeffizienten $\varepsilon_a(v_G) = 2,2 \cdot 10^{-20}$ cm². Dieser fällt, wie zu erwarten, mit wachsender Wellenzahl monoton ab und erreicht

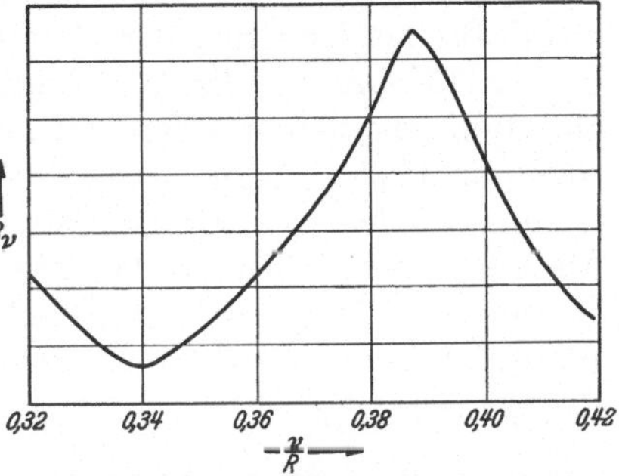

Abb. 5. Verlauf der Photoionisierungswahrscheinlichkeit von Kalium nach Messungen von Lawrence und Edlefsen[87], aufgetragen gegen v/R ($R = $ Rydberg-Konstante). Nullpunkt ist der Normalzustand des K-Atoms, so daß $(v/R)_{\text{Grenze}} = 0,32$ wird. (Nach Phillips[102].)

bei $\dfrac{(v - v_0)}{R} = 0,1$ den Wert $\varepsilon_a = 0,55 \cdot 10^{-20}$. Eine Erklärung des zweiten Intensitätsmaximums steht also noch aus, zumal eine Deutung als Molekülabsorption außerordentlich große Werte des molekularen Absorptionskoeffizienten voraussetzen würde.

Das gleiche, theoretisch bisher unverständliche Ergebnis haben die Untersuchungen am Cäsium erbracht. Hier haben zuerst Mohler und Boeckner[92] für die Wellenlängenabhängigkeit der Photoionisation des Cäsiumdampfs einen ähnlichen Verlauf wie beim Kalium festgestellt, d. h. ein Wiederansteigen der Wahrscheinlichkeit der Photoionisierung bei kleinen Wellenlängen nach Durchlaufen eines Minimums. Für den atomaren Photoionisierungskoeffizienten an der Seriengrenze erhielten sie den allerdings nicht sehr genauen Wert von $4 \cdot 10^{-19}$ cm². Das kontinuierliche Absorptionsspektrum des Cs-Dampfes wurde dann von der Seriengrenze bei 3184 Å bis zu 1975 Å von Ditchburn und Mitarbeitern[47, 48, 57] in Abhängigkeit vom Dampfdruck sowie von Zusatzgasen gemessen. In Übereinstimmung mit den experimentellen Ergebnissen beim Kalium und den Messungen von Mohler und Boeckner wird ein Abfall der Absorption von der Seriengrenze bis 2750 Å und dann ein Wiederansteigen bis zur Beobachtungsgrenze bei 1975 Å gefunden.

Auch in diesem kurzwelligen Gebiet ergab sich die Absorptionsintensität aber als proportional dem Dampfdruck und wird deshalb den Cs-Atomen zugeschrieben. Für den atomaren Absorptionskoeffizienten an der Seriengrenze folgt aus den Messungen ein Wert $\varepsilon_a = 0,8 \cdot 10^{-19}\ \mathrm{cm}^2$. Die Absorption wäre danach überraschenderweise beim Cäsium größer als beim Kalium. Eine plausible Erklärungsmöglichkeit für die bei beiden schweren Alkalien gefundene Anomalie des Ionisationskontinuums fehlt bisher vollständig.

Eine interessante Rechnung über die kontinuierliche Absorption der Alkalien hat endlich THOMA[125] ausgeführt. Er berechnet als Grundlage astrophysikalischer Theorien der Metallabsorption in Sternatmosphären (vgl. Abschn. 13 b und 86) die Abhängigkeit des Photoionisierungskoeffizienten aller fünf Alkalien von der Wellenlänge für fünf Temperaturen zwischen 6000 und 10000°, berücksichtigt also auch die Besetzung der angeregten Atomzustände und die Photoionisation aus diesen. Leider bezieht er seine Absorptionskoeffizienten, die ihrem Wert nach zwischen 10^{-15} und 10^{-28} $Z^2\ \mathrm{cm}^2$ liegen, nicht wie üblich auf die Gesamtzahl aller Atome, sondern auf die Zahl der Atome im Grundzustand; zur Reduktion müssen THOMAs

$$\text{Werte also mit dem Quotienten} \left(\frac{\text{Zahl der Atome im Grundzustand}}{\text{Gesamtzahl aller Atome}} \right)$$

multipliziert werden. Seine Rechnungen erstrecken sich über einen sehr großen Wellenlängenbereich, nämlich von der Hauptseriengrenze ν_G bis zum 24fachen Wellenzahlwert $24\,\nu_G$. Angesichts der vielen, durch Näherungsrechnungen verursachten Unsicherheiten ist es schwer, etwas über die Genauigkeit der auf vier Stellen angegebenen Absorptionskoeffizienten zu sagen. Der Rechnung liegen HARTREEsche Atomfelder zugrunde, aus denen die verwendeten Eigenfunktionen der diskreten Zustände durch analytische Darstellung der numerisch berechneten Einzelwerte bestimmt wurden, während für die Eigenfunktionen des kontinuierlichen Energiebereiches Wasserstoffeigenfunktionen nach Gl. (5,7) benutzt werden.

b) Die Absorptionskontinua des H-Atoms.

Ein Vergleich von Theorie und Beobachtung für die Seriengrenzkontinua des Wasserstoffatoms ist nicht möglich, da das an die Grenze der LYMAN-Serie bei $\lambda\,911,75$ Å anschließende Ionisationskontinuum des normalen Atoms im schwer zugänglichen äußersten Ultraviolett liegt, und das der Ionisation aus dem zweiquantigen Zustand entsprechende BALMER-Grenzkontinuum $\lambda < 3647$ Å nur in Sternspektren beobachtet werden kann (vgl. S. 40). Trotz seiner schwierigen direkten Beobachtbarkeit ist aber das LYMAN-Absorptionskontinuum wegen der Bedeutung der Photoionisation des Wasserstoffes für die Astrophysik von größtem Interesse (vgl. S. 41 und 61 f.).

Quantitative Rechnungen sind über das LYMAN- und das BALMER-Grenzkontinuum namentlich von SUGIURA[27] ausgeführt worden, der für die kontinuierliche Gesamtabsorption und die Größe df/dE an der Grenze die folgenden Werte bei befriedigender Erfülltheit des Summensatzes Gl. (2,18) fand:

$$\text{Lyman-Kontinuum} \quad \int f_{\text{kont}} = 0{,}437; \quad (df/dE)_{\text{Grenze}} = 0{,}78$$
$$\text{Balmer-Kontinuum} \quad \int f_{\text{kont}} = 0{,}225; \quad (df/dE)_{\text{Grenze}} = 1{,}72.$$

Fast 44% der gesamten Absorption des Wasserstoffs im Normalzustand führen also zur Ionisation. Sugiuras Arbeit[27] stellt die erste wellenmechanische Berechnung eines Seriengrenzkontinuums überhaupt dar; er weist deshalb ausdrücklich auf die Stetigkeit der df/dE-Werte beim Übergang vom kontinuierlichen zum diskreten Spektrum an der Seriengrenze hin.

Rechnungen über den Verlauf des Lyman- und des Balmer-Grenzkontinuums haben auch Epstein und Muskat[63] ausgeführt. Sie geben aber keine absoluten Werte; auch scheinen ihre Kurven den aus Sugiuras Daten folgenden verschiedenen Verlauf beider Kontinua nicht wiederzugeben. Auch von Epstein und Muskat aber wird die Stetigkeit von df/dE an der Seriengrenze nachgewiesen.

c) Das Hauptseriengrenzkontinuum des Heliums.

Quantitative Rechnungen liegen endlich noch für das im äußersten Ultraviolett liegende Ionisationskontinuum des He-Atoms $\lambda < 504\,\text{Å}$ vor, und zwar unabhängige Untersuchungen von Wheeler[138], Körwien[84] und Vinti[131, 132]. Wheeler und Körwien benutzen als Grundzustandseigenfunktion verschiedene Näherungen der sehr genauen, aber komplizierten Hylleraas-Form (s. S. 19), während Vinti eine Linearkombination zweier Wasserstoffeigenfunktionen verwendet, deren zwei Konstanten er so bestimmt, daß die Ionisierungsenergie des Atoms mit der beobachteten übereinstimmt. Für die Eigenfunktionen des kontinuierlichen Energiebereiches verwenden alle Verfasser wie üblich Wasserstoffeigenfunktionen wie Gl. (5,7), mit $B = 2$ und $l = 1$. Der Summensatz Gl. (7,1), der für das Heliumatom mit seinen zwei Leuchtelektronen 2 ergeben muß, ergibt bei Wheeler (unter Berücksichtigung der Übergänge zwischen doppelt angeregten Zuständen) 2,04, bei Vinti 2,13, bei Körwiens zweiter Näherung 2,058. Dagegen ergibt der als Prüfung der Rechnung interessante Anschluß der df/dE-Werte an der Seriengrenze bei Vinti, von beiden Seiten kommend, genau 1,047, bei Wheeler dagegen vom Kontinuum her 0,93, während das für die Serienlinien benutzte Gesetz bei ihm zu 1,06 führt. Für die kontinuierliche Gesamtabsorption $\int f_{\text{kont}}$ erhalten Wheeler 1,58, Vinti 1,55 und Körwien 1,56. Das wichtigste Ergebnis der Rechnung ist also, daß 78% der gesamten Absorption normaler Heliumatome zu Ionisation führen. Einen Vergleich der Ergebnisse von Wheeler und Vinti für die Absorptionsintensität im Grenzkontinuum, die von 504 Å bis hinunter zu 10 Å berechnet worden ist, gibt Abb. 6. Körwiens Ergebnisse stimmen in dieser Darstellung fast vollkommen mit denen von Vinti (Kurve II) überein. Als einzige Möglichkeit der experimentellen Prüfung der Rechnung hat Vinti den Absorptionskoeffizienten von Helium für die Röntgenlinie K_α von Kohlenstoff bei 44,6 Å berechnet. Sein theoretischer Wert von $3{,}24 \cdot 10^{-20}$ stimmt mit dem experimentellen Wert von $2{,}38 \cdot 10^{-20}$ befriedigend überein, wenn man bedenkt, daß die Rechnung für einen so weit von der Seriengrenze entfernten Punkt nicht mehr allzu genau sein kann.

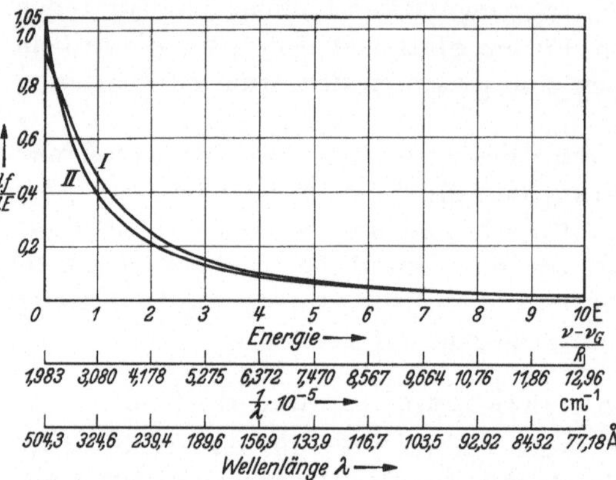

Abb. 6. Theoretischer Verlauf von df/dE im Hauptseriengrenzkontinuum des He, aufgetragen gegen $\dfrac{\nu - \nu_G}{R}$, ν und λ. (I nach Wheeler[138]; II nach Vinti[132]).

Tabelle 3 zeigt noch einmal eine Zusammenstellung des kontinuierlichen Anteiles der Gesamtabsorption und der df/dE-Werte an der Seriengrenze für die bisher untersuchten Atome. Die außerordentlich großen Unterschiede beruhen nach Wheelers plausibler Erklärung auf der verschiedenen Größe des Überlappungsintegrals Gl. (2,13) bzw. (5,21), d. h. auf der

relativen Lage und Größe der Maxima der diskreten und kontinuierlichen Eigenfunktionen. Es kommt also — in Wheelers Ausdrucksweise — auf das Verhältnis des Atomradius zur Wellenlänge des freien Elektrons an. Im Gegensatz hierzu werden wir bei den Röntgenabsorptionskontinua, die der Photoionisation innerer Elektronen entsprechen, keine solchen individuellen Eigenschaften finden, vielmehr lediglich die bekannte Abhängigkeit der Absorptionsstärke von der Ordnungszahl des Elementes (S. 33).

Tabelle 3.

	Kontinuierliche Absorption %	$(df/dE)_{\text{Grenze}}$
H	43,7	0,78
He	78	1,05
Li	12	0,46
Na	0,21	0,038
K	?	0,0024

8. Ionisationskontinua von Molekülen.

Eine Elektronenemission unter Absorption kontinuierlicher Strahlung, wie wir sie in Abschn. 7 bei den Atomen untersucht haben, muß grundsätzlich auch bei Molekülen möglich sein. Infolge der Überlagerung der Elektronenzustände der Moleküle durch die Schwingungs- und Rotationszustände, auf die wir in Kap. VII—XI im einzelnen eingehen

werden, entsprechen den Linienserien der Atome bei den Molekülen RYD-
BERG-Serien von Bandensystemen, die einer Konvergenzstelle zustreben,
an die sich nach kurzen Wellen hin ein die Ionisation anzeigendes Absorptionskontinuum anschließen sollte. Die Verhältnisse werden aber dadurch
recht kompliziert, daß im allgemeinen infolge der Anregung bzw. Ionisation der Bindungscharakter der Moleküle sich ändert und daher nach
dem FRANCK-CONDON-Prinzip (Abschn. 30 und 36b) in vielen Fällen eine
Photodissoziation wahrscheinlicher werden kann als eine Photoionisation.

Mit Sicherheit nachgewiesen sind Molekülionisationskontinua erst in
jüngster Zeit von PRICE[103—109] für eine Reihe mehratomiger Moleküle. Bei
den zweiatomigen Molekülen N_2, O_2, CO und NO sind zwar auch RYDBERG-
Serien von Banden gefunden worden (PRICE und COLLINS[106]); doch führt
deren Extrapolation stets auf Grenzen, die dem Zerfall in ein Elektron und
ein verschieden hoch angeregtes Molekülion entsprechen, während die zur
Grenze des normalen Ions führenden RYDBERG-Serien meist äußerst wenig
intensiv sind. Photoionisationskontinua sind bei diesen Molekülen in keinem
Fall nachgewiesen, da die schwachen Kontinua des O_2 auf der kurzwelligen
Seite von λ 1105 Å und 704 Å und das des N_2 $\lambda < 794$ Å auch als Photodis-
soziationskontinua Fall I und II (S. 141 und 142) gedeutet werden könnten.

Bei den mehratomigen Molekülen liegen die Verhältnisse insofern
einfacher, als bei Anregung bzw. Photoionisierung eines nichtbindenden
Elektrons (vgl. S. 217) die Atomanordnung des Moleküls sich nicht
ändert und daher Schwingungsspektren nur in sehr beschränktem Umfang auftreten können. So sind denn von PRICE[103—109] bei C_2H_2, C_2H_4,
C_6H_6, H_2CO, $(CH_3)_2CO$, CH_3HCO, CH_3OH, CS_2, SO_2, H_2S und vielen
anderen mehratomigen Molekülen RYDBERG-Serien gefunden worden,
deren intensivste im allgemeinen zur Grenze des normalen Molekülions
gehen und durch Extrapolation eine äußerst genaue Bestimmung der
betreffenden Ionisationsenergie auf $\pm 0,01$ Volt gestatten. Bei einer
Reihe dieser Moleküle (H_2O, H_2S, C_2H_2, C_6H_6, Alkylhalogenide, HCOOH
und verwandte Moleküle) sind auch ausgeprägte Photoionisationskontinua gefunden worden. Intensitätsmessungen liegen wegen des ungünstigen Bereiches im äußersten Ultraviolett bisher nicht vor.

Noch vor PRICE haben HENNING[76] und RATHENAU[110] bei H_2O und
CO_2 kontinuierliche Absorptionsspektren im fernen Ultraviolett gefunden,
die sie als Ionisationskontinua deuteten. Bei H_2O sind es die Kontinua bei 1000 Å, 750 Å und 695 Å, bei CO_2 besonders das Kontinuum
$\lambda < 1025$ Å. Bei beiden Molekülen ist aber die Möglichkeit einer Deutung
der Kontinua als Dissoziationsspektren nicht auszuschließen.

<h3 style="text-align:center">9. Ionisationskontinua innerer Atomelektronen
(Röntgenabsorptionskontinua).</h3>

Wir haben bisher nur die Photoionisation der am leichtesten abtrennbaren Elektronen (Leuchtelektronen) von Atomen und Molekülen

behandelt. Auch innere Elektronen abgeschlossener Schalen können aber unter Absorption kontinuierlicher Strahlung das Atom verlassen, und zwar wieder unter Mitnahme kinetischer Energie. Entsprechend der größeren Abtrennenergie dieser inneren Elektronen liegen ihre Ionisationskontinua im wesentlichen im Röntgengebiet, wo sie als Absorptionskanten der K-, L-, M- usw. -Schale bezeichnet werden. Sie erstrecken sich, wie alle Grenzkontinua, von der durch die Ionisierungsenergie nach Gl. (6,2) gegebenen langwelligen Grenze mit abnehmender Absorptionsintensität nach kurzen Wellen zu. Abb. 7 zeigt die Verhältnisse an Hand eines Atomtermschemas, in dem jetzt im Gegensatz zu unserer bisherigen Darstellung (Abb. 1 und 2) auch die voll besetzten Elektronenschalen eingezeichnet sind, und zwar etwa die K-Schale um den Betrag der Bindungsenergie eines K-Elektrons unterhalb der Ionisierungsgrenze. A_K stellt dann die Ionisation eines K-Elektrons unter Absorption kontinuierlicher Röntgenstrahlung dar. Die dadurch in der K-Schale entstandene Lücke wird durch ein Elektron einer höheren Schale unter Emission des frei werdenden Energiebetrages (charakteristische Röntgen-Linienstrahlung) ausgefüllt. Die K-Emissionsserie liegt also, wie Abb. 7 erkennen läßt, auf der langwelligen Seite der K-Absorptionskante (des Kontinuums). Entsprechend liegt die L-Emissionsserie auf der langwelligen Seite des durch die Photoabsorption eines L-Elektrons entstehenden L-Absorptionskontinuums. Entsprechend der Vielfachheit der L-, M- usw. Energiezustände gibt es drei L-Kanten, fünf M-Kanten usw.

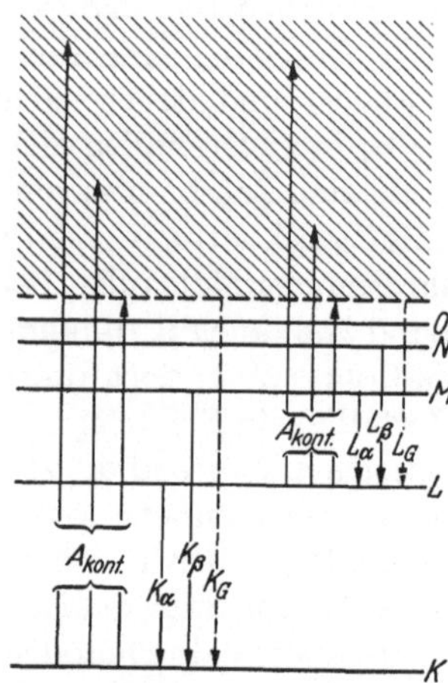

Abb. 7. Röntgen-Übergangsschema. Zusammenhang der K- und L-Absorptionskontinua mit den Emissionslinien der K- und L-Serie.

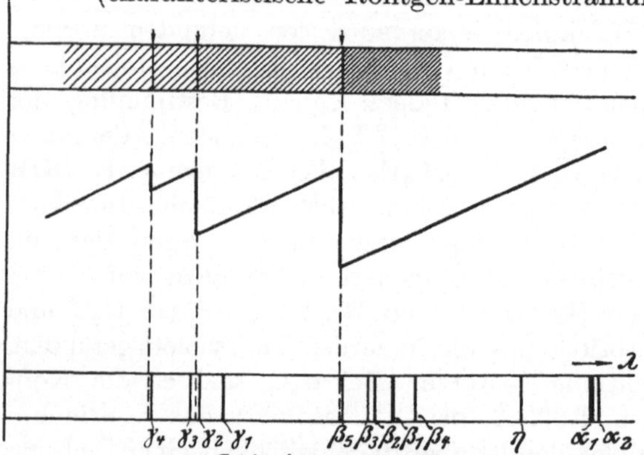

Abb. 8 zeigt den Zusammenhang der L-Absorptionskanten mit den L-Emissionslinien; die Absorption ist dabei nach oben aufgetragen.

Abb. 8. Schematische Darstellung des Zusammenhanges zwischen Absorptionskontinuum, Absorptionsverlauf und Emissionslinien bei der L-Serie. (Nach SIEGBAHN[1334].)

Abb. 9 zeigt als Beispiel eine Aufnahmenserie von WAGNER[133], der gleichzeitig mit DE BROGLIE[49] diese Röntgenabsorptionskontinua erstmalig beobachtet und gedeutet hat.

Nimmt man ein kontinuierliches Röntgenspektrum mit einer photographischen (Bromsilber-) Platte auf, so erhält man auf der Platte Schwärzungsdiskontinuitäten an den Stellen der K-Absorptionskante des Silbers und des Broms, und zwar zeigt sich die verstärkte Absorption durch vergrößerte Schwärzung an. Auf den Aufnahmen a, c, e und g von Abb. 9 erkennt man deutlich die Ag-Kante; die verstärkte Schwärzung nimmt von der Kante nach kurzen Wellen (links) zu mit der Absorption ab. Die Aufnahmen b, d und f sind nun dadurch gewonnen worden, daß in den Weg des Röntgenstrahles eine absorbierende Schicht aus Kadmium, Silber bzw. Palladium eingeschaltet wurde. Durch sie wurden aus dem Röntgenspektrum die auf der kurzwelligen Seite der Metallabsorptionskanten liegenden Gebiete herausabsorbiert; die photographische Platte erscheint an diesen Stellen also weniger stark geschwärzt. Aufnahme d zeigt, daß die Ag-Kante, wie zu erwarten, genau mit der einen Kante der Bromsilberschicht übereinstimmt; die Cd-Kante liegt langwelliger, die Pd-Kante kurzwelliger als die Ag-Kante.

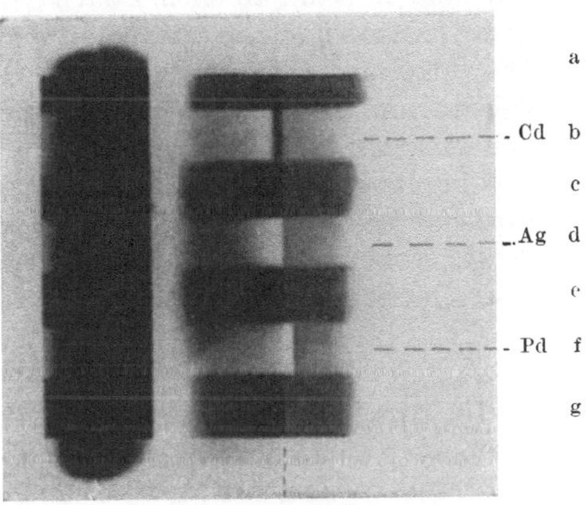

Abb. 9. Aufnahme der Absorptionskanten von Cd, Ag und Pd auf Bromsilberplatte von WAGNER[133].

Über die Abhängigkeit der Absorptionsstärke — behandelt wird hier stets der echte kontinuierliche Absorptionskoeffizient ε unter Vernachlässigung des Streukoeffizienten σ, der mit ε zusammen erst den Schwächungskoeffizienten $\mu = \varepsilon + \sigma$ ergibt — von der Wellenlänge und der Ordnungszahl des absorbierenden Elements liegt ein großes Material vor, das namentlich von JAUNCEY[80] diskutiert und kürzlich von BOTHE[46] mit aller Literatur zusammengestellt worden ist. Es gilt danach in gröbster Näherung

$$(9,1) \qquad \varepsilon_a = C \cdot \lambda^3 \cdot Z^4,$$

wo Z die Ordnungszahl und C eine für die K-, L-, ... Kante jeweils charakteristische Konstante ist. Genauer gilt nach JAUNCEY:

$$(9,2) \qquad \varepsilon_a = a \cdot \lambda^3 \cdot \sum_i N_i/\lambda_i^2.$$

Hierin bedeutet N_i die Elektronenzahl in der i-ten Schale ($N_i = 2$ für die K-Schale, $N_i = 8$ für die L-Schale usw.), λ_i die Wellenlänge der i-Kante und a eine Konstante, die nach Jauncey zwischen 1,2 und 2,4 mit einem Mittel von 1,7 liegt.

Im Gegensatz zu den „optischen" Elektronen (S. 25 f.) hängt die Photoionisierungswahrscheinlichkeit eines inneren Elektrons also in erster Näherung nur von der Kernladungszahl Z und nicht mehr von der Struktur der äußeren Elektronenhülle ab, die die großen Unterschiede der in Abschn. 7 behandelten Absorptionsgrenzkontinua bedingt.

Formel (9,1) ist auf Grund korrespondenzmäßiger Rechnungen (vgl. S. 17) über die Wahrscheinlichkeit der Photoionisierung eines in einer n-quantigen Bahn an einen Z-fach geladenen Kern gebundenen Elektrons von Kramers[19] abgeleitet worden; eine Ableitung von (9,2) gibt Bothe[45]. Die späteren wellenmechanischen Rechnungen[134, 93, 120, 66, 111, 119, 113] ergaben Formeln vom allgemeinen Charakter von (9,1) und (9,2), aber von wesentlich komplizierterem Bau. Nach Stobbe[120] ist die Übereinstimmung von Beobachtung und Theorie bei Benutzung der exakten Formeln voll befriedigend. Eine ausführliche Darstellung der Theorie der Photoabsorption von Röntgen- und γ-Strahlung bringt ein kürzlich erschienener Bericht von Hall[71].

10. Autoionisationsspektren und Auger-Effekt.

Im Anschluß an die Photoionisationskontinua müssen wir uns kurz mit den spektralen Erscheinungen befassen, die die strahlungslose Ionisation von Atomen und Molekülen begleiten. In Abschn. 3 wurde schon gezeigt, daß bei Mehrelektronensystemen nicht selten Energieresonanz zwischen einem stationären (etwa doppelt angeregten) und einem freien, ionisierten Zustand vorkommt. Ist der Übergang zwischen diesen beiden Zuständen nach den allgemeinen Auswahlregeln erlaubt, so kann aus dem stationären Zustand ein strahlungsloser Übergang in den ionisierten Zustand erfolgen, wobei das zweite vorher angeregte Elektron in den Grundzustand übergeht. Man bezeichnet diesen von selbst ohne Einwirkung von außen verlaufenden Vorgang als *Autoionisation*, gelegentlich auch als *Präionisation*. Für einen solchen doppelt angeregten, über der Ionisationsgrenze liegenden Atom- oder Molekülzustand steht also der strahlungslose Übergang in den ionisierten Zustand in Konkurrenz mit den

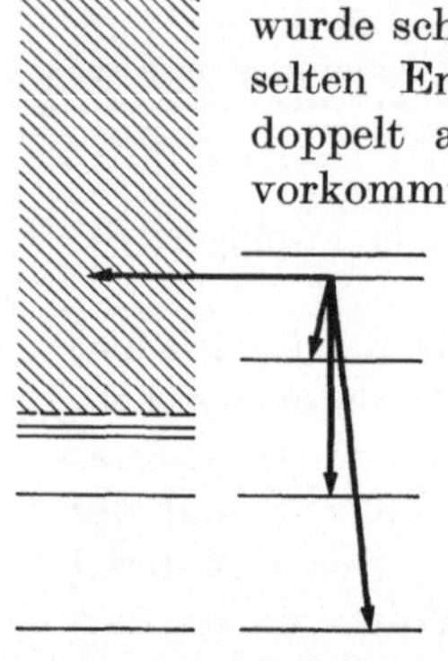

Abb. 10. Termschema zur Veranschaulichung der Konkurrenz zwischen strahlungslosen und Strahlungsübergängen bei Autoionisation.

unter Strahlungsemission verlaufenden Übergängen zu tiefer gelegenen Zuständen (vgl. Abb. 10). Wentzel[136] und Fues[69] haben wellenmechanisch die relative Wahrscheinlichkeit der mit Strahlung verbundenen und der strahlungslosen Übergänge von einem bestimmten autoionisierenden Term aus berechnet. Infolge der großen Wahrscheinlichkeit strahlungsloser

Übergänge autoionisierender Zustände ist deren Lebensdauer oft um mehrere Größenordnungen kleiner als die gewöhnlicher, nur unter Strahlungsemission bzw. -absorption kombinierender Zustände, und nach Abschn. 69, Gl. (69,4) macht sich diese verkürzte Lebensdauer des oberen Zustands

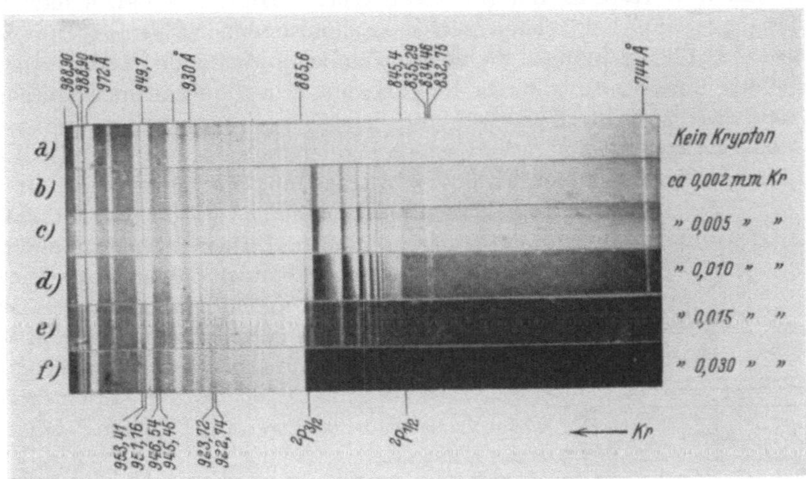

Abb. 11. Absorptionsspektrum des Kryptons mit Nachweis der Autoionisation auf der kurzwelligen Seite der $^2P_{3/2}$-Grenze. (Nach Beutler[36].)

durch eine vergrößerte Breite der entsprechenden Linien bemerkbar. Shenstone[116] hat die auffallende Diffusität einer Anzahl von Cu-Linien, z. B. das Auftreten von scharfen und diffusen Linien im gleichen Multiplett, in der angedeuteten Weise als Anzeichen von Autoionisation

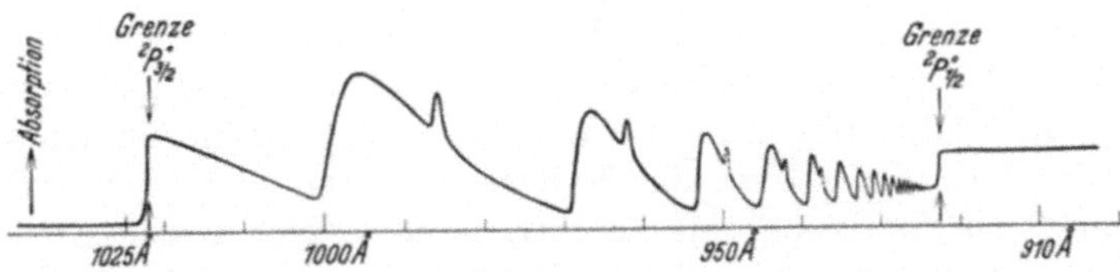

Abb. 12. Graphische Darstellung der bandartigen Linienverbreiterungen infolge von Autoionisation im Absorptionsspektrum des Xenons. (Nach Beutler[36].)

gedeutet. White[139] erweiterte diese Untersuchung auf die Spektren der Erdalkalien und der Edelgase. Erwartungsgemäß besitzen jeweils nur die Linien eine vergrößerte Breite, deren obere Zustände mit dem Resonanzseriengrenzkontinuum kombinieren können. Weitere Beobachtungen über Autoionisation von Atomen sind von Beutler und Mitarbeitern[37—40] an Hg, Cd, Zn und besonders Tl gemacht worden, wo durch Anregung innerer Elektronen Atomzustände erreicht werden, die über der Ionisierungsgrenze liegen und mit dem kontinuierlichen Energiebereich, also

3*

dem ionisierten Zustand, kombinieren können. Von besonderem Interesse ist BEUTLERs Untersuchung[36] über die asymmetrische Verbreiterung autoionisierender Zustände der Edelgase Ar, Kr und Xe, die zu einem bandartigen Aussehen der oberhalb der Ionisierungsgrenze liegenden Absorptionslinien (s. Abb. 11 und 12) Anlaß gibt. Auffällig ist dabei, daß die Übergangswahrscheinlichkeit dieser autoionisierenden Zustände um bis zu zwei Größenordnungen die der gewöhnlichen Zustände zu übersteigen scheint. Eine Deutung dieser Beobachtungen auf quantenmechanischer Grundlage versuchte FANO[64, 65].

BEUTLER und JÜNGER[41, 42] ist es endlich auch gelungen, die Autoionisation von Molekülen bei ihrer Untersuchung des kurzwelligen ultravioletten Absorptionsspektrums des H_2 aufzufinden. Jedenfalls kann das plötzliche Diffuswerden der Bandenlinien auf der kurzwelligen Seite der Ionisationsgrenze bei 124 550 cm^{-1} nicht anders erklärt werden. Die Verff. untersuchen deshalb an diesem Fall die für die Rotation bei strahlungslosen Übergängen gültigen Auswahlregeln. Anzeichen für Präionisation in den Absorptionsspektren des CO und H_2O fand auch HENNING[76].

Auf die bei Molekülen sehr häufige, der Autoionisation verwandte Erscheinung der Prädissoziation kommen wir im Zusammenhang mit den Molekülkontinua in Kap. VIII—XI, besonders Abschn. 40, ausführlich zu sprechen.

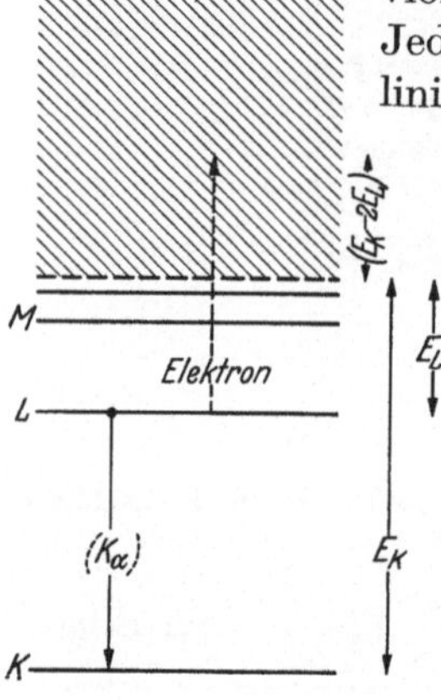

Abb. 13. Röntgen-Termschema zur Veranschaulichung des AUGER-Effektes.

Die der Autoionisation entsprechende Erscheinung im Röntgengebiet bezeichnet man nach ihrem Entdecker als AUGER-Effekt. Eine z. B. in der K-Schale eines Atoms durch Ionisation entstandene Elektronenlücke wird durch Übergang eines Elektrons aus einer der äußeren Schalen ausgefüllt. Die dabei frei werdende Energie kann entweder in der üblichen Weise in Form einer Linie der K-Serie ausgestrahlt werden; sie kann aber auch zur Emission eines Elektrons der gleichen Schale verwandt werden. Ist E_K in Abb. 13 die Bindungsenergie eines K-Elektrons, E_L die eines L-Elektrons, so kann die Energie $E_K - E_L$ auf ein Elektron der L-Schale übertragen werden, das dann nach Überwindung seiner Bindungsenergie E_L das Atom mit der kinetischen Energie

$$(10,1) \qquad E_{\text{kin}} = E_K - 2 E_L$$

verläßt. Es besteht hier also Energieresonanz und damit die Möglichkeit zu strahlungslosen Übergängen zwischen einem in der K-Schale ionisierten und einem in der L-Schale doppelt ionisierten Atom, da ja durch Übergang eines L-Elektrons in die K-Lücke und die Emission eines zweiten L-Elektrons in der L-Schale zwei Lücken entstehen. Die Emission solcher Elektronen mit der kinetischen Energie $E_K - 2 E_L$

wurde nun von Auger[32] mittels der Wilson-Kammer beobachtet. Wie bei der oben behandelten optischen Autoionisation, besteht also auch beim Auger-Effekt Konkurrenz zwischen einem Strahlungsübergang (Emission K_α) und einem strahlungslosen Übergang. Auger untersuchte nun das Verhältnis der Wahrscheinlichkeiten $W_{\text{Strahl.}} : W_{\text{Strahl.}} + W_{\text{Strahl.-los}}$ in Abhängigkeit von der Ordnungszahl Z und fand, daß bei den leichten Elementen die strahlungslosen, bei den schweren die Übergänge unter Strahlungsemission überwiegen, während für Z zwischen 30 und 40 die Wahrscheinlichkeit beider Arten von Übergängen sich als ungefähr gleich groß ergab. Durch wellenmechanische Berechnung der Übergangswahrscheinlichkeiten kam Wentzel[136] zu der Gleichung

$$(10,2) \qquad \frac{W_{\text{El.-Emiss.}}}{W_{\text{Strahlung}}} \approx 10^6\, Z^{-4},$$

die offensichtlich mit der Beobachtung in Übereinstimmung steht.

11. Das Comptonsche Streukontinuum.

Als Sonderfall der bei der Photoionisation von Atomen und Molekülen auftretenden Kontinua haben wir im Zusammenhang dieses Kapitels noch das Comptonsche Streukontinuum zu behandeln. Im allgemeinen wird die Photoionisation ja durch ein Absorptionskontinuum angezeigt. Es entsteht nach Abschn. 6 dadurch, daß Lichtquanten verschiedener Energie von den Atomen absorbiert werden, wobei die abgetrennten Elektronen den ihre Ionisierungsspannung übersteigenden Energiebetrag als kinetische Energie mitnehmen. Beim Compton-Effekt dagegen absorbieren die Atome zunächst monochromatische Lichtquanten großer Energie (Röntgenstrahlen *bestimmter* Wellenlänge). Von dieser absorbierten Energie wird ein aus Energie- und Impulssatz folgender Betrag zur Abtrennung eines Atomelektrons unter Mitgabe kinetischer Energie aufgewandt, während der Rest in Form von Röntgenquanten geringerer Energie, also größerer Wellenlänge, wieder emittiert, „quantenhaft gestreut" wird.

Wentzel[135] wies zuerst darauf hin, daß der Compton-Effekt quantentheoretisch in üblicher Weise als Übergang eines Elektrons aus dem gebundenen in den ionisierten, freien Zustand aufgefaßt werden kann, und berechnete die Wahrscheinlichkeit solcher Übergänge. Da der auf das Elektron übertragene Energiebetrag sich elementar aus den Erhaltungssätzen von Energie und Impuls berechnen läßt, hängt er und damit der Abstand der Streulinie von der Primärlinie vom Streuwinkel ab. Bei Rückwärtsstreuung des Lichtquantes wird der größtmögliche Betrag an kinetischer Energie auf das Elektron übertragen, und die Energie des gestreuten Quantes ist entsprechend die kleinstmögliche. Im umgekehrten Fall sehr kleiner Streuwinkel fallen Primärlinie und Streustrahlung fast zusammen.

Wir betrachten nun die unter einem bestimmten Winkel gestreute Strahlung. Besäßen die die Energie übernehmenden Elektronen im Anfang alle gleiche Energie und gleichen Impuls, erfolgte die COMPTON-Streuung also etwa an freien, ruhenden Elektronen, so müßte die in eine bestimmte Richtung gestreute Strahlung nach dem Energie- und Impulssatz auch nach der Streuung streng monochromatisch sein, also eine scharfe Streulinie darstellen. Beim COMPTON-Effekt an Atomelektronen ist nun zwar deren Anfangsenergie konstant, nicht dagegen ihr Impuls, der nach der BOHRschen Vorstellung vom Ort des Umlaufes auf der Bahn abhängt, also um einen bestimmten Betrag streut. Schon WENTZEL[135] hat darauf hingewiesen, daß dieser Streuung des Anfangs-impulses der Elektronen eine gewisse Breite des Streuspektrums ent-

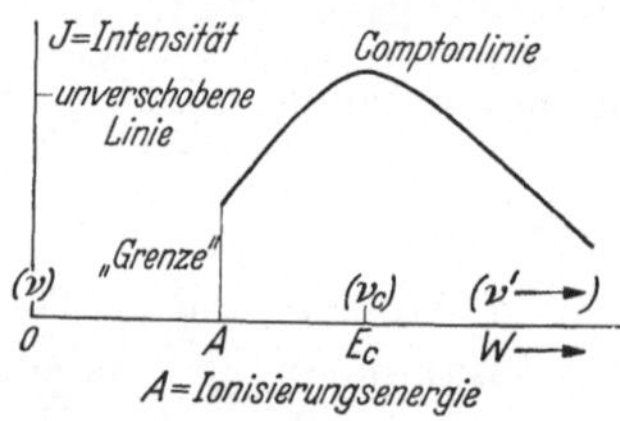

Abb. 14. Theoretischer Intensitäts-verlauf der an einzelnen Atomelek-tronen gestreuten primär linienhaften Strahlung (COMPTON-Kontinuum). (Nach FRANZ[67].)

sprechen muß, daß also ein Streukontinuum auftreten muß. Dabei ist der Abstand des Intensitätsmaximums von der Primärlinie durch den Streuwinkel, die Breite und In-tensitätsverteilung des Kontinuums dagegen außerdem durch die Streuung des An-fangsimpulses der Elektronen bestimmt (s. Abb. 14). Den experimentellen Nachweis dieses Kontinuums und in neuester Zeit auch die Messung seiner Intensitätsvertei-lung verdanken wir den schönen Präzisions-arbeiten von DU MOND und seinen Mitarbeitern[58, 59]. Abb. 15 zeigt ein Bei-spiel ihrer Aufnahmen. Die Untersuchung des COMPTON-Kontinuums bietet also die Möglichkeit zur Messung der Impulsbreite der Atomelektronen und ist hierzu auch zuerst herangezogen worden[58]*. SOMMERFELD[118, 119] hat dann darauf aufmerksam gemacht, daß das Streukontinuum, dessen Intensitätsverteilung für H-Atome als Streuatome etwa die Form

$$(11,1) \qquad J = \frac{J_{\max}}{(1 + x^2)^3}$$

besitzt ($x =$ Abstand des Maximums von der Primärlinie), eine kurz-wellige Grenze besitzen muß. Das folgt aus der Energiegleichung

$$(11,2) \qquad h c \, \nu_0 - E_G = h c \, \nu + \frac{m}{2} \, v^2 ,$$

---

    * Die Auffassung der gestreuten „Linie" als Kontinuum hat unseres Erachtens den Vorteil, den Zusammenhang der durch den Streuprozeß bewirkten Ionisation mit den übrigen Photoionisationsprozessen und damit den des COMPTON-Konti-nuums mit den übrigen Ionisationskontinua klar zu zeigen. Herr DU MOND selbst hält diese Deutung zwar auch für richtig, hält aber für physikalisch anschau-licher seine Auffassung des Streukontinuums als durch zweifachen DOPPLER-Effekt verschobene und verbreiterte Linie. Der erste DOPPLER-Effekt soll die Verschiebung der Linie bedingen dadurch, daß auf die streuenden Elektronen von den Strahlungsquanten ein gerichteter Impuls übertragen wird, während die statistische Verteilung der Anfangsimpulse der Elektronen im Atom eine zusätz-liche DOPPLER-Verbreiterung ergibt.

wenn man die kinetische Energie des freien Elektrons Null setzt. Hierin bedeutet ν_0 die Wellenzahl des primären, ν die des gestreuten Lichtquantes und E_G die Bindungsenergie des Elektrons im Atom. Der

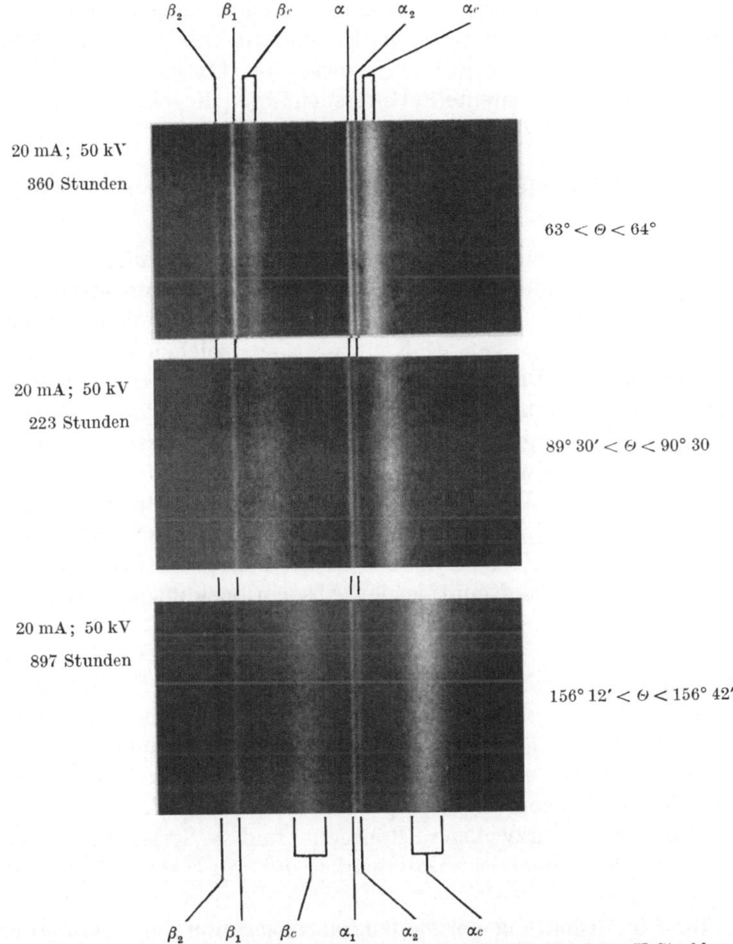

Abb. 15. Aufnahmen des Comptonschen Streukontinuums von Du Mond[58]; Molybdän-K-Strahlung, gestreut an Graphit, aufgenommen mit dem Vielkristall-Spektrographen von Du Mond und Kirkpatrick. Die Aufnahmen zeigen die Abhängigkeit der Breite des Streukontinuums vom Streuwinkel Θ und stellen den ersten direkten Nachweis der statistischen Verteilung der Impulse der streuenden Atomelektronen dar.

Wellenlängenabstand der kurzwelligen Grenze des Kontinuums von der Primärlinie ergibt sich dann aus (11,2) zu

$$(11,3) \qquad \Delta\lambda = \lambda_0 - \lambda = \frac{\lambda^2 E_G}{h c}.$$

Auf der kurzwelligen Seite dieser Grenze müssen sich an das Kontinuum diskrete Linien anschließen, die dadurch entstehen, daß bei dem

Streuprozeß das Atomelektron nicht abgetrennt, sondern nur auf ein höheres Atomniveau gehoben, angeregt wird (atomarer RAMAN-Effekt). Der Nachweis dieser diskontinuierlichen Linienstruktur am kurzwelligen Ende des Streukontinuums ist bisher nicht gelungen. Rechnungen über die Intensitätsverteilung von Kontinuum und Streulinien sind von SOMMERFELDs Schülern[114, 51, 67] sowie von HICKS[77] ausgeführt worden; quantitative experimentelle Untersuchungen liegen vor von KAPPELER[82] sowie besonders von DU MOND und KIRKPATRICK[59].

12. Die Bedeutung der Absorptionskontinua für die Untersuchung des Photoeffekts.

Der Zusammenhang der Seriengrenzkontinua mit der bei ihrer Absorption erfolgenden Loslösung von Elektronen (Photoelektronenemission) ist von beträchtlichem praktischem Interesse. Nach dem Vorhergehenden ist es klar, daß die genaue Kenntnis eines solchen Kontinuums für das betreffende Gas und jede bestimmte Wellenlänge zwei wichtige Größen anzugeben gestattet, nämlich die Ausbeute an Photoelektronen sowie deren Geschwindigkeitsverteilung. Schon heute wissen wir, daß in vielen Gasentladungen, wie etwa auch in den Zählrohren, an den Elektroden sowie im Gas die Photoionisierung durch Absorption kurzwelliger Strahlung einen wesentlichen Anteil an der Erzeugung der Träger (Elektronen und Ionen) hat[70, 88, 137, 52]. Für ein quantitatives Erfassen aller dieser Vorgänge wird die Kenntnis der Absorptionskontinua daher eine Notwendigkeit sein.

Auch bei dem gewöhnlichen Photoeffekt an Metallschichten handelt es sich grundsätzlich um die gleiche Erscheinung; nur liegen hier die Verhältnisse komplizierter, weil die Absorption nicht durch ein einzelnes isoliertes Atom, sondern durch ein im Gitter gebundenes Atom bzw. das Gitter selbst erfolgt (vgl. auch S. 262 f.). Von besonderer Wichtigkeit für die Fragen der Röntgen- und Kernphysik ist endlich die Absorption sehr kurzwelliger Röntgen- und γ-Strahlung. Die Theorie dieser Erscheinungen ist zusammenfassend von HALL[71] bearbeitet worden.

13. Die Bedeutung der Seriengrenzabsorption für die Astrophysik.

a) Beobachtungen des BALMER-Absorptionskontinuums in Sternspektren.

In Abschn. 7b wurde bereits erwähnt, daß im Gegensatz zum Laboratorium in den Sternspektren das BALMER-Grenzkontinuum des Wasserstoffs auch in Absorption beobachtet wird. In den Sternatmosphären muß also eine genügende Dichte absorbierender zweiquantiger H-Atome vorhanden sein. Deren Zahl ist nicht allein durch die hohe Temperatur nach der BOLTZMANN-Verteilung gegeben, sondern die besondere Anreicherung an zweiquantigen H-Atomen ist sicherlich auch auf den von ZANSTRA[217] diskutierten Effekt zurückzuführen, nach dem wegen der wiederholten Reabsorption der Lyman-Linien die angeregten Atome fast ausschließlich stufenweise über den zweiquantigen Zustand in den Grundzustand zurückkehren können. Dieser letzte Sprung erfolgt dann unter Emission der Lyman-α-Linie, die sehr stark absorbierbar ist (,,entrapped radiation'') und damit zu der Anreicherung der zweiquantigen H-Atome führt (vgl. auch S. 61).

Daß sich an die kurzwellige Grenze der in den meisten Sternspektren in Absorption auftretenden Balmer-Serie eine kontinuierliche Absorption anschließt, wurde zuerst 1899 von Huggins[79] im ,,Atlas of representative stellar spectra'' erwähnt, der auch zahlreiche schöne Aufnahmen des Kontinuums enthält. Später machte Hartmann[75] erneut auf die Erscheinung aufmerksam. Die erste systematische Untersuchung des Kontinuums an 91 B- und A-Sternen wurde von Yü[144] ausgeführt, der die Deutung als Atomgrenzkontinuum sicherte und bei seinen Messungen auch das Übergreifen des Kontinuums über die Seriengrenze nach langen Wellen zu feststellte, auf das wir in Kap. VI noch eingehen werden. Yü untersuchte eingehend die Abhängigkeit des Kontinuums vom Spektraltyp und fand, daß es bei den A0-Sternen am intensivsten absorbiert wird. Yüs Ergebnisse sind theoretisch von Interesse für die Frage, in welchen Schichten die Absorption erfolgt; sie gestatten forner nach Unsöld[129] die Berechnung der Zahl der über 1 cm^2 der Photosphäre liegenden zweiquantigen H-Atome. Neuerdings versucht Öhman[94—96] aus der Stärke der kontinuierlichen Wasserstoffabsorption in den Sternspektren auf deren Leuchtkraft zu schließen. Namentlich bei den F-Sternen scheint diese Methode sehr empfindlich zu sein. Arnulf, Barbier, Chalonge und Canavaggia[31] untersuchen den Zusammenhang des Balmer-Kontinuums mit der Farbtemperatur bei Sternen früher Spektraltypen (s. auch Karpov[172]).

b) Die Rolle der Photoionisation in der Astrophysik.

Außer diesen direkten Beobachtungen haben aber die Seriengrenzkontinua in Absorption und namentlich das Ionisationskontinuum des Wasserstoffes (Lyman-Kontinuum, s. S. 28) ein besonderes Interesse für die theoretische Astrophysik. So beruht das Leuchten der planetarischen Nebel, vieler Gasnebel und zu einem Teil auch das der Nebelhüllen von Novae auf der primären Absorption des Lymankontinuums durch die Wasserstoffatome der Nebelmaterie. Auf diese primäre Photoionisation folgt eine Anzahl von Sekundärprozessen, unter ihnen Stoßanregung und Rekombinationsvorgänge, die für die verwickelten Leuchterscheinungen dieser Nebel verantwortlich sind. In Kap. IV, Abschn. 17c kommen wir eingehender auf diese Frage zurück.

Auch für den Mechanismus des Kometenkopfes und der Schweifbildung ist nach Wurm[1689—1692] kontinuierliche Grenzabsorption zur Erzeugung ionisierter Moleküle von Wichtigkeit (Näheres s. S. 316).

Erwähnt sei endlich, daß nach APPLETON und CHAPMAN[30] auch ein großer Teil der Ionisation in den hohen Schichten unserer Erdatmosphäre als Photoionisation durch kurzwelliges Sonnenlicht zu deuten ist, wie aus den Beobachtungen über die Schwankung des Ionisationsgrades bei Sonnenfinsternissen folgt*.

Über diese Einzelfälle hinaus aber ist die kontinuierliche Photoabsorption von entscheidender Bedeutung für die Theorie des Gleichgewichts der Fixsterne. Diese Theorie verlangt nämlich, daß in jeder Schicht eines Fixsternes die aus den tieferen, heißeren Schichten kommende Strahlung vollständig absorbiert und in Form schwarzer Strahlung der betreffenden Schichttemperatur weiter nach außen abgestrahlt wird. Die Materie im Inneren der Sterne muß also Strahlung kontinuierlich absorbieren, und damit erhebt sich die in zahllosen Arbeiten untersuchte Frage nach den Ursachen dieser Undurchsichtigkeit (opacity) der Materie im Sterninneren (kurze Zusammenfassung s. [1320, 1474]). Da diese Materie aus einem Gemisch von Atomen aller Anregungs- und Ionisationsstufen sowie freien Elektronen besteht, kommen als absorbierende Zentren einmal die freien Elektronen und ferner die in verschiedenen Anregungszuständen von Atomen und Ionen gebundenen Elektronen in Frage. Die Absorption der freien Elektronen, die in Kap. V behandelt werden wird, kann nach dem übereinstimmenden Ergebnis zahlreicher Rechnungen nur etwa 10% des erforderlichen kontinuierlichen Absorptionskoeffizienten erklären[60−62, 99−101, 43], so daß wir schließen müssen, daß der überwiegende Teil auf kontinuierlicher Seriengrenzabsorption beruht. Während, wie wir in Abschn. 86 zeigen werden, ein wellenlängenunabhängiger Absorptionskoeffizient alle Beobachtungen am einfachsten verstehen läßt, sollte das kontinuierliche Absorptionsspektrum in Wahrheit also aus zahlreichen Absorptionskontinua bestehen, deren Intensität jeweils von einer langwelligen Grenze nach kurzen Wellen zu abfällt. Dabei handelt es sich hierbei nicht nur um das sichtbare Spektralgebiet, sondern in den tieferen Schichten besonders um das Röntgengebiet, wo die in Abschn. 9 behandelten Kontinua für die Absorption aufkommen müssen. UNSÖLD[130] hat die Verhältnisse zuerst für den Modellfall eines nur aus Wasserstoff bestehenden Sternes exakt durchgerechnet und gelangte dabei zu einer Abschätzung der Wirkung der Metalle, deren Einfluß in einer zweiten Arbeit[130] in aller Ausführlichkeit berechnet wird. Eine Übersicht über die sonstigen Versuche findet sich bei KIENLE[1474]. Wegen der Schwierigkeit der gesamten Fragen, die mit Recht als das Grundproblem der theoretischen Astrophysik bezeichnet werden, müssen wir uns hier auf diese Andeutungen beschränken**.

---

* Vgl. auch die während des Drucks erschienene Arbeit von HULBURT[1701].
** Vgl. auch das während der Drucklegung erschienene Buch von UNSÖLD[1370a].

IV. Elektronenrekombination und Seriengrenzkontinua in Emission.

14. Theorie der Strahlungsrekombination und der kontinuierlichen Grenzemission.

a) Allgemeines über Strahlungsrekombination und Grenzkontinua.

Wir haben im vorigen Kapitel die Vorgänge behandelt, bei denen unter Absorption kontinuierlicher Strahlung Ionisation von Atomen oder Molekülen stattfand. Die Umkehrung dieser Photoionisationsprozesse stellen die Rekombinationserscheinungen dar, bei denen Elektronen und positive Ionen sich zu neutralen Atomen (oder Ionen geringerer positiver Ladung) unter Emission kontinuierlicher Strahlung vereinigen.

Die Wiedervereinigung von Elektronen und Ionen geht nicht immer im Zweierstoß unter Emission der frei werdenden Energie vor sich; sie kann vielmehr auch strahlungslos im Dreierstoß (entsprechend der Dreierstoßvereinigung von Atomen zu Molekülen s. S. 152) erfolgen, und zwar unter Beteiligung eines schweren Teilchens oder auch eines zweiten Elektrons als energieabfuhrendem Partner. Im Zusammenhang mit der Strahlungsemission interessiert uns aber nur die Zweierstoßrekombination, auf deren Behandlung wir uns hier beschränken. Für einen Überblick über die Frage der Rekombination siehe SEELIGER[202].

Das Grundsätzliche des Vorganges ist im Zusammenhang der gesamten Elektronenprozesse bereits in Kap. II, Abschn. 3 erwähnt worden. Beim Zusammenstoß eines freien Elektrons mit der kinetischen Energie $E_{\mathrm{kin}} = m\,v^2/2$ mit einem positiven Ion besteht eine gewisse Wahrscheinlichkeit dafür, daß das Elektron von dem Ion „eingefangen" wird und mit diesem ein normales oder angeregtes Atom bildet, je nachdem ob es nach Abschluß des Vorganges in der tiefsten möglichen oder in einer höheren Schale gebunden ist. Bei diesem Einfangvorgang wird die Bindungsenergie des Elektrons in dem betreffenden Zustand (E_G), die natürlich gleich der Ionisierungsenergie dieses Zustandes ist, vermehrt um die kinetische Energie des Elektrons in Form eines Lichtquantes emittiert:

$$(14,1) \qquad\qquad E_G + E_{\mathrm{kin}} = h\,c\,\nu.$$

Beim Einfangen einer großen Zahl von Elektronen mit verschiedenen Energien E_{kin} wird also ein kontinuierliches Spektrum emittiert, das sich von der Ionisierungsgrenze ν_G des betreffenden Zustandes aus nach kurzen Wellen zu erstreckt, und dessen Intensitätsverteilung von der Geschwindigkeitsverteilung der rekombinierenden Elektronen abhängt. Die der Rekombination in die verschiedenen möglichen Atomzustände entsprechenden Emissionskontinua sind also (vgl. Abb. 1. S. 14) Seriengrenzkontinua in Emission und stellen die genaue Umkehrung der in Abschn. 7 behandelten Absorptionsgrenzkontinua dar. Beispiele zeigen Abb. 16—18, S. 48 und 49.

Dieser Zusammenhang läßt sich auch quantitativ leicht erfassen. Zwischen der Übergangswahrscheinlichkeit unter Strahlungsabsorption $\varrho \cdot B_{n\,E}$ aus einem diskreten Zustand n in einen freien Zustand der Energie E und der entsprechenden Übergangswahrscheinlichkeit $A_{E,\,n}$ unter spontaner Emission vom ionisierten Zustand E in den Zustand n besteht nach Gl. (2,9) allgemein der Zusammenhang:

$$(14,2) \qquad A_{E,\,n} = 8\,\pi\,h\,\nu^3\,B_{n,\,E}.$$

Nach Gl. (5,25), (2,11) und (14,2) gilt daher für den Photoabsorptionskoeffizienten

$$(14,3) \qquad \varepsilon_a = h\,c\,\nu \cdot B_{n,\,E}.$$

Definieren wir nun den Einfangquerschnitt q eines Ions gegen ein Elektron der Geschwindigkeit v in der Weise, daß jeder Stoß eines solchen Elektrons gegen diesen Querschnitt gerade zur Rekombination führt, so gilt nach KRAMERS[19] und STOBBE[120] für q

$$(14,4) \qquad q = \frac{h^2}{4\,\pi^2\,m^2\,v^2}\,A_{E,\,n},$$

und es besteht folglich zwischen dem Photoabsorptionsquerschnitt ε_a und dem den Umkehrvorgang beschreibenden Einfangquerschnitt q die Beziehnung

$$(14,5) \qquad q = \frac{2\,h^2\,\nu^2}{m^2\,v^2}\,\varepsilon_a.$$

b) Theorie der freien Rekombination und der kontinuierlichen Grenzemission.

Auf Grund der in Abschn. 4 behandelten klassisch-korrespondenzmäßigen Theorien der Übergänge zwischen diskreten und kontinuierlichen Elektronenzuständen sowie unter Benutzung der erwähnten, zu Gl. (14,5) führenden Gleichgewichtsbedingungen zwischen Photoionisation und Strahlungsrekombination haben KRAMERS[19], BECKER[34] und MILNE[89], sowie mittels mehr mechanistischer Überlegungen EDDINGTON[60, 62] und RÜCHARDT[201] klassisch-theoretisch die Frage der Zweierstoßrekombination und der Emissionsgrenzkontinua behandelt. Die Hauptschwierigkeit solcher Rechnungen besteht darin, daß die klassischen, nach der Fourieranalyse beliebig kurze Wellenlängen enthaltenden kontinuierlichen Spektren mit der für jede gegebene Elektronenenergie eine kurzwellige Grenze angebenden Quantenbedingung (1,1) bzw. (6,1) in Einklang gebracht werden müssen, was ohne Willkür nicht möglich ist (durch Abschneiden oder Zusammenschieben des Spektrums; s. S. 17). Wir gehen deshalb auf diese Theorien nicht näher ein, da sie gerade in wesentlichen Punkten, z. B. der Abhängigkeit von der Elektronengeschwindigkeit v, wegen dieser Willkür unsicher bleiben, und verweisen bezüglich ihrer Ergebnisse auf die Zusammenstellung von SEELIGER[202].

Quantenmechanisch stellt das Problem der Strahlungsrekombination einen Spezialfall der in Kap. II, Abschn. 5 behandelten allgemeinen Theorie der Übergänge zwischen kontinuierlichen und diskreten Elektronzuständen dar, und zwar ist jetzt der Anfangszustand stets ein freier Zustand [Eigenfunktion der Form (5,7)], der Endzustand dagegen ein diskreter Atomzustand. Im einzelnen ist das Problem von OPPENHEIMER[195], STÜCKELBERG und MORSE[207], WESSEL[211] und besonders eingehend von STOBBE[120] behandelt worden.

Bezeichnet man mit N^- die Zahl der Elektronen, mit N^+ die der positiven Ionen in 1 cm³, mit v die Geschwindigkeit der Elektronen relativ zu den als ruhend angenommenen Ionen, und mit $q(v)$ den Rekombinationsquerschnitt nach Gl. (14,4), so gilt

$$(14,6) \qquad dN^-/dt = -v\,q(v)\,N^-\,N^+ .$$

Da nun für jedes Elektron, das in einen Zustand der Ionisierungsenergie E_{G_n} eingefangen wird, ein Lichtquant der Wellenzahl

$$(14,7) \qquad \nu = \frac{m\,v^2/2 \;+\; E_{G_n}}{h\,c}$$

emittiert wird, ergibt sich für die Intensitätsverteilung des entstehenden Emissionsgrenzkontinuums

$$(14,8) \qquad J(\nu)\,d\nu = h\,c\,\nu\,\frac{dN^-}{dt} = h\,c\,\nu\,v\,q(v, G_n)\,N^-\,N^+\,\frac{dv}{d\nu}\,d\nu ,$$

worin der Rekombinationsquerschnitt $q(v, E_{G_n})$ eine Funktion der Elektronengeschwindigkeit und der Bindungsenergie des Zustands mit der Quantenzahl n ist, in den die Einfangung erfolgt. Die Größe $v \cdot q(v, E_{G_n})$ bezeichnet man auch als Rekombinationskoeffizienten.

Mit dem Matrixelement $\Re_{E,n}$ des Überganges $E \to n$ hängt q_n nach Gl. (14,4) und (2,11) zusammen durch

$$(14,9) \qquad q_n(v) = \frac{h^2}{4\,\pi\,m^2\,v^2}\,A_{E,n} = \frac{16\,h\,\pi^3\,\nu^3\,e^2}{3\,m^2\,v^2}\,|\Re_{E,n}|^2 .$$

Durch Auswertung von $\Re_{E,n}$ gemäß Gl. (2,12), (5,20) und (5,21) erhält man direkt theoretische Ausdrücke für den Einfangquerschnitt in verschiedene Zustände, die allerdings recht verwickelt sind. Die bisher ausgeführten Rechnungen, die untereinander befriedigend übereinstimmen, beziehen sich lediglich auf Einfangung durch „nackte Kerne". STÜCKELBERG und MORSE[207] geben q_n für Einfangung von Elektronen der Voltgeschwindigkeit V in die verschiedenen Zustände eines Ions der Ladung $Z\,e$ in der Form

$$(14,10) \qquad q_n = C_{n,l} \cdot Z^2/V$$

an, wo $C_{n,l}$ eine Funktion der Quantenzahlen n und l des diskreten Endzustands darstellt und für die untersten Zustände aus Tabelle 4 zu entnehmen ist. Absolut folgt für Einfangung von 0,2 Volt-Elektronen in den Grundzustand des H-Atoms $q = 1{,}7 \cdot 10^{-21}$ cm². In Verfeinerung dieser Ergebnisse findet STOBBE[120], daß nur für kleine Elektronengeschwindigkeiten bei Einfangung in angeregte Zustände die Wahrscheinlichkeit des Überganges in einen P- oder D-Zustand größer ist als die in einen S-Zustand mit $l = 0$. Für Rekombination schneller Elektronen ($E_\mathrm{kin} \gg E_{Gn}$) dagegen erfolgt die Einfangung mit größter Wahrscheinlichkeit in einen S-Zustand.

Tabelle 4.

Werte von $C_{n,l}$ in Einheiten 10^{-20}.

n	s	p	d	f
1	0,227			
2	0,0335	0,109		
3	0,0114	0,0403	0,0520	
4	0,0053	0,0190	0,0318	0,0254

Exakte Ausdrücke für die Wahrscheinlichkeit der Einfangung in hoch angeregte Zustände sind noch nicht bekannt. Bei großen Elektronengeschwindigkeiten geht q_n wie $1/n^3$, dagegen wird q_n mit abnehmender Elektronengeschwindigkeit nach dem übereinstimmenden Ergebnis aller Rechnungen wie $1/v^2$ unendlich. Gewisse experimentelle Anhaltspunkte, auf die wir noch zu sprechen kommen (S. 54 und 63), scheinen aber zu zeigen, daß die Einfangung sehr langsamer Elektronen vorzugsweise in hoch angeregte Atomzustände erfolgt. Eine theoretische Behandlung dieser Frage wäre daher von großem Interesse.

Für viele praktische Fragen wäre endlich die Kenntnis eines Gesamteinfangquerschnittes

$$(14{,}11) \qquad q = \sum_n q_n$$

für Elektronen bestimmter Geschwindigkeit von Wichtigkeit. Für große Elektronengeschwindigkeit ergibt sich angenähert

$$(14{,}12) \qquad q = q_1 \sum_n 1/n^3 \approx 1{,}2\, q_1 \,,$$

während für kleine Elektronengeschwindigkeit q wegen des erwähnten unbekannten Beitrages der hohen Atomzustände nicht bekannt ist.

Durch Einsetzen der nach Gl. (14,9) berechneten q_n-Werte in Gl. (14,8) erhält man die Intensität und Intensitätsverteilung der bei Einfangung in die verschiedenen Zustände emittierten Seriengrenzkontinua. Wir werden in Abschn. 15 sehen, daß die theoretisch erwartete größere Intensität der Kontinua mit P- und D-Endzustand tatsächlich beobachtet wird. Eine Übersicht über alle Einzelheiten der Theorie und der Ergebnisse in Form von Tabellen und Kurven gibt STOBBE[120].

Die hier behandelte Theorie bezieht sich, wie erwähnt, zunächst nur auf die Rekombination freier Atomkerne mit Elektronen. Eine Theorie der Einfangung durch Ionen mit Elektronenhüllen erfordert die Berechnung der richtigen Eigenfunktionen des diskreten Endzustandes nach Abschn. 5a, wie bei der Berechnung der Absorptionskontinua in

Abschn. 7, außerdem aber noch die Berücksichtigung der Orientierung der ankommenden Elektronen (Spin des einzufangenden Elektrons).

c) Strahlungsrekombination im Plasma.

In Abschn. b wurde die Einfangung eines freien Elektrons durch ein einzelnes Ion, also die reine Zweierstoßrekombination, auch freie Rekombination genannt, behandelt. Beobachtungsergebnisse, die wir in Abschn. 16 besprechen werden, zeigen aber, daß diese freie Rekombination nicht alle Erscheinungen erklären kann, daß in vielen Fällen vielmehr ein Einfluß der Umgebung auf die Rekombinationswahrscheinlichkeit vorhanden sein muß. Über diese Frage ist rein theoretisch noch nichts bekannt. Hier soll nur betont werden, daß die Elektronenrekombination unter Emission von Seriengrenzkontinua theoretisch noch nicht geklärt ist, und daß an der Erscheinung offenbar noch ein verwickelterer Mechanismus als der in diesem Abschnitt behandelte beteiligt ist. Auf die im einzelnen zur Deutung der Beobachtungsergebnisse gemachten Vorschläge gehen wir in Abschn. 16 kurz ein.

15. Die Beobachtungen über Wiedervereinigung und Seriengrenzkontinua.

Die Bedingungen für ein intensives Auftreten von Emissionsgrenzkontinua liegen nach Abschn. 14b, besonders Gl. (14,8) und (14,9) dann vor, wenn erstens eine große Dichte von positiven Ionen und Elektronen vorhanden ist, und wenn zweitens deren Relativgeschwindigkeit, d. h. in erster Linie die Elektronengeschwindigkeit v, nicht zu groß ist. Verschiedene Formen der elektrischen Gasentladungen erfüllen diese Bedingungen: die elektrodenlose Ringentladung, der Niedervoltbogen, die Hohlkathode und die positive Säule bei nicht zu geringem Gasdruck und nicht zu kleiner Stromstärke. Besonders liegen diese Verhältnisse vor in den aus Bogenentladungen absaugbaren, ionisierten Gasen, sowie in allen intermittierenden Entladungen während der spannungs- und damit feldlosen Periode. Die Bedingungen sind ferner erfüllt in Flammen bei Zusatz leicht ionisierender Dämpfe sowie in vielen astrophysikalischen Lichtquellen.

a) Allgemeine Beobachtungen von Emissionsgrenzkontinua.

Die ersten gesicherten Beobachtungen von Seriengrenzkontinua in Emission sind die des Na-Nebenserienkontinuums im Vakuumbogen durch BARTELS[148] sowie die gleichzeitige des He-Hauptserienkontinuums $\lambda < 504$ Å in der intermittierenden Entladung durch LYMAN[180, 181] (s. Abb. 18). Es folgten Beobachtungen des Nebenserienkontinuums des Hg im Nachleuchten eines Hg-Bogens von LORD RAYLEIGH[200], der an die Grenzen $2s$ und $2p$ sich anschließenden Kontinua des He in der Hohlkathode durch PASCHEN[197], und endlich die Beobachtung des

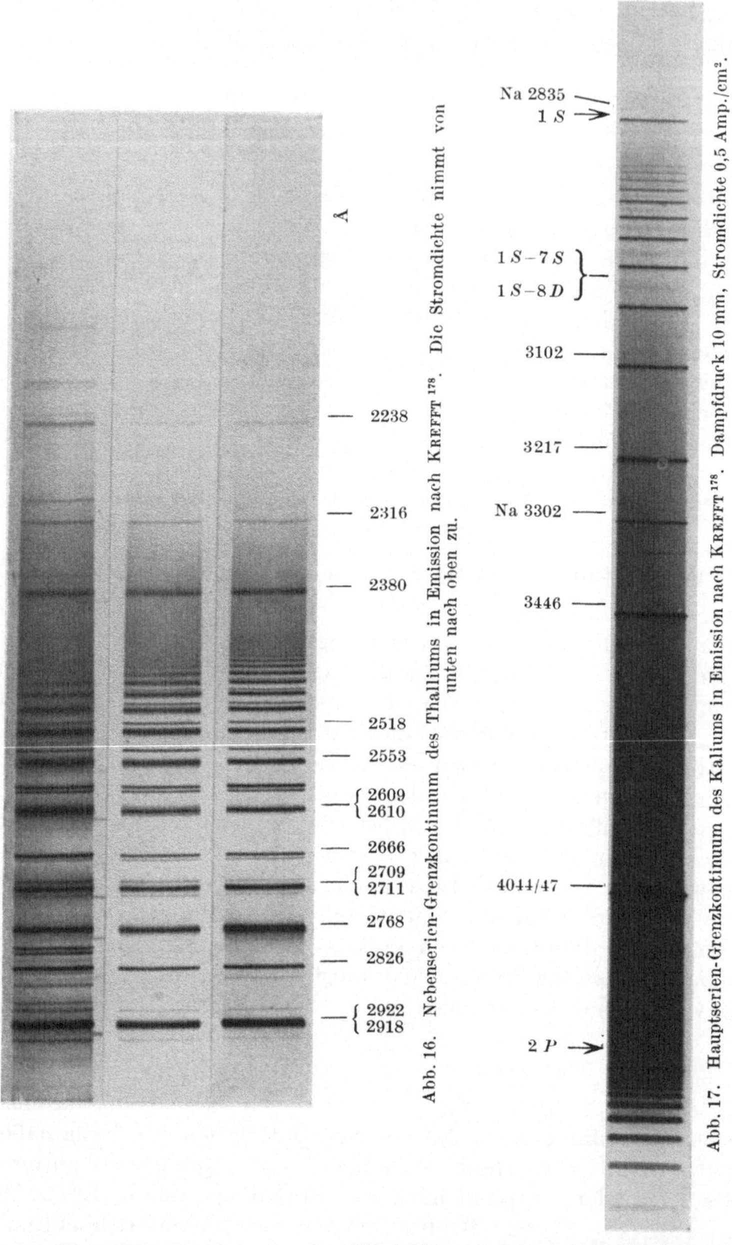

Abb. 16. Nebenserien-Grenzkontinuum des Thalliums in Emission nach Krefft[178]. Die Stromdichte nimmt von unten nach oben zu.

Abb. 17. Hauptserien-Grenzkontinuum des Kaliums in Emission nach Krefft[178]. Dampfdruck 10 mm, Stromdichte 0,5 Amp./cm².

Balmer-Grenzkontinuums in der Emission einer elektrodenlosen Ringentladung durch Herzberg[166]. Die Grenzkontinua der Haupt-, Neben-
und Bergmann-Serien der Alkalien sowie mehrerer Elemente der zweiten

und dritten Spalte des periodischen Systems endlich sind namentlich von
KREFFT[176–178] in der positiven Säule von Glühkathodenentladungen bei
einigen Amp. Stromstärke und Dampfdrucken zwischen 1 und 100 mm
Hg beobachtet worden (s. Abb. 16 und 17). Im Nachleuchten eines
Argonbogens fand KENTY[173] eindeutige Anzeichen für die Wiedervereinigung von Ionen und Elektronen und hat auch q-Werte messen,
die Grenzkontinua selbst aber nicht finden können. Er nimmt an, daß
die Kontinua der zahlreichen Serien sich stark überlagern und als kontinuierlicher Grund der Beobachtung entgangen sind. Die Frage scheint
aber noch offen.

Mit Sicherheit nachgewiesen sind Emissionsgrenzkontinua also bisher
bei den Elementen H, He, Na, K, Rb, Cs, Mg, Ca, Sr, Ba, Hg, Cd, Zn,
Tl und In.

In den mit Alkalisalzen versetzten Flammen sind kontinuierliche
Spektren (vgl. S. 307) schon von
KIRCHHOFF und BUNSEN[1598,1599] und
später häufig beobachtet worden,
und LENARD[1618] hat bereits 1917
nachgewiesen, daß die intensiven
kontinuierlichen Maxima auf der
kurzwelligen Seite der Nebenserien-
grenzen aller Alkalien mit diesen
Serien selbst in engem Zusammen-

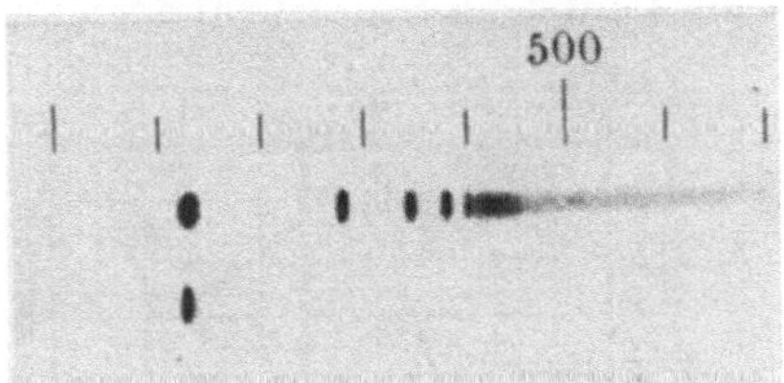

Abb. 18.   Die höheren Glieder der He-Haupt-
serie mit dem anschließenden Grenzkontinuum
in Emission im äußersten Ultraviolett. Aufgenommen mit intermittierender Entladung von
LYMAN[181].

hang stehen. Ihre Deutung als Nebenseriengrenzkontinua scheint damit
klar (vgl. [261]); bezüglich des hier besonders deutlichen Übergreifens über
die Seriengrenzen nach langen Wellen zu vgl. Abschn. 26. Für weitere
Einzelheiten über diese Flammenkontinua s. S. 307.

Aus allen diesen Beobachtungen an Emissionsgrenzkontinua gehen
einige wesentliche Züge mit aller Deutlichkeit hervor. Grenzkontinua
und damit Strahlungsrekombination von Elektronen und Ionen treten
besonders intensiv bei Elementen mit Dublettspektren, mit wesentlich
geringerer Wahrscheinlichkeit bei solchen mit Singulett- und Triplettspektren auf. Allgemein sind die Grenzkontinua der Nebenserien und
meist auch der BERGMANN-Serie viel intensiver als die der Hauptserie.
Bei der Ableitung solcher empirischer Gesetzmäßigkeiten ist aber Vorsicht am Platz. So liegt die Intensitätszunahme der Alkaligrenzkontinua
in Emission vom Li über Na, K, Rb zum Cs offenbar an dem mit
abnehmender Ionisierungsspannung wachsenden Ionisierungsgrad in den
Entladungen, ist also keine atomare Eigenschaft.

Die Beobachtungen über Intensität und Ausdehnung der Kontinua
hängen überhaupt stark von den Versuchsbedingungen, d. h. in erster
Linie von der Dichte und Geschwindigkeitsverteilung der Elektronen
und Ionen ab. Wesentlich hierfür sind ferner alle die Einflüsse (Gasdruck,

Gefäßwände), die die Wahrscheinlichkeit der Strahlungsrekombination gegenüber den übrigen elektronenvernichtenden Prozessen wie Dreierstoßrekombination, Abdiffusion an die Wand usw. verändern können. Aus diesem Grund kommt allen einfachen Beobachtungen von Grenzkontinua ohne gleichzeitige Bestimmung aller physikalischen Bedingungen wenig Bedeutung zu.

b) Systematische Untersuchungen über Emissionsgrenzkontinua.

Systematische Untersuchungen über Emissionsgrenzkontinua sind noch äußerst spärlich. Es liegen lediglich Messungen von MOHLER und BOECKNER[186–192] an den Cs-Grenzkontinua in Abhängigkeit von Elektronenkonzentration, Elektronengeschwindigkeit und Gasdruck sowie einige ähnliche Untersuchungen an den He-Kontinua von JANCKE[168] vor.

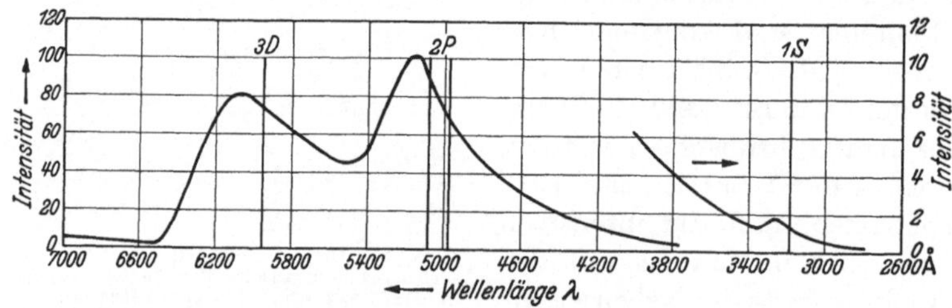

Abb. 19. Intensitätsverlauf der verschiedenen Seriengrenzkontinua des Cs-Atoms in Emission. (Nach MOHLER[91].)

Die Untersuchungen von MOHLER und BOECKNER über die Grenzkontinua der Haupt-, Neben- und BERGMANN-Serien des Cäsiums sind in Gleichstromentladungen bei Drucken zwischen 10^{-3} und 1 mm und bei Stromdichten zwischen 0,03 und 2,5 Amp./cm² ausgeführt worden. In einer Folge von Arbeiten haben die Verfasser die elektrischen und spektralen Eigenschaften dieser Entladungen eingehend untersucht und in Beziehung zueinander gebracht. Abb. 19 zeigt die Intensitätsverteilung in den Emissionsgrenzkontinua in Abhängigkeit von der Wellenlänge und läßt die schon erwähnte geringere Intensität des Hauptserienkontinuums gegenüber denen der Nebenserien und der BERGMANN-Serie erkennen. Die Gesamtintensität der Kontinua steigt bei niedrigen Drucken und Stromdichten, wie zu erwarten, mit dem Quadrat der durch Sondenmessungen ermittelten Elektronendichte. Bei hohen Drucken und Stromdichten wächst die kontinuierliche Intensität langsamer, was wohl auf den Einfluß strahlungsloser Elektronenrekombination zurückzuführen ist.

Die Messung absoluter Werte der Elektronendichte gestattet die Berechnung absoluter Werte des Einfangquerschnittes q_n. Bei hohem Druck ist allerdings zu beachten, daß die Sondenmessungen zu kleine Werte der Elektronendichte ergeben, da in der Umgebung der Sonde eine Verarmung des Plasmas an Elektronen eintritt, die bei hohem Druck nicht schnell genug ausgeglichen werden kann. Die Abhängigkeit des Wirkungsquerschnittes von der Elektronengeschwindigkeit und der Wellenzahl v ist nach Mohler und Boeckner durch

$$(15,1) \qquad q_n = \frac{c_1}{v^2\,v^2} = \frac{c_2}{v^2\,(v - v_n)}$$

gegeben, worin c_1 und c_2 Konstanten für jedes Grenzkontinuum sind. Diesen gemessenen Verlauf für das Nebenserienkontinuum des Cs zeigt Abb. 20. Als Absolutwert von q ergibt sich für Rekombination von 0,3 Volt-Elektronen in den P-Zustand

$$(15,2) \qquad q_{2\,P} = 1{,}7 \cdot 10^{-21}\,\mathrm{cm}^2,$$

für Rekombination in den 1 S-Zustand etwa $^1/_{100}$ dieses Wertes.

Durch Untersuchung der Cs-Entladung bei höherem Dampf-druck ($p > 0{,}1$ mm Hg) kommt Mohler[189, 190] noch zu einer An-zahl weiterer interessanter Er-gebnisse. Messungen der hohe-ren Anregungszustände ergaben nämlich, daß diese sich bei diesen Drucken schon im ther-mischen Gleichgewicht befinden. Mohler nahm deshalb an, daß wegen der dauernden Stöße

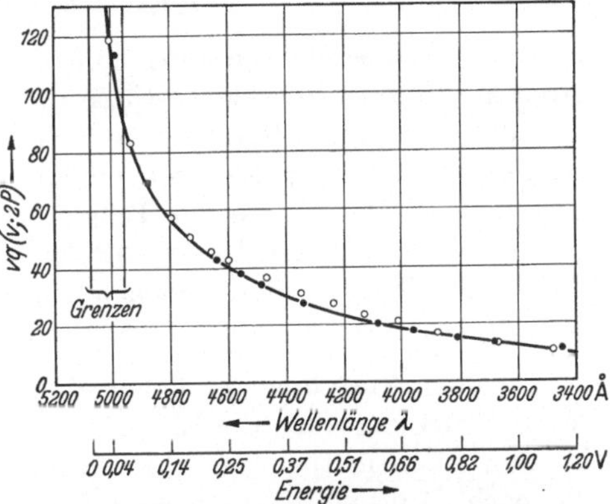

Abb. 20. Gemessener Verlauf des Rekombinations-koeffizienten für Rekombination in den *2 P*-Zustand des Cs-Atoms, aufgetragen gegen die Wellenlängen. Unterer Maßstab: Voltenergie der rekombinierenden Elektronen. Nach Mohler[91].

zwischen hoch angeregten Atomen, Ionen und Elektronen durch die, die Besetzung der hohen Atomzustände regelnde Temperatur T auch die Elektronendichte N^- bestimmt sei und sich, da ja bei diesen höheren Drucken die Sondenmessungen versagen, aus der Sahaschen Gleichung berechnen ließe. Wegen des theoretisch stetigen Anschlusses der Größe $\frac{df}{dE}$ [Gl. (5,24)] der letzten Serienlinien an die des Kontinuums (s. S. 17 und 29) muß dann bei Übergängen aus einem Intervall dE des diskreten Termbereiches dicht unterhalb der Ionisierungsgrenze und einem gleich großen dE des kontinuierlichen Termbereiches dicht ober-halb der Ionisierungsgrenze zu einem gemeinsamen Endzustand die gleiche Energie emittiert werden. Daraus folgt für den Zusammenhang zwischen der Übergangswahrscheinlichkeit A_n aus einem hoch angeregten Zustand und dem Einfangquerschnitt q in einen gemeinsamen End-zustand die Beziehung

$$(15,3) \qquad E_{\mathrm{kin}} \cdot q = \frac{h^2}{32\,\pi\,m\,R}\,\frac{g_n}{g^+}\,A_n\,n^3,$$

worin E_{kin} die Elektronenenergie, R die RYDBERG-Konstante, g_n und g^+ die statistischen Gewichte des hoch angeregten und des ionisierten Zustands und n die Hauptquantenzahl des angeregten Zustands bedeuten.

MOHLER[189, 190] bestimmt nun direkt durch Intensitätsmessungen an den Serienlinien die für die höheren Glieder jeder Serie konstante Größe $A_n \cdot n^3$ und kann mittels dieser aus (15,3) nun die Rekombinationsquerschnitte q berechnen. Für die Rekombination von 0,3 Volt-Elektronen in den $2\,P$-Zustand erhielt er so

$$(15,4) \qquad\qquad q_{2\,P} = 1{,}72 \cdot 10^{-21}\ \text{cm}^2$$

in vollster Übereinstimmung mit dem aus Intensitätsmessungen im Grenzkontinuum direkt bestimmten Wert (15,2). MOHLER schließt aus dieser Übereinstimmung auf die Richtigkeit der Annahme, daß bei höheren Drucken Elektronendichte und Besetzung der hohen Atomzustände durch die gleiche Temperatur bestimmt sind, und gewinnt damit nun umgekehrt die Möglichkeit, unabhängig von Sondenmessungen Werte der Elektronendichte N^- aus Messungen der Intensität des Grenzkontinuums zu bestimmen.

Die die Besetzung der hohen Atomzustände sowie nach der SAHAschen Gleichung auch die Elektronendichte bestimmende Temperatur T ist nun offensichtlich verschieden von der Elektronentemperatur T_e, die nach MOHLERs Messungen infolge Elektronenstoßanregung für die Besetzung der untersten Atomzustände sowie für die Intensitätsverteilung in den Grenzkontinua maßgebend ist. Das Ergebnis wäre also, daß eine solche Entladung bei nicht zu geringem Gasdruck durch zwei Temperaturen T und T_e vollständig bestimmt wäre, und daß beide sich durch Messungen an den Grenzkontinua bestimmen lassen, T aus der Intensität nahe der Seriengrenze und T_e aus der Intensitätsverteilung. Erst bei sehr hohen Drucken nähern sich T und T_e einander, so daß — wie etwa in Bogenentladungen — *eine* Temperatur alle Verhältnisse bestimmt.

Zur Aufklärung der Strahlungsrekombination in Zweielektronensystemen hat JANCKE[168] die Grenzkontinua des Heliums in Gleich- und Wechselstromentladungen bei Drucken bis zu 12 mm in Abhängigkeit von den elektrischen Bedingungen photographisch-photometrisch untersucht. Seine Beobachtung, daß allgemein Grenzkontinua bei Wechselstromentladungen viel intensiver auftreten als bei Gleichstromanregung, ist leicht verständlich, da während des Spannungsdurchgangs durch Null die Verhältnisse für Rekombination nach S. 47 besonders günstig liegen. Erwartungsgemäß findet auch JANCKE quadratische Abhängigkeit der Intensität der Grenzkontinua von der Stromstärke.

Von besonderem Interesse sind seine Untersuchungen über die relative Intensität der Singulett- und Triplettkontinua. Die bekannte allgemeine Verschiebung der relativen Intensität von Singulett- und Triplettspektren bei Druckänderungen gleicht JANCKE dadurch aus, daß er die Intensität der Grenzkontinua auf gleiche Intensität der hohen Serienlinien gleicher Hauptquantenzahl bezieht. Die gefundene Abhängigkeit der Maximalintensität der Grenzkontinua vom Druck zeigt dann Abb. 21. Die Intensität des Triplettkontinuums liegt stets wesentlich über der des Singulettgrenzkontinuums und wächst mit steigendem Gasdruck viel stärker an als diese. JANCKE schließt aus seinen Beobachtungen auf eine deutliche Bevorzugung der Rekombination in Triplettzustände, namentlich bei höheren Drucken.

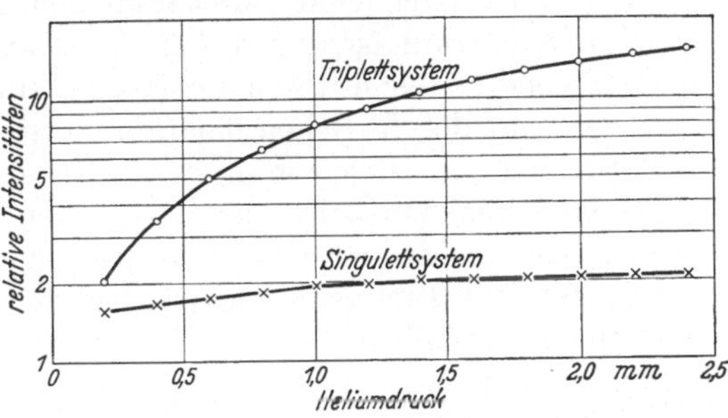

Abb. 21. Gemessene Druckabhängigkeit der Helium-Grenzkontinua mit den Grenzen $2\,^1S$ und $2\,^3S$ in einer Wechselstromentladung, bezogen auf die gleiche Intensität entsprechender hoher Serienglieder. (Nach JANCKE [168].)

Versuche, die Abhängigkeit der He-Grenzkontinua, deren allgemeinen Verlauf Abb. 22 zeigt, von der Elektronentemperatur T_e zu bestimmen, gaben kein eindeutiges Ergebnis. Entweder liegt dies daran, daß Sondenmessungen in Helium weniger zuverlässig sind, oder daß die ziemlich kleinen Änderungen der hohen, etwa 10 Volt entsprechenden Elektronentemperatur gegenüber der starken Abhängigkeit der kontinuierlichen Intensität von Druck und Stromstärke nicht erfaßbar sind.

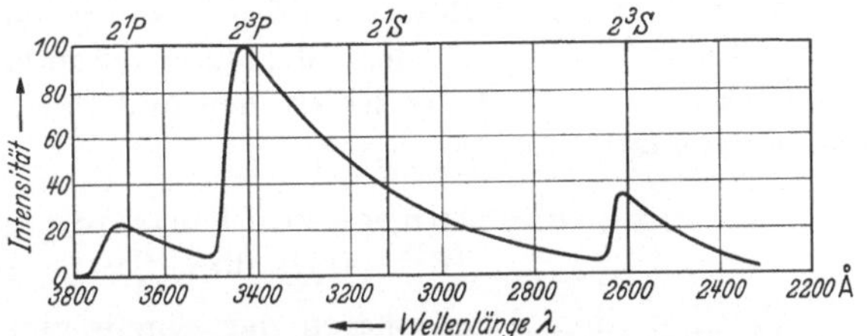

Abb. 22. Intensitätsverlauf der Emissions-Seriengrenzkontinua des Heliums im nahen Ultraviolett nach Messungen von MOHLER und BOECKNER [192]. (Aus MOHLER [91].)

Die direkte Beobachtung von Emissionsgrenzkontinua ist nicht die einzige Möglichkeit zum Nachweis von Strahlungsrekombination. Viel untersucht worden ist die Beteiligung von Rekombination am Nachleuchten elektrisch erregter Gase und Dämpfe. Die älteren Versuche sind von SEELIGER [202] eingehend beschrieben und diskutiert worden. Daß an dem Nachleuchten z. B. von Hg und Ar Rekombination maßgebend beteiligt ist, zeigen wohl zwingend die gleichzeitig spektroskopischen und elektrischen Untersuchungen von HAYNER [164, 165], POOL [199] und KENTY[173]. Es wird nämlich nach Abschalten der Spannung zuerst ein exponentielles Abklingen des Anregungsleuchtens der Linien beobachtet, dann ein Zwischenstadium, in dem die Elektronengeschwindigkeiten zur Rekombination anscheinend noch zu groß sind, und endlich das eigentliche Nachleuchtstadium, das sich meist über eine Dauer von 10^{-4} bis 10^{-3} sec nach dem Abschalten erstreckt. Während dieser Zeit treten im Spektrum bevorzugt sehr hoch angeregte Linien bestimmter Serien (besonders der diffusen Nebenserie) auf, und es scheint erwiesen, daß diese nur durch Rekombination entstehen können. Obwohl die ganze Gruppe von Erscheinungen noch keineswegs geklärt ist, lassen die geschilderten Versuche, die durch den Nachweis des Fehlens anregender Elektronen sowie durch Messungen der Elektronenkonzentration und des Einflusses elektrischer Felder ergänzt werden, doch kaum einen Zweifel zu, daß es sich hier um Rekombinationserscheinungen handelt, und daß diese Rekombination vorzugsweise in sehr hohe Atomzustände erfolgt. In Abschn. 17c werden wir sehen, daß auch aus astrophysikalischen Beobachtungen Anzeichen dafür vorliegen, daß die Einfangung sehr langsamer Elektronen vorzugsweise in sehr hohe Atomzustände erfolgt. Eingehende Untersuchungen dieser Fragen sind aber noch notwendig.

In einer ganz neuen Arbeit untersucht MOHLER[191] noch den Zusammenhang der Grenzkontinuaemission und der elektrischen Eigenschaften im Nachleuchten einer Cäsiumentladung, d. h. im Zeitintervall von etwa 10^{-3} sec nach Abschalten des Stromes, und greift damit die Frage des Zusammenhanges der Strahlungsrekombination mit der Dichte und Geschwindigkeit der Elektronen und Ionen im Nachleuchten direkt experimentell an.

c) Beobachtungen von Emissionsgrenzkontinua in kosmischen Systemen.

Auch in den Atmosphären der Sonne und der Fixsterne sowie in gewissen Gasnebeln liegen die Bedingungen für das Auftreten von Grenzkontinua günstig. Beobachtet wurde bisher lediglich das BALMER-Grenzkontinuum des Wasserstoffes. Als erster hat EVERSHED[160] bei der Sonnenfinsternis von 1898 in den Spektren der Chromosphäre und der Protuberanzen, wo die Störung durch die Strahlung der tieferen Schichten fehlt, das BALMER-Grenzkontinuum in Emission beobachtet, aber erst WRIGHT[212-216] hat es eingehender untersucht und seinen Zusammenhang mit der BALMER-Serie erkannt. Er war es auch, der 1917 auf das Auftreten des Kontinuums in den Spektren von planetarischen Nebeln und gewissen Fixsternen, namentlich der Neuen Sterne (Novae), hinwies. Die Emission des Kontinuums durch Sterne früher Spektralklassen wurde untersucht von NEWMAN[193] sowie von KARPOV[172], der auf die überraschend große Intensität des Kontinuums, verglichen mit der

der Linie H_α, bei einigen B-Sternen aufmerksam machte. Nachdem dann erstmalig JOHNSON[170, 171] den Versuch gemacht hatte, das Auftreten des BALMER-Emissionskontinuums aus den physikalischen Verhältnissen in der Sonnenatmosphäre, in denen der Novae und in den planetarischen Nebeln zu erklären, konnte McCREA[156] aus Messungen der BALMER-Emission in der Sonnenatmosphäre die Zahl der über 1 cm² der Photosphäre lagernden zweiquantigen H-Atome zu etwa 10^{12} berechnen.

Auf die Bedeutung der kontinuierlichen Wasserstoffabsorption und -emission für die Theorie des Leuchtens der planetarischen Nebel kommen wir in Abschn. 17 c zurück.

d) Molekülgrenzkontinua in Emission
$$(X_n^+ + \text{Elektron} \rightarrow X_n + h\,c\,\nu).$$

Als Umkehrvorgang der in Abschn. 8 behandelten Photoionisierung von Molekülen muß natürlich auch die Strahlungsrekombination von Molekülionen und Elektronen unter Emission der entsprechenden Grenzkontinua möglich sein. Die Bedingungen für ihre Beobachtung müssen die gleichen sein wie für die Atomgrenzkontinua, nämlich hohe Konzentration von Molekülionen und Elektronen bei kleiner Elektronengeschwindigkeit. Voraussetzung ist also die Existenz stabiler Molekülionen. Da aber auch dann unter diesen Bedingungen stets eine beträchtliche Dissoziation und darauffolgend Atomrekombination stattfinden muß, können solche Molekülgrenzkontinua nur gleichzeitig mit Atomgrenzkontinua auftreten, was unter weiterer Berücksichtigung der an sich schon komplizierten Struktur der Molekülspektren und der zu erwartenden geringen Intensität der Molekülgrenzkontinua ihre Beobachtung außerordentlich erschweren muß. Solche die Elektronenrekombination anzeigenden Molekülgrenzkontinua sind daher auch noch nicht nachgewiesen worden.

e) Röntgengrenzkontinua in Emission.

Röntgengrenzkontinua in Emission würden den Umkehrfall der in Abschn. 9 behandelten Röntgenabsorptionskontinua darstellen, d. h. bei der Einfangung freier Elektronen in innere Elektronenschalen der Atome emittiert werden. Die inneren Elektronenschalen sind aber normalerweise stets voll besetzt, und die etwa durch Röntgenabsorption oder Stoßprozesse entstehenden Lücken werden mit größter Wahrscheinlichkeit sofort durch Elektronenübergang aus höheren Schalen wieder aufgefüllt. Die Wahrscheinlichkeit des Einfangens eines freien Elektrons in eine entstandene Lücke einer inneren Schale ist daher außerordentlich klein, so daß Röntgengrenzkontinua in Emission nicht beobachtet werden.

f) Elektronenaffinitätsspektren in Emission.

Nach den bei der Anlagerung freier Elektronen an elektronegative Atome nach der Gleichung

$$(15,5) \qquad X + \text{Elektron} \to X^- + h\,c\,\nu$$

zu erwartenden Emissionskontinua ist vielfach gesucht worden. Die Versuche von FRANCK[482] sowie GERLACH und GROMANN[488], gewisse Emissionsbänder in den Spektren der Halogene als Elektronenaffinitätskontinua zu deuten, konnten eindeutig widerlegt werden (s. auch S. 168. sowie [8]). Auch ein neuer Versuch OLDENBERGs[519], Elektronenaffinitätsspektren in der Hohlkathode, wo die Bedingungen günstig sein sollten, zu finden, scheiterte und führt OLDENBERG zu der Folgerung, daß die Einfangwahrscheinlichkeit eines Elektrons durch ein neutrales Atom ganz wesentlich kleiner sein muß als die durch ein positives Ion. In Lösungen liegen die Verhältnisse ganz anders, so daß dort Elektronenaffinitätsspektren der Halogene in Absorption gefunden werden konnten (s. S. 262). Eine wellenmechanische Berechnung des Wasserstoff-Elektronenaffinitätsspektrums hat JEN[169] ausgeführt; auch er kommt zu dem Schluß, daß die Aussichten für seine Beobachtung sehr gering sind.

16. Vergleich von Theorie und Beobachtung; Diskrepanzen und Lösungsversuche.

Wir vergleichen jetzt den experimentellen Befund über die Emissionskontinua mit der in Abschn. 14 behandelten Theorie. In Übereinstimmung mit der Rekombinationstheorie treten Grenzkontinua stets an Orten und zu Zeiten hoher Elektronen- und Ionendichte, aber geringer Elektronengeschwindigkeit auf. Auch die quadratische Abhängigkeit der kontinuierlichen Intensität von der Stromdichte in Entladungen ist ebenso in Übereinstimmung mit der Theorie wie die neuerdings wieder von MOHLER[191] bestätigte Tatsache, daß nach Abschalten einer Bogenentladung die Intensität der Grenzkontinua direkt abhängt von der durch Sonden gemessenen Elektronen- und Ionendichte im nachleuchtenden Plasma. Endlich ist auch der theoretisch geforderte schnelle Abfall der Intensität von der Seriengrenze nach kurzen Wellen zu ausnahmslos gefunden worden. Anomalien wie bei den Absorptionskontinua des K und Cs (s. S. 27) treten also bei den Emissionskontinua nicht auf.

Das experimentell gefundene Übergreifen des Kontinuums über die Seriengrenze nach langen Wellen zu wird, ebenso wie die mit ihm zusammenhängenden Erscheinungen des Auftretens verbotener Serien und der Verbreiterung der höchsten Serienglieder, in Kap. VI behandelt und findet dort eine einleuchtende theoretische Erklärung.

Da die bisher vorliegenden Rechnungen sich, wie erwähnt, lediglich auf die Einfangung von Elektronen durch nackte Kerne beziehen, die

Struktur der Elektronenhüllen also noch nicht berücksichtigen, können sie naturgemäß die feineren, individuellen Einzelheiten der Kontinua nicht beschreiben. Das gilt für die Abhängigkeit der Intensität von der Ordnungszahl in den einzelnen Gruppen des periodischen Systems ebenso wie für den experimentellen Befund, daß Emissionskontinua in Dublettspektren viel leichter zu erhalten sind als in Singulett-Triplettspektren. Es besteht aber durchaus die Hoffnung, daß eine Verfeinerung der Theorie auch diese Punkte befriedigend erklären wird.

Eine grundsätzliche Schwierigkeit aber ergibt sich bei dem Versuch der Erklärung der Beobachtungen von KREFFT[178] und anderen über die Abhängigkeit der verschiedenen Grenzkontinua eines Alkaliatoms von Druck und Stromdichte. Hier fand KREFFT nämlich, daß sich mit steigender Stromdichte und steigendem Dampfdruck die Intensität immer mehr zugunsten der Nebenserien und schließlich auch der BERGMANN-Serie verschob, und er konnte diesen Befund auch einleuchtend durch die entsprechende Anreicherung der unteren Zustände dieser Serien $2\,^2P$ und $3\,^2D$ erklären. Unerwartet und theoretisch unverständlich aber war, daß die relative Intensität der Emissionsgrenzkontinua der verschiedenen Serien sich genau in der gleichen Weise verschob wie die der Serien selbst, obwohl die Wahrscheinlichkeit der Rekombination eines freien Elektrons in einen bestimmten Atomzustand unter Ausstrahlung einer Wellenlänge des Kontinuums nach der Theorie ausschließlich durch atomare Größen (Übergangswahrscheinlichkeiten) bestimmt und von den Entladungsbedingungen unabhängig sein sollte. Die Versuche scheinen also folgendes zu bedeuten: Bei geringer Stromdichte erfolgt durch Elektronenstoß vom Grundzustand $1\,^2S$ aus Anregung der höheren P-Terme und entsprechend intensive Emission der Hauptserie $n\,^2P \rightarrow 1\,^2S$. In diesem Fall erfolgt auch die Einfangung freier Elektronen mit erheblicher Wahrscheinlichkeit in den $1\,^2S$-Grundzustand unter Emission des Hauptseriengrenzkontinuums. Wählt man dagegen die Anregungsbedingungen so, daß die Nebenserien $n\,^2S \rightarrow 2\,^2P$ und $n\,^2D \rightarrow 2\,^2P$ besonders intensiv auftreten, so erfolgt auch die Einfangung freier Elektronen bevorzugt in den $2\,^2P$-Zustand unter Emission der Nebenseriengrenzkontinua. Diese Experimente zwingen also anscheinend zu der Folgerung, daß das auf ein Alkaliion zufliegende freie Elektron von der Umgebung nicht unabhängig ist, sondern bei Anwesenheit zahlreicher angeregter D- und S-Elektronen, die in den $2\,P$-Zustand übergehen, selbst auch in diesen „hingelenkt" wird.

JANCKE[168] kommt auf Grund dieser Diskrepanz zwischen Theorie und Beobachtung zu dem Schluß, daß die in Abschn. 14a behandelte Theorie der „freien Rekombination" zur Erklärung der Emissionsgrenzkontinua nicht ausreicht, und daß man einen neuen Elementarvorgang annehmen muß, um den experimentell festgestellten Zusammenhang zwischen rekombinierenden und angeregten Atomen darzustellen. Er nimmt deshalb an, daß die „Steuerung" des freien Elektrons in den „richtigen" Zustand durch ein hoch angeregtes Atomelektron erfolgt, daß also ein freies Elektron eigentlich nicht mit einem Ion, sondern mit einem hoch angeregten Atom rekombiniert. Das soll in der Weise erfolgen, daß das hoch angeregte, von JANCKE als „quasifrei" bezeichnete Elektron sich gegen das ankommende freie Elektron austauscht, und dieses dann unter Emission einer Wellenlänge des Grenzkontinuums in den Zustand rekombiniert, in den das hoch angeregte Elektron übergehen würde.

Es scheint nun, als könnte man unter Verzicht auf den ausdrücklichen Austausch zu einem grundsätzlich gleichen, aber einfacheren und klareren Bild des Vorganges gelangen (vgl. Abb. 23). Das freie und das hoch angeregte Elektron (a und b) unterscheiden sich nämlich nicht nur durch ihre Energie E. Elektron b besitzt vielmehr im Gegensatz zu a einen definierten Bahnimpuls und Spin, der es befähigt, gerade in einen bestimmten Zustand überzugehen. Wir möchten nun in leichter Abänderung von JANCKEs Vorstellung annehmen, daß das hoch angeregte Elektron von dem freien a im Stoß einen Teil von dessen kinetischer Energie übernimmt und dann im Übergang eine Wellenlänge des Grenzkontinuums emittiert, wobei der Übergang selbst aber durch seine anfänglichen Quantenzahlen l und s bestimmt ist. In Abb. 23 ist links der der freien Rekombination entsprechende Übergang des Elektrons a dargestellt.

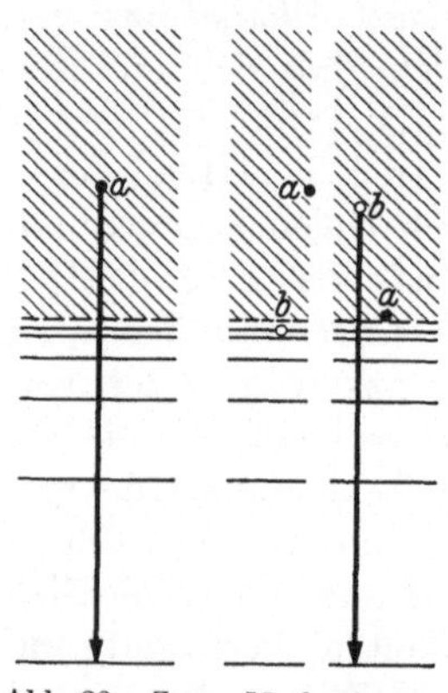

Abb. 23. Zum Mechanismus der Emission eines Seriengrenzkontinuums bei Rekombination eines freien Elektrons mit einem positiven Ion (links) und mit einem hoch angeregten Atom (rechts).

Rechts ist der neue Mechanismus, willkürlich in zwei Etappen aufgeteilt, angedeutet. Das freie Elektron a mit beliebig orientiertem l und s gibt einen wesentlichen Teil seiner kinetischen Energie an ein zunächst hoch angeregtes Atomelektron b mit definierten Quantenzahlen l und s ab, worauf b den durch seine Quantenzahlen bestimmten Elektronensprung ausführt. Das hoch angeregte Elektron b braucht dabei unseres Erachtens anfangs keineswegs als „quasifrei" angesehen zu werden; nur muß seine Ionisierungsenergie klein sein gegen die mittlere kinetische Energie der freien Elektronen a. Über die relative Wahrscheinlichkeit der freien Rekombination und des neuen Prozesses liegen bisher weder Rechnungen noch stichhaltige Experimente vor. Allerdings scheint aus den Kanalstrahlbeobachtungen von DÖPEL[159] zu folgen, daß die freie Rekombination unter seinen Bedingungen ein äußerst seltener Vorgang war.

Es ist gelegentlich die Ansicht geäußert worden, daß noch weitere ernsthafte Diskrepanzen zwischen Theorie und Beobachtung bestehen, und namentlich BARTELS[151] hat die Verhältnisse an der Seriengrenze zum Ausgangspunkt einer Kritik der gesamten Rekombinationstheorie gewählt. Da nämlich die Intensität der Serienlinien von der Zahl der angeregten Atome, die des Kontinuums nach der Theorie aber von der Stoßhäufigkeit von Elektronen und Ionen (bzw. Elektronen und hoch angeregten Atomen) abhängt, ist nach Bartels ein kontinuierlicher Intensitätsübergang an der Seriengrenze und ein gleichartiges Verhalten der Spektren beiderseits der Grenze bei Änderung der Anregungsbedingungen nicht verständlich. Dazu ist aber Folgendes zu sagen.

Die Frage des kontinuierlichen oder diskontinuierlichen Überganges der Intensität an der Seriengrenze ist experimentell nicht eindeutig entschieden. Da nämlich *alle* Emissionsbeobachtungen infolge der Störungen durch die Felder der Elektronen und Ionen verfälscht sind (s. S. 96 f.), ist über die Verhältnisse bei verschwindender äußerer Störung nur sehr schwer etwas auszusagen. In den experimentellen Arbeiten über diese Frage fehlt zudem meist jede Angabe darüber, ob der verschiedene Einfluß der Spaltbreite auf die Intensität von Linien und Kontinuum berücksichtigt worden ist. Die Frage ist also noch offen, und es erscheint verfrüht, hier eine Diskrepanz zwischen Beobachtung und Theorie zu sehen.

Gesichert dagegen scheint das gleichartige Verhalten von Kontinuum und höchsten Seriengliedern gegenüber Änderung der Anregungsbedingungen. Hier liegt aber kein Widerspruch zur Theorie vor, da nach den Untersuchungen von Mohler[189, 190] (S. 51) die höchsten Atomzustände im wesentlichen durch Rekombination sehr langsamer Elektronen besetzt werden und die Intensität der letzten Serienglieder folglich in gleicher Weise mit den Anregungsbedingungen sich ändern muß wie die des Kontinuums dicht jenseits der Grenze.

Man kann also anscheinend mit der Rekombinationstheorie von Abschn. 14a, ergänzt durch den leicht abgeänderten Janckeschen Emissionsmechanismus, zu einer qualitativen Erklärung aller Beobachtungen gelangen. Erst eine exakte Theorie der freien Rekombination unter Berücksichtigung der richtigen Eigenfunktionen (Einfangung durch Ionen statt durch Kerne) sowie eine Theorie des neuen Mechanismus kann die Grundlage eines späteren quantitativen Vergleiches bilden. Es sei aber der Vollständigkeit halber erwähnt, daß Bartels[151] im Gegensatz hierzu glaubt, die Rekombinationstheorie vollständig ablehnen zu müssen, und versucht, an ihre Stelle eine neue Beschreibung der Kontinuaemission zu setzen, über deren physikalische Bedeutung eine völlige Klarheit noch nicht erzielt werden konnte.

17. Die Bedeutung der Emissionsgrenzkontinua.

a) Die Bedeutung für die Gasentladungsphysik.

Für die Physik und Technik der Gasentladungen ist neben der Kenntnis der Trägererzeugung die der Trägervernichtung von besonderer

Wichtigkeit, und hier kommen außer der Diffusion an etwa vorhandene Wände nur die verschiedenen Möglichkeiten der Rekombination in Betracht. Diese Vereinigung von Elektronen und Ionen kann nun strahlungslos nur im Dreierstoß vor sich gehen, wobei der dritte Partner, der ein Gasteilchen oder ein Elektron (unter Umständen wohl auch das Plasma) sein kann, die überschüssige Energie abführt. Gegenüber dieser optisch nicht nachweisbaren Volumenrekombination durch Dreierstoß ist die Zweierstoßrekombination stets mit kontinuierlicher Emission der freiwerdenden Energie verbunden, und die auftretenden Seriengrenzkontinua zeigen an, in welche der möglichen Atomzustände die Rekombination erfolgt. Aber nicht nur die Tatsache der Zweierstoßrekombination in einen bestimmten Atomzustand läßt sich aus der Beobachtung von Emissionsgrenzkontinua erschließen, sondern, wie S. 52 bei der Behandlung der Cs-Kontinua gezeigt wurde, bei stationärer Entladung auch die Dichte und Geschwindigkeitsverteilung der Elektronen, da nach Gl. (14,8) die Gesamtintensität des Grenzkontinuums ein Maß für die Elektronen- und Ionendichte, die Intensitätsverteilung im Kontinuum aber ein Maß für die Geschwindigkeitsverteilung der Elektronen ist.

b) Die Bedeutung für die Lichttechnik.

Die Anwendung der Kontinuaforschung auf die Lichttechnik steht noch in den Anfängen. Schon jetzt aber wird die Tatsache ausgenutzt, daß man die Ausbeute und namentlich auch die Farbe gewisser Gasentladungslampen günstig beeinflussen kann, indem man durch geeignete Wahl der Entladungsbedingungen (besonders des Dampfdruckes und der Stromdichte) den Anteil der verschiedenen Grenzkontinua an der Gesamtstrahlung gegenüber der reinen Linienstrahlung erhöht. Verschiedene der im Handel befindlichen Spektrallampen, besonders die mit Cs- und K-Füllung, sind erste Beispiele hierfür (vgl. auch [177, 1609, 1616]).

c) Der Mechanismus des Leuchtens der planetarischen Nebel.

In Abschn. 15c wurde bereits auf die Bedeutung des BALMER-Grenzkontinuums für die Physik der Sonnen- und Sternatmosphären hingewiesen. Am klarsten aber kommt die Bedeutung der Emissionsgrenzkontinua für die Astrophysik bei der auf die Arbeiten von ZANSTRA[217] und CILLIÉ[154, 155] zurückgehenden Theorie des Leuchtens der planetarischen und gewisser Gasnebel zum Ausdruck. Auch rein physikalisch ist diese Theorie von großem Interesse.

Diese Nebel sind ausgedehnte Gaswolken von sehr geringer Dichte, die bei den planetarischen Nebeln kugelförmig um einen sehr heißen Zentralstern angeordnet sind, während sie als diffuse Gasnebel unregelmäßige Form besitzen, aber auch jeweils mit einem Stern hoher Leuchtkraft in Zusammenhang stehen. Die Spektren dieser Gasnebel sind

besonders von HUBBLE[167] und PAGE[196] untersucht worden. In denen
der planetarischen Nebel erscheint stets, in denen der diffusen gelegentlich das BALMER-Kontinuum in Emission. Für weitere Einzelheiten vgl.
Abschn. 104 und 13b. Hier soll nur die Frage der Emissionsspektren
behandelt werden.

Die Lichtanregung der im wesentlichen aus Wasserstoff bestehenden
Nebelmaterie erfolgt nach den Beobachtungen durch den Zentralstern,
der als schwarzer Strahler (vgl. S. 280) der Temperatur T aufgefaßt
wird. Die Lichtemission kann nun entweder eine Fluoreszenzstrahlung
der durch Linienabsorption angeregten neutralen H-Atome sein, oder
eine Folge der Photoionisation infolge Absorption des Grenzkontinuums
der LYMAN-Serie (s. S. 28). Aus der Intensität der Lichtemission der
Nebel errechnet man, daß die Linienabsorption nur eine untergeordnete
Rolle spielen kann, so daß als Primärprozeß ganz vorwiegend die
Photoionisation der H-Atome durch die kurzwellige Strahlung des Zentralsterns $\lambda < 911$ Å anzusehen ist.

Bei der Wiedervereinigung der ionisierten H-Atome können die
Elektronen entweder direkt unter Emission des LYMAN-Kontinuums
in den Grundzustand übergehen, oder sie können unter Emission des
BALMER-, PASCHEN- oder eines noch langwelligeren Kontinuums in höhere
Atomzustände eingefangen werden und dann unter Linienstrahlung in
den Grundzustand zurückkehren. Wir betrachten nun nach ZANSTRA
einen Gleichgewichtszustand. Dann werden pro Sekunde ebenso viele
Atome unter Absorption von Quanten des LYMAN-Kontinuums ionisiert
werden, wie unter Emission entweder des LYMAN-Kontinuums oder einer
LYMAN-Linie in den Grundzustand zurückkehren. Die Zahl der in der
Zeiteinheit absorbierten ultravioletten Quanten N_{UV} ist also gleich
der Zahl der emittierten LYMAN-Quanten:

$$(17,1) \qquad N_{\mathrm{UV}} = Ly_{\mathrm{kont}} + Ly_{\mathrm{Linien}}.$$

Wegen der sehr großen Absorbierbarkeit der LYMAN-Linien als Resonanzlinien durch die H-Atome wird nun aber jede emittierte höhere LYMAN-
Linie (z. B. Ly_β) sofort wieder absorbiert werden, und das dadurch entstehende dreiquantige H-Atom hat nun die Wahl, entweder wieder die
Ly_β zu emittieren (die dann anschließend wieder absorbiert wird) oder
aber die BALMER-Linie H_α und erst anschließend die Ly_α auszustrahlen
(Stufenemission). Infolge der großen Absorptionswahrscheinlichkeit der
LYMAN-Linien werden also angeregte H-Atome praktisch stets stufen-
förmig erst PASCHEN- oder BALMER-Linien emittieren, worauf der letzte
Elektronensprung stets der Übergang vom zweiquantigen Zustand zum
Grundzustand unter Emission der Ly_α-Linie sein muß. In (17,1) können
wir also die Zahl der emittierten LYMAN-Linienquanten direkt gleich der
der Ly_α-Quanten setzen

$$(17,2) \qquad N_{\mathrm{UV}} = Ly_{\mathrm{kont}} + Ly_\alpha.$$

Da der Ausgangszustand des Gesamtvorgangs das ionisierte Atom war, setzt die Emission eines Ly_α-Quants aber stets entweder die Einfangung in den zweiquantigen Zustand unter Emission des BALMER-Kontinuums oder die Einfangung in einen höheren Zustand und anschließende Emission einer BALMER-Linie voraus. Es gilt daher für die Zahl der emittierten Quanten

$$(17,3) \qquad Ly_\alpha = Ba_\mathrm{kont} + Ba_\mathrm{Linien}$$

und mit (17,2)

$$(17,4) \qquad N_\mathrm{UV} = Ly_\mathrm{kont} + Ba_\mathrm{kont} + Ba_\mathrm{Linien}.$$

Von diesen emittierten Quanten werden die des LYMAN-Kontinuums und der roten H_α im allgemeinen photographisch nicht erfaßt, sondern nur die des BALMER-Kontinuums und der höheren BALMER-Linien. ZANSTRA macht aber plausibel, daß die Zahl der nicht erfaßten Quanten größenordnungsmäßig gleich der der photographisch wirksamen sein muß. Mit dieser Zahl der photographisch erfaßten, vom Nebel emittierten Quanten, die also größenordnungsmäßig gleich N_UV ist, vergleicht er nun die Zahl der photographisch wirksamen Quanten N_phot der Sternstrahlung selbst und erhält für das Verhältnis beider

$$(17,5) \qquad L = \frac{N_\mathrm{UV}}{N_\mathrm{phot}} = \frac{\displaystyle\int_{x_0}^{\infty} \frac{x^2}{e^x - 1}\, dx}{\displaystyle\int_{x_1}^{x_2} \frac{x^2}{e^x - 1}\, dx} \qquad \text{mit} \qquad x = \frac{h\,c\,\nu}{k\,T},$$

$$\nu_0 = 109\,500 \text{ cm}^{-1} \quad \text{LYMAN-Grenze,}$$
$$\nu_1 = 20\,000 \text{ cm}^{-1} \left.\vphantom{\begin{matrix}a\\b\end{matrix}}\right\} \text{Grenzen der Sternphotographie.}$$
$$\nu_2 = 30\,300 \text{ cm}^{-1}$$

L ist nun, wie Tabelle 5 zeigt, sehr stark abhängig von der Temperatur des Zentralsterns. Da nach den Beobachtungen für planetarische Nebel mit Zentralsternen der Spektraltypen $O_{e\,5}$ bis B_0 ungefähr

$$(17,6) \qquad L \sim 1$$

ist, folgt aus (17,5) und Tabelle 5 für die Temperatur des Zentralsterns etwa 33 000°. Diese Temperaturbestimmung nach der ZANSTRASCHEN Theorie steht mit den Ergebnissen anderer Messungen (Intensitätsverteilung im Sternspektrum) in bester Übereinstimmung, und das gleiche gilt für die weiteren Folgerungen aus der Theorie, so daß der dargelegte Mechanismus des Leuchtens der planetarischen Nebel jedenfalls in seinen wesentlichsten Punkten richtig zu sein scheint.

Tabelle 5.

T	L
15 000°	0,0075
20 000°	0,066
25 000°	0,271
30 000°	0,72
35 000°	1,41
40 000°	2,50
50 000°	5,4
100 000°	38

Cillié[154, 155] hat später auf Zanstras Theorie weitergebaut und einmal die Anregung der sog. Nebuliumlinien durch Stöße der schnellen, durch Photoionisation entstandenen Elektronen erklärt, und hat zweitens aus der Intensitätsverteilung im Balmer-Grenzkontinuum in Emission, die mit $e^{-\frac{h\,c\,(\nu-\nu_G)}{k\,T}}$ geht, sowie aus dem Vergleich der Intensität von Linien und Kontinuum an der Grenze die Elektronentemperatur in den planetarischen Nebeln zu bestimmen versucht. Sein Ergebnis (etwa 10000°) stimmt aber mit dem wesentlich niedrigeren Wert, den Page[196] findet (etwa 2000°), nicht überein. Die Ursache der Abweichung ist noch unklar, da Reabsorption des Balmer-Kontinuums in der Nebelmaterie kaum anzunehmen ist.

Als wesentlich für die in Abschn. 14 b behandelte Theorie ist noch zu erwähnen, daß aus Zanstras wie auch Cilliés Untersuchungen sowie aus Beobachtungen von Plaskett[198] hervorzugehen scheint, daß bei sehr langsamen Elektronen Rekombination vorwiegend in hoch angeregte Atomzustände erfolgt, bei schnellen Elektronen dagegen überwiegend in die tiefen Zustände.

V. Kontinuierliche Strahlung und Absorption freier Elektronen.

18. Allgemeines über frei-frei-Übergänge von Elektronen.

Im Anschluß an die Ionisations- und Rekombinationskontinua haben wir als dritte, zur Emission und Absorption kontinuierlicher Strahlung führende Gruppe von Elektronenübergängen diejenigen zu behandeln, bei denen das Elektron im Anfangs- wie im Endzustand frei ist und bei der Emission bzw. Absorption lediglich kinetische Energie verliert bzw. gewinnt. Bei der Übersicht über die grundsätzlich möglichen Elektronenübergänge in Abschn. 3 wurden diese sog. frei-frei-Übergänge bereits kurz besprochen und in das Übergangsschema Abb. 1 aufgenommen. Es handelt sich also um Übergänge zwischen zwei verschiedenen Energiezuständen im kontinuierlichen Energiebereich, in der üblichen Energiezählung also um Zustände positiver Energie. Anfangs- und Endzustand sind kontinuierlich veränderlich, so daß aus den Übergängen ein kontinuierliches Spektrum resultiert. Im Bild der klassischen Elektrodynamik entspricht dem Emissionsvorgang die Bremsung eines Elektrons im inhomogenen Feld eines positiven Ions unter Aussendung von Dipolstrahlung; in der Ausdrucksweise der Bohrschen Theorie handelt es sich um Übergänge zwischen Hyperbelbahnen verschiedener Energie. Da die Elektronenenergie in diesem Fall kinetische Energie ist, gilt für die kontinuierliche Emission und Absorption freier Elektronen die Frequenzbedingung in der Form

$$(18,1) \qquad\qquad h\,\nu\,c = E_1 - E_2 = \frac{m}{2}\,(v_1{}^2 - v_2{}^2),$$

wobei E_1 und E_2 die Energien und v_1, v_2 die Geschwindigkeiten des Elektrons im Anfangs- und Endzustand bedeuten. Für die kurzwellige Grenze des aus den Übergängen entstehenden Kontinuums gilt

$$(18,2) \qquad v_0 = \frac{m \, v_1{}^2}{2 \, h \, c},$$

das sog. DUANE-HUNTsche Gesetz (s. S. 72).

Man hat schon frühzeitig erkannt, daß eine der auffallendsten Erscheinungen der Röntgenstrahlung, das kontinuierliche Röntgenemissionsspektrum, durch einen solchen Prozeß, nämlich die Bremsung schneller Kathodenstrahlelektronen an der Antikathode, zustande kommt. Das Röntgenbremskontinuum stellt denn auch heute noch den experimentell wie theoretisch am besten untersuchten Fall von frei-frei-Srahlung dar, wie in Abschn. 20 gezeigt werden wird. Auf die bei der Bremsung langsamer Elektronen emittierte sichtbare kontinuierliche Strahlung gehen wir in Abschn. 21 ein. Der Umkehrprozeß der Bremsstrahlung, die kontinuierliche Absorption freier Elektronen beim Zusammenstoß mit Ionen, ist direkt noch nicht mit Sicherheit beobachtet worden, spielt aber in der theoretischen Astrophysik eine nicht unbedeutende Rolle (s. S. 92). Theoretisch ist diese Absorption aus den Formeln für die Emission (S. 65 f.) mittels der allgemeinen auf S. 9 abgeleiteten Beziehungen zwischen Absorption und Emission berechenbar.

Die Theorie der Bremsstrahlung wurde zur Erklärung der empirischen Gesetzmäßigkeiten des Röntgenbremsspektrums zuerst auf klassisch-korrespondenzmäßiger Grundlage entwickelt (s. S. 65 f.). Dabei wurde ebenso wie in den späteren wellenmechanischen Theorien die Bremsung der Elektronen an „nackten" Kernen der Ordnungszahl Z untersucht, der Einfluß der Elektronenhülle also vernachlässigt. Diese Näherung ist für schnelle Elektronen (mehrere Tausend Volt beim Röntgenbremsspektrum) geeignet, weil diese beim Stoß die Elektronenhülle der Atome leicht zu durchdringen vermögen und dann tatsächlich mit den Kernen wechselwirken, während der Einfluß der Hülle nur eine Störung darstellt. Für diese ziemlich schnellen Elektronen führt die KRAMERSsche klassische Theorie zu grundsätzlich den gleichen Ergebnissen wie die exakte quantenmechanische, und hat dieser gegenüber den Vorteil größerer Einfachheit. Die Abweichungen werden in Abschn. 19 im einzelnen besprochen. Für die Bremsung langsamer Elektronen an Atomen darf der Einfluß der Elektronenhülle dagegen nicht vernachlässigt werden. Dieser Fall, der über das Zweikörperproblem hinausgeht, läßt sich klassisch nicht mehr einfach behandeln; für ihn liegt eine wellenmechanische Theorie von NEDELESKY[298] vor, die bei der zu erwartenden quantitativen Weiterführung der in Abschn. 21 zu behandelnden Eperimente von Wert sein wird (Näheres s. S. 70).

19. Die Theorie der Bremsstrahlung.

a) Die klassisch-korrespondenzmäßige KRAMERSsche Theorie.

Da die Ergebnisse der KRAMERSschen Theorie[19] eine weitgehende Bestätigung durch die Quantenmechanik erfahren haben und der zu ihnen führende Weg ein sehr übersichtlicher ist, scheint ihre Darstellung auch heute noch am Platz.

Nach der klassischen Elektrodynamik ist die von einem Elektron der Ladung $-e$, das sich ungleichförmig mit der Beschleunigung oder Verzögerung dv/dt bewegt, in der Zeit dt ausgestrahlte Energie dS gegeben durch

$$(19,1) \qquad dS = \frac{2\,e^2}{3\,c^3} \left(\frac{d\,v}{d\,t} \right)^2 dt.$$

Bezeichnet man nun (s. Abb. 24) mit $(\pi - 2\,\varphi_0)$ den Winkel, um den ein Elektron beim Passieren eines Kerns der Ladung $+Z e$ aus seiner Bahn abgelenkt wird, mit r die Entfernung und mit r_0 die geringste erreichte Entfernung des Elektrons vom Kern, so ist

$$(19,2) \qquad \mathrm{tg}\,\varphi_0 = \frac{m\,r_0\,v^2}{Z\,e^2},$$

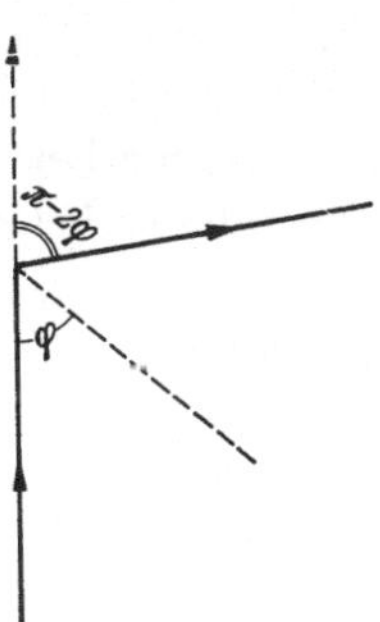

Abb. 24. Darstellung der Richtungen des einfallenden und des gebremsten Elektrons in der klassischen Behandlung der Elektronenbremsung.

und für die gesamte, während des „Stoßes‘‘ ausgestrahlte Energie S erhält man durch Integration von (19,1) über die Zeit bei Übergang zu Polarkoordinaten

$$,3)\quad S = \int\limits_0^\infty \frac{2\,e^2}{3\,c^3} \left(\frac{d\,v}{d\,t} \right)^2 dt = \frac{2\,Z^4\,e^{10}}{3\,c^3\,m^4\,r_0^{\,5}\,v^5} \left[(2\,\pi - 2\,\varphi_0) \left(1 + \sec^2 \frac{\varphi_0}{2} \right) + 3\,\mathrm{tg}\,\varphi_0 \right].$$

Zur weiteren Berechnung muß vorausgesetzt werden, daß stets v klein ist gegen die Lichtgeschwindigkeit c, und daß die gesamte von einem Elektron emittierte Energie S klein ist gegen seine Gesamtenergie $\frac{m\,v^2}{2}$.

Es läßt sich dann der Klammerausdruck in (19,3) leicht ausrechnen für die beiden Grenzfälle $\mathrm{tg}\,\varphi_0 \ll 1$ (also φ_0 sehr klein) und $\mathrm{tg}\,\varphi_0 \gg 1$ (also $\varphi_0 \sim 90°$).

Im ersten Fall wird das Elektron um nahezu $180°$ abgelenkt, beschreibt also eine Parabelbahn, und (19,3) ergibt

$$(19,4) \qquad S = \frac{2\,\pi\,Z^4\,e^{10}}{c^3\,m^4\,r_0^{\,5}\,v^5}.$$

Im zweiten Fall $(\mathrm{tg}\,\varphi_0 \gg 1)$ wird das Elektron kaum abgelenkt; es beschreibt eine Hyperbelbahn, und für S folgt aus (19,3)

$$(19,5) \qquad S = \frac{\pi\,Z^2\,e^6}{3\,c^3\,m^2\,r_0^{\,3}\,v}.$$

Die Verteilung dieser klassischen Gesamtstrahlung auf die verschiedenen Wellenzahlen hängt nun nach (19,1) von der Größe und Dauer der

Beschleunigung beim Durchlaufen der gesamten Bahn ab. Kramers berechnet deshalb die Komponenten von dv/dt senkrecht und parallel zur Bahnachse in ihrer Abhängigkeit von der Zeit und entwickelt sie zur Ermittlung der ausgestrahlten Frequenzen $v\,c$ in ein Fourierintegral. Die bei einer großen Zahl von Stößen n im Wellenzahlintervall dv emittierte Energie ist dann nach (19,4)

$$(19,6) \qquad J(v)\,dv = n \cdot \frac{2\,\pi\,Z^4\,e^{10}}{c^3\,m^4\,r_0^5\,v^5}\,P(\gamma)\,\frac{d\gamma}{dv}\,dv,$$

wo γ eine im Fall (19,4) und (19,5) verschiedene Funktion der Größen v, v_0 und v, und $P(\gamma)$ eine ebenfalls bei Kramers[19] zu findende komplizierte Funktion von γ ist.

Bis hierher ist die Ableitung rein klassisch. Eine gewisse Willkür ist notwendig bei der Verbindung der klassischen Energieverteilung (19,6)

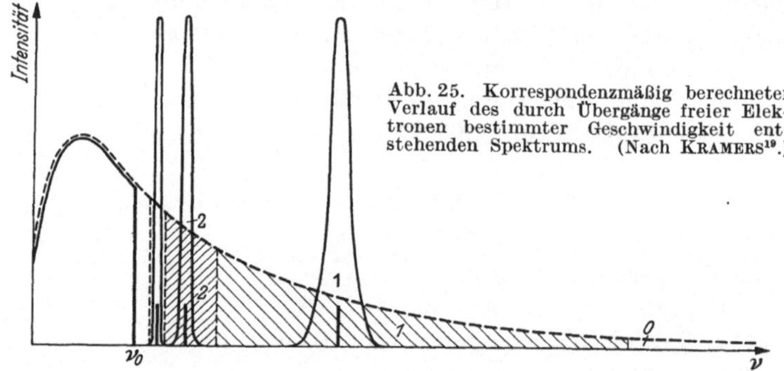

Abb. 25. Korrespondenzmäßig berechneter Verlauf des durch Übergänge freier Elektronen bestimmter Geschwindigkeit entstehenden Spektrums. (Nach Kramers[19].)

mit der Frequenzbedingung (18,1). Kramers führt diesen Übergang auf folgende Weise durch. Ist $q(v)$ die Wahrscheinlichkeit dafür, daß bei einem Stoß das freie Elektron ein Quant $h\,c\,v$ emittiert, so soll $h\,c\,v\,q(v)$ gleich (19,6) sein. Es gilt dann für die beiden Fälle (19,4) und (19,5):

$$(19,7) \qquad h\,c\,v\,q(v)\,dv = \frac{4\,\pi^2\,Z^2\,e^6}{c^3\,m^2\,r_0^2\,v^2}\,P\left(2\,\pi\,v\,c\,\frac{r^3\,c^3\,m^2}{Z^2\,e^4}\right)\,dv,$$

$$(19,7\,\mathrm{a}) \qquad h\,c\,v\,q(v)\,dv = \frac{2\,\pi^2\,Z^2\,e^6}{3\,c^3\,m^2\,r_0^2\,v^2}\,P'\left(2\,\pi\,v\,c\,\frac{r}{v}\right)\,dv,$$

wo P und P' zwei verschiedene Funktionen der in der Klammer stehenden Größen sind.

In Abb. 25 ist gestrichelt die aus (19,6) für Stöße einer großen Anzahl Elektronen gleicher Anfangsgeschwindigkeit v folgende Intensitätsverteilung gezeichnet. Quantentheoretisch entsprechen dem alle Übergänge von einem bestimmten Zustand positiver Energie (s. Abb. 26) zu allen tieferen Zuständen. Von diesen Übergängen ergeben nur die langwelligen bis zur Grenze $h\,c\,v_0$ ein kontinuierliches Spektrum; die kurzwelligeren entsprechen den in Kap. IV behandelten Einfangprozessen und ergeben bei festgehaltenem Anfangszustand diskrete Linien (Gedankenexperiment!). Kramers nimmt nun an, daß im kontinuierlichen

Spektrum die Intensitätsverteilung mit der klassischen übereinstimmt, während im kurzwelligen Bereich die klassischen Intensitäten sich nach Abb. 25 in die Linien konzentrieren sollen.

Für den Vergleich mit dem Experiment (S. 72f. und 77f.) interessiert besonders die Intensität der Bremsstrahlung, die bei der Bremsung von n Elektronen pro Zeiteinheit an einer unendlich dünnen Schicht von 1 cm² Oberfläche aus einem Material der Ordnungszahl Z und der Dichte von N Atomen pro cm³ emittiert wird. Durch Integration von (19,6) über alle möglichen Stoßradien r_0 erhält man dafür

$$(19,8) \qquad J(v)\,dv = \frac{32\,\pi^2\,Z^2\,e^6}{3\,\sqrt{3}\,c^3\,m^2\,v^2}\,g'(\gamma)\,n\cdot N\cdot dv,$$

wo $g'(\gamma)$ eine für $\gamma > 1$ von eins nicht sehr verschiedene Funktion ist, auf die wir S. 69 zurückkommen. Da (19,8) v nicht enthalt, ist die Intensität der Bremsstrahlung an einer unendlich dünnen Schicht konstant bis zur kurzwelligen Grenze (18,2) $v_0 = \dfrac{m\,v^2}{2\,h\,c}$, die der Abbremsung auf die Geschwindigkeit Null entspricht.

Für den praktisch besonders wichtigen Fall der Bremsung an einer dicken Antikathode, dessen Einzelheiten in Abschn. 20b behandelt werden, ist über die aus den verschieden tiefen Schichten kommende Strahlung zu integrieren unter Berücksichtigung des Geschwindigkeitsverlustes der in die Tiefe dringenden Elektronen. Man erhält dann

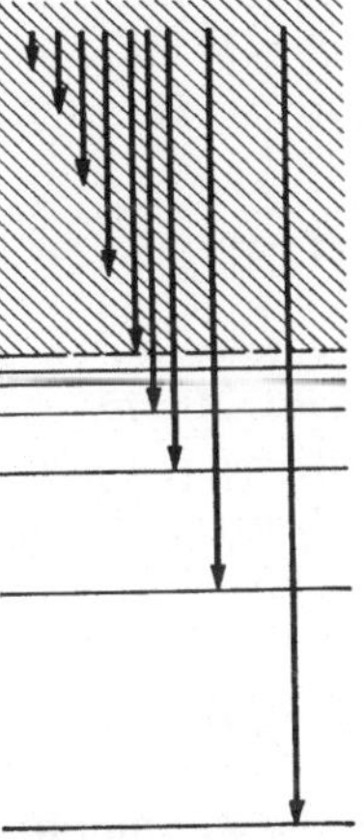

Abb. 26. Übergangsschema für das in Abb. 25 dargestellte „theoretische" Spektrum, emittiert von freien Elektronen konstanter Anfangsgeschwindigkeit.

$$(19,9) \qquad J(v) = \frac{8\,\pi\,e^2\,h}{3\,\sqrt{3}\,d\,c\,m}\cdot n\,Z\,(v_0 - v) = 4{,}6\cdot 10^{-29}\,Z\,n\,(v_0 - v),$$

worin d eine von der Eindringtiefe abhängende Konstante ist, die für das Röntgengebiet gleich 6 gesetzt werden kann.

Aus (19,9) ergibt sich die Gesamtstrahlung durch Integration über alle v zu

$$(19,10) \qquad J = \frac{4\,\pi\,e^2\,h}{3\,\sqrt{3}\,d\,c\,m}\,Z\,v_0^{\,2},$$

und man erhält für den Wirkungsgrad der Umsetzung der kinetischen Elektronenenergie in kontinuierliche Röntgenstrahlung

$$(19,11) \qquad \eta = \frac{J}{E_{\text{kin}}} = \frac{2\,\pi\,e^2\,Z\,v^2}{3\,\sqrt{3}\,d\,h\,c^3} = 2{,}37\cdot 10^{-4}\,Z\left(\frac{v}{c}\right)^2.$$

Auf den Vergleich der Gl. (19,10) und (19,11) mit der Beobachtung gehen wir in Abschn. 20c ein.

In Abschn. 4 wurde bereits erwähnt, daß eine ähnliche korrespondenzmäßige Theorie der Elektronenkontinua von WENTZEL[28] aufgestellt worden ist, der den durch Gl. (19,7), (19,7a) gegebenen Übergang von der klassischen zur Quantenstrahlung in anderer Weise ausführt. Da aber WENTZELs Ergebnis namentlich bezüglich der Intensitätsverteilung des Kontinuums mit der wellenmechanischen Theorie und der Beobachtung schlecht übereinstimmt, gehen wir nicht näher auf seine Theorie ein.

Mit einem Wort muß noch die Richtungsverteilung der Bremsstrahlung behandelt werden, die von SOMMERFELD[323] bereits 1909 klassisch berechnet worden ist. Faßt man das Ion und das sich auf es zu bewegende Elektron als HERTZschen Dipol auf, und bezeichnet man den Winkel gegen die Beschleunigungsrichtung des Elektrons mit ϑ, so ist die unter dem Winkel ϑ emittierte Strahlung aller ν gleich

$$(19,12) \qquad S(\vartheta) = \frac{e^2 \left(\dfrac{d\,v}{d\,t} \right)^2}{4\,\pi\,c^3\,r^2} \sin^2\vartheta,$$

woraus durch Integration über die Kugelfläche natürlich (19,1) folgt. Das Maximum der Strahlung liegt also bei $\vartheta = 90°$, während in der Bewegungsrichtung keine Energie ausgestrahlt wird. (19,12) gilt für Elektronen, deren v klein ist gegen c. SOMMERFELD[324] zeigte, daß für schnelle Elektronen, wenn man $v_0/c = \beta$ setzt, gilt

$$(19,13) \qquad S(\vartheta) = \frac{e^2 \left(\dfrac{d\,v}{d\,t} \right)^2}{16\,\pi\,c^3\,r^2} \frac{\sin^2\vartheta}{\cos\vartheta} \left(\frac{1}{(1 - \beta\cos\vartheta)^4} - 1 \right).$$

Das Maximum der Strahlung eilt also bei großer Elektronengeschwindigkeit gegen kleinere Winkel ϑ zu vor, in voller Übereinstimmung mit der Beobachtung (s. S. 77, Abb. 34).

b) **Wellenmechanische Theorien der Bremsstrahlung.**

Die wellenmechanische Theorie der Bremsung von Elektronen an Atomkernen ist von OPPENHEIMER[303], SUGIURA[329, 330], GAUNT[264, 265] und in besonders geschlossener und vollständiger Form von SOMMERFELD[325], SCHERZER[319] und MAUE[291] gegeben worden. Diese Autoren gehen teilweise auf durchaus verschiedenem Wege vor, gelangen aber alle zu grundsätzlich den gleichen Endformeln, die sich, wie erwähnt, von den KRAMERSschen in den meisten Fällen nur wenig unterscheiden. Wegen der teilweise recht verwickelten Rechnungen sollen hier nur kurz deren Gang und die Abweichungen der Endergebnisse von denen von KRAMERS besprochen werden. Diesen Vergleich hat MAUE[291] sehr klar durchgeführt.

Die Grundzüge der wellenmechanischen Theorie sind in Kap. II, Abschn. 5 bereits gegeben worden. Sie sagt in der benutzten Form nichts über den Mechanismus der Bremsung aus, gibt vielmehr eine Darstellung der Verhaltensmöglichkeiten des Systems Kern + Elektron und die Wahrscheinlichkeiten der mit Emission oder Absorption verbundenen Energieänderungen des Systems.

Den Ausgangspunkt der Rechnung bildet wieder die SCHRÖDINGER-Gleichung, und zwar hier des wasserstoffähnlichen Atoms; in Betracht kommen in diesem Kapitel aber nur die Zustände positiver Energie der freien Elektronen [Eigenfunktionen nach Gl. (5,7)]. Durch geeignete Wahl der Randbedingungen und entsprechende Normierung (s. S. 20) der Wellenfunktion des Anfangszustandes paßt man diese dem vorliegenden Fall an, betrachtet also z. B. einen aus dem Unendlichen oder von einer punktförmigen Quelle aus einfallenden Elektronenstrom von 1 Elektron pro Sekunde und cm². In üblicher Weise berechnet man nach Abschn. 5c die Übergangsmomente (2,12), deren Komponenten (5,21) in Richtung des einfallenden Elektrons bzw. senkrecht zu dieser die Polarisation der Strahlung ergeben.

Für die in der Zeiteinheit im Wellenzahlintervall $d\nu$ emittierte Energie ergibt sich so

$$(19,14) \qquad J(\nu)\,d\nu = \frac{32\,\pi^2\,Z^2\,e^6}{3\,\sqrt{3}\,c^3\,m^2\,v_1^2}\,g\,d\nu,$$

wo g gegeben ist durch

$$(15) \qquad g = \frac{4\,\pi\,\sqrt{3}\,c^{-2\pi|n_1|}}{(1-e^{-2\pi|n_1|})\,(1-e^{-2\pi|n_2|})} \cdot \frac{n_1^2\,n_2^2}{(n_1+n_2)^4} \cdot \int_0^\pi \left[|M_x|^2 + |M_z|^2\right] \sin\alpha\,d\alpha,$$

und wo der Zusammenhang der die Energiezustände charakterisierenden Größen n_i mit deren Energie E_i gegeben ist durch

$$(19,16) \qquad n_i = \frac{2\,\pi\,m\,e^2\,Z}{h\,\sqrt{2\,m\,E_i}},$$

während M_x und M_z den Matrixelementen (5,21) des Überganges proportionale Größen (s. MAUE[291]) sind, und α der Ablenkungswinkel des gebremsten Elektrons ist.

Ein Vergleich der wellenmechanischen Intensitätsformel (19,14) mit der KRAMERSschen Gl. (19,8) zeigt, daß sie sich nur in der Form der von eins im allgemeinen nicht sehr verschiedenen Funktionen g bzw. g' unterscheiden. Ein von MAUE[291] im einzelnen durchgeführter Vergleich ergab, daß man, um beste Übereinstimmung zu erreichen, in Gl. (14,8) allgemein $g'(\gamma) = 1$ setzt. Für langsame Elektronen und im langwelligen Spektralgebiet (ν/ν_0 klein) ist die Übereinstimmung ausgezeichnet, doch betragen die Abweichungen auch im kurzwelligen Gebiet nur bis zu 20%. Für schnellere Elektronen sind die Unterschiede der klassischen und wellenmechanischen Ergebnisse größer, wobei in allen Fällen die KRAMERSsche Formel zu große Intensität ergibt. Abb. 27 zeigt als Beispiel die Intensitätsverteilung für den Fall von Elektronen, deren v_1 gleich der 16fachen Ionisierungsspannung der betreffenden Atome war. Der auf der kurzwelligen Seite der Grenze (hier ν_g genannt) liegende Teil des Spektrums rührt nach Abb. 26 von der Einfangung in einen stationären Zustand (Kap. IV) her und interessiert hier nicht. Abb. 28 zeigt als weiteres Beispiel für eine bestimmte Wellenlänge im Spektrum die Abhängigkeit der Intensität von der Elektronengeschwindigkeit und gestattet eine Abschätzung des Unterschiedes der beiden Rechnungen. Auf den Vergleich bezüglich des Polarisationsgrades der Strahlung bei MAUE[291] sei hier nur hingewiesen.

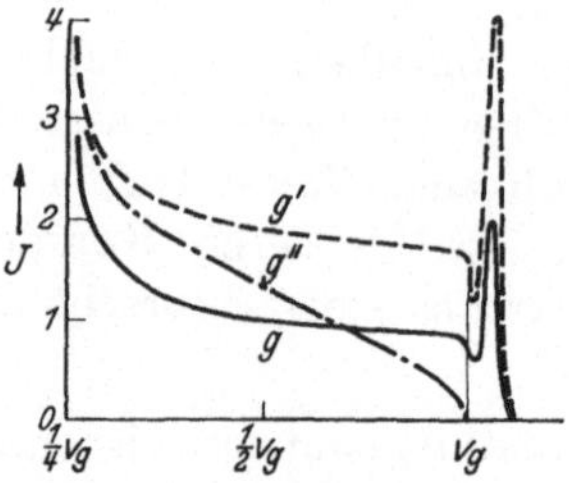

Während bei den hier behandelten Theorien der Elektronenbremsung am Kern der Einfluß der Elektronenhülle vernachlässigt wurde, hat NEDELESKY[298] den besonders für langsame Elektronen wichtigen Fall der Bremsung am neutralen Atom theoretisch untersucht. Er ersetzt dabei das Atom durch ein Modell, das aus dem Z-fach geladenen Kern und einer im Abstand a von diesem befindlichen Z-fach negativ geladenen, die Kernladung völlig abschirmenden Schale besteht. Für das Potential V der SCHRÖDINGER-Gleichung (5,4) setzt er also

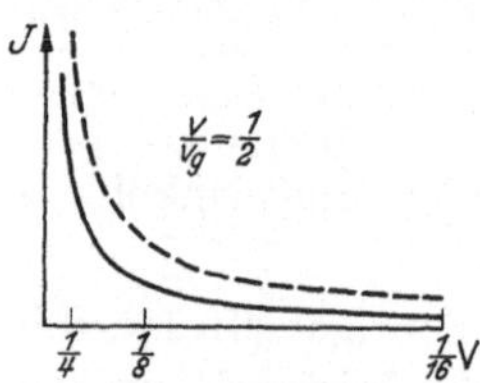

Abb. 27. Theoretischer Verlauf des von freien Elektronen bestimmter Geschwindigkeit emittierten Bremskontinuums. (Nach MAUE[291].)

——— wellenmechanisch,
– – – – nach KRAMERS[19],
—·—·– · nach WENTZEL[28].

$$(19{,}17) \qquad \begin{cases} V = Z\,e^2\,(1/a - 1/r) & \text{für} \quad r \leq a \\ V = 0 & \text{für} \quad r > a. \end{cases}$$

a wird dabei etwas größer als der Atomradius angesetzt. Versuchsweise wird auch mit einem Doppelschalenmodell gerechnet, doch ändert das die Ergebnisse nur unwesentlich. Der Gang der langwierigen wellenmechanischen Rechnung ist der übliche (vgl. S. 18 f.): Aufstellung der Wellenfunktionen, Wahl geeigneter Randbedingungen und Normierung, Berechnung der Übergangselemente. Zwecks Einführung gewisser Vernachlässigungen wurden die Ergebnisse für langsame, mittlere und schnelle Elektronen gesondert berechnet.

Im Grenzfall großer Elektronengeschwindigkeit und großer Entfernung a der abschirmenden Schale gelangt NEDELESKY, wie erforderlich, zu den gleichen Ergebnissen wie OPPENHEIMER und SOMMERFELD am nackten Kern.

Abb. 28. Theoretische Abhängigkeit der Intensität des Bremskontinuums von der Voltgeschwindigkeit der Elektronen. (Nach MAUE[291].)

——— wellenmechanisch,
– – – nach KRAMERS[19].

Für langsame Elektronen, d. h. für $V < 1/a^2$, wo V die Voltgeschwindigkeit der Elektronen bedeutet und der Schalenradius a in Å gemessen wird, findet NEDELESKY eine Intensitätsverteilung

$$(19{,}18) \qquad J(v) = \frac{4\,e^2}{3\,c^3}\,f(n)\,V\,a^2\,\sqrt{1 - \frac{v}{v_0}}\left(2 - \frac{v}{v_0}\right).$$

Hierin bedeutet v_0 die kurzwellige Grenze nach Gl. (18,2) und $f(n)$ eine im einzelnen diskutierte Funktion. Da diese Ergebnisse sich auf Elektronengeschwindigkeiten unter 1 Volt beziehen, seien sie hier nur kurz erwähnt, da sie höchstens für das Ultrarot Interesse besitzen. Die Intensität fällt nach (19,18) monoton vom Langwelligen her bis zur Grenze ν_0 ab, wo sie verschwindet.

Von besonderem Interesse für die Experimente des Abschn. 21 sind die Ergebnisse bei mittelschnellen Elektronen, d. h. für $V < 3 \cdot 10^{10}\, e\, Z/a$. In Abb. 29 ist die sich ergebende Intensitätsverteilung für $V\, a^2$ und $Z\, a$

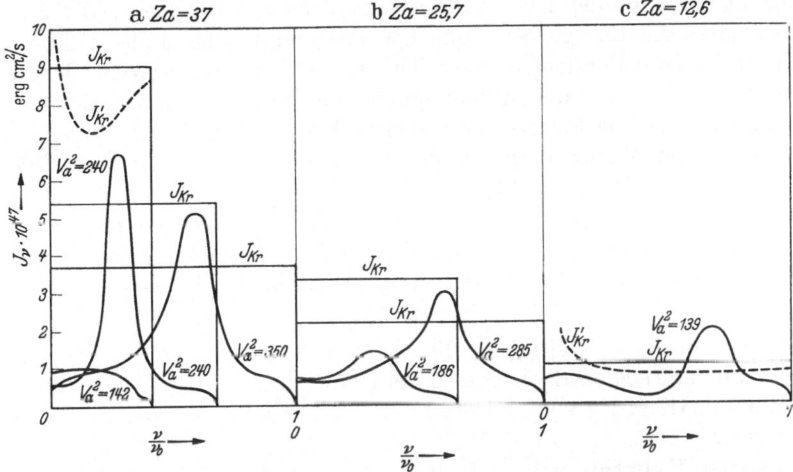

Abb. 29. Theoretische Intensitätsverteilung der Strahlung mäßig schneller Elektronen bei Bremsung an neutralen Atomen. (Nach NEDELESKY[298].) V Elektronengeschwindigkeit in e-Volt; a Schalenradius in A; Z Kernladungszahl.

als Parameter über ν/ν_0 aufgetragen. Die mittlere Intensität ergibt sich dabei in Abhängigkeit von Z, a und V zu

$$(19,19) \qquad \overline{J} = \frac{1600\, \pi^2\, Z^2\, e^5}{\sqrt{3}\, m\, c^3\, V \left[1 + \dfrac{Z^4}{4\, V^2} \cdot \dfrac{1}{1 + \left(\dfrac{Z\, a}{22}\right)^4} \right]^2}.$$

Wir werden in Abschn. 21 sehen, daß die quantitativ noch recht dürftigen experimentellen Ergebnisse mit der Theorie jedenfalls nicht in Widerspruch stehen. Eine genaue Prüfung ist aber dringend erforderlich.

20. Das kontinuierliche Röntgenbremsspektrum.

a) Allgemeines.

Das bei der Bremsung schneller Elektronen an der Antikathode einer Röntgenröhre entstehende Röntgenbremskontinuum ist das bestuntersuchte Beispiel von Elektronenübergängen zwischen freien Energiezuständen und eignet sich daher in erster Linie zum Vergleich von Theorie und Beobachtung. Entsprechend dem Ziel dieses Buches, die noch nicht zusammenfassend behandelten Gebiete der Kontinuaphysik besonders zu bevorzugen gegenüber solchen, über die bereits gute Darstellungen vorliegen, behandeln wir das Röntgenbremskontinuum recht kurz, da eine ausführliche Darstellung aller Ergebnisse in dem schönen Handbuchartikel von KULENKAMPFF[279] zu finden ist.

Das Kontinuum ist seit seiner ersten spektroskopischen Untersuchung durch MOSELEY und DARWIN[296] Gegenstand zahlreicher Arbeiten gewesen. Außer der Feststellung des Zusammenhangs der kurzwelligen Grenze mit der maximalen Elektronengeschwindigkeit [Gl. (18,2)] ist besonders die Energieverteilung bei massiver wie bei äußerst dünner Antikathode zum Vergleich mit der Theorie oft gemessen worden. Untersucht wurden ferner die Abhängigkeit der Strahlungsintensität vom Emissionswinkel, die Polarisation, sowie schließlich die Gesamtintensität und daraus der Wirkungsgrad η der Umsetzung von kinetischer Elektronenenergie in Bremsstrahlung.

DUANE und HUNT[250] zeigten 1915, daß zwischen der maximalen Voltgeschwindigkeit $V_{\max}$ und der kurzwelligen Grenze ν_0 des Bremskontinuums die theoretische Beziehung (18,2) in der Form

$$(20,1) \qquad\qquad h\,c\,\nu_0 = e\,V_{\max}$$

erfüllt ist, und die Gültigkeit dieses DUANE-HUNTschen Gesetzes ist später von zahlreichen Beobachtern bei großen wie kleinen Geschwindigkeiten als unabhängig vom Material der Antikathode und von der Emissionsrichtung bestätigt worden[242, 244, 251—253, 269, 270, 281, 282, 292, 297, 334, 335, 338]. Bei genauer Kenntnis von $V_{\max}$ läßt sich aus der Messung der kurzwelligen Grenze des Kontinuums mit größter Genauigkeit der Wert des Wirkungsquantums h bestimmen[226, 227, 251—253, 257, 258, 274, 333, 335]. Namentlich DU MOND[257] hat diese Methode zu größter Feinheit entwickelt und alle Fehlerquellen diskutiert.

b) Die Energieverteilung.

Bei der Messung der Intensitätsverteilung im Röntgenbremsspektrum ist zu beachten, daß ein Teil der Strahlung der Antikathode bereits beim Durchgang durch das Fenster der Röhre absorbiert wird. Zur Bestimmung der tatsächlichen Intensitätsverteilung muß also die Wellenlängenabhängigkeit dieser Absorption ebenso wie der im Spektrometer, ferner die λ-Abhängigkeit des Reflexionskoeffizienten des Kristalls sowie die der benutzten Nachweismethode (Ionisationskammer oder photographische Platte) bestimmt und berücksichtigt werden. Außer der direkten Spektrometermessung der Energieverteilung im Spektrum wird wegen der geringen Intensität besonders bei dünnen Antikathoden gelegentlich auch eine indirekte „Absorptionsmethode" angewandt, bei der aus der Änderung des mittleren Absorptionskoeffizienten mit der Dicke der Filtersubstanz (z. B. Al) auf die Form der Energieverteilungskurve geschlossen wird[246, 247, 277]. Die Ergebnisse stimmen mit denen der Spektrometermethode überein. Allgemein ist bei Intensitätsmessungen im Bremsspektrum auf Ausschaltung der Störungen durch Röntgenlinienemission und durch die Absorption der auf der kurzwelligen Seite der Emissionsliniengruppen liegenden Absorptionskanten (s. S. 32) zu achten.

Im Gegensatz zur Gesamtintensität ist die Intensitätsverteilung im Bremskontinuum nach den übereinstimmenden Messungen unabhängig vom Antikathodenmaterial[332, 334] sowie von der Stromstärke[223, 240, 283].

Von besonderem Interesse für den Vergleich mit der Theorie ist die Strahlung sehr dünner Antikathoden, bei denen die Elektronen keinen Energieverlust im Metall erleiden, so daß bei jedem bremsenden Stoß die Anfangsenergie die gleiche und durch die Röhrenspannung gegeben ist. Auch die Elektronendiffusion sowie Absorption der in tieferen Schichten der Antikathode erzeugten Strahlung sollen in dünnen Antikathoden vernachlässigbar klein sein, so daß die Energieverteilung allein eine Funktion von V, Z, ϑ und ν ist: $J = f(V, Z, \vartheta, \nu)$.

Diese Bedingungen können erfüllt werden entweder durch Verwendung sehr dünner Folien [von 0,6 μ Dicke (KULENKAMPFF[277], NICHOLAS[301])] oder durch Verwendung eines Hg-Dampfstrahles geringer Dichte (DUANE[246, 247]) als Antikathode. Die bei $\vartheta = 90°$ ausgeführten Messungen[246, 247, 277, 301] ergaben eine sehr steile kurzwellige

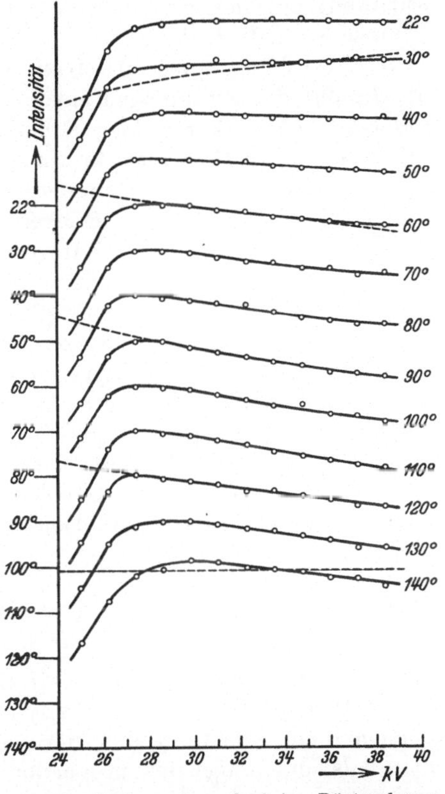

Abb. 30. Isochromatenverlauf im Röntgenbremskontinuum in Abhängigkeit von der Emissionsrichtung. (Nach KULENKAMPFF[279].)

Grenze und innerhalb der Meßgenauigkeit von etwa 10% in Übereinstimmung mit der theoretischen Gl. (19,8) konstante Intensität des Kontinuums jedenfalls im Bereich ν_0 bis $\nu_0/2$.

Diese Konstante ist nun eine Funktion von Z und V. Die Z-Abhängigkeit ist noch nicht genau gemessen worden, doch läßt sich aus den gleich zu besprechenden Messungen an massiven Antikathoden durch Rückrechnung auf eine Proportionalität mit Z^2 schließen. Die Abhängigkeit von V mißt man durch Aufnahme von Isochromaten, indem man in Ermangelung eines Röntgenmonochromators durch Filter mit geeignet liegenden Absorptionskanten gewisse Spektralgebiete ausblendet und deren Abhängigkeit von V mißt. Abb. 30 zeigt nach Messungen von KULENKAMPFF[277] eine Serie solcher Isochromaten, aufgenommen bei verschiedenem Emissionswinkel ϑ. Der theoretisch unendlich steile Anstieg bei der Einsatzspannung erscheint wegen des breiten Spektralbandes so unscharf. Die Steilheit des Intensitätsabfalls nach größeren Spannungen zu hängt ersichtlich in jedenfalls qualitativer Übereinstimmung mit den Rechnungen von SOMMERFELD[323, 324] (s. S. 68) vom Emissionswinkel ϑ ab.

Die Strahlung einer massiven Antikathode kann man schematisch als Summe der Strahlungen einer großen Anzahl dünner Antikathoden auffassen, deren kurzwellige Grenzen sich gemäß Abb. 31 wegen der mit wachsender Eindringtiefe abnehmenden Elektronengeschwindigkeit immer mehr nach langen Wellen zu verschieben. An Stelle der konstanten Intensitätsverteilung bei dünner Antikathode tritt daher bei der massiven Antikathode eine gleichmäßige Intensitätsabnahme nach kurzen Wellen zu. Zur Berechnung der Intensitätsverteilung integrieren wir über die gesamte Eindringtiefe der Elektronen. Sei $i(\nu)$ die Intensität einer dünnen Schicht, $J(\nu)$ die der massiven Antikathode, $V(\nu)$ die zur Emission eines Quants $hc\nu$ erforderliche Mindestspannung und s die Tiefe der betrachteten Schicht der Antikathode, so ist

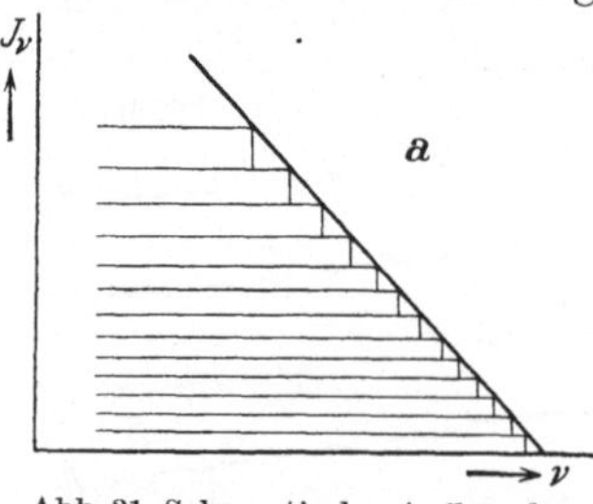

Abb. 31. Schematischer Aufbau der Bremsstrahlung einer dicken Antikathode. (Nach KULENKAMPFF[279].)

$$(20,2) \qquad J(\nu) = \int_{V_0}^{V_\nu} i(\nu)\,\frac{ds}{dV}\,dV .$$

Hierin ist die Änderung der Elektronengeschwindigkeit mit wachsender Schichttiefe dV/ds nach dem THOMSON-WHIDDINGTONschen Gesetz proportional der Dichte ϱ und der Ordnungszahl Z des Antikathodenmaterials und umgekehrt proportional V und dem Atomgewicht A:

$$(20,3) \qquad \frac{dV}{ds} = - \text{const} \cdot \frac{\varrho Z}{AV} .$$

Mit

$$(20,4) \qquad i(\nu) = \text{const} \cdot Z^2/V$$

erhalten wir durch Einsetzen von (20,3) und (20,4) in (20,2) nach Integration und Übergang zu Wellenzahlen ν für die Intensitätsverteilung einer massiven Antikathode

$$(20,5) \qquad J(\nu) = C \cdot Z (\nu_0 - \nu)$$

in Übereinstimmung mit (19,9). Hierbei ist (20,5) nur eine Näherung, da ja (20,4) noch von ϑ abhängt und die Diffusion der Elektronen in der Antikathode vernachlässigt worden ist, so daß man zur Korrektion von Messungen statt (20,3) besser direkte Meßwerte von LENARD[284] benutzt. Die Absorption der Strahlung im Innern der Antikathode als weitere Korrektion wird direkt gemessen[276, 339].

Die allgemeine Form der Intensitätsverteilungskurven für verschiedene Spannungen zeigt Abb. 32 nach ULREY[332]; bei Auftragen gegen die Frequenzskala νc als Abszisse ergeben sich gemäß Gl. (20,5) Geraden (s. Abb. 33), deren Steigung unabhängig von V nur Z proportional ist[276]. Die in Abb. 33 deutlich sichtbare, von Z abhängige Anfangskrümmung ist anscheinend dem in Gl. (20,5) nicht berücksichtigten Einfluß der Diffusion zuzuschreiben[279]. Saubere Messungen von $J(\nu)$ mit Berücksichtigung aller Korrektionen sind nur bis zu 12 kV von KULENKAMPFF[276] ausgeführt worden, doch scheint der allgemeine Kurvencharakter bis hinauf zu Spannungen von 600 kV der gleiche zu bleiben[231, 240, 273, 292]. Formelmäßig läßt sich die Intensitätsverteilung einschließlich der Anfangskrümmung darstellen durch die empirische Form

$$(6) \quad J(\nu) = C \cdot Z \left[(\nu_0 - \nu) + bZ \right]$$

$$C = 5 \cdot 10^{-29} \qquad b = 8{,}3 \cdot 10^4.$$

Auch bei massiven Antikathoden sind Isochromatenmessungen[230, 339], sowie Messungen der Abhängigkeit der Intensitätsverteilung und der Isochromaten von der

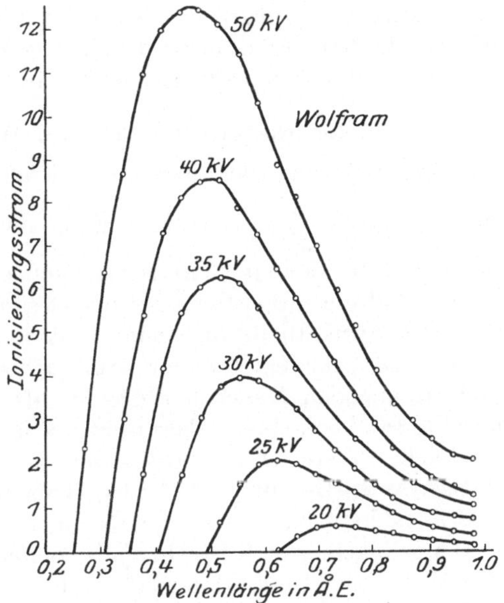

Abb. 32. Intensitätsverteilung im Röntgenbremskontinuum bei verschiedenen Spannungen nach Messungen von ULREY[332]. (Aus KULENKAMPFF[279].)

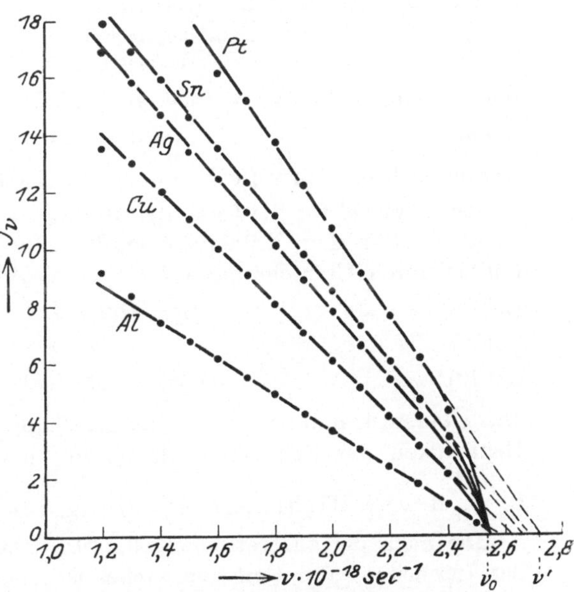

Abb. 33. Energieverteilung im Röntgenbremskontinuum in Abhängigkeit vom Antikathodenmaterial. (Nach KULENKAMPFF[279].)

Emissionsrichtung ϑ gegen den Kathodenstrahl[335, 300] ausgeführt worden. Die beobachteten Unterschiede der Anfangskrümmung lassen sich wieder durch den Einfluß der Diffusion der Kathodenstrahlen deuten.

c) Gesamtintensität und Wirkungsgrad.

Zur Bestimmung der gesamten Strahlungsenergie des Röntgenbremskontinuums $\int_{0}^{v_0} J(v)\,dv$ beim Emissionswinkel 90° absorbiert man diese und mißt sie mit thermischen Meßgeräten oder der Ionisationskammer. Auf die Proportionalität der Gesamtintensität mit der Stärke i des auf die Antikathode fließenden Elektronenstroms wurde schon hingewiesen. Die Abhängigkeit vom Antikathodenmaterial ergab sich nach übereinstimmenden Messungen[332, 271, 276] als proportional zu Z, ein Ergebnis, dessen Einfachheit überrascht, da ja Z bei massiver Antikathode in dreifacher Weise (Einzelprozeß der Emission, Elektronenabsorption und Elektronenstreuung) am Endergebnis beteiligt ist. Die Proportionalität mit Z kann daher wohl nur als angenähert gültig aufgefaßt werden. Die Abhängigkeit von V ist ebenfalls vielfach untersucht worden[340, 218, 222, 231, 315, 316]. Die Gesamtintensität geht danach, abgesehen von dem Gebiet der Anfangskrümmung, angenähert wie V^2. Definiert man nun, wie üblich, den Nutzeffekt der Bremsstrahlung als den Quotienten aus der Bremsstrahlungsenergie und der Energie der auf die Antikathode auffallenden Elektronen, so ist

$$(20,7) \qquad \eta = \frac{\text{Bremsstrahlungsenergie}}{\text{Energie der Kathodenstrahlung}} = \eta_0 \cdot \frac{ZV^2 i}{V i} = \eta_0 Z V,$$

und für den Zahlwert η_0 folgt aus den Messungen

$$(20,8) \qquad\qquad \eta_0 = 10 \pm 3 \cdot 10^{-10},$$

woraus sich ein Nutzeffekt von maximal einigen Promille ergibt.

Eine Formel für die Gesamtstrahlung ist aus der Theorie schwer abzuleiten. Für den Nutzeffekt ergibt aber die KRAMERSsche Formel (19,11) durch Umrechnung auf Voltgeschwindigkeit

$$(20,9) \qquad\qquad \eta = \text{const} \cdot Z V$$

mit

$$(20,10) \qquad\qquad \text{const} = 9,3 \cdot 10^{-10}.$$

Die Übereinstimmung ist also ausgezeichnet, kann aber bezüglich der Genauigkeit des Zahlwertes (20,10) nur als Zufall angesehen werden.

d) Die Richtungsverteilung der Bremsstrahlung.

Die nach der theoretischen Gl. (19,13) zu erwartende Abhängigkeit der Intensität vom Emissionswinkel ist ebenfalls experimentell untersucht und im wesentlichen bestätigt worden. Während die Untersuchungen dieser „azimutalen Intensitätsverteilung" bei massiven Antikathoden wegen der hier besonders störenden Einflüsse von Elektronen-energieverlusten und namentlich Elektronendiffusion nur qualitative Be-stätigungen bringen konnten[272, 268, 327, 328, 263, 287, 275], sind saubere Messungen wieder an dünnen Antikathoden von KULENKAMPFF[277] sowie DUANE und HUDSON[249] ausgeführt worden. Abb. 34 zeigt die azimutale Intensitäts-verteilung des Bremskontinuums verschieden schneller Elektronen. Übereinstimmend mit der theoretischen Erwartung findet in Richtung der einfallenden Elektronen ($\vartheta = 0°$) und entgegengesetzt zu ihr ($\vartheta = 180°$) keine Emission statt. Statt des nach Gl. (19,12) für geringe Elek-

tronengeschwindigkeit zu erwartenden Emis-sionsmaximums bei 90° eilt dieses nach Abb. 34 und den übereinstim-menden Messungen von DUANE und HUDSON aber schon bei Ge-schwindigkeit von 16,4 bzw. 11,8 kV beträcht-lich vor. Die Zunahme des Voreilens mit wach-sender Elektronenge-schwindigkeit dagegen steht in Übereinstim-mung mit Gl. (19,13).

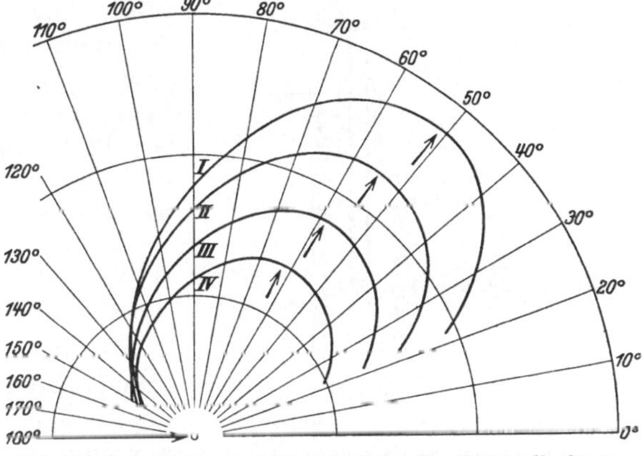

Abb. 34. Azimutale Intensitätsverteilung der Grenzwellenlänge des Röntgenbremskontinuums in Abhängigkeit von der Elektronengeschwindigkeit. (Nach KULENKAMPFF[279].)
I 37,8 kV, II 31,0 kV, III 24,0 kV, IV 16,4 kV.

e) Die Polarisation des Bremskontinuums.

Im Gegensatz zu der charakteristischen Röntgenlinienstrahlung, deren Emission ja kugelsymmetrisch erfolgt, ist für das Bremskonti-nuum als gerichtete Strahlung auch Polarisation zu erwarten und erst-malig von BARKLA[220] nachgewiesen worden. Anschließend an ältere Untersuchungen an massiven Antikathoden[221, 273] sind dann auch wieder Messungen an dünnen Antikathoden ausgeführt worden[248, 278, 312]. Sie ergaben eindeutig ein Ansteigen des Polarisationsgrades nach der kurz-welligen Grenze zu, und zwar nach einem Grenzwert von 100%. Für die Abweichungen beim Übergang zu massiven Antikathoden vgl. [239] und [336].

21. Elektronenbremsstrahlung im langwelligen Spektralgebiet.

Daß ein Analogon zum Röntgenbremsspektrum auch im ultravioletten und sichtbaren Spektralgebiet auftreten muß, ist einleuchtend. Es kann sich dabei entweder um das langwellige Ende eines Röntgenbrems-kontinuums handeln oder um die kontinuierliche Bremsstrahlung so langsamer Elektronen, daß das ganze Bremskontinuum in das lang-wellige Gebiet fällt. Die Ausbeuteformel Gl. (20,7), (20,8) zeigt aber bereits, daß für kleine Spannungen V der Wirkungsgrad der Umsetzung von kinetischer Elektronenenergie in Bremsstrahlung ein sehr geringer ist. Daher sind die Möglichkeiten der Beobachtung, die wir im folgenden der Reihe nach behandeln, beschränkt und experimentell so verwickelt, daß die Ergebnisse bisher weit weniger klar sind als die des Röntgenkontinuums. Hinzu kommt, daß nur die in Abschn. 21a behandelten Versuche direkt mit dem Ziel der Untersuchung eines Bremsspektrums angestellt worden sind, während namentlich die Arbeiten über das Detektorleuchten und die Kathodenlumineszenz völlig unabhängig durchgeführt und erst bei der Deutung mit der Bremsstrahlung in Zusammenhang gebracht worden sind. Da über diese Versuche zusammenfassend niemals berichtet worden ist, behandeln wir sie etwas ausführlicher, zumal sie von sehr vielfachem Interesse sind.

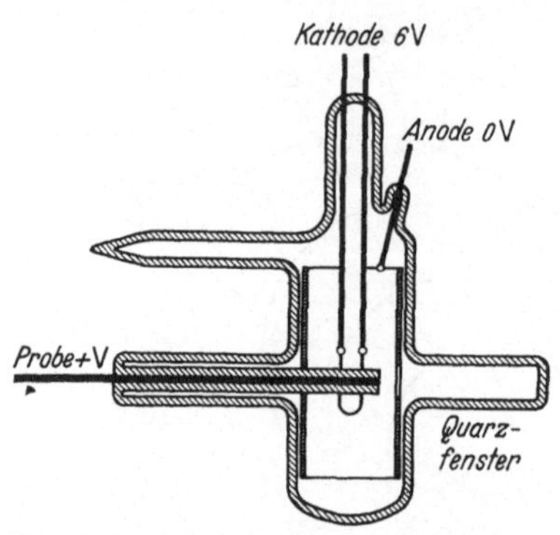

Abb. 35. Entladungsrohr zur Untersuchung der Bremsstrahlung langsamer Elektronen. (Nach MOHLER und BOECKNER[294].)

a) Kontinuierliche Bremsstrahlung langsamer Elektronen.

Die grundsätzlich einfachsten Untersuchungen über Bremsstrahlung im langwelligen Spektralgebiet sind die von MOHLER und BOECKNER ausgeführten über die Strahlung von Metallen beim Aufprall langsamer Elektronen in Gasentladungen[293—295, 229]. Ihre meist benutzte Anordnung zeigt Abb. 35; sie zeigt die Glühkathode im Innern der zylinderförmigen Anode, in die außer der Kathode noch eine Sonde eingeführt ist, ein 1—3 mm dicker Draht, der bis zu seinem Ende durch ein Glasrohr isoliert ist, und dessen bei Elektronenaufprall leuchtende freie Stirnfläche durch das Quarzfenster auf dem Spalt des Spektrographen abgebildet wird. Gearbeitet wurde meist in Cs-Dampf von 0,002 bis 0,01 mm Hg, gelegentlich auch in Helium. Die Entladungsstromstärke betrug in Cäsium etwa 1 Amp. bei 5—7 Volt Brennspannung.

Die Entladungsverhältnisse im Innern der Hohlanode wurden durch Sondenmessungen der üblichen Art ermittelt. Das Potential des Plasmas war annähernd konstant „ein wenig" positiv gegenüber der Anode; die mittlere Elektronenenergie betrug 0,4 Volt. Aus dem bei positivem Sondenpotential V auf die Oberfläche S fließenden Elektronenstrom I folgt aus der Raumladungsgleichung

$$(21,1) \qquad I = 2{,}34 \cdot 10^{-6} \frac{A\,V^{3/2}}{d^2}$$

für die Dicke d der vor der Sonde liegenden Schicht, in der der Spannungsabfall V vom Sondenpotential zum Plasmapotential erfolgt, ein Wert von 0,01—0,1 mm bei Stromdichten auf der Sonde von 1 bis 10 Amp./cm².

Bei gegenüber der Anode bzw. dem Plasma positiven Sondenspannungen von 2—20 Volt treffen die Plasmaelektronen nach Durchlaufen dieser Schicht senkrecht auf die Sondenoberfläche auf und werden dort unter Strahlungsemission abgebremst. Beim Eintritt in das Sondenmetall gewinnen sie dabei das der Austrittsarbeit entsprechende Potential W, so daß für die kurzwellige Grenze ν_0 des auftretenden Bremskontinuums Gl. (20,1) in der Form

$$(21,2) \qquad h\,c\,\nu_0 = e\,(V + W)$$

gilt. W ist für reine Metalle einigermaßen bekannt, sowie für Cs-überzogenes Wolfram (1,36 Volt), und in der Cs-Entladung überzieht sich jede Sonde (Antikathode) mit einer monoatomaren Cs-Schicht. Durch Versuche mit variabler Spannung V ließ sich W direkt bestimmen und damit die Gültigkeit von Gl. (21,2) prüfen. Tabelle 6 zeigt die Ergebnisse einer Meßreihe mit Wolfram in Cs-Dampf. Spalte 1 gibt die Sondenspannungen, Spalte 2 die dabei beobachteten kurzwelligen Grenzen der Kontinua, denen nach (21,2) die in Spalte 3 stehenden Werte von $V + W$ entsprechen. Aus diesen folgt dann für Cs-überzogenes Wolfram die Austrittsarbeit zu $1{,}45 \pm 0{,}1$ Volt; die grob erfüllte Konstanz des W-Wertes zeigt dann die Gültigkeit von (21,2). Als Sondenmetalle wurden benutzt W, Al, Be, Au, Ag, Cu, Th, Pt und Cs.

Tabelle 6.

V	$\dfrac{1}{\nu_\prime} = \lambda_0$ Å	$V + W$	W
2,5	3050	4,05	1,55
3,2	2660	4,65	1,45
4,0	2310	5,35	1,35

Die Spektren der leuchtenden Sondenoberfläche wurden im Gebiet 7000—2200 Å zusammen mit dem Spektrum einer geeichten Wolframbandlampe mittels Glas- und Quarzspektrographen aufgenommen und durch Photometrierung die Intensitätsverteilung der Spektren sowie der Absolutwert der emittierten Energie bestimmt. Die Spektren der Sondenleuchterscheinung erwiesen sich als rein kontinuierlich; störend wirkte allerdings reflektiertes Licht der Entladung selbst.

Die Intensität des Kontinuums war der zur Sonde fließenden Stromstärke proportional, dagegen waren Intensität und Intensitätsverteilung unabhängig vom Druck des Entladungsgases. Um dieses für die Deutung der Spektren als Bremskontinua besonders wichtige Ergebnis zu sichern, wurden Kontrollversuche in Helium und mit Silber als Antikathodenmaterial auch im Hochvakuum (dann allerdings bei 100 Volt Sondenpotential) durchgeführt; die Ergebnisse waren bei entsprechender Berücksichtigung der veränderten Austrittsarbeit die gleichen wie in der Cs-Entladung.

Die photometrisch durch Vergleich mit der geeichten Wo-Lampe bestimmte Intensitätsverteilung erwies sich für alle untersuchten Metalle mit Ausnahme von Ag und Cu bei Sondenspannungen über 7 Volt im gesamten untersuchten Spektralgebiet als innerhalb der Meßgenauigkeit konstant. Bei Versuchen mit kleineren Spannungen ergab sich, daß die Intensität innerhalb der letzten 10000—20000 cm^{-1} vor der aus Gl. (21,2) folgenden kurzwelligen Grenze langsam gegen Null abfällt.

Die Abweichungen der Metalle Cu und Ag von der allgemeinen Gesetzmäßigkeit hängen offenbar mit dem abnormen Verhalten der optischen Konstanten dieser Metalle im gleichen Spektralgebiet zusammen. Dafür spricht, daß das Sondenkontinuum von Ag bei 3600 Å ein scharfes Maximum zeigt, und daß bei derselben Wellenlänge auch der Absorptionskoeffizient von Silber plötzlich stark anwächst. Auch bei Kupfer ist die gleiche Erscheinung festzustellen. Anscheinend erfolgt bei diesen Metallen außer der einfachen Elektronenbremsung unter Umständen eine richtige Anregung äußerer Elektronen mit darauffolgenden Übergängen, wobei nach Abschn. 79b wegen der Breite der Energiebänder im Metall ein breites kontinuierliches Spektrum emittiert wird, das sich dem eigentlichen Bremskontinuum überlagert (s. auch das Verhalten von Ag und Cu auf S. 279).

Während die Intensitätsverteilung des Bremskontinuums bei den normalen Sondenmetallen praktisch stets dieselbe ist, liegt die absolute Intensität, bezogen auf W als Normal, für die verschiedenen Metalle (stets mit Ausnahme von Ag und Cu) zwischen 0,5 und 2. Auch der Verlauf der Spannungsabhängigkeit der Intensität (Isochromaten) zeigt nach Abb. 36 und 37 charakteristische Unterschiede für verschiedene Metalle, allgemein aber doch einen den Isochromaten im Röntgengebiet (s. Abb. 30) in großen Zügen ähnlichen Verlauf.

Intensität und Intensitätsverteilung des Spektrums wurden für W als Sondenmetall unter den verschiedensten Bedingungen gemessen, d. h. bei Einbringen der Sonde in verschiedene Teile der positiven Säule wie des negativen Glimmlichtes der Entladung, bei ausgeglühter wie durch Ionenstoß gereinigter Sondenoberfläche. Die verschiedenen Messungen stimmten innerhalb 30% miteinander überein. Die absolute Strahlungsintensität bei Wolfram und 7 Volt Sondenpotential ergab sich zu etwa 10 Erg pro Sekunde und cm² Sondenoberfläche, bezogen auf einen Bereich von 10000 Å Breite und eine Antikathodenstromdichte von 1 Amp./cm². Dieser Wert kann nach den Angaben von MOHLER und BOECKNER noch um den Faktor 2 falsch sein, gibt aber die zum Vergleich mit der Theorie wichtige Größenordnung der Strahlungsintensität. Mit Rücksicht auf die in Abschn. 21b zu besprechende Strahlung bei Elektronenbremsung in Halbleitern sei noch erwähnt, daß nach BOECKNER die Strahlungsintensität bei gleichbleibender Intensitätsverteilung auf den zehnfachen Wert stieg, wenn auf die Wolframsonde eine dünne Wolframoxydschicht aufgedampft wurde. Für den Vergleich mit der Theorie ist schließlich noch wichtig, zu wissen, ob die gemessene Strahlungsintensität wie im Röntgengebiet durch

Absorption in der Antikathode (Sonde) geschwächt wird. Das scheint nicht der Fall zu sein, da nach Angaben der Verfasser ultraviolettes Licht erst in einer Metallschicht von 200 Å Dicke auf $1/e$ geschwächt wird, während die erzeugenden langsamen Elektronen kaum tiefer als 25 Å in das Metall eindringen und dort Strahlung erzeugen können.

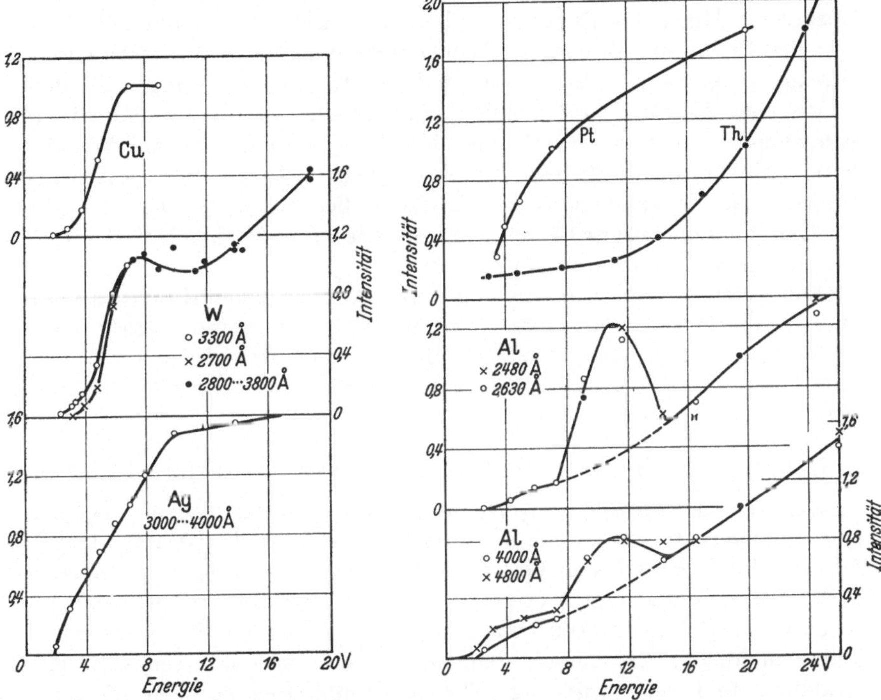

Abb. 36. Isochromaten der Strahlung langsamer Elektronen bei Bremsung an Cu, W und Ag. (Nach MOHLER und BOECKNER[295].)

Abb. 37. Isochromaten der Strahlung langsamer Elektronen bei Bremsung an Pt und Al. (Nach MOHLER und BOECKNER[295]).

Berechnet man nun die zu erwartende Intensität auf Grund der Theorie der Elektronenbremsung an nackten Kernen nach Gl. (19,14), so ergibt sich selbst unter günstigen Annahmen über die Eindringtiefe der Elektronen eine die beobachtete um eine bis zwei Größenordnungen übersteigende Strahlungsintensität. Rechnet man dagegen mit der den tatsächlichen Verhältnissen entsprechenden Theorie von NEDELESKY (S. 70), so ergibt sich Übereinstimmung zwischen Theorie und Beobachtung für eine durchaus vernünftige Eindringtiefe der Elektronen von 25 Å.

Sprechen die bisher geschilderten Versuche schon durchaus für die Deutung der beobachteten Kontinua als Bremsspektren, so gilt das in noch stärkerem Maß für BOECKNERs Untersuchungen über die Winkelverteilung der kontinuierlichen Emission[229]. Diese wurde dadurch bestimmt, daß als Antikathode ein Metallzylinder diente, der mit seiner Achse in der Ebene des Spaltes senkrecht zu diesem stehend abgebildet wurde. Da die Elektronen, wie oben gezeigt, senkrecht auf den Zylinder aufprallen, wird dann die von der Mitte des Zylinders in den Spalt gelangende Strahlung unter dem Winkel $\vartheta = 0°$, die von den Rändern kommende unter dem Winkel $\vartheta \to 90°$ emittiert. Ausphotometrieren des Spektrums längs des Spaltes ergab daher direkt die Winkelabhängigkeit der Emission. BOECKNER beobachtete nun die nach Polarisationsrichtungen getrennte Strahlung und stellte für Strahlung mit dem elektrischen Vektor parallel zur Emissionsrichtung für W und Pt ein Emissionsminimum bei $\vartheta = 0°$, ein Maximum bei den größten beobachtbaren Winkeln ($\vartheta \sim 60°$) fest. Durch eingehende Diskussion wurden alle Deutungsmöglichkeiten dieses Befundes außer der einer primär anisotropen Emission ausgeschlossen, und gerade diese ist ja nach S. 68 für ein echtes Bremskontinuum zu erwarten.

Die Versuche von MOHLER und BOECKNER scheinen also trotz mancher Unklarheiten und trotz ihres im allgemeinen nur qualitativen Charakters die Deutung der beobachteten Spektren als echte Bremskontinua zu bestätigen. Eine Fortsetzung der Versuche wäre von größtem Interesse.

b) Langwellige Bremsstrahlung an Halbleitergrenzschichten.

Zu den Elektronenbremskontinua gehört auch ein Teil der Leuchterscheinungen, die an Halbleitergrenzschichten, besonders dünnen Oxydhäuten, durch Elektronen hervorgerufen werden. Da bei den meisten dieser Erscheinungen (vgl. etwa [267, 225]) eine gleichzeitige spektroskopische und elektrische Untersuchung noch nicht durchgeführt worden ist, läßt sich auch nicht entscheiden, wie weit es sich um echte Bremsstrahlung und wie weit um Elektronenstoßanregung von Energiebändern (vgl. S. 262f.) mit darauffolgender Emission handelt.

Genaue Untersuchungen sind aber ausgeführt worden über das sog. Detektorleuchten von LOSSEW[288-290] und besonders CLAUS[233] und haben den Nachweis erbracht, daß hierbei Bremsstrahlung langsamer Elektronen entsteht. Beobachtet wurden von den Verfassern die Leuchterscheinungen, die an Karborundumkristallen (SiC) auftreten, wenn an den Kristall durch Aufsetzen einer Metallspitze Spannung angelegt wird. Bei negativer Spitze überzieht sich der Kristall in einem gewissen Umkreis mit einem zusammenhängenden, im allgemeinen gelblichen Leuchten (Leuchten II); bei positiver Spitze zeigen sich einzelne symmetrisch angeordnete blau leuchtende Punkte (Leuchten I). Die angelegten Spannungen betrugen zwischen 2 und 20 Volt, die Stromstärken zwischen 1 und 200 mA. Das Spektrum dieser Leuchterscheinungen ist rein kontinuierlich; auf die Grenzen kommen wir gleich zu sprechen. Das Leuchten hat nichts mit Temperaturstrahlung zu tun; es tritt bei Eintauchen des Kristalls in flüssige Luft ebenso auf wie bei Erhitzen auf Rotglut, wo es von der Temperaturstrahlung spektroskopisch klar zu trennen ist. Es tritt ferner im Hochvakuum auch nach langer Entgasung aller Teile der Anordnung unverändert auf, ist also auch bestimmt keine Gasstrahlung. Die besondere Wirksamkeit gerade des Karborundums gegenüber den Elektronen (Detektoreigenschaft und Leuchten) geht auch daraus hervor, daß SiC im Gegensatz zu den meisten anderen untersuchten Kristallen auch im Kathodenstrahlrohr ein intensives Leuchten zeigte, dessen Spektrum sich als rein kontinuierlich und mit dem gelblichen Leuchten II identisch erwies.

Dieses ausgedehnte, ziemlich intensive Leuchten II wird von beiden Verfassern als Elektronenbremskontinuum gedeutet. Dafür spricht, daß bei Vergrößerung der angelegten Spannung gemäß Tabelle 7 eine Änderung der Farbe des Leuchtens II beobachtet wurde, die ihrem Gang nach mit der zu erwartenden übereinstimmt. Eine quantitative Übereinstimmung mit dem DUANE-HUNTschen Gesetz in Form von Gl. (20,1)

Tabelle 7. Abhängigkeit des Leuchtens II von V.

Volt . . .	6	10	20	26	28
Farbe . . .	orange	gelb	hellgelb	grün	violett

oder auch (21,2) ist bei der Kompliziertheit der Vorgänge im Halbleiter wohl nicht zu erwarten. Mit der Deutung als Bremskontinuum stimmt aber überein, daß eine Abkühlung des Kristalles auf $-180°$ C bei konstant gehaltener Spannung eine Farbänderung von rotgelb nach grün bewirkte, die sich wohl zwanglos aus der Vergrößerung der freien Weglänge im Kristall bei Temperaturerniedrigung und der dadurch bewirkten Vergrößerung der mittleren Stoßenergie der Elektronen verstehen läßt. Die zur Erzeugung des Leuchtens II erforderliche Mindestspannung beträgt etwa 2 Volt. Das Leuchten tritt auch auf, wenn man den Karborundumkristall als Anode in einen Elektrolyten ($NaNO_3$, $NaHCO_3$) einführt.

Das bei positiver Spitze am SiC-Kristall auftretende bläuliche punktförmige Leuchten zeigt ganz andere Eigenschaften, die theoretisch ohne genauere Kenntnis der Vorgänge in den Sperrschichten kaum deutbar sein werden. Die zur Erzeugung dieses Leuchtens I erforderliche Mindestspannung liegt mit etwa 10 Volt beträchtlich höher als die beim Leuchten II. Die Farbe ist von der Spannung wie von der Temperatur nur sehr wenig abhängig; die kurzwellige Grenze des rein kontinuierlichen Spektrums liegt zwischen 3900 und 3200 Å. Eindeutig nachgewiesen scheint, daß beim Leuchten I im Gegensatz zum Leuchten II aus den leuchtenden Punkten freie Elektronen austreten, deren Zahl von der angelegten Spannung abhängt.

6*

Auf den Zusammenhang der kontinuierlichen Leuchterscheinungen mit den Sperrschichteigenschaften des Kristalls deuten zahlreiche Beobachtungen von Lossew und Claus hin. Besonders ist zu erwähnen, daß man beim Abtasten der Kristalloberfläche mit der Spitze gewisse Punkte findet, an denen die Leitfähigkeit um zwei Größenordnungen die der Umgebung übersteigt. Bei Aufsetzen der Detektorspitze auf solche Stellen fehlt jede Gleichrichterwirkung; gleichzeitig tritt auch kein Leuchten auf (Löcher in der Sperrschicht?).

Da nun Karborundum ein guter Elektronenleiter ist, beruht die Gleichrichterwirkung wie die Möglichkeit des Auftretens von Bremsspektren anscheinend auf der Anwesenheit einer sehr dünnen, schlecht leitenden Oxydhaut auf der Oberfläche. An dieser dünnen Haut liegt dann der wesentliche Anteil des gesamten Spannungsabfalles, und in dieser Schicht erhalten die Elektronen die Energie von einigen Volt, die dann bei der Bremsung anscheinend in der Grenzschicht selbst in Bremsstrahlung umgesetzt wird. Leider liegen Messungen der Gesamtintensität sowie der Intensitätsverteilung dieser Spektren bisher nicht vor.

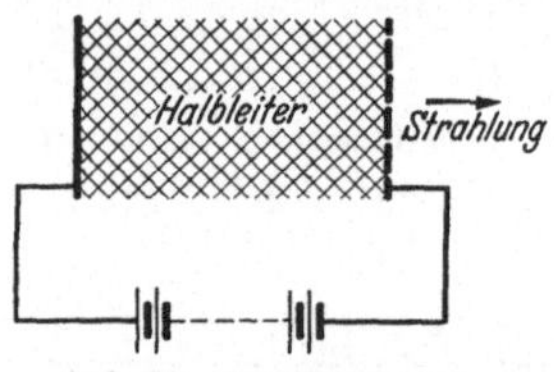

Abb. 38. Anordnung von Reboul[306] zur Untersuchung der Strahlung von Halbleitern unter dem Einfluß starker elektrischer Felder.

Zu den hier behandelten Erscheinungen gehören außer dem von Güntherschulze und Betz[267, 225] beobachteten, spektroskopisch noch nicht genügend untersuchten Leuchten von Aluminiumoxydhäuten in Elektrolytgleichrichtern noch die Beobachtungen von Reboul und seinen Mitarbeitern[304—309, 228, 243, ferner 219] über die Emission langwelliger Röntgenbremsstrahlung durch gewisse Halbleiter unter dem Einfluß starker elektrischer Felder.

Abb. 38 zeigt das Prinzip der Reboulschen Versuchsanordnung. Legte er an einen Halbleiterkristall oder einen aus einer pulverisierten halbleitenden Substanz gepreßten Block von einigen Zentimeter Länge eine Spannung von mehr als 1000 Volt an, so beobachtete er in gewissen Fällen eine in der Pfeilrichtung durch die Netzelektrode austretende schwache Strahlung, die photographisch sowie durch Ionisationsmessungen nachgewiesen wurde, und die nach den weiteren Untersuchungen in das Gebiet zwischen Ultraviolett und Röntgenstrahlung gehört. Diejenigen Halbleitersubstanzen, bei denen diese Strahlung beobachtet wurde, weisen im Gegensatz zu den nichtstrahlenden zwei Eigenschaften auf, die auf die Ausbildung von Sperrschichten unter dem Einfluß des elektrischen Feldes hinweisen. Erstens ist der nach Anlegen der Spannung fließende Strom (Größenordnung 1 mA) nicht konstant, sondern sinkt im Laufe einiger Minuten oder Stunden auf einen oft nur 10% des Anfangswertes betragenden Grenzwert ab; dabei gilt das Ohmsche Gesetz auch für die Grenzwerte bei diesen Substanzen nicht. Zweitens ergaben Sondenmessungen der Potentialverteilung in dem Preßblock, daß das Potential sich bei diesen Substanzen nicht geradlinig von der Kathode zur Anode hin ändert, sondern daß sich eine einer Gasentladungsröhre ähnliche Potentialverteilung mit einem steilen Potentialabfall je nach der benutzten Substanz vor der Kathode, der Anode oder vor beiden Elektroden ausbildet. Abb. 39 zeigt als Beispiel eine Potentialverteilung für 900 Volt Spannung an 40 mm gelbem Quecksilberoxyd; der Anodenfall beträgt hier ähnlich dem Kathodenfall einer Gasentladung über 60% der gesamten Potentialdifferenz. Ähnlich liegt es bei anderen Substanzen; viel untersucht wurden Magnesia, ferner Alaunkristalle sowie Kupferkarbonat.

Die Untersuchung der durch die Netzelektrode austretenden Strahlung mit der Ionisationskammer ergab, daß die Ionisierung umso intensiver war, je größer die Potentialdifferenz vor der betreffenden Elektrode war. Die Härte der Strahlung wurde grob aus ihrer Absorbierbarkeit bestimmt; es wurde ferner[243] ein allerdings noch recht unvollkommener Versuch gemacht, die Wellenlängen der anscheinend kontinuierlichen Strahlung direkt durch Beugung im Vakuumgitterspektrographen zu messen. Die Ergebnisse stimmen insoweit überein, als sie Wellen-

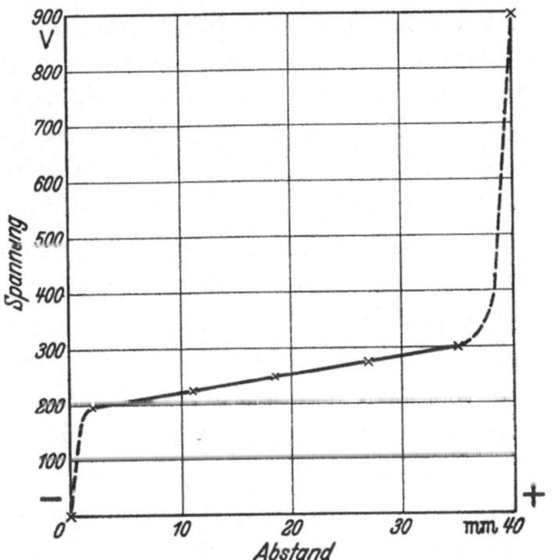

Abb. 39. Potentialverlauf in einer 40 mm dicken HgO-Schicht bei Anlegen von 900 Volt. Ausgeprägter Kathoden- und besonders Anodenfall. (Nach REBOUL[306].)

längen zwischen dem äußersten Ultraviolett und etwa 10 Å ergaben. Die Härte der Strahlung hängt stark von der angelegten Spannung ab; für die photographische Untersuchung der Absorbierbarkeit wurden deshalb Spannungen bis zu 50000 Volt angewandt; die Belichtungszeiten lagen bei einer bis zu einigen Stunden. Außer dieser kurzwelligen Strahlung wurden vor der Netzelektrode je nach deren Polung noch Elektronen oder positive Ionen beobachtet, deren Geschwindigkeit durch Gegenpotentiale gemessen wurde.

Theoretisch sind die Beobachtungen von REBOUL und Mitarbeitern, die von BALINKIN[219] bestätigt wurden, noch nicht im einzelnen bearbeitet worden. Sie scheinen* aber aus der bisherigen Kenntnis der Halbleitervorgänge grundsätzlich verständlich. Die Ausbildung der Potentialverteilung Abb. 39 ist danach als ein im einzelnen noch nicht ganz geklärter elektrolytischer Vorgang aufzufassen, bei dem sich vor einer bzw.

---

* Nach freundlicher persönlicher Mitteilung von Herrn W. SCHOTTKY.

beiden Elektroden Sperrschichten mit plötzlichem starkem Potential-abfall ausbilden, in denen dann die Elektriziätsleitung allein durch Elektronen erfolgt, wobei diese durch das starke Feld in der dünnen Schicht stark beschleunigt werden. REBOULs Versuche zeigten nun, daß durch die Netzelektrode Elektronen austreten, deren Geschwindigkeit fast dem vollen durchlaufenen Potentialgefälle entspricht, und daß die kurzwelligsten Strahlungsquanten bei der völligen Abbremsung dieser schnellen Elektronen entstanden sein müssen. Die zunächst überraschende Tatsache, daß Elektronen ohne Zusammenstöße sich durch das Kristallgitter bewegen und dabei hohe Geschwindigkeiten im Feld gewinnen können, ist wegen der geringen Wechselwirkung schneller Elektronen mit den Gitterschwingungen[1419] theoretisch verständlich, und auch experimentelle Anhaltspunkte hierfür ergeben sich vielfach bei Halbleiteruntersuchungen. Aus REBOULs Versuchen muß man weiter schließen, daß mit einiger Wahrscheinlichkeit diese schnellen Elektronen von einigen hundert Volt Geschwindigkeit im Kristall selbst oder möglicherweise auch an der Netzelektrode abgebremst werden und dabei die beobachtete Strahlung emittieren können. Eine solche Abbremsung innerhalb des Kristalles stände in Übereinstimmung mit den S. 82 behandelten Erscheinungen des Detektorleuchtens. Weiterhin ist durchaus zu erwarten, daß schnelle Elektronen durch die Netzelektrode hindurch auch direkt in die Luft austreten können; dagegen ist der Austritt positiver Ionen, den REBOUL ebenfalls beobachtet zu haben glaubt, auf diese Weise wohl nicht zu verstehen. Man könnte nach SCHOTTKY hier an irgendwelche Sekundäreffekte denken, die etwa an der Netzelektrode durch die kurzwellige Strahlung ausgelöst würden. Alle diese Punkte bedürfen noch weitgehend experimenteller wie theoretischer Klärung; doch scheint es, als stellten die REBOULschen Versuche einen interessanten Beitrag zur Frage der langwelligen Elektronenbremsstrahlung in festen Körpern dar.

c) Optische kontinuierliche Strahlung schneller Elektronen.

Die theoretisch einfachste Möglichkeit, ein im optischen Spektralgebiet liegendes Elektronenbremskontinuum zu untersuchen, sollte die Beobachtung des langwelligen Endes eines gewöhnlichen Röntgenbremskontinuums sein. Die Erscheinungen sind aber nach den bisher vorliegenden Beobachtungen fast noch verwickelter als die bei der Strahlung langsamer Elektronen.

Schon 1919 hat LILIENFELD[285], später zusammen mit ROTHER[286], die sichtbare, graublaue Strahlung des Antikathodenbrennflecks seiner Röntgenröhren genauer untersucht und das rein kontinuierliche Spektrum als seinem Ursprung nach identisch mit dem Röntgenbremskontinuum aufgefaßt. Später haben FOOTE, MEGGERS und CHENAULT[262] Cu, C, Fe, Pt und W mit Elektronen von 500—1200 Volt Geschwindigkeit beschossen und kontinuierliche Spektren beobachtet, die sich über das gesamte sichtbare und ultraviolette Gebiet erstreckten. Eingehende Untersuchungen aller mit diesem Leuchten zusammenhängenden Fragen sind dann besonders von COHN[234-238] ausgeführt worden.

Dieser arbeitete unter saubersten Bedingungen bei Anwendung aller möglichen Vorsichtsmaßregeln, so daß seine experimentellen Ergebnisse im Gegensatz zu gewissen etwas gewagten Anwendungshypothesen[1532-1535] wohl nicht angezweifelt werden können und als einwandfreies Versuchsmaterial zu gelten haben. Untersucht wurden vor allem drei verschiedene Erscheinungen:

1. der sog. Äonaeffekt, d. h. das Ausströmen von Elektronen aus einer feinen Spitze auf einen gegenüberstehenden Zylinder im Hochvakuum und das dabei auftretende Leuchten,

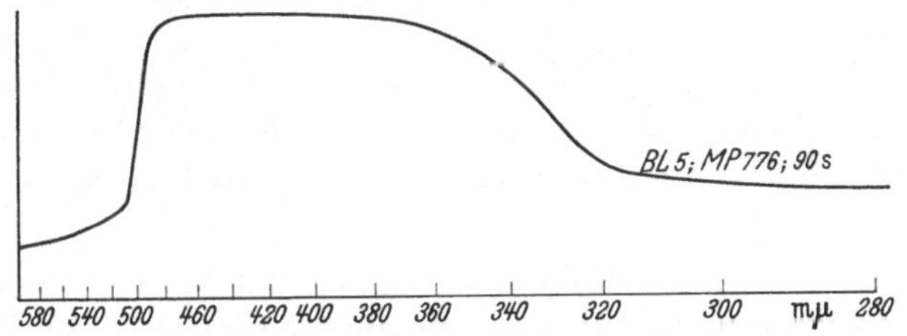

Abb. 40. Intensitätsverteilung des bei Bombardement von Thorium mit Elektronen von 10—40 kV auftretenden kontinuierlichen Spektrums. (Nach COHN[235].)

2. das Antikathodenleuchten im Hochvakuum und in Abhängigkeit vom Gasdruck in der Röntgenröhre, und

3. das kontinuierliche Leuchten von Metallen, Gasen und Dämpfen bei Beschießung mit schnellen Elektronen durch ein LENARD-Fenster, wieder in Abhängigkeit vom Gasdruck.

Zur Untersuchung des Äonaeffektes wurde eine feine Metallspitze einem Metallzylinder im Hochvakuum auf etwa 1 mm Abstand genähert. Bei genügend hoher negativer Spannung der Spitze (je nach Abstand und Spitzenbeschaffenheit 15—20 kV) erschienen unter der Wirkung eines Elektronenstroms von 1—10 mA auf dem Zylinder symmetrisch verteilte Lichtpunkte. Ihr Spektrum erwies sich als rein kontinuierlich, erstreckte sich über das gesamte untersuchte Spektralgebiet von 6500 bis 2100 Å mit einem Maximum bei etwa 4600 Å (s. Abb. 40) und war von dem betreffenden Metall weitgehend unabhängig. Am intensivsten trat es bei Thorium auf. Geringer Gaszusatz ($p < 10^{-3}$ mm Hg) beeinflußte die Intensitätsverteilung nicht, setzte aber die Einsatzspannung etwas herab (auf 10 kV); ebenso war das Leuchten von der Erhitzung der Anode bis zum Glühen völlig unabhängig. Die Anode zerstäubt stark; sie kann durch genügend hohen Elektronenstrom (10—80 mA) bei kalter Spitze zum Schmelzen gebracht werden. Vor und nach Gasausbrüchen aus einer frischen Anode stieg die Strahlungsintensität stark an. Die Intensitätsverteilung des Kontinuums, zu dessen Aufnahme mit einem mittleren Spektrographen einige Minuten genügten, ist merkwürdigerweise von der angelegten Spannung innerhalb der Meßgenauigkeit unabhängig. Zusammen mit dem Äonaleuchten wurde stets Röntgenstrahlung beobachtet. Das Leuchten ist nicht polarisiert.

In Fortsetzung der Versuche von LILIENFELD untersuchte COHN weiter das Antikathodenleuchten von Röntgenröhren, und zwar mit folgendem Ergebnis: Alle untersuchten Ionenröhren gaben unabhängig vom Antikathodenmaterial bei Gasdrucken von etwa 10^{-4} mm Hg ein blaues Leuchten, dessen Intensitätsverteilung unabhängig von Spannung und Stromstärke genau dem beim Äonaeffekt beobachteten glich. Bei einem Gasdruck über 10^{-3} mm verschwand das blaue Leuchten zugunsten des rötlichen Gasleuchtens bei allen Antikathodenmetallen (W, Mo, Pb, Zn, C) außer den radioaktiven Metallen Thorium, Uran und Polonium, war aber dann bei den beiden letzteren sehr schwach und nur an frischen Oberflächen gut zu erhalten. Im Hochvakuumglühkathodenrohr gab lediglich Th das blaue Leuchten mit der üblichen Intensitätsverteilung, kein anderes Metall.

Eine genauere Untersuchung des Thoriumleuchtens ergab, daß es bei der Einsatzspannung (in dem untersuchten Rohr 7,8 kV bei 0,2 mA) als Ganzes auftrat, daß bei Spannungs- und Stromsteigerung nur die Gesamtintensität wuchs, die Intensitätsverteilung sich aber nicht änderte. Allerdings ist die kurzwellige Grenze der Kontinua bei diesen Versuchen ja nie erfaßt worden. Thorium und in geringerem Maß auch sehr reine Uranoberflächen können durch die aus einem LENARD-Fenster austretenden Kathodenstrahlen bei genügender Spannung auch in Luft zum Leuchten gebracht werden, andere Metalle nicht, jedenfalls nicht mit den zur Verfügung stehenden Spannungen. Auffällig ist noch die Beobachtung, daß bei Einhüllen des mit Elektronen zu beschießenden Thoriums in Al-Folie von einer für α-Strahlen durchlässigen Dicke das blaue Leuchten unverändert, jetzt auf der Folienoberfläche, auftrat, und zwar zeichnete sich auf dieser die Form des eingehüllten Thoriums deutlich ab. Zur Sicherung der Versuchsbedingungen wurde noch festgestellt, daß Bestrahlung von Thorium mit ultraviolettem Licht, mit Röntgenstrahlen und mit Kanalstrahlen ein blaues Leuchten ebensowenig hervorbrachte wie Erhitzen mit dem Bunsenbrenner.

Während bei den bisher geschilderten Versuchen die Intensitätsverteilung des kontinuierlichen Leuchtens mit dem Maximum bei 4600 Å stets unverändert gleich Abb. 40 blieb, trat bei Steigerung der Spannung an einem PHILIPS-Rohr mit Th-Antikathode von 23 auf 58 kV bei gleichbleibender Stromstärke von 0,1 mA allmählich, wie Abb. 41 zeigt, neben dem 4600-Maximum ein neues bei 3600 Å auf.

Das Ergebnis der Untersuchungen an Metallen ist also, daß, abgesehen von den radioaktiven Metallen, bei Beschießung mit schnellen Elektronen ein kontinuierliches Leuchten gleichbleibender Intensitätsverteilung stets nur dann auftrat, wenn in der Röhre noch Spuren von Gas anwesend waren. Ob Gashäute auf den Metallen hierbei eine Rolle spielten, ist schwer zu entscheiden.

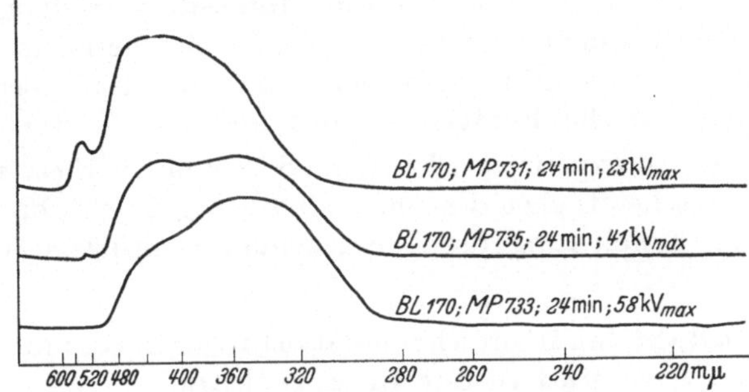

Abb. 41. Veränderung der Intensitätsverteilung des bei Elektronenbombardement von Thorium auftretenden Kontinuums mit der Voltgeschwindigkeit der Elektronen. Übergang vom „blauen“ zum „violetten“ Leuchten. (Nach COHN[236].)

Die Energieverteilung des Spektrums mit Maximum bei 4600 Å wurde durch Anschluß an einen schwarzen Strahler bestimmt; das Ergebnis zeigt Abb. 42.

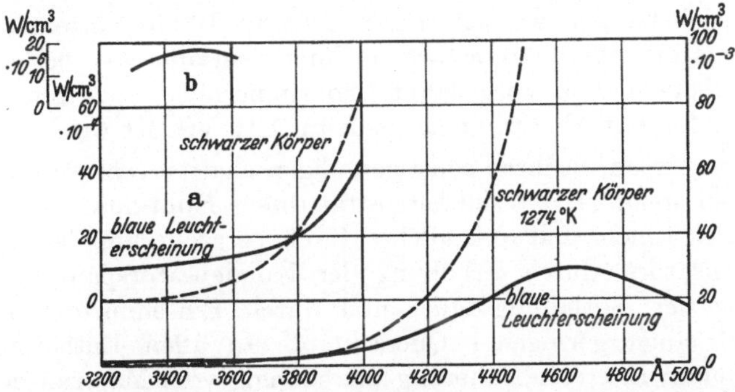

Abb. 42. Vergleich der absoluten Intensitätsverteilung der bei Elektronenbombardement von Thorium auftretenden kontinuierlichen Strahlung mit der eines schwarzen Strahlers von 1274 abs. a: „blaues Leuchten“, b: „violettes Leuchten“. (Nach COHN[236].)

COHN hat endlich noch festgestellt, daß Gase und Dämpfe von geringem Druck (10^{-4} mm Hg) unter dem Einfluß schneller Elektronen in Röntgenröhren auch selbst kontinuierlich strahlen können. Die Einsatzspannung bestimmte er bei seinem Rohr zu 24 kV. Daß es sich nicht um reflektiertes Leuchten irgendwelcher Metallteile handeln kann, scheint unter anderem daraus hervorzugehen, daß das kontinuierliche Spektrum zwar in seinem langwelligen Teil dem üblichen „blauen

Leuchten" entspricht und sein Maximum auch bei 4600 Å hat, daß der Abfall nach dem Ultraviolett aber äußerst steil war und auch bei starker Überbelichtung keine Intensität $\lambda < 3000$ Å festzustellen war. Zu prüfen wäre noch, ob dieser Unterschied durch Unterschiede im Reflexionsvermögen für verschiedene Wellenlängen bedingt sein könnte. Im übrigen verhielt sich auch dieses Kontinuum wie die vorher beschriebenen, änderte insbesondere seine Intensitätsverteilung auch bei Steigerung der Spannung von 24 auf 78 kV nicht merklich. Wiederum ließ sich Polarisation nicht feststellen, wiederum trat aber mit dem Leuchten auch weiche Röntgenstrahlung auf.

Wir haben den experimentellen Befund, der bisher theoretisch kaum verständlich erscheint, eben deshalb ausführlich gebracht, da eine Nachprüfung und Erweiterung der Untersuchungen dringend erforderlich erscheint.

d) Die Rolle der Elektronenbremsstrahlung in Gasentladungen und in der Lichttechnik.

In den Abschn. 21a und 21c haben wir die Emission langwelliger Bremsstrahlung in Gasentladungen bereits besprochen, doch handelte es sich dabei stets um Bremsung an den Metallflächen von Elektroden oder Sonden. Die Frage der Emission optischer Bremsstrahlung im Entladungsplasma selbst ist von FINKELNBURG[259-261, 1556] bei dem Versuch der Deutung der kontinuierlichen Spektren stromstarker Funkenentladungen behandelt worden. Wie in Abschn. 100 im einzelnen gezeigt wird, treten bei allen stromstarken Funkenentladungen bei geringem wie bei hohem Druck ausgedehnte kontinuierliche Spektren auf, die nicht durch Linienverbreiterungen (s. Kap. XII) erklärt werden können.

Bei allen diesen, in ihren sonstigen Eigenschaften sehr verschiedenen Entladungen steigt (s. [1556]) die Intensität dieser Kontinua bei Vergrößerung der Elektronen- und Ionendichte durch Vergrößerung der Kapazität des Kondensators, durch Erhöhung der Kondensatorspannung, durch Verkürzung der Entladungsdauer und durch Einschnürung der Entladung auf einen geringeren Querschnitt. In allen Entladungen ist das Kontinuum in erster Näherung unabhängig vom Material der Elektroden sowie dem Gas oder Dampf, in dem die Entladung stattfindet; erst in zweiter Näherung hängt die kontinuierliche Intensität von dem Dampfdruck und der Ionisierungsspannung des Elektrodenmaterials ab. Diese Eigenschaften der Kontinua, die in anderer Weise nicht erklärt werden konnten, sind verständlich, wenn es sich um Bremsstrahlung von Elektronen in den Feldern der positiven Entladungsionen handelt. Mit dieser Deutung stimmt auch die in mehreren Fällen untersuchte Zeitabhängigkeit der spektralen Emission überein. Das Kontinuum wird stets nur in den frühesten Funkenstadien, d. h. zur Zeit des höchsten Ionisierungsgrades emittiert, meist zusammen mit stark verbreiterten

Funkenlinien. Das Kontinuum verschwindet dagegen, sobald Abklingen der Funkenlinien und intensives Auftreten der Bogenlinien eine rasche Verminderung des Ionisierungsgrades, d. h. der Elektronen- und Ionendichte anzeigt. Beobachtungen, die dieser Deutung widersprechen, sind bisher nicht bekannt geworden. Eine quantitative Untersuchung der Frage scheitert bisher an unserer mangelhaften Kenntnis der Geschwindigkeitsverteilung der Elektronen im Funken zur Zeit der Emission des Kontinuums, sowie der der Bremsstrahlung so langsamer Elektronen im Ionenfeld. Zum ersten Punkt sind quantitative Versuche bereits im Gang. Auf eins muß aber noch hingewiesen werden. Reine Elektronenbremsstrahlung, d. h. kontinuierliche Emission freier Elektronen beim „Zusammenstoß" mit Entladungsionen, ist nur bei geringem Druck zu erwarten. Bei allen Hochdruckfunken müssen neben den Linienverbreiterungen die in Kap. VI, besonders S. 97 behandelten Störungen eine nicht unwesentliche Rolle spielen. Die Klärung der ganzen Frage ist für die Funkenphysik aber von beträchtlichem Interesse. FINKELNBURG[261] hat weiter darauf hingewiesen, daß die Bedingungen für die Emission optischer Bremsstrahlung möglicherweise auch bei gewissen sehr stromstarken Bogenentladungen (vgl. S. 299) sowie in sehr heißen Flammen (s. S. 308) vorliegen können.

Zu lichttechnischen Zwecken ist die optische Bremsstrahlung bisher nicht herangezogen worden, und ihre Anwendung in größerem Maßstab ist wegen des schlechten Wirkungsgrades [s. Gl. (19,11) bzw. (20,7)] auch für die Zukunft kaum zu erwarten. Möglich wäre dagegen ihre Anwendung für besondere Zwecke, bei denen der Wirkungsgrad unwesentlich ist, z. B. etwa zur Konstruktion kontinuierlicher Lichtquellen für das äußerste Vakuumultraviolett. Die theoretischen Voraussetzungen hierfür scheinen durchaus gegeben.

22. Die Bedeutung der Strahlung und Absorption freier Elektronen für die Astrophysik.

Da alle Vorgänge in kosmischen Systemen sich in einem im wesentlichen durch seine Temperatur bestimmten Gasplasma abspielen, das ein Gemisch von Elektronen und mehr oder weniger stark ionisierten und angeregten Atomen darstellt, fehlt praktisch stets die Möglichkeit, die einzelnen Elektronenprozesse rein zu beobachten; und alle spektralen Erscheinungen beruhen auf dem gleichzeitigen Stattfinden der in den Kap. III—V behandelten Elektronenübergänge. Ihre Trennung ist nur rechnerisch möglich und bis heute keineswegs zweifelsfrei durchzuführen.

Die Möglichkeit der direkten Beobachtung langwelliger Elektronenbremsstrahlung läge, abgesehen von dem noch ungeklärten Fall der Kometen (s. S. 315), in erster Linie bei den planetarischen Nebeln vor. Für diese hat CILLIÉ[154] unter der Annahme, daß sie lediglich aus

Wasserstoff bestehen, berechnet, daß die Intensität der sichtbaren kontinuierlichen Bremsstrahlung der Gesamtintensität des BALMER-Grenzkontinuums (s. S. 54 und 61) größenordnungsmäßig gleich sein sollte. Wegen der Ausdehnung des Bremskontinuums über einen sehr großen Spektralbereich ist die Aussicht für seine Beobachtung aber gering und könnte nur bei Anwesenheit einer großen Zahl hochionisierter Atome etwas günstiger werden[1555].

Für entscheidend hat man dagegen die Bedeutung der kontinuierlichen Absorption freier Elektronen für den kontinuierlichen Absorptionskoeffizienten der Materie im Innern der Fixsterne lange Zeit gehalten. EDDINGTON[60-62] und viele Andere haben die in Abschn. 19 dargestellten Theorien auf den Fall des lokalen thermodynamischen Gleichgewichts im Sterninnern angewandt und den daraus sich ergebenden theoretischen Absorptionskoeffizienten mit dem aus den Beobachtungen nach Abschn. 86 erschlossenen verglichen. Das übereinstimmende Ergebnis war, daß die frei-frei-Übergänge allein einen um etwa eine Größenordnung zu kleinen Absorptionskoeffizienten ergaben. RUSSELL[112], UNSÖLD[130] u. A. haben dann wahrscheinlich gemacht, daß die kontinuierliche Absorption gebundener Atomelektronen nach Kap. III den Hauptbeitrag zur Undurchsichtigkeit (opacity) der Sternmaterie liefert. In Kap. III, S. 42 sind wir hierauf bereits eingegangen. Abgeschlossen aber ist die Frage noch keineswegs (vgl. auch das während der Drucklegung erschienene Buch von UNSÖLD[1370a] „Physik der Sternatmosphären").

VI. Störungen von Elektronenkontinua.

23. Störungen an den langwelligen Grenzen von Atomgrenzkontinua und ihre Ursachen.

Bei der Behandlung der Photoionisations- und Rekombinationskontinua in Kap. III und IV haben wir die beteiligten Atome bisher stets als ungestört, d. h. isoliert im Raum ohne Beeinflussung durch Felder und ohne Wechselwirkung mit Nachbarteilchen betrachtet. Dieser Annahme entsprachen Spektren, die bis zur Seriengrenze einzelne scharfe Linien aufwiesen, an die sich genau von der Grenze an nach kurzen Wellen zu ein kontinuierliches Spektrum anschloß. Solche Spektren werden tatsächlich nie beobachtet, sondern man findet, wie mehrfach erwähnt, stets ein mehr oder weniger weites „Übergreifen" des Grenzkontinuums über die Seriengrenze nach langen Wellen zu und damit verbunden ein Verbreitern, in Absorption auch Verschwinden, der letzten Serienlinien vor der Grenze. Diese auffallende Erscheinung, die aus der Astrophysik schon lange bekannt war[160, 79], wurde von PASCHEN[197] am He-Grenzkontinuum besonders hervorgehoben und ist seitdem von allen Beobachtern bestätigt worden. Besondere Untersuchungen über sie haben HERZBERG[166], BARTELS[148-150], DEWEY und

ROBERTSON[344, 345, 357] sowie KUHN[351] ausgeführt; den Extremfall eines solchen gestörten Spektrums beobachtete FINKELNBURG[347] bei Funkenentladungen in Wasserstoff von hohem Druck.

Außer diesen Störungen an den langwelligen Grenzen der optischen Kontinua sind solche auch an den langwelligen Grenzen der Röntgenabsorptionskontinua (vgl. S. 31f.) festgestellt und vielfach untersucht worden.

Als Ursache kommen für alle diese Erscheinungen in erster Linie elektrische Störungen in Frage, durch die das Verhalten der beteiligten Elektronen beeinflußt wird, sei es in Form makroskopischer äußerer Felder, sei es in Form von Feldern benachbarter Elektronen und Ionen oder Dipole. Wir untersuchen deshalb zunächst allgemein das Verhalten eines Atoms und seiner Energiezustände in einem elektrischen Feld. Bei einem genaueren Studium der Erscheinungen wird man neben den groben, durch interatomare Felder bewirkten Störungen aber auch die feineren Wirkungen in Betracht ziehen müssen, die uns in Kap. XII bei den Linienverbreiterungen und in Kap. XIII bei den Spektren der flüssigen und festen Körper beschäftigen werden. Als erster Versuch in dieser Richtung können wohl die Untersuchungen von DITCHBURN[48, 57] über den Einfluß von Fremdgas auf die Form der Absorptionskante des Cäsium-Ionisationskontinuums aufgefaßt werden.

24. Die Theorie der Elektronenzustände des H-Atoms im elektrischen Feld.

Zur Untersuchung des Verhaltens hoch angeregter Atomzustände bei Störung durch die Umgebung behandeln wir das Verhalten des Wasserstoffatoms im elektrischen Feld. Die Übertragung der Ergebnisse auf andere Atome ist ohne weiteres möglich, da sich genügend hoch angeregte Atomzustände stets wasserstoffähnlich verhalten. In Abb. 43 ist gestrichelt der Potentialverlauf des H-Elektrons in der Nähe des ungestörten Kerns ($V = - e^2/r$) gezeichnet; die oberste waagerechte Linie gibt die Höhe des Ionisationspotentials E_G des ungestörten Atoms. Als gestrichelte schräge Linie ist darüber das Potential eines homogenen elektrischen Feldes von 300 Volt/cm ($V = - eFr$), in dem das H-Atom sich befinden möge, eingezeichnet. Das Potential des H-Elektrons im gestörten, resultierenden Feld

$$(24,1) \qquad\qquad V = - e^2/r - e F r$$

besitzt dann die in der ausgezogenen Kurve dargestellte Form mit einem Potentialmaximum

$$(24,2) \qquad\qquad V_{max} = - 2 e \sqrt{eF}$$

in der Entfernung vom Kern

$$(24,3) \qquad\qquad r_{max} = \sqrt{e/F}.$$

Schon nach dieser klassischen Theorie können also in einem elektrischen Feld Energiezustände des H-Atoms oberhalb des Potentialmaximums (24,2) nicht existieren: die diskreten Energieniveaus brechen bei einem um den Betrag (24,2) unterhalb der Ionisierungsenergie E_G liegenden Niveau ab. Hier und nicht erst bei E_G beginnt also der kontinuierliche Energiebereich des gestörten H-Elektrons. Die langwelligen Grenzen der Grenzkontinua liegen folglich in Emission wie in Absorption um den entsprechenden Betrag auf der langwelligen Seite der Seriengrenze.

Quantentheoretisch liegt der Fall dadurch anders, daß hier ja ein Potentialberg keine absolute Schranke für ein Elektron bildet. Das H-Elektron besitzt vielmehr auch bei einer Energie, die unterhalb des

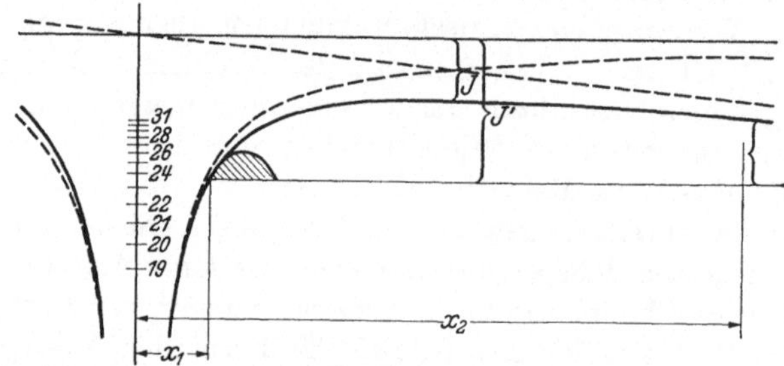

Abb. 43. Potentialverlauf des H-Atom-Elektrons in einem elektrischen Feld von 300 Volt/cm. (Nach KUHN[351].)

Potentialmaximums liegt, eine gewisse Wahrscheinlichkeit, den Potentialberg zu durchdringen und damit das Atom zu verlassen (sog. statische Ionisation im elektrischen Feld).

Die Lösung des Problems kommt auf die Behandlung der SCHRÖDINGER-Gleichung des H-Atoms im elektrischen Feld

$$(24,4) \qquad \Delta \psi + \frac{8\pi^2 m}{h^2}\left(E + \frac{e^2}{r} + eFr\right)\psi = 0$$

heraus. Man kann entweder mit OPPENHEIMER[354] und KUDAR[350] Gl. (24,4) für die Grenzfälle verschwindenden Störfeldes (ungestörtes Atom) und verschwindenden Kernfeldes (freies Elektron im Störfeld) lösen und die Wahrscheinlichkeit eines strahlungslosen Überganges des Elektrons aus einem stationären in einen ionisierten Zustand gleicher Energie berechnen. Oder man kann mit LANCZOS[352, 353] direkt das Verhalten der Eigenfunktion des Elektrons bei der Störung untersuchen. Das Problem ist ersichtlich eine durch das Feld erzwungene Präionisation (vgl. S. 34), und man erhält einen Ausdruck für die Wahrscheinlichkeit der Ionisation eines bestimmten stationären Atomzustandes in Abhängigkeit von der Feldstärke oder der von ihr abhängenden Höhe und Breite des bei dem Ionisationsprozeß zu durchdringenden Potentialberges. Diese Ionisationswahrscheinlichkeit kann nach LANCZOS dargestellt werden als

$$(24,5) \qquad W = \text{const} \cdot e^{-\delta t},$$

worin die Zerfallskonstante, wie wir δ zur Betonung der Analogie mit der ganz gleichartigen Theorie des radioaktiven Zerfalls nennen können, gegeben ist durch

$$(24,6) \quad \begin{cases} \delta = \dfrac{1{,}033 \cdot 10^{16}\, e^{2\,J_2}}{J_1} \\[2ex] J_1 = \displaystyle\int_0^{r_1} \dfrac{dr}{\sqrt{\dfrac{2\,a_0}{e^2}\,(E-V)}}\,; \quad J_2 = \displaystyle\int_{r_1}^{r_2} \dfrac{dr}{\sqrt{\dfrac{2\,a_0}{e^2}\,(V-E)}}, \end{cases}$$

wobei a_0 der Radius der innersten BOHRschen H-Bahn und V durch (24,1) gegeben ist; die Integrationsgrenzen sind aus Abb. 43 zu entnehmen.

Die Ionisationswahrscheinlichkeit im elektrischen Feld hängt nach (24,6) nicht allein von der Höhe und Breite des vom Elektron zu durchdringenden Potentialberges, sondern auch von der Energie des Elektrons vor Beginn des Prozesses ab. Aus (24,6) folgt durch Einsetzen der Zahlenwerte, daß die Wahrscheinlichkeit für die Ionisierung eines H-Atoms im Grundzustand in einem Feld von 1 Volt/cm nur etwa $10^{-10^{10}}$ beträgt und erst bei Feldern von etwa 10^7 Volt/cm beträchtlich wird. Bei den geringen Ablöseenergien der Metallelektronen im Gitter dagegen genügen schon um eine bis zwei Größenordnungen geringere Felder zur „Feldionisierung", die denn auch in gewissen Entladungserscheinungen sicher eine Rolle spielt.

Wir interessieren uns hier aber für das Verhalten hoch angeregter Atome. Für diese nimmt W nach Gl. (24,5) und (24,6) in der Nähe der klassischen Existenzgrenze (24,2) recht beträchtliche Werte an; für sie besteht dann wie bei der in Abschn. 10 behandelten Autoionisation Konkurrenz zwischen den Übergängen unter Strahlungsemission in tiefere Zustände und der strahlungslosen Ionisation. LANCZOS hat diese Verhältnisse eingehend diskutiert und die Verbreiterung der letzten auftretenden Serienlinien berechnet.

25. Quantitative Versuche über die Störung der Photoionisation im elektrischen Feld.

Als experimenteller Nachweis der in Abschn. 24 behandelten Erscheinungen kann neben zahlreichen nur qualitativen Beobachtungen über Störungen an den Seriengrenzen ein Versuch von KUHN[351] angesehen werden, die Beeinflussung von Kaliumatomen in einem elektrischen Feld durch Beobachtung der Absorption an der Grenze des Hauptserienkontinuums bei 2870 Å quantitativ zu erfassen. KUHN brachte Kaliumdampf zwischen die Platten eines Kondensators und untersuchte die Veränderungen im Absorptionsspektrum in Abhängigkeit von der Feldstärke bei einer Dispersion von 10 Å/mm, die die Auflösung der Serie bis zum 35. Glied, bei Zusatzgas bis zum 30. Glied gestattete. Als Störungsquelle erwähnt KUHN, daß bei der zur Erhaltung genügenden Kaliumdampfdruckes erforderlichen Temperatur von 700° C die mit Kalium bedeckten Eisenplatten des Kondensators bereits merklich Elektronen emittierten (Strom bis zu einigen mA), daß der lineare Feldverlauf durch die Raumladungen aber nur unwesentlich verzerrt war.

Bei eingeschaltetem Feld beobachtete KUHN nun ein Abbrechen der Serie vor der Grenze, und zwar bei 100 Volt/cm etwa 150 cm^{-1}, bei 300 Volt/cm etwa 220 cm^{-1} vor der Seriengrenze. Bei gleichzeitiger Aufnahme eines horizontal und eines vertikal polarisierten Spektrums zeigten sich durchaus verschiedene Ergebnisse für die π- und σ-Spektren. Während die π-Linien bei $n = 23$ plötzlich abbrachen, erschienen im σ-Spektrum bei $n = 19$ beginnend genau zwischen den Hauptserienlinien neue Linien, die rasch eine den Hauptserienlinien vergleichbare Intensität erreichten und die Beobachtung des genauen Punktes des Abbrechens der Hauptserie unmöglich machten. Es scheint sich bei diesen neuen Linien um die verbotene Serie $1 S \rightarrow n D$ zu handeln. Das Auftreten solcher verbotener Serien, wie sie in Emission besonders von BARTELS[150] bei Natrium beobachtet worden sind, entspricht der theoretisch zu erwartenden Durchbrechung der Auswahlregeln im elektrischen Feld. Dagegen ist der Ort des Abbrechens der Hauptserie mit der Abschn. 24 dargestellten Theorie nicht in Übereinstimmung. Abb. 43 zeigt die Verhältnisse annähernd quantitativ für den untersuchten Fall von 300 Volt/cm. J gibt die Entfernung der klassisch nach (24,2) zu erwartenden Abbruchstelle vor der Seriengrenze, J' die tatsächlich beobachtete bei $n = 23$. Die Durchdringung eines so breiten und hohen Potentialberges ist nun extrem unwahrscheinlich. KUHN errechnet, daß ein Abbrechen zu erwarten wäre, wenn der Potentialberg etwa die Größe der schraffiert gezeichneten Fläche besitzt, also erst erheblich oberhalb der beobachteten Grenze. Als Erklärungsmöglichkeit für diese Abweichung bleibt nur die Annahme, daß das wirksame Feld nicht allein durch die am Kondensator liegende Spannung gegeben war, sondern daß Elektronen und Ionen doch einen größeren Beitrag liefern als zuerst erwartet wurde. KUHNs Versuch bringt also zwar keine quantitative Bestätigung der Theorie von Abschn. 24, stimmt aber qualitativ in allen Punkten mit der Erwartung überein. ZÉ und PIAW[362] haben kürzlich KUHNs Untersuchungen auf Rubidium und Cäsium ausgedehnt und seine Ergebnisse bei Feldstärken zwischen 260 und 1820 Volt/cm bestätigt.

26. Beobachtungen über gestörte Elektronenrekombination und Emissionsgrenzkontinua.

Die in Abschn. 24 behandelte Störung von Atomen im elektrischen Feld ist für die Photoabsorption nur dann von Bedeutung, wenn ein Feld ausdrücklich angelegt wird. Lediglich in Sternatmosphären liegt schon normalerweise eine solche Störung der Absorptionskontinua durch die Felder der umgebenden Elektronen und Ionen vor. Bei der Rekombination von Elektronen und positiven Ionen ist dagegen diese Störung stets vorhanden, weil der Vorgang ja in dem durch die noch vorhandenen Elektronen und Ionen erzeugten, zeitlich und räumlich inhomogenen Störfeld stattfindet. Nach Abschn. 24 beginnt infolgedessen der kontinuierliche Energiebereich der Atome schon unterhalb der Ionisierungsgrenze, und die letzten noch existenzfähigen angeregten Energiezustände haben infolge ihrer verkürzten Lebensdauer eine beträchtliche Breite (vgl. S. 234). Das bei der Wiedervereinigung emittierte Grenzkontinuum muß daher über die Seriengrenze nach langen Wellen zu übergreifen und bereits zwischen den letzten verbreiterten Linien beginnen.

Eben das folgt aber aus allen, bisher leider nur qualitativen Untersuchungen. Nach den ersten, in Abschn. 23 bereits erwähnten Beobachtungen von PASCHEN[197] und HERZBERG[166] untersuchte BARTELS[149, 150] die Erscheinung am Natriumnebenserienkontinuum im Vakuumbogen und gelangte zu dem Schluß, daß das Übergreifen durch die erwähnten, zwischen den letzten Serienlinien auftretenden verbotenen $P \rightarrow P$-Linien vorgetäuscht sei. Daß ein solcher Effekt, jedenfalls bei den Alkalien, an der Erscheinung beteiligt ist, scheint nach BARTELS' Aufnahmen erwiesen; doch ist ein wirkliches Übergreifen außerdem nicht nur theoretisch zu erwarten, sondern scheint auch durch zahlreiche Beobachtungen (vgl. Zitate in Kap. IV) gesichert.

Auf eins sei in diesem Zusammenhang hingewiesen. Man kann das Unstabilwerden der höchsten Energiezustände der Atome im elektrischen Feld auch auffassen als ein Verwischen des beim isolierten Atom scharfen Unterschiedes zwischen angeregten, aber noch gebundenen, und freien Elektronen. Dem Einfangen eines Elektrons in einen hohen Atomzustand unter Emission des Grenzkontinuums entspricht dann im Störfeld tatsächlich eine Abbremsung unter Emission von Bremsstrahlung gemäß Kap. V. Im Störfeld verwischt sich also der scharfe Unterschied zwischen Grenzkontinuum und Bremsstrahlung, und zwar um so stärker, je stärker die Störung ist.

Der Extremfall eines gestörten Emissionsspektrums wurde von FINKELNBURG[347] an kondensierten Funkenentladungen in Wasserstoff bei Drucken bis zu 30 Atm. untersucht. Das dabei beobachtete, bei den höchsten Drucken von 7000—3000 Å reichende, fast homogene Emissionskontinuum entwickelte sich bei wachsendem Druck und wachsender Stromdichte aus einem immer weiteren Übergreifen des Grenzkontinuums nach langen Wellen zu und gleichzeitiger Verbreiterung der BALMER-Linien (s. Abb. 44). FINKELNBURG deutete seine Ergebnisse auf Grund der Theorie von LANCZOS[352, 353] und konnte zeigen, daß das Unstabilwerden der einzelnen BALMER-Zustände bei den erwarteten interatomaren Feldstärken von 200 000—2 000 000 Volt/cm

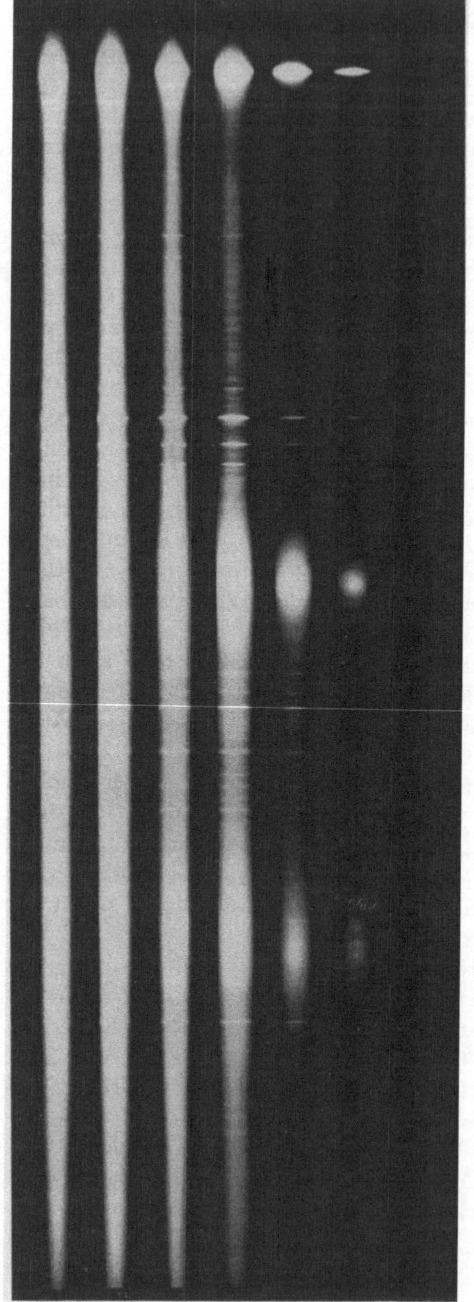

Abb. 44. Das BALMER-Spektrum des Wasserstoffs in kondensierten Funkenentladungen in Abhängigkeit vom Gasdruck. Übergang vom Linienspektrum zum Druckkontinuum. (Nach FINKELNBURG[347].)

stattfand, in Übereinstimmung mit entsprechenden Versuchen von TRAUBENBERG und Mitarbeitern (vgl. [360]) über das Abbrechen der einzelnen BALMER-Linienkomponenten im Starkeffekt bei sehr hohen Feldstärken.

Dieser Fall des BALMER-Druckkontinuums leitet gleichzeitig über zu den in Kap. XIV, Abschn. 84 zu behandelnden Erscheinungen, bei denen man von Einzelprozessen zwischen einem Elektron und einem Ion überhaupt nicht mehr sprechen kann. Schon bei dem erwähnten Druckfunken beginnt es zweifelhaft zu werden, ob es physikalisch sinnvoll ist, ein einzelnes Elektron als gebunden oder frei zu bezeichnen, da die Kräfte zwischen zwei wechselwirkenden Teilchen nicht mehr groß sind gegenüber den von der Umgebung ausgeübten Störungen. Sobald aus dem BALMER-Linienspektrum mit anschließendem Grenzkontinuum ein einziges homogenes Kontinuum sich entwickelt hat, ist dessen Behandlung als gestörtes Grenzkontinuum nicht mehr sinnvoll; das Kontinuum ist dann vielmehr als Spektrum eines in sich durch Wechselwirkungen aller Art zusammenhängenden Plasmas von Elektronen, Ionen, angeregten und normalen Atomen aufzufassen und stellt damit, dem Ziel der Untersuchung FINKELNBURGs entsprechend, den Übergang zu der in Kap. XIV zu behandelnden Strahlung zusammenhängender Gebilde dar. Das gleiche gilt für zahlreiche verwandte Kontinua, deren Deutung von FINKELNBURG[1556] diskutiert worden ist, und die in Abschn. 21d, 84 und besonders 100 behandelt werden.

27. Störungen und Struktur an der langwelligen Grenze von Röntgenabsorptionskontinua.

S. 93 wurde bereits erwähnt, daß auch die der Photoionisation innerer Atomelektronen entsprechenden Röntgenabsorptionskontinua (Abschn. 9) eine teilweise recht verwickelte Struktur besonders an den langwelligen Kanten aufweisen. Es ist im Rahmen dieses Buches unmöglich, das gesamte Schrifttum über diese etwas am Rande unseres Gebietes liegenden Erscheinungen aufzuführen und zu besprechen. Das bis 1931 erschienene Material ist vollständig bei SIEGBAHN[1334] zusammengestellt. Wir beschränken uns deshalb hier auf die Darstellung der wichtigsten Ergebnisse. Grundsätzlich bestehen drei Möglichkeiten, Struktur oder Störungen an den langwelligen Grenzen der Röntgenabsorptionskontinua zu erklären.

Erstens ist, wie KOSSEL[348] bereits 1920 zeigte, außer der direkten Ionisation eines inneren Elektrons unter kontinuierlicher Absorption noch dessen Anregung, d. h. Hebung auf eins der unbesetzten optischen Niveaus des Atoms unter Absorption einer diskreten Linie möglich, die sich an die langwellige Grenze des Absorptionskontinuums anschließen muß. Wegen der Kleinheit dieser optischen Termdifferenzen von wenigen Volt gegenüber den Ionisierungsenergien der inneren Elektronen von oft vielen Tausend Volt können diese Absorptionslinien nur als schwer auflösbare Struktur der langwelligen Absorptionskanten erscheinen. Als solche sind sie denn auch vielfach nachgewiesen worden, am klarsten wohl kürzlich von PRINS[356] bei der Absorption sehr weicher Röntgenstrahlen in Argon und Stickstoff. Im allgemeinen tritt ja noch die Schwierigkeit hinzu, daß die Absorption nicht durch freie Atome, sondern durch feste Körper erfolgt, in denen die optischen Niveaus durch die Umgebung stark gestört und verbreitert sind (vgl. S. 262 f.). Auch Übergänge in optische Niveaus benachbarter Atome sind im Gitter möglich und erschweren eine klare Übersicht. Einfacher liegen die Verhältnisse bei der Absorption durch molekulare Gase. So hat ganz kürzlich BOGDANOWICH[342] die kontinuierliche Absorption von Röntgenstrahlen durch molekulare Gase untersucht und angeblich so klare Zusammenhänge der Feinstruktur an der langwelligen Grenze mit der Schwingungsstruktur der Moleküle gefunden, daß er auf seinen Beobachtungen eine neue Methode der Röntgenuntersuchung von Molekülen aufbauen will.

Regelrechte Störungen der die Photoionisation innerer Elektronen anzeigenden Kontinua können zweitens durch die Einwirkung der Umgebung hervorgerufen werden und sich, wie Abschn. 23—26 behandelt, in Verschiebungen der langwelligen Grenze äußern. Diese Wirkungen beruhen auf der Veränderung der Bindungsenergie der Elektronen durch veränderte Anordnung der Elektronen und Ionen der umgebenden Atome, also auf Einflüssen der chemischen Bindung auf die inneren Elektronen; und zur Untersuchung dieser Wirkung ist die Erscheinung von Interesse. Besonders viel untersucht ist die Absorption von Chlor in seinen verschiedenen Wertigkeitsstufen. Die beobachtete Verschiebung der langwelligen Kante nach kurzen Wellen mit steigender Wertigkeit kann hierbei grob durch Verminderung der äußeren Abschirmung erklärt werden.

Während die bisher behandelte Feinstruktur der Absorptionskanten ebenso wie die Störungen sich auf die unmittelbare Umgebung der langwelligen Grenzen (Ausdehnung etwa 15 Volt) beschränken, tritt bei der kontinuierlichen Röntgenabsorption von Kristallen eine weitere Störung auf, die vielfach als Sekundärstruktur der Absorptionskontinua bezeichnet wird und sich oft bis zu einigen Hundert Volt von der Kante fort erstreckt. Sie ist nach der wellenmechanischen Theorie von Kronig[349] so zu erklären, daß für die durch die kontinuierliche Absorption frei werdenden Photoelektronen im Kristall nicht alle beliebigen Geschwindigkeiten möglich sind, vielmehr gewisse Geschwindigkeiten durch die spezielle Struktur des Kristalls ausgeschlossen sind. Diese zeigen sich dann im Kontinuum als Stellen geringerer Absorption an. Diese Erscheinung ist damit ein Beispiel für die schon mehrfach (s. S. 98) betonte Verwischung des Unterschiedes von gebunden und frei bei höherer Materiedichte. Da im vorliegenden Fall das Photoelektron nicht mit jeder Geschwindigkeit sich durch den Kristall bewegen kann, ist der kontinuierliche Termbereich des Elektrons nicht rein kontinuierlich, sondern besitzt eine gewisse Struktur, die sich wieder im Absorptionskontinuum ausprägt.

VII. Allgemeine Übersicht über die Molekülkontinua.

28. Diskrete und kontinuierliche Molekülspektren und zugrunde liegende Vorgänge.

Für das Verständnis der Molekülkontinua gilt das gleiche, was wir anfangs allgemein festgestellt haben: Ein Spektrum entsteht bei einem nicht strahlungslosen Übergang des betrachteten Systems aus einem Energiezustand in einen anderen. Dieses Spektrum ist kontinuierlich, wenn einer der beiden kombinierenden Zustände, oder beide, nicht nur einzelner diskreter Energiewerte fähig ist, sondern aus einer kontinuierlichen Folge unendlich wenig verschiedener Zustände besteht, also eine kontinuierliche Mannigfaltigkeit von Energiewerten besitzt. Während den stabilen, gequantelten Zuständen eines atomaren Systems stets bestimmte Energiewerte entsprechen, ist nur ein unstabiles System kontinuierlich variabler Energiewerte fähig, z. B. ein System von Atomen, die kein Molekül gebildet haben und außer der potentiellen Energie etwa angeregter Elektronen noch einen kontinuierlich variablen Betrag kinetischer Energie besitzen können. Ein kontinuierliches Molekülspektrum entsteht also, wenn wenigstens einer der beiden kombinierenden Zustände des Moleküls ein solcher, in bezug auf die Atome *freier* Zustand ist.

Der Ursprung der beiden wichtigsten Gruppen von Molekülkontinua ist damit klar. Ist der Anfangszustand diskret, der Endzustand kontinuierlich, so geht das anfänglich stabile Molekül unter Absorption oder Emission eines kontinuierlichen Spektrums (je nachdem, ob dabei Energie aufgenommen oder abgegeben wird) in einen unstabilen Zustand über, dissoziiert also in Atome oder Atomgruppen. Ist umgekehrt der Anfangszustand kontinuierlich, der Endzustand diskret, so bildet sich aus zusammenstoßenden Atomen oder Atomgruppen unter Emission oder Absorption eines kontinuierlichen Spektrums ein stabiles Molekül (Molekülrekombination). Der dritte noch mögliche Fall, die Kombination zweier kontinuierlicher Energiezustände, würde bedeuten, daß ein freies System (Atome im Stoß) unter Emission oder Absorption kontinuierlicher Strahlung in einen andersartigen freien Zustand (unter Gewinn oder Verlust von Anregungsenergie eines der Atome) übergeht. Auch dieser Fall ordnet sich zwanglos in das allgemeine Schema der Deutung ein. Bevor wir auf dieses eingehen, müssen wir die Begriffe „Molekül“ und „Molekülspektrum“ genauer definieren.

29. Definition der Begriffe Molekül und Molekülspektrum.

Als Molekül definieren wir zweckmäßig ein System von zwei oder mehr Atomen bzw. Atomgruppen, falls

1. deren gegenseitiges Potential bei einem bestimmten Kernabstand der Atome ein Minimum aufweist, und falls

2. dieses System seiner Umgebung gegenüber eine gewisse Selbstständigkeit besitzt, d. h. falls im Augenblick der Beobachtung die Wechselwirkung innerhalb des Systems groß ist gegenüber der des Systems mit seiner Umgebung.

Vom Standpunkt der Theorie können wir sogar die Bedingung (1.) noch fallen lassen, und werden das gelegentlich auch tun, da wir zeigen werden, daß sich solche Systeme mit oder ohne Potentialminimum in gleicher Weise behandeln lassen und ihre Spektren den gleichen Gesetzen gehorchen.

Physikalisch ist ein solches System (Molekül) charakterisiert durch die Angabe der zwischen den Atomen wirkenden Kräfte, also durch die Änderung des Potentials der Atome aufeinander mit dem Kernabstand (Potentialkurve), sowie durch den jeweiligen Wert seiner Gesamtenergie. Dabei rechnen wir diese (s. Abb. 45) vielfach vom Nullpunkt der freien Atome aus, also negativ (Bindungsenergie) für stabile, positiv (kinetische Energie) für freie Molekülzustände.

Die Haupttypen von Molekülen, *zwischen denen aber alle Übergänge vorkommen*, können wir nun nach dem Verlauf ihrer Potentialkurven unterscheiden (Abb. 45), wobei wir uns, wie in diesem Kapitel stets, auf zweiatomige Moleküle beschränken. Die äußeren Merkmale echter, im chemischen Sinn valenzmäßig gebundener Moleküle sind dabei steiles Potentialminimum bei kleinem Kernabstand ($r_0 \sim 1$ Å) und relativ große Dissoziationsenergie ($D_0 \sim 0{,}5 - 5$ Volt) (Abb. 45, Kurven a), während die von chemisch neutralen Atomen gebildeten, auf VAN DER WAALSscher Wechselwirkung beruhenden VAN DER WAALS-Moleküle (Kurven b) flache Potential-

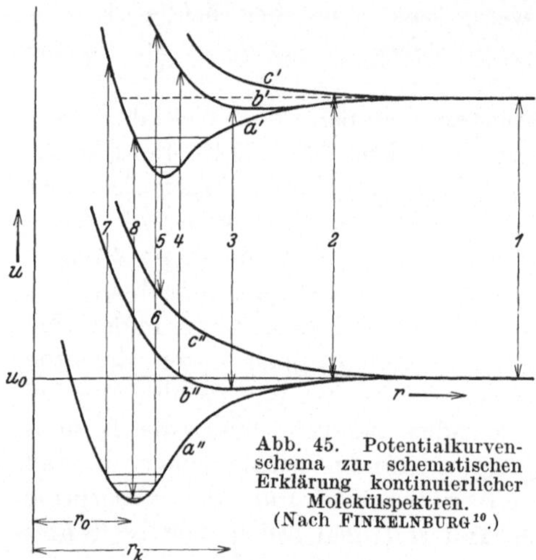

Abb. 45. Potentialkurvenschema zur schematischen Erklärung kontinuierlicher Molekülspektren.
(Nach FINKELNBURG[10].)

minima bei großem Kernabstand ($r_0 \sim 3 - 5$Å) und eine meist sehr kleine Dissoziationsenergie (D Größenordnung $0{,}01-0{,}1$ Volt im Grundzustand) besitzen. Ein Atomsystem, dessen Potentialkurve den Verlauf von Abb. 45, Kurve c zeigt, unterscheidet sich von den bisher besprochenen Typen nur dadurch, daß es negativer Energiewerte überhaupt nicht fähig ist, während es sich im übrigen verhält wie ein beliebiges Molekül in einem freien Zustand positiver Energie. Man hat Moleküle in solchen freien Zuständen, d. h. Atompaare mit einem bestimmten Betrag kinetischer Energie, auch als ,,Stoßpaare'' bezeichnet und gelegentlich einen Unterschied zwischen Molekül und Stoßpaar machen wollen. Ein solcher Unterschied besteht praktisch, aber nicht prinzipiell; jedes Molekül in einem Zustand positiver Energie stellt ein Stoßpaar dar, gleichgültig, ob es im übrigen diskreter Energiewerte, d. h. stationärer Schwingungszustände, fähig ist (H_2-Molekül) oder nicht (He_2-Molekül im Grundzustand).

Entsprechend unserer weiten Definition des Begriffes ,,Molekül'' bezeichnen wir auch als Molekülspektrum jedes Spektrum, das von einem nach S. 101 definierten Molekül emittiert oder absorbiert wird;

wir bezeichnen also auch einen Übergang zwischen zwei Zuständen positiver Energie (Stoßpaarzuständen) als Molekülkontinuum.

Unsere zur Charakterisierung eines Molekülzustands verwandten Potentialkurven stellen das Potential der Wechselwirkung zweier Atome aufeinander als Funktion des Kernabstands dar. Sie gestatten daher prinzipiell auch, die Störung eines einzelnen Atoms durch die es im Gasraum umgebenden anderen Atome zu erfassen, wenn man in erster Näherung das Atom und das ihm im Augenblick nächste störende Teilchen als Molekül auffaßt und erst in weiterer Näherung die entfernteren Störteilchen berücksichtigt. Wir werden später, besonders in Kap. XII, sehen, daß diese Vorstellung einen wichtigen Angriffspunkt für die Frage der durch die Umgebung hervorgerufenen Linienverbreiterungen darstellt. Die verbreiterte Linie wird dabei also als Extremfall eines Molekülkontinuums aufgefaßt.

30. Die Deutung der Molekülspektren auf Grund der einfachsten Fassung des FRANCK-CONDON-Prinzips.

Ohne auf die Theorie der Molekülzustände und ihrer Potentialkurven, die im nächsten Kapitel behandelt werden wird, näher einzugehen, wollen wir hier zeigen, wie man in einfacher Weise aus der Kenntnis des Potentialverlaufes zweier kombinierender Molekülzustände auf das aus dem Übergang zwischen ihnen resultierende Spektrum schließen kann.

Den beiden kombinierenden Molekülzuständen entsprechen verschiedene Elektronenanordnungen im Molekül; sie besitzen folglich, da die Elektronen ja die Bindung zwischen den Kernen bewirken, verschiedene Potentialkurven, einen verschiedenen Gleichgewichtskernabstand und verschiedene Dissoziationsenergien. Ein Übergang zwischen den beiden Molekülzuständen bedeutet also eine Elektronenumordnung. Bei der geringen Masse der Elektronen, verglichen mit der der Kerne, kann man nun erwarten, daß diese Elektronenumordnung so schnell erfolgt, daß Lage und Geschwindigkeit der schweren Atomkerne während des Überganges sich nicht merklich ändern. In der Potentialkurvendarstellung Abb. 45 heißt das, daß Übergänge ohne Änderung des Kernabstandes, also senkrecht (mit nur kleiner Streuung) verlaufen. Wenn nun der Kernabstand des Moleküls im Anfangszustand bekannt ist, ergibt sich aus dem senkrechten Abstand der beiden Potentialkurven bei diesem Kernabstand r der Wert der ausgestrahlten Energie und damit die Wellenlänge des zu erwartenden Spektrums. Wir werden das so kurz anschaulich gemachte FRANCK-CONDON-Prinzip, das die Übergänge zwischen verschiedenen Elektronenzuständen eines Moleküls regelt, im nächsten Kapitel (S. 128) exakt ableiten und dabei auch auf alle Einzelheiten eingehen. In großen Zügen bleibt aber das Ergebnis der einfachen klassischen Überlegung erhalten.

Aus dem FRANCKschen Prinzip[378] ergibt sich also, welche Spektren man bei einem Übergang zwischen zwei durch ihre Potentialkurven charakterisierten Molekülzuständen zu erwarten hat. Zunächst ist klar, daß man keine Kontinua beobachten wird, wenn die Potentialminima der kombinierenden Elektronenzustände gleichen Kernabstand besitzen, da dann senkrecht über einem stabilen Anfangszustand mit diskreten Energiewerten stets ein ebensolcher liegen wird, ein Übergang zum kontinuierlichen Energiebereich nach dem FRANCKschen Prinzip also nicht möglich ist. Kontinua in *Absorption* erhält man vielmehr, wenn der über dem Minimum der unteren Kurve liegende Teil der oberen Potentialkurve kontinuierlich ist, d. h. über der Dissoziationsgrenze liegt, oder eine reine Abstoßungskurve (*c*) darstellt, wenn also das Molekül durch die Elektronenumordnung stark aufgelockert (Kernabstand des Minimums der oberen Kurve $\gg$ Kernabstand der Grundzustandskurve) oder ganz unstabil (obere Kurve Abstoßungskurve) wird. Molekülkontinua in *Emission* umgekehrt erhält man, wenn der obere Term stabil ist, also ein Minimum besitzt, aber der unter diesem Minimum liegende Teil der unteren Kurve einen kontinuierlichen Energiebereich besitzt, also über der Dissoziationsgrenze liegt.

31. Kurze Übersicht über die Deutung der echten Molekülspektren, der Spektren von VAN DER WAALS-Molekülen und der Linienverbreiterungen.

Wir suchen nun einen Überblick über die verschiedenen Möglichkeiten des Auftretens kontinuierlicher Molekülspektren zu gewinnen, die sich aus Verlauf und gegenseitiger Lage der Potentialkurven der kombinierenden Zustände ergeben. Hierzu dient die schematische Abb. 45, in der rechts als Asymptoten der beiden Kurvenscharen der Grundzustand und ein angeregter Zustand eines Atoms gezeichnet sind. Denken wir uns nun an das normale und an das angeregte Atom je ein weiteres normales herangeführt und betrachten beide zusammen nun als Molekül, so entsprechen unsere beiden Kurvenscharen den Zuständen eines angeregten und eines normalen Moleküls, und zwar lassen sich die Molekülzustände je nach der Art der Wechselwirkung zwischen den Atomen durch die Potentialkurven *a*, *b* oder *c* darstellen. Wir betrachten jetzt schematisch die bei Übergängen zwischen diesen verschiedenen Kurven zu erwartenden Spektren. Die Pfeile zeigen dabei die Übergänge an; Pfeile nach oben bedeuten Absorption, Pfeile nach unten Emission. Um zur Vorstellung des wirklichen Spektrums zu gelangen, ist zu beachten, daß die Übergänge stets auch von vielen benachbarten Punkten der Potentialkurve aus erfolgen, so z. B. Übergang *3* von allen Punkten des Minimums der Kurve *b″* aus usw.

Während Übergang *1* zwischen den ungestörten Atomzuständen die unverbreiterte Atomlinie ergibt, entstehen durch Übergänge *2* verbreiterte Linien, wobei ersichtlich Größe und Charakter der Verbreiterung vom mittleren Abstand der Teilchen (Funktion der Gasdichte) und dem Verlauf der beiden Potentialkurven abhängen. Auf alle Einzelheiten und die Komplikationen bei Wirkung mehrerer Teilchen, sowie auf den Einfluß der Teilchengeschwindigkeit, gehen wir in Kap. XII ein.

Die Übergänge *3* und *4* sind Übergänge zwischen den oben erwähnten schwach gebundenen VAN DER WAALS-Zuständen. Die Spektren bestehen, wie man aus dem geringen Unterschied der Pfeillängen ersieht, aus meist schmalen, kontinuierlichen Bändern, die verbreiterten Linien nicht unähnlich sehen. Übergang *3* ergibt dabei eins der erwähnten unechten Kontinua, weil die Energiezustände in den beiden flachen Potentialminima zwar diskret sind, aber so dicht liegen, daß das bei Übergängen zwischen ihnen entstehende Bandenspektrum bei nicht genügender Auflösung kontinuierlich erscheinen kann. Bei Übergang *4* dagegen sind beide Zustände kontinuierlich; es entsteht ein echt kontinuierliches Band, das wegen der annähernd gleichen Neigung beider Kurven nur eine geringe Ausdehnung besitzt.

Die Übergänge *5—7* finden in dem Kernabstandsgebiet statt, in dem die Elektronenwolken der beiden Atome sich schon stark durchdringen $(r < r_k)$ und dadurch große Energieänderungen gegenüber den ungestörten Atomzuständen bewirken; sie stellen also Molekülkontinua im engeren Sinn dar. Bei Übergang *5* ist der angeregte obere Zustand stabil und diskret, der untere unstabil mit kontinuierlichem Energiebereich. Berücksichtigt man wieder, daß Übergänge *5* von allen Energieniveaus der Potentialkurve a' zur Kurve c'' erfolgen können, so erkennt man, daß aus der verschiedenen Neigung der beiden Kurven ein weit ausgedehntes kontinuierliches Spektrum in Emission resultiert.

Die Umkehrung des Überganges *5* ist Übergang *6*. Hier ist der untere Zustand a'' stabil mit diskreten Energiezuständen, der obere b' (analog ist es bei Übergängen zu c') eine Abstoßungskurve mit kontinuierlichem Energiebereich. Es resultiert (wieder unter Berücksichtigung aller übrigen nicht eingezeichneten Übergänge $a'' \to b'$) ein ausgedehntes kontinuierliches Spektrum in Absorption. Ebenfalls ein ausgedehntes Absorptionskontinuum erhält man durch Übergänge *7* von den diskreten Zuständen der Kurve a'' zum kontinuierlichen Energiebereich der Kurve a'. Daß es sich hier, im Gegensatz zu Kurve b' und c', um eine Kurve mit ausgebildetem Potentialminimum handelt, also um den kontinuierlichen Bereich eines Zustandes, der auch stabil existieren kann, ersieht man aus der Beobachtung, daß sich an das kontinuierliche Spektrum Übergang *7* ein diskretes Bandenspektrum infolge der Übergänge *8* zwischen diskreten Zuständen derselben beiden Kurven anschließt.

Das FRANCK-CONDON-Prinzip in seiner einfachsten Form zusammen mit der anschaulichen Potentialkurvendarstellung der Elektronzustände der Moleküle gestattet also bereits einen guten Überblick über die bei bestimmten Molekülübergängen zu erwartenden kontinuierlichen Spektren zu gewinnen. In den folgenden Kapiteln soll nun die Theorie der Molekülzustände und der Übergänge zwischen ihnen genauer entwickelt und die verschiedenen Übergangstypen an Hand von tatsächlich beobachteten kontinuierlichen Molekülspektren im einzelnen besprochen werden. Dabei wird auch die bisher noch nicht erwähnte Erscheinung der Prädissoziation behandelt werden.

VIII. Theorie der Molekülkontinua.

32. Allgemeines über Elektronenbewegung, Schwingung und Rotation von Molekülen.

Da die kontinuierlichen Molekülspektren durch Übergänge zwischen verschiedenen Molekülzuständen entstehen, behandeln wir zunächst die Theorie der diskreten (gebundenen) wie der kontinuierlichen (freien) Molekülzustände. Den Ausgangspunkt bilden, wie stets in der Atom- und Molekülphysik, Modellvorstellungen. Die Kerne der beiden, das Molekül bildenden Atome sind in eine Hülle von Elektronen eingebettet, die große Ähnlichkeit mit der Elektronenhülle eines Atoms besitzt, sich aber dadurch von ihr unterscheidet, daß durch die Existenz zweier Atomkerne eine Richtung, die Kernverbindungsachse, elektrisch ausgezeichnet ist. Außer den Änderungen des Zustandes der Elektronenhülle (Anregung, Ionisation usw.), die den entsprechenden Atomzustandsänderungen sehr ähnlich sind, gibt es beim Molekül noch zwei weitere Bewegungsmöglichkeiten, und zwar die der Schwingung der beiden Kerne gegeneinander, die im Grenzfall zur Dissoziation des Moleküls führen kann, und die der Molekülrotation um eine zur Kernverbindungslinie senkrechte Achse.

Entsprechend setzt sich die Energie eines Molekülzustandes in erster Näherung aus drei Anteilen zusammen, der Elektronenenergie, der Kernschwingungsenergie und der Rotationsenergie. Es ist aber leicht einzusehen, daß diese drei Bewegungsmöglichkeiten im Molekül und damit auch die ihnen entsprechenden Energieanteile nicht unabhängig voneinander sind. So erfordert z. B. die bei wachsender Anregung der Schwingung schließlich erfolgende Dissoziation je nach der Art der Elektronenanordnung und der Größe der Rotation verschieden viel Energie. Die Potentialkurve $V(r)$, die die potentielle Energie des Moleküls in Abhängigkeit vom Kernabstand darstellt, wird also für jeden Elektronen- und jeden Rotationszustand des Moleküls einen anderen Verlauf zeigen.

Ein gegebener Zustand eines Systems ist nach der Wellenmechanik (s. S. 7 f.) durch seine Energie und seine Eigenfunktion bestimmt; beim Molekül enthält diese Eigenfunktion also Anteile, die klassisch der Elektronenbewegung, der Schwingung und der Rotation sowie den

Wechselwirkungen zwischen ihnen entsprechen. Ein Übergang des Systems aus einem Zustand in einen anderen beschreibt sich als eine Änderung seiner Eigenfunktion. Die theoretische Behandlung eines Molekülkontinuums setzt also die Kenntnis der Eigenfunktionen der beiden kombinierenden Zustände voraus.

Diese Eigenfunktionen ψ sind (vgl. S. 8) die Lösungen der SCHRÖDINGER-Gleichung

$$(32,1) \qquad \sum_{i=1}^{n} \frac{1}{m_1} \Delta_i \psi + \frac{8\,\pi^2}{h^2} (E - V)\,\psi = 0 \qquad \begin{aligned} m_i &= \text{Teilchenmassen} \\ n &= \text{Teilchenzahl} \end{aligned}$$

und lassen sich berechnen, wenn außer der Gesamtenergie E des Systems noch die potentielle Energie V als Funktion der Koordinaten aller beteiligten Teilchen (Elektronen und Kerne) bekannt ist.

Da die exakte Lösung dieses Vielkörperproblems unmöglich ist, nehmen wir in erster Näherung die Elektronenbewegung als unabhängig von Kernbewegung und Rotation an (Modell des Zweizentrensystems), wobei wir uns vorbehalten, den tatsächlich vorhandenen Einfluß der Elektronenbewegung auf die Kernschwingung bei deren Berechnung zu berücksichtigen. Die Gesamteigenfunktion des Moleküls läßt sich dann darstellen als Produkt zweier Eigenfunktionen

$$(32,2) \qquad \psi = \psi_e \cdot \psi_k,$$

wobei ψ_e nur von den Koordinaten der Elektronen (bei festgehaltenen Kernen) abhängt, also die wellenmechanische Beschreibung der Elektronenbewegung darstellt, während ψ_k umgekehrt die Bewegung der Kerne in dem durch die Elektronenanordnung bestimmten Kraftfeld beschreibt.

33. Theorie der Elektronenzustände zweiatomiger Moleküle.

a) Die Elektronenzustände des Zweizentrensystems; Quantenzahlen und Symmetriecharaktere.

Da auch die Lösung der SCHRÖDINGER-Gleichung für die Elektroneneigenfunktion ψ_e bei einem Molekül mit n Elektronen noch die Lösung eines n-Körperproblems erfordert, muß man auch auf die exakte Berechnung von ψ_e selbst verzichten und bestimmt nur eine Anzahl der wichtigsten Eigenschaften von ψ_e, die man zur Berechnung der Übergangswahrscheinlichkeit benötigt. Man geht dabei folgendermaßen vor: Die potentielle Energie $V(r)$ eines im Feld der beiden positiven Kerne sich bewegenden Elektrons wird in erster Näherung proportional $1/r_1 + 1/r_2$ gesetzt, wo die r_i die Abstände des Elektrons von den Kernen im Zweizentrensystem sind. Zur Beschreibung des Systems eignen sich dann am besten die elliptischen Koordinaten φ, μ und ν. Geht man mit diesen in die SCHRÖDINGER-Gleichung des Zweizentrensystems ein, so kann man die Eigenfunktion jedes einzelnen Elektrons ψ_e wiederum als Produkt dreier Anteile schreiben

$$(33,1) \qquad\qquad \psi_e = \psi_\varphi \cdot \psi_\mu \cdot \psi_\nu \, ,$$

die jeweils nur von einer Koordinate abhängen. Charakteristische Eigenschaften (Bestimmungsstücke) der Elektroneneigenfunktionen sind nun die Zahlen der Nullstellen der drei Einzeleigenfunktionen mit den Koordinaten, also die Quantenzahlen. Wie bei den Atomen bezeichnet man dabei aus historischen Gründen als Quantenzahlen nicht die Knotenzahlen selbst, sondern als

1. Hauptquantenzahl n die um eins vermehrte Summe der φ-, μ- und ν-Knoten,

2. Bahnimpulsquantenzahl l die Summe der φ- und ν-Knoten,

3. Quantenzahl λ die Zahl der φ-Knoten.

Zu diesen drei Bestimmungsstücken kommt als viertes, in die Wellenmechanik erst nachträglich eingeführtes, eine Quantenzahl m_s, die die Werte $\pm 1/2$ besitzen kann und die Komponente des Eigendrehimpulses s nach der Kernverbindungslinie oder einer anderen, durch ein Feld festgelegten Achse angibt. Nach dem Pauli-Prinzip ist nun ein Zustand eines Elektrons durch Angabe dieser vier Quantenzahlen n, l, λ und m_s eindeutig bestimmt. Man hat für diese Quantenzahlen zum Teil Symbole eingeführt, und zwar kennzeichnet man die Quantenzahlen $l = 0, 1, 2, 3, \ldots$ durch die Buchstaben s, p, d, f, $\ldots$, die Quantenzahlen $\lambda = 0, 1, 2, 3, \ldots$ durch die Symbole σ, π, δ, φ, $\ldots$, während man die Hauptquantenzahl n eines Elektrons den Symbolen als Zahl voransetzt. Ein Elektron mit $n = 4$, $l = 2$ und $\lambda = 0$ ist demzufolge ein $4\,d\sigma$-Elektron.

Bilden mehrere Elektronen zusammen die Hülle eines Moleküls, so wirken sie in solcher Weise zusammen (orientieren sich so gegeneinander), daß der resultierende Molekülzustand wieder durch vier Quantenzahlen charakterisiert werden kann. Da nämlich die Koordinaten, auf die sich die Quantenzahlen l, λ und s beziehen, Winkelkoordinaten sind, gehören zu ihnen mechanische Drehimpulse der Größe $l \cdot \dfrac{h}{2\,\pi}$ bzw. $\lambda \cdot \dfrac{h}{2\,\pi}$ bzw. $m_s \cdot \dfrac{h}{2\,\pi} = \pm \dfrac{1}{2} \cdot \dfrac{h}{2\,\pi}$. Geht man nun von der zu speziellen Annahme $V \sim 1/r_1 + 1/r_2$ ab, so behalten λ und m_s ihre Bedeutung.

So wie sich mehrere zusammenwirkende Drehimpulse aber nach der Regel der Vektoraddition zusammensetzen lassen, ist das auch mit den den Quantenzahlen entsprechenden Impulsen der einzelnen Elektronen eines Moleküls der Fall. Man erhält auf diese Weise resultierende Drehimpulse und damit resultierende Quantenzahlen für jeden bestimmten Zustand des ganzen Moleküls und kennzeichnet diese zum Unterschied von den Quantenzahlen der Einzelelektronen durch die entsprechenden großen Buchstaben.

Während nun bei den Atomen der resultierende Bahndrehimpuls L den Charakter eines Atomzustandes bestimmt und man die Atomzustände mit $L = 0, 1, 2, \ldots$ deshalb als S-, P- und D-Zustände kennzeichnet, tritt beim Molekül an seine Stelle als charakteristisches Bestimmungsstück die Größe Λ, die Summe der λ. Man kennzeichnet infolgedessen einen Molekülzustand mit $\Lambda = 0, 1, 2$ durch Angabe des entsprechenden Symbols Σ, Π oder Δ hinter den Symbolen der Einzelelektronen. Der resultierende Eigendrehimpuls (Drall, Spin) endlich wird nicht direkt am Symbol vermerkt, sondern wie bei den Atomen die auf ihm beruhende Multiplizität $2\,S + 1$, die als Index oben links an das Λ-Symbol geschrieben wird.

Da für eine abgeschlossene Elektronenschale alle Impulse sich gegenseitig kompensieren, ihre Vektorsumme also Null ist:

$$(33,2) \qquad \Lambda = \sum \lambda = 0; \quad S = \sum s = 0,$$

braucht man zur Bestimmung der Quantenzahlen eines Molekülzustandes nur die Elektronen außerhalb einer abgeschlossenen Schale zu berücksichtigen. Bezeichnet man also einen Molekülzustand mit $2\,p\,\sigma\,2\,p\,\pi\;^3\Pi$, so bedeutet das, daß außerhalb der abgeschlossenen einquantigen Schale sich zwei Elektronen befinden, die beide $n = 2$ und $l = 1$ besitzen, von denen das eine aber $\lambda = 0$, das andere $\lambda = 1$ besitzt. Beide Elektronen haben gleichgerichteten Drall, so daß dieser sich zu $S = 1/2 + 1/2 = 1$ addiert, woraus sich für die Multiplizität $2\,S + 1 = 3$ ergibt, während $\Lambda = 1$ ist.

Die Σ-Zustände mit $\Lambda = 0$ unterscheiden sich, da sie bezüglich Drehung um die Kernverbindungsachse nicht entartet sind, noch dadurch, ob ihre Eigenfunktionen bei Spiegelung an einer durch die Kernverbindungsachse gelegten Ebene ihr Vorzeichen beibehalten oder es ändern. Im ersten Fall spricht man von Σ^+, im zweiten von Σ^--Zuständen.

Die bisher dargestellte Charakterisierung der Molekülterme durch ihre Λ-Werte ist gültig, solange die Kernverbindungsachse maßgebend für die Orientierung im Molekül ist, d. h. bei den fest gebundenen Molekülen (HUNDsche Kopplungsfälle a, b und d). Bei nur lose gebundenen Molekülen (VAN DER WAALS-Molekülen s. S. 121 f., sowie Molekülen dicht vor der Dissoziation) dagegen verliert die Kernverbindungsachse und mit ihr die Quantenzahl Λ ihren maßgebenden Einfluß. In solchen Molekülen setzen sich (Kopplungsfall c) zuerst Bahndrehimpuls L und Spin S der beiden Atome einzeln zu den resultierenden Quantenzahlen J der Atome zusammen, und erst diese setzen sich zum Moleküldrehimpuls Ω zusammen, der jetzt die Molekülzustände charakterisiert. Man kennzeichnet solche Molekülzustände durch direkte Angabe von Ω und spricht von 0^+, 0^-, 1, 2-Zuständen.

Eine Komplikation tritt noch bei Molekülen aus gleichen Partnern (H_2, O_2, N_2, Cl_2) auf, indem bei diesen die Elektronenzustände wegen der Gleichheit der Kerne gewisse Symmetrieeigenschaften besitzen, die die Elektronenübergangswahrscheinlichkeit einschränken. Man bezeichnet nämlich einen Elektronenzustand als ungerade bzw. gerade, je nachdem ob seine Eigenfunktion bei Multiplikation der Elektronenkoordinaten mit -1 (d. h. bei Spiegelung an der Mitte der Kernverbindungslinie) ihr Vorzeichen ändert oder nicht. Diese Symmetrie kennzeichnet man dadurch, daß man dem Termsymbol unten rechts ein u oder g anhängt, z. B. Σ_g^+. Die für alle hier behandelten Elektronenquantenzahlen und Symmetrieeigenschaften geltenden Übergangsregeln behandeln wir in Abschn. 36a.

b) Bestimmung der aus zwei Atomzuständen entstehenden Molekülzustände.

Wir wenden uns jetzt der besonders für den Zerfall und die Bildung von Molekülen aus Atomen wichtigen Frage zu, welche verschiedenen Molekülzustände aus der Zusammenführung zweier Atome in gegebenen Zuständen entstehen können. Die durch die Quantenzahlen n_1, L_1, S_1 und n_2, L_2, S_2 charakterisierten Elektronenkonfigurationen zweier Atome ordnen sich ja bei Zusammenführung der Atome in solcher Weise um, daß die entstehende Elektronenkonfiguration des Moleküls nun durch Molekülquantenzahlen eindeutig gekennzeichnet werden kann, und zwar bei kleinem Kernabstand nach S. 109 durch Λ und S, bei großem durch Ω. Je nach dem Charakter der wechselwirkenden Atomzustände bestehen nun eine oder mehrere Möglichkeiten der Elektronenanordnung im Molekül. WIGNER und WITMER[435], HUND[393] und MULLIKEN[410] haben untersucht, wie viele und welche Molekülzustände aus der Zusammenführung zweier bestimmter Atomzustände entstehen.

Werden die Molekülterme durch Λ charakterisiert, so ergeben sich aus L_1 und L_2 als mögliche Λ-Werte alle ganzzahligen Werte zwischen $L_1 + L_2$ und Null. Aber jeder dieser Werte kann mehrfach auftreten. L_1 und L_2 orientieren sich nämlich zuerst gegen die Kernverbindungsachse, wofür es $2L + 1$ Möglichkeiten gibt. Die Λ-Werte ergeben sich dann als die Summe je einer der $2L_1 + 1$ Komponenten von L_1 und einer der $2L_2 + 1$ Komponenten von L_2. Dabei sind die nicht entarteten Werte $\Lambda = 0$ (Σ-Terme) einzeln zu zählen, während von den entarteten Termen mit $\Lambda > 0$ je einer mit positivem und einer mit negativem Vorzeichen zusammenfallen. Für die Spinquantenzahl S der Molekülterme ergeben sich aus S_1 und S_2 alle ganzzahligen Werte zwischen $S_1 + S_2$ und $|S_1 - S_2|$. Jeder Molekülzustand mit einem bestimmten Λ-Wert tritt dann mit allen nach dieser Regel möglichen Multiplizitäten auf. Aus einem ^2D- und einem ^3P-Atom entstehen also Dublett- und Quartett-Molekülzustände, und zwar je ein Φ-Term, zwei Δ-Terme, drei Π-Terme und drei Σ-Terme, im ganzen also 18 Molekülzustände.

Bei Zusammenführung zweier verschiedener Zustände desselben Atoms (z. B. Sauerstoffatom ^3P und ^1D) verdoppelt sich die Zahl der

Molekülzustände, weil jeder nach den obigen Regeln ermittelte Molekülterm wegen der Entartung infolge der gleichen Kerne als gerader und ungerader Term auftritt.

Bei den nach Fall c gekoppelten, locker gebundenen Molekülen, deren Terme durch Ω charakterisiert sind, errechnen sich die Ω-Werte in gleicher Weise aus den Gesamtdrehimpulsen J_1 und J_2 der Atome wie die Λ-Werte aus L_1 und L_2, nur daß wegen der Möglichkeit der Halbzahligkeit von J jetzt auch halbzahlige Ω-Werte möglich sind. Ist $J_1 + J_2$ ganzzahlig, so treten alle zwischen $J_1 + J_2$ und Null liegenden Ω-Werte auf; ist $J_1 + J_2$ halbzahlig, so nimmt Ω alle zwischen $J_1 + J_2$ und 1/2 liegenden Werte an. Die Häufigkeit des Auftretens der einzelnen Ω-Werte (Zahl der Terme $\Omega = 0, 1, 2, \ldots$) ergibt sich dabei aus der Kombination der Einstellmöglichkeiten von J_1 und J_2 gegen die Kernverbindungsachse genau wie oben bei der Berechnung der Zahl der Λ-Werte. Eine genauere theoretische Behandlung der Zusammenführung von Atomzuständen zu Molekülzuständen liefert dann außer der *Zahl* der Molekülterme auch deren energetische Reihenfolge.

c) Die Bestimmung von Elektronenquantenzahlen aus kontinuierlichen Molekülspektren.

Die Bestimmung der Elektronenquantenzahlen des zu einem Molekülspektrum führenden Übergangs geschieht bei den diskreten Bandenspektren aus der Analyse der Bandenstruktur. Bei den Molekülkontinua ist man, soweit sie sich nicht an Bandensysteme anschließen, auf indirekte Methoden angewiesen, die bisher keineswegs immer zu eindeutigen Ergebnissen führen.

Ein wichtiges Hilfsmittel bildet deshalb die Ermittlung der theoretischen Reihenfolge der Moleküllterme, die die Zahl der für einen Übergang in Frage kommenden Zustände stark einschränkt. In vielen Fällen ist es ferner möglich, durch Fluoreszenzbeobachtung oder durch chemische Untersuchung den Anregungszustand der bei der Absorption eines Molekülkontinuums entstehenden Dissoziationsprodukte (s. S. 137) zu bestimmen. Werden mehrere Elektronenübergänge in Form von Bandensystemen oder Kontinua beobachtet, wie bei den Halogenen (S. 160 f.) oder dem Hg_2 (S. 193 f.), so läßt deren relative Intensität eine Bestimmung der Elektronenquantenzahlen besonders dann zu, wenn der Intensitätsgang der Spektren einer Molekülreihe J_2, Br_2, Cl_2, F_2 oder Hg_2, Cd_2, Zn_2 beobachtet werden kann. Die Kopplungsverhältnisse in solchen Molekülreihen ändern sich nämlich in gesetzmäßiger Weise beim Übergang von schweren zu leichten Molekülen und mit ihnen die relative Wahrscheinlichkeit der verschiedenen Elektronensprünge, d. h. die Intensität der Spektren. Beispiele für solche, unter Benutzung aller Gesichtspunkte durchgeführte Termdeutungen bringen z. B. zwei Arbeiten von MULLIKEN[514, 515]; ein Beispiel für Hg_2 siehe [720].

Bei kontinuierlichen *Emissions*spektren, die in Fluoreszenz beobachtbar sind, läßt unter Umständen die Messung des Polarisationsgrads der Spektren Schlüsse auf die an dem Übergang beteiligten Elektronenterme zu (s. MROZOWSKI[787]), doch ist bei der Kompliziertheit der Verhältnisse hierbei größte Vorsicht am Platz[789]. In Kap. X werden wir zahlreiche Beispiele im einzelnen behandeln.

34. Kernbewegung und Rotation von Molekülen.
Die Ermittlung der Potentialfunktion $V(r)$.

Wir untersuchen nun die Bewegung der Kerne, beim stabilen Molekül also die Schwingung der Kerne gegeneinander. Da die Bewegung längs einer Geraden (x-Achse) erfolgt, hängen die Kräfte nur vom Abstand r der beiden Kerne ab; ihr Potential V ist also eine Funktion des Kernabstandes r: $V(r)$.

Zur wellenmechanischen Behandlung (s. S. 7f.) wird in die SCHRÖDINGER-Gleichung des linearen Oszillators

$$(34,1) \qquad \frac{1}{m_1} \frac{\partial^2 \psi}{\partial x_1^2} + \frac{1}{m_2} \frac{\partial^2 \psi}{\partial x_2^2} + \frac{8\pi^2 m}{h^2} [E - V(r)]\,\psi = 0$$

$$\left.\begin{matrix} m_1 \\ m_2 \end{matrix}\right\} \text{ Massen der Kerne} \qquad \left.\begin{matrix} x_1 \\ x_2 \end{matrix}\right\} \text{ Koordinaten der Kerne}$$

als Variable $\varrho = \dfrac{r - r_0}{r_0}$ eingesetzt, also die relative Änderung des Kernabstands, gemessen in Einheiten des Gleichgewichtskernabstands r_0. Führt man jetzt das Trägheitsmoment des Moleküls $I_0 = \dfrac{m_1 m_2}{m_1 + m_2} r_0^2$ ein und wählt als Nullpunkt der Energiezählung den Wert der reinen Elektronenenergie, so erhält man die einfache SCHRÖDINGER-Gleichung

$$(34,2) \qquad \frac{\partial^2 \psi}{\partial \varrho^2} + \frac{8\pi^2 I}{h^2} [E_k - V(\varrho)]\,\psi = 0.$$

E_k ist hier die kinetische Energie der Kerne beim Durchlaufen des Kurvenminimums, beim stabilen Molekül also die Schwingungsenergie E_v. Bezeichnet man nun mit D die Dissoziationsenergie des Moleküls in dem betreffenden Elektronenzustand, so besitzt Gl. (34,2) Lösungen, eben die für die Theorie der Molekülspektren so wichtigen Kernbewegungseigenfunktionen ψ_k, für eine Anzahl diskreter Werte von $E_k < D$, die Schwingungszustände, sowie für sämtliche Werte von $E_k > D$, die freien Zustände des dissoziierten Moleküls.

Als Unbekannte haben wir in Gl. (34,2) die Potentialfunktion $V(\varrho)$ bzw. $V(r)$, deren graphische Darstellung die im Kap. VII dauernd benutzte Potentialkurve ist. Ist $V(r)$ bestimmt worden, so läßt sich Gl. (34,2) durch analytische oder Näherungsmethoden lösen, und wir erhalten die gesuchten Kernbewegungseigenfunktionen.

Die Potentialfunktion $V(r)$ gibt als Funktion des Kernabstands das Potential der zwischen den beiden Kernen infolge ihrer COULOMB-schen Abstoßung und des bindenden Einflusses der Elektronenhülle wirkenden Kräfte an. In ihr ist also der S. 106 erwähnte Einfluß der Elektronenbewegung auf die Kernbewegung enthalten.

a) Valenz-, Resonanz- und VAN DER WAALS-Kräfte und der entsprechende Verlauf von $V(r)$.

Der Verlauf von $V(r)$, der nach den allgemeinen Überlegungen des Kap. VII für die auftretenden Molekülkontinua maßgebend ist, hängt vom Potential aller zwischen den Kernen wirkenden Kräfte ab. Obwohl eine scharfe Klassifizierung und Abgrenzung nie ohne Willkür möglich und daher nicht immer sinnvoll ist, unterscheidet man allgemein drei Gruppen bindender Kräfte und spricht von Valenz-, Resonanz- und VAN DER WAALS-Bindung. Entsprechend kennzeichnet man einen Molekülzustand, wie wir das in Kap. VII bereits getan haben, kurz als chemisch, fest, valenzmäßig gebundenen Zustand, als VAN DER WAALS-Zustand oder als durch Resonanzkräfte bestimmten Zustand. Im ersten Fall erfolgt durch Elektronenumordnung in den Hüllen der das Molekül bildenden Atome sowie durch das Hin- und Heroszillieren der Elektronen zwischen beiden Kernen eine beträchtliche Energieerniedrigung (Bindung); die Potentialkurve $V(r)$ besitzt dann ein ausgeprägtes Minimum bei kleinem Kernabstand (0,8—2 Å im Mittel, Kurven a in Abb. 45). Molekülzustände mit $V(r)$ entsprechend b und c in Abb. 45 treten auf, wenn Valenzbindung zwischen den beiden Atomen nicht möglich ist, z. B. zwischen normalen Hg-Atomen. Überwiegen die anziehenden Kräfte, auf deren Natur wir in Abschn. 34d eingehen, in einem gewissen Kernabstandsbereich, so besitzen die Kurven $V(r)$ flache Minima von höchstens 0,1 Volt Tiefe bei Kernabständen von 3—5 Å; sie sind dagegen reine Abstoßungskurven wie c in Abb. 45, falls die abstoßenden Kräfte stets überwiegen. Das Potential dieser VAN DER WAALS-Kräfte geht mit r^{-6} und höheren negativen Potenzen von r (s. S. 122). Zwischen einem normalen und einem angeregten Atom gleicher Art kommen nach Abschn. 34d außerdem noch die sog. Resonanzkräfte vor, deren Potential mit r^{-3} geht. Sie führen, je nachdem ob sie anziehend oder abstoßend sind, zu Kurven $V(r)$ ähnlich b und c in Abb. 45.

Die Unterscheidung von Valenz-, Resonanz- und VAN DER WAALS-Kurven ist, wie nochmals betont sei, zur kurzen Kennzeichnung der Potentialkurven sowie der bei Übergängen zwischen ihnen entstehenden Spektren von Wert. Es gibt aber, wie besonders in Abschn. 60 gezeigt wird, bei angeregten Molekülzuständen zahlreiche Übergangsfälle, d. h. Zustände mit Kurven $V(r)$, die in ihren Eigenschaften zwischen denen der typischen Valenz- und VAN DER WAALS-Kurven liegen. Im folgenden werden die verschiedenen Typen von Kurven und ihre Konstruktion im einzelnen behandelt.

b) Der Einfluß der Rotation auf die Potentialfunktion $V(r)$.

Daß die Rotation des Moleküls auf den Verlauf des Potentials der zwischen den Kernen wirkenden Kräfte einen Einfluß hat, folgt klassisch aus der Existenz der auf die Kerne wirkenden Zentrifugalkraft. Wellenmechanisch kommt dieses Problem des oszillierenden Rotators auf die Behandlung der SCHRÖDINGER-Gleichung

$$(34,3) \quad \frac{1}{r}\frac{\partial^2 r\,\psi}{\partial r^2} + \frac{1}{r^2}\left[\frac{1}{\sin^2\vartheta}\frac{\partial}{\partial\vartheta}\left(\sin\vartheta\,\frac{\partial\psi}{\partial\vartheta}\right) + \frac{1}{\sin^2\vartheta}\frac{\partial^2\psi}{\partial\varphi^2}\right] + \\ + \frac{8\,\pi^2\,m_1\,m_2}{h^2\,(m_1+m_2)}\bigl(E_k - V(r)\bigr)\,\psi = 0$$

heraus, deren wichtigstes Ergebnis ist, daß die Eigenwerte der Kernbewegungsenergie sich in erster Näherung durch die Formel

$$(34,4) \quad E_k = h\,c\,B_0\,(J + \tfrac{1}{2})^2 + h\,c\,\omega_0\,(v + \tfrac{1}{2})$$

darstellen lassen, in erster Näherung also einfach als Summe von Rotations- und Schwingungsenergie. Hierin sind J und v die Rotations- und die Schwingungsquantenzahl,

$$B_0 = \frac{h\,(m_1+m_2)}{8\,\pi^2\,c\,m_1\,m_2\,r_0{}^2}$$

die sog. Rotationskonstante und ω_0 das Grundschwingungsquant. Gl. (34,4) bildet die Grundlage einer Rechnung von OLDENBERG[414], der, um die Potentialkurven des rotierenden Moleküls zu erhalten, zum Potential des rotationslosen Moleküls $V(r)$ das Potential der klassischen Zentrifugalkraft

$$(34,5) \quad V_{\mathrm{rot}} = \frac{p^2\,(m_1+m_2)}{2\,m_1\,m_2\,r^2}; \qquad p = \text{Impulsmoment}$$

addiert. Wellenmechanisch ergibt sich die Rotationsenergie für einen bestimmten Kernabstand r während der Schwingung zu

$$(34,6) \quad E_{\mathrm{rot}} = h\,c\,B_0\,\frac{r_0^2}{r^2}\,J\,(J+1),$$

die, zur reinen Kernschwingungskurve $V(r)$ addiert, den Verlauf des Potentials für den betreffenden Rotations- und Schwingungszustand ergibt. Eine direkte Berechnung dieser Kurven ist nicht möglich, weil die SCHRÖDINGER-Gleichung mit einem expliziten Potentialansatz unter Einbeziehung des Rotationspotentials nicht mehr direkt integriert werden kann. Wir kommen auf die Frage im Abschn. c noch einmal zurück.

c) Die Berechnung der Funktion $V(r)$ bei vorliegender Valenzbindung.

Es gibt zwei grundsätzlich verschiedene Möglichkeiten zur Ermittlung von $V(r)$. Erstens kann man $V(r)$ direkt auf theoretischem Weg finden, indem man die Wechselwirkung der das Molekül bildenden Atome oder allgemeiner die der Kerne und Elektronen als Funktion des Kernabstands untersucht und daraus $V(r)$ berechnet. Dieser Weg ist also vollständig unabhängig von experimentellen Daten. Zweitens kann man $V(r)$ konstruieren, wenn gewisse Eigenschaften der Potentialkurve (Gleichgewichtskernabstand r_0, Dissoziationsenergie D, Grundschwingungsquant ω_0) experimentell aus der Analyse von Bandenspektren bekannt sind. Da Methode 1 erst in letzter Zeit zu brauchbaren Ergebnissen geführt hat, während Methode 2 seit vielen Jahren zur Konstruktion von Potentialkurven benutzt wird, soll letztere zuerst besprochen werden.

α) **Die integrierbaren Ansätze von Morse und Rosen-Morse.** Auch zur Konstruktion von $V(r)$ aus experimentellen Daten gibt es zwei Wege. Man kann (Weg a) für $V(r)$ analytische Ausdrücke wählen, mit denen die Schrödinger-Gleichung (34,1) lösbar ist, und kann dabei durch geeignete Wahl des Ausdrucks $V(r)$ erreichen, daß die daraus ableitbaren und experimentell bestimmbaren Größen (Energieniveaus, Kernabstände) mit den aus den Spektren abgeleiteten möglichst weitgehend übereinstimmen. Oder man kann (Weg b) die Potentialkurve $V(r)$ aus den gegebenen Worten schrittweise numerisch oder graphisch konstruieren. Auf diesem Weg b erhält man also weitgehend „richtige“, d. h. mit den aus dem Experiment folgenden Daten übereinstimmende Potentialfunktionen; die Methode hat aber zwei Nachteile. Einmal sind die Kurven mit einiger Genauigkeit nur in dem Gebiet zu konstruieren, in dem experimentelle Werte vorliegen, und das ist in der Gegend der Dissoziationsenergie sehr selten der Fall; und zweitens erhält man für $V(r)$ keinen geschlossenen Ausdruck, mit dem man die Schrödinger-Gleichung (34,1) lösen könnte, es sei denn, daß man mit mechanisch-graphischen Methoden arbeitet.

Die Methode 2a umgekehrt erzielt nicht die Annäherung an die Wirklichkeit wie 2b, hat dafür aber den Vorteil, daß sie für $V(r)$ einen analytischen Ausdruck liefert, mit dem die Schrödinger-Gleichung (34,1) lösbar ist, so daß man die Kernbewegungseigenfunktionen direkt bestimmen kann.

Wir wollen nicht auf alle für $V(r)$ vorgeschlagenen Ansätze und ihre Vor- und Nachteile eingehen, sondern nur zwei Formen besprechen, die sich vielfach bewährt haben. Am einfachsten und am meisten verwendet ist der Ausdruck von Morse[409]:

$$(34,7) \qquad V(r) = D\,(1 - e^{-a\,(r-r_0)})^2$$

mit

$$(34,8) \qquad a = 2\,\pi\,\omega_0\,c\,\sqrt{\frac{m_1\,m_2}{2\,D\,(m_1+m_2)}}\,.$$

Mit Hilfe dieser Formel läßt sich aus den experimentell bestimmbaren Werten des Kernabstands des Minimums r_0, der Dissoziationsenergie D

und des Grundschwingungsquants ω_0 die gesamte Potentialkurve berechnen. Ist D noch nicht bekannt, so kann man bei Kenntnis einiger Schwingungsniveaus aus der Abnahme von deren Größe (anharmonisches Glied $\omega_0\, x$) auf D schließen, da aus der Gleichsetzung der mittels (34,7) berechneten und der beobachteten Schwingungsniveaus sich die Dissoziationsenergie D zu

$$(34,9) \qquad D = \frac{h\,c\,\omega_0^2}{4\,\omega_0\,x}$$

ergibt. MORSE selbst hat zeigen können, daß die SCHRÖDINGER-Gleichung mit seinem Ansatz (34,7) lösbar ist, daß die die Gleichung befriedigenden diskreten Eigenwerte E_v sich durch die mit der Erfahrung einigermaßen übereinstimmende Formel

$$(34,10) \qquad E_v = h\,c\,\omega \left(v + \frac{1}{2}\right) - \frac{h^2\,c^2\,\omega^2}{4\,D}\left(v + \frac{1}{2}\right)^2$$

darstellen lassen, und daß sich endlich für die Schwingungseigenfunktionen geschlossene Ausdrücke ergeben. Der MORSEsche Ansatz ist aber nur eine Näherungsformel. Abgesehen von dem praktisch unwesentlichen Punkt, daß $V(r)$ für $r=0$ nach seinem Ansatz nicht unendlich wird, ist ihre Genauigkeit durch die der Formel (34,9) für D bestimmt. Im allgemeinen ist die Anharmonizität der MORSEschen Kurve größer, als es der Wirklichkeit entspricht. Die Größe der Abweichungen werden wir im folgenden an verschiedenen Beispielen sehen. Es ist deshalb verschiedentlich versucht worden, mit einer dreikonstantigen Formel eine bessere Annäherung zu erreichen. Den besten Erfolg hat ein Ansatz von ROSEN und MORSE[421], der von LOTMAR[406] und HYLLERAAS[394] genauer diskutiert wurde

$$(34,11) \qquad V(r) = A \cdot \mathfrak{T}\mathrm{g}\left(\frac{r - r_0}{d}\right) - C\,\frac{1}{\mathfrak{Cof}^2\left(\dfrac{r - r_0}{d}\right)}.$$

Die drei Konstanten A, C und d dieses Ansatzes, der auf eine lösbare hypergeometrische Form der SCHRÖDINGER-Gleichung führt, werden in der Weise bestimmt, daß außer D und ω_0 noch die aus dem Spektrum sich ergebende Änderung des Trägheitsmoments (bzw. des mittleren Kernabstands) mit wachsender Schwingungsquantenzahl berücksichtigt wird. Da auf letzterer gerade die Anharmonizität beruht, ist es klar, daß der Ansatz von ROSEN-MORSE eine bessere Näherung darstellt als der einfache MORSEsche. Die Größe der Abweichungen geht aus Abb. 46 hervor, in der beide Kurven mit der nach Methode 2b von RYDBERG gewonnenen „experimentellen" für den Fall eines O_2-Zustandes zusammengestellt sind.

β) **Die Methode der schrittweisen Konstruktion von** $V(r)$**.** Die Methode 2b der schrittweisen Konstruktion der Potentialfunktion geht auf eine Arbeit von OLDENBERG[414] zurück und verwendet die Phasenintegrale der alten Quantentheorie des anharmonischen Oszillators. Das ist unbedenklich, da KRAMERS[20] die Identität dieser Phasenintegral-rechnungen, die als Näherungsrechnungen bequem sind, mit den entsprechenden wellenmechanischen Methoden nachgewiesen hat für den Fall, daß man mit halben Quantenzahlen rechnet und dadurch das halbe Schwingungsquant Nullpunktsenergie berücksichtigt. Die BOHR-sche Quantenbedingung lautet dann

$$(34,12) \qquad \oint \frac{m_1 m_2}{m_1 + m_2} u\, dr = h\left(v + \frac{1}{2}\right).$$

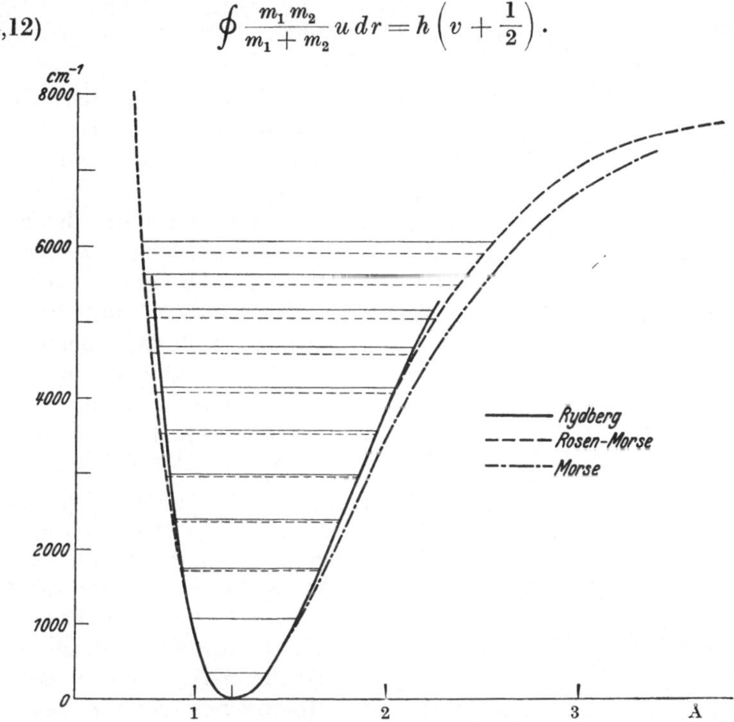

Abb. 46. Vergleich der nach verschiedenen Methoden konstruierten Potentialkurven des $^3\Sigma u$-Zustands des O_2. (Nach SPONER[425].)

Rechnet man die Geschwindigkeit u aus der Gleichung

$(34,13)$ Kinetische Energie = Gesamtenergie — pot. Energie

aus, so erhält man

$$(34,14) \qquad \oint \sqrt{\frac{2\, m_1 m_2}{m_1 + m_2}\left(V(r) - E_v\right)}\, dr = h\left(v + \frac{1}{2}\right).$$

Die Größen unter dem Integral können aus einer angenähert bekannten Potentialkurve entnommen werden, worauf das Integral graphisch ausgewertet wird. Die Potentialkurve wird nun in solcher Weise abgeändert, daß für jedes einzelne Schwingungsquant mit der Energie E_v die Quantenbedingung (34,14) erfüllt ist. Für den Verlauf des kernfernen rechten Astes der Kurve gilt dabei noch die Bedingung, daß er für $r \to \infty$ sich asymptotisch dem Wert D nähern soll. Da aber trotzdem noch eine Willkür in der Wahl der Anharmonizität (Verschiebung nach größeren oder kleineren r-Werten) bestehen bleibt, hat Rydberg[422] ähnlich wie Rosen und Morse noch die Änderung des mittleren Kernabstands mit der Schwingungsquantenzahl berücksichtigt und kommt so zu einer zweiten Bedingung, der die Kurve genügen muß, nämlich

$$(34{,}15) \qquad \left(\overline{\frac{1}{r^2}}\right)_v = \omega \sqrt{\frac{m_1 m_2}{2\,(m_1 + m_2)}} \oint \frac{d r}{r^2 \sqrt{V(r) - E_v}} \, .$$

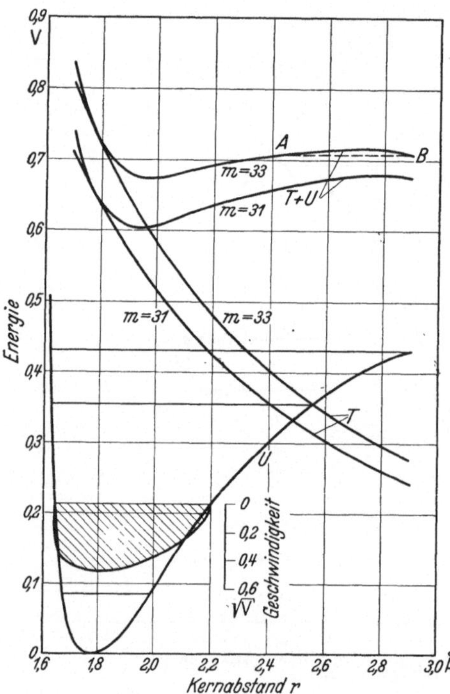

Abb. 47. Schrittweise Konstruktion von Potentialkurven unter Berücksichtigung der Molekülrotation, dargestellt am Fall des HgH. (Nach Oldenberg[414].)

Die Eindeutigkeit des Kurvenverlaufs ist damit erreicht. Den Wert seiner Konstruktionsmethode, die von Klein[329] rechnerisch weiter ausgeführt wurde, zeigt Rydberg am Beispiel einiger HgH-Potentialkurven.

Oldenberg und Rydberg weisen in ihren Arbeiten auch auf einen besonderen Vorteil ihrer Methode 2b hin, nämlich die Möglichkeit der Berücksichtigung der Rotationsenergie bei der Potentialkurvenkonstruktion, die wir schon oben S. 114 erwähnten. Während nach Methode 2a die Rotation nicht berücksichtigt werden kann, weil die Schrödinger-Gleichung des oszillierenden Rotators mit dem Morseschen Ansatz bei Einbeziehung der Rotationsenergie nicht integrabel ist, läßt sich bei der schrittweisen Konstruktion der Rotationsanteil noch hinzuaddieren. Man zeichnet nämlich nach Oldenberg einfach über die schon konstruierte Potentialkurve des rotationslosen Zustands (U in Abb. 47) den Verlauf von $E_{\text{rot}}(r)$ nach Formel (34,5) (T in Abb. 47) und addiert $V(r)$ und $E_{\text{rot}}(r)$ für die einzelnen Kernabstände, um die Potentialkurve des entsprechenden Rotationsschwingungszustands zu erhalten.

γ) **Die Bestimmung von $V(r)$ durch Störungsrechnungen.** Außer diesen Methoden der Berechnung bzw. Konstruktion von Potentialkurven aus experimentellen Daten gibt es noch die oben als Methode 1 bezeichnete rein theoretische Methode ihrer Berechnung. Auch bei ihr kann man zwei Wege unterscheiden, und zwar je nachdem, ob man (Weg a), von den das Molekül bildenden Atomen mit ihren bekannten Elektroneneigenfunktionen ausgehend, die zur Molekülbildung führende Wechselwirkung untersucht, oder ob man (Weg b) direkt das fertige Molekül den Rechnungen zugrunde legt, sich die Moleküleigenfunktionen also direkt für den gewünschten Fall aufbaut.

Weg a wurde von HEITLER und LONDON[384] bei ihrer ersten theoretischen Untersuchung des H_2-Moleküls gebahnt, in der sie, ausgehend von den Eigenfunktionen der isolierten H-Atome, deren Wechselwirkung als Störung auffaßten und nun eine wellenmechanische Störungsrechnung anstellten, die sie auf die bekannten Austauschintegrale führte. Für den in den Elektronen symmetrischen Grundzustand des H_2 erhielten HEITLER und LONDON so eine rein theoretische Potentialkurve $V(r)$. Diese lieferte eine Dissoziationsenergie von 2,9 Volt gegenüber dem beobachteten Wert von 4,4 Volt bei einem Gleichgewichtskernabstand $r_0 = 0,8$ Å an Stelle des aus den Beobachtungen folgenden $r_0 = 0,75$ Å. Die Rechnung lieferte also größenordnungsmäßig richtige, aber quantitativ unbefriedigende Werte. Diese mangelnde Übereinstimmung war aber zu erwarten, da eine Störungsrechnung nur dann gute Ergebnisse liefern kann, wenn die Störung klein ist gegenüber dem Abstand des ungestörten vom nächsten angeregten Zustand. Diese Bedingung ist bei der großen Bindungsenergie des H_2 keineswegs erfüllt.

Ein großer Vorzug der Methode 1 zeigt sich aber schon bei der HEITLER-LONDONschen Rechnung. Sie gestattet nämlich den Potentialkurvenverlauf auch unbeobachteter Molekülzustände zu berechnen, also auch von unstabilen Zuständen mit kontinuierlichem Energiebereich, wie sie uns für die kontinuierlichen Spektren besonders interessieren. So berechneten HEITLER und LONDON in ihrer ersten Arbeit bereits den Verlauf des in den Elektronen antisymmetrischen, aus zwei normalen H-Atomen entstehenden unstabilen $1\,s\,\sigma\,2\,p\,\sigma\,^3\Sigma_u$-Zustands des H_2, der uns als unterer Zustand des H_2-Emissionskontinuums noch mehrfach beschäftigen wird (s. bes. Abschn. 59).

Es ist von verschiedenen Seiten der Versuch gemacht worden, die HEITLER-LONDONsche Methode zu verbessern, teilweise, indem man höhere Näherungen in die Rechnung einbezog, teilweise, indem man Variationsmethoden benutzte, um einige willkürlich eingeführte Parameter in den Gleichungen so zu bestimmen, daß die Energie des Systems ein Minimum wurde. In allen Fällen bleiben aber trotz recht komplizierter Rechnungen die Ergebnisse unbefriedigend, so daß wir auf sie nicht näher eingehen. Dagegen hat die zweite Näherung der HEITLER-LONDON-Methode zu wichtigen Ergebnissen für die Theorie der VAN DER WAALS-Zustände geführt, auf die wir in Abschn. 34d zurückkommen werden.

δ) **Berechnung von $V(r)$ nach der Variationsmethode.** In den letzten Jahren haben nun COOLIDGE, JAMES und PRESENT[395-397, 416, 655] einen neuen Weg (1 b) zur rein theoretischen Berechnung von Potentialkurven vorgeschlagen und in mehreren Fällen mit großem Erfolg durchgeführt. Die Verfasser berechnen eine Wellenfunktion direkt für einen bestimmten Kernabstand r, wobei sie etwa beim H_2 die Rotationssymmetrie der gesuchten Funktion um die Kernverbindungslinie aus der Tatsache entnehmen, daß es sich um Σ-Zustände handelt, und außerdem berücksichtigen, daß in großem Abstand von den Kernen die Funktion ähnlich sein muß dem Produkt einer H-ähnlichen Funktion für das entfernte und einer H_2^+-ähnlichen für das kernnahe Elektron. Unter Benutzung elliptischer Koordinaten λ_1, λ_2, μ_1 und μ_2, wobei die Indizes 1 und 2 sich auf die Elektronen beziehen, und der Größe $\varrho = \dfrac{r_{12}}{r}$ stellt sich die Wellenfunktion für das H_2 dar als

$$(34,16) \qquad \psi = \sum_{m,\,n,\,j,\,k,\,p} C_{m\,n\,j\,k\,p}\,[m, n, j, k, p]$$

mit

$$(34,17) \quad [m, n, j, k, p] = \frac{1}{2\pi}\,e^{-\delta(\lambda_1 + \lambda_2)} \left(\lambda_1^m\,\lambda_2^n\,\mu_1^j\,\mu_2^k\,\varrho^p + \lambda_1^n\,\lambda_2^m\,\mu_1^k\,\mu_2^j\,\varrho^p \right).$$

Hierin wird C in solcher Weise bestimmt, daß

$$(34,18) \qquad \int \psi\,H\,\psi^*\,dv$$

ein Minimum wird, natürlich unter Beachtung der Normierungsbedingung $\int \psi\,\psi^*\,dv = 1$ (s. Abschn. 2a), während δ annähernd gleich $r/2$ ist. Bei der Summation über positive und Nullindizes zeigt sich, daß nur sehr wenige Glieder notwendig sind, um eine sehr gute Annäherung zu erhalten, und daß verschiedene Näherungen, die man durch Wahl verschiedener Indizes $m\,n\,j\,k\,p$ erhält, innerhalb weniger Hundertstel Volt übereinstimmende Ergebnisse bringen.

Für alle Einzelheiten der Rechnung muß auf die Originalarbeiten verwiesen werden. Berechnet wurden bisher auf diesem Wege die Potentialfunktionen für die Grundzustände von H_2 und Li_2, für zwei angeregte Zustände des H_2 und endlich die Abstoßungskurve des unstabilen $1\,s\,\sigma\,2\,p\,\sigma\,^3\Sigma_u$-Zustands des H_2, auf die wir im Zusammenhang mit dem H_2-Kontinuum in Kap. X, Abschn. 59 noch zurückkommen werden.

d) Die Theorie der VAN DER WAALS-Zustände und ihrer Potentialfunktionen $V(r)$.

Wir haben uns bisher im wesentlichen nur mit den Potentialkurven fest gebundener Moleküle befaßt. Die Kräfte, die diese chemische Bindung bewirken, folgen aus der ersten Näherung einer Störungsrechnung (vgl. S. 119) und werden darum als Kräfte erster Ordnung bezeichnet. Die zweite Näherung einer solchen Störungsrechnung ergibt nun Kräfte zweiter Ordnung, deren Potential sich dem der Kräfte erster Ordnung überlagert und eine meist nur kleine Modifikation der bisher behandelten Potentialfunktionen im Gebiet $r > 3$ Å bewirkt.

Diese Kräfte zweiter Ordnung spielen aber stets dann eine bedeutende Rolle, wenn anziehende Kräfte erster Ordnung nicht existieren, also zwischen chemisch inaktiven Atomen bzw. Atomgruppen, die keine echten, fest gebundenen Moleküle bilden können. In diesen Fällen bewirken die Kräfte zweiter Ordnung, die VAN DER WAALSschen Kräfte, daß diese chemisch neutralen Atome doch schwach gebundene VAN DER WAALS-Moleküle bilden können, deren Potentialkurven (vgl. Abb. 45, Kurve b) sehr flache Minima ($D \sim 0{,}1 - 0{,}01$ Volt) bei großem Kernabstand ($r_0 \sim 3 - 5$ Å) besitzen.

Da die theoretische Berechnung des Potentialverlaufes solcher VAN DER WAALS-Zustände für die Deutung vieler Kontinua von großem Interesse ist, und da diese Zustände in den üblichen Darstellungen der Molekülspektren im allgemeinen nicht behandelt werden, bringen wir kurz die wesentlichsten Ergebnisse der Theorie der VAN DER WAALS-Zustände.

α) **Die Theorie der** VAN DER WAALS- **und Resonanzkräfte.** In der klassischen Vorstellung kommen die VAN DER WAALS-Kräfte durch gegenseitige Beeinflussung der auf den BOHRschen Bahnen umlaufenden Elektronen der beiden wechselwirkenden Atome oder Moleküle zustande, und zwar als Ergebnis einer Störungsrechnung zweiter Näherung. Ähnlich ist es in der Wellenmechanik, in der ja ein System nicht allein durch die Angabe des Zustands charakterisiert ist, in dem es sich im Augenblick befindet. Es gehört vielmehr zu seiner Charakteristik noch die Angabe aller Möglichkeiten seines Verhaltens, z. B. aller Zustände, in die es sich begeben könnte. So ist die Wechselwirkung zweier Atome von den Übergangs*möglichkeiten* innerhalb jedes Atoms, also von der Lage seiner Energieniveaus und seinen Übergangswahrscheinlichkeiten abhängig. Da ein Atom im Augenblick eines Übergangs als Dipol aufgefaßt werden kann, spricht man auch von den virtuellen Dipolen in einem Atom. In diesem Sinn kann man die VAN DER WAALSschen Wechselwirkungen als Wirkungen der virtuellen Dipole der Atome aufeinander auffassen. Ordnet man deshalb zwei gleichen, miteinander wechselwirkenden Atomen je drei Dipole in Richtung der drei Koordinatenachsen zu, wobei die ungestörte Frequenz eines Dipols $\bar{v}_0 = \dfrac{e}{\sqrt{m\,\alpha}}$ ($\alpha = $ Polarisierbarkeit) sei, so gehört zu jedem solchen schwingenden Dipol eine Quantenzahl n und die Reihe der möglichen Energieeigenwerte $E_i = (n_i + \tfrac{1}{2})\,h\,c\,v_i$. Entwickelt man nun nach LONDON[405] die Energie eines Systems von zwei Atomen bzw. sechs Oszillatoren nach Potenzen von α/r^3, wo r der Kernabstand und α wieder die Polarisierbarkeit ist, so erhält man

$$(34,19) \quad \left\{ \begin{aligned} E &= h\,c\,v_0 \left(n_x^+ + n_y^+ + n_z^+ + n_x^- + n_y^- + n_z^- + 3\right) \\ &\quad + \frac{h\,c\,v_0}{2}\,\frac{\alpha}{r^3}\left(n_x^+ + n_y^+ - 2\,n_z^+ - n_x^- - n_y^- + 2\,n_z^-\right) \\ &\quad - \frac{h\,c\,v_0}{8}\,\frac{\alpha^2}{r^6}\left(n_x^+ + n_y^+ + 4\,n_z^+ + n_x^- + n_y^- + 4\,n_z^- + 6\right) \\ &\quad + \quad . \quad . \quad . \quad . \quad . \quad . \quad . \quad . \quad . \quad . \quad . \quad . \quad . \quad . \end{aligned} \right.$$

Hierin sind die n_i die zu den einzelnen sechs Oszillatoren gehörenden
Quantenzahlen. Das erste, von r unabhängige Glied in dieser Entwicklung bedeutet die Energie der beiden Atome einzeln. Das zweite
Glied wird für den Grundzustand, für den alle $n_i = 0$ sind, ebenfalls
Null, spielt also bei der Wechselwirkung von Atomen und Molekülen
im Grundzustand keine Rolle, wird uns aber bei der Behandlung angeregter VAN DER WAALS-Zustände noch beschäftigen, da es die mehrfach erwähnten Resonanzkräfte enthält.

Das mit $1/r^6$ gehende dritte Glied dagegen verschwindet für den
Fall der Wechselwirkung normaler Atome ($n_i = 0$) nicht, gibt vielmehr
in *jedem Fall ein Anziehungspotential*

$$(34,20) \qquad V_{00} = -\frac{3}{4}\,h\,c\,v_0\,\frac{\alpha^2}{r^6},$$

das also hier als Ergebnis einer zweiten Näherung unserer Rechnung erscheint. Zur Berechnung der VAN DER WAALSschen Wechselwirkung zweier verschiedener Atome im Grundzustand mit den Polari-
sierbarkeiten α_1 und α_2 ersetzt man (zur Begründung s. LONDON[404, 405])
die Oszillatorenergie $h\,c\,v_0$ in (34,20) durch das geometrische Mittel
der Oszillatorenergien der beiden Atome und ersetzt dieses Mittel,
um von den Oszillatoren zu den gequantelten Atomen überzugehen,
durch die entsprechenden mittleren Energieniveaudifferenzen ΔE_1 und
ΔE_2, die den wahrscheinlichsten Übergängen im Spektrum der Atome
entsprechen. Man kann für ΔE im allgemeinen die Ionisierungsenergie
einsetzen, wenn das Termschema der Atome im einzelnen nicht bekannt
ist. Man erhält damit für (34,20) den Ausdruck

$$(34,21) \qquad V_{00} = -\frac{1}{r^6}\,\frac{3}{2}\,\frac{\Delta E_1 \cdot \Delta E_2}{\Delta E_1 + \Delta E_2}\cdot \alpha_1 \cdot \alpha_2,$$

der für $\Delta E_1 = \Delta E_2 = h\,c\,v_0$ und $\alpha_1 = \alpha_2$ in (34,20) übergeht. Bei bekanntem Gleichgewichtskernabstand r_0 läßt sich aus Gl. (34,20) bzw.
(34,21) dann die Dissoziationsenergie D des Zustands berechnen
(Näheres s. S. 125).

Bei der Untersuchung *angeregter* Zustände von VAN DER WAALS-
Molekülen, d. h. bei der Wechselwirkung eines normalen und eines angeregten Atoms, haben wir drei Arten von Wechselwirkungskräften zu
unterscheiden, die eigentlichen Valenzkräfte, die Resonanzkräfte und
die VAN DER WAALS-Kräfte.

Die durch eine tiefgreifende Elektronenumordnung bewirkte Valenzbindung, deren Potentialfunktion wir im vorigen Abschnitt eingehend behandelt haben, kommt bei angeregten Zuständen auch solcher Moleküle vor, bei deren Grundzustand sie keine Rolle spielt, die im Grundzustand vielmehr nach Gl. (34,20) bzw. (34,21) gebunden sind, und die wir deshalb als VAN DER WAALS-Moleküle bezeichnen, z. B. He_2 und Hg_2. Da das Potential dieser Valenzkräfte nach S. 115 mit e^{-r} abfällt, sind sie für den Potentialkurvenverlauf nur im Gebiet kleiner Kernabstände ($r < 5\,\text{Å}$) verantwortlich, während im Gebiet großer Kernabstände in jedem Fall die weiter reichenden Resonanz- und VAN DER WAALS-Kräfte (Dispersionskräfte) überwiegen.

Die *Resonanzkräfte* sind Kräfte erster Ordnung. Ihr mit r^{-3} gehendes Potential ist durch das für den Grundzustand stets verschwindende zweite Glied der Entwicklung (34,19) gegeben. Diese Kräfte rühren von einem Energieaustausch der beiden wechselwirkenden Atome her und treten infolgedessen nur dann auf, wenn infolge von Resonanz zwischen den Energiezuständen der beiden Atome die Anregungsenergie des einen Partners vom anderen aufgenommen werden kann, also, von zufälliger Resonanz abgesehen, nur bei Molekülen aus gleichen Partnern. Die Größe des Resonanzpotentials ist

$$(34,22) \qquad V_{0k} = \pm\,\frac{\mu^2}{r^3},$$

wo μ das dem betreffenden Übergang zuzuordnende Dipolmoment ist. Infolge von Resonanzentartung erhält man also jeweils einen anziehenden und einen abstoßenden Term. Wegen der Abhängigkeit von μ erreicht die Resonanzkraft eine beträchtliche Größe nur für solche angeregte Zustände, deren Kombination mit dem Grundzustand nicht durch Auswahlregeln verboten ist. Zu ihrer Berechnung ist die Kenntnis des dem Übergang zuzuordnenden Moments $e \cdot \mathfrak{R}$ (vgl. S. 10) erforderlich.

Sind Valenz- und Resonanzkräfte zwischen dem normalen und dem angeregten Atom nicht wirksam, so bestimmen lediglich die VAN DER WAALS-Kräfte [drittes Glied von Gl. (34,19)] den Potentialverlauf. Dieser könnte nach Gl. (34,21) berechnet werden, wenn die Polarisierbarkeit des angeregten Partners bekannt wäre. Die Polarisierbarkeit α eines Atoms in einem stationären Zustand läßt sich aber nun in Abhängigkeit von der Frequenz ν durch die von dem betreffenden Zustand k zu allen anderen Zuständen k' möglichen Übergänge und ihre relativen Intensitäten $f_{kk'}$ (Oszillatorenstärke nach Abschn. 2b) darstellen als

$$(34,23) \qquad \alpha_k(\nu) = \frac{1}{m}\left(\frac{e\,h}{2\,\pi}\right)^2 \sum_{k'} \frac{f_{kk'}}{(E_{k'} - E_k) - h^2\,c^2\,\nu^2},$$

wo E_k und $E_{k'}$ die zu k und k' gehörenden Energiewerte sind. Geht man mit den auf diese Weise bestimmten α_1 und α_2 in Gl. (34,21) ein, so erhält man die allgemeine LONDONsche Gleichung für die VAN DER WAALS-Wechselwirkung zweier Atome, deren Zustände mit k_i bzw. l_i, deren Energiewerte mit E_i bzw. F_i und deren Übergangsintensitäten mit $f_{kk'}$ bzw. $g_{ll'}$ bezeichnet seien, zu

$$(34{,}24) \qquad V_{kl} = -\frac{1}{r^6}\,\frac{3}{2\,m^2}\left(\frac{e\,h}{2\,\pi}\right)^4 \sum_{k'}\sum_{l'} \frac{f_{kk'},\,g_{ll'}}{(E_{k'}-E_k)\,(F_{l'}-F_l)\,[(E_{k'}-E_k)+(F_{l'}-F_l)]}\,.$$

In den uns interessierenden Fällen ist nun eins der beiden wechselwirkenden Atome stets im Grundzustand, das andere in einem angeregten Zustand. Setzt man in (34,24) für das normale Atom nach (34,23) wieder die Polarisierbarkeit ein und ersetzt die $F_{l'}-F_l$ durch ein mittleres ΔF, was wegen des im allgemeinen großen Abstands des Grundzustands von den übrigen Zuständen erlaubt ist, so erhält man für die Wechselwirkung eines normalen und eines angeregten Atoms

$$(34{,}25) \qquad V_{k0} = -\frac{1}{r^6}\,\frac{3}{2\,m}\left(\frac{h\,e}{2\,\pi}\right)^2 \alpha\,\Delta F \sum_{k'} \frac{f_{kk'}}{(E_{k'}-E_k)\,[\Delta F-(E_k-E_{k'})]}\,.$$

Diese Formel ist zuerst von MARGENAU[1247] zur Berechnung von VAN DER WAALS-Potentialen für spektroskopische Zwecke verwandt worden.

Wir haben uns bisher nur mit den VAN DER WAALSschen Anziehungskräften zwischen Atomen befaßt. Daß auch Abstoßungskräfte existieren, ergibt sich aus dem Widerstand, den die Atome einer gegenseitigen Durchdringung bei wachsender Annäherung entgegensetzen. WOHL[437] hat das über diesen Punkt vorliegende Material diskutiert und die Potenz von r, mit der das Potential dieser Kräfte geht, für verschiedene Atome und Moleküle aus den empirischen Daten zu bestimmen versucht. Quantitativ theoretisch erfaßbar sind die Abstoßungskräfte noch nicht. Den zu angeregten Zuständen gehörenden Potentialkurven muß aber bei Nichtbeteiligung von Valenzkräften ein früherer Anstieg (bei größerem Kernabstand) zugeschrieben werden als der Grundzustandskurve, da allgemein die Anregung eines Atoms oder Moleküls eine Vergrößerung des Durchmessers zur Folge hat. Auch die Deutung der Spektren führt, wie wir später zeigen werden, zu dem gleichen Ergebnis.

β) Der Verlauf von $V(r)$ bei VAN DER WAALS- und Resonanzzuständen.

Wir gehen nun zu den aus der Theorie folgenden Aussagen über den Potentialkurvenverlauf über. Zunächst interessiert der Gleichgewichtskernabstand r_0. Solange wir das Potential der Abstoßungskräfte nicht genau kennen, läßt sich r_0 nicht berechnen. Im allgemeinen wird daher r_0 gleich der Summe der gaskinetischen Radien der beiden wechselwirkenden Atome oder Moleküle oder gleich dem Abstand der Molekülmittelpunkte im flüssigen Zustand gesetzt, was annähernd richtig sein muß. Wir können dann über den Potentialkurvenverlauf folgende allgemeine Aussagen machen[376]:

1. Die Grundzustandskurve besitzt stets ein bei $r_0 = 3 - 5$ Å liegendes flaches Minimum, dessen Tiefe (Dissoziationsenergie) sich aus Gl. (34,20) bzw. (34,21) durch Einsetzen des Werts für r_0 errechnet. D besitzt die Größenordnung $0{,}01 - 0{,}1$ Volt. Die Potentialkurve nähert sich mit r^{-6} der Asymptote.

2. Der Verlauf der Potentialkurve eines angeregten Zustands, an der Valenz- und Resonanzkräfte nicht beteiligt sind (reiner VAN DER WAALS-Zustand), hängt nach Gl. (34,25) vom Vorzeichen des Ausdrucks $[\Delta F - (E_k - E_{k'})]$ ab, d. h. davon, ob die Anregungsenergie des angeregten Zustands $(E_k - E_{k'})$ größer oder kleiner ist als die mittlere Energie der intensivsten möglichen Übergänge des zweiten Atoms (ΔF), da nach der Definition von $f_{k\,k'}$ der Ausdruck $\dfrac{f_{k\,k'}}{E_{k'} - E_k}$ stets positiv ist. Wir unterscheiden daher zwei Extremfälle von VAN DER WAALS-Kurven angeregter Zustände:

a) Die Anregungsenergie ist kleiner als ΔF. Dieser Fall liegt stets vor, wenn es sich um ein angeregtes Metallatom und ein normales Gasatom handelt. Dann ist $[\Delta F - (E_k - E_{k'})]$ stets positiv; die Potentialkurve besitzt also ein Minimum. Da aber E_k ein angeregter Zustand ist, befinden sich unter den Gliedern $(E_k - E_{k'})$, die für k — Grundzustand alle negativ sind, auch positive Glieder, so daß im Mittel $[\Delta F - (E_k - E_{k'})]$ kleiner und die Summe über alle k' in Gl. (34,25) folglich größer wird als im Grundzustand. Wir erhalten also eine stärkere Anziehung als bei Wechselwirkung normaler Atome, bei gleichem Kernabstand mithin ein tieferes Minimum.

b) Ist die Anregungsenergie des angeregten Atoms umgekehrt größer als ΔF, so folgt aus den gleichen Überlegungen, daß die VAN DER WAALS-Anziehung kleiner ist als im Grundzustand, ja sogar zur Abstoßung werden kann, wenn im Mittel $(E_k - E_{k'}) > \Delta F$ und die $\sum\limits_{k'}$ dadurch ihr Vorzeichen wechselt, so daß das Vorzeichen von V_{k0} positiv wird.

3. Haben wir es mit gleichen Partnern und solchen Zuständen zu tun, die ein großes Übergangsmoment zum Grundzustand besitzen, so wird das mit r^{-3} gehende Resonanzpotential gegenüber dem VAN DER WAALS-Potential überwiegen. Es tritt dabei, wie S. 123 erwähnt, stets ein anziehender und ein abstoßender Zustand gemeinsam auf. Auch in diesem Fall wird der kernnahe Kurventeil schon bei größerem r zu steigen beginnen als im Grundzustand.

4. Ist zwischen einem normalen und einem angeregten Atom echte Valenzbildung möglich, so besitzt die Potentialkurve des angeregten Molekülzustands im Gebiet kleinen Kernabstands ein tiefes Minimum, für das alles in Abschn. 34c Gesagte gilt, während bei großem Kernabstand der Kurvencharakter entsprechend Fall 2 oder 3 stets durch das VAN DER WAALS- und gegebenenfalls das Resonanzpotential bestimmt ist.

Der steile Anstieg des kernnahen Teils der Potentialkurven setzt bei Beteiligung von Valenzkräften erst bei wesentlich kleinerem Kernabstand ein als bei den VAN DER WAALS-Kurven.

4a. Als Sonderfall sei endlich noch ein bisher wenig beachteter Potentialverlauf mit einem Potentialberg erwähnt, der dadurch zustande kommen kann, daß eine mit r^{-3} steigende Resonanzabstoßungskurve bei kleinem Kernabstand durch die Wirkung eines schwach bindenden Elektrons zu einem Minimum, das je nach der Stärke der Bindung über oder unter der Kurvenasymptote liegt, umgebogen wird. Der kernferne Abfall des Maximums wird dabei im wesentlichen durch das r^{-3}-Gesetz, der kernnahe Teil der Kurve durch das Zusammenwirken von Resonanzabstoßung und Valenzkräften bestimmt. Eine theoretische Untersuchung solcher Kurven ist nach persönlicher Mitteilung von Herrn G. W. KING in Princeton im Gang.

35. Die Berechnung der Kernbewegungseigenfunktionen im diskreten und kontinuierlichen Energiebereich.

Ist uns der Potentialverlauf $V(r)$ und daraus wegen $\varrho = \dfrac{r - r_0}{r_0}$ auch die Funktion $V(\varrho)$ bekannt, so haben wir die zur Berechnung der Übergangsintegrale erforderlichen Kernbewegungseigenfunktionen ψ_k als Lösungen der SCHRÖDINGER-Gleichung (34,2)

$$\frac{\partial^2 \psi_k}{\partial \varrho^2} + \frac{8\,\pi^2\,I}{h^2}\,[E_k - V(\varrho)]\,\psi_k = 0$$

zu berechnen. Wählen wir für $V(\varrho)$ einen der S. 115f. besprochenen Ansätze, so lassen sich die Eigenfunktionen direkt berechnen, ergeben aber bei Berücksichtigung der Normierungsbedingung Gl. (2,5) recht komplizierte Ausdrücke.

Da nun in den meisten Fällen bei der Berechnung der Intensität von Molekülspektren und besonders Molekülkontinua wegen der mangelnden quantitativen Kenntnis der Übergangsmomente eine exakte Rechnung doch nicht möglich ist, genügt zur Berechnung von Eigenfunktionen fast stets eine Näherungsformel, wie sie besonders in bequemer Form von KRAMERS[20] gegeben worden ist. KRAMERS zeigt, daß für den Bereich zwischen den klassischen Schwingungsumkehrpunkten die Form

$$(35,1)\qquad \psi_k = \frac{1}{\sqrt[4]{2\,\mu\,(E_k - V)}}\,\cos\left[2\,\pi \int_{r_1}^{r_2} \frac{\sqrt{2\,\mu\,(E_k - V)}}{h}\,dr - \frac{\pi}{4}\right]$$

für hohe Schwingungszustände eine sehr gute, aber selbst für die untersten Schwingungszustände noch eine befriedigende Näherung darstellt, wenn die Integrationsgrenzen r_1 und r_2 die Kernabstände der klassischen Umkehrpunkte der Schwingung sind. KRAMERS[20] gibt weiter auch Formeln für den Verlauf außerhalb der Umkehrpunkte an.

Für den Fall exakter, quantitativer Rechnungen, wie sie Coolidge, James und Present[655] besonders am H_2-Molekül ausgeführt haben, sind von diesen die Kernbewegungseigenfunktionen direkt durch maschinelle Integration der Schrödinger-Gleichung (34,1) ermittelt worden, wobei die mittels des S. 120 besprochenen Variationsverfahrens berechnete Funktion $V(\varrho)$ in Kurvenform dem Differentialanalysator* zugeführt wurde.

Der Kramerssche Näherungsausdruck (35,1) hat neben seiner Einfachheit noch den Vorteil, daß er auch zur Berechnung der Eigenfunktionen von van der Waals-Zuständen und von freien Zuständen mit kontinuierlichem Energiebereich zu verwenden ist. Für letztere sind also die Eigenfunktionen sinusförmige Schwingungen mit der Amplitude $[2\,\mu\,(E_k-V)]^{-1/4}$ und einer Schwingungszahl, die durch das Integral $\int \frac{\sqrt{2\,\mu\,(E_k-V)}}{h}\,dr$ gegeben ist. Die Normierung ergibt sich dann als die einer Sinuswelle mit konstanter Amplitude (meist $= 1$) im Unendlichen.

36. Die Übergangsregeln.

Nach der Theorie der Molekülzustände und ihrer Eigenfunktionen behandeln wir jetzt die Gesetze der Übergänge zwischen zwei Zuständen mit verschiedenen Elektronenquantenzahlen und verschiedener Kernbewegung und erhalten damit den Zusammenhang mit den beobachteten Spektren. Wir gehen dabei in zwei Schritten vor, indem wir zunächst die Regeln für Übergänge zwischen zwei Elektronentermen behandeln und erst anschließend die für gleichzeitige Änderung von Elektronen- und Kernbewegungszustand.

a) Die Regeln für Änderung der Elektronenanordnung.

Nach Abschn. 33a wurde ein Elektronenzustand eines fest gebundenen Moleküls durch die Quantenzahlen Λ und S gekennzeichnet. Bei den Σ-Termen hatten wir außerdem noch Σ^+ und Σ^- zu unterscheiden, bei Molekülen mit gleichen Kernen die Symmetrie gerade—ungerade. Rechnet man für die diesen verschiedenen Quantenzahlen entsprechenden Elektroneneigenfunktionen nach Abschn. 2b die Übergangsintegrale aus, so kommt man zu folgenden Übergangsregeln: Erlaubt sind Übergänge $\Delta\Lambda = 0$ und ± 1. Für die Drallquantenzahl S gilt bei geringer Wechselwirkung von L und S (leichte Moleküle, geringe Multiplettaufspaltung) $\Delta S = 0$, d. h. Interkombinationen sind verboten. Beim Übergang zu schweren Molekülen verliert diese Auswahlregel ihre strenge Gültigkeit; Interkombinationen treten auf, aber stets mit geringerer Intensität als die „erlaubten" Übergänge $\Delta S = 0$.

Bei locker gebundenen Molekülzuständen, die nach Fall c koppeln und daher nach Abschn. 33a durch Ω statt durch Λ charakterisiert

---

* Für Beschreibung und Wirkungsweise dieser Maschine siehe V. Bush, J. Franklin Inst. Bd. 212 (1931) S. 447.

sind, haben wir die Auswahlregel $\Delta\Omega = 0$ und ± 1. Es gilt ferner stets, daß Σ^+ nur mit Σ^+, Σ^- mit Σ^- und entsprechend 0^+ mit 0^+ und 0^- mit 0^- kombinieren. Bei Molekülen mit gleichen Kernen kombinieren ferner stets gerade Zustände mit ungeraden und umgekehrt.

b) Die Regeln für gleichzeitige Änderung von Elektronen- und Kernbewegungszustand.

Die Behandlung von Übergängen bei gleichzeitiger Änderung der Elektronenquantenzahlen und des Kernbewegungszustands ist für die Theorie der Molekülkontinua von entscheidender Bedeutung, weil sie alle durch solche Übergänge zustande kommen. Die Idee zur theoretischen Behandlung solcher Übergänge stammt von FRANCK[378]; sie wurde von CONDON[369, 370] verfeinert und wellenmechanisch begründet. Wir geben zunächst die Ableitung dieses FRANCK-CONDON-Prinzips, das wir in seiner einfachsten, klassischen Form ja bereits in Kap. VII, Abschn. 30, 31 vielfach benutzt haben.

α) **Die Ableitung des FRANCK-CONDON-Prinzips.** Nach Gl. (2,11) ist die Übergangswahrscheinlichkeit ganz allgemein durch die Größe $e \cdot \Re$ bestimmt, die wir als das mittlere elektrische Moment des Überganges bezeichnen können. Sei nun $\mathfrak{M}$ das elektrische Moment des ganzen Systems (Moleküls) in dem durch die Koordinaten gegebenen Zustand, so gilt ersichtlich für das Übergangsmoment

$$(36,1) \qquad e \cdot \Re_{a'a''} = \int \psi_{a'} \, \mathfrak{M} \, \psi_{a''}^* \, dv,$$

worin $\psi_{a'}$ und $\psi_{a''}$ die Eigenfunktionen der beiden kombinierenden Molekülzustände seien. Wir müssen nun zu einer genaueren Aussage über diese Eigenfunktionen gelangen. Dem FRANCK-CONDON-Prinzip liegt die Annahme zugrunde, daß die Bewegung der Atomkerne im Feld der Elektronen ohne Rückwirkung auf deren mittlere Ladungsverteilung $\psi_e\,\psi_e^*$ bleibt, daß Elektronen- und Kernbewegung in diesem Maß also als voneinander unabhängig behandelt werden dürfen. Wir können dann unter Außerachtlassung der im Augenblick unwesentlichen Molekülrotation die Gesamteigenfunktion ψ_a darstellen als Produkt einer Elektronen- und einer Kernbewegungseigenfunktion

$$(36,2) \qquad \psi_a = \psi_e\,(r, r_1, r_2, r_3 \ldots r_n) \cdot \psi_k\,(r);$$

r sei hierin wie üblich der Kernabstand, während die r_i die Koordinaten der Elektronen bedeuten. Von ψ_e setzen wir nur die Kenntnis der Quantenzahlen und Symmetrieeigenschaften voraus, während ψ_k nach Abschn. 35 berechnet sein möge. Durch Einsetzen von (36,2) in (36,1) erhalten wir

$$(36,3) \qquad e \cdot \Re_{e'k',\,e''k''} = \int_0^\infty \psi_{k'}\,(r)\,\psi_{k''}^*\,(r)\,dr \int\!\!\int \ldots \int \psi_{e'}\,\mathfrak{M}\,\psi_{e''}^*\,dr_1\,dr_2 \ldots dr_n,$$

worin jetzt in ψ_e und $\mathfrak{M}$ r nur als Parameter vorkommt. Wir haben also das Übergangsmoment von einem Zustand $e'\,k'$ (e' steht hier für alle

Elektronenquantenzahlen; k' zeigt den Kernbewegungszustand an und ist bei einem diskreten Schwingungszustand $= v'$) zu einem anderen $e''\,k''$ dargestellt als das Produkt eines nur von der Kernbewegung und eines nur von der Elektronenbewegung herrührenden Anteils. Ein Vergleich beider bezüglich ihrer Kernabstandsabhängigkeit zeigt, daß der Elektronenanteil, den wir $M(r)$ nennen wollen, zwar auch von r abhängt, sich aber mit r nur sehr langsam ändert, verglichen mit der schnellen Änderung des Kernbewegungsanteils mit r. Man nimmt deshalb an, daß der von der Elektronenbewegung abhängige Anteil des Übergangsmoments bei allen Übergängen zwischen den gleichen zwei Elektronentermen als konstant angesehen werden darf:

$$(36,4) \qquad M(r) = \int\int \ldots \int \psi_{e'}\,\mathfrak{M}\,\psi_{e''}^{*}\,dr_1\,dr_2 \ldots dr_n = \text{const}.$$

Während wir für das Übergangsmoment (36,3) also allgemein schreiben:

$$(36,5) \qquad e \cdot \mathfrak{R}_{e'\,k',\,e''\,k''} = \int_0^\infty \psi_{k'}(r)\,M(r)\,\psi_{k''}^{*}(r)\,dr,$$

erfordert unter der Annahme der Gültigkeit der Gl. (36,4) die Berechnung der Übergangswahrscheinlichkeit nur die Auswertung des sog. Überlappintegrals der Kernbewegungseigenfunktionen

$$(36,6) \qquad \int_0^\infty \psi_{k'}(r)\,\psi_{k''}^{*}(r)\,dr.$$

Diese Berechnung ist exakt bisher nur in einem Fall durchgeführt worden, nämlich von COOLIDGE, JAMES und PRESENT[618] für den Übergang des kontinuierlichen Wasserstoffspektrums

$$1\,s\sigma\,2\,s\sigma\,^3\Sigma_g \quad \rightarrow \quad 1\,s\sigma\,2\,p\sigma\,^3\Sigma_u,$$

wobei nach Angabe der Autoren die Auswertung nur mit Hilfe des S. 127 bereits erwähnten mechanischen Differentialanalysators möglich war, der die Berechnung der Eigenfunktionen $\psi_{v'}$ und $\psi_{k''}$ sowie die Integrationen automatisch ausführte.

β) **Grenzen der Gültigkeit des FRANCK-CONDON-Prinzips.** Der Vergleich der mit Hilfe dieser Werte berechneten Intensitätsverteilung mit der beobachteten (FINKELNBURG-WEIZEL[627], SMITH[682]) ergab aber überraschend große Unterschiede, die nur auf der Ungültigkeit der allgemein üblichen Annahme (36,4) beruhen konnten. Die Verfasser nahmen deshalb willkürlich das n-fache Integral (36,4) als linear von r abhängig an und gelangten unter der Annahme

$$(36,7) \qquad M(r) = A\,(1 + xr)$$

mit $x = -\,0{,}434$ zu einer befriedigenden Übereinstimmung mit den Beobachtungen (Einzelheiten s. Abschn. 59). Diese Untersuchung von COOLIDGE, JAMES und PRESENT zeigt, daß das FRANCK-CONDON-Prinzip stets nur eine mehr oder weniger gute Näherung bedeuten kann. Daß für den Fall der kontinuierlichen Bänder von VAN DER WAALS-Molekülen

das Integral (36,7) kernabstandsabhängig sein muß, hatte FINKELN-
BURG[719] schon vorher vermutet. Je schwerer ein Molekül ist, und mit
je geringerer Kernabstandsänderung es schwingt bzw. sich bewegt, eine
um so bessere Näherung wird das FRANCK-CONDON-Prinzip sein. Eine
Möglichkeit, bei leichten Molekülen wie H_2 die r-Abhängigkeit des Integrals (36,4) bei Kenntnis der Moleküldaten abzuschätzen, hat kürzlich
BEWERSDORFF[365] angegeben.

Wir müssen aber als Ergebnis dieser Untersuchungen feststellen,
daß eine exakte Berechnung von Übergangsintegralen zur Ermittlung
der theoretischen Intensitätsverteilung von Molekülspektren auf Grund
der Gl. (36,5) nicht viel Sinn hat, solange der Grad der Gültigkeit der
FRANCK-CONDON-Näherung unbekannt ist. Man verzichtet aus diesem
Grund im allgemeinen auf die exakte Auswertung des Integrals (36,5)
und wendet zur Ermittlung der gesuchten Intensitätsverteilung mehr
oder weniger weitgehende Vereinfachungen an, die wir jetzt besprechen,
wobei wir im wesentlichen der sehr guten Diskussion von COOLIDGE,
JAMES und PRESENT[618] folgen.

γ) **Näherungen zur Ermittlung der Intensitätsverteilung in Molekülkontinua.** Wenn wir vom Einfluß der Elektroneneigenfunktionen jetzt
also absehen, kommt die Berechnung der Intensitätsverteilung bei
kontinuierlichen Spektren auf die Auswertung des Ausdrucks (36,6)

$$\int\limits_0^\infty \psi_{k'}(r)\, \psi_{k''}^*(r)\, dr$$

heraus. Vereinfachungen müssen also dieses Überlappintegral bzw. die
Kernbewegungseigenfunktionen ψ_k betreffen. Üblich sind folgende Vereinfachungen:

1. Die einfachste Form der Anwendung des FRANCK-CONDON-Prinzips
ist die schon S. 103 f. benutzte des klassischen Prinzips, bei dem der senkrechte Abstand der Umkehrstellen, also der Schnittpunkte von Potentialkurve und Energieniveau, als wahrscheinlichste Übergänge angesehen
werden. Die Eigenfunktionen werden dabei dem Sinn nach ersetzt durch
je ein steiles Maximum (δ-Funktion) und dieses im Schnittpunkt von Ener-
gielinie und Potentialkurve konzentriert gedacht (vgl. etwa Abb. 70).
Lediglich beim untersten Schwingungsniveau wird als Angleichung an
die richtige Eigenfunktion ein einziges Maximum beim Gleichgewichtskernabstand r_0 angenommen. Der Wert dieser gröbsten Näherungsmethode hängt offensichtlich ab von der relativen Lage der für das
Überlappintegral (36,6) maßgebenden Maxima der wirklichen Eigenfunktionen ψ_k zu den Umkehrpunkten. Man überlegt sich leicht, daß
der Fehler relativ klein ist bei gleicher Neigung der kombinierenden
Potentialkurven, groß bei sehr verschiedener oder gar entgegengesetzter
Neigung (weil dann die Maxima von ψ_k auf verschiedenen Seiten der
Umkehrpunkte liegen).

2. Die zweite Näherungsmethode verwendet stilisierte Eigenfunktionen ψ_k und benutzt die Tatsache, daß die beiden Hauptmaxima der Eigenfunktionen stabiler Schwingungszustände bei hohen Schwingungsquantenzahlen nahezu mit den Umkehrstellen zusammenfallen, bei abnehmender Schwingungsquantenzahl dagegen immer mehr nach der Mitte zu rücken, und daß das gleiche für das erste Maximum der Eigenfunktionen eines freien Kernbewegungszustands der Fall ist. In dieser Näherung ersetzt man die Eigenfunktionen daher durch ihre entsprechend von den Umkehrpunkten fort versetzten Endmaxima (δ-Funktionen), vernachlässigt also den Einfluß aller mittleren Maxima der Eigenfunktionen. Die Rechnung zeigt aber, daß diese mittleren Maxima mehr zum Ergebnis beitragen, als man früher annahm. Auch diese Näherung beschränkt sich auf die Feststellung der wahrscheinlichsten Übergänge, also der Intensitätsmaxima im Spektrum.

3. Eine recht gute Näherung für die Bestimmung der Intensitätsverteilung besonders eines kontinuierlichen Molekülspektrums stellt eine von CONDON stammende Methode dar, in der für den diskreten Zustand die Eigenfunktion selbst näherungsweise gezeichnet wird, während für die Eigenfunktionen des mit dem diskreten Zustand kombinierenden freien, dissoziierten Zustands die Schnittpunkte ihrer Abstoßungskurve mit den Energieniveaus angesetzt werden. Nimmt man nämlich an, daß die zu den dissoziierten Zuständen gehörenden Eigenfunktionen annähernd gleichen Verlauf in bezug auf ihre Umkehrpunkte und annähernd gleiche Größe ihrer Maxima besitzen, so ist die Intensitätsverteilung des Spektrums durch die Größe des Quadrats der Eigenfunktion des diskreten Zustandes bei jedem bestimmten Kernabstand gegeben. Man erhält daher die Intensitätsverteilung des aus dem Übergang resultierenden Kontinuums, wenn man die Eigenfunktionen des diskreten Zustands nach Abb. 48 an der Potentialkurve des unstabilen Zustands „reflektiert" und die so erhaltene Kurve mit dem ν-Faktor * multipliziert.

Für die meisten praktischen Fälle wird diese „Reflexionsmethode" ein genügend genaues Ergebnis bringen, jedenfalls solange die Abhängigkeit des elektronenabhängigen Anteils der Übergangswahrscheinlichkeit vom Kernabstand nicht quantitativ bekannt ist.

Über diesen Punkt müssen noch ein paar Bemerkungen gemacht werden. Wir gehen dabei aus von dem Integral (36,4)

$$M(r) = \int\int \ldots \int \psi_{e'} \, \mathfrak{M} \, \psi_{e''}^* \, dr_1 \, dr_2 \ldots dr_n = f(r).$$

Sind die Elektroneneigenfunktionen so beschaffen, daß das Integral Null ist, so ist der Übergang verboten. Es sei nun $\psi_{e'}$ die Eigenfunktion eines Systems, das aus zwei weit voneinander entfernten (r groß) $1\,S$-Atomen bestehe, $\psi_{e''}$ die desselben Systems, bei dem aber das eine Atom nun in einem $2\,S$-Zustand sich befinden möge. Das Integral dieses Übergangs $(1\,S + 2\,S) \leftrightarrow (1\,S + 1\,S)$ ist in erster Näherung

---

* Nach S. 9 und 10 ist dieser Faktor ν^4 für $J(\nu)$, ν^6 für $J(\lambda)$.

Null, weil es sich ja um einen verbotenen $S \longleftrightarrow S$-Übergang in einem praktisch isolierten Atom handelt. Betrachten wir nun den gleichen Übergang bei kleinem Kernabstand r und großer Wechselwirkung. Da vorausgesetzt sei, daß chemische Bindung möglich ist, haben wir dann die Kombination zweier Σ-Zustände des Moleküls, und das Übergangsintegral (36,4) kann, da $\Sigma \longleftrightarrow \Sigma$-Übergänge nicht grundsätzlich verboten sind (S. 127), einen von Null verschiedenen Wert besitzen. Der elektronenabhängige Anteil der Übergangswahrscheinlichkeit ist also, wie diese erstmalig von FINKELNBURG[719, 377] durchgeführte Überlegung ohne weiteres zeigt, bei großer Kernabstandsvariation keineswegs stets eine Konstante. Seine Abhängigkeit von r läßt sich, wie diese Überlegung zeigt, vielmehr in großen Zügen klar aus dem Verhalten der Elektroneneigenfunktionen verstehen. Bei der Deutung der kontinuierlichen Spektren besonders von VAN DER WAALS-Molekülen spielt diese Erscheinung eine Rolle.

37. Die Besetzung der Anfangszustände.

Die Intensität eines Emissions- bzw. Absorptionsspektrums ist nach den allgemeinen Gl. (2,7) und (2,8) von den Übergangsgrößen A bzw. B sowie von den Besetzungszahlen $N \cdot g$ der Anfangszustände der Übergänge abhängig. Erstere errechnen sich für Molekülkontinua aus Gl. (2,9) und (2,11), wenn man die Übergangsmatrix $\mathfrak{R}$ nach Abschn. 36 bestimmt. Zu ermitteln bleibt also noch die Besetzung der Anfangszustände. Denn da ein Molekülkontinuum stets durch zahlreiche Einzelübergänge zustande kommt, z. B. von allen besetzten Schwingungs- und Rotationszuständen eines Elektronenterms zu dem kontinuierlichen Bereich eines anderen, benötigen wir die Kenntnis der Besetzung der Anfangszustände zu jedem Vergleich von Theorie und Beobachtung. Die Besetzung ist einfach zu berechnen, wenn, wie meist bei Absorption, die Moleküle über die Anfangszustände entsprechend der Temperatur nach dem MAXWELLschen Gesetz verteilt sind. Ist N_0 die Gesamtzahl der Moleküle, T die absolute Temperatur und k die BOLTZMANN-Konstante, so ist die Zahl N_E der Moleküle in einem Anfangszustand mit der Energie E gegeben durch

$$(37,1) \qquad N_E = \frac{N_0 \cdot g_E \cdot e^{-\frac{E}{kT}}}{\sum g_E \cdot e^{-\frac{E}{kT}}},$$

worin g_E das statistische Gewicht des Zustandes mit der Energie E bedeutet und die Summation über alle in Betracht kommenden, überhaupt besetzten Zustände zu erstrecken ist.

Der uns am meisten interessierende Fall ist die Besetzung der verschiedenen Schwingungszustände absorbierender Moleküle im Elektronengrundzustand. Da das statistische Gewicht jedes Schwingungszustands

$= 1$ ist und wir für die Energie E_v eines Schwingungszustands nach Gl. (34,10) in guter Näherung $E_v = h c \omega (v + \frac{1}{2})$ setzen können, erhalten wir

$$(37,2) \qquad N_{Ev} = \frac{N_0 \cdot e^{-\frac{h c \omega (v + \frac{1}{2})}{k T}}}{\sum_v e^{-\frac{h c \omega (v + \frac{1}{2})}{k T}}} \, .$$

Zur Berechnung der Besetzung der verschiedenen Rotationszustände eines Schwingungszustands beachten wir, daß das statistische Gewicht eines Rotationszustands $g = 2J + 1$ ($J =$ Rotationsquantenzahl) und die Rotationsenergie nach Gl. (34,6) $E_{\mathrm{rot}} = h c B J (J + 1)$ ist, so daß wir als Besetzungszahl erhalten

$$(37,3) \qquad N_{E\mathrm{rot}} = \frac{N_0 (2J + 1) \cdot e^{-\frac{h c B J (J + 1)}{k T}}}{\sum_J (2J + 1) e^{-\frac{h c B J (J + 1)}{k T}}} \, .$$

Liegt also MAXWELLsche Verteilung über die Anfangszustände vor, so sind die Besetzungszahlen leicht zu berechnen.

Schwieriger dagegen liegt der Fall bei Emission. Hier haben wir, abgesehen von seltenen Fällen thermischen Gleichgewichts in Bogenentladungen und Flammen, im allgemeinen keine MAXWELL-Verteilung über die angeregten Zustände (Anfangszustände bei Emission), sondern diese hängt in schwer kontrollierbarer Weise von dem Anregungsmechanismus (Elektronenstoß, Lichteinstrahlung) ab. Hier lassen sich also keine allgemeinen Angaben machen. Die Verteilung ist hier vielmehr nur von Fall zu Fall aus der Kenntnis der Anregungsbedingungen abzuleiten (s. auch S. 149).

38. Die Struktur von Molekülkontinua auf Grund des FRANCK-CONDON-Prinzips.

Auf Grund der genauen Kenntnis des FRANCK-CONDON-Prinzips und der Besetzung der Anfangszustände können wir jetzt die Ableitung der kontinuierlichen Molekülspektren aus den kombinierenden Potentialkurven, die wir S. 104f. schon kurz angedeutet hatten, genauer durchführen. Die erste eingehende Diskussion dieser Art stammt von KUHN[402]. Wir greifen als Beispiel das oben S. 105 als Übergang 6 bezeichnete Spektrum heraus: die Übertragung auf die anderen Fälle ergibt sich von selbst und wird im folgenden Kap. IX ausführlich behandelt werden.

Das nach Abb. 48 bei Übergängen vom unteren Potentialminimum zur oberen Kurve absorbierte Spektrum setzt sich zusammen aus den Einzelspektren, die den Übergängen von den verschiedenen besetzten Schwingungszuständen der unteren Kurve zu den nach dem FRANCK-CONDON-Prinzip erreichbaren Zuständen der oberen Kurve entsprechen.

Die Molekülrotation lassen wir bei der Behandlung der Übergänge für einen Augenblick außer acht, kommen aber am Schluß dieses Abschnitts auf die durch sie bedingten Störungen zurück.

Wir befassen uns also zunächst mit der Struktur des bei einem Einzelübergang absorbierten Spektrums, etwa dem Übergang vom v-ten Schwingungszustand aus. Der Verlauf der Schwingungseigenfunktion dieses Zustands ergibt sich durch Integration von (34,2) oder näherungsweise aus (35,1). Da die nach dem FRANCK-CONDON-Prinzip von diesem Zustand aus erreichbaren Zustände des oberen, kontinuierlichen Energiebereichs ziemlich hoch über der Dissoziationsgrenze liegen, ist die Breite der Maxima ihrer Eigenfunktionen nach Gl. (35,1) ebenfalls klein. Die Ausdehnung des Spektrums ist also jeweils durch das breitere der miteinander kombinierenden Eigenfunktionsmaxima bestimmt. Wir wenden jetzt das FRANCK-CONDON-Prinzip in der Näherung 3 (S. 131) an (die genaue Rechnung führt zum gleichen Ergebnis). Dann finden Übergänge vom linken Hauptmaximum der unteren Eigenfunktion in dem durch den schraffierten Streifen angedeuteten Kernabstandsbereich statt, und die Breite

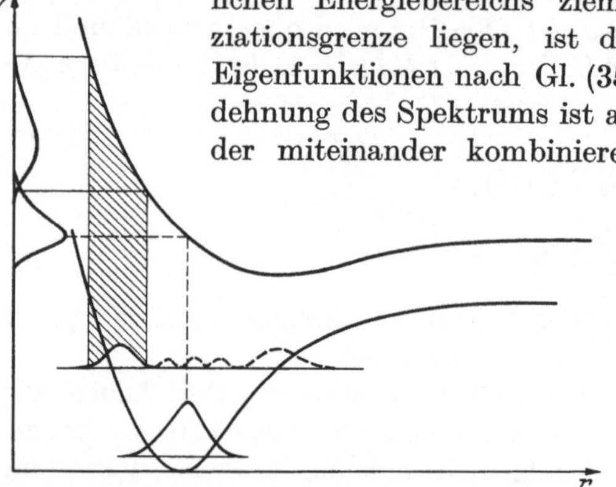

Abb. 48. Potentialkurvenschema mit angedeutetem Verlauf von Schwingungseigenfunktionen des unteren Zustands, zur Ableitung der Intensitätsverteilung von Molekülkontinua nach der „Reflexionsmethode" von CONDON.

des resultierenden Kontinuums in Energieeinheiten ΔE ist gleich der Energiedifferenz der beiden äußersten erreichbaren Punkte auf Kurve V' und damit die Wellenlängenbreite

$$(38,1) \qquad \Delta \lambda = \frac{\lambda^2 \, \Delta E}{h \, c}.$$

In gleicher Weise lassen sich die bei Übergängen von den anderen Maxima von $\psi_{v''}$ nach oben absorbierten Spektren berechnen.

Man sieht, daß allgemein die Breite des absorbierten kontinuierlichen Spektrums abhängig ist von der Breite der Maxima der diskreten Eigenfunktion und der Steilheit der Potentialkurve des instabilen Zustands; je steiler diese Kurve, um so breiter ist das entsprechende Spektralband.

Man erhält so die Intensitätsverteilung des beim Übergang vom v-ten Schwingungszustand zum oberen Zustand absorbierten Kontinuums. Bestimmt man ebenso die durch Übergänge von den anderen Schwingungszuständen entstehenden Spektren und multipliziert die erhaltenen Intensitätsverteilungen der Einzelübergänge jeweils mit den nach Abschn. 37 berechneten Besetzungszahlen, so erhält man die den einzelnen Übergängen entsprechenden Spektren in ihrer wirklichen

Intensität. Die Moleküle, deren Grundzustand durch Kurve a'' dargestellt ist, absorbieren also beim Übergang in den durch b' charakterisierten Molekülzustand bei der Temperatur T ein kontinuierliches Spektrum, dessen Intensität und Intensitätsverteilung man durch Summation der Intensitäten der Einzelspektren für jede einzelne Wellenlänge erhält.

In der Kontinuaspektroskopie haben wir im allgemeinen die umgekehrte Aufgabe, nämlich aus den beobachteten kontinuierlichen Spektren auf den Potentialkurvenverlauf zu schließen. Voraussetzung dazu ist die Kenntnis einer der beiden kombinierenden Potentialkurven. Meist wird die Berechnung der zu dem stabilen Zustand gehörenden Kurve nach einer der in Abschn. 34c behandelten Methoden und daraus die Berechnung der Schwingungseigenfunktionen nach Abschn. 35 möglich sein. Die Konstruktion der anderen Potentialkurve in dem Bereich, in dem Übergänge stattfinden, ist dann nicht schwierig, wenn man aus dem beobachteten Spektrum die den Einzelübergängen entsprechenden Einzelkontinua feststellen kann. Hier liegt aber im allgemeinen die Schwierigkeit. Wir werden bei der Behandlung der einzelnen Kontinua im Kap. X die Methoden besprechen, die in den verschiedenen Fällen zu diesem Ziel führen. Weiß man dann, welche Teile des Spektrums zu den einzelnen Maxima der Eigenfunktionen der unteren Schwingungszustände der bekannten Potentialkurve gehören, so braucht man von diesen aus nur um die den Wellenlängen entsprechenden Energiebeträge nach oben (bei Absorption) oder nach unten (bei Emission) zu loten, um die einzelnen Punkte der unbekannten Potentialkurve zu erhalten. Kuhn[402] hat wohl zuerst eine solche Konstruktion durchgeführt und dabei auf die Struktur dieser Molekülkontinua hingewiesen.

Auf diese Struktur müssen wir noch etwas näher eingehen. Aus Abb. 48 wird klar, daß wegen des annähernd gleich steilen Verlaufs der linken, kernnahen* Kurventeile die Übergänge zwischen diesen annähernd gleiche Wellenlängen besitzen müssen. In diesem Bereich überlagern sich daher die bei der Steilheit der Kurve ziemlich breiten Einzelspektren zu einem einzigen breiten Maximum des kontinuierlichen Spektrums. Anders die kernfernen* Übergänge. Wegen der Flachheit der oberen Kurve in diesem Gebiet ergeben die Übergänge von den einzelnen Schwingungszuständen der unteren Kurve verhältnismäßig schmale Einzelkontinua mit recht verschiedenen Wellenlängen: wir erhalten kontinuierliche Fluktuationen. Bei horizontalem Verlauf der oberen Kurve würde der Abstand der Einzelmaxima dabei dem Abstand der Schwingungsniveaus des Grundzustands entsprechen, und die Extrapolation der nach langen Wellen zu abnehmenden Abstände der

---

* Wir sprechen zur Abkürzung von „kernnahe" bzw. „kernfern", wenn wir meinen „im Gebiet kleiner bzw. großer Kernabstände".

Maxima nach einer Konvergenzstelle gestattete die Bestimmung der Dissoziationsenergie des Grundzustands. KUHN hat zuerst darauf hingewiesen, daß im allgemeinen die obere Kurve in dem über dem Minimum der unteren liegenden Bereich nicht horizontal verläuft, sondern noch fällt. Die Abstände zwischen den ersten Maxima des kontinuierlichen Spektrums müssen dann größer sein, als den Abständen der Schwingungsniveaus des Grundzustands entspricht, und eine Extrapolation würde auf einen falschen Wert führen (Pseudokonvergenz). Haben die beiden Kurven, wie in unserem Fall die beiden kernfernen Teile, also verschiedene Neigung, so sind die Einzelspektren gut zu trennen, sofern man sich auf die Zuordnung der Maxima des Spektrums zu den Hauptmaxima der Eigenfunktionen beschränkt. Schwierigkeiten dagegen bereitet die exakte Konstruktion der oberen Kurve, weil die von den Nebenmaxima der Eigenfunktionen herrührenden Maxima des Kontinuums sich meist mit dessen anderen Teilen überlagern.

Wir haben bisher den Einfluß der Rotation auf die behandelte Fluktuationsstruktur vernachlässigt, weil sich die Rotationsquantenzahl ja bei einem Übergang nur um eins ändern darf und der entsprechende Energiebetrag gegenüber der Energiebreite der einzelnen Kontinua vernachlässigbar klein ist. MROZOWSKI[784] hat nun aber am Beispiel der in Abschn. 60 zu behandelnden STEUBING-Banden des Hg_2 gezeigt, daß der Einfluß der Rotation auf die Fluktuationsstruktur recht beträchtlich sein kann, wenn das absorbierende System ein Stoßpaar (s. S. 102) ist, da dieses dann bei Bildung infolge nichtzentraler Stöße eine sehr hohe Rotationsenergie erhalten kann. MROZOWSKI konnte einige überraschende Einzelheiten in der Struktur von Hg_2-Spektren in dieser Weise erklären. Allgemein ergibt sich die Struktur des bei solchen Übergängen entstehenden Spektrums aus der Betrachtung der nach Abschn. 34b und 34cβ unter Berücksichtigung der Rotation konstruierten Potentialkurven.

39. Die Bestimmung von Dissoziationsenergien aus kontinuierlichen Molekülspektren.

Der Zusammenhang von Moleküldissoziation und Molekülkontinua ist schon mehrfach erwähnt worden, ebenso die Möglichkeit der Bestimmung von Dissoziationsenergien aus kontinuierlichen Molekülspektren. Wie betrachten die Verhältnisse an Hand der Abb. 49 und 50. Als *die* Dissoziationsenergie D eines Moleküls bezeichnet man im allgemeinen die Dissoziationsenergie des Elektronengrundzustands, die Energie also, die dem normalen Molekül im Schwingungsgrundzustand $v'' = 0$ zugeführt werden muß, um es in zwei normale Atome zu zerlegen. In Abb. 49 und 50 ist dies also D''. Entsprechend bezeichnen wir D' als Dissoziationsenergie eines angeregten Molekülzustands, wobei der angeregte Zustand in zwei normale Atome (Abb. 49) oder in ein normales und ein angeregtes Atom (in seltenen Fällen auch in zwei angeregte Atome) zerfällt (Abb. 50).

Nun erfolgt die Lichtabsorption durch ein Molekül, gleichgültig ob es sich um Anregung oder Dissoziation handelt, stets in Verbindung mit einem Elektronensprung, bewirkt also eine Änderung der Elektronenanordnung, die durch einen anderen Potentialverlauf gekennzeichnet ist. Wir unterscheiden zwei Fälle I und II (Abb. 49 und 50). In beiden Fällen wird durch die Lichtabsorption vom Schwingungsgrundzustand aus der gezeichnete obere Zustand erreicht, und wir beobachten Absorptionsbanden mit nach kurzen Wellen zu anschließendem Kontinuum. In Fall I dissoziiert auch das angeregte

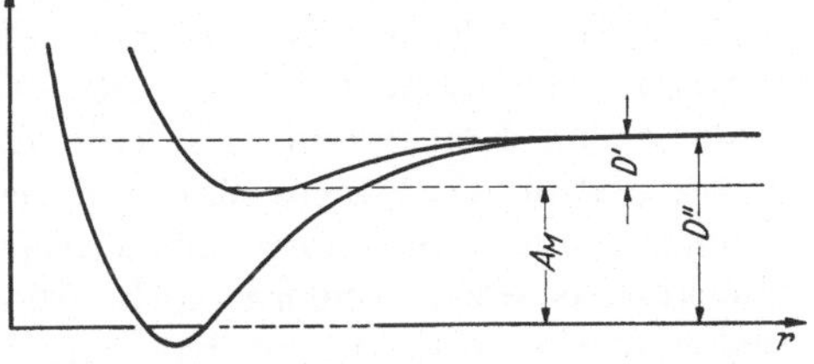

Abb. 49. Zusammenhang von Dissoziation und Molekülanregung für den Fall der Dissoziation von Grundzustand und angeregtem Zustand in normale Atome.

Molekül (im oberen Zustand) in zwei normale Atome, und bei Absorption vom Grundzustand aus ergibt die langwellige Grenze des Kontinuums, in Energien umgerechnet, direkt die Größe der Dissoziationsenergie D des normalen Moleküls.

Komplizierter liegen die Dinge im Fall II (Abb. 50), wo der angeregte Zustand in ein normales und ein angeregtes Atom zerfällt. Von der der langwelligen Grenze des Absorptionskontinuums entsprechenden Energie G muß die Anregungsenergie des einen Atoms A_A abgezogen werden, um die Dissoziationsenergie zu ergeben:

$$(39,1) \qquad D'' = G - A_A.$$

Ist A_A aus dem Atomspektrum bekannt, so läßt sich D'' also direkt berechnen. Für die Dissoziationsenergie D' des angeregten Moleküls folgt aus Abb. 49, daß

$$(39,2) \qquad D' = G - A_M$$

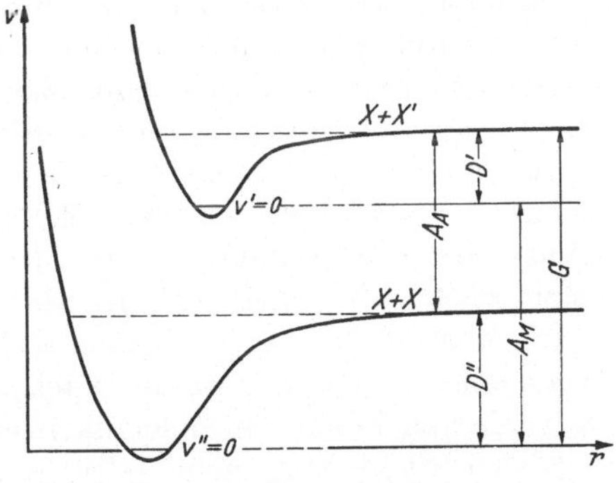

Abb. 50. Zusammenhang von Dissoziationsenergien, Molekülanregung und Anregungszustand der Dissoziationsprodukte, dargestellt für den Fall, daß der Grundzustand in normale Atome, der angeregte Molekülzustand in ein normales und ein angeregtes Atom dissoziieren.

ist. Die Anregungsenergie des Moleküls A_M ist dabei ersichtlich die Anregungsenergie des untersten Schwingungszustands des angeregten Moleküls vom untersten des normalen aus und berechnet sich aus der Wellenlänge der langwelligsten, von $v'' = 0$ aus absorbierten Bande, falls dieser $0 \to 0$-Übergang beobachtbar ist. Dieser Zusammenhang zwischen Molekülkontinuum und Dissoziationsenergie ist zuerst von FRANCK[378] klargelegt worden, nachdem allerdings schon mehrere Jahre früher TRAUTZ[428] aus dem Beginn der kontinuierlichen Absorption des Cl_2 auf dessen Dissoziationsenergie geschlossen hatte.

Trotzdem die Bestimmung von Dissoziationsenergien in der geschilderten Weise grundsätzlich ganz klar ist, ergeben sich bei der Ausführung oft große Schwierigkeiten, die in der exakten Bestimmung der Größe G liegen. Nur in den seltensten Fällen beobachtet man nämlich den Bandenzug $v'' = 0 \rightarrow v' = 0, 1, 2, 3, \ldots$ mit dem anschließenden Kontinuum und kann daraus dessen langwellige Grenze genau bestimmen, wie es MECKE[513] bei J_2 gelang. Im allgemeinen ist vielmehr nicht nur der tiefste Schwingungszustand des normalen Moleküls besetzt, sondern nach Abschn. 37 je nach der Versuchstemperatur auch die nächst höheren. Durch Absorption von diesen aus erhält man nun mit entsprechend geringerer Intensität wieder Bandenzüge mit anschließenden Kontinua, die entsprechend der geringeren Größe des Übergangs langwelliger liegen und leicht einen kleineren Wert von G vortäuschen können, als er der Wirklichkeit entspricht. Diese Schwierigkeit tritt besonders dann auf, wenn infolge stark gegeneinander versetzter Potentialkurven nach dem FRANCK-CONDON-Prinzip die Banden nicht mehr oder nur mit sehr geringer Intensität auftreten und praktisch nur noch Kontinua beobachtet werden.

So wird in dem durch Abb. 53b dargestellten Fall bei Absorption von $v'' = 0$ aus nur ein rein kontinuierliches Spektrum beobachtet, dessen langwellige Grenze eine Energie ergibt, die wesentlich größer ist als G. Durch Temperaturerhöhung gelingt es zwar, eine langwellige Grenze des Kontinuums (Grenze des Kontinuums gegen die Banden) festzustellen; aber diese (G') ist zur Berechnung von D unbrauchbar, da uns kein Mittel zur Verfügung steht, die Höhe des Ausgangsniveaus festzustellen. Wir werden im nächsten Kapitel bei der Besprechung der typischen Fälle von Molekülkontinua im einzelnen untersuchen, wie weit sich diese zur mehr oder weniger genauen Bestimmung von Dissoziationsenergien eignen.

40. Strahlungslose Übergänge in kontinuierliche Energiebereiche bei Molekülen: Prädissoziation.

Wir haben jetzt noch eine Erscheinung kurz zu besprechen, die den Ursprung kontinuierlicher Molekülspektren bilden kann, das ist der als Prädissoziation bezeichnete Vorgang des strahlungslosen Übergangs eines Moleküls in einen freien Zustand.

S. 127 f. haben wir die Bedingungen besprochen, die die Eigenfunktionen zweier Zustände erfüllen müssen, damit ein Molekül sich aus dem einen in den anderen begeben kann. Dieses geschah in den bisher behandelten Fällen unter Emission oder Absorption von Strahlung. Besitzen die beiden Elektronenkonfigurationen, zwischen denen der Übergang erfolgt, aber die gleiche Energie, so kann trotzdem ein Übergang (ohne Zu- oder Abführung von Energie) erfolgen; man spricht von einem strahlungslosen Übergang. Die Wahrscheinlichkeit eines solchen strahlungslosen Übergangs hängt von der Stabilität der beiden Elektronenanordnungen und von der Größe der Störung ab, die das Umklappen der einen Elektronenanordnung in die andere bewirkt. Bezeichnen wir das Potential dieser Störung mit V', die Eigenfunktionen der beiden kombinierenden Zustände mit ψ_1 und ψ_2 und die Zahl der Moleküle

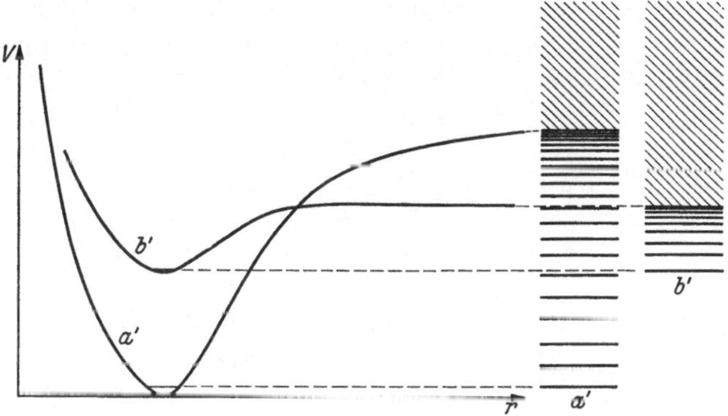

Abb. 51. Potentialkurven und zugehörige Energieniveauschemata zur Erklärung der Prädissoziation.

im Anfangszustand ψ_1 mit N_0, so ist die Zahl der Moleküle, die sich pro Sekunde strahlungslos in den durch ψ_2 charakterisierten Zustand begeben:

$$(40,1) \qquad N_{\psi_1 \to \psi_2} = \frac{4\,\pi^2\,N_0}{h} \int \psi_1 V' \psi_2^* \, dv \int \psi_1^* V' \psi_2 \, dv.$$

Handelt es sich bei den beiden kombinierenden Zuständen um diskrete Zustände, so sind exakt gleiche Energiewerte zweier Zustände, also exakte Energieresonanz, äußerst selten. Anders ist es, wenn der eine der beiden Zustände einem kontinuierlichen Energiebereich angehört. Dieser Fall, den wir bereits in Abschn. 10 bei der Autoionisation behandelt haben, tritt bei Molekülen z. B. ein, wenn die diskreten Schwingungszustände eines Elektronenterms a' überlagert sind von dem oberhalb der Dissoziationsgrenze liegenden kontinuierlichen Energiebereich eines anderen Elektronenterms b'. Abb. 51 stellt durch Niveauschemata und Potentialkurven diesen Fall dar. Da wir die strahlungslosen Übergänge so als Spezialfall der üblichen Übergänge, nur mit $\varDelta E = 0$, auffassen, läßt sich zeigen, daß strahlungslose Übergänge nur zwischen solchen Elektronenzuständen möglich sind, die auch unter Strahlung kombinieren können, d. h. für die die üblichen Übergangsregeln von Abschn. 36 erfüllt sind. Die zusätzliche Regel, daß der Gesamtdrehimpuls des

Moleküls in beiden Zuständen der gleiche sein muß (Satz der Erhaltung des Drehimpulses), bedeutet bei einem Übergang ins Kontinuum keine Einschränkung, da er hier stets erfüllbar ist. Abb. 52 zeigt, daß Prädissoziation auch durch einen völlig unstabilen Term hervorgerufen werden kann.

Hier macht sich besonders deutlich der Einfluß des FRANCK-CONDON-Prinzips geltend (s. S. 128 f.). Auch bei einer strahlungslosen Elektronenumordnung können sich nämlich Lage und Geschwindigkeit der Kerne nur wenig ändern, bleibt also der Kernabstand wesentlich erhalten. Strahlungslose Übergänge sind infolgedessen nur in dem Energiebereich möglich, der ungefähr dem Schnittpunkt der beiden Potentialkurven entspricht, an dem ja der Abstand der Kerne in beiden Zuständen derselbe ist (Abb. 51, 52). Dieses Gebiet, in dem Übergänge möglich sind, ist breit, wenn die Potentialkurven sich unter kleinem Winkel schneiden, da dann in einem weiten Energiebereich Übergänge mit nur geringer Änderung des Kernabstands möglich sind. Bei großem Schnittwinkel der Potentialkurven umgekehrt ist das Übergangsgebiet entsprechend schmal.

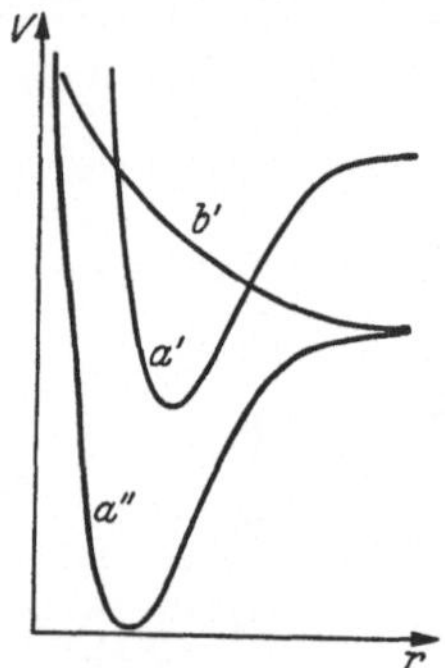

Abb. 52. Potentialkurvenschema zur Darstellung der Prädissoziation eines Zustands a' infolge Störung durch einen unstabilen Zustand b'.

Physikalisch stellen diese strahlungslosen Übergänge eine Dissoziation dar, da das Molekül aus einem stabilen Schwingungszustand in einen dissoziierten Zustand mit kontinuierlichem Energiebereich übergeht; die Erscheinung entspricht also der Abschn. 10 behandelten der Ionisation infolge strahlungslosen Überganges und wird deshalb in Analogie zur Präionisation als Prädissoziation (Dissoziation vor Erreichen der Dissoziationsgrenze) bezeichnet. Chemisch ist sie durch das Auftreten der Dissoziationsprodukte (Atome) festzustellen. Spektroskopisch macht sich die Prädissoziation nur bemerkbar, wenn der Zustand a' in Abb. 51 bzw. 52 mit einem anderen, tiefer liegenden Zustand a'' kombiniert (vgl. Abb. 52). Wie bei der Autoionisation wird auch hier im Prädissoziationsgebiet die Lebensdauer der Zustände durch die strahlungslosen Übergänge stark herabgesetzt, woraus wegen der Ungenauigkeitsrelation nach Abschn. 69 eine entsprechende Unschärfe der betreffenden Zustände folgt. Lebensdauer und Linienbreite sind sich nach Gl. (69,4), S. 234 umgekehrt proportional. Während also bei Übergängen von a'' zu den unterhalb des Prädissoziationsgebiets liegenden Zuständen von a' scharfe Banden absorbiert werden, werden die einzelnen Rotationslinien bei Übergängen in das Prädissoziationsgebiet so breit, daß die Rotationsstruktur verschwinden kann und das Spektrum den Eindruck kontinuierlicher Fluktuationen erweckt, die aber von den in Abschn. 39 behandelten Fluktuationen wohl zu unterscheiden sind.

In Emission ($a' \rightarrow a''$) sind diese Prädissoziationsspektren nur schwer beobachtbar, weil die Moleküle in a' im Prädissoziationsgebiet mit großer Wahrscheinlichkeit strahlungslos zerfallen, bevor sie zur Ausstrahlung kommen. Die Beobachtung von Prädissoziationsspektren sollte dagegen möglich sein bei Emission von einem oberhalb a' gelegenen Zustand nach a', doch ist ein solcher Fall bisher nicht bekannt geworden.

Da die Erscheinungen der Prädissoziation in allen Werken über Bandenspektren sehr ausführlich behandelt werden, gehen wir hier nur soweit auf sie ein, wie es im Zusammenhang mit den übrigen Molekülkontinua erforderlich ist.

IX. Die typischen Fälle von Molekülkontinua.

Nach der allgemeinen Theorie der Molekülkontinua und ihrer Struktur behandeln wir jetzt die einzelnen Typen von kontinuierlichen Molekülspektren (s. FINKELNBURG[9]), die auf dem verschiedenen Potentialkurvenverlauf der kombinierenden Elektronenzustände beruhen. Die Behandlung der Eigenschaften dieser typischen Fälle erleichtert die Deutung der Kontinua erheblich.

41. Fall I der Absorptionskontinua.

Ist das absorbierende Molekül im Grundzustand stabil mit erheblicher Dissoziationsenergie, so daß sein Potentialverlauf durch Kurve V'' in den Abb. 53a, b und c dargestellt wird, so ergeben sich die Typen I, II oder III der Absorptionskontinua je nachdem, ob der bei der Absorption erreichte angeregte Zustand den Potentialverlauf V' von Abb. 53a, b oder c zeigt.

Ist V' wie in Abb. 53a eine reine Abstoßungskurve ohne Minimum, so gibt es in diesem Zustand nur kontinuierliche Energiewerte der Kernbewegung, und das dem Übergang $V'' \rightarrow V'$ entsprechende Spektrum muß rein kontinuierlich sein. Bei Absorption vom untersten Schwingungszustand von V'' aus (niedrige Temperatur) berechnet sich die Breite des Kontinuums nach Gl. (38,1) aus der Breite der Eigenfunktion im Grundzustand und aus der Neigung von V'. Bei Anwendung der Reflexionsmethode (Abschn. 36bγ) kann die Breite des Kontinuums bei bekanntem Verlauf von V' direkt aus dem Potentialkurvenschema entnommen werden; aus der gemessenen Breite (bei genügend tiefer Temperatur) umgekehrt kann V' in dem über dem Minimum von V'' liegenden Gebiet konstruiert werden. Bei steigender Temperatur des absorbierenden Gases breitet sich infolge der Absorption von den in steigendem Maß besetzten höheren Schwingungszuständen von V'' das Kontinuum nach beiden Seiten aus. Auf der kurzwelligen bleibt es dabei wegen der gleichen Neigung der beiden Kurven nach Abschn. 38 homogen, während auf der langwelligen Seite wegen der entgegengesetzten Neigung der

Kurven das homogene Kontinuum sich, aber erst bei sehr hoher Temperatur, in eine Folge von kontinuierlichen Bändern auflöst. Irgendeine Bestimmung der Dissoziationsenergie des Grundzustands aus einem Absorptionskontinuum Fall I ist offensichtlich nicht möglich.

Das beste Beispiel für diesen Fall I der Molekülkontinua sind die kontinuierlichen Absorptionsspektren der Halogenwasserstoffe, die sich von einer langwelligen Grenze (3300 Å bei HJ, 2850 Å bei HBr) nach kurzen Wellen zu erstrecken. Sie entsprechen Übergängen vom stabilen Grundzustand des Moleküls zu instabilen Zuständen mit Abstoßungskurven, die wie der Grundzustand in normale Atome (Wasserstoff $+$ Halogen) dissoziieren. Beobachtet werden praktisch nur Übergänge vom untersten Schwingungszustand der normalen Moleküle aus, weil bei dem großen Abstand der Schwingungsniveaus von etwa 0,3 Volt stets nur ein verschwindender Bruchteil der Moleküle sich in angeregten Schwingungszuständen befindet. Auf alle Einzelheiten der Untersuchung der Halogenwasserstoffkontinua gehen wir im folgenden Kapitel, Abschn. 52 ein.

Da nach den in Kap. VIII, Abschn. 33b gebrachten Regeln aus der Zusammenführung eines normalen und eines angeregten Atomzustands stets eine ganze Anzahl von Molekültermen entstehen, von denen immer nur der kleinere Teil stabil ist, während der Rest Abstoßungskurven besitzt, müßte der Fall I der Absorptionskontinua recht häufig auftreten. Die Betrachtung der Potentialkurvenschemata von Molekülen zeigt aber, daß bei der Steilheit der Abstoßungskurven der über dem Minimum des Grundzustands liegende Teil der Kurven außerordentlich hoch liegen muß. Die beim Übergang vom Grundzustand zu diesen Abstoßungskurven entstehenden Absorptionskontinua Fall I müssen also im fernsten Ultraviolett liegen, und tatsächlich zeigen ja die meisten Gase und Dämpfe im Gebiet $\lambda < 1200$ Å ausgedehnte Gebiete kontinuierlicher Absorption, die wohl zum Teil als Kontinua Fall I zu deuten sind.

42. Fall II der Absorptionskontinua.

Im Fall II der Absorptionskontinua (Abb. 53b) besitzt die Potentialkurve V' des angeregten Zustands zwar ein Minimum mit diskreten Schwingungszuständen, dieses liegt aber infolge starker Bindungslockerung durch die Molekülanregung bei wesentlich größerem Kernabstand als das des Grundzustands. Nach dem FRANCK-CONDON-Prinzip erfolgen daher die Übergänge von $v'' = 0$ des Grundzustands (tiefe Temperatur) aus in das kontinuierliche Energiegebiet des angeregten Zustands und ergeben wie im Fall I ein rein kontinuierliches Spektrum. Bei Steigerung der Temperatur des absorbierenden Gases beobachtet man infolge der Übergänge von höheren Schwingungsniveaus des Grundzustands aus eine Verbreiterung des Absorptionsgebiets. Während dieses auf der kurzwelligen Seite rein kontinuierlich bleibt, erscheint auf der langwelligen Seite bei genügend hoher Temperatur aber Banden-

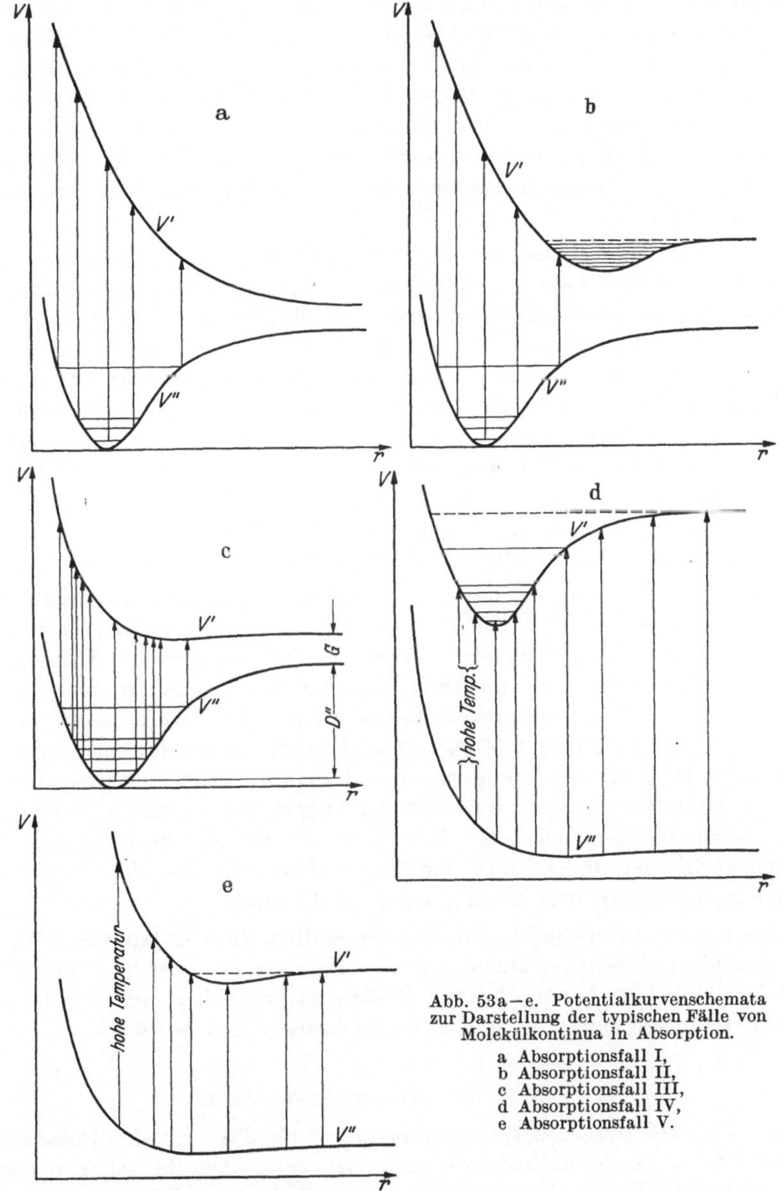

Abb. 53a—e. Potentialkurvenschemata zur Darstellung der typischen Fälle von Molekülkontinua in Absorption.

a Absorptionsfall I,
b Absorptionsfall II,
c Absorptionsfall III,
d Absorptionsfall IV,
e Absorptionsfall V.

struktur, die von den Übergängen zu den diskreten Schwingungsniveaus des oberen Zustands herrührt.

Der Fall II der Absorptionskontinua eignet sich zur Bestimmung der Dissoziationsenergie des Grundzustands, wenn drei Bedingungen erfüllt sind. Es müssen erstens die Dissoziationsprodukte des angeregten Zustands und zweitens die Anregungsenergie des dabei auftretenden angeregten Atoms bekannt sein, und drittens muß es möglich sein, aus der Analyse des am langwelligen Ende des Kontinuums auftretenden Bandenspektrums festzustellen, ob die langwellige Grenze des Kontinuums tatsächlich dem Übergang vom untersten Schwingungsniveau des Grundzustands zur Dissoziationsgrenze des angeregten Zustands entspricht (vgl. S. 137).

Für den Fall II haben wir zwei gut untersuchte Beispiele. Der Sauerstoff besitzt zwischen 1750 und 1300 Å ein intensives kontinuierliches Absorptionsspektrum mit scharfem Maximum bei 1450 Å, an das sich nach langen Wellen zu bis 2026 Å ein Bandensystem anschließt, die SCHUMANN-RUNGE-FÜCHTBAUER-Banden. Das Spektrum entspricht dem Übergang vom O_2-Grundzustand zu einem angeregten Zustand mit 30% größerem r_0, der in ein normales und ein ^1D-Sauerstoffatom dissoziiert. In diesem Fall sind auch die drei oben genannten Bedingungen erfüllt, so daß aus der Grenze des Kontinuums bei 1751 Å die Dissoziationsenergie des O_2-Grundzustandes zu 5,09 Volt bestimmt werden konnte (Einzelheiten s. Abschn. 54, S. 169f.).

Das zweite Beispiel für den Fall II liefern die großen kontinuierlichen Absorptionsspektren der Halogenmoleküle, auf die wir in Abschn. 53 in allen Einzelheiten eingehen werden. Es handelt sich um Übergänge vom Grundzustand zu mehreren beieinander liegenden angeregten Zuständen. Da der Gleichgewichtskernabstand r_0 der angeregten Moleküle J_2, Br_2, Cl_2 um 0,35 bzw. 0,37 bzw. 0,44 Å größer ist als der der normalen Moleküle, erfolgen die Übergänge in Absorption wieder vorwiegend in den kontinuierlichen Energiebereich der angeregten Zustände, besonders ausgeprägt bei Br_2 und Cl_2. Wie beim O_2 ist die Bestimmung der Dissoziationsenergie D'' aus der langwelligen Grenze der Kontinua möglich, da unsere drei Bedingungen erfüllt sind.

Als weitere Beispiele für Fall II seien endlich die von HOPFIELD[642, 391] untersuchten Absorptionskontinua des H_2 und N_2 erwähnt, die sich von 850 bzw. 990 Å nach kurzen Wellen zu erstrecken und die Dissoziation in je ein normales und ein angeregtes Atom anzeigen.

43. Fall III der Absorptionskontinua.

Im Fall III der Absorptionskontinua (Abb. 53c) ist die Potentialkurve des angeregten Zustands entweder eine Abstoßungskurve oder eine VAN DER WAALS-Kurve mit flachem Minimum. Der Unterschied gegenüber Fall I und II, der den Kontinua ein ganz anderes Aussehen gibt, liegt darin, daß die obere Kurve in dem über dem Minimum der unteren liegenden Teil nicht mehr durch eine Gerade großer Neigung angenähert werden kann, sondern entweder schon ganz flach verläuft oder in den flachen Verlauf umbiegt. Bei Übergängen vom Schwingungsgrundzustand aus erhält man ein Kontinuum, das wesentlich schmaler ist als in Fall I und II, und dessen Breite in der üblichen Weise nach Abschn. 38, Abb. 48 zu ermitteln ist. Bei Übergängen auch von den höheren Schwingungsniveaus aus erhält man nach Abschn. 38 infolge des annähernden Zusammenfallens der kernnahen Übergänge ein homogenes kurzwelliges Kontinuum, während die kernfernen Übergänge wegen des flachen Verlaufes von V' einzelne schmale Kontinua ergeben, die schon besprochenen Fluktuationen. Auch ihre Breite ergibt sich direkt aus der Breite der Maxima der Eigenfunktionen ψ_v des Grundzustands. Ihre Wellenlängenabstände sind annähernd durch die Abstände der Schwingungsterme v'' bestimmt, die nach der Dissoziationsgrenze konvergieren. Die Absorptionskontinua nach Fall III bestehen also aus kontinuierlichen Fluktuationen, die nach langen Wellen zu konvergieren, während sie nach kurzen Wellen hin bei genügend hoher Temperatur in ein homogenes Kontinuum auslaufen.

Bei völlig horizontalem Verlauf der oberen Kurve konvergiert die Folge der Fluktuationen nach Abb. 53c gegen eine Grenze G, die der Anregungsenergie des bei der Dissoziation des oberen Zustands entstehenden angeregten Atoms entspricht. Die Energiedifferenz dieser Konvergenzgrenze und des von $v'' = 0$ herrührenden Intensitätsmaximums ist nach Abb. 53c gleich der Dissoziationsenergie D'' des normalen Moleküls, falls die obere Kurve V' auch über dem Minimum der unteren noch horizontal verläuft. Steigt die obere Kurve in diesem Gebiet bereits, so ergibt sich nach dieser Methode die Dissoziationsenergie um den Betrag zu hoch, um den V' bereits von der Horizontalen abweicht (Pseudokonvergenz nach Kuhn[402]). Bei der Bestimmung von Dissoziationsenergien aus Fluktuationskontinua Fall III ist dies also zu beachten.

Besitzt die Potentialkurve V' infolge bindender van der Waals-Kräfte (S. 121 f.) ein flaches Minimum mit eng liegenden Schwingungsniveaus, so treten die gleichen Fluktuationen auf, wie sie eben abgeleitet wurden; doch sind sie nun nicht echt kontinuierlich, sondern bestehen aus den Übergängen zu den dicht liegenden Schwingungsniveaus des oberen Zustands, stellen also ein sehr enges Bandensystem dar. Praktisch zeigt sich dieser Fall durch eine den Fluktuationen überlagerte ganz feine Struktur an (unechte Kontinua).

Beispiele für Fall III der Absorptionskontinua bieten die Absorptionsspektren der Alkalihalogenide, sowie der Thalliumhalogenide. Auf erstere kommen wir im nächsten Kapitel, Abschn. 56 noch sehr ausführlich zurück. Der horizontale Verlauf der oberen Kurve ist bei ihnen in guter Annäherung erfüllt; die Abstände der kontinuierlichen Fluktuationen stimmen erstaunlich genau mit den theoretisch berechneten Abständen der Schwingungsniveaus des Grundzustandes überein. Bei den Thalliumhalogeniden dagegen liegt deutliche Pseudokonvergenz vor. Auch hierüber bringen wir Einzelheiten in Abschn. 57 des nächsten Kapitels.

44. Fall IV der Absorptionskontinua.

Im Gegensatz zu den bisher besprochenen Fällen gehören die Fälle IV und V der Absorptionskontinua (Abb. 53d und e) nicht zu stabilen Molekülen, sondern die Absorption erfolgt durch zwei Atome, die entweder im Stoß absorbieren oder während der Absorption infolge VAN DER WAALSscher Wechselwirkungen nach Abschn. 34d ein schwach gebundenes Molekül bilden. Ihr Grundzustand wird also durch eine flache Potentialkurve charakterisiert. Je nachdem nun der angeregte Zustand V', zu dem die Absorption erfolgt, ein ausgeprägtes Minimum besitzt (Abb. 53d) oder auch ein VAN DER WAALS-Zustand ist (Abb. 53e), erhalten wir die Spektren der Fälle IV oder V.

Fall IV stellt gewissermaßen eine Umkehrung von Fall III dar. Auch hier haben wir ein Zusammenfallen der den kernnahen Übergängen entsprechenden Einzelkontinua, während im kernfernen Gebiet wegen der entgegengesetzten Neigung der Kurven das Kontinuum sich in Fluktuationen auflösen kann, wenn die Schwingungsniveaus von V' genügend weit getrennt sind. Aus Abb. 53d folgt aber, daß die Fluktuationen jetzt auf der *kurzwelligen* Seite auftreten und nach kurzen Wellen konvergieren, während sich nach langen Wellen hin ein homogenes Kontinuum anschließt.

Bei dem Versuch der Ermittlung der Intensitätsverteilung eines Kontinuums Fall IV ist nicht nur die Besetzung der im wesentlichen kontinuierlichen Zustände der unteren Kurve mit Molekülen nach Abschn. 37 zu berücksichtigen, sondern auch die Tatsache, daß die Eigenfunktionen nach Abschn. 34d und 35 im flachen und im steilen Bereich der Potentialkurve einen ganz verschiedenen Verlauf zeigen. Nur eine verfeinerte Anwendung des FRANCK-CONDON-Prinzips führt also hier zum Ziel. Weiter ist zu beachten, daß stets mehr Atompaare in großem Abstand voneinander vorhanden sind als solche in kleinem Abstand. Auch Absorption wird daher, falls nicht Auswahlregeln (vgl. S. 127 f.) dies verhindern, bevorzugt bei großem Kernabstand stattfinden, was zur Folge hat, daß die kernfernen, kurzwelligsten Übergänge zunächst am intensivsten auftreten und bei Steigerung von Druck und Temperatur das Spektrum sich von der kurzwelligen Seite her nach langen Wellen zu entwickelt. Der langwellige, homogene Teil des Kontinuums kommt dabei oft gar nicht zur Ausbildung, weil der kernnahe Teil von V'' nicht genügend besetzt wird.

Eine Extrapolation der Fluktuationen nach ihrer kurzwelligen Konvergenzstelle führt nach Abb. 53d auf die Differenz der beiden Potentialkurven bei großem Kernabstand, ergibt also die Anregungsenergie des bei der Dissoziation von V' entstehenden angeregten Atoms. Eine Bestimmung der Dissoziationsenergie des Grundzustands ist also, auch wenn dieser ein flaches Minimum besitzt, im Gegensatz zu gelegentlichen Angaben in der Literatur auf diesem Wege unmöglich.

Beispiele für den Fall IV der Absorptionskontinua finden sich in den Spektren der VAN DER WAALS-Moleküle Hg_2 und Cd_2, deren Grundzustand nur eine Dissoziationsenergie von 0,07 bzw. 0,08 Volt besitzt, während unter den in die Atome $6\,^1S + 6\,^3P_1$ und $6\,^1S + 6\,^1P$ dissoziierenden Molekülzuständen je einer mit ausgeprägtem Minimum ist, der mit dem Grundzustand kombiniert. Am besten untersucht ist wohl der Übergang $(6\,^1S + 6\,^1S) \rightarrow (6\,^1S + 6\,^1P)$ beim Cd_2, ein zwischen 2212 und 3050 Å liegendes Absorptionskontinuum, in dem auch die nach dem Ultraviolett zu konvergierenden Fluktuationen beobachtet worden sind. Für alle Einzelheiten vgl. Abschn. 60.

45. Fall V der Absorptionskontinua: VAN DER WAALS-Bänder.

Sind die Potentialkurven *beider* kombinierender Molekülzustände flache Kurven vom VAN DER WAALSschen Typus (Abb. 53e), so erhalten wir den Fall V der Molekülkontinua in Absorption, relativ schmale kontinuierliche Bänder, die den Linienverbreiterungen verwandt sind. Die geringe Ausdehnung rührt von dem annähernd parallelen Verlauf der beiden Potentialkurven her. Dieser kann nach Abschn. 34d berechnet werden. Einzelheiten der zu erwartenden Spektren sind von FINKELN-BURG[376] diskutiert worden (s. S. 125). Je nachdem, ob die Potentialkurve des angeregten Zustands ein tieferes oder ein flacheres Minimum besitzt als der Grundzustand (bzw. überhaupt kein Minimum), liegt das bei dem Übergang entstehende Spektrum beiderseits der Atomlinie oder nur auf der kurzwelligen Seite. Dabei sind nach Abb. 53e die auf der kurzwelligen Seite auftretenden Spektren stets echte Kontinua, die auf der langwelligen Seite der Atomlinie liegenden dagegen als Übergänge zwischen den dicht liegenden Schwingungsniveaus der flachen Potentialmulden in Wirklichkeit enge Bandensysteme. Beispiele für kontinuierliche Absorptionsbänder Fall V finden sich namentlich wieder in den Spektren der VAN DER WAALS-Moleküle Hg_2, Cd_2, Zn_2, wo sie im einzelnen besprochen werden (Abschn. 60).

46. Fall VI der Absorptionskontinua: Prädissoziationsspektren.

Als Fall VI der Absorptionskontinua führen wir die Prädissoziationsspektren auf — obwohl sie den bisher behandelten Typen völlig wesensfremd sind, — weil sie ein den echten Molekülkontinua oft sehr ähnliches Aussehen besitzen und wie diese durch die Beteiligung freier kontinuierlicher Molekülzustände entstehen. Im vorigen Kapitel, Abschn. 40 ist gezeigt worden, wie bei entsprechender Lage (Überschneidung) zweier Potentialkurven ein Molekül strahlungslos in Atome zerfallen kann. Im Spektrum deutet sich dies durch ein plötzliches Diffuswerden eines Bandenzuges an, der dem Übergang vom Grundzustand zu dem zerfallenden Zustand entspricht. Ein solcher, infolge von Prädissoziation diffuser Bandenzug kann an sich leicht zu Verwechslungen mit echt kontinuierlichen Fluktuationen Fall IV Anlaß geben, doch deutet das plötzliche Diffuswerden eines bis zur Prädissoziationsgrenze scharfe Struktur zeigenden Bandenzuges stets auf Prädissoziation hin. Ein typisches Beispiel hierfür ist das Absorptionsspektrum des Schwefelmoleküls S_2. Ein von 3300 Å nach kurzen Wellen sich ausbreitendes Bandensystem zeigt bis 2799 Å deutliche Rotationsstruktur. Unterhalb dieser Grenze werden die Banden plötzlich unscharf, und unterhalb einer zweiten, auf erneuter Überschneidung der Potentialkurven beruhenden Prädissoziationsgrenze bei 2615 Å beobachtet man bis 2400 Å nur breite kontinuierliche Bänder. Abb. 52 zeigt den Potentialkurvenverlauf für einen solchen Fall.

Die Möglichkeit der Bestimmung von Dissoziationsenergien aus Prädissoziationsspektren geht aus Abb. 51 hervor. Die Prädissoziationsgrenze liegt in Höhe der Dissoziationsenergie des störenden Zustands oder höher, je nach der Lage des Schnittpunktes der beiden Kurven. Die der Prädissoziationsgrenze entsprechende Energie ist also stets eine *obere Grenze* für die Größe G. Zur Bestimmung der Dissoziationsenergie D'' des Grundzustands benötigt man nach S. 137 nun wieder die Kenntnis der Dissoziationsprodukte und ihrer Anregungsenergie für den oberen Zustand. Es ist aber zu beachten, daß die aus Gl. (39,1) $D'' = G - A_A$ ermittelten Werte von D'' stets nur obere Grenzen darstellen.

47. Fall I der Emissionskontinua.

Zu den grundsätzlich möglichen Typen von Molekülkontinua in Emission gelangen wir durch Vertauschung der beiden Potentialkurven in den Abb. 53a—d und Betrachtung der Übergänge von oben nach unten (Abb. 54 A—D). Der Allgemeinheit wegen sei bemerkt, daß die unteren Zustände nicht die Grundzustände der Moleküle zu sein brauchen, sondern ihrerseits angeregt sein können.

In den Fällen I—III der Emissionskontinua ist der (obere) Anfangszustand jeweils ein stabiler Zustand mit ausgeprägter Potentialmulde. Abb. 54 A zeigt den Kurvenverlauf im Fall I; der untere Zustand ist unstabil; sein Potential fällt mit wachsendem r sehr schnell ab. Das beim Übergang des Moleküls vom oberen in den unteren dissoziierten Zustand emittierte Spektrum ist ein homogenes Kontinuum. Schon der Übergang vom untersten Schwingungsniveau $v' = 0$ aus ergibt bei der Steilheit der Abstoßungskurve V'' ein breites Kontinuum, dessen Ausdehnung sich nach dem FRANCK-CONDON-Prinzip leicht abschätzen läßt (S. 134, Abb. 48). Bei Übergängen auch von den höheren Schwingungsniveaus des oberen Zustands aus verbreitert sich das Kontinuum. Auf der langwelligen Seite bleibt es dabei homogen, während es sich am kurzwelligen Ende wegen der entgegengesetzten Neigung der beiden Kurven in einzelne Fluktuationen auflösen muß, falls genügend hohe Schwingungsquanten von V' an der Emission beteiligt sind.

Auf eine Schwierigkeit bei der Berechnung der Intensitätsverteilung von Emissionskontinua sei hier hingewiesen. Bei den Absorptionskontinua ist die Verteilung der Moleküle über die Schwingungsniveaus des Grundzustands durch die Versuchstemperatur bestimmt und nach Abschn. 37 zu berechnen. Für die Besetzung der Anfangszustände von *Emissions*kontinua gilt das gleiche nur für *die* Entladungen, die ein wirkliches Plasma mit thermischem Gleichgewicht zwischen allen Teilchen und Anregungszuständen besitzen. Im allgemeinen hängt die Besetzung der Schwingungsniveaus von V' im Fall I—III der Emissionskontinua von viel mehr Einflüssen ab. Die Niveaus können in der Entladung durch Elektronenstoß direkt angeregt werden, wobei eine Verallgemeinerung des FRANCK-CONDON-Prinzips die Berechnung der Besetzung ermöglicht (Annahme, daß bei Elektronenstoßanregung Lage und Geschwindigkeit der Kerne nur unwesentlich geändert werden). Jedes betrachtete Niveau kann aber auch bei Übergängen von höheren Zuständen aus als Endniveau erreicht werden, und endlich können Stöße mit benachbarten Teilchen die ursprüngliche Besetzung verändern. Nur bei Berücksichtigung aller dieser Umstände sind im allgemeinen Fall also Schlüsse auf die Besetzung der Anfangszustände und damit auf die Intensitätsverteilung der Gesamtkontinua möglich.

Das klassische Beispiel für die Emissionskontinua Fall I ist das schon mehrfach erwähnte große H_2-Kontinuum, das sich vom sichtbaren Spektralgebiet ($\lambda \sim 5000$ Å) bis ins ferne Ultraviolett ($\lambda < 1680$) erstreckt. Das Kontinuum, auf das wir im folgenden Kapitel, Abschn. 59 näher eingehen werden, entsteht durch Übergänge aus dem stabilen $1s\sigma\, 2s\,\sigma\,^3\Sigma_g$-Zustand des H_2 in den unstabilen, in normale Atome dissoziierenden $1s\sigma\, 2p\,\sigma\,^3\Sigma_u$-Zustand. Abb. 70 zeigt die Lage der Potentialkurven. Da nur die untersten Schwingungsniveaus des $^3\Sigma_g$-Terms an der Emission beteiligt sind, erscheint das Kontinuum völlig homogen; auch am kurzwelligen Ende sind Fluktuationen nicht beobachtet worden.

48. Fall II der Emissionskontinua.

Emissionskontinua Fall II (Abb. 54 B) sind bisher nicht beobachtet worden, da im allgemeinen Molekülanregung eine Bindungslockerung bewirkt und die Gleichgewichtskernabstände ausgeprägter Potentialminima daher mit wachsender Anregung zuzunehmen pflegen. Da Fall II aber im Prinzip möglich ist, sei er hier doch erwähnt. Bei dem

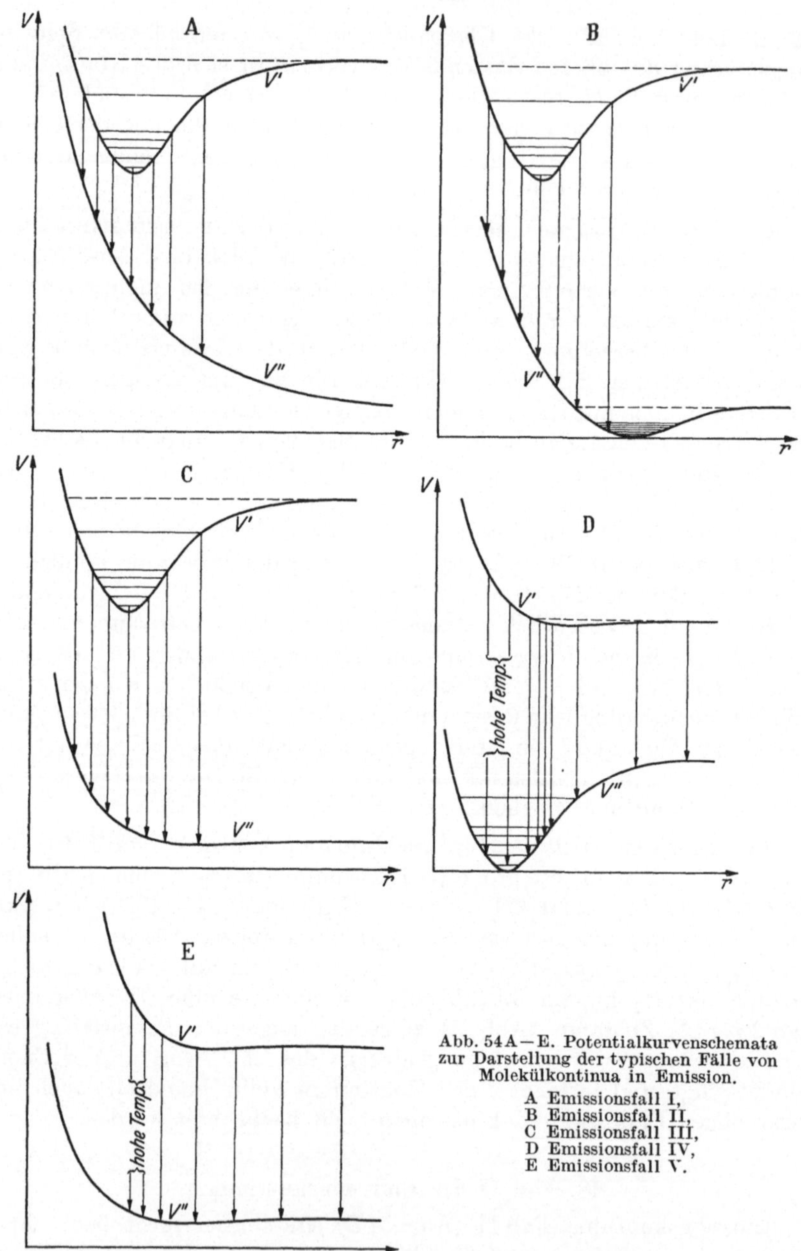

Abb. 54 A — E. Potentialkurvenschemata zur Darstellung der typischen Fälle von Molekülkontinua in Emission.

A Emissionsfall I,
B Emissionsfall II,
C Emissionsfall III,
D Emissionsfall IV,
E Emissionsfall V.

Übergang $V' \to V''$ muß ein homogenes Emissionskontinuum beobachtet werden, an dessen kurzwelliges Ende sich ein eventuell erst bei

Anregung hoher Schwingungszustände von V' auftretendes Bandensystem anschließt. Das Intensitätsmaximum muß dabei wie bei den Absorptionskontinua Fall II entsprechend der Lage der Kernabstände r_0 mehr oder weniger weit im Kontinuum liegen.

49. Fall III der Emissionskontinua.

Bei dem in Abb. 54C dargestellten Fall III der Emissionskontinua finden die Übergänge aus der Potentialmulde eines stabilen Molekülzustands zu der flachen Kurve eines VAN DER WAALS-Zustands statt. Die kernnahen Übergänge ergeben ein homogenes Kontinuum, an das sich infolge der kernfernen Übergänge nach kurzen Wellen zu kontinuierliche Fluktuationen anschließen, die nach kurzen Wellen konvergieren, und zwar gegen die Atomanregungsenergie A_A. Verläuft die untere Potentialkurve horizontal, so entsprechen die Abstände der Fluktuationen wie im Fall IV der Absorptionskontinua den Abständen der Schwingungsniveaus von V'. Die Differenz der Konvergenzstelle und des vom untersten Niveau herrührenden Emissionsmaximums ergibt dann die Dissoziationsenergie des oberen Zustandes V'. Im allgemeinen aber steigt V'' schon beim Gleichgewichtskernabstand von V', so daß sich die Dissoziationsarbeit von V' zu groß ergibt (Pseudokonvergenz, Näheres s. KUHN[402]). Beispiele für Fall III der Emissionskontinua finden sich zahlreich in den Spektren von Hg_2, Cd_2 und Zn_2 und werden im nächsten Kapitel, Abschn. 60 eingehend behandelt. Die bekanntesten von ihnen sind die beiden ausgedehnten Emissionskontinua des Quecksilbers mit Maxima bei 4850 und 3350 Å. Während das sichtbare Kontinuum, das dem Übergang $(6^1S + 6^3P_0) \rightarrow (6^1S + 6^1S)$ zugehört, nur von dem kernnahen Teil der Potentialkurve des angeregten Zustands herrührt und Fluktuationen daher nicht beobachtet werden, sind an dem ultravioletten Kontinuum Übergänge von allen Schwingungszuständen von $V' = (6^1S + 6^3P_1)$ beteiligt, was sich durch das Auftreten deutlicher Fluktuationen (besonders der sog. wing-Banden) bemerkbar macht. Für alle weiteren Einzelheiten und Beispiele für den Emissionsfall III siehe Abschn. 60.

50. Fall IV der Emissionskontinua: Rekombinationsspektren.

Bei einem Potentialkurvenverlauf nach Abb. 54D erhalten wir den Fall IV der Emissionskontinua, wenn durch geeignete Versuchsbedingungen für genügende Besetzung der oberen, flachen VAN DER WAALS-Kurve V' gesorgt wird. Da der steile kernnahe Ast von V' im allgemeinen nicht besetzt wird (nur bei sehr hoher Temperatur), sind besonders die kernfernen Übergänge zu untersuchen. Sie ergeben kontinuierliche Fluktuationen, die nach langen Wellen konvergieren. In manchen Fällen liegen die Schwingungsniveaus von V'' aber so dicht, daß die

Einzelkontinua sich überdecken und statt der Fluktuationen ein homogenes Kontinuum beobachtet wird, wobei nach Abschn. 38, S. 136 auch der Einfluß der Rotation infolge nichtzentraler Stöße bei Bildung des angeregten Zustands mitspielen kann.

Besitzt V' ein flaches Potentialminimum mit dicht liegenden diskreten Schwingungsniveaus, so schließen sich an der langwelligen Seite des Emissionskontinuums in Analogie zu den Verhältnissen im Absorptionsfall III sehr enge, scharfe Banden an, denen Intensitätsfluktuationen überlagert sind.

Die am besten gesicherten Beispiele für unseren Fall sind die Chemilumineszenzkontinua der Alkalihalogendämpfe. Bei diesen dissoziiert das normale Molekül (Kurve V'') in Ionen ($CsJ \rightarrow Cs^+ + J^-$), während die erste VAN DER WAALS-Kurve (es werden auch höhere beobachtet) V' in die normalen Atome ($CsJ \rightarrow Cs + J$) zerfällt. Durch Zusammenströmenlassen von Alkali- und Halogendampf kann man nun eine große Stoßwahrscheinlichkeit und damit kräftige Besetzung der Kurve V' erreichen, von der dann unter Emission eines Kontinuums Fall IV (sog. Chemilumineszenz) der Grundzustand des Ionenmoleküls erreicht wird (Einzelheiten s. S. 175).

Diese Emissionskontinua Fall IV der Alkalihalogenide sind also *Molekülrekombinationskontinua:* je ein Alkali- und ein Halogenatom bilden beim Zusammenstoß unter Ausstrahlung der überschüssigen Energie ein Molekül. Wegen der großen Bedeutung der Molekülrekombination als Elementarprozeß für den Mechanismus vieler Entladungen und Reaktionen behandeln wir die Rekombination unter Strahlung etwas genauer.

Im gewöhnlichen Fall eines Atommoleküls ist das Wechselwirkungspotential der beiden normalen Atome durch die Kurve V'' gegeben. Um ein Molekül mit der dem Gleichgewichtskernabstand r_0 entsprechenden Energie bilden zu können, muß also die Bindungsenergie D'', vermehrt um die relative kinetische Energie der beiden Atome, von dem Molekül abgegeben werden. Eine Ausstrahlung der Energie beim Zusammenstoß ist in diesem Fall nicht möglich, weil Übergänge von hohen Schwingungsniveaus oder gar aus dem kontinuierlichen Energiegebiet zum tiefsten Schwingungszustand des *gleichen* Elektronenterms nicht erlaubt sind (das Übergangsintegral wird praktisch Null). Zwei solche normale, an sich ein Atommolekül bildende Atome können also im Zweierstoß *nicht* rekombinieren, sondern nur im Dreierstoß, wobei der dritte Partner, der auch die Wand sein kann, die überschüssige Energie aufnimmt.

Anders liegt der Fall bei einem Ionenmolekül (Alkalihalogenid). Hier befinden sich die zusammenstoßenden Atome ja in einem anderen Elektronenzustand (V') als dem in Ionen dissoziierenden Grundzustand V'', und eine Rekombination im Zweierstoß ist möglich, wobei die

Strahlungsemission durch die Abschn. 36 behandelten Übergangsregeln
für Elektronenübergänge und durch das FRANCK-CONDON-Prinzip be-
stimmt ist. Wir betrachten den den Alkalihalogeniden entsprechenden
Fall genauer. Wählen wir als Energienullpunkt die Energie des normalen Moleküls, und haben wir (Abb. 55) bei der Versuchstemperatur T
Atome mit kinetischen Energien zwischen $E = 0$ und E, so wird bei den
Zusammenstößen der normalen Atome der zwischen A' und B' liegende
Teil der Kurve V' besetzt. Von diesen Punkten aus erfolgen also
Übergänge zum Molekülgrundzustand, und wir erhalten ein Emissionskontinuum, dessen langwellige Grenze durch den Übergang $A'A''$ und
dessen kurzwellige, temperatur-
abhängige durch $B'B''$ gegeben ist.

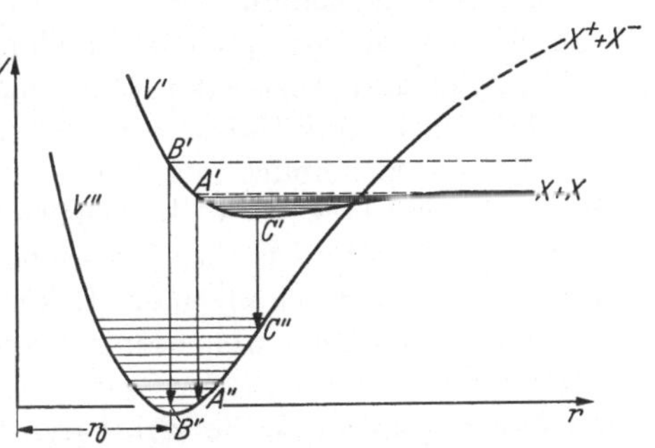

Abb. 55. Potentialkurvenschema zur Erklärung der
Emission eines Rekombinationskontinuums Fall IV
bei einem Ionenmolekül.

Erleidet nun ein Paar zu-
sammenstoßender Atome, bevor
es zur Ausstrahlung kommt,
einen Zusammenstoß mit einem
dritten Partner, so kann dieser
einen Teil der Energie des Stoß-
paares übernehmen und dieses
als angeregtes Molekül zurück-
lassen mit einer Energie, die
einem der diskreten Schwingungsniveaus in der Potential-
mulde von V' entspricht. Dieses durch Dreierstoß gebildete angeregte
Molekül kann nun ebenfalls in den Grundzustand übergehen, und zwar
unter Ausstrahlung des den Übergängen von den diskreten Niveaus
von V' zu den diskreten von V'' entsprechenden Bandenspektrums,
das sich nach Abb. 55 an die langwellige Grenze des Rekombinationskontinuums anschließt (Übergänge $C'C''$).

Ganz analog liegt der Fall bei der Strahlungsrekombination von
normalen und angeregten Atomen im Zweierstoß. In einem hochdisso-
ziierten und angeregten Gasgemisch (z. B. Entladungsplasma) sind unter
Umständen Stöße zwischen normalen und angeregten Atomen sehr häufig.
Diese erfolgen entlang der Kurve des angeregten Molekülzustandes V' in
Abb. 54 D, während V'' jetzt wie üblich den in normale Atome dissoziierenden Grundzustand des Moleküls darstellt. Wie in dem eben besprochenen
Fall wird bei Stößen der über der Dissoziationsgrenze liegende Teil des
kernnahen Astes der Kurve V' besetzt, und durch Übergänge von diesem
aus zum Grundzustand können diese Stoßpaare unter Emission kontinuierlicher Strahlung rekombinieren. Sind außerdem wieder energie-
abführende Dreierstöße möglich, so schließt sich an die langwellige
Grenze des Rekombinationskontinuums Fall IV das den Übergängen
zwischen den beiden Potentialmulden entsprechende Bandensystem an.

Systematische Untersuchungen über die bei der Atomvereinigung emittierte kontinuierliche Strahlung sind noch recht spärlich. Kondratjew und Leipunsky[503, 504] haben das beim Erhitzen von Halogendämpfen auftretende Leuchten untersucht und finden kontinuierliche Spektren, die sich von der Dissoziationsgrenze aus nach dem Ultraviolett zu erstrecken. Über das Verhalten bei längeren Wellen läßt sich wegen des in diesem Gebiet störenden Temperaturleuchtens der Quarzwände nichts aussagen. Ein grob quantitativer Vergleich der Intensitätssteigerung verschiedener Wellenlängengebiete bei Temperatursteigerung ergibt die theoretisch zu erwartende Größenordnung und stützt den Schluß der Verfasser, daß es sich bei diesem kontinuierlichen Leuchten um das Ergebnis der Vereinigung normaler und im $^2P_{1/2}$-Zustand angeregter Halogenatome handelt. Auf weitere bei den Halogenen und Halogenwasserstoffen beobachtete Emissionskontinua, die wahrscheinlich als Fall IV zu deuten sind, kommen wir in Abschn. 52 und 53 zurück. In Tellurentladungen hat ferner Rompe[419, 420] kürzlich ein kontinuierliches Emissionsspektrum des Te_2 beobachtet, das nach seinen Untersuchungen ein Rekombinationskontinuum Fall IV darstellt und bei der Rekombination normaler und angeregter Te-Atome emittiert wird. Auch ein in den Quecksilber-Höchstdrucklampen (s. S. 300) emittiertes Kontinuum im sichtbaren Spektralgebiet ist wahrscheinlich als Rekombinationskontinuum Fall IV zu deuten.

51. Fall V der Emissionskontinua: van der Waals-Bänder.

Fall V der Emissionskontinua ist nach Abb. 54 E das genaue Analogon zum Absorptionsfall V. Bei der Kombination zweier nach Abschn. 34 d berechenbarer van der Waals-Kurven entstehen auch in Emission schmale kontinuierliche Bänder, die dem entsprechenden Atomübergang A nahe benachbart sind. Die Intensitätsverteilung ergibt sich wiederum in etwas komplizierter Weise aus der Besetzung von V' und einer genauen Anwendung des Franck-Condon-Prinzips, wobei zu berücksichtigen ist, daß die Elektronenübergangswahrscheinlichkeit hier stark kernabstandsabhängig sein kann. Wie beim Absorptionsfall V treten wieder echte und unechte kontinuierliche Bänder auf, wobei letztere kontinuierlich erscheinende Bandensysteme sind, die durch Übergänge zwischen den flachen Potentialmulden der van der Waals-Kurven zustande kommen.

Die klassischen Beispiele für die Emissionsbänder Fall V sind die in Fluoreszenz beiderseits der Quecksilberlinie λ 2537 Å in Quecksilber-Edelgasgemischen von Oldenberg[802–804] beobachteten kontinuierlichen Bänder. Auch in Entladungen treten als Begleiter starker Atomlinien nicht selten schmale Kontinua geringer Intensität auf, die als Emissionskontinua Fall V zu deuten sind. Beispiele bringen wir im Abschn. 61.

X. Die kontinuierlichen Spektren spezieller zweiatomiger Moleküle.

52. Die Spektren der Halogenwasserstoffe.

Die Halogenwasserstoffe zeichnen sich vor allen anderen zweiatomigen Molekülen dadurch aus, daß von ihnen nur kontinuierliche Spektren, und zwar in Absorption wie in Emission, bekannt sind. Die im nahen Ultraviolett liegenden, von einer langwelligen Grenze nach kurzen Wellen sich erstreckenden kontinuierlichen Absorptionsspektren sind in Abschn. 41 bereits als die typischen Vertreter des Absorptionsfalles I erwähnt worden.

Nach den älteren Untersuchungen von WARBURG[451] sowie COEHN und STÜCKARDT[442] haben erstmalig BONHOEFFER und STEINER[441] das HJ-Spektrum durch Untersuchung am großen ROWLAND-Gitter als rein kontinuierlich festgestellt und deshalb als Anzeichen von Photodissoziation gedeutet. Die neueren, mehr quantitativen Untersuchungen drehten sich einmal um die Frage, ob es sich bei den Kontinua um Fall I oder II handelt, ob also die Potentialkurve des angeregten Zustands überhaupt kein Minimum besitzt oder ein nach großem Kernabstand verlagertes, zweitens um die Feststellung der Dissoziationsprodukte und drittens um die Konstruktion des Potentialverlaufs des angeregten Zustands aus Messungen des Absorptionsverlaufs in den Kontinua.

Die beiden ersten Fragen sind durch diese Untersuchungen eindeutig entschieden: der obere Zustand der Halogenwasserstoffe ist ein reiner Abstoßungszustand und dissoziiert in normale Atome. Über die Methode dieser Feststellung muß aber einiges gesagt werden. ROLLEFSON und BOOHER[448] stellten fest, daß die normalerweise bei 3320 Å liegende langwellige Grenze des HJ-Kontinuums sich bei 8,5 Atm. Druck und 175 cm Absorptionsweg bis 3550 Å, bei Absorption durch flüssiges HJ sogar bis 4000 Å verschiebt, und schlossen, da die Energie dieser Wellenlänge nicht zur Dissoziation + Anregung ausreicht, auf Dissoziation in normale Atome. Zu dem gleichen Ergebnis kommt DATTA[443], der die Absorptionskoeffizienten von HBr und HJ als Funktion der Wellenlänge auftrug und durch Extrapolation auf die Absorption Null die „wahre" langwellige Grenze zu finden versuchte. Er gelangt dabei zu Werten, die genau der Dissoziation in normale Atome entsprechen.

Beide Verfahren sind nicht einwandfrei. Die Verwendung von hohem Druck oder gar verflüssigtem Gas ist wegen der schwer zu übersehenden Wirkung der zwischenmolekularen Kräfte (vgl. S. 261) zur Bestimmung von Dissoziationsenergien isolierter Moleküle ungeeignet. Aber auch die Methode von DATTA ist keineswegs beweisend, da der Absorptionskoeffizient sich ja asymptotisch dem Wert Null nähert und eine Extrapolation auf Null daher kein eindeutiges Ergebnis bringen kann. Weiterhin muß dazu erst untersucht werden, ob auch der langwelligste

Ausläufer verschwindender Absorption noch von Molekülen im untersten Schwingungszustand herrührt und nicht etwa von einigen wenigen, von $v'' = 1$ aus absorbierenden Molekülen.

Geklärt wurden die Verhältnisse durch Untersuchungen von GOODEVE und TAYLOR[445, 446], die den Verlauf des Absorptionskoeffizienten in den Spektren von HBr und HJ nach einer photographisch-photometrischen

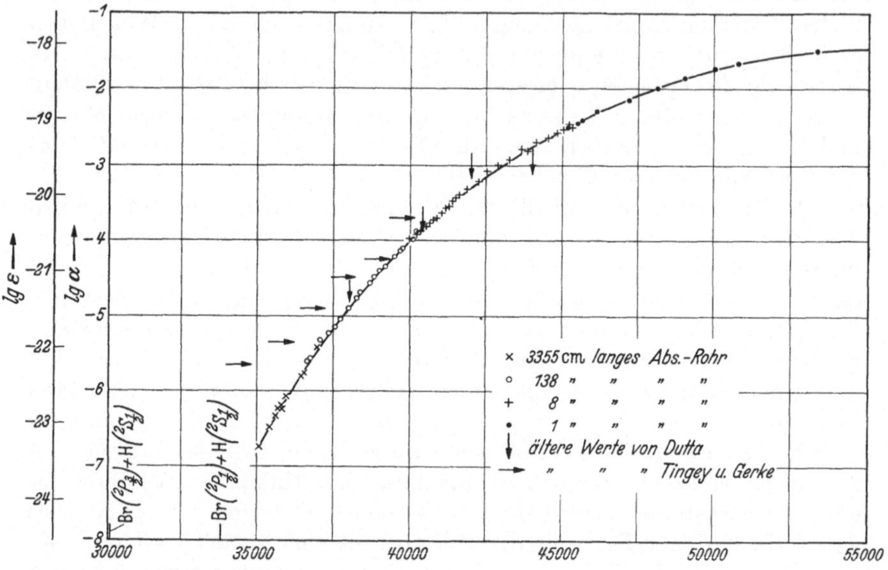

Abb. 56. Wellenzahlabhängigkeit des kontinuierlichen HBr-Absorptionskoeffizienten nach GOODEVE und TAYLOR[445]. Linker Maßstab in unserer Bezeichnung α_a, rechter α_p.

Methode maßen. Dabei ergab sich befriedigende Übereinstimmung mit den allerdings ungenaueren Werten von TINGEY und GERKE[449], dagegen starke Unterschiede gegenüber den Ergebnissen von DATTA. Abb. 56 und 57 zeigen graphische Darstellungen der Meßergebnisse. GOODEVE und TAYLOR wiesen durch besondere Untersuchung nach, daß angeregte Schwingungszustände von V'' an der Absorption nicht merklich beteiligt sind. Die Rechnung zeigt, daß bei der Versuchstemperatur nur 10^{-5} der Moleküle sich im ersten Schwingungszustand befinden, und daß sich diese Zahl bei Temperaturerhöhung um $10°$ C um 50% erhöhen müßte. Da eine Temperaturerhöhung um $10°$ aber keine meßbare Änderung der Absorption bewirkte, schließen die Verfasser, daß praktisch nur der Schwingungsgrundzustand an der Absorption beteiligt ist. Nun zeigt aber die Absorptionskurve für HJ (Abb. 57), daß eine deutliche Absorption noch bei Wellenlängen vorhanden ist, deren Energie zum Zerfall in ein normales H-Atom und ein metastabiles $^2P_{1/2}$ Jodatom nicht mehr ausreicht. Sollte trotzdem ein Zerfall nur in diese Dissoziationsprodukte stattfinden, so müßte die Absorption in diesem langwelligen Gebiet nur Molekül*anregung* ergeben, also diskontinuierlich sein. Trotz der recht großen Dispersion von 7 Å/mm erwies sich die Absorption aber als rein kontinuierlich, und so scheint der Schluß zwingend, daß bei Absorption des kontinuierlichen HJ-Spektrums ein Zerfall in normale Atome stattfindet. Da der Verlauf der Absorption bei kürzeren Wellen als den dem Maximum entsprechenden aber nicht quantitativ bekannt ist, ist es durchaus möglich und theoretisch auch zu erwarten, daß durch Absorption kurzwelligeren Lichtes auch ein Zerfall in verschieden hoch angeregte

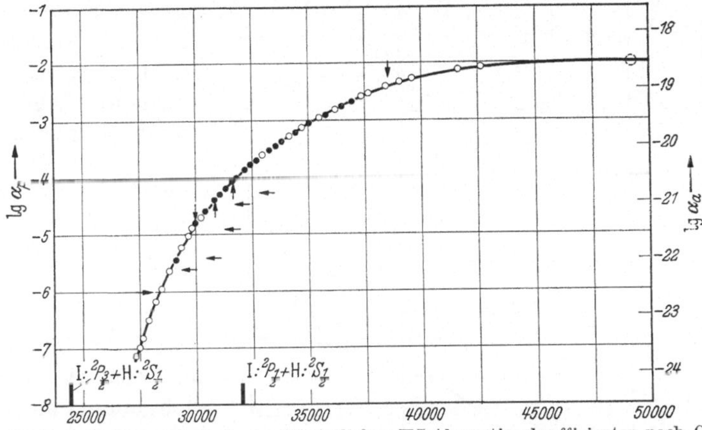

Abb. 57. Wellenzahlabhängigkeit des kontinuierlichen HJ-Absorptionskoeffizienten nach Goodeve und Taylor[445]. Ordinatenmaßstab links α_p, rechts α_a. Pfeile: ältere Meßwerte.

Atome stattfindet. Ein Hinweis auf solche Prozesse im Fall des HCl findet sich bei Leifson[666], der im kurzwelligen Ultraviolett eine Reihe kontinuierlicher Absorptionsgebiete des HCl mit den Grenzen

$$2150—1850 \text{ Å}$$
$$1750—1650 \text{ Å}$$
$$1580—1290 \text{ Å}$$
$$1270—1250 \text{ Å (Ende der Beobachtung) auffand.}$$

Beim HBr ist Goodeve und Taylor der Nachweis des Zerfalls in normale Atome nicht direkt gelungen, weil die Absorption nicht zu genügend langen Wellen gemessen wurde (Abb. 56). Hier bleibt ihnen also der Schluß der Analogie zum HJ sowie ein Schluß aus dem Verlauf der Potentialkurve des oberen Zustands. Der über dem Minimum des Grundzustands liegende Teil der Abstoßungskurve wurde nämlich aus dem Absorptionsverlauf konstruiert. Für die Eigenfunktion des Grundzustands wurde dabei die des harmonischen Oszillators angesetzt und die Konstruktion nach dem Franck-Condon-Prinzip (Reflexionsmethode, S. 131) unter der Annahme linearen Verlaufs der oberen Kurve durchgeführt (s. Abb. 58). Die Steilheit des so konstruierten Stücks der Potentialkurve zeigt, daß diese nur zur Grenze des Zerfalls in normale Atome führen kann, falls sie nicht ein Minimum besitzt, das sich durch Bandenabsorption hätte bemerkbar machen müssen.

Eine neuere, sehr eingehende theoretische Diskussion der Halogenwasserstoffspektren führte MULLIKEN[411] allerdings zu dem Schluß, daß mehrere obere Zustände an dem Kontinuum beteiligt sein müssen, so daß die in Abb. 58 angegebene Abstoßungskurve nur deren Mittel darstellen dürfte. Da eine der drei oberen nahe beieinander liegenden Abstoßungskurven (s. Abb. 1 bei MULLIKEN[411]) nicht zum Zerfall in normale Atome, sondern in ein normales H-Atom und ein Halogenatom im $^2P_{1/2}$-Zustand führt, entstehen beim Zerfall folglich nicht nur normale, sondern auch einige metastabile Halogenatome.

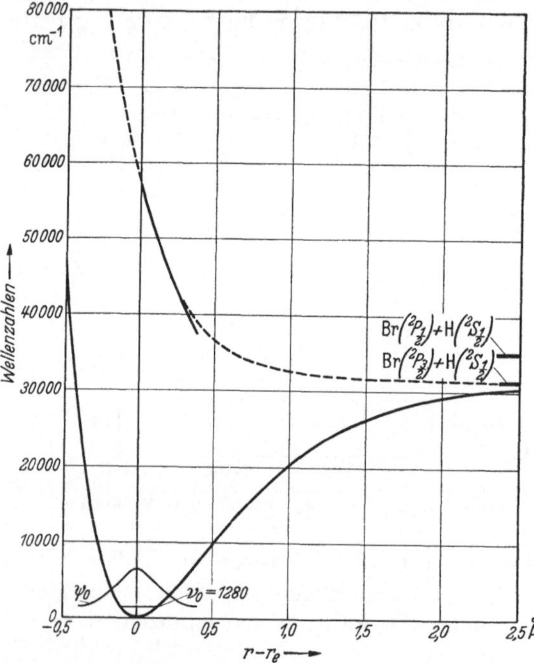

Abb. 58. Angenäherter Potentialkurvenverlauf der am HBr-Absorptionskontinuum beteiligten Molekülzustände. (Nach GOODEVE und TAYLOR[445].)

Zu dem Ergebnis eines Zerfalls in normale Atome kommen auch BATES, HALFORD und ANDERSON[439, 440], die (allerdings in einem wesentlich engeren Wellenlängenbereich) die Absorptionskoeffizienten von HJ und DJ, sowie HBr und DBr maßen. Ihre Ergebnisse am HJ stimmen mit denen von GOODEVE und TAYLOR gut überein. Die Absorptionskurve des „schweren" Jodwasserstoffes läuft nach dieser Untersuchung der des HJ annähernd parallel, liegt aber bei langen Wellen um etwa 1000 cm⁻¹, bei kurzen um etwa 400 cm⁻¹ kurzwelliger.

Dieses Verhalten ist aus dem Unterschied der Nullpunktsenergien $\dfrac{h\,c\,\omega_0}{2}$ von 330 cm⁻¹ und dem verschiedenen Verlauf der Eigenfunktionen der Schwingungszustände leicht zu verstehen. Der Einfluß der letzteren erweist sich beim DBr als noch ausgeprägter.

Für das HCl liegen Messungen bisher nur von TRIVEDI[450] vor, der die Absorptionskontinua des HCl und HBr in einem kleinen Wellenlängenbereich (2247—2136 Å bzw. 2492—2345 Å) bei verschiedenen Temperaturen durchgemessen und die Ergebnisse mit eigenen Rechnungen verglichen hat. Da seine Messungen an HBr aber mit denen von GOODEVE und TAYLOR in keiner Weise übereinstimmen, läßt sich auch über den Wert der HCl-Messungen nichts Endgültiges sagen.

Der Frage, ob die Photodissoziation der Halogenwasserstoffe in normale oder angeregte Atome erfolgt, wurde lange Zeit eine grundsätzliche Bedeutung beigelegt, weil man durch sie die Entscheidung über ihre Zugehörigkeit zu den Ionen- oder Atommolekülen treffen wollte. FRANCK hatte sie im Gegensatz zu den in Abschn. 56 behandelten Alkalihalogeniden als Atommoleküle aufgefaßt. Der Schluß, daß ein im Grundzustand in normale Atome zerfallendes „Atommolekül" durch Lichtabsorption nur in *angeregte* Atome dissoziieren könne, ist aber hinfällig geworden, seit wir wissen, daß Übergänge zwischen verschiedenen Molekülzuständen, die zur gleichen Dissoziationsgrenze gehen, durchaus möglich sind. Dieser Fall liegt also bei den Halogenwasserstoffen jedenfalls teilweise vor. Für die Theorie vgl. MULLIKEN[411].

Über die *Emissionsspektren* der Halogenwasserstoffe herrscht noch einige Unklarheit. Am besten untersucht ist das bei schwacher Anregung (unkondensierte Entladung) in schnell strömendem HBr von WEIZEL, WOLFF und BINKELE[452] gefundene wellige Emissionskontinuum, dessen langwellige Grenze im Grün liegt, und das nach Erreichen zweier Hauptmaxima bei 3600 und 2950 Å langsam nach dem Ultraviolett zu abklingt. Durch Versuche konnten die Verfasser nachweisen, daß es sich tatsächlich um ein zum Bromwasserstoff gehöriges Spektrum handelt, doch bleibt die Zuordnung zum HBr oder HBr+ unsicher. Gedeutet wird das Kontinuum als Beispiel für den Emissionsfall III (s. S. 151), wobei die Größe der Schwingungsquanten des oberen Zustands von etwa 2000 cm^{-1} auf HBr als Träger schließen ließe.

Emissionskontinua von HCl, HBr und HJ beobachten auch DUTTA und DEB[444] bei Glimmentladungen in diesen Gasen. Die Verfasser finden je ein schwaches Kontinuum im nahen und ein intensiveres im fernen Ultraviolett; Tabelle 8 gibt Grenzen und Maxima an. Die Beobachtungen an HCl sind in Übereinstimmung mit dem Befund von KULP[447],

Tabelle 8. Emissionskontinua der Halogenwasserstoffe.

	Kontinuum A		Kontinuum B		Beobachter
	langwellige Grenzen Å	Maxima Å	langwellige Grenzen Å	Maxima Å	
HCl	3100	3000	2635	2575	KULP
HCl	3150	3140	2610	2580	DUTTA
HBr	3510	3480	2900	2870	und
HJ	4280	4280	3450	3400	DEB

der bei Gelegenheit der Untersuchung der HCl^+-Banden ebenfalls zwei Gebiete kontinuierlicher Emission mit wesentlich den gleichen Grenzen wie Dutta und Deb auffand und durch Untersuchung bei großer Dispersion den echt kontinuierlichen Charakter der Spektren sicherstellte. Nach Dutta und Deb sollen langwellige Grenzen und Maxima der Halogenwasserstoffkontinua weitgehend unabhängig sein von der Änderung von Druck, Rohrlänge und Entladungsbedingungen. Die Spektren werden von diesen Autoren als Rekombinationskontinua (Emissionsfall IV) gedeutet; doch sind die Entladungsbedingungen für Dissoziation und Atomanregung so ungünstig, daß schon die Vorbedingungen für Atomrekombination nicht gegeben sein dürften. Die Kontinua müßten vielmehr, wenn sie mit Sicherheit den Halogenwasserstoffen zuzuschreiben sind, eher als Emissionskontinua Fall III zu deuten sein. Es muß aber auf die allen Beobachtern anscheinend entgangene Tatsache hingewiesen werden, daß die intensiveren kurzwelligen Kontinua überraschend genau mit den von Ludlam und West[512] bei Tesla-Entladungen in Halogendämpfen gefundenen Emissionskontinua übereinstimmen. Da von diesen Autoren zudem noch je ein langwelligeres Kontinuum angegeben wird, dessen Bereich grob mit dem von Dutta und Deb angegebenen übereinstimmt, ist die Frage dieser Kontinua noch ganz offen. Erst vergleichende Untersuchungen der Halogene und Halogenwasserstoffe können hier genaueren Aufschluß geben. Das gleiche gilt für die von Urey und Bates[547, 548] beobachteten kontinuierlichen Spektren der Halogenwasserstoffflammen, die von ihnen als Rekombinationskontinua Fall IV der Halogenmoleküle (Vereinigung normaler und metastabiler Halogenatome im Zweierstoß) gedeutet werden.

53. Die kontinuierlichen Spektren der Halogenmoleküle.

Die Absorptionskontinua der Halogenmoleküle stehen in engem Zusammenhang mit einer Reihe äußerst komplizierter Bandensysteme, deren Deutung erst in letzter Zeit gelungen ist (s. besonders Mulliken[514, 515]). Das Verständnis der Moleküle und damit auch ihrer Kontinua ist dadurch erheblich erleichtert worden.

a) Übersicht über die Halogenspektren.

Tabelle 9 gibt eine grobe Übersicht über die beobachteten Gebiete kontinuierlicher Absorption, wobei erst später auf die Frage eingegangen werden soll, wieweit es sich dabei um einzelne und wieweit um komplexe Kontinua handelt. Das langwellige Kontinuum (I B) bei J_2 hat Brown[463] gefunden. Die großen Absorptionskontinua (I) des J_2, Br_2 und Cl_2 sind schon seit den ersten Zeiten der Spektroskopie bekannt und häufig untersucht worden. Wir kommen gleich sehr ausführlich auf sie zurück. Das Kontinuum des F_2 ist von Gale und Monk[486] sowie von Wartenberg und Mitarbeitern[551, 552] untersucht worden, das des

Tabelle 9. Die Absorptionskontinua der Halogenmoleküle.

| | Kontinuum I | | | | Kontinuum II | | Kontinuum III |
| | Konverg.-Stelle | Grenzen | Maxima | | Grenzen | Maximum | |
			A	B			
J_2	4995	4995—4500	5200	7320	—	—	< 1515
Br_2	5107	5107—3400	4150	4950	—	—	< 2700
Cl_2	4785	4200—3000	3300	4250	—	—	< 1900
F_2	?	3700—2000	2900	?	—	—	?
JBr	?	5700—3800	4950	?	?	4050	< 1950
JCl	5744	5744—3500	4700	?	2700—2200	2400	< 2200
BrCl	?	?	3750	?	2400— ?	2150	< 1685

JBr von CORDES[467] und das des JCl zuerst von GIBSON und RAMS-PERGER[494]. Beim BrCl ist das Kontinuum I bisher im gasförmigen Zustand noch nicht gefunden worden, dagegen in Lösung von BARRAT und STEIN[457] sowie GILLAM und MORTON[498]. Die nur bei den gemischten Halogenmolekülen vorkommenden Absorptionskontinua II sind beim JCl von BROWN und GIBSON[464], beim JBr von CORDES[467] und beim BrCl von CORDES und SPONER[470] gefunden worden. Die im äußersten Ultraviolett liegenden Absorptionskontinua III endlich fanden CORDES und SPONER[469, 470, 468].

Bevor wir auf die Deutung aller dieser Kontinua und ihre Zuordnung zu bestimmten Dissoziationsprozessen eingehen, sollen erst die großen Absorptionskontinua (I) der Halogene eingehender behandelt werden. Sie sind nicht nur deshalb interessant, weil an ihnen mit zuerst (FRANCK, KUHN[378, 506]) der Zusammenhang von Bandenspektren und Molekülkontinua klargestellt worden ist, sondern weil ihre exakte Durchmessung in Abhängigkeit von der Temperatur eine der bisher besten Möglichkeiten zum Vergleich von Kontinuatheorie und Erfahrung überhaupt bildet. — Auch auf die große Bedeutung dieser Halogenkontinua für die Photochemie sei in diesem Zusammenhang hingewiesen.

b) Die großen Absorptionskontinua der Halogenmoleküle

wurden in Abschn. 42 schon als Beispiel für den Fall II der Absorptionskontinua erwähnt, und die Reihe J_2, Br_2, Cl_2 zeigt in klarster Weise den Einfluß wachsender Bindungslockerung bei Anregung, d. h. wachsender Verschiebung des Minimums von V' nach größerem Kernabstand. Beim J_2 liegt das Absorptionsmaximum bei 5200 Å, die Konvergenzstelle bei 4995 Å. Der Schnittpunkt der Dissoziationsgrenze des angeregten Zustands mit der zugehörigen Potentialkurve liegt also bei nur wenig kleinerem Kernabstand als das Minimum der Grundzustandskurve. Beim Br_2 liegt das Absorptionsmaximum schon weit im Kontinuum bei 4150 Å, und beim Cl_2 liegt es im Kontinuum bereits fast 1500 Å kurzwelliger als die Konvergenzstelle. Die obere Potentialkurve ist also gegenüber der des Grundzustands so verschoben, daß die Übergänge von $v'' = 0$ zu weit oberhalb der Dissoziationsgrenze liegenden Punkten der oberen Potentialkurve erfolgen.

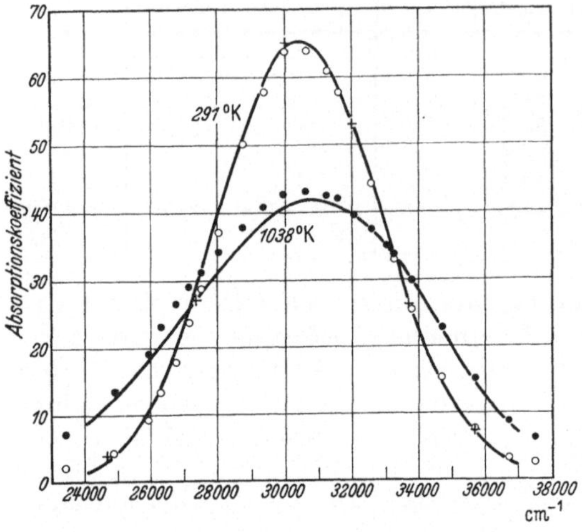

Quantitative Untersuchungen dieser Absorptionskontinua sind am Cl_2 von Gibson und Bayliss[493] und am Br_2 von Acton, Aickin und Bayliss[453] ausgeführt worden. In beiden Fällen wurde der Absorptionskoeffizient einer großen Zahl von Wellenlängen bei je sechs verschiedenen Temperaturen (bei Cl_2 zwischen 291° und 1038° abs., bei Br_2 zwischen 293° und 906° abs.) nach einer photographisch-photometrischen Methode gemessen. Die Abb. 59 und 60 zeigen die Ergebnisse für Cl_2

Abb. 59. Theoretische und gemessene Wellenzahlabhängigkeit des Cl_2-Absorptionskoeffizienten bei niedriger und hoher Temperatur. Die Kurven sind berechnet, die Punkte gemessen. (Nach Gibson, Rice und Bayliss[497].)

und Br_2 für die jeweils niedrigste und höchste Temperatur, wobei als Ordinate der Absorptionskoeffizient α_c (vgl. S. 12) aufgetragen ist.

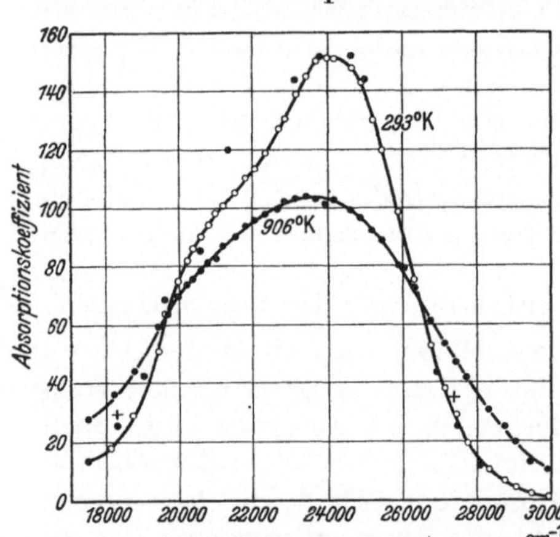

Abb. 60. Wellenzahlabhängigkeit des Absorptionskoeffizienten von Br_2 bei 293° und 906° abs. (Nach Acton, Aickin und Bayliss[453].)

Dieses Material gibt nun die Möglichkeit, die von den verschiedenen Schwingungsniveaus des Grundzustands herrührenden Anteile des Absorptionskontinuums zu trennen. Bezeichnet man mit $\alpha_0, \alpha_1, \alpha_2, \ldots$ die wellenlängenabhängigen Absorptionskoeffizienten α_c für die Übergänge vom nullten, ersten, zweiten usw. Schwingungsniveau, mit $E_1, E_2, E_3, \ldots$ die energetischen Abstände vom untersten Niveau, und mit $N_0, N_1, N_2, \ldots$ die Besetzungszahlen dieser Niveaus, so ist:

$$(53,1) \qquad \alpha_c = \alpha_0 N_0 + \alpha_1 N_1 + \alpha_2 N_2 + \ldots; \quad \text{mit} \sum_{v''=0}^{\infty} N_{v''} = 1$$

und wegen

$$(53,2) \qquad N_{v''} = \frac{e^{-\frac{E_{v''}}{kT}}}{\sum\limits_{v''} e^{-\frac{E_{v''}}{kT}}}$$

$$(53,3) \qquad \alpha_c \cdot \sum\limits_{v''} e^{-\frac{E_{v''}}{kT}} = \alpha_0 + \alpha_1 e^{-\frac{E_1}{kT}} + \alpha_2 e^{-\frac{E_2}{kT}} + \cdots$$

Setzt man hier für $E_{v''}$ unter Vernachlässigung der bei kleinen Schwingungsquantenzahlen geringen Anharmonizität die ganzen Vielfachen des Grundschwingungsquants $h\,c\,\omega_0$ ein und bezeichnet die Summe links für die Temperatur T mit S_T, so erhält man

$$(53,4) \qquad \alpha_c \cdot S_T = \alpha_0 + \alpha_1 e^{-\frac{h\,c\,\omega_0}{kT}} + \alpha_2 \cdot e^{-\frac{2\,h\,c\,\omega_0}{kT}} + \cdots$$

und mit

$$e^{-\frac{h\,c\,\omega_0}{kT}} = x$$

$$(53,5) \qquad \alpha_c \cdot S_T = \alpha_0 + \alpha_1 x + \alpha_2 x^2 + \cdots$$

GIBSON und BAYLISS tragen nun für jede einzelne Wellenlänge die sechs bei verschiedenen Temperaturen gemessenen Werte α, multipliziert mit S_T, als Funktionen von x auf und erhalten durch Extrapolation auf $x = 0$ den Absorptionskoeffizienten α_{c0} für Übergänge vom untersten Schwingungsniveau zur oberen Potentialkurve. Der Absorptionskoeffizient α_{c1} ist nach Gl. (53,5) gleich der ersten Ableitung der Kurve im Punkt $x = 0$, während α_{c2} gleich der zweiten Ableitung in diesem Punkt ist. Während α_{c1} sich auf diese Weise bestimmen ließ, genügt die mit der photographischen Methode erreichbare Meßgenauigkeit nicht zur Bestimmung von α_{c2}.

In Abb. 61 ist der Verlauf von α_0 und α_1 für Cl_2 aufgetragen. Das Ergebnis entspricht durchaus der theoretischen Erwartung. Nach Abschn. 36b und 38 ist für die spektrale Intensitätsverteilung eines Molekülkontinuums im wesentlichen der Verlauf der Kernbewegungseigenfunktion des Grundzustandes maßgebend. Nun besitzt die Eigenfunktion von $v'' = 0$ ein Maximum, und entsprechend zeigt das von ihm herrührende Absorptionskontinuum in Abb. 61 ein Maximum. Die Eigenfunktion des Schwingungszustandes $v'' = 1$ dagegen besitzt zwei Maxima, und das gleiche zeigt sich bei dem durch Übergänge von diesen beiden Maxima zur oberen Kurve entstehenden Absorptionskontinuum. Die Messungen von GIBSON und BAYLISS sind also eine klare und sehr anschauliche Bestätigung der wellenmechanischen Vorstellungen über den Verlauf der Schwingungseigenfunktionen.

GIBSON, RICE und BAYLISS[497] sind aber noch einen Schritt weiter gegangen und haben den Vergleich auch quantitativ durchgeführt. Aus Gl. (2,20) folgt, daß für Absorptionsübergänge zwischen einer großen

164   Die kontinuierlichen Spektren spezieller zweiatomiger Moleküle.

Zahl von Molekülzuständen mit den Quantenzahlen a' und a'' zwischen
dem natürlichen molekularen Absorptionskoeffizienten ε_a und der Übergangsmatrix $\Re_{a'\,a''}$ die Beziehung besteht

$$(53,6) \qquad \varepsilon_a = \frac{1}{N} \sum_{a'} \sum_{a''} \frac{8\,\pi^3\,e^2\,\nu}{3\,h}\,N_0 \cdot e^{-\frac{E}{k\,T}} \,|\Re_{a'a''}|^2,$$

wobei die Summationen über alle Quantenzahlen der beiden kombinierenden Molekülzustände auszu-
führen sind und N_0 die Zahl der
Moleküle pro cm³ im untersten
Quantenzustand v'', J'', $M'' = 0$
bedeutet. GIBSON, RICE und BAY-
LISS berechnen nun die Übergangsmatrix $\Re$. An Stelle der langwierigen
Rechnungen soll hier nur deren
Gang und Ergebnis wiedergegeben
werden.

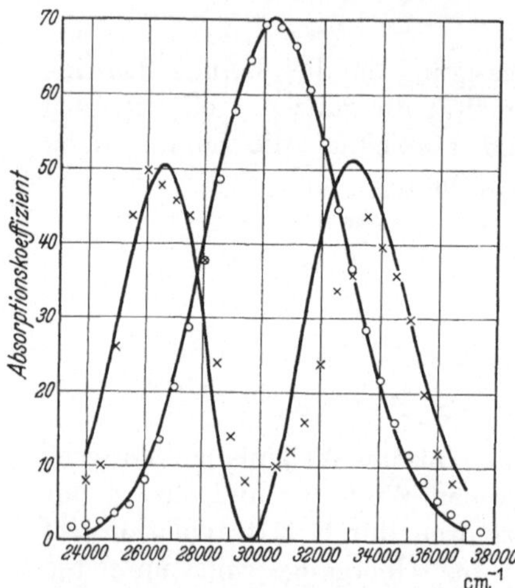

Abb. 61. Verlauf der vom Schwingungsgrundzustand $v'' = 0$ und vom ersten Schwingungszustand $v'' = 1$ aus absorbierten $\mathrm{Cl_2}$-Kontinua.
Die Kurven sind berechnet, die Punkte aus
Messungen abgeleitet. (Nach GIBSON, RICE
und BAYLISS [497].)

Die Rechnung wird, wie in Abschn. 36b angedeutet, unter der üblichen Annahme durchgeführt, daß
der nur von den Elektronenkoordinaten abhängige Anteil der Übergangswahrscheinlichkeit vom Kernabstand r unabhängig ist. Zur
Berechnung der Schwingungseigenfunktionen des Grundzustands wird
dessen nach der MORSEschen Formel (S. 115) berechnete Potential-

kurve durch die in der Gegend des Minimums am besten sich an-
schmiegende Kurve der Form

$$(53,7) \qquad V''(\varrho) = -\frac{a}{\varrho} + \frac{b}{\varrho^2}$$

ersetzt und mit dieser Potentialfunktion aus der SCHRÖDINGER-Gleichung die Eigenfunktionen für $v'' = 0, 1, 2, 3$ unter der Annahme
Rotation Null ($J'' = 0$) berechnet. Die Potentialkurve des angeregten
Zustands wird in dem über dem Minimum von V'' liegenden Teil durch
den Ansatz

$$(53,8) \qquad V'(\varrho) = c + \frac{d}{\varrho^2}$$

dargestellt, dessen die Lage und die Neigung der Kurve festlegende
Konstanten c und d aus der experimentell festgestellten Wellenlänge
des Absorptionsmaximums und der Breite des von $v'' = 0$ ausgehenden
Absorptionskontinuums bestimmt wurden. Durch den einfachen Ansatz (53,8) wird der Teil der Eigenfunktionen des oberen Zustands

ir $r < r_0$ vernachlässigt, doch bedeutet das wegen des raschen Abklingens er Eigenfunktionen in diesem Gebiet keinen ins Gewicht fallenden 'ehler. Auch der Einfluß der Rotation bewirkt, da für Übergänge wischen Rotationszuständen $J' - J'' = \pm 1$ gilt, nur eine geringe Verchiebung der Kurve, die experimentell nicht festzustellen ist.

Durch Ausführung der Summatio-en (53,6) erhalten GIBSON, RICE und BAYLISS den Ausdruck für die von len Schwingungszuständen $v'' = 0$, 1, 2, 3 herrührenden Anteile der Absorpion, die mit den experimentell ermitelten Anteilen von $v'' = 0$ und $v'' = 1$ rerglichen werden können. Unbestimmt)leibt in ihren Ausdrücken noch die 3röße der Elektronenübergangswahrcheinlichkeit $\Re_{e'\,e''}$. Diese wird nun jinfach durch Gleichsetzen der beobjchteten und der berechneten Maximaljbsorption für $v'' = 0$ bestimmt. Die juf diese Weise erhaltonen Absorpionskurven sind in Abb. 61 für $v'' = 0$ ind $v'' = 1$ ausgezogen gezeichnet, wäh-end die entsprechenden Meßpunkte jinzeln eingetragen sind. Ebenso ist n Abb. 59 die durch Überlagerung der jinzelnen Anteile zustande kommende jheoretische Intensitätsverteilung im Cl_2-Absorptionskontinuum für die bei-len angegebenen Versuchstemperaturen

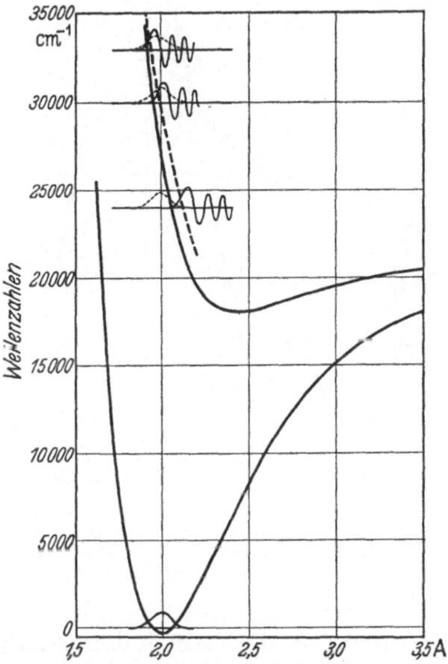

Abb. 62. Angenäherter Potentialkurvenverlauf beim Cl_2 mit angedeutetem Verlauf der Kernbewegungseigenfunktionen. Obere ausgezogene Kurve nach MORSE berechnet; gestrichelte Kurve aus den Messungen konstruiert. (Nach GIBSON, RICE und BAYLISS [497].)

zusammen mit den Meßpunkten eingezeichnet. Die Übereinstimmung ist offensichtlich gut. Die Abweichung bei der 1038°-Kurve beruht darauf, daß die theoretische Kurve nur die Beiträge der vier untersten Schwingungsniveaus des Grundzustands enthält, während 5% der Moleküle sich in höheren Zuständen befanden, die nicht mit berücksichtigt wurden.

In Abb. 62 sind ausgezogen die nach dem MORSEschen Ansatz berechneten Potentialkurven der beiden kombinierenden Cl_2-Zustände gezeichnet. Die gestrichelte Kurve ist die nach Gl. (53,8) unter Berücksichtigung der beobachteten Breite des Absorptionsstreifens sowie der Lage und Größe des Absorptionsmaximums halb theoretisch sich ergebende verbesserte Kurve V'. Eingezeichnet sind ferner die Kernbewegungseigenfunktionen einiger Zustände sowie der nach der klassischen Form des FRANCK-CONDON-Prinzips wahrscheinlichste Übergang. Diesem entspräche ein Absorptionsmaximum bei 30000 cm⁻¹, während das beobachtete bei $30\,300$ cm^{-1} liegt. Für so schwere, mit geringer Amplitude schwingende Moleküle ist das FRANCK-CONDON-Prinzip also

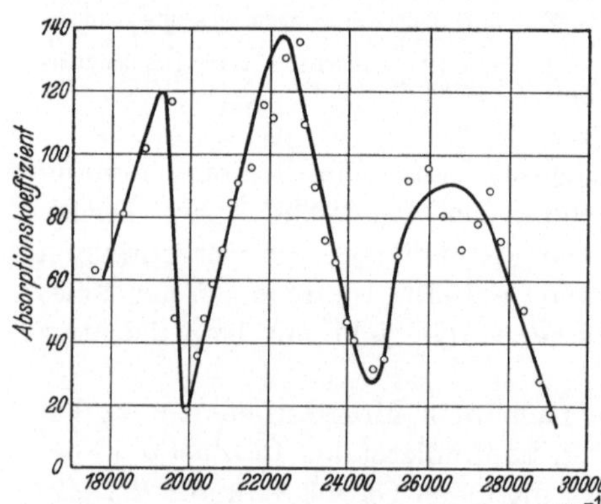

auch in der einfachsten Form eine gute Näherung.

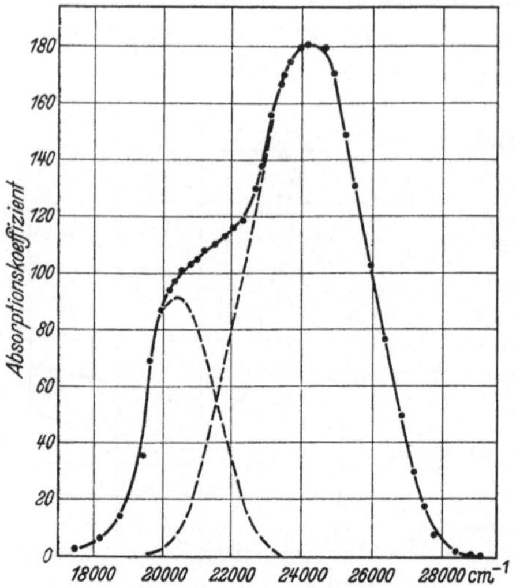

Gegenüber dieser weitgehenden Übereinstimmung zwischen Theorie und Beobachtung bei Cl_2 brachten die gleichartigen Messungen von ACTON, AICKIN und BAYLISS[453] am Br_2-Kontinuum ein zunächst überraschendes Ergebnis. Abb. 63 und 64 zeigen den Verlauf der den Übergängen von $v'' = 0$ und $v'' = 1$ entsprechenden Absorption mit den Wellenzahlen. Entgegen der Erwartung zeigt die Kurve für α_0 die Andeutung eines zweiten Maximums, die für α_1 statt zweier Maxima deutlich drei, von denen das kurzwelligste noch zusammengesetzt sein dürfte. ACTON, AICKIN und BAYLISS deuten ihren Befund in einleuchtender Weise durch die

Abb. 63. Verlauf des vom Schwingungsgrundzustand $v'' = 0$ aus absorbierten Br_2-Kontinuums und theoretische Zerlegung in seine zwei Komponenten. (Nach ACTON, AICKIN und BAYLISS[453].)

Annahme, daß von jedem Schwingungsniveau des Grundzustands Übergänge zu den Potentialkurven zweier verschiedener Elektronenzustände stattfinden, und müssen dazu nur annehmen, daß von den für α_1 dann zu erwartenden vier Maxima zwei annähernd zusammenfallen, wie es ja den Anschein hat.

Die Untersuchung der Temperaturabhängigkeit eines Kontinuums und die Trennung der von den verschiedenen Schwingungsniveaus herrührenden Anteile ist also, wie die Verfasser mit Recht betonen, ein wichtiges Mittel zur Untersuchung, ob ein Kontinuum einem einzigen Elektronensprung entspricht oder in Wirklichkeit komplex ist.

Abb. 64. Verlauf des vom Schwingungszustand $v'' = 1$ aus absorbierten Br_2-Kontinuums. Die Punkte sind aus den Messungen abgeleitet. (Nach ACTON, AICKIN und BAYLISS[453].)

c) Die Zuordnung der Halogenkontinua zu Dissoziationsprozessen.

Die Deutung der Elektronenzustände der gesamten Halogenspektren und damit auch der Kontinua beruht auf einer grundlegenden Arbeit von MULLIKEN[514] und ist von ihm[515] und BAYLISS[458, 454] weitergeführt worden. Eine vollständige Klärung ist aber noch nicht erreicht (s. auch DARBYSHIRE[473, 474]). Eine wesentliche Schwierigkeit liegt darin, daß die Kopplungsverhältnisse bei den Halogenen Übergangsfälle sind[514] und daher Unsicherheiten bezüglich der Erfülltheit der verschiedenen Kopplungsfälle und damit auch der aus diesen abgeleiteten Intensitätsregeln bestehen (vgl. Abschn. 33c). Die relative Intensität der zu verschiedenen Übergängen gehörenden Spektren der leichten und der schweren Halogene (F_2 und J_2) ist daher auch durchaus verschieden.

Der Grundzustand der Moleküle und Anfangszustand aller Absorptionskontinua ist ein in normale $^2P_{3/2}$-Atome dissoziierender $^1\Sigma^+$-Zustand. Bei den aus gleichen Atomen bestehenden Molekülen ist er natürlich gerade; die mit ihm kombinierenden Zustände sind also ungerade (vgl. S. 110 und 128). Für die langwelligen Kontinua I (Tabelle 9) mit ihren mindestens zwei Maxima (zum Teil noch nicht gefunden) kommen als obere Zustände der Übergänge die drei tiefsten Terme $^3\Pi_{0^+}$, $^3\Pi_1$ und $^1\Pi$ in Frage. Von diesen dissoziieren die beiden letzten ebenfalls in normale $^2P_{3/2}$-Atome, der $^3\Pi_{0^+}$ dagegen in $^2P_{3/2} + ^2P_{1/2}$. Welche der drei Übergänge von $^1\Sigma^+$ nach $^3\Pi_{0^+}$, $^3\Pi_1$ und $^1\Pi$ die intensivsten sind und wie sie den einzelnen beobachteten Maxima zuzuordnen sind, scheint bei den Doppelmolekülen nach den neuesten Arbeiten[458, 454] klar zu sein, ist bei den Mischmolekülen aber noch nicht sicher.

Während beim leichten F_2 der Singulettübergang überwiegen muß, die Absorption des Kontinuums also zur Dissoziation in normale Fluoratome führt, scheint bei den schweren Molekülen der Übergang zum $^3\Pi_{0^+}$-Term sehr intensiv zu sein, was sich nach MULLIKEN dadurch erklärt, daß er von einem mit dem Grundzustand stark kombinierenden, über ihm liegenden $^1\Sigma^+$-Term eine Anleihe macht. Beim J_2 muß das langwelligste wenig intensive Maximum bei 7320 Å jedenfalls dem Übergang zum $^3\Pi_1$ zugeordnet werden; seine Absorption führt also zur Dissoziation in normale Atome. Das intensive sichtbare Kontinuum dagegen ist nach MULLIKEN ein $^1\Sigma_g^+ \rightarrow ^3\Pi_{0u}^+$-Übergang, wahrscheinlich bei Überlagerung durch das schwache Spektrum des $^1\Sigma_g^+ \rightarrow ^1\Pi_u$-Übergangs. Beim Br_2 hat BAYLISS[448] gezeigt, daß nach dem experimentellen Befund das intensive Kontinuum (Maximum bei 4150 Å) im wesentlichen als Singulettübergang aufzufassen ist, seine Absorption also auch zu zwei normalen Atomen führt, und daß das schwächere langwellige Maximum bei 4950 Å als Überlagerung der beiden Triplettübergänge aufgefaßt werden muß. Das gleiche gilt (s. [454]) auch für Cl_2, wo das intensive Maximum bei 3300 Å einer Dissoziation in normale Chloratome entspricht und dem Übergang $^1\Sigma_g^+ \rightarrow ^1\Pi_u$ zuzuordnen ist, während das hier äußerst schwache zweite Maximum bei 4250 Å eine Überlagerung der beiden Triplettübergänge darstellen muß. Genaue Potentialkurven zum Studium der Zuordnung bringt in zwei neuen Arbeiten DARBYSHIRE[473, 474].

Die nur bei den Mischmolekülen auftretenden Kontinua II werden von MULLIKEN[514] Übergängen vom Grundzustand zu einer Gruppe höherer Π-Terme ($^1\Pi$, $^3\Pi_{0^+,\,1}$) zugeordnet, die in normale bzw. in $^2P_{1/2}$-Atome dissoziieren, also Abstoßungskurven besitzen müssen. Bei den Doppelmolekülen treten diese Kontinua nicht auf, weil die oberen Zustände dort gerade sind und mit dem geraden Grundzustand nach Abschn. 36a nicht kombinieren können.

Für die kurzwelligen Kontinua III endlich stehen eine ganze Anzahl hoher Elektronenterme zur Verfügung, die größtenteils Abstoßungskurven besitzen und zum Teil in normale, zum Teil in ein normales und ein angeregtes Atom dissoziieren.

d) Die Emissionskontinua der Halogenmoleküle.

Über angeblich kontinuierliche Emissionsspektren der Halogene existiert eine große Literatur aus älterer Zeit, deren wichtigste Befunde und Deutungsversuche von FINKELNBURG[8] zusammengestellt worden sind. Im wesentlichen handelt es sich dabei um je zwei Kontinua des Cl_2, Br_2 und J_2 mit scharfen langwelligen Grenzen, die unter den verschiedensten Anregungsbedingungen auftreten, und zwar je ein kurzes Band von etwa 100 Å Ausdehnung und ein schwächeres, breites, das von einer langwelligeren Grenze aus über das schmale Band hinweg ins weitere Ultraviolett reicht. Die ungefähren Wellenlängen gibt Tabelle 10. Die Meinungen über diese Kontinua scheinen immer noch auseinander zu gehen. Am genauesten untersucht ist das J_2. Hier haben OLDENBERG[517] für das langwelligere und besonders WARREN[550] für das kurzwellige Band einwandfrei gezeigt, daß diese Kontinua als Überlagerungen zahlreicher, bei 4800 und 3460 Å Häufungsstellen aufweisender Bandengruppen aufzufassen sind und kaum als echte Kontinua. Zahlreiche Einzelheiten des Untersuchungsbefunds sprechen für diese Deutung. Im Gegensatz dazu hält CORDES[468] noch an der Deutung als echte Molekülkontinua fest und erklärt die Kontinua als Übergänge von stabilen, angeregten Molekülzuständen zu mehr oder weniger geneigten Potentialkurven tiefer liegender unstabiler Zustände (Emissionsfall I oder III). Für letztere Deutung spricht der Befund einer Untersuchung der Cl_2-Emissionsspektren in der Hochfrequenzentladung mit Außenelektroden von ELLIOT und CAMERON[478]. Während im Gebiet 5500—3400 Å scharfe Banden auftraten, wurden unterhalb 3400 Å eine Reihe kontinuierlicher Fluktuationen (besonders im Gebiet 3070 bis 2700 Å) und unterhalb 2600 Å ein langsam nach kurzen Wellen zu abfallendes Emissionskontinuum beobachtet. Das kurzwelligere Kontinuum haben STRUTT und FOWLER[545] auch durch Einwirken von aktivem Stickstoff auf Cl_2 angeregt.

Tabelle 10. Emissionskontinua der Halogene.

	λ Å	λ in Å
Cl_2	3180	2610—2500
Br_2	4200	2930—2800
J_2	4800	3460—3350

Als echte Emissionskontinua der Halogene müssen wir mit Sicherheit die in Abschn. 50 schon erwähnten Spektren auffassen, die KONDRATJEW und LEIPUNSKY[503, 504] in hocherhitzten Halogendämpfen beobachtet haben und als Rekombinationskontinua deuten. Obwohl die Trennung des lediglich durch Temperaturerhöhung angeregten Halogenleuchtens von dem des glühenden Quarzrohres einige Schwierigkeiten bereitete, konnten KONDRATJEW und LEIPUNSKY einwandfrei nachweisen, daß auf der kurzwelligen Seite der Konvergenzstellen kontinuierliche Emission vorhanden war, die von den Halogenen herrühren muß. Ein Vergleich der Stoßzahl normaler und metastabiler Halogenatome mit der Zahl der sekundlich emittierten Strahlungsquanten zeigte, daß nur etwa 10^{-9} der Stöße zur Rekombination unter Strahlung führten, daß die Strahlungsrekombination gegenüber der Dreierstoßrekombination also außerordentlich klein ist. Dieses Ergebnis ist mit den physikalisch-chemischen Untersuchungen in Einklang.

Genauer untersucht wurden diese Temperaturemissionsspektren der Halogendämpfe bei Temperaturen bis 1200° C kürzlich von UCHIDA[546], der besonders zeigen konnte, daß die gleichzeitig mit den Kontinua auftretenden Banden mit den Absorptionssystemen identisch sind. Die Aussagen UCHIDAs über die Kontinua sind aber schwer zu bewerten, da Angaben über die Elimination der Temperaturstrahlung der Quarzröhre nicht gemacht werden. Jedenfalls ist ein Teil der Kontinua, die bei J_2, Br_2 und Cl_2 von λ 9000 Å bis 4700 bzw. 4500 bzw. 4300 Å reichen sollen, sicher auf die Quarzstrahlung zurückzuführen, da die langwellige Grenze der Rekombinationskontinua nach S. 153, Abb. 55, durch das FRANCK-CONDON-Prinzip festgelegt ist.

S. 160 wurde schon erwähnt, daß UREY und BATES[547, 548] in Halogenwasserstoffflammen kontinuierliche Spektren beobachtet haben, die als Halogenrekombinationskontinua gedeutet wurden, da ihre langwelligen Grenzen (3600, 3400 und 3200 Å für Jod, Brom, Chlor) ungefähr mit den entsprechenden der Halogenabsorptionskontinua übereinstimmen. Ob die von den Verfassern behauptete Übereinstimmung der Größenordnung der emittierten Strahlung mit der zu erwartenden tatsächlich besteht, scheint dagegen noch nicht sicher. Die Frage der Emissionskontinua der Halogene wie der Halogenwasserstoffe ist also noch keineswegs geklärt.

54. Die kontinuierlichen Absorptionsspektren des Sauerstoffmoleküls.

Im Absorptionsspektrum des Sauerstoffmoleküls O_2 kennen wir ein Gebiet sehr starker kontinuierlicher Absorption im fernen Ultraviolett zwischen 1750 und 1300 Å mit Maximum bei 1450 Å, das mit den nach langen Wellen zu bis λ 2026 Å anschließenden Absorptionsbanden den $^3\Sigma_g^- \rightarrow {}^3\Sigma_u^-$-Übergang des O_2 bildet. Außer diesem Absorptionssystem

gibt es noch zwei Bandensysteme im Gebiet 2800—2400 Å mit anschlie-
ßender kontinuierlicher Absorption, die jedoch beide durch verbotene
Übergänge im O_2 zustande kommen und daher nur bei sehr großen
Schichtdicken oder hohen Drucken beobachtet werden (s. S. 229). Von
diesen beiden Systemen ist nur festgestellt, daß das Absorptionsmaximum weit im Kontinuum liegt (Fall II der Absorptionskontinua). Der
obere Zustand dissoziiert in beiden Fällen in normale Atome, während

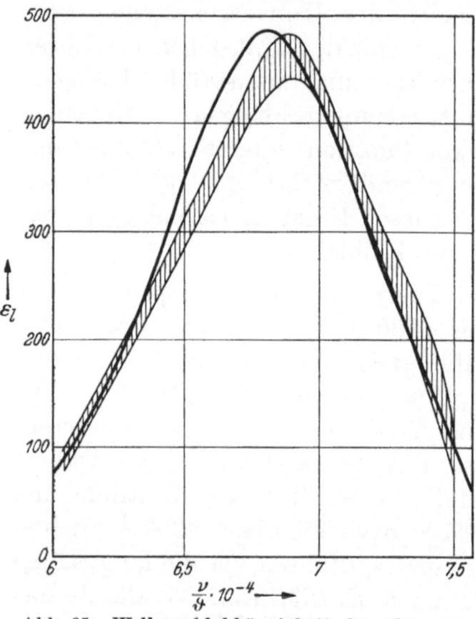

der des kurzwelligeren Hauptab-
sorptionsgebietes bei 1450 Å in ein
^3P- und ein ^1D-Sauerstoffatom
dissoziiert. Auch das Hauptkonti-
nuum stellt also ein Absorptionskontinuum Fall II dar. Gegenüber einem r_0 des Grundzustandes
von 1,204 Å besitzt der angeregte
Zustand ein solches von 1,60 Å,
seine Dissoziationsenergie beträgt
0,95 Volt. Von LADENBURG, BOYCE
und VAN VOORHIS[576, 577] wurde der
Absorptionskoeffizient ε_l für eine
große Anzahl von Wellenlängen
zwischen 1670 und 1330 Å photographisch-photometrisch gemessen.
Das Ergebnis zeigt Abb. 65, in der
durch die schraffierte Fläche die
Streuung der einzelnen Meßpunkte
angedeutet ist. Ordinate ist der Absorptionskoeffizient ε_l (vgl. S. 12).
Die Absorption ist also im Maxi-

Abb. 65. Wellenzahlabhängigkeit des ultravioletten O_2-Absorptionskontinuums. Die ausgezogene Kurve ist berechnet; der schraffierte
Streifen zeigt die Streuung der Meßpunkte.
(Nach STUECKELBERG[590].)

mum außerordentlich stark. Licht dieser Wellenlänge wird durch eine O_2-
Schicht von 0,013 mm Dicke bei Atmosphärendruck zur Hälfte absorbiert.

Auf Grund des FRANCK-CONDON-Prinzips hat STUECKELBERG[590] aus
den bekannten Moleküldaten (Grundschwingungsquant, Massen und
Gleichgewichtskernabstand r_0) einen expliziten Ausdruck für den Absorptionskoeffizient ε_l entwickelt. Für die Eigenfunktion des Schwin-
gungsgrundzustands setzt er dabei, wie üblich, die des harmonischen
Oszillators an; für die des kontinuierlichen Bereichs im angeregten
Zustand benutzt er die KRAMERSsche Näherungsformel Gl. (35,1). Das
FRANCK-CONDON-Prinzip wird mathematisch in einer Form eingeführt,
die auf die Anwendung der Reflexionsmethode (S. 131) unter der
Annahme eines linearen Verlaufes von V' im interessierenden Gebiet
herauskommt. Durch Gleichsetzen der theoretischen und der experimentell gefundenen Maximalabsorption und Ermittlung der Neigung
der oberen Kurve V' aus den experimentellen Daten ergibt sich für den

Verlauf des Absorptionskoeffizienten die in Abb. 65 ausgezogen gezeichnete Kurve. Sie gibt einen Überblick über die durch die Vereinfachungen zu erklärenden Abweichungen von Theorie und Erfahrung, wobei allerdings zu beachten ist, daß auch die „theoretische" Kurve bereits auf zwei wesentlichen experimentellen Daten fußt. Ein interessantes Ergebnis ist aber, daß die von STUECKELBERG ermittelte Potentialkurve des oberen Zustands V' über dem Minimum des Grundzustands etwa 10000 cm^{-1} höher liegt als die aus bandenspektroskopischen Daten nach der MORSEschen Formel berechnete Kurve.

55. Die Absorptionsspektren der Silberhalogenide.

Die Absorptionsspektren der dampfförmigen Silberhalogenide AgCl, AgBr und AgJ besitzen eine weitgehende Ähnlichkeit. Sie bestehen bei Temperaturen von 800—900° C und entsprechenden Dampfdrucken von 0,1—1 mm Hg aus je einem Bandensystem im Gebiet 3600—3000 Å, das in allen drei Fällen von BRICE[562, 563] analysiert wurde. Diesen Bandensystemen überlagert ist nach FRANCK und KUHN[570, 571] sowie BRICE[563] bei AgJ ein intensives Absorptionskontinuum im Gebiet 3350—3000 Å mit Maximum bei 3170 Å, bei AgBr ein schwächeres im Gebiet 3350 bis 3100 Å mit Maximum bei 3180 Å, während bei AgCl noch bei sehr hohen Temperaturen in diesem Gebiet kein Kontinuum beobachtet wurde. Bei AgJ tritt bei sehr hohen Temperaturen nach KUHN[402] ferner ein Zug Fluktuationen im Gebiet 4965—4350 Å mit anschließendem kontinuierlichem Maximum bei 4000 Å auf. Nach Angaben von MULLIKEN[411] hat W. G. BROWN auch bei AgF im nahen Ultraviolett ein Bandensystem und ein Kontinuum gefunden. Das weitere Ultraviolett ist bisher lediglich beim AgCl in einer neuen Arbeit von JENKINS und ROCHESTER[573b] untersucht worden, wobei zwei Bandensysteme im Gebiet 2300—2100 Å und ein Absorptionskontinuum im Gebiet $\lambda < 2200$ Å gefunden wurden.

Die älteren Deutungsversuche der Kontinua durch BRICE sowie KUHN[402] nahmen eine Dissoziation in ein metastabiles Halogen- und ein angeregtes Silberatom an, müssen aber heute fallen gelassen werden, da die Existenz eines in 1 Volt Höhe liegenden angeregten Ag-Terms theoretisch wohl auszuschließen ist. Auf Grund einer eingehenden Untersuchung aller Deutungsmöglichkeiten und des Vergleichs mit verwandten Molekülen kommt deshalb MULLIKEN[411] zu dem Schluß, daß es sich bei den Silberhalogeniden um einen bisher einzigartigen Fall handeln muß. Bandensysteme und überlagerte Kontinua sollen nämlich nach MULLIKEN dem gleichen oberen Molekülzustand zuzuschreiben sein; und zwar soll die Dissoziation in Übereinstimmung mit einem alten Deutungsversuch von FRANCK und KUHN[570, 571] in ein normales Ag-Atom und ein metastabiles Halogenatom erfolgen. Die Potentialkurve dieses oberen Zustands (Abb. 2 in Arbeit [411]) muß dann ein erheblich oberhalb der Dissoziationsgrenze liegendes Minimum und ein Maximum bei größerem Kernabstand besitzen, so daß die Banden als Übergänge zu dem hohen Minimum, das Kontinuum als Übergänge zu den Abstoßungsteilen der gleichen Potentialkurve gedeutet werden könnten.

Dieser sehr verwickelte und in dieser Form bisher noch nicht beobachtete Kurvenverlauf ist nach MULLIKENs theoretischer Diskussion so zu verstehen, daß der kernnahe Teil der Kurve und das Minimum zu einer Potentialkurve gehört, die „eigentlich" in ein normales Halogen- und ein um 3,7 Volt angeregtes Ag-Atom dissoziieren „wollte". Bei diesem normalen Kurvenverlauf würde aber eine Überschneidung mit zwei anderen Potentialkurven erfolgen, die wegen der großen gegenseitigen Störung der drei Kurven sehr unwahrscheinlich ist. Es bilden sich daher durch Umordnung der Kurvenäste drei neue, sich nicht überschneidende Potentialkurven, wodurch unsere fragliche, schon aufwärts nach $Ag^* + X$ strebende Kurve sich in ihrem kernfernen Teil senkt und schließlich in $Ag + X^*$ ($^2P_{1/2}$) dissoziiert.

MULLIKEN weist darauf hin, daß der Intensitätsverlauf von Banden und Kontinua bei AgJ, AgBr und AgCl bei dieser Vorstellung grundsätzlich aus dem FRANCK-CONDON-Prinzip verständlich erscheint. Im einzelnen ist aber zur Sicherung dieser Deutung theoretisch wie experimentell noch viel Arbeit zu leisten, denn erst eine eingehende Untersuchung des Intensitätsverlaufs der Kontinua in Abhängigkeit von der

Tabelle 11. Übersicht über die langwelligeren Spektren, Grund-
(Kurzwellige Kontinua

	Absorptions-fluktuationen ÅE	Emissions-fluktuationen ÅE	Emissions-kontinuum ÅE	Beobachter
LiJ	3480—4870	—	—	LEVI
NaJ	3950—5280	4170—4880	—	LEVI
KJ	3700—5100	4090—5000	3400—4090 5000—6850	LEVI
RbJ	3700—4300	—	—	SOMMERMEYER
CsJ	3700—4300	—	—	SOMMERMEYER
NaBr	3480—4420	3600—5280	3200—3600 5280—5900	LEVI
KBr	3270—4000	3400—4780	3060—3400 4780—6900	LEVI
CsBr	3180—3500	—	—	SOMMERMEYER
NaCl	3080—3650	—	—	LEVI
KCl	2700—3600	3050—4600	3000—3050 4100—5000	LEVI
RbCl	3130—3320	—	—	SOMMERMEYER

* E. J. MAYER und L. HELMHOLZ: Z. Physik Bd. 75 (1932) S. 26.

Temperatur kann MULLIKENs überraschende Deutung bestätigen und den Potentialkurvenverlauf im einzelnen festlegen helfen. Ungedeutet bleibt dabei bisher das oben erwähnte, bei sehr hohen Temperaturen beobachtete langwellige AgJ-Kontinuum. Dagegen ist MULLIKENs Voraussage über weitere Banden und Kontinua im kurzwelligeren Ultraviolett beim AgCl durch die erwähnten neuen Beobachtungen von JENKINS und ROCHESTER sehr schön, teilweise auch in den Einzelheiten, bestätigt worden.

56. Die Spektren der Alkalihalogenide im Dampfzustand.

Die Spektren der zweiatomigen Alkalihalogenidmoleküle im Dampfzustand bestehen in Absorption wie in Emission aus zahlreichen Kontinua, Fluktuationen und diffusen Bandenzügen. Sie bilden daher ein gutes Beispiel für die Deutung eines komplexen kontinuierlichen Molekülspektrums.

Beobachtet werden bei allen Alkalihalogeniden eine Reihe von kontinuierlichen Absorptionsspektren im Ultraviolett, die sich sämtlich bei Temperaturerhöhung nach langen Wellen zu ausdehnen. Am besten untersucht ist das jeweils langwelligste dieser Absorptionskontinua; es liegt im nahen Ultraviolett (vgl. Tabelle 11, 12). An seiner langwelligen Grenze erscheinen bei genügend hoher Temperatur Fluktuationen, die nach langen Wellen zu konvergieren, und denen sich bei weiterem

schwingungsquanten und Dissoziationsenergien der Alkalihalogenide s. Tabelle 12).

Grundschwingungsquant (und Formel) cm^{-1}			$\omega\ cm^{-1}$ * berechnet	Volt	
				D theoretisch berechnet	D optisch
$450\,(v + {}^1/_2) -$	$1{,}5\,(v + {}^1/_2)^2 +$	$0{,}0017\,(v + {}^1/_2)^3$	$1800\,(509^{**})$	3,27	3,60±0,1
286	0,75	0,0010	279	3,07	3,16±0,05
212	0,70	0,0010	246	3,30	3,33±0,05
179			179	3,33	3,32
140			140	3,32	3,35
315	1,15	0,0008	340	3,80	3,86±0,05
231	0,7	0,0011	283	3,92	3,96±0,05
192			192	3,99	3,88
380	1,0	—	441	4,23	4,27±0,1
280	0,9	0,0011	346	4,40	4,53±0,05
253			253	4,22	3,95

** Theoretischer Wert von VAN LEEUWEN: Z. Physik Bd. 66 (1930) S. 241.

Tabelle 12. Die Absorptionskontinua der Alkalihalogenide und ihre Deutung.

	Nr.	Maximum ÅE	Zuordnung	Abstände der Maxima		Atomtermdifferenz		Beobachter
				Nr.	cm^{-1}	cm^{-1}	Deutung	
LiJ	1	Beginn 2980						Levi
NaJ	1	3240	Na + J	1—2	8000	7600	J $\quad^2P_{1/2}$—$^2P_{3/2}$	Schmidt-Ott
	2	2580	Na + J'	1—3	16300	16950	Na 2 P—1 S	
	3	2120	Na'+ J					
KJ	1	3260	K + J	1—2	7600	7600	J $\quad^2P_{1/2}$—$^2P_{3/2}$	Levi
	2	2610	K + J'	1—3	12000	13000	K $\quad$2 P—1 S	
	3	2340	K'+ J					
RbJ	1	3240	Rb + J	1—2	8000	7600	J $\quad^2P_{1/2}$—$^2P_{3/2}$	Schmidt-Ott (s. andere Werte mit gleicher Deutung Desai) Desai
	2	2580	Rb + J'	1—3	11200	12700	Rb 2 P—1 S	
	3	2380	Rb'+ J					
	4	Beginn 2150	Rb'+ J'					
CsJ	1	3240	Cs + J	1—2	7900	7600	J $\quad^2P_{1/2}$—$^2P_{3/2}$	Schmidt-Ott
	2	2580	Cs + J'	1—3	10900	11450	Cs $\quad$2 P—1 S	
	3	2395	Cs'+ J	1—4	16200	14550	Cs $\quad$3 D—1 S	
	4	2125	Cs'+ J	1—5	19400	18550	Cs $\quad$2 S—1 S	
	5	1990	Cs'+ J	1—6	23200	21850	Cs $\quad$3 P—1 S	
	6	1850	Cs'+ J					
NaBr	1	2750	Na + Br	1—2	3600	3700	Br $^2P_{1/2}$—$^2P_{3/2}$	Müller, Franck, Kuhn, Rollefson
	2	2500	Na + Br'					
KBr	1	2770	K + Br	1—2	3300	3700	Br $^2P_{1/2}$—$^2P_{3/2}$	Levi
	2	2540	K + Br'					
RbBr	1	2800	Rb + Br	1—2	3000	3700	Br $^2P_{1/2}$—$^2P_{3/2}$	Müller, Franck, Kuhn, Rollefson
	2	2580	Rb + Br'					
CsBr	1	2750	Cs + Br	1—2	3000	3700	Br $^2P_{1/2}$—$^2P_{3/2}$	Schmidt-Ott
	2	2540	Cs + Br'					
LiCl	1	2432						Müller
NaCl	1	2370	Na + Cl	1—2	900	880	Cl $^2P_{1/2}$—$^2P_{3/2}$	Levi
	2	2320	Na + Cl'					
KCl	1	2490	K + Cl	1—2	960	880	Cl $^2P_{1/2}$—$^2P_{3/2}$	Levi
	2	2430	K + Cl'					
RbCl	1	2485						Müller
CsCl	1	2740	Cs + Cl(Cl')	1—3	11000	11450	Cs 2 P—1 S	Schmidt-Ott
	3	1940	Cs'+ Cl					
NaF	1	Beginn 2450						Müller
KF	1	Beginn 2550						Müller

Fortschreiten nach langen Wellen eine feine Struktur überlagert. Schon aus diesen wenigen Angaben folgt, daß wir es mit Fall III der Absorptionskontinua (S. 144) zu tun haben, d. h. mit Übergängen von einem fest gebundenen Grundzustand zu einem höheren VAN DER WAALS-

Zustand, der aber wegen der feinen Struktur ein flaches Minimum besitzen muß. Dieser Schluß wird gestützt durch den Emissionsbefund. In der Entladung beobachtet man bei mehreren Alkalihalogeniden diffuse Banden (s. Tabelle 11), die Übergängen aus den flachen Potentialminima der angeregten Kurven zum Grundzustand entsprechen, während in der Chemilumineszenz[557] (Rekombination im Zweierstoß von Alkali gegen Halogenatome, s. S. 309) an diese diffusen Banden sich ein kurzwelliges Kontinuum anschließt, so daß der Fall IV der Emissionskontinua erfüllt ist. Auf ein weiteres, an die Chemilumineszenzbanden nach langen Wellen sich anschließendes Kontinuum kommen wir gleich noch zurück.

Aus den Abständen der Fluktuationen, die identisch in Absorption (Fall III) und Emission (Fall IV) auftreten, ergeben sich nach Abschn. 38 unter der Voraussetzung angenähert horizontalen Verlaufes der oberen Kurve die Abstände der Schwingungsniveaus des Grundzustands, und diese stimmen nach SOMMERMEYER[589] bis auf wenige Prozent mit denen überein, die BORN und HEISENBERG[561] unter der Annahme der Bildung der Moleküle aus negativen Halogen- und positiv geladenen Alkaliionen berechnet hatten.

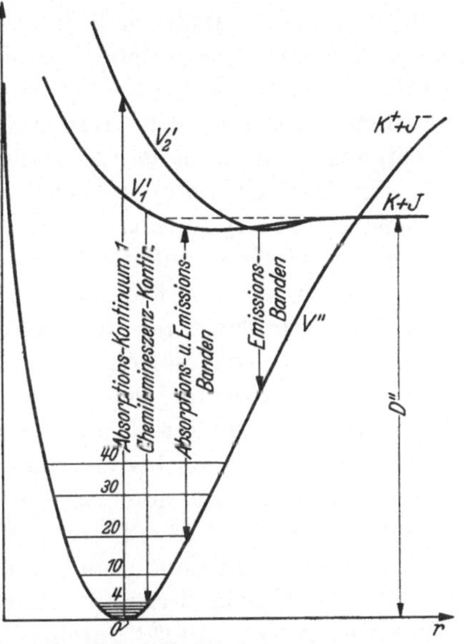

Abb. 66. Potentialkurvenschema zur Deutung der Alkalihalogenidspektren.

Diese Übereinstimmung spricht für die Auffassung von FRANCK, KUHN und ROLLEFSON[572], daß die Alkalihalogenidmoleküle im Grundzustand Ionenmoleküle sind, bei reiner Schwingungsdissoziation also in die Ionen Alkali⁺ + Halogen⁻ zerfallen würden. Der erste angeregte Molekülzustand dagegen dissoziiert in normale Atome, wie namentlich die Chemilumineszenzversuche von BEUTLER und LEVI[558, 578] zeigen, bei denen durch Stoß normaler Alkaliatome auf normale Halogenatome dieser erste angeregte VAN DER WAALS-Zustand erreicht wird.

Die Verhältnisse werden also durch das Potentialkurvenschema Abb. 66 dargestellt. Kurve V'' stellt den Potentialverlauf im Grundzustand dar, in dem die Ionen gegeneinander schwingen. Daß die flachen Potentialmulden des in normale Atome dissoziierenden ersten angeregten Zustands V' tatsächlich, wie es die Theorie (S. 124) verlangt, bei erheblich größerem Kernabstand liegen als das Minimum des Grundzustands, geht aus der Deutung der Spektren zwingend hervor. Bei

Temperaturen von 600—800° C sind nach Abschn. 37 nur die ersten vier Schwingungsniveaus von V'' kräftig besetzt. Die Absorption erfolgt dann zu einem weit oberhalb der Dissoziationsgrenze gelegenen Punkt von V_2' und ergibt ein Kontinuum, dessen Breite die Konstruktion des über dem Minimum von V'' gelegenen Teiles von V_2' erlaubt. Bei Temperatursteigerung dehnt sich das Absorptionskontinuum infolge der kernfernen Übergänge nach langen Wellen zu aus, wobei es sich wegen der entgegengesetzten Neigung von V' und V'' in diesem Gebiet in Fluktuationen aufzulösen beginnt. Bei Temperaturen von 800—1200° C — je nach dem betreffenden Molekül — erfolgen dann die Übergänge in die Potentialmulde von V_1', was sich durch Feinstruktur in den Fluktuationen anzeigt. Die kernnahen Äste von V_2' und V'' müssen im Übergangsgebiet annähernd parallel laufen, da nur dann nach Abschn. 38 die einzelnen Übergänge gleiche Wellenlängen und damit ein schmales, intensives Absorptionsmaximum ergeben können.

Bevor wir jetzt auf die feineren Einzelheiten der Deutung eingehen, erörtern wir kurz die theoretisch zu erwartenden Übergänge (s. Levi[578]). Der Ionengrundzustand der Moleküle ist ein $^1\Sigma^+$. Im angeregten Zustand koppeln, da es sich um einen van der Waals-Zustand mit geringer Wechselwirkung der Atome handelt, diese nach Fall c (vgl. S. 109). Aus dem $^2S_{1/2}$-Alkaliatom und dem normalen $^2P_{3/2}$-Halogenatom ergeben sich nach Abschn. 33b die Molekülzustände $\Omega = 0^+$, 1, 0^-, 1, 2. Von diesen können mit dem $^1\Sigma^+$-Grundzustand die drei angeregten Zustände $\Omega = 0^+$ und $\Omega = 1$ kombinieren. Zwei dieser in normale Atome dissoziierenden Zustände sind nun tatsächlich gefunden worden.

Die zu diesem Ergebnis führende Deutung der Spektren ist im wesentlichen von Levi[578] durchgeführt worden. Dazu wurde für jedes der Alkalihalogenidmoleküle eine Formel der Schwingungsquanten des Grundzustands, und zwar unter Benutzung der sich in Absorption und Emission ergänzenden Fluktuationen und gewisser theoretischer Bedingungen über die Konvergenz, graphisch ermittelt. Die Dissoziationsenergien für Dissoziation in Atome wie in Ionen lassen sich nämlich aus chemischen Daten unabhängig von den Spektren bestimmen (Beutler und Levi[559]). Tabelle 11 gibt die Werte der Dissoziationsenergie sowie die Formeln der Schwingungsquanten. Durch Bildung der Differenzen dieser ausgeglichenen Schwingungsquanten und der Abstände der Fluktuationen, in denen ja der Einfluß der schwach gekrümmten angeregten Kurven V' noch enthalten ist, gelingt es nun, den Verlauf dieser van der Waals-Kurven in dem Gebiet zu untersuchen, in dem sie annähernd horizontal verlaufen. Dabei zeigte sich durch auftretende Unregelmäßigkeiten, daß die Fluktuationen und Banden jedes Moleküls nicht *einem* oberen Zustand zugeordnet werden können, sondern daß es sich jeweils um Übergänge zu zwei Potentialkurven mit gleicher Dissoziationsgrenze handelt (V_1' und V_2' in Abb. 66), deren Minima bei verschiedenem

Kernabstand liegen. Die Dissoziationsenergien dieser VAN DER WAALS-Zustände ergaben sich dabei in der für solche Zustände theoretisch zu erwartenden Größe, nämlich 0,01—0,05 Volt für die verschiedenen Salzmoleküle.

Diese aus den Absorptionsspektren gezogenen Schlüsse werden gestützt durch den Befund in Emission. Untersucht wurden die Moleküle in einer Entladung von 30 mA bei 900—1000° C (1 mm Dampfdruck mit 40 mm Edelgaszusatz). Beobachtet wurden bei den einzelnen Salzen je zwei Bandengruppen, die den Übergängen aus den Minima der beiden oberen Potentialkurven nach unten entsprechen.

Von den Potentialkurven des angeregten Zustandes sind damit zwei Stücke bekannt: aus dem ersten kontinuierlichen Absorptionsmaximum der über dem Minimum des Grundzustands liegende kernnahe Teil und aus den Fluktuationen und Banden der Teil in der Gegend der Minima, die über den kernfernen Umkehrpunkten meist recht hoher Schwingungsniveaus des Grundzustands liegen. Diese beiden Kurvenstücke werden nun so aneinander angeschlossen, daß sie einen sinnvollen Potentialverlauf ergeben. In den Fällen, in denen das eindeutig möglich ist, ist damit auch die absolute Numerierung der unteren Schwingungsquanten der Fluktuationen und Banden (im allgemeinen bis auf ± 2) gegeben. Erst dadurch wurde es auch möglich (vgl. die Bedingungen S. 138), aus den Fluktuationen eindeutige Werte für die Dissoziationsenergie aus dem Ionengrundzustand in normale Atome zu ermitteln (D'' in Abb. 66). Solange, wie bei SOMMERMEYER[589], die Numerierung der unteren Schwingungszustände der Fluktuationen unbekannt war, mußte man einfach annehmen, daß die langwelligste beobachtete Bande dem tiefsten Schwingungsniveau des Grundzustands entsprach, was im allgemeinen nicht der Fall war. Am genauesten werden aber auch jetzt noch die von BEUTLER und LEVI[559] berechneten Werte der Dissoziationsenergien sein.

Aus dem sehr großen Abstand des ersten kontinuierlichen Absorptionsmaximums von der kurzwelligsten Absorptionsbande ergibt sich nun unter Berücksichtigung der Besetzung der unteren Schwingungsniveaus bei der gegebenen Temperatur, daß diese kontinuierliche Absorption bei allen Salzen mit einer Ausnahme zum kernnahen Ast derjenigen Potentialkurve erfolgt, deren Minimum bei größerem Kernabstand liegt (Abb. 66). Damit erhebt sich die Frage, welches Absorptionskontinuum dem Übergang vom Minimum des Grundzustandes zum kernnahen Ast der Kurve V_1' entspricht. Deren Kurvenverlauf nach müßte dieses Kontinuum langwelliger liegen. Die Kurve V_1' sollte ferner in diesem Bereich weniger stark geneigt sein als V_2'. Dann folgt nach Abschn. 38, daß die den verschiedenen Übergängen $V'' \rightarrow V_1'$ entsprechenden Einzelkontinua verschiedene Wellenlängen besitzen, sich also nicht alle überlagern. Während also der Übergang $V'' \rightarrow V_2'$ infolge der gleichen Neigung beider Kurven im kernnahen Teil als intensives kontinuierliches Maximum geringer Breite beobachtet wird, ergibt der Übergang $V'' \to V_1'$ im Gebiet des Minimums von V'' ausgedehnte, aber schwache kontinuierliche Absorption, die leicht der Beobachtung entgehen kann. Die Verhältnisse in Absorption scheinen damit einigermaßen klar.

Nicht ganz geklärt dagegen ist der Befund der Chemilumineszenz. Hier ließ man die Halogene durch eine Düse in Alkalidampf von 400 bis 500° C einströmen und im Stoß unter Strahlung rekombinieren. Gemäß Fall IV der Emissionskontinua erwartet man ein Kontinuum infolge der Übergänge von dem über der Dissoziationsgrenze liegenden kernnahen Ast der oberen Kurve zum Grundzustand. Jeweils *ein* solches Kontinuum wird auch gefunden. Nach langen Wellen zu schließt sich an dieses infolge der Übergänge von den Potentialmulden von V' aus ein diffuses Bandenspektrum an, da durch Dreierstöße angeregte Moleküle mit der entsprechenden Energie gebildet werden können. Man könnte sich denken, daß das von V_2' herrührende Rekombinationskontinuum Fall IV wieder entsprechend dem Absorptionskontinuum ziemlich ausgedehnt und wenig intensiv sich den Banden von V_1' überlagert und deshalb nicht klar beobachtet wird. Auffallend ist aber, daß sich in jedem Fall an die Banden nach langen Wellen zu ein weiteres Emissionskontinuum anschließt, das nach etwa 2000 Å Breite im Rot endet. Eine befriedigende Deutung dieses Kontinuums fehlt bisher*.

Die Zuordnung des ersten Absorptionsmaximums zu einem in zwei normale Atome dissoziierenden Molekülzustand erhält eine Stütze durch die Untersuchung der kurzwelligeren Maxima. Hier haben FRANCK, KUHN und ROLLEFSON[572] und namentlich SCHMIDT-OTT[583] bei seiner weiter ins Ultraviolett ausgedehnten Untersuchung gefunden, daß der Wellenzahlabstand des ersten und zweiten Maximums bei den drei untersuchten Jodiden bis auf 5% dem Dublettabstand des Jodatoms von 7600 cm^{-1} gleich ist, bei den drei untersuchten Bromiden bis auf etwa 15% dem 3700 cm^{-1} betragenden Dublettabstand des Bromatoms. Bei den Chloriden KCl und NaCl wurde die nur 880 cm^{-1} betragende Aufspaltung inzwischen von LEVI[578] auch gefunden, während bei den älteren Untersuchungen die entsprechenden Maxima nicht getrennt werden konnten. Die zweiten Absorptionsmaxima der Alkalihalogenide entsprechen also Übergängen vom Grundzustand zu einem zweiten angeregten Elektronenzustand, der in ein normales Alkali- und ein metastabiles Halogenatom $^2P_{1/2}$ dissoziiert. Aus der Übereinstimmung der Abstände der Maxima mit den Atomtermdifferenzen schließt SCHMIDT-OTT, daß die Potentialkurven der angeregten Elektronenzustände gut parallel laufen, da anderenfalls die Energiedifferenzen nicht so gut mit den Atomtermdifferenzen übereinstimmen könnten.

---

* Unklar ist auch noch der Befund von HAMADA[573], der in Entladungen langwellige, bis ins nahe Ultrarot reichende Emissionskontinua gefunden hat.

In analoger Weise lassen sich nach SCHMIDT-OTT[583] die Abstände der kurzwelligeren Maxima von dem ersten als Atomtermdifferenzen der Alkaliatome identifizieren. Bei Absorption der dem 3., 4., 5. Maximum entsprechenden Wellenlängen dissoziieren die Alkalihalogenide also in ein normales Halogen- und ein angeregtes Alkaliatom. Die Übereinstimmung der gefundenen Energiedifferenzen mit den Atomtermdifferenzen ersieht man aus Tabelle 12, in der die gesamten Ergebnisse zusammengestellt sind. Ist auch die Übereinstimmung infolge der Flachheit der einzelnen Maxima und des doch etwas verschiedenen Verlaufes der oberen Potentialkurven nicht immer hervorragend, so zeigt Tabelle 12 doch, daß die Absorptionsmaxima aller untersuchten Alkalihalogenide sich zwanglos in der geschilderten Weise deuten lassen. Diese Deutung wird noch gestützt durch Fluoreszenzuntersuchungen von TERENIN[591, 427], KONDRATJEW[574, 575], BUTKOW und TERENIN[564] und VISSER[594], die zeigen konnten, daß bei der Photodissoziation in die verschieden angeregten Alkaliatome die entsprechenden Atomlinien in Fluoreszenz auftraten. Auch die Abhängigkeit der Fluoreszenzstrahlung von der Wellenlänge des absorbierten Lichtes und vom Dampfdruck ergab sich als übereinstimmend mit der Deutung. SCHMIDT-OTT weist endlich darauf hin, daß seine Deutung, bei der nur der erste angeregte (metastabile) Halogenterm auftritt, dagegen alle höheren Anregungsstufen der Alkaliatome, mit der theoretischen Erwartung in Einklang steht. Der erste in einem Ionenmolekül zu erwartende Elektronensprung ist der vom Anion zum Kation, d. h. die Umbildung in ein Atommolekül. Für das Halogenatom im Molekül kommt als weiterer Elektronensprung nur der Übergang zu dem benachbarten metastabilen $^2P_{1/2}$-Term in Frage, während für höhere Anregungen des Moleküls praktisch nur das locker gebundene Valenzelektron des Alkaliatoms zur Verfügung steht.

Zu klären bliebe noch die Frage, warum nur je ein zu einer bestimmten Dissoziationsgrenze gehender angeregter Molekülzustand von SCHMIDT-OTT beobachtet worden ist, und warum die Potentialkurven dieser Zustände so überraschend parallel laufen. Die Antwort auf beide Fragen ist nach LEVI[578] die gleiche. Die Untersuchungen im kurzwelligen Ultraviolett sind ohne Zweifel noch unvollständig. Gefunden wurden bisher nur die intensivsten Absorptionsmaxima, und das sind eben die Übergänge zu den angeregten Zuständen, deren Potentialkurven im Bereich kleiner Schwingungsquanten des Grundzustandes dem kernnahen Ast von dessen Potentialkurve parallel laufen. Das Fehlen weiterer Absorptionsspektren sowie die Übereinstimmung der Abstände der Absorptionsmaxima mit den Atomtermdifferenzen sind damit einleuchtend erklärt. Eine eingehende Diskussion der Alkalihalogenidspektren vom molekültheoretischen Standpunkt unter Behandlung aller noch offenen Einzelfragen findet sich bei MULLIKEN[411].

57. Die Absorptionsspektren der Thalliumhalogenide.

Eine Übersicht über die Absorptionsspektren der Tl-Halogenide gibt Tabelle 13. Die Spektren bestehen nach Butkow[565] und Neujmin[581] aus je einem Bandensystem im nahen Ultraviolett, an das sich ein Dissoziationskontinuum anschließt. Zwei weitere Gebiete kontinuierlicher Absorption liegen im ferneren Ultraviolett. Während die Bandensysteme bei TlCl und TlBr scharfe Banden besitzen, beobachtet man beim TlJ (s. Abb. 67) einen Zug kontinuierlicher Fluktuationen mit anschließendem kurzwelligem kontinuierlichem Maximum, also ein typisches Beispiel für den Absorptionsfall III. Die Einzelheiten des Falles III und die S. 136 erwähnte Erscheinung der Pseudokonvergenz sind denn auch von Kuhn[402] gerade an diesem Beispiel des TlJ untersucht worden. Zu bemerken ist noch, daß bei TlCl und TlBr im langwelligen Absorptionskontinuum A je zwei Maxima gefunden wurden. Beim TlCl hat dann Neujmin auch noch einige den Banden überlagerte Fluktuationen gefunden und daraus auf die Existenz zweier nahe beieinanderliegender angeregter Zustände geschlossen. Die Potentialkurve des einen soll ein Minimum besitzen und für das scharfe Bandensystem verantwortlich sein, während die des zweiten eine flache van der Waals-Kurve sein muß.

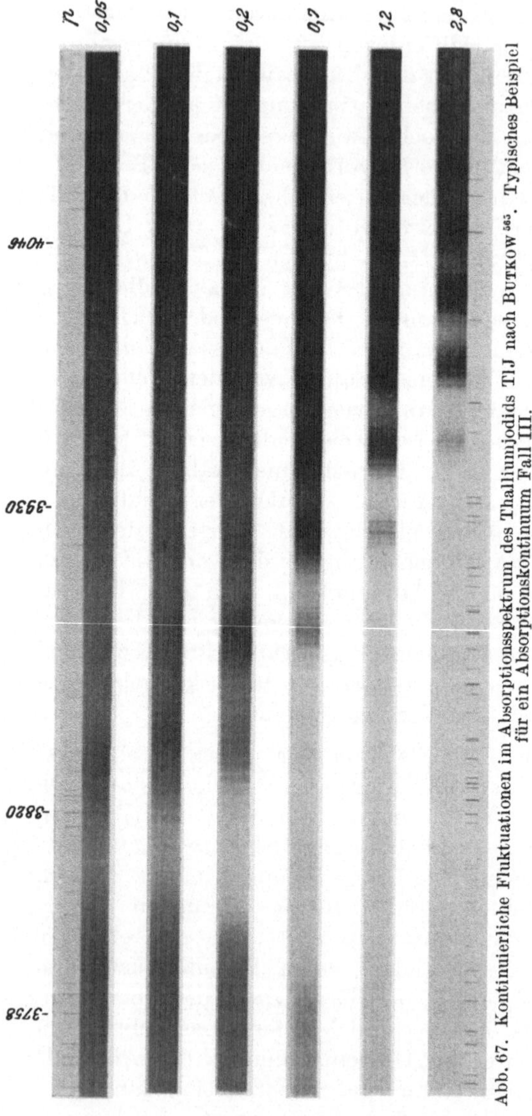

Abb. 67. Kontinuierliche Fluktuationen im Absorptionsspektrum des Thalliumjodids TlJ nach Butkow[565]. Typisches Beispiel für ein Absorptionskontinuum Fall III.

Ein Vergleich der aus den Bandenkonvergenzen folgenden Dissoziationsenergien mit den chemischen, die in Spalte 1 der Tabelle 14 angegeben sind, zeigt eindeutig, daß der Zerfall bei Absorption des Kontinuums A in ein normales Tl-Atom und ein angeregtes $^2P_{1/2}$-Halogenatom stattfindet. Wir haben also nach NEUJMIN zwei in dieselben Dissoziationsprodukte zerfallende Molekülzustände. Da eine Photodissoziation in normale Atome nicht beobachtet worden ist, müssen wir

Tabelle 13. Die Absorptionsspektren der Thalliumhalogenide.

	Banden	Kontinuum A		Kontinuum B		Kontinuum C
		Grenze	Maxima	Grenzen	Maximum	
TlCl	3391—3176 (scharf)	3070	3155, 3106	2545—2475	2510	von 1900 Å nach langen Wellen sich ausdehnend bei Steigerung von Temperatur und Druck.
TlBr	3650—3400 (scharf)	{3387 3272	3384, 3332	2910—2630	2690	
TlJ	4211—3808 (Fluktuationen)	—	3786	3500—2800	3025	

schließen, daß der Grundzustand der dampfförmigen Tl-Halogenide in normale Atome dissoziiert, diese also im Gegensatz zu den Alkalihalogeniden (S. 173 f.) als Atommoleküle zu bezeichnen sind. Die Rechnung zeigt weiter (s. Tabelle 14), daß dem Kontinuum B nur ein

Tabelle 14. Dissoziationsgrenzen und Anregungsenergien der Tl-Halogenide.

	D'' Volt	Halogen $P_{3/2}-P_{1/2}$	Tl $P_{3/2}-P_{1/2}$	Tl $2S-2P$	Grenze Dissoziation A		Grenze Dissoziation B		Grenze Dissoziation C	
					Å	Volt	Å	Volt	Å	Volt
TlCl	3,77	0,11	0,96	3,27	3180	3,88	2620	4,73	1760	7,04
TlBr	3,18	0,45	0,96	3,27	3400	3,63	3000	4,14	1920	6,45
TlJ	2,6	0,94	0,96	3,27	3480	3,54	3430	3,6	2100	5,9

Zerfall in ein metastabiles $^2P_{3/2}$-Tl-Atom und ein normales Halogenatom zugeordnet werden kann. Diese Zuordnung wird gestützt durch die Beobachtung des zu dem Kontinuum B des TlCl gehörenden Fluktuationszuges durch NEUJMIN[581]. Bei Absorption des kurzwelligsten Kontinuums C endlich erfolgt die Dissoziation in ein angeregtes $2S$-Tl-Atom und ein normales Halogenatom, und diese Zuordnung wird bewiesen durch die Beobachtung der als Folge der Photodissoziation auftretenden Tl-Linienfluoreszenz. BUTKOW und TERENIN[564] beobachteten nämlich bei Absorption genügend kurzwelligen Lichtes durch Tl-Halogeniddampf die Emission der Tl-Linien λ 5351 und 3776 Å, die beim Übergang der angeregten $2S$-Tl-Atome in die beiden Komponenten des Dublettgrundzustands ausgestrahlt werden.

Den drei beobachteten Absorptionsgebieten entsprechen also die folgenden drei Zerfallsprozesse:

A: $\qquad\qquad \mathrm{Tl}\,X + h\,c\,\nu_A \to \mathrm{Tl} + X^* \,(^2P_{1/2})$

B: $\qquad\qquad \mathrm{Tl}\,X + h\,c\,\nu_B \to \mathrm{Tl}^* \,(^2P_{3/2}) + X$

C: $\qquad\qquad \mathrm{Tl}\,X + h\,c\,\nu_C \to \mathrm{Tl}^* \,(2\,S) + X$

Die Werte der hierin auftretenden Atomtermdifferenzen und die aus ihnen und den Dissoziationsenergien berechneten theoretischen langwelligsten Grenzen für die drei Zerfallsmöglichkeiten sind aus Tabelle 14 zu entnehmen.

Im Anschluß an die Thalliumhalogenide sollen noch ein paar Beobachtungen über kontinuierliche Spektren der Zinnhalogenide SnF und SnCl erwähnt werden.

Das SnF wurde ganz kürzlich von Jenkins und Rochester[573a] in Absorption im Kohlerohr bei Temperaturen zwischen 1000° und 1860° C untersucht und neben vier Bandensystemen zwischen 3260 und 2000 Å zwei Kontinua beobachtet, die als Absorptionskontinua Fall I (s. S. 141) Übergängen zu zwei Abstoßungskurven zugeordnet wurden. Das langwelligere der beiden Kontinua liegt zwischen 2500 und 2370 Å und dehnt sich bei Temperaturerhöhung langsam nach langen Wellen bis 2580 Å aus. Das kurzwelligere erstreckt sich bis über die Beobachtungsgrenze hinaus ins Ultraviolett; seine langwellige Grenze ist stark temperaturabhängig; ihre Wellenlänge beträgt 2010 Å bei 1438° C, 2300 Å bei 1860° C. Die aus diesen Werten sich ergebende ungefähre Lage der Potentialkurven ist von Jenkins und Rochester angegeben.

Von dem verwandten Molekül SnCl sind Absorptionsspektren noch nicht bekannt geworden, dagegen ist es in Emission in Entladungen sowie bei der Einwirkung von aktivem Stickstoff auf $SnCl_4$ von Jevons[573c], Strutt und Fowler[545] sowie Ferguson[569a] untersucht worden. Beobachtet wurden zwei Bandengruppen und zwei Emissionskontinua:

A: Kontinuum λ 4900—3950 Å;   Banden λ 3910—3486 Å.

B: „ λ 3600—3300 Å;   „ λ 3405—2830 Å.

Ob zwischen den Banden und den Emissionskontinua irgendein Zusammenhang besteht, ist experimentell noch nicht untersucht worden; die Deutung der SnCl-Spektren steht daher noch aus.

58. Die kontinuierlichen Spektren der zweiatomigen Oxyde und Sulfide.

Eine Anzahl zweiatomiger Metalloxyde und -sulfide zeigen keine Bandenabsorption, sondern nur kontinuierliche Absorptionsspektren. Durch Aufstellen eines Bornschen Kreisprozesses kommt Sen Gupta[585, 586] zu dem Ergebnis, daß man es bei ZnS und analog bei den gleichartig aufgebauten Sulfiden der Reihe Hg, Cd, Zn mit Ionenmolekülen zu tun habe, in denen im Grundzustand zweiwertige Ionen mit Edelgasschalen

(Zn^{++} und S^{--}) gegeneinander schwingen, während die Moleküle analog den Alkalihalogeniden bei Lichtabsorption in normale oder angeregte Atome zerfallen sollen. Eine Schwierigkeit dieser Deutung ist, daß die Umordnung vom Ionenmolekül zum Atommolekül einen doppelten inneren Elektronenübergang erfordern würde.

Beobachtet werden verschiedene Gebiete kontinuierlicher Absorption, deren langwellige Grenzen und Maxima mit den Versuchstemperaturen in Tabelle 15 zusammengestellt sind.

Tabelle 15.
Die kontinuierlichen Absorptionsspektren des ZnS, CdS, HgS.

	Kontinuum A		Kontinuum B		Kontinuum C	Versuchstemperatur	D''	$B-A$	$C-A$
	Langwellige Grenze	Maxima	Langwellige Grenze	Maxima	Grenze	°C	Volt	Volt	Volt
ZnS	2800	2310	2150	2100	—	800—850	4,25	1,34	—
CdS	3150	2766	2350	?	—	750—800	3,9	1,34	—
HgS	4450 ?	—	3100	2450	2250	450—550	2,8	1,22	2,73

Anmerkung: Die Maxima wurden, soweit deutlich erkennbar, aus den Photometerregistrierungen von Sen Gupta entnommen. Der Wert für HgS ließ sich aus den Kurven nicht erkennen. Auch die von Sen Gupta angegebene langwellige Grenze des HgS-Kontinuums A scheint, falls keine Überlagerung durch Schwefelbanden vorliegt, eher in der Gegend von 5000 Å zu liegen.

Aus der einen Hälfte des Bornschen Kreisprozesses lassen sich die Dissoziationsenergien der Moleküle in normale Atome berechnen. Es ist

$$(58{,}1) \qquad D = Q + \tfrac{1}{2} D_{S_2} + L_S + L_M - L_{MS}.$$

Hierin bedeuten Q die Bildungswärme des festen Metallsulfids aus dem festen Metall und rhombischem Schwefel, D_{S_2} die Dissoziationsenergie des S_2-Moleküls, L_M und L_S die Sublimationswärmen des Metalls und des Schwefels, die letztere zu S_2, und L_{MS} die Sublimationswärme des festen Metallsulfids. Aus den meist nur ungenau bekannten und zum Teil extrapolierten Werten ergeben sich für D'' die in der drittletzten Spalte der Tabelle 15 angegebenen Werte. Aus der Übereinstimmung dieser Werte mit den Energien der langwelligen Grenzen der Kontinua A wird geschlossen, daß die Moleküle wie die Alkalihalogenide durch Absorption dieses Kontinuums in normale Atome zerfallen.

Die kurzwelligen Kontinua werden nun in gleicher Weise wie bei den Alkalihalogeniden der Dissoziation in normale und angeregte Atome zugeordnet. Dabei soll das Metallatom stets unangeregt bleiben, während das Schwefelatom bei Absorption des Kontinuums B im ^1D, bei Absorption des Kontinuums C im ^1S-Zustand angeregt sein soll. Die Anregungsenergien dieser Atomzustände betragen 1,15 und 2,37 Volt, so daß größenordnungsmäßig Übereinstimmung mit den in den beiden letzten

Spalten der Tabelle 15 angeführten Differenzen der langwelligen Grenzen der Kontinua besteht. Daß alle diese Deutungsversuche noch genauerer Bestätigung bedürfen, braucht kaum besonders betont zu werden.

Sen Gupta hat ferner die Absorption der Oxyde des Cd und Zn untersucht und findet bei CdO kontinuierliche Absorption unterhalb 2100 Å, bei ZnO unterhalb λ 2000 Å. Da aus Gitterrechnungen für die Dissoziationsenergien in normale Atome Werte um 5,6 bzw. 6 Volt folgen, wird auch in diesem Fall auf Ionenmoleküle und Photodissoziation in normale Atome geschlossen.

Von Trivedi[592] sind ferner die zweiatomigen Oxyde und Sulfide der Metalle Fe, Co, Ni, Cu, von Mathur[579a] die Sulfide des Ca, Sr und Ba sowie die Selenide von Hg, Cd und Zn untersucht worden. Die Ergebnisse zeigt Tabelle 16.

In der gleichen Weise wie bei den oben besprochenen Molekülen soll durch Absorption der Kontinua A Photodissoziation in normale Atome erfolgen, während bei Absorption der Kontinua B das Sauerstoff- bzw. Schwefelatom im ^1D-Zustand angeregt sein soll.

Der Vollständigkeit halber sei endlich noch eine Mitteilung von Sharma[588] über kontinuierliche Absorptionsspektren des PbO und PbS im Gebiet 3500—2000 Å erwähnt. Die Kontinua werden ebenfalls dem Zerfall in normale Atome zugeordnet.

Tabelle 16.

	Langwellige Grenzen	
	A	B
FeO	2500	—
CoO	2750	2100
NiO	3270	2380
CuO	2410	—
FeS	3100	2325
CoS	3190	2400
NiS	2810	2170
CuS	3400	2400
CaS	2388	—
SrS	4500	3566
BaS	4441	3515
CdSe	3920	2280
HgSe	4500	2588
ZnSe	5608	3176

59. Die kontinuierlichen Emissionsspektren des H_2, D_2, H_2^+ und He_2.

a) H_2-Kontinuum und sonstige Wasserstoffemissionskontinua.

Der Wasserstoff ist der Träger einer ganzen Reihe von kontinuierlichen Spektren. Außer dem von Dieke und Hopfield[622, 642] untersuchten H_2-Absorptionskontinuum bei $\lambda < 850$ Å, das ein Dissoziationskontinuum Fall II darstellt, und den in Kap. III, Abschn. 7b bereits besprochenen Atomgrenzkontinua handelt es sich ausschließlich um Emissionskontinua. Die zum H_2-Molekül und die zum H-Atom gehörenden Kontinua sind dabei experimentell nicht immer leicht zu trennen. Eine dominierende Stellung nimmt das vom Gelb-grün bis zum fernen Ultraviolett reichende große H_2-Kontinuum ein, das wir gleich im einzelnen besprechen werden. Bei Anregungsbedingungen, die zu starker Ionisierung führen (kondensierte Entladung, Ringentladung, Funken), beobachtet man entweder allein oder dem H_2-Kontinuum überlagert das Atomgrenzkontinuum der Balmer-Serie in Emission. Da dieses nach Kap. VI, Abschn. 26 unter den angegebenen Bedingungen im allgemeinen über die Seriengrenze übergreift, ergibt sich ein Emissionskontinuum mit Maximum bei etwa 3600 Å, das nach kurzen Wellen langsam, nach dem Sichtbaren zu schneller abfällt. Es kommt wahrscheinlich (OLDENBERG[673]) als Erklärung für das von STARK, GÖRCKE und ARNDT[683] im Kanalstrahl gefundene Kontinuum in Frage. CHALONGE und Mitarbeiter[608–617] haben die Verhältnisse bei Überlagerung der Emissionskontinua von Atom und Molekül untersucht. Unter diesen Bedingungen kräftiger Anregung sowie bei sehr niedrigem Druck, wo das H_2-Kontinuum zurücktritt, sind auch dem Wasserstoff zugehörende schwächere Kontinua im Sichtbaren und nahen Ultraviolett beobachtet worden (HERZBERG[636], BRASEFIELD[605]), die möglicherweise dem H_2^+ zugehören. Bei sehr hohem Druck oder sehr großer Stromdichte endlich tritt das S. 97 schon behandelte Kontinuum im Sichtbaren und nahen Ultraviolett auf, das auf einer extremen Verbreiterung der BALMER-Linien beruht. Da große Stromdichte Vorbedingung für sein Auftreten ist, haben wir in diesem Fall auch vollständige Dissoziation, so daß kein H_2-Kontinuum auftreten kann. Beide Kontinua sind also nicht zu verwechseln. Im folgenden beschäftigen wir uns ausführlich mit dem großen H_2-Emissionskontinuum.

Dieses Spektrum, das mit über 120 Veröffentlichungen zu den meist untersuchten Kontinua gehört, ist schon 1865 von PLÜCKER und HITTORF[674] gefunden worden. Eine Übersicht über die älteren Untersuchungen und Deutungsversuche gibt FINKELNBURG[8, 9]. Das Kontinuum tritt am intensivsten in der Glimmentladung (Gleich- oder Wechselstrom) in trockenem Wasserstoff von einigen mm Hg-Druck auf. Günstig auf seine Intensität relativ zu den diskontinuierlichen Spektren wirken alle die Molekülrekombination fördernden Mittel, Metallteile in der Entladung, eventuell Versilberung der Kapillare, Beseitigung jeder Feuchtigkeit. Unter gewöhnlichen Bedingungen reicht das Kontinuum von etwa 5000 Å bis 1680 Å mit einem Maximum bei 2500 Å. Im Gebiet unterhalb 3300 Å ist es linienfrei und wird daher in steigendem Maß als kontinuierliche Absorptionslichtquelle für das nahe Ultraviolett benutzt. Da es aus diesem Grund auch eine erhebliche praktische Bedeutung besitzt, besprechen wir erst kurz die Konstruktionen bewährter H_2-Lampen sowie die Messung der Intensitätsverteilung im Kontinuum und gehen erst anschließend zur Theorie des Kontinuums über.

b) Wasserstoffröhren als kontinuierliche Lichtquellen.

Die ersten Konstruktionen von lichtstarken H_2-Lampen stammen von BAY und STEINER[598, 601]; Variationen und Verbesserungen sind in sehr großer Zahl vorgeschlagen worden (u. a. [660, 661, 672, 681, 685, 690])*. Große becherförmige Elektroden vertragen hohe Strombelastung; sie liegen meist dicht an der Röhrenwand an, damit die Entladung nur innen ansetzen kann. Die 20—60 cm lange, 5—10 mm weite Kapillare wird, um die Rekombination zu Molekülen zu fördern, innen meist versilbert

---

* Vgl. auch die während des Drucks erschienene Arbeit von N. D. SMITH, J. opt. Soc. Amer. Bd. 28 (1938) S. 40.

oder mit einem anderen Metall überzogen. Die Röhren werden mit 2000 bis 5000 Volt Wechselstrom betrieben. Bei Stromstärken über 0,2 Amp. wird die Röhre in einen Wasserkasten eingebaut; für höchste Stromstärken (über 1 Amp.) benutzt man Quarzröhren. Da die direkte Kühlung der stromführenden Kapillare eine starke Materialbeanspruchung darstellt, werden gelegentlich die Kapillaren, aus Porzellan oder Quarz, neuerdings auch direkt aus Metall, isoliert von der eigentlichen Glaswand durch Glimmerringe festgehalten. Bei hoher Belastung kommt die Kapillare dann auf helle Rotglut, ohne daß Schwierigkeiten auftreten. Diese Form kann noch bei ziemlich großer Stromstärke ohne Wasserkühlung verwandt werden. Einen besseren Wirkungsgrad der Röhren soll man erzielen, wenn man die Elektroden koaxial mit der Kapillare anordnet. Auch hierfür sind verschiedene Konstruktionen vorgeschlagen worden (besonders CHALONGE[611]). Während man dabei bis vor kurzem durch Verwendung von Hartglas oder Quarz bei intensivster Kühlung die Belastbarkeit zu steigern suchte, geht man in letzter Zeit darauf aus, durch Verwendung von Glühkathoden Lampen für Niederspannungsbetrieb zu konstruieren und dabei nach Möglichkeit auch die Wasserkühlung zu vermeiden. Sehr befriedigende Ergebnisse sind von MUNCH[672], SMITH und FOWLER[681] sowie JACOBI[654] mitgeteilt worden.

ALMASY und KORTÜM[595] haben für photometrische Zwecke eine H_2-Lampe mit nahezu punktförmigem Emissionsbereich an Stelle der bisher benutzten langen Röhren konstruiert. Quantitative Untersuchungen über die Eignung von H_2-Lampen als Standardlichtquellen für photometrische Zwecke haben BARBIER, CHALONGE, KIENLE und WEMPE[596] durchgeführt.

c) Die Intensitätsverteilung im kontinuierlichen Wasserstoffspektrum.

Die Intensitätsverteilung im H_2-Kontinuum, deren Kenntnis für seine Verwendung als Lichtquelle wesentlich ist, ist verschiedentlich gemessen worden, doch sind die Angaben noch nicht allzu genau, da ausreichend intensive Vergleichslichtquellen in der Gegend des Intensitätsmaximums (2500 Å) noch fehlen.

Zuerst hat HUKUMOTO[647] die Intensitätsverteilung im Gebiet 4800 bis 2500 Å im Anschluß an das von WYNEKEN[1693] ausgemessene Unterwasserfunkenkontinuum bestimmt, doch war wegen der Inkonstanz der Bedingungen des Funkens die Messung ziemlich ungenau. Der steile Anstieg vom Sichtbaren bis 2600 Å und ein Maximum in dieser Gegend sind aber sehr deutlich. Zur Verbesserung schloß HUKUMOTO seine Messung darauf[649] an eine geeichte Wolframlampe an, war dadurch aber auf das Gebiet $\lambda > 3000$ Å beschränkt. CHALONGE[611] und neuerdings SMITH[682] benutzten als Vergleichslichtquelle den positiven Krater eines unter konstanten Bedingungen geeichten Kohlebogens und maßen die

Energieverteilung bis hinunter zu 2500 bzw. 2350 Å. Das Ergebnis der Messungen zeigt Abb. 68, in der Kurve 1 gleichzeitig die grundsätzliche Veränderung der Intensitätsverteilung bei Heliumzusatz zeigt. Die bei 20 mm H_2-Druck ausgeführte Messung von CHALONGE stimmt mit der bei 9 mm ausgeführten von HUKUMOTO[649] in dem von letzterem untersuchten Gebiet befriedigend überein. SMITH arbeitete bei 0,6 mm Druck; seine Kurve liegt, wie Abb. 68 zeigt, im langwelligen Gebiet beträchtlich höher als die von CHALONGE und HUKUMOTO. Dieser Unterschied scheint reell zu sein, denn CHALONGE[611] findet allgemein bei Druckerniedrigung eine relative Steigerung der Intensität im langwelligen Spektralgebiet. Abb. 68 zeigt, daß unter SMITHs Bedingungen das Intensitätsmaximum recht scharf ist und bei 2500 Å liegt.

Zahlreiche Untersuchungen liegen über die Abhängigkeit der Intensitätsverteilung von den Versuchsbedingungen vor. So hat besonders GONSALVES[634] unter Benutzung eines Doppelmonochromators die relative Energieverteilung und ihre Abhängigkeit von Druck und Stromstärke direkt mittels einer Photozellenanordnung im Bereich 3000 bis 2200 Å gemessen. Abb. 69 zeigt einige seiner bei verschiedenen Drucken gemessenen Kurven. Da seine Photozelle nicht geeicht war, handelt es sich lediglich um Relativmessungen; das Maximum bei 2350 Å ist also nicht reell. Das Ergebnis der Untersuchungen ist, daß die H_2-Lampe bei 3 mm Druck und etwa 200 mA Belastung gegenüber geringen Strom- und

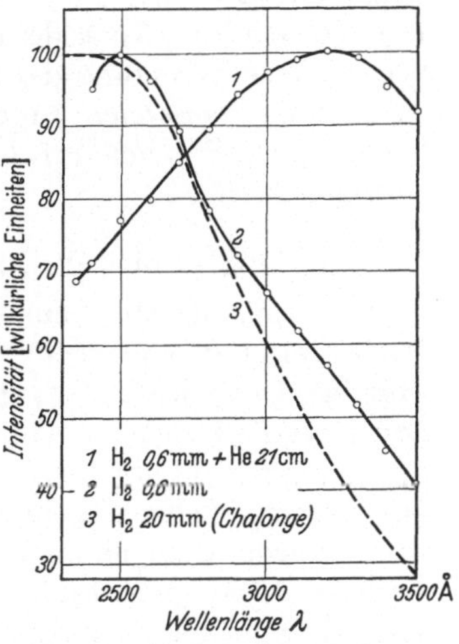

Abb. 68. Absolute Intensitätsverteilung im kontinuierlichen Wasserstoffspektrum bei zwei verschiedenen Drucken sowie bei Zusatz eines großen Überschusses von Helium. (Nach SMITH[682].)

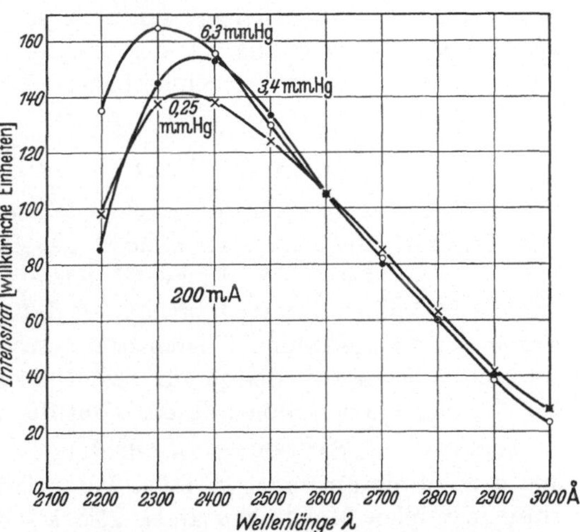

Abb. 69. Abhängigkeit der Intensität des H_2-Kontinuums vom Gasdruck nach Relativmessungen (nicht absolute Intensitätsverteilung!) mit ungeeichter Photozelle von GONSALVES[634].

Druckschwankungen äußerst unempfindlich ist, sich also bei richtiger Anwendung sehr gut als Standardlichtquelle für das Ultraviolett eignet.

Weitere Untersuchungen über die Abhängigkeit der Intensitätsverteilung von den Versuchsbedingungen sind von CHALONGE und seinen Mitarbeitern [608-617] sowie HUKUMOTO [647-653] ausgeführt worden. Die beobachteten Veränderungen sind aus der Theorie (s. unten) durch verschiedene Besetzung der Schwingungsniveaus des oberen Elektronenzustandes zu verstehen; unter besonderen Bedingungen (niedriger Druck) können sie aber auch auf der Beteiligung höher angeregter Elektronenzustände beruhen.

d) Vergleich der Emissionskontinua von H_2 und D_2.

Das Emissionskontinuum des schweren Wasserstoffs D_2 ist von TOURNAIRE und VASSY [688, 689] untersucht und mit dem des H_2 verglichen worden. Dazu wurde das gleiche Entladungsrohr bei jeweils gleichem Druck (variiert von 0,44—3 mm Hg) mit H_2 und 99%igen D_2 bei 1000 Volt Spannung mit 30 mA betrieben und die relative Intensität beider Kontinua bei 18 Wellenlängen zwischen 4990 und 1923 Å gemessen. Die Unterschiede betrugen im allgemeinen nur wenige Prozent; sie erreichten maximal 15%. Das D_2-Kontinuum war dabei im Ultraviolett relativ zum H_2-Kontinuum intensiver als in der Gegend von 4000 Å. Die Intensität beider Kontinua nahm bei Druckverminderung ab, die des Wasserstoffs aber stärker als die des Deuteriums. Daher fanden TOURNAIRE und VASSY unter sonst gleichen Bedingungen bei 0,65 mm Hg Intensitätsgleichheit beider Kontinua bei etwa 4100 Å, bei 3 mm Druck dagegen Intensitätsgleichheit im äußersten untersuchten Ultraviolett. Durch die Untersuchung ist der theoretisch zu erwartende Isotopieeffekt also auch bei kontinuierlichen Molekülspektren nachgewiesen worden.

e) Die Theorie des kontinuierlichen H_2-Spektrums.

Die Deutung des kontinuierlichen Wasserstoffspektrums wurde 1928 von WINANS und STUECKELBERG [695] gegeben und durch die Arbeiten von FINKELNBURG und WEIZEL [627] sowie COOLIDGE, JAMES und PRESENT [618, 655] voll und ganz bestätigt, so daß das H_2-Emissionskontinuum wegen der weitgehenden Übereinstimmung von Theorie und Erfahrung als einer der besten Belege für die Richtigkeit spezieller Folgerungen aus der allgemeinen Molekültheorie auf die Kontinuatheorie gelten darf.

WINANS und STUECKELBERG deuteten das Kontinuum als Übergang aus dem Minimum einer stabilen Potentialkurve zur Abstoßungskurve eines instabilen Molekülzustands, also als Fall I der Emissionskontinua in unserer Bezeichnung. Der unstabile Term (s. Abb. 70) ist der von HEITLER und LONDON [384] berechnete, in zwei normale Atome dissoziierende $1\,s\sigma\,2\,p\sigma\,{}^3\Sigma_u$-Term des H_2, der stabile angeregte Zustand der $1\,s\sigma\,2\,s\sigma\,{}^3\Sigma_g$-Term, der in ein normales und ein zweiquantig angeregtes H-Atom dissoziiert.

Mit dieser Deutung stimmt der experimentelle Befund gut überein. So verhält sich das Kontinuum im allgemeinen wie ein Molekülspektrum, doch besteht nach den Untersuchungen besonders von HERZBERG[636] eine besondere Ähnlichkeit der Erzeugungsbedingungen des Kontinuums mit denen des Tripletteils des H_2-Bandenspektrums (FULCHER-Banden). Auch der von HIEDEMANN[638] gefundene geringe Unterschied in den Anregungsbedingungen von Kontinuum und Triplettbanden ist verständlich, da nach der Theorie der obere Zustand des Kontinuums ja der untere der Triplettbandensysteme sein soll, beide also verschiedene Anregungsspannungen besitzen müssen. Wesentlich zur Klärung beigetragen haben die quantitativen Anregungsuntersuchungen. HORTON und DAVIES[645], LAU[662] und FINKELNBURG[625, 626] bestimmten die Anregungsspannung des Kontinuums im Sichtbaren zu 12,6—12,7 Volt und zeigten, daß die Anregungsfunktion des Kontinuums außerordentlich eng begrenzt ist, d. h., daß nur Elektronen eines sehr

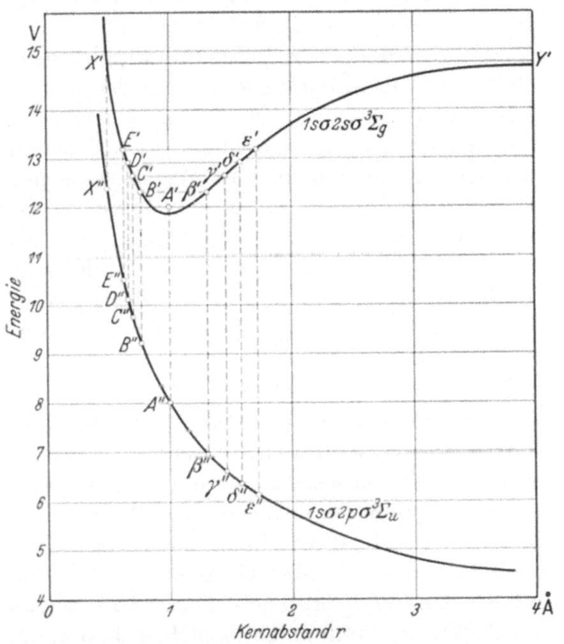

Abb. 70. Angenäherter Verlauf der am H_2-Kontinuum beteiligten Molekülzustände, konstruiert nach Messungen von Anregungsspannungen im Kontinuum auf Grund der einfachsten Form des FRANCK-CONDON-Prinzips (Senkrechtlotung). (Nach FINKELNBURG und WEIZEL[627].)

engen Geschwindigkeitsbereichs den oberen Zustand des Kontinuums mit guter Ausbeute anregen. Gerade diese scharfe Anregungsfunktion ist aber[626] für Triplettspektren charakteristisch und damit eine gute Stütze der Deutung von WINANS und STUECKELBERG.

Zu einer recht eindeutigen Bestätigung dieser Theorie gelangten dann FINKELNBURG und WEIZEL[627] durch eine ins einzelne gehende Diskussion des Potentialkurvenverlaufs auf Grund von Messungen der Anregungsspannung als Funktion der Wellenlänge längs des Kontinuums. Aus dem in Abb. 70 gezeichneten Potentialkurvenverlauf folgt nämlich, daß der langwellige Teil des Kontinuums zu den kernnahen Kurvenästen gehört ($X'X''$ theoretische langwellige Grenze; Übergänge $E'E''$, $D'D''$ usw.), der kurzwelligste zu den kernfernen Teilen der Kurven

(Übergänge $\beta'\beta''$, $\gamma'\gamma''$ usw.). Aus dem Verlauf der oberen Potentialkurve folgt dann, daß die Anregungsspannung des Kontinuums im langwelligen Spektralgebiet groß sein muß (Punkt E'), dann nach dem Violett zu bis zu einem Minimalwert (A') absinken und nach dem ferneren Ultraviolett (Punkte β', γ') zu wieder ansteigen muß. Die Minimalanregungsspannung des Kontinuums muß dabei mit dem Termwert des schwingungslosen $1\,s\sigma\,2\,s\sigma\,^3\Sigma_g$-Terms übereinstimmen, der aus der Bandenanalyse zu 11,86 Volt bekannt ist. FINKELNBURG und WEIZEL maßen nun nach der Anregungsdispersionsmethode von LAU und REICHENHEIM die Anregungsspannung des Kontinuums bei 10 Wellenlängen zwischen $\lambda\,4400$ und 2500 Å mit einer Genauigkeit von 0,04 Volt und fanden das erwartete Absinken von 12,6 Volt bei 4400 Å auf 11,9 Volt bei 3100 Å und ein leichtes Wiederansteigen auf 12,0 Volt bei 2500 Å. Durch Anwendung des FRANCK-CONDON-Prinzips in seiner einfachsten Form (S. 130) der Senkrechtlotung von den Umkehrpunkten aus gelangten sie dann zu einem rohen Bild vom Verlauf der Abstoßungskurve des unteren $1\,s\sigma\,2\,p\sigma\,^3\Sigma_u$-Zustands. Damit war gezeigt worden, daß auch ein homogenes Emissionskontinuum Schlüsse auf den Potentialkurvenverlauf zuläßt.

Aus den Messungen von FINKELNBURG und WEIZEL folgt, daß der Teil des Kontinuum zwischen 3100 und 3200 Å durch Übergänge vom Minimum der oberen Kurve aus zustande kommt. Dieses Ergebnis wurde direkt bestätigt durch eine schöne Arbeit von N. D. SMITH[682], der zeigte, daß durch Zusatz von 200 mm Helium oder Neon zu 0,6 mm H_2 die Intensitätsverteilung des H_2-Kontinuums vollständig verändert wird und man ein Maximum bei 3200 Å mit Abfall nach beiden Seiten erhält (Kurve 1 in Abb. 68). Durch Untersuchung des diskontinuierlichen H_2-Spektrums unter den gleichen Bedingungen konnte SMITH zeigen, daß der Edelgaszusatz infolge von Stößen eine Unterdrückung jeglicher Molekülschwingung bewirkt, so daß man schließen kann, daß das unter seinen Bedingungen beobachtete H_2-Kontinuum mit Maximum bei 3200 Å ausschließlich von Übergängen vom untersten Schwingungszustand des oberen Terms zum unstabilen unteren herrührt. Ein schwaches, bei 4500 Å beobachtetes Maximum könnte, falls es reell ist, auf die Beteiligung eines höheren Elektronenterms an der Emission hindeuten.

Einen großen Schritt weiter in Richtung einer streng quantitativen Erfassung des H_2-Kontinuums taten JAMES, COOLIDGE und PRESENT[655]. Durch Anwendung der in Abschn. 34 c δ besprochenen Variationsmethode, bei der für die Elektronenanordnung $1\,s\sigma\,2\,p\sigma\,^3\Sigma_u$ für verschiedene Werte des Kernabstands r das Minimum der Energie gesucht wird, gelingt es ihnen, die Abstoßungskurve des $^3\Sigma_u$-Terms mit großer Genauigkeit zu berechnen. Alle ihre Rechnungen werden, da sie sonst zu langwierig sein würden, mit dem mechanischen Differentialanalysator ausgeführt. Durch Einsetzen der so erhaltenen $V(r)$-Kurven der beiden kombinierenden Zustände in die SCHRÖDINGER-Gleichung berechnen sie maschinell die Kernbewegungseigenfunktionen für den oberen und unteren Zustand und werten unter der Annahme kernabstandsunabhängiger Elektronen-Übergangswahrscheinlichkeit (S. 129) das Übergangsintegral (36,6) exakt aus. COOLIDGE, JAMES und PRESENT erhalten so die bei Übergängen von den einzelnen Schwingungsniveaus v' zur unteren Kurve emittierten Einzelkontinua, die in Abb. 71 dargestellt sind. Um aus ihnen die für Elektronenstoßanregung theoretisch zu erwartende Intensitätsverteilung des Kontinuums ableiten zu können, wenden sie das FRANCK-CONDON-Prinzip auch für Elektronenstöße an,

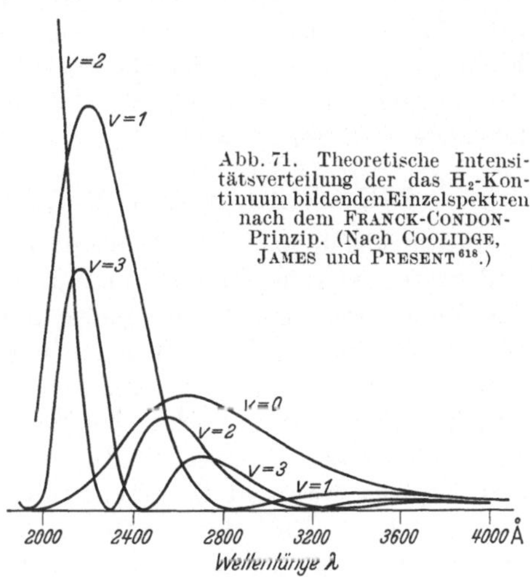

Abb. 71. Theoretische Intensitätsverteilung der das H_2-Kontinuum bildenden Einzelspektren nach dem FRANCK-CONDON-Prinzip. (Nach COOLIDGE, JAMES und PRESENT[618].)

berechnen also die Wahrscheinlichkeit der Anregung der ersten Schwingungsniveaus des $1\,s\sigma\,2\,s\sigma\,^3\Sigma_g$-Terms (oberer Term des Kontinuums) vom Grundzustand des Moleküls $1\,s\sigma^2\,^1\Sigma_g$ aus unter der Annahme, daß Lage und Geschwindigkeit der Kerne sich während des Anregungsvorganges nicht merklich ändern.

Die so aus der strengen Anwendung des FRANCK-CONDON-Prinzips folgende theoretische Intensitätsverteilung des H_2-Kontinuums (Abb. 71) entspricht in keiner Weise dem experimentellen Befund. Eine Diskussion der möglichen Ursachen dieser Diskrepanz führt die Verfasser zu dem Schluß, daß diese

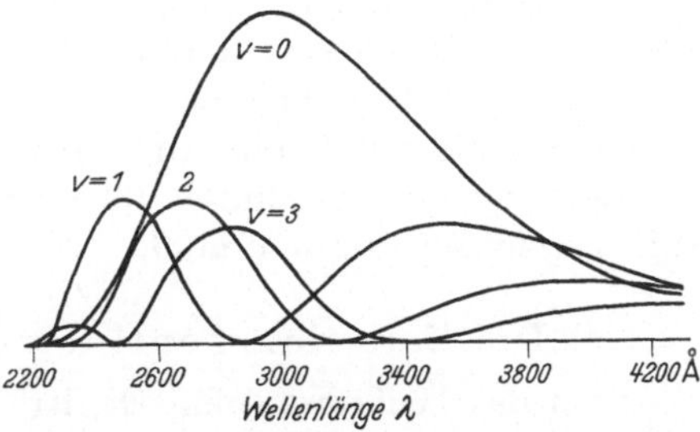

Abb. 72. Theoretische Intensitätsverteilung der das H_2-Kontinuum bildenden Einzelspektren unter Berücksichtigung der Kernabstandsabhängigkeit von $M(r)$ nach Gl. (59,1). (Nach COOLIDGE, JAMES und PRESENT[618].)

nur in der Ungültigkeit der FRANCK-CONDONschen Annahme liegen können. Bei dem mit relativ großer Amplitude schwingenden, leichten H_2-Molekül darf also die Elektronen-Übergangswahrscheinlichkeit $M(r)$ nicht konstant gesetzt, sondern muß mit ihrer Kernabstandsabhängigkeit erfaßt werden (vgl. FINKELNBURG[377] und S. 129). COOLIDGE, JAMES und PRESENT zeigen, daß sie zu einer Übereinstimmung von Theorie und Experiment gelangen, wenn sie die Elektronenübergangsmatrix

$$(59,1) \qquad M(r) = C(1 + x\,r) \qquad \text{mit } x = -0,434$$

ansetzen. Diese lineare Abhängigkeit kann natürlich nur als rohe Näherung für ein kleines Gebiet gelten; eine genauere Untersuchung der Frage ist in Aussicht gestellt (s. auch [365] und [397]). Abb. 72 zeigt die durch Einführung von (59,1) bewirkte Veränderung der theoretischen Intensitätsverteilung der Einzelspektren.

f) Kontinuierliche Emissionsspektren des H_2^+.

Schon gleich nach der Deutung des H_2-Kontinuums durch WINANS und STUECKELBERG ist die Frage aufgeworfen worden[605], ob nicht auch das Molekülion H_2^+ Träger eines ähnlichen Kontinuums sein könnte. Den Anlaß dazu bildeten Beobachtungen von HERZBERG[636] und BRASEFIELD[605]. Beide finden bei Entladungen in Wasserstoff von sehr geringem Druck $(1 - 5 \cdot 10^{-4}$ mm Hg$)$, bei denen das H_2-Kontinuum schon verschwunden war, ein neues Kontinuum, das nach HERZBERG zwischen H_β und H_γ liegt, während BRASEFIELD seine Grenzen mit 5300 und 4150 Å angibt. Da in Entladungen bei so geringem Druck Ionisierung nicht unwahrscheinlich ist, will BRASEFIELD das Kontinuum als Emissionsfall I von H_2^+ auffassen. Seine Deutung wurde später aufgegriffen von HUKUMOTO[653], der im negativen Glimmlicht, also unter für Ionen bekannt guten Bedingungen, ein schwaches, zwischen H_β und H_γ liegendes Kontinuum beobachtete und es dem H_2^+ zuschrieb. Ein Blick auf das kürzlich von STEENSHOLT[684] berechnete Potentialkurvenschema des H_2^+ zeigt, daß für Übergänge zwischen angeregten H_2^+-Termen zwar Möglichkeiten vorhanden sind, daß alle diese Zustände aber (auch die mit Potentialminima) äußerst wenig stabil sind, so daß die Deutung der erwähnten Beobachtungen noch als äußerst zweifelhaft bezeichnet werden muß.

g) Die Emissionskontinua des Heliummoleküls He_2.

Auch das Heliummolekül ist der Träger von kontinuierlichen Emissionsspektren, die, wie das große H_2-Kontinuum, dem Emissionsfall I zuzuordnen sind. Da beim He_2 der Singulettgrundzustand instabil ist und die stabilen angeregten Singulettmolekülzustände um 17 bis 20 Volt über dem Grundzustand liegen, erwarten wir insbesondere ein im fernen Ultraviolett liegendes Emissionskontinuum, und tatsächlich ist dieses von HOPFIELD[643, 644] im Gebiet 1100—600 Å gefunden worden. Da es (s. Abb. 73) im Gebiet 900—600 Å genügend linienfrei ist, ist es als Absorptionslichtquelle für das äußerste Ultraviolett von größtem Wert. Nach HOPFIELD und HENNING[76] erzeugt man es am besten in langen Rohren (60 cm) mäßiger Weite (1 cm) durch eine leicht kondensierte Entladung (bei HENNING 50 kV, 4000 cm Kapazität, 1,5 mm

Funkenstrecke in Serie). Wichtig ist größte Reinheit des Heliums, daher gutes Ausheizen der Elektroden und dauerndes Strömen des Gases durch gekühlte Absorptionskohle.

Neben diesem kurzwelligen He_2-Kontinuum, das also durch Übergänge von den angeregten Singulettzuständen zum unstabilen Singulettgrundzustand entsteht, beobachtet man[434] im Zusammenhang mit den He_2-Banden und unter den gleichen Anregungsbedingungen (wenige Zentimeter Druck, kondensierte Entladung) noch ein mäßig intensives, vom Sichtbaren bis ins nahe Ultraviolett reichendes Heliumkontinuum, dessen genaue Untersuchung noch aussteht. Lediglich TOWNSEND und PAKKALA[1676] haben seine Abhängigkeit von Druck und Stromstärke im

Abb. 73. He_2-Emissionskontinuum λ 900—600 Å, aufgenommen bei schwach kondensierter Entladung, 5 mm Druck und 5 Stunden Belichtung von HENNING[76].

Vergleich zu der der Heliumatomlinien untersucht und gefunden, daß letztere bei geringem Druck, ersteres bei hohem Druck überwiegen.

Da aus der Zusammenfuhrung eines normalen und eines verschieden hoch angeregten He-Atoms nach Abschn. 33b außer den empirisch bekannten Molekülzuständen auch stets ein oder mehrere unstabile entstehen müssen, ist an Abstoßungskurven im He_2-Potentialkurvenschema kein Mangel. Belege für die Existenz einiger dieser Kurven sind nach WEIZEL[1388] in der Verbreiterung der He-Linie 585 Å zu sehen (vgl. S. 250). Das sichtbare He_2-Kontinuum dürfte also wohl eine Überlagerung verschiedener Einzelspektren sein, die durch Übergänge von angeregten stabilen Molekültermen zu tieferen unstabilen zustande kommen.

60. Die Spektren der VAN DER WAALS-Moleküle Hg₂, Cd₂ und Zn₂.

Die Spektren der zweiatomigen Moleküle des Quecksilbers, des Kadmiums und des Zinks sind mit der Vielzahl ihrer Kontinua und mehr oder weniger diffusen Bänder wohl die verworrensten Spektren, die wir kennen. Wegen der fehlenden klaren Struktur werden sie in den Darstellungen der Bandenspektren auch meist nur ganz kurz erwähnt. Sie sollen hier, da sie schöne Beispiele der meisten in Kap. IX behandelten Typen von Molekülkontinua bilden, ausführlich besprochen werden. Tabelle 17 gibt eine Übersicht über alle beobachteten spektralen Erscheinungen der drei Moleküle, zusammen mit der Deutung, die in Abschn. b erläutert wird. Weitaus am besten untersucht sind die Quecksilberspektren, auf die wir als typisch zuerst eingehen.

a) Die experimentellen Ergebnisse über die Hg$_2$-Kontinua.

Die ersten Beobachtungen über Quecksilberkontinua stammen aus dem Jahre 1890, in dem WARBURG[861] in der positiven Säule einer GEISSLER-Entladung das Kontinuum Nr. 1 entdeckte, das in den folgenden Jahren von HARTLEY[732] auch in der Hg-Fluoreszenz festgestellt wurde, Beobachtungen, die in den nächsten Jahren von WIEDEMANN und SCHMIDT[863], KALÄHNE[741] sowie HAGENBACH und KONEN[728] bestätigt und erweitert wurden. STARK[840] fand 1905, daß auch im Ultraviolett

Abb. 74. Kontinuierliche Emissionsbänder des Hg$_2$ im langwelligen Ultraviolett, angeregt durch Zn-Funkenlicht. (Nach MROZOWSKI[778].)

Kontinua vorkommen. 1909 entdeckte STEUBING[843] das nach ihm benannte Band Nr. 9; etwas später erfolgte die Untersuchung der Röntgenfluoreszenz durch LANDAU und PIWNIKIEWICZ[765, 808], die erste eingehende Untersuchung der Spektren Nr. 1—10 durch STARK und WENDT[841, 842] in Entladungen mäßigen Drucks, und schließlich eröffnete

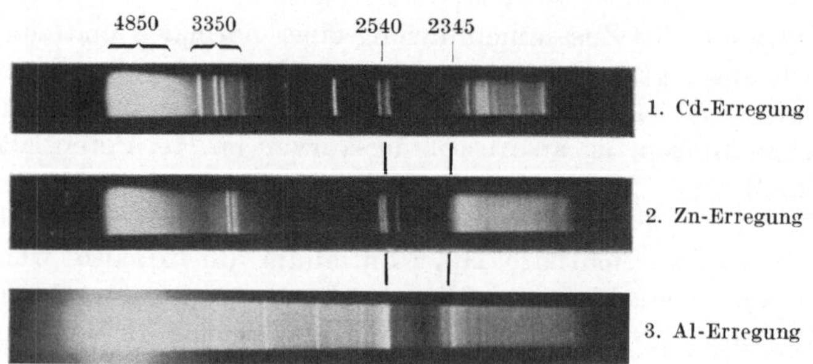

Abb. 75. Quecksilber-Fluoreszenzkontinua in Abhängigkeit vom anregenden Funkenlicht. (Nach MROZOWSKI[778].)

PHILLIPS[805] im gleichen Jahr 1913 durch die erste Messung der Nachleuchtdauer des Kontinuums Nr. 1 ein für die Untersuchung des Anregungsmechanismus der Spektren wichtiges Gebiet. Mit der Aufstellung der ersten einleuchtenden Theorie der Erscheinungen[724, 725] setzte dann 1921 eine Hochflut von Untersuchungen ein, die noch keineswegs abgeklungen ist.

Bei der Mannigfaltigkeit der Erscheinungen, die von Temperatur, Druck und Anregungsbedingungen so stark abhängig sind, ist es nicht möglich, durch wenige Aufnahmen ein Bild der Spektren zu geben. Schöne Aufnahmen finden sich besonders bei RAYLEIGH und MROZOWSKI. Eine grobe Übersicht über die wichtigsten Fluoreszenzspektren des Hg geben Abb. 74 und Abb. 75, deren letztere den Einfluß verschiedener

Anregung zeigt. Die Entwicklung der auffallendsten Absorptionskontinua mit dem Druck zeigt Abb. 76.

Wir geben im folgenden, als Grundlage der späteren Deutung, eine Beschreibung der wesentlichsten Merkmale der einzelnen Spektren, numeriert entsprechend Tabelle 17.

Das große, im Sichtbaren gelegene Kontinuum Nr. 1 erstreckt sich je nach den Anregungsbedingungen über 1000 bis 2000 Å mit einem Maximum bei 4850 Å. In Absorption tritt es nicht auf[806, 812]. In Emission erhält man es in allen nicht zu starken Entladungen (zur Demonstration schön durch Anlegen von Spannung an eine Hg-Dampfstrahlpumpe), in Fluoreszenz angeregt durch ultraviolettes Licht $\lambda < 3450$ Å[822] oder Röntgenstrahlen[772, 779, 808], besonders klar im frisch destillierenden Hg-Dampf[773, 793—795], in der Tribolumineszenz[715], und schließlich sehr intensiv im Nachleuchten stromstarker Hg-Entladungen, wo es ohne Begleitung der Resonanzlinie 2537 Å deutlich noch etwa 10^{-3} sec nach Abschalten des Stromes beobachtet wird[805, 816, 820]. Im wesentlichen handelt es sich bei dem Spektrum um ein echtes Emissionskontinuum, wenn auch VOLKRINGER[858] in der elektrodenlosen Ringentladung, sowie OKUBO und MATAYAMA[799, 800] bei Hochfrequenzanregung im Gebiet 4340—3650 Å

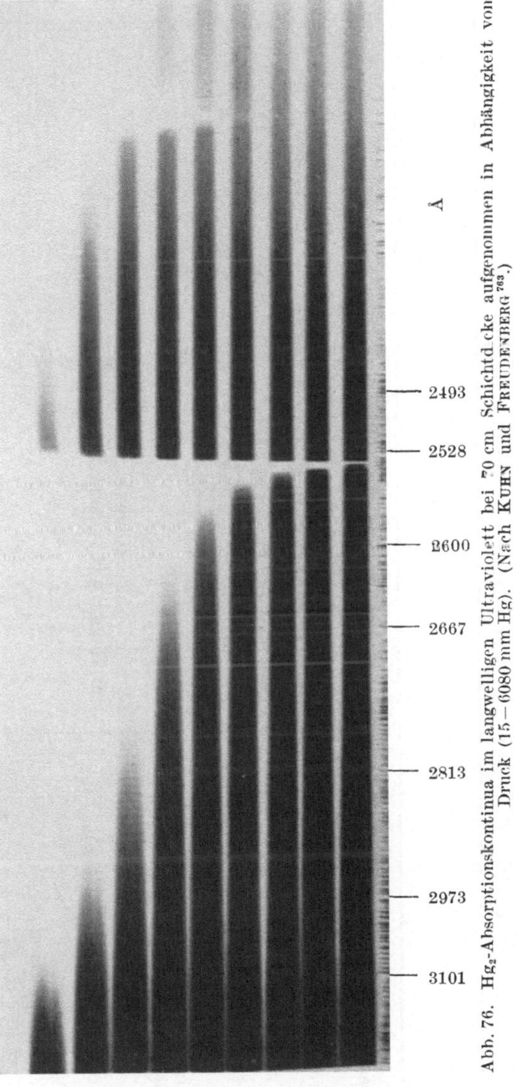

Abb. 76. Hg_2-Absorptionskontinua im langwelligen Ultraviolett bei 70 cm Schichtdicke aufgenommen in Abhängigkeit vom Druck (15—6080 mm Hg). (Nach KUHN und FREUDENBERG[783].)

Tabelle 17. Übersicht über die Spektren des Hg_2, Cd_2 und Zn_2.

Spektr.-Nr.	Hg_2	Cd_2	Zn_2	Oberer Term	Dissoziations-produkte
1	Ein großes, nur in Emission auftretendes Kontinuum mit Maximum bei 4850 Å; Grenzen etwa 5300—4000 Å.	Ein nur in Emission auftretendes Kontinuum mit Maximum bei 4650 Å; Grenzen 5100—3800 Å.	Ein nur in Emission auftretendes Kontinuum; Maximum bei 4450 Å; Grenzen etwa 5000 bis 3900 Å.	$^3 0_u{}^-$	$6\,^1S + 6\,^3P_0$
2	Ein nur in Emission auftretendes Kontinuum mit Maximum bei 3350 Å; Grenzen 3700—3000 Å.			$^3 1_u$	
3	Ein Zug in Emission und Absorption auftretender Fluktuationen 2950—2610 Å; wing-Banden.	Ein Zug Fluktuationsbanden im Gebiet 4290—3633 Å.	Möglicherweise ein Bandenzug bei 3595—3411 Å; in Emission beobachtet.	$^3 1_u$	
4	Ein Zug nur in Fluoreszenz beobachteter diffuser Banden bei 3015—2650 Å; core-Banden.			$^3 1_u$	$6\,^1S + 6\,^3P_1$
5	Ein schwaches, nur in Emission auftretendes Kontinuum bei 2650 Å.	—	—	$^3 1_u$	
6	Ein in Absorption und Emission auftretendes kontinuierliches Band mit kurzwelliger Grenze bei 2540 Å.	Ein in Emission und Absorption auftretendes kontinuierliches Band mit kurzwelliger Grenze bei 3261 Å.	Ein in Absorption und Emission auftretendes kontinuierliches Band mit kurzwelliger Grenze bei 3076 Å.	$^3 0_u{}^+$	
7	8 scharfe, nur in Emission auftretende Banden 2494—2450 Å.	—	—	$Hg_2{}^+$-Banden	
8	30 scharfe Banden 2341—2311 Å; schwach in Absorption und Emission auftretend.	Bandensystem 3180—3140 Å; in Emission und Absorption auftretend.	Eine in Absorption und Emission auftretende Bandengruppe bei 3050 Å.	$^3 1_u$	$6\,^1S + 6\,^3P_2$

9	System intensiver Fluktuationen bei 2300 bis 2000 Å; in Absorption und Emission auftretend.	System intensiver Fluktuationen 3050—2560 Å; in Absorption und Emission auftretend.	Bandenzug, in Absorption und Emission auftretend, im Gebiet 3080—2400 Å.	$^1\Sigma_u^+$	$6\,^1S + 6\,^1P$
10	Ein in Absorption und Emission auftretendes kontinuierliches Band bei 1850 Å; in Emission von hier in (9) übergehend; in Absorption von 1807 Å nach langen Wellen reichend.	Kontinuierliches Band, in Emission von 2288 Å, in Absorption von 2212 Å nach langen Wellen reichend.	Kontinuierliches Band, in Absorption von 2064, in Emission von 2139 Å nach langen Wellen reichend.	$^1\Pi_u$	
11	Ein schwaches, bisher nur in Absorption beobachtetes Band bei 1755 Å.	—	—	?	$6\,^1S + 7\,^3S$
12	Ein in Absorption und Emission beobachtetes kontinuierliches Band bei 1690 Å.	Ein in Absorption und Emission beobachtetes kontinuierliches Band bei 2125 Å.	In Absorption und Emission auftretendes kontinuierliches Band bei 2002 Å.	$^1\Sigma_u^+$	$6\,^1S + 7\,^1S$
13	Ein bisher nur in Absorption beobachtetes kontinuierliches Band bei 1403 Å.	—	—	$^1\Sigma_u^+$ $^1\Pi_u$	$6\,^1S + 7\,^1P$

zwei Züge überlagerter diffuser Banden mit Wellenzahlabständen von 12 und 17 cm^{-1} gefunden haben. Die Intensität des Kontinuums wird durch ein Magnetfeld nicht beeinflußt[789], dagegen verschwindet es bei Erhitzen des fluoreszierenden Dampfes[815, 816, 856]. Das Kontinuum zeigt auch bei Fluoreszenzanregung keine Polarisation[784]. FOOTE, RUARK und CHENAULT[722] stellten fest, daß bei geringem Hg-Dampfdruck das Kontinuum nur bei Zusatz eines inaktiven Gases erscheint, und zogen daraus den Schluß, daß sein oberer Zustand nicht direkt anregbar ist, sondern nur durch Stöße zweiter Art erreicht werden kann. Mit dieser Deutung stimmt die von RAYLEIGH[827] bestätigte Beobachtung MROZOWSKIs[780] überein, daß die Intensität mit wachsendem Druck, d. h. mit der Zahl der Stöße, zunimmt, und zwar nach ROSSELOT[836] proportional dem Fremdgasdruck N$_2$. Auch die Beobachtung von WOOD[878] und PIENKOWSKI[806, 807], daß zwischen der Einstrahlung und dem Auftreten der kontinuierlichen grünen Fluoreszenz eine Dunkelperiode von etwa $5 \cdot 10^{-5}$ sec liegt (vgl. auch [747]), sprach für die indirekte Anregung. Erwähnt sei ferner die Feststellung RAYLEIGHs[829], daß bei Erregung der grünen Fluoreszenz durch Einstrahlen der Hg-Linie 2537 Å außer den direkt angeregten $^3P_1$-Hg-Atomen am Ort der grünen Fluoreszenz stets auch metastabile $^3P_0$- und $^3P_2$-Atome vorhanden waren. Strahlte RAYLEIGH nämlich in den fluoreszierenden Hg-Dampf die dem Übergang $^3S - {}^3P_0$ entsprechende Linie 4047 Å ein, so erschien sofort das ganze Triplett $^3S - {}^3P_{0,\,1,\,2}$, ein Zeichen dafür, daß im Dampf $^3P_0$-Atome vorhanden waren, die durch Absorption der Linien 4047 in den ^3S-Zustand gehoben werden konnten. Daß $^3P_0$-Atome an der Emission des Kontinuums meist beteiligt sind, machte schon vorher die Beobachtung von NIELSEN[792] wahrscheinlich, der fand, daß in einer Niederstromglimmentladung das Verhältnis der Kontinua Nr. 1 und 2 stets dem aus der Temperaturabhängigkeit berechneten Konzentrationsverhältnis von $^3P_0$- zu $^3P_1$-Atomen entsprach. Eine notwendige Bedingung für das Auftreten von Nr. 1 ist die Anwesenheit metastabiler Atome aber nicht[822, 747].

Das im nahen Ultraviolett gelegene Kontinuum Nr. 2 ähnelt in seiner Erscheinung sehr dem eben besprochenen, erstreckt sich aber nur über etwa 500 Å mit einem Maximum bei 3350 Å. Mit dem sichtbaren Kontinuum hat es gemeinsam, daß es mit annähernd gleicher Dauer im Nachleuchten auftritt[735, 816, 822, 747], daß es durch Röntgenstrahlen erregt wird[815, 816, 856], und daß es gleichfalls nicht in Absorption auftritt[806, 812]. Ein etwas verschiedenes Verhalten dagegen fand bei Fluoreszenzanregung mit dem Al-Funken NIEWODNICZANSKI[796], während als bedeutungsvollster Unterschied gegenüber dem Kontinuum Nr. 1 festzustellen ist, daß es bei Erhitzen nicht verschwindet[815, 816, 856], im allgemeinen sogar verstärkt wird. Interessant ist endlich noch, daß nach RAYLEIGH[819] bei Anregung mit Ni-Linien mit Wellenlängen $\lambda > 3360$ Å das ganze Kontinuum 3650—3130 Å in Fluoreszenz erscheint, also auch der „antistokessche" Teil. Im übrigen verhält sich das Kontinuum nach RAYLEIGH[827, 828] in fast allen Punkten ebenso wie die von ihm[817] gefundenen wing-Banden Nr. 3, nur daß es nicht wie diese auch in Absorption beobachtet wird. Gerade dieser Punkt ist für die Deutung ausschlaggebend. Auf der kurzwelligen Seite des bei 3350 Å liegenden Maximums findet HAMADA[730] im Gebiet 3340—3130 Å Kantenstruktur angedeutet, doch ist deren Zusammenhang mit den an die kurzwellige Grenze sich anschließenden wing-Banden nicht klar.

Auf einen Zusammenhang des Kontinuums mit dem vom Grundzustand aus direkt anregbaren $^3P_1$-Zustand des Hg-Atoms deutet die Beobachtung von NIELSEN[792] hin, daß bei Temperaturänderung die Intensität des Kontinuums Nr. 2 und der Hg-Linie 2537 Å ($^1S - {}^3P_1$) sich stets in gleicher Weise ändert. Da nach RAYLEIGH[830] das Kontinuum mit der langen Nachleuchtdauer auch unter Bedingungen auftritt, unter denen metastabile Atome fehlen, kann die lange Leuchtdauer nicht durch Sekundärprozesse erklärt werden, sondern muß anscheinend als entsprechend lange Lebensdauer des oberen Zustands gedeutet werden. Eine Polarisation des Kontinuums ist bisher nicht festgestellt worden[784].

Die wing-Banden Nr. 3 haben ihren Namen von der Beobachtung RAYLEIGHs[817], daß sie in Fluoreszenz bei Einstrahlung der verbreiterten Linie 2537 auch dann auftreten, wenn deren Linienmitte durch Selbstabsorption unwirksam geworden ist, also nur die Flügel (wings) der Linie die Anregung bewirken. Die Banden treten auch bei Fremdlinienanregung (Fe, Al) in Fluoreszenz auf[827]. Schon RAYLEIGH schloß aus diesem weiten Bereich der Anregung, daß es sich bei den wing-Banden um Molekülabsorption handeln muß. Erhitzen des Dampfes verstärkt die Banden erheblich, doch verschwindet dabei die Struktur schließlich vollständig in einem Kontinuum, das sich in Emission an das Nr. 2 anschließt. KUHN und FREUDENBERG[763] untersuchten die Absorption bei 70 cm Schichtdicke und einem Druck von bis zu 13,5 Atm. (s. Abb. 76). Dabei dehnte sich das aus den wing-Banden entstehende Kontinuum über die normale langwellige Grenze allmählich bis 3300 Å aus, während gleichzeitig das kontinuierliche Band Nr. 6 bis zum Anschluß an die wing-Banden wuchs und seine kurzwellige scharfe Kante sich nach 2530 Å verschob, so daß unter diesen Bedingungen die Absorption kontinuierlich von 2530—3300 Å reicht. Der Absorptionskoeffizient wächst dabei[763] mit dem Quadrat des Druckes, was RAYLEIGHs Annahme der Absorption durch Moleküle bzw. Stoßpaare bestätigt.

Im Gegensatz zu den wing-Banden treten die besonders von RAYLEIGH[827] untersuchten *core-Banden Nr. 1*, die nur in Emission beobachtet worden sind, in Fluoreszenz nur bei Einstrahlung des Kerns (core) der Linie auf (vgl. aber [811]). Dabei erscheint bei Einstrahlung dieser Linie in ein Gefäß mit Hg-Dampf die core-Fluoreszenz nur dicht an der Eintrittsstelle des primären Strahles. Der Absorptionskoeffizient der die core-Fluoreszenz anregenden Strahlung ist also im Gegensatz zu dem der Molekülabsorption so groß, daß der wirksame Teil des Lichtes gleich beim Eintritt in das Absorptionsgefäß absorbiert wird.

Das wohl zuerst von HOUTERMANS[735] beschriebene *Kontinuum Nr. 5 bei 2650* Å wird von RAYLEIGH[827] mit der core-Serie in Zusammenhang gebracht, da deren letzte Bande bei 2659,5 Å liegt und es wie diese nur in Emission auftritt. Auf einen Zusammenhang mit dem ebenfalls nur in Emission und bei Anwesenheit von $^3P_0$-Atomen auftretenden Kontinuum Nr. 1 deutet die Beobachtung VOLKRINGERs[857] hin, daß beide Kontinua beim Überhitzen bei der gleichen Temperatur verschwinden.

Das kontinuierliche Band Nr. 6, das sich von einer meist bei 2540 Å liegenden scharfen Kante nach langen Wellen zu erstreckt, ist die nächst den Kontinua Nr. 1 und 2 auffallendste Erscheinung im Hg_2-Spektrum. Es wird in Emission und Absorption beobachtet, ist aber in Emission meist ziemlich schmal (vgl. jedoch HAMADA[730]), während es sich in Absorption bei hohem Druck[748, 763] bis 3300 Å ausdehnen kann. In der Nähe der Kante sind noch eine Anzahl schmaler Banden bei 2540, 2541 und 2542 Å in Absorption gefunden worden[734, 761, 763].

Stark und Wendt[842] untersuchten als erste den Zusammenhang des Kontinuums mit der Resonanzlinie und fanden ein unabhängiges Verhalten, das durch Beobachtungen von Rayleigh[818] bestätigt wurde, der bei Fluoreszenzanregung mit dem kontinuierlichen Wasserstoffspektrum das Kontinuum ohne die Resonanzlinie erhielt. Es besteht aber eine Kopplung zwischen Kontinuum und Linie in dem Sinn, daß bei geringem Druck und niedriger Temperatur (ungestörte Atome) die Linie vorherrscht, während bei steigendem Druck und höherer Temperatur das Kontinuum intensiver wird. Auf die Versuche, aus der Intensitätsabnahme bei Erhitzen auf die Dissoziationsenergie des Grundzustands zu schließen, kommen wir noch zurück. Erwähnenswert ist noch die Beobachtung von Forsythe und Easley[723], daß in einem 300 Watt-Wechselstrombogen in Hg-Ar-Gemisch zwischen erhitzten Wolframelektroden ein von 4000—2100 Å reichendes kontinuierliches Spektrum emittiert wird, dessen Intensität bei Erhitzen gegenüber der der Hg-Linien wächst. Oberhalb 220° C erschien das Kontinuum Nr. 6 in Absorption; bei 426° C reichte es von 2530—2562 Å, während eine nicht elektrisch erregte Hg-Dampf-Absorptionszelle gleicher Temperatur nur von 2540 Å an nach langen Wellen zu absorbierte. Die Polarisation ist in der Umgebung der Linie $\lambda\,2537$ Å von Pringsheim und Saltmarsh[811] zu 22% gemessen worden; für das 2540-Kontinuum beträgt sie nach Zielinski[885, 888] 5,5%.

Die Gruppe der acht scharfen, nur in Emission auftretenden *Banden Nr. 7 zwischen 2494 und 2450* Å (intensivste bei 2476 Å) ist zuerst von Rayleigh[818] und später von Winans[870–873] in der elektrodenlosen Ringentladung und in Wechselstromentladungen untersucht worden. Durch Erhitzen werden die Banden geschwächt. Im Gegensatz zu allen anderen, in Emission auftretenden Hg-Banden sind sie nicht in Fluoreszenz beobachtet worden. Die „Kanten" der rotabschattierten Banden besitzen die Wellenlängen 2494, 2488, 2482, 2476, 2469,5 2464, 2458 und 2449,5 Å. Von Brzozowska[703, 704] wurde die Bande 2476 bei einer Dispersion von 1 Å/mm aufgelöst. Aus der Einordnung der 22 „Linien" in einen Q-Zweig würde ein B-Wert folgen, der für Hg_2 und $Hg_2{}^+$ viel zu groß ist. Brzozowska scheint deshalb die Banden einer Hg-Verbindung zuordnen zu wollen, doch zeigte Winans[873] durch exakte Versuche, daß Verunreinigungen nicht beteiligt sind und es sich um ein Hg-Spektrum handeln muß. Winans deutet deshalb die „Linien" als Banden und faßt jede der acht früher als Banden bezeichneten Spektren als eine Bandengruppe auf. Wegen des Nichtauftretens in Fluoreszenz schreibt er die Banden dem $Hg_2{}^+$ zu und stützt seine Ansicht durch Untersuchung der Anregungsbedingungen und der Kantenstruktur des Spektrums. Zu der gleichen Deutung gelangen Chow und Chao[708] durch Untersuchungen über die Intensität in Abhängigkeit von Druck und Stromstärke. Der angeregte $Hg_2{}^+$-Term soll in ein normales Hg^+-

Ion und ein $^3P_1$-Atom dissoziieren. Ob das von Winans zusammen mit den Banden beobachtete schwache Emissionskontinuum im Gebiet 2536—2345 Å wirklich reell ist, erscheint nach den reproduzierten Aufnahmen noch fraglich; es müßte sich um ein Emissionskontinuum Fall IV (S. 151) handeln.

Die Bandengruppe Nr. 8, die sich im Gebiet 2341—2311 Å ausbreitet, weist nach Rayleigh[818] in Emission auch bei hoher Auflösung keine Struktur auf, zeigt solche aber nach dem gleichen Forscher[818] sowie McLennan und Edwards[768] deutlich in Absorption. Nach Rayleigh[817] tritt das Spektrum auch im Nachleuchten auf; bei Erhitzen wird es geschwächt, aber nicht ausgelöscht[817, 871]. In Absorption bewirkt Temperaturerhöhung lediglich eine Verbreiterung der Banden[723]. Gegenüber älteren Vermutungen stellte Rayleigh[828] fest, daß die Fluoreszenzintensität der Banden linear von der Einstrahlintensität abhängt, Sekundäreffekte also keine Rolle spielen. Bei genauen Wellenlängenmessungen finden Kuhn und Freudenberg[763] Unregelmäßigkeiten in der Bandenfolge sowie zwei Lücken, aus denen sie schließen, daß die Wellenzahldifferenz von etwa $18\,cm^{-1}$ zwischen benachbarten Banden durch Überlagerung zweier Bandenzüge nur vorgetäuscht wird, und daß die wahre Größe des maßgebenden Schwingungsquants etwa $36\,cm^{-1}$ betragen muß.

Die inzwischen sehr viel untersuchten Steubing-*Banden Nr. 9* sind von Steubing[843] im Gebiet 2300—2000 Å in Fluoreszenz gefunden worden. Sie werden durch alle Wellenlängen im Gebiet 2200—1850 Å intensiv erregt, nicht dagegen durch Röntgenstrahlen[779], im allgemeinen schwächer durch elektrische Entladungen. In der Hohlkathode hat allerdings Hamada[730] ein von 2400—1850 Å reichendes Emissionskontinuum mit diffusen Banden im Gebiet 2167—2038 Å beobachtet, ein Befund, der bei Bestätigung als Überlagerung der Spektren Nr. 9 und 10 gedeutet werden muß und als Fall III der Emissionskontinua aufzufassen wäre. Mrozowski[778] hat 27 Steubingsche Fluoreszenzbanden ausgemessen und aus den von rund 500 auf $100\,cm^{-1}$ abnehmenden Wellenzahlabständen auf eine Konvergenzstelle bei 1850 Å geschlossen, womit der Zusammenhang der Banden mit der 1849-Linie und dem ^1P-Term klargestellt scheint. Auf die dabei festgestellte starke Abhängigkeit der Bandenstruktur von der anregenden Wellenlänge kommen wir S. 212 zurück.

In Absorption sind die Banden Nr. 9 von Kremenewsky[753, 754] mit violetter Abschattierung im Gebiet 2109—2038 Å gefunden worden; auch sie konvergieren nach 1850 Å. Möglicherweise stellen zwei von Mrozowski[783] gefundene Absorptionsbänder bei 2267 und 2247 Å langwellige Fortsetzungen dar. Bei Fluoreszenzanregung sind die Steubingschen Banden polarisiert, und zwar beträgt der Polarisationsgrad nach Mrozowski[787] im gesamten Gebiet 11 %.

Das von McLennan und Edwards[768] entdeckte *kontinuierliche Band Nr. 10* nahe der Hg-Linie 1849 Å zeigt Ähnlichkeit mit dem bei der Linie 2537 liegenden Band Nr. 6. Wie dieses tritt es in Emission und Absorption auf. Nach Winans[866, 868] beobachtet man in Absorption zunächst ein symmetrisch um die Linie 1849 liegendes Kontinuum, das sich bei steigendem Dampfdruck nach kurzen Wellen nur bis 1807 Å ausdehnt und dort eine Kante bildet, nach langen Wellen aber bis 2500 Å reichen kann. In Emission (Fluoreszenz, elektrodenlose Ringentladung) fehlt der kurzwellige Teil, und das Spektrum endet nahe bei 1849 Å. Lediglich Hamada[730] beobachtet das Spektrum in der Hohlkathode mit den Grenzen 1834 und 2400 Å mit Maxima bei 1850 und 2260 Å, während Schmidt[837] im Spektrum einer ungekühlten Hg-Lampe an seiner Stelle ein von 2000—1840 Å reichendes Kontinuum gefunden hat. Eliashewich und Terenin[716] regten das Band Nr. 10 in Fluoreszenz mit der Al-Linie 1854 an. Bei geringem Hg-Dampfdruck wurde dann diese Linie allein reemittiert, bei steigendem Dampfdruck auch die Al-Linien 1862, 1935 und 1990 Å. In der gleichen Arbeit wird festgestellt, daß beim Erhitzen des Dampfes auf 800° C das gesamte Kontinuum verschwindet.

Das kontinuierliche Band Nr. 11 bei 1690 Å wurde von Winans[866, 868] in Absorption und Emission gefunden; nach Kremenewsky[755] weist es in Absorption eine deutliche kurzwellige Verbreiterung auf.

Das kontinuierliche Band Nr. 12 bei 1755 Å ist von Kremenewsky[755] ebenso wie das an die Hg-Linie 1403 Å sich anschließende *Band Nr. 13* bisher nur in Absorption beobachtet worden[753–755].

b) Die Theorie der Quecksilberkontinua.

Als Träger der besprochenen Quecksilberspektren kommt nur ein Molekül in Frage, wenn es auch in älterer Zeit nicht an anderen Deutungsversuchen gefehlt hat[841, 714]. Wegen des großen Trägheitsmoments des Hg_2 war Unauflösbarkeit der Rotationsstruktur auch in den echten Banden, sowie eine geringe Größe der Schwingungsquanten zu erwarten. Franck und Grotrian[724, 725] haben als erste den Gedanken der Zuordnung der Spektren zum Hg_2-Molekül ausgesprochen. Eine Stütze ihrer Ansicht sahen sie besonders in der Tatsache, daß die wesentlichsten Absorptionsbänder in nächster Nähe von Hg-Linien auftreten, was sie erwarteten, da bei der von ihnen angenommenen schwachen Bindung zwischen den beiden Atomen die Elektronensprünge nicht wesentlich verändert werden sollten. Die genaue Untersuchung der Spektren und ihre Deutung im Sinn der Molekültheorie (Kap. VIII) wurde von Mrozowski, Lord Rayleigh und Winans begonnen, von Kuhn weitergeführt und in letzter Zeit von Mrozowski zu einem gewissen Abschluß gebracht.

Mit der Ausnahme der dem Molekülion Hg_2^+ zugeschriebenen Banden Nr. 7 werden alle beschriebenen Spektren Übergängen zwischen dem

Grundzustand und den verschiedenen angeregten Zuständen des Hg_2-Moleküls zugeschrieben. Man geht nun so vor, daß man die Potential-kurven der an Übergängen beteiligten Molekülzustände in solcher Weise konstruiert, daß das Potentialkurvenschema sich in Übereinstimmung befindet mit den besonders in Abschn. 34 behandelten theoretischen Gesetzmäßigkeiten, und daß es gleichzeitig die große Zahl der be-obachteten Eigenschaften der Spektren zwanglos erklärt. Das nach diesen Grundsätzen von Kuhn[759] und Finkelnburg[9] konstruierte und neuer-dings von Mrozowski[788, 789] verbesserte Schema zeigt Abb. 77. Wegen der inneren Geschlossenheit dürfen wir ihm in seinen Grundzügen einen hohen Grad von Sicherheit zuschreiben.

Welche Molekülterme haben wir nun beim Hg_2 zu erwarten? Nach Abschn. 33 gilt für die Wechselwirkung schwerer Atome bei nicht zu geringem Kernabstand der Mullikensche Kopplungsfall c, bei dem die Triplettmolekülzustände durch ihre Ω-Werte (s. S. 109) gekennzeichnet sind. Bei kleinem Kernabstand dagegen haben wir den Übergang zur starken Kopplung nach Fall a. Diese Kopplungsänderung ist für das Verständnis der beobachteten Intensitäten von erheblicher Bedeutung.

Der in zwei normale $6\,^1S$-Hg-Atome dissoziierende Grundzustand des Hg_2 ist ein reiner van der Waals-Zustand $^1\Sigma_g{}^+$ (vgl. S. 121 f.). Die Reihenfolge der angeregten Molekülterme ergibt sich aus Mullikens Über-legungen[410] (vgl. auch Mrozowski[789]). Da das Molekül aus zwei gleichen Atomen besteht, entsteht je ein gerader und ein ungerader Term. Da im allgemeinen aber nur die ungeraden Terme mit dem geraden Grund-term kombinieren, werden mit einer Ausnahme nur jene hier angeführt.

Aus der Zusammenführung eines normalen $6\,^1S$ und eines $6\,^3P_0$-Atoms entsteht ein $^30_u{}^-$ Molekülterm, der bei sehr kleinem Kernabstand in einen $^3\Sigma_u{}^+$ übergeht[789]. Aus der Zusammenführung $6\,^1S + 6\,^3P_1$ ent-stehen ein ^31_u-Term, der im Kopplungsfall a in den $^3\Sigma_u{}^+$ übergeht, und ein höher liegender $^30_u{}^+$, der bei kleinem Kernabstand in einen $^3\Pi_{0u}$ übergeht. Aus $6\,^1S + 6\,^3P_2$ entstehen in energetischer Reihenfolge die drei Terme $^30_u{}^-$, ^31_u und ^32_u. Dieser letzte Term kann mit dem Grund-zustand auf keine Weise kombinieren und ist daher in Abb. 77 fort-gelassen; auf die anderen beiden kommen wir genauer zurück. Im Fall a geht der $^30_u{}^-$ in den $^3\Pi_{0u}$, der ^31_u in den $^3\Pi_{1u}$ über.

Für die nun folgenden Singulettzustände brauchen wir den Unter-schied zwischen Fall a und c nicht mehr zu vermerken, weil dieser ja gerade durch die Kopplung des Spins bedingt ist. Aus $6\,^1S + 6\,^1P$ entstehen ein $^1\Sigma_u{}^+$ und ein höherer $^1\Pi_u$, desgleichen aus $6\,^1S + 7\,^1P$. Aus $6\,^1S + 7\,^1S$ entsteht ein $^1\Sigma_u{}^+$. Auf die Kombination $6\,^1S + 7\,^3S$ endlich kommen wir S. 207 noch zurück.

Daß der Grundzustand ein reiner van der Waals-Zustand (s. S. 122) ist, wurde schon erwähnt. Sein steiler Anstieg bei abnehmendem Kern-abstand wurde so gewählt, daß er mit der Deutung aller Beobachtungen in Einklang steht, da theoretisch nichts über ihn auszusagen ist. Die Dissoziationsenergie D'' des Grundzustands (kurz D genannt) hat LONDON[405] theoretisch auf Grund von Gl. (34,20) zu 0,087 Volt abgeschätzt. Aus der gemessenen Abnahme der Gesamtabsorption des Bandes Nr. 6 mit der Temperatur bei konstanter Dampfdichte haben KÖRNICKE[748]

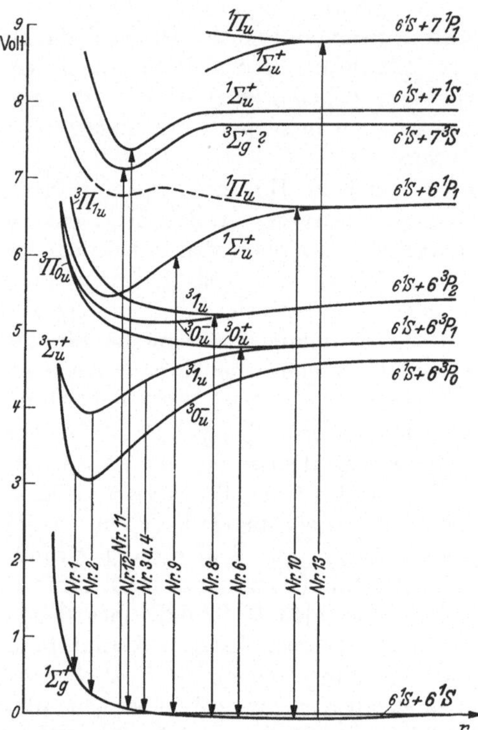

Abb. 77. Potentialkurvenschema des Hg₂-Moleküls.
(Nach MROZOWSKI[788, 789], mit kleinen Änderungen.)

sowie KUHN und FREUDENBERG[763] D zu 0,06 bzw. 0,065 Volt berechnet, während neuerdings KUHN[761] aus der gemessenen Gesamtabsorption des Bandes Nr. 6 auf den Prozentsatz der zu Molekülen assoziierten Hg-Atome schließt und daraus nach einer von GIBSON und HEITLER gegebenen Formel einen D-Wert von 0,092 Volt erhält. Da wegen der zugrunde liegenden Annahmen diese letzte Methode einen oberen Grenzwert für D'', die thermische Methode dagegen einen unteren Grenzwert liefert, gilt für die Dissoziationsenergie des Hg₂-Grundzustands

$$D_0'' = 0,08 \pm 0,01 \text{ Volt.}$$

Der Gleichgewichtskernabstand r_0 ist spektroskopisch wegen der fehlenden oder nicht auflösbaren Rotation nicht bestimmbar; er wird deshalb von KUHN[761] aus der Dichte des flüssigen Quecksilbers sowie seiner festen Legierungen zu

$$r_0 = 3,2 \pm 0,3 \cdot 10^{-8} \text{ cm}$$

angegeben, woraus sich für das Trägheitsmoment des Hg₂

$$I_0 = 1,7 \cdot 10^{-37} \text{ g cm}^2$$

ergibt.

Wir besprechen jetzt den Verlauf der Potentialkurven der angeregten Zustände im Zusammenhang mit den den einzelnen Übergängen zugeordneten Spektren (s. Abb. 77).

Das große Emissionskontinuum Nr. 1 muß als Fall III (S. 151) gedeutet und dem in $^1S + {}^3P_0$ dissoziierenden Zustand zugeordnet werden, der folglich ein ausgeprägtes Minimum besitzen muß. Mit dieser Deutung sind die S. 197 erwähnten Beobachtungen über die indirekte Anregung des sichtbaren Kontinuums in Übereinstimmung, da der $^3P_0$-Zustand metastabil ist. Da auch der Übergang $^1\Sigma_g^+ \longleftrightarrow {}^30_u^-$ verboten ist, ist ein Elektronensprung nur im Gebiet sehr kleiner Kernabstände möglich, wo nach Kopplungsfall a Übergänge $^1\Sigma_g^+ \longleftrightarrow {}^3\Sigma_u^+$ bei dem schweren Hg₂ erlaubt sind. Auch die übrigen Beobachtungen passen gut zu dieser Deutung. Lediglich die Emission der von Volkringer[858] und Okubo und Matayama[799, 800] beobachteten Banden ist schwer zu verstehen.

Der aus $^1S + {}^3P_1$ entstehende ^31_u-Zustand kann im gesamten r-Bereich mit dem Grundzustand kombinieren. Durch Übergänge von seinem Minimum zum Grundzustand entsteht das ebenfalls als Fall III aufzufassende Emissionskontinuum Nr. 2, das unter normalen Bedingungen nicht in Absorption erscheint, weil sein unterer Zustand so weit über der Dissoziationsenergie des Grundzustands liegt, daß bei normaler Temperatur die kinetische Energie der stoßenden Atome nicht genügt, um ihn zu erreichen. Bei wachsender Temperatur aber dehnt sich die Absorption von der Linie 2537 her allmählich bis 3300 Å aus. Aus der Temperatur, bei der diese Grenzwellenlänge erreicht wird, ergibt sich, daß die Grundzustandskurve an der Stelle des Minimums des ^31_u-Terms 0,27 Volt über der Dissoziationsgrenze liegt. Für die Dissoziationsenergie des ^31_u-Zustands folgt daraus 0,84 Volt. Nachdem durch Feststellung der quadratischen Druckabhängigkeit der Absorption erwiesen war, daß die linienfernen Teile des Kontinuums im Zweierstoß absorbiert werden, konnte Kuhn[761] aus der Abhängigkeit des Absorptionskoeffizienten vom Druck und der Wellenzahlverschiebung gegen die Linie 2537 experimentell nachweisen, daß das Potential der für den Hg₂-Grundzustand maßgebenden Kräfte [Gl. (34,20)] wirklich mit der 6. Potenz des Kernabstandes abfällt. Bei Übergängen zwischen den kernfernen Ästen der beiden Kurven entstehen die in Absorption und Emission beobachteten wing-Banden Nr. 3, während die core-Banden Nr. 4 einem besonderen Fall von Fluoreszenzanregung ihren Ursprung verdanken, aber nach Mrozowski[784, 788] auch dem ^31_u-Zustand zugeordnet werden müssen.

Der zum $^3P_1$ gehörende $^30_u^+$-Zustand ist nur durch van der Waalssche Kräfte gebunden und stellt den oberen Zustand des 2540-Kontinuums dar. Aus der kurzwelligen Abschattierung der Kuhnschen Banden bei 2540 Å schließt Mrozowski[788], daß das Minimum der $^30_u^+$-Kurve etwas kernnäher liegt als das des Grundzustands. Da eine Absorption auf der kurzwelligen Seite der Linie 2537 nie beobachtet wurde, kann die $^30_u^+$-Kurve im kernnahen Teil nicht steiler verlaufen als die Grundzustandskurve, ist also ziemlich festgelegt.

Von den aus dem $^3P_2$ entstehenden beiden Molekültermen kann der $^30_u^-$, weil er im Kopplungsfall a in den $^3\Pi_{0u}$ übergeht, wohl kaum ein ausgeprägtes Minimum besitzen. Im Fall c ist aber seine Kombination mit dem Grundzustand verboten, und da die kernnahen Kurvenäste, in denen bei Fall a Übergänge möglich wären, wegen ihrer Steilheit nicht erreichbar sind, scheint MROZOWSKIs Schluß[789] zwingend, daß Spektren, die diesem $^3 0_u^-$-Zustand zuzuordnen wären, überhaupt nicht auftreten. Dem ebenfalls aus dem $^3P_2$ entstehenden $^3 1_u$-Zustand, der mit dem Grundzustand kombinieren kann, muß eindeutig die RAYLEIGH-sche Bandengruppe Nr. 8 zugeordnet werden. Aus deren Wellenlängen folgt, daß die Dissoziationsenergie dieses Zustandes etwa 0,2 Volt beträgt, so daß es sich hier offenbar um einen Übergangsfall zwischen VAN DER WAALSscher und echter Bindung handelt. Dafür spricht auch der gegenüber den echten VAN DER WAALS-Kurven verringerte Kernabstand des Minimums, der aus der Abschattierung der Banden folgt.

Von den beiden zum ^1P gehörenden Zuständen muß der untere $^1\Sigma_u^+$ ein ausgeprägtes Minimum besitzen, da er der obere Zustand der Banden Nr. 9 ist, deren Konvergenzstelle mit dem $6\,^1P$-Zustand übereinstimmt. In Emission treten die zum Minimum des $^1\Sigma_u^+$ gehörenden langwelligsten Banden bei 2320 Å am intensivsten auf, in Absorption nach dem FRANCK-CONDON-Prinzip die über dem Minimum des Grundzustands liegenden kurzwelligeren. Im kernnahen Teil steigt die $^1\Sigma_u^+$-Kurve weniger steil als die des Grundzustands, so daß sich mit wachsender Temperatur die Absorption infolge von Übergängen in diesem Gebiet bis etwa 2500 Å ausdehnen kann[763]. Auf die Struktur der Banden kommen wir S. 212 zurück.

Die $^1\Pi_u$-Kurve muß der obere Zustand des Bandes Nr. 10 in der Nähe der Linie 1849 sein. Dieses Band zeigt gegenüber dem ihm sonst ähnlichen Nr. 6 die Eigentümlichkeit, daß es in Absorption eine deutliche Kante bei 1807 Å bildet, die in Emission fehlt, wo nur ein Ausläufer abnehmender Intensität auf der kurzwelligen Seite der Linie beobachtet wird. CRAM[709] hat aber bei dem entsprechenden Cd_2-Band in diesem kurzwelligen Gebiet Linienreemission festgestellt. Ein theoretisch befriedigender und gleichzeitig alle Beobachtungen einfach erklärender Kurvenverlauf ist bisher nicht gegeben worden. CRAM schlägt eine Kurve mit sekundärem, über der Dissoziationsgrenze liegendem Minimum vor, ohne damit aber die Beobachtungen zwanglos deuten zu können[720, 721], während FINKELN-BURGs Deutung[720] als Übergang zu einem reinen Abstoßungszustand nur richtig sein kann, wenn sich die beobachtete Reemission als Streuung nach LANDSBERG und MENDELSTAM[766, 767] erklären läßt (vgl. auch das Diskussionsergebnis zu den Vorträgen[721, 787]). Durch die S. 126 erwähnten theoretischen Untersuchungen über das Auftreten von Potentialkurven mit Maximum und sekundärem Minimum hat CRAMs Deutung aber wieder an Wahrscheinlichkeit gewonnen.

Das kontinuierliche Band Nr. 11 muß nach FINKELNBURG[719, 720] dem aus $6\,^1S + 7\,^1S$ entstehenden $^1\Sigma_u^+$-Term zugeordnet werden, dessen

Kombination mit dem Grundzustand erst bei kleinem Kernabstand erlaubt ist, so daß das Band bei 1690 Å sich nicht an die verbotene Linie $6\,^1S - 7\,^1S$ anschließen kann.

Das kürzlich von Kremenewsky[755] gefundene Band Nr. 12 bei 1755 Å kann, falls es reell ist, dann nur einem zum $7\,^3S$ gehörenden Molekülterm zugeschrieben werden. Für die Deutung als Triplettspektrum spricht die Tatsache, daß es bei Cd$_2$ und Zn$_2$ nicht beobachtet worden ist. Auch diese Kurve muß ein deutliches Minimum besitzen, um das Band erklären zu können. Da der $^3\Sigma_u$-Zustand, an den man zuerst denken könnte, aber mit dem Grundzustand nicht kombinieren kann, deutet Mrozowski[788] das Band jetzt als Quadrupolstrahlung und den oberen Zustand damit als $^3\Sigma_g^-$.

Zum $7\,^1P$-Atomzustand gehören entsprechend wie zum $6\,^1P$ ein tiefer $^1\Sigma_u^+$ und ein höherer $^1\Pi_u$-Zustand. Ihnen ist das im einzelnen noch nicht untersuchte kontinuierliche Band Nr. 13 bei der Atomlinie 1403 Å zuzuordnen.

Man sieht, daß in dieser Weise die beobachteten Spektren befriedigend gedeutet werden können mit Ausnahme des schwachen kontinuierlichen Maximums Nr. 5 bei 2650 Å, dessen Selbständigkeit schon früher[827] bezweifelt wurde. Seine Zuordnung zum $^30_u^-$-Zustand des $^3P_0$ ist wegen der Auswahlregeln nicht möglich, so daß es doch wohl als Ausläufer der core-Banden dem ^31_u-Zustand des $^3P_1$ zugeordnet werden muß. Seine Existenz muß es dann einem im einzelnen noch nicht bekannten Stoßmechanismus verdanken[789].

Bezüglich der Diskussion weiterer Einzelheiten muß auf das angeführte Schrifttum verwiesen werden. Es sei nur betont, daß die beobachtete bzw. fehlende Polarisation ebenso wie die Temperatur- und Druckabhängigkeit der einzelnen Spektren mit der hier gebrachten Deutung in guter Übereinstimmung sind.

c) Die Spektren des Cd$_2$.

Die Spektren der van der Waals-Moleküle Cd$_2$ und Zn$_2$ sind denen des Hg$_2$ weitgehend analog, aber weniger untersucht. Entsprechend der bei diesen leichteren Molekülen viel geringeren Wechselwirkung zwischen Spin und Bahnimpuls sind Singulett-Triplett-Interkombinationen viel weniger wahrscheinlich, und so treten, wie die Darstellung der Absorptionsspektren Abb. 78 sehr schön zeigt, die zu den ^3P-Zuständen gehörenden Spektren in der Reihenfolge Hg$_2$, Cd$_2$, Zn$_2$ immer mehr zurück.

Wir behandeln zunächst das Kadmium. Die Dissoziationsenergie des Cd$_2$ haben Kuhn und Arrhenius[762, 763] wie beim Hg$_2$, aus der Temperaturabhängigkeit der Absorption, in diesem Fall des Bandes Nr. 8, bei konstanter Dampfdichte zu $0{,}087 \pm 0{,}02$ Volt bestimmt, in guter Übereinstimmung mit dem von ihnen aus Gl. (34,20) abgeschätzten Wert von 0,095 Volt. Im folgenden werden die einzelnen Spektren der Reihe nach (s. Tabelle 17) mit ihrer Deutung an Hand von Abb. 77 besprochen.

Ein großes, nur in Emission auftretendes Kontinuum wurde von KAPUSCINSKI[742] in Fluoreszenz entdeckt und von HAMADA[730] auch in Entladungen beobachtet. Es erstreckt sich mit unscharfen Grenzen von etwa 5100—3800 Å mit einem Maximum bei 4650 Å. Die Intensitätsverteilung sowie die Lage des Maximums sind nach KOTECKI[750] bei kurzwelliger Fluoreszenzanregung ziemlich stark von der Temperatur und der erregenden Wellenlänge abhängig. Das Kontinuum wird allgemein als Nr. 2 gedeutet und dem $^3 1_u$-Zustand des $^3P_1$ zugeschrieben. Das Kontinuum Nr. 1 glaubte man früher im Ultrarot suchen zu müssen. Bei der gegenüber dem Quecksilber wesentlich geringeren Aufspaltung der drei ^3P-Terme des Kadmiums ist es aber nicht unwahrscheinlich, daß das beobachtete Kontinuum eine Überlagerung von Nr. 1 und Nr. 2 darstellt. Die Ergebnisse KOTECKIs sind in beiden

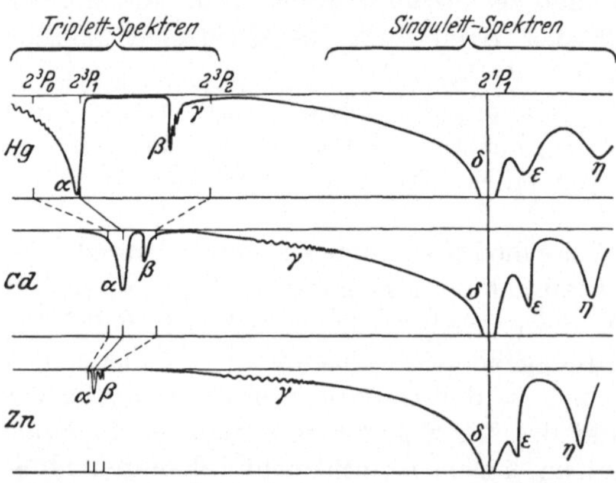

Abb. 78. Graphische Darstellung der Absorptionsspektren des Hg_2, Cd_2 und Zn_2, bezogen auf gleiche Lage der Resonanzlinien. (Nach MROZOWSKI[782], mit kleiner Änderung.)

Fällen verständlich, da auch das Kontinuum Nr. 2 indirekt durch Stöße von ^1P-Atomen angeregt werden kann und Emission erfolgt, bevor sich vollständiges Gleichgewicht eingestellt hat. Den Einfluß von Fremdgas auf die Fluoreszenz untersuchte zur Aufklärung dieses Anregungsmechanismus MROZOWSKI[788].

Im kurzwelligen Teil dieses Kontinuums fand KAPUSCINSKI[743] ein System diffuser Fluoreszenzbanden, das KOTECKI[749] erweitern konnte; er maß 33 Banden zwischen 4290 und 3633 Å, die den wing- oder core-Banden des Hg_2 entsprechen und dem kernfernen Ast des $^3 1_u$-Zustands zugeordnet werden müssen, wie die in der Nähe der Linie 3261 Å liegende Konvergenzstelle zeigt. Im gleichen Gebiet fand HAMADA[730] Banden bei 4044—3664 Å, die aber schlecht mit denen von KOTECKI übereinstimmen, sowie ein zweites System von 12 Banden zwischen 4463 und 4210 Å. Anscheinend ist den Fluoreszenzuntersuchungen wesentlich mehr Gewicht beizumessen als den komplizierteren Beobachtungen in Entladungen.

Das mit der Cd-Resonanzlinie $6\,^1S \longleftrightarrow 6\,^3P_1$ zusammenhängende kontinuierliche Band Nr. 6 bei 3261 Å, dessen oberer Zustand der $^3 0_u{}^+$

ist, tritt bei Cd_2 in Absorption (Mohler und Moore[775], Kuhn und Arrhenius[762]) und Emission (van der Lingen[771], Hamada[730]) nur noch recht reduziert auf; es erscheint als stark unsymmetrische Verbreiterung der Linie 3261 Å, zeigt aber wie das Hg-Band 2540 Kantenbildung nach kurzen und Ausdehnung nach langen Wellen hin. Den Einfluß von Fremdgas untersucht wieder Mrozowski[788]. Über das merkwürdige Verhalten in Absorption bei Druckänderung vgl. Kuhn und Arrhenius[762].

Das nächst kurzwelligere Cd_2-Spektrum ist ein diffuses Band (Nr. 8) zwischen 3180 und 3140 Å mit Maximum am langwelligen Ende, das in Emission[771, 730] und Absorption[775, 782] auftritt und zweifellos dem aus $^1S + {}^3P_2$ entstehenden ^31_u-Zustand zugeschrieben werden muß.

Zum Minimum des stark gebundenen $^1\Sigma_u^+$-Zustands, der in $^1S + {}^1P$ dissoziiert, gehört wie beim Hg_2 ein großer, in Absorption wie in Emission (van der Lingen-Banden[771]) auftretender Bandenzug Nr. 9, der gegen die Atomlinie 2288 Å konvergiert. Die Absorptionsmessungen von Mohler und Moore[775] sowie Jablonski[738] im Gebiet 2825—2590 Å stimmen mit den Fluoreszenzmessungen von Kapuscinski[743] und Cram[709] überein, doch erscheint das System in Fluoreszenz weit ausgedehnter (40 Banden nach Cram zwischen 3050 und 2560 Å). In der Tesla-Entladung erscheint nur ein Teil von ihnen, doch finden Hamada[730] und Cram[709] in der Entladung übereinstimmend eine zweite Gruppe von engeren Fluktuationen im Gebiet 3070—2890 Å. Die verschiedene Intensitätsverteilung in Emission und Absorption ist wie bei dem Band Nr. 9 des Hg_2 aus dem Verlauf der Potentialkurven der beiden Zustände mittels des Franck-Condon-Prinzips (S. 128f.) verständlich. Kapuscinski[746] und Swietoslawska[848, 849] untersuchen noch die Abhängigkeit der Fluktuationsstruktur von der anregenden Wellenlänge (s. S. 212), Mrozowski[788] den Einfluß von Fremdgaszusatz auf die Fluoreszenz.

Das zur Linie 2288 Å gehörende Band Nr. 10 muß dem $^1\Pi_u$-Zustand zugeschrieben werden. In Absorption[775] besitzt es eine Kante bei 2212 Å, während es in Emission[865, 730, 709] einen gleichmäßigen Intensitätsabfall von 2288 nach 2212 Å zeigt. Im Gebiet dieses Bandes findet Cram[709] Reemission eingestrahlter Linien und nimmt deshalb ein sekundäres, halbstabiles Minimum der $^1\Pi_u$-Kurve an (vgl. Hg_2, S. 206), während Finkelnburg[720] den oberen Zustand als kontinuierlichen Zustand mit reiner Abstoßungskurve auffaßt. Er kann damit die Intensitätsverteilung in Emission und Absorption zwanglos deuten, doch bestehen zweifellos Schwierigkeiten bei der Erklärung der Reemission, falls es sich wirklich um solche handelt. Durch die S. 126 erwähnten neuen theoretischen Untersuchungen gewinnt Crams Deutung sehr an Wahrscheinlichkeit.

Das nach Finkelnburg[719, 720] zur $^1\Sigma_u^+$-Kurve des $7\,^1S$-Zustandes gehörende kontinuierliche Band Nr. 11 bei 2125 Å tritt je nach Anregung in verschiedener Ausdehnung in Absorption[737] und Emission[865, 730, 709] auf. Die Beobachtung des Triplettbandes Nr. 12 ist bei Cd_2 nicht zu erwarten, da die Triplettspektren allgemein sehr wenig intensiv sind, und das Band Nr. 13 ist bisher noch nicht gefunden worden.

d) Die Spektren des Zn_2.

Die Spektren des Zn_2 sind weit weniger gut untersucht als die des Hg_2 und des Cd_2, doch ist das Molekül zweifellos diesen beiden entsprechend gebaut. Eine Bestimmung der Dissoziationsenergie fehlt noch. In Absorption sind die Zinkspektren namentlich von MOHLER und MOORE[775], WINANS[865, 869] und MROZOWSKI[782], in Fluoreszenz von KAPUSCINSKI[745] und in Entladungen von HAMADA[730] und VOLKRINGER[855, 858] untersucht worden.

Das Kontinuum Nr. 2, dem wahrscheinlich das Nr. 1 überlagert ist, besitzt sein Maximum bei etwa 4450 Å; es wurde in Fluoreszenz von KAPUSCINSKI[745] in etwa 1000 Å Ausdehnung, von HAMADA[730] sogar mit den Grenzen 5350 und 3890 Å angegeben. Letzterer findet zwischen 3575 und 3411 Å auch Bandenstruktur, die, falls sie sich bestätigt, zu dem in $6\,^1S + 6\,^3P_1$ dissoziierenden ^31_u-Term gehören müßte (Nr. 3). Die zum $^30_u{}^+ (^3P_1)$ und $^31_u (^3P_2)$ gehörenden Bänder Nr. 6 und 8 sind bei 3076 und 3050 Å in Emission[730, 855] und Absorption[782] beobachtet worden. Viel intensiver sind die Singulettspektren. Die auf der langwelligen Seite der Resonanzlinie 2139 Å liegenden, zum $^1\Sigma_u{}^+$-Zustand gehörenden Fluktuationen sind nach ihrer Auffindung in Absorption[775, 865] von MROZOWSKI[782] ausgemessen worden (22 Banden zwischen 2688 und 2461 Å). Die Extrapolation der von 264 auf 108 cm^{-1} abnehmenden Wellenzahldifferenzen zeigt, daß als Konvergenzgrenze nur der ^1P-Term in Frage kommt. In Fluoreszenz sind diese Banden Nr. 9 von KAPUSCINSKI[775] im Gebiet 3080—2400 Å gefunden worden. Den Polarisationsgrad bestimmte OKON[798] zu 7,5%. Sehr intensiv tritt beim Zn_2 das zum $^1\Pi_u$-Zustand gehörende Band Nr. 10 bei der Resonanzlinie 2139 Å auf, das in Absorption nach WINANS[869] wie die entsprechenden Bänder des Hg_2 und Cd_2 eine kurzwellige Kante (bei 2064 Å) bildet. Als letztes Zn_2-Band ist wieder das zum $^1\Sigma_u (7\,^1S)$ gehörende Band Nr. 12 bei 2002 Å gefunden worden[869].

e) Übersicht über Ergebnisse und noch offene Fragen.

Zusammenfassend stellen wir fest, daß die molekularen Kontinua und Banden des Quecksilbers, des Kadmiums und des Zinks in ihren wesentlichsten Eigenschaften auf Grund der theoretischen Überlegungen des Kap. VIII aus dem Potentialkurvenschema Abb. 77 abzuleiten sind. Es muß aber betont werden, daß dieses Schema zwar der Theorie nicht widerspricht, daß die Frage aber erst dann als befriedigend geklärt angesehen werden kann, wenn der Verlauf der verschiedenen Potentialkurven unabhängig von den Spektren und übereinstimmend mit deren

Deutung theoretisch *berechnet* worden ist. Hierzu aber liegen noch kaum die Ansätze vor.

Aus der großen Zahl der in ihren Grundzügen meist geklärten Einzelfragen, die mit den behandelten Spektren zusammenhängen, können nur einige wenige erwähnt werden. Eines der wichtigsten Probleme ist der Mechanismus der Fluoreszenzanregung durch verschiedene Wellenlängen in Abhängigkeit von Druck, Temperatur und Fremdgaseinfluß, dessen Erforschung einen besonders anschaulichen Einblick in das physikalische Verhalten der VAN DER WAALS-Moleküle, ihre Bildung, ihren Zerfall und die Möglichkeiten der Energieübertragung gibt. Auf die Bedeutung der Messungen des Polarisationsgrades (Zusammenfassung siehe [787]) wurde schon hingewiesen (vgl. auch S. 112). Eine genaue Kenntnis des Anregungsmechanismus der Fluoreszenz muß auch den Schlüssel liefern zum Verständnis der zwischen Einstrahlung und Fluoreszenzbeginn beobachteten Dunkelzeiten sowie des langsamen Abklingens der Fluoreszenz. Eine Übersicht über diese Fragen geben RAYLEIGH[830] und KAPUSCINSKI[747].

Von großem Interesse ist weiterhin die mehrfach erwähnte, mißverständlich meist als Reemission von Linien bezeichnete, erstmalig von KAPUSCINSKI[744] beobachtete Erscheinung, daß eingestrahlte fremde Spektrallinien durch molekularen Dampf in gewissen Spektralgebieten, in denen die betreffenden Moleküle selbst kontinuierlich absorbieren und emittieren, wieder ausgestrahlt werden[744, 716, 838, 709, 717, 718, 726]. LANDSBERG und MENDELSTAM[766, 767] haben gezeigt, daß hierbei selektive Streuung durch Atome auch in weiterer Entfernung von Resonanzlinien eine Rolle spielt, daß daneben aber zweifellos eine linienhafte Molekülfluoreszenz vorhanden sein muß. Diese ist so zu verstehen, daß die betreffende Linie von dem Molekül absorbiert und wieder emittiert wird, bevor durch Änderung der Molekülkonfiguration infolge Kernbewegung eine Wellenlängenänderung der emittierten Linie stattfindet. Eine molekültheoretische Deutung des Vorgangs hat FINKELNBURG[376] vorgeschlagen.

Noch ungeklärt sind die von FRANK[726] und besonders MROZOWSKI[785, 786] durch photoelektrische Messungen nachgewiesenen Abweichungen von der quadratischen Druckabhängigkeit bei einer Anzahl von Kontinua des Hg_2, Cd_2 und Zn_2. Da die Größe der Abweichungen mit dem Abstand von den Atomlinien abnimmt, wäre an eine Störung durch atomare Erscheinungen (LANDSBERG und MENDELSTAM[767]) zu denken, doch scheint dieser Effekt zur Erklärung der Abweichungen zu klein zu sein.

Mit ein paar Worten muß endlich noch auf die Struktur der Fluktuationsbandenzüge Nr. 3, 4 und 9 eingegangen werden. Nach KUHN[402, 759] hat namentlich wieder MROZOWSKI[784, 788] die Frage angefaßt, und seine Deutung durch exakte Berücksichtigung der Molekülrotation wird bestätigt durch eine Arbeit von KAPUSCINSKI[746]. Die Fluktuationen Nr. 9 zeigen nämlich in Fluoreszenz beim Hg_2[778] wie beim Cd_2[848, 849] eine auffallende Abhängigkeit von der erregenden Wellenlänge. Je langwelliger die anregende Wellenlänge ist, desto schmaler ist der ganze

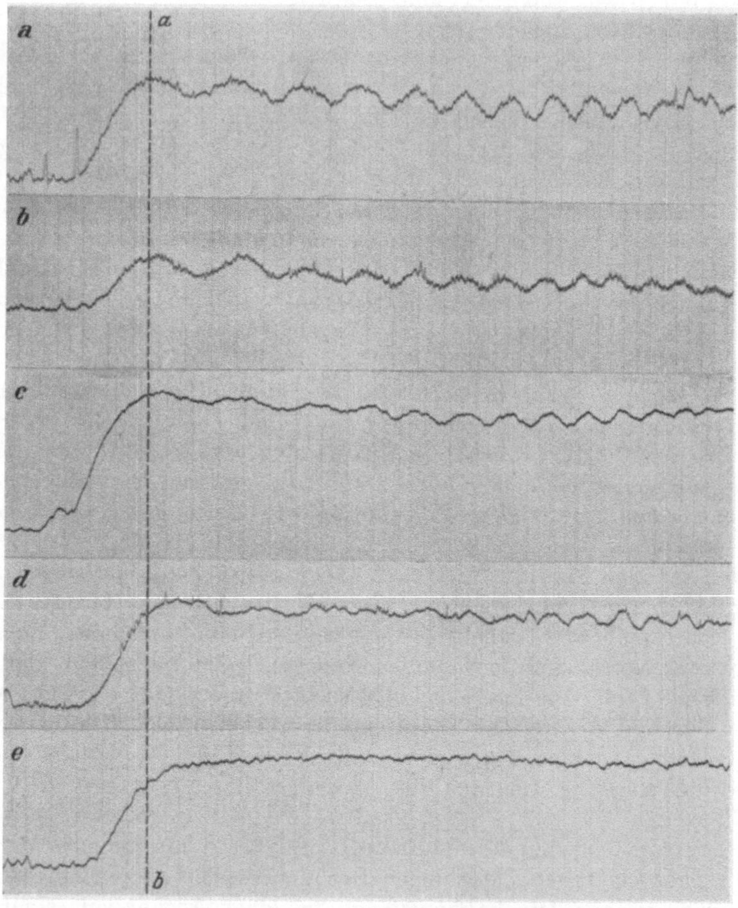

Abb. 79. Struktur des Fluoreszenzspektrums Nr. 9 (VAN DER LINGEN-Banden des Cd_2) in Abhängigkeit von der Wellenlänge des anregenden Lichts (λ der maßgebenden Strahlung zunehmend von oben nach unten). (Nach SWIETOSLAWSKA[849].)

Bandenzug, und desto weiter ist die langwellige Grenze nach dem Ultraviolett zu verschoben; gleichzeitig werden die Fluktuationen immer verwaschener, wie Abb. 79 zeigt. Die Versuche zeigen ferner, daß jede Wellenlänge ihre eigene Fluoreszenzserie zu erregen scheint. MROZOWSKI[784] gelangt, wie in Abschn. 38 bereits erwähnt, zu einer Deutung durch Berücksichtigung der Tatsache, daß die Stöße zweier Hg-Atome im allgemeinen nicht zentral sind, so daß der Ausgangszustand der Absorption nicht der *rotationslose* Grundzustand ist, daß seine Potentialkurve vielmehr gemäß Abschn. 34b unter Berücksichtigung der bei nicht zentralem Stoß entstehenden Rotation des sich bildenden VAN DER WAALS-Moleküls zu konstruieren ist. Beachtet man nun, daß die Änderung des Rotationszustands bei einem Übergang vernachlässigbar klein ist, und daß bei einem Stoß im Mittel die halbe kinetische Energie in Rotationsenergie umgesetzt wird, so folgt daraus zwangsläufig die beobachtete Struktur. Die Unterschiede zwischen den verschiedenen Anregungsarten sind ebenso verständlich wie die Abhängigkeit der Struktur von der Lebensdauer des oberen Zustands. Für alle Einzelheiten muß auf die Arbeiten[784, 788] verwiesen werden.

61. Die Spektren sonstiger zweiatomiger VAN DER WAALS-Moleküle.

Über die Spektren aller übrigen VAN DER WAALS-Moleküle ist wesentlich weniger bekannt als über die des Hg_2, Cd_2 und Zn_2. Unsere

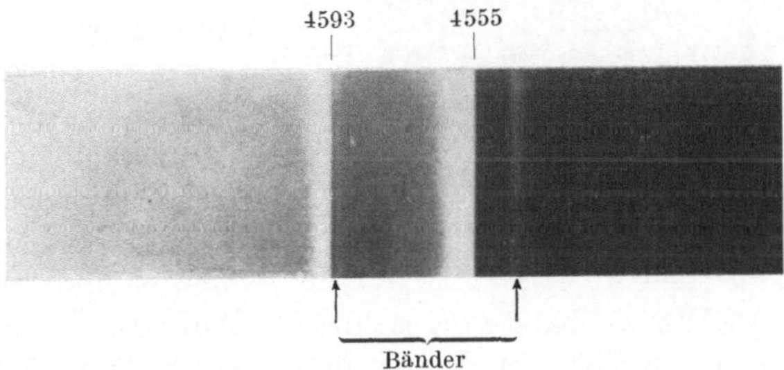

Abb. 80. VAN DER WAALS-Bänder des Cs_2 in Absorption als Begleiter des zweiten Hauptserien-Dubletts. (Nach KUHN[760].) Typisches Beispiel für Fall V der Absorptionskontinua.

Kenntnis beschränkt sich hier auf die die Resonanzlinien und sonstigen intensiven Linien in Emission und Absorption begleitenden schmalen kontinuierlichen Bänder Fall V der Molekülkontinua (S. 147 und 154), entsprechend den Spektren Nr. 6 und 10, gelegentlich auch 8 des Hg_2. Die untersuchten VAN DER WAALS-Moleküle sind die Metall-Edelgasmoleküle, für die Valenzbindung im Grundzustand nicht möglich ist, die zweiatomigen Alkalien Na_2, K_2, Rb_2 und Cs_2, die neben dem zu echten Bandenspektren Anlaß gebenden stark gebundenen $^1\Sigma$-Grundzustand einen VAN DER WAALS-Zustand $^3\Sigma$ besitzen, der dem Abstoßungszustand des H_2 (S. 188) entspricht, sowie die Moleküle Mg_2, Ca_2 und Tl_2.

Die vom Triplettgrundzustand aus absorbierten, die Hauptserienlinien der Alkalien begleitenden kontinuierlichen VAN DER WAALS-Bänder sind zuerst von ROMPE[835] und besonders eingehend von KUHN[760] untersucht und gedeutet worden. Sie erscheinen als schmale, bei geringer Dispersion linienartige Bänder (s. Abb. 80) beiderseits der Serienlinien, nach späteren Untersuchungen[705, 713, 801, 884] gelegentlich in größerer Zahl. Ihre Intensität ist stets klein gegen die der Linien selbst.

In Emission sind beobachtet worden das die D-Linien des Na begleitende Band in Fluoreszenz[739] sowie in verschiedenen Entladungsformen bei höherem Natriumdruck[731, 882], ferner verschiedene Cäsiumbänder, von denen die beim zweiten Hauptseriendublett λ 4493—4455 Å besonders gut beobachtbar sind[835]. Möglicherweise gehören hierher auch die von FINKELNBURG und HAHN [1558] kürzlich beschriebenen kontinuierlichen Cs_2-Bänder bei 7187, 7127 und 7060 Å. Über die Emissionskontinua und -bänder der Moleküle Ca_2, Mg_2 und Tl_2 liegt nur eine Untersuchung von HAMADA[730, 731] in der Hohlkathode vor, in der dieser neben schmalen kontinuierlichen Bändern auch recht ausgedehnte Kontinua (vgl. S. 289 und 292) beobachtet hat, die aber noch näherer Untersuchung bedürfen.

In den Spektren der Zwergsterne vom Typ M hat ferner LINDBLAD[769, 770] in der Nähe der Ca-Resonanzlinie 4227 Å ein kontinuierlich erscheinendes Absorptionsband im Gebiet 4650—4190 Å beobachtet und seine Deutung

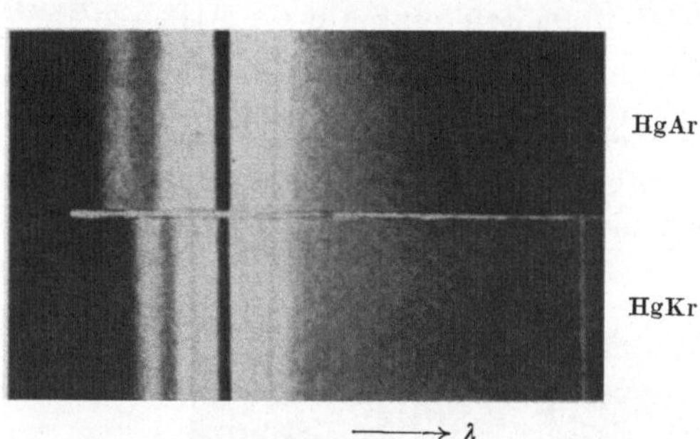

Abb. 81. Fluoreszenzbänder der Hg-Edelgas-VAN DER WAALS-Moleküle in der Umgebung der Hg-Linie 2537 Å (Linie selbst herausabsorbiert). (Nach KUHN und OLDENBERG[764].)

als Ca_2-VAN DER WAALS-Band vorgeschlagen. Auf Grund experimenteller Untersuchungen kommen aber WURM und MEISTER[883] zu dem Ergebnis, daß diese Deutung nicht zutreffen kann; sie wollen den langwelligen Teil der Absorption dem CaH-Molekül, den kurzwelligen einer anderen Ca-Verbindung zuschreiben.

Die bekanntesten kontinuierlichen Bänder des hier behandelten Typs V der Molekülkontinua sind die zuerst von OLDENBERG[802—804] in Fluoreszenz untersuchten der Quecksilber-Edelgasmoleküle. Der Ausdruck Molekül ist hier ganz besonders in dem erweiterten Sinn gemäß Abschn. 29 gemeint, da diese Bänder zum größten Teil im Stoß emittiert und absorbiert werden. Es handelt sich um unsymmetrische Verbreiterungen und häufig mehr oder weniger isolierte Maxima, die die betreffenden Metallinien begleiten und sich von den in Kap. XII behandelten Linienverbreiterungen dadurch unterscheiden, daß nur ihre Intensität, nicht aber ihre Ausdehnung von der Dichte des Edelgases abhängt. Solche VAN DER WAALS-Bänder sind als Begleiter aller der Untersuchung zugänglichen intensiven Linien des Quecksilbers, Kadmiums und Zinks beobachtet worden; als Partner der Metallatome dienten dabei sämtliche Edelgase. Abb. 81 zeigt zwei Beispiele in Fluoreszenz.

Solche Bänder sind von OLDENBERG in Fluoreszenz als Begleiter der eingestrahlten Hg-Linie 2537 Å beobachtet[802—804] und in Entladungen von KREFFT und ROMPE[751, 752] sowie kürzlich von PRE-STON[810, 809] untersucht worden. Letzterer führte photometrische Messungen an den bei Zusatz von He und Ar neben 13 Hg-Linien, 12 Cd-Linien und 6 Tl-Linien auftretenden Bändern durch. Er stellte dabei im Gegensatz zu älteren Ergebnissen von KREFFT und ROMPE[752] fest, daß sich allgemeine Beziehungen zwischen der Bandform einerseits und den Massen der beiden Atome andererseits nicht aufstellen lassen. Maxima wie die in Abb. 81 sichtbaren wurden teils auf der langwelligen, teils auf der kurzwelligen Seite der Linien beobachtet. Allgemein zeigen Linien desselben Multipletts auch sehr ähnliche Bandformen; eine Abhängigkeit von der inneren Quantenzahl j dagegen war nicht festzustellen. Die Intensität im einzelnen Band erschien um so größer, je schmaler dieses war; die Gesamtintensität jedes Bandes schien also größenordnungsmäßig die gleiche zu sein. Ob bei diesen Messungen allerdings der für jeden Intensitätsvergleich von Linien und Kontinua entscheidend wichtige Einfluß der Spaltbreite berücksichtigt worden ist, ist nicht angegeben.

Über die Deutung der beobachteten Bänder läßt sich im allgemeinen nicht viel mehr sagen, als in Abschn. 31, 45 und 51 geschehen ist. Es handelt sich in allen Fällen um Übergänge zwischen VAN DER WAALS-Zuständen geringer Bindungsenergie. Ein zu Übergängen zwischen den diskreten Zuständen der flachen Minima gehörendes Bandensystem ist nur auf der langwelligen Seite der Hg-Linie 2537 bei HgAr und HgKr beobachtet worden (s. Abb. 81); im übrigen handelt es sich bei den Bändern wohl stets um echte Kontinua. Daß diese auch als Begleiter verbotener Atomübergänge auftreten können, wurde von FINKELNBURG[719] theoretisch begründet und von PRESTON[809] durch Beobachtung eines zur verbotenen Hg-Linie 2270 Å gehörenden HgHe-Kontinuums bewiesen.

Die einzige Möglichkeit zur Deutung der Spektren ist vorläufig die, den Verlauf der beiden kombinierenden Potentialkurven, die häufig auch aufspalten, unter Beachtung der allgemeinen theoretischen Regeln von S. 124f. so anzunehmen, daß die beobachtete Intensitätsverteilung herauskommt. Schwierigkeiten bereitet dabei die Erklärung der Maxima, die einen sehr speziellen Kurvenverlauf erfordert, nachdem ihre früher allgemein angenommene Erklärung durch KUHN und OLDENBERG[764] sich als unhaltbar herausgestellt hat.

KUHN[761] hat kürzlich die HgAr-Spektren auch in Absorption untersucht und durch die Feststellung der Proportionalität der Absorption mit der Dichte von Hg und Ar den Nachweis erbracht, daß die Bänder wirklich im Zweierstoß Hg gegen Ar absorbiert werden. Aus dem Verlauf des Absorptionskoeffizienten konnte er ferner feststellen, daß das VAN DER WAALS-Potential tatsächlich, wie es die Theorie (s. S. 122) erfordert, mit r^{-6} geht.

Zusammenfassend können wir sagen, daß die Deutung der beobachteten VAN DER WAALS-Bänder zwar keine grundsätzliche Schwierigkeit mehr zu machen scheint, daß aber erst eine Theorie, die den Verlauf der Potentialkurven in Übereinstimmung mit den Erfordernissen der Deutung der Spektren zu berechnen lehrt, als Lösung des Problems angesehen werden kann.

XI. Kontinuierliche Spektren mehratomiger Moleküle.

62. Zur Theorie der kontinuierlichen Spektren mehratomiger Moleküle.

Bei der Behandlung der kontinuierlichen Spektren mehratomiger Moleküle können wir uns wesentlich kürzer fassen als bei denen der zweiatomigen. Im Gegensatz zu diesen liegt nämlich noch keine Theorie der Molekülkontinua komplizierterer Atomsysteme vor, so daß man auf die Anwendung einiger allgemeiner Gesichtspunkte und die in gewissen Grenzen gestattete vorsichtige Übertragung der bei den Kontinua zweiatomiger Moleküle gewonnenen Erkenntnisse angewiesen ist. Dabei werden die folgenden Abschnitte zeigen, wie wenig gesichert viele bei der Deutung von Kontinua mehratomiger Moleküle übliche Schlüsse im Grunde sind. Die angenäherte Übereinstimmung einer Zerfallsenergie mit der Grenze oder dem Maximum irgendeines Kontinuums wird nur in den seltensten Fällen eine *eindeutige* Zuordnung gestatten, und auch diese wird zu ihrer Sicherung noch andersartiger Beobachtungen, etwa von Fluoreszenz oder photochemischem Zerfall, bedürfen. Da aber seitens der Chemie an den Kontinua mehratomiger Moleküle ein besonderes Interesse besteht, sollen hier besonders die Angriffspunkte und Ansätze systematischer Art besprochen werden, die für eine künftige Theorie dieser Kontinua aussichtsreich erscheinen.

Grundsätzlich handelt es sich bei den kontinuierlichen Spektren mehratomiger Moleküle um den gleichen Vorgang wie bei denen zweiatomiger, um Übergänge zwischen stabilen Schwingungszuständen und in den Atomen freien, dissoziierten Zuständen mit kontinuierlichen Energiegebieten. Die Schwierigkeit liegt aber in der großen Zahl der Schwingungs- und Zerfallsmöglichkeiten bei vielatomigen Molekülen, und in der komplizierten Wirkung der zahlreichen Bindungselektronen auf die Bewegungsmöglichkeiten der Atomkerne. Die Zuordnung von Schwingung und Dissoziation ist daher ebensowenig geklärt wie die Frage, welche Elektronen vorzugsweise für Absorption und Anregung in Frage kommen, und welche Schwingungs- und Zerfallsvorgänge durch die Anregung eines bestimmten Elektrons bewirkt werden. Gut bekannt sind die inneren Bewegungen vielatomiger Moleküle nur für den Spezialfall kleiner Schwingungen um eine Gleichgewichtskonfiguration. Die Entwicklung dieser Schwingungen nach Normalschwingungen ist eine gute Näherung, solange es sich um annähernd harmonische

Schwingungen handelt. Uns interessiert aber gerade der andere Extremfall, in dem infolge der Anharmonizität der Schwingung das Molekül dissoziiert, die Schwingung also in eine aperiodische Bewegung übergeht. Ansätze zur Behandlung dieses Falles macht MECKE[991], doch fehlt es noch an einer richtigen Theorie.

Eine weitere Komplikation bei den mehratomigen Molekülen liegt in der großen Zahl angeregter Elektronenzustände, die auf der gleich zu besprechenden Anregungsmöglichkeit zahlreicher Elektronen beruht. Viel häufiger als bei zweiatomigen Molekülen kommen daher bei den mehratomigen Überlagerungen von diskreten und kontinuierlichen Kernbewegungszuständen solcher Elektronenterme vor, zwischen denen Übergänge erlaubt sind, und die daher zu Prädissoziation Anlaß geben. Die Unterscheidung von Dissoziations- und Prädissoziationskontinua ist dabei in vielen Fällen, wie wir S. 222 sehen werden, auch grundsätzlich nicht mehr möglich.

63. Elektronenanregung und Bindungscharakter.
Die Wirkung der Anregung bindender und nichtbindender Elektronen auf die Kernbewegung.

Um zu einem Verständnis der Spektren zu gelangen, untersuchen wir zunächst die etwa durch Absorption erreichbaren oberen Molekülzustände, fragen also, wie der Bindungscharakter durch die Anregung oder gar Abtrennung eines Elektrons verändert wird. Im Gegensatz zu den zweiatomigen Molekülen, bei denen das Leuchtelektron meist zugleich Valenzelektron ist und in seiner Wirkung sich leicht übersehen läßt, gibt es bei den vielatomigen Molekülen eine große Zahl von Anregungsmöglichkeiten. Wir können drei Extremfälle unterscheiden:

1. Das absorbierende Elektron ist an keiner Bindung wesentlich beteiligt, ist ein nichtbindendes Elektron. Dann verändern sich durch seine Anregung bei Lichtabsorption die Gleichgewichtslagen der Kerne nicht; das angeregte Molekül bleibt stabil und ändert Gestalt und Anordnung nicht merklich. Nach den Übergangsregeln zwischen Schwingungstermen (FRANCK-CONDON-Prinzip, s. Abschn. 36b) erfolgen in diesem Fall Übergänge nur zwischen Zuständen gleicher Schwingungsquantenzahl, d. h. vom nicht oder nur wenig schwingenden Grundzustand zum nicht oder nur wenig schwingenden angeregten Molekülzustand. Durch Lichtabsorption ist in diesem Fall also eine Schwingungsanregung nicht möglich, geschweige denn eine Anregung zur Dissoziation.

2. Der zweite Fall liegt vor, wenn durch die Absorption ein Elektron angeregt wird, das maßgebend an der Bindung zwischen zwei bestimmten Atomen eines Molekülkomplexes beteiligt ist, dessen Eigenfunktion also ein ausgeprägtes Maximum auf der Verbindungslinie der betreffenden beiden Atome besitzt. In diesem Fall ist das vielatomige Molekül

bezüglich des Zusammenhangs von Anregung und Bindung als quasi-zweiatomiges aufzufassen, und die Ergebnisse der vorhergehenden Kapitel können direkt übertragen werden. Die Anregung dieses bindenden Elektrons wird also eine Bindungslockerung, d. h. eine Vergrößerung des betreffenden Gleichgewichtskernabstandes bewirken, und eine genügend hohe Anregung wird wie beim zweiatomigen Molekül zur Sprengung der Bindung, d. h. zum Zerfall des Moleküls in zwei Bestandteile führen.

3. Der dritte Fall endlich ist der, daß die Lichtabsorption durch ein nicht lokalisiertes Elektron erfolgt, durch ein Elektron also, das zwar bindend ist, aber an mehreren Bindungen gleichzeitig beteiligt ist. Bei Anregung eines solchen nichtlokalisierten Elektrons werden mehrere Bindungen gleichzeitig gelockert, mehrere Kernabstände vergrößert. Die Anregung bewirkt in diesem Fall also eine kompliziertere Schwingung mehrerer Teile des Moleküls und kann im Extremfall entsprechend zum Zerfall in mehrere Teile führen.

Die Deutung der Absorptionsspektren mehratomiger Moleküle erfordert also die Beantwortung der folgenden beiden Fragen:

1. Welches oder welche Elektronen werden bei Absorption in einem bestimmten Spektralbereich angeregt?

2. Wie verändert sich der Bindungscharakter des Moleküls bei Anregung des betreffenden Elektrons? Welche Schwingungen bzw. Zerfallsvorgänge erfolgen beim Übergang in die durch die neue Elektronenanordnung gekennzeichnete Gleichgewichtslage des Moleküls?

Beide Fragen könnten von einer im einzelnen durchgearbeiteten Valenztheorie mehratomiger Moleküle beantwortet werden. Diese liegt aber noch nicht vor, sondern nur Ansätze, die von verschiedenen Seiten her das Gesamtproblem anfassen. So geben die Beiträge zur Valenztheorie besonders von HUND, SLATER, PAULING, HÜCKEL und VAN VLECK wertvolle Hinweise auf den Zusammenhang von Elektronenanordnung und Bindungscharakter (vgl. [964]).

Besonders geeignet zur Beantwortung der oben gestellten Fragen aber erscheinen die Arbeiten zur Elektronenstruktur und Valenzbindung mehratomiger Moleküle von MULLIKEN[999—1005]. MULLIKEN baut sich nämlich die Elektronenhüllen auch der sehr komplizierten Moleküle theoretisch aus den einzelnen Elektronen auf, deren Eigenfunktionen er untersucht und durch genäherte Quantenzahlen beschreibt. Das Molekül entsteht bei MULLIKEN also nicht aus der Zusammenführung von Atomen mit ihren Elektronenhüllen, sondern die Elektronen werden der Reihe nach in das fertige Kerngerüst eingebaut und ihr Verhalten theoretisch studiert. Dabei ergibt sich, daß ein großer Teil der Elektronen sich mit nahezu hundertprozentiger Wahrscheinlichkeit in der Nähe eines bestimmten Kerns aufhält und in guter Näherung durch Atomquantenzahlen beschrieben werden kann (streng lokalisierte, nicht bindende Elektronen).

Die Eigenfunktionen einer anderen Gruppe von Elektronen sind weitgehend um zwei Atome konzentriert und lassen sich in erster Näherung als Linearkombinationen von Elektroneneigenfunktionen zweier benachbarter Atome darstellen. Diese Elektronen entsprechen also weitgehend den äußeren Elektronen eines zweiatomigen Moleküls; sie können wie diese bindend oder lockernd wirken. Handelt es sich um bindende Elektronen, so spricht man von lokalisierter Bindung. Die Anregung eines derartigen Elektrons führt, wie oben schon erwähnt, zur Beanspruchung einer einzigen Bindung im Molekül und kann im Extremfall zur Sprengung dieser Bindung und damit zum Zerfall des Moleküls in zwei Teile führen.

Bei noch weniger lokalisierten Elektronen erstrecken sich die Eigenfunktionen über den Bereich mehrerer Kerne, wirken also an verschiedenen Bindungen mit. Man kann dabei aber oft noch von Lokalisierung in bestimmten Atomgruppen oder Radikalen reden. So gibt es beispielsweise Elektronen, deren Eigenfunktionen sich vorzugsweise über das Gebiet dreier Kerne erstrecken. Die Anregung eines solchen Elektrons wird die Bindungsverhältnisse in diesem Dreiatomsystem zwar ändern, braucht aber über dessen Grenze nicht hinauszugreifen, so daß man von einem z. B. in einer CH_2-Gruppe eines komplizierten Moleküls lokalisierten Elektron reden kann. Einen Schritt weitergehend kommt man etwa zu einem Elektron, das man einem Benzolring als ganzem zuordnen muß, das also an der Ringbildung aller 6 C-Atome beteiligt ist. Dabei braucht allgemein die Beteiligung eines Elektrons an mehreren Bindungen keineswegs eine gleichmäßige zu sein. Es kann ein Elektron also zu 70% an der Bindung zwischen A und B und zu 30% an der zwischen A und C beteiligt sein.

Unter der plausiblen Annahme, daß die Elektronen im Molekül sich in solcher Weise anordnen, daß bei angenähertem Ladungsausgleich in der Nähe jedes Kerns möglichst viele abgeschlossene Schalen oder diesen ähnliche Elektronenanordnungen entstehen, kommt MULLIKEN durch Vergleich von Molekülreihen gleicher Elektronenzahl (z. B. HF, H_2O, NH_3, CH_4 mit je 10 Elektronen) zu Aussagen über die Elektronenanordnung und ihre Beteiligung an den verschiedenen Bindungen für eine große Zahl von Molekülen. Mittels des FRANCK-CONDON-Prinzips und unter Benutzung der in ihrer Bedeutung klaren Begriffe der „vertikalen" Anregungs- und Ionisierungsenergie der einzelnen Elektronen gelingt ihm in vielen Fällen dabei sogar eine plausible Zuordnung von Spektren und beobachteten Ionisierungsspannungen zu bestimmten Elektronensprüngen.

Eine Weiterentwicklung dieser MULLIKENschen Ansätze wird für die theoretische Erfassung der kontinuierlichen Spektren mehratomiger Moleküle von entscheidendem Wert sein. Schon jetzt näher auf sie einzugehen, scheint verfrüht und würde über den Rahmen des Buches hinausgehen.

64. Elektronenübergangsregeln und Franck-Condon-Prinzip bei mehratomigen Molekülen.

Die Kennzeichnung der Elektronenzustände mehratomiger Moleküle erfolgt durch Angabe von Quantenzahlen und Symmetrieeigenschaften, die denen der zweiatomigen Moleküle sehr ähnlich sind. Auch die Übergangsregeln entsprechen daher weitgehend den in Abschn. 36 für die zweiatomigen Moleküle abgeleiteten. Da eine ins einzelne gehende Termdeutung der zu kontinuierlichen Spektren gehörenden Elektronenzustände mehratomiger Moleküle bisher nur in den seltensten Fällen möglich ist, können wir uns auf den Hinweis beschränken, daß als wesentliche Komplikation für die Berechnung von Übergängen zwischen zwei Molekülzuständen die Berücksichtigung der Symmetrie der Kernbewegungseigenfunktionen erforderlich ist, die am elegantesten mit den Methoden der Gruppentheorie durchführbar ist.

Wesentlich für das Verständnis der kontinuierlichen Spektren mehratomiger Moleküle ist, daß auch bei diesen das Franck-Condon-Prinzip anwendbar ist. Auch hier werden also Kernanordnung und Kerngeschwindigkeiten durch den Elektronensprung nicht oder nur sehr wenig geändert. Die anschauliche Übersicht über die Verhältnisse, die das Potentialkurvenschema der zweiatomigen Moleküle vermittelt, fehlt hier allerdings, da an Stelle der Potentialkurven vieldimensionale Potentialflächen treten. Nur in einfachen Fällen geben dabei Schnitte durch ein Potentialflächenschema einen gewissen Einblick in die Verhältnisse und gestatten mittels der aus dem Franck-Condon-Prinzip folgenden vertikalen Übergänge direkt Schlüsse auf das entsprechende Spektrum zu ziehen[928].

Im einzelnen ist die Anwendung des Franck-Condon-Prinzips auf mehratomige Moleküle von Herzberg und Teller[955] untersucht worden. Wie bei der Behandlung zweiatomiger Moleküle werden in erster Näherung die Unabhängigkeit von Elektronen- und Kernbewegung sowie die Konstanz der Elektronen-Übergangswahrscheinlichkeit (Unabhängigkeit von r) angenommen; doch wird später diskutiert, welchen Einfluß die Durchbrechung dieser beiden Voraussetzungen der Rechnung auf die zu erwartenden Spektren hat. In der weitgehenden Gültigkeit des Franck-Condon-Prinzips liegt einer der Gründe dafür, daß die Übertragung vieler Erfahrungen bei der Deutung der Kontinua zweiatomiger Moleküle auf die mehratomiger bei vorsichtiger Anwendung zu richtigen Ergebnissen führen kann. Da aber einerseits die Unabhängigkeit von Elektronen- und Kernbewegung viel weniger erfüllt ist als bei den zweiatomigen Molekülen, und da andererseits das Arbeiten mit mehrdimensionalen Potentialflächen schwierig ist, ist es klar, daß eine schematische Übertragung leicht zu unhaltbaren Ergebnissen führen kann.

65. Die Prädissoziation mehratomiger Moleküle.

Die Prädissoziation bei mehratomigen Molekülen ist von der in Abschn. 40 behandelten bei zweiatomigen Molekülen grundsätzlich nicht verschieden: Infolge strahlungsloser Übergänge zwischen diskreten Schwingungs- und Rotationszuständen eines Elektronenterms a' und dem kontinuierlichen Energiegebiet eines anderen b' kann ein Zerfall des Moleküls schon vor Erreichen der Dissoziationsgrenze von a' erfolgen. Daß wegen der wesentlich größeren Zahl der Elektronenzustände bei vielatomigen Molekülen die Prädissoziation eine größere Rolle spielt als bei zweiatomigen, wurde bereits erwähnt. Ein zweiter Grund hierfür ist nach SPONER[425] darin zu suchen, daß die für Prädissoziation besonders günstigen Störungen mäßigen Grades zwischen den Elektronentermen bei mehratomigen Molekülen häufiger vorkommen als bei zweiatomigen, wo wegen der schärferen Definiertheit der Quantenzahlen oft entweder keine Störung stattfindet (verbotener strahlungsloser Übergang) oder eine so starke, daß die beiden Terme sich ausweichen (vgl. etwa den Fall der Silberhalogenide, S. 172). Die Häufigkeit des Auftretens von Prädissoziation ist also theoretisch verständlich.

Gegenüber der Prädissoziation bei zweiatomigen Molekülen sind bei den mehratomigen zwei Erscheinungen auffallend, und zwar das oft sehr langsame Einsetzen der Prädissoziation, das sich über Gebiete von bis zu 1000 Å erstreckt (ClO_2)[927], und die namentlich von HENRI[385] beobachtete Verschiebung der Prädissoziationsgrenze mit der Temperatur des absorbierenden Gases. Beide Erscheinungen ergeben sich aus der theoretischen Behandlung der Prädissoziation mehratomiger Moleküle durch FRANCK, SPONER und TELLER[929]. Das anschauliche Verständnis der Zusammenhänge ist, wie schon erwähnt, dadurch erschwert, daß an Stelle der Schnittpunkte zweier Potentialkurven beim zweiatomigen Molekül jetzt Überschneidungen zweier n-dimensionaler Potentialflächen zu behandeln sind. Zu einem gewissen Verständnis aber verhilft die Behandlung zweier als zweidimensional angenommener Potentialflächen, auf denen sich die jeweilige Kernanordnung durch einen Bildpunkt darstellt, der bei Anregung nur einer linearen Schwingung sich auf einer Geraden hin- und herbewegt, während er im allgemeinen Fall komplizierterer Kernschwingungen LISSAJOUS-Figuren auf der Potentialfläche ausführt.

Erreicht bei eindimensionaler Kernbewegung der Bildpunkt die Schnittkurve der die beiden Elektronenzustände charakterisierenden Potentialflächen, so setzt Prädissoziation ein, und zwar um so plötzlicher, unter je größerem Winkel die Bildpunktkurve die Schnittkurve trifft. Bei kleinem Winkel kann Prädissoziation schon kurz vor Erreichen der Schnittkurve selbst einsetzen, weil der trennende Potentialberg dann infolge des quantenmechanischen Tunneleffektes durchschritten werden kann; es resultiert eine gewisse Unschärfe des Einsatzes der Prädissoziation wie bei dem entsprechenden Fall bei zweiatomigen Molekülen. Bei mehrdimensionaler Bewegung des Bildpunkts (kompliziertere Schwingung) setzt die Prädissoziation um so schärfer ein, je häufiger und schneller die Lissajous-Kurve des Bildpunkts die Schnittkurve beider Potentialflächen schneidet. Da Form und Ausdehnung der Lissajous-Kurve von der Art und Größe der angeregten Schwingungen im Molekül abhängt, ist der Temperatureinfluß verständlich: höhere Temperatur bedeutet stärkere Schwingung im Grundzustand und damit wegen des Franck-Condon-Prinzips auch im angeregten Zustand, d. h. größere Wahrscheinlichkeit des Erreichens einer für Prädissoziation günstigen Kernlage.

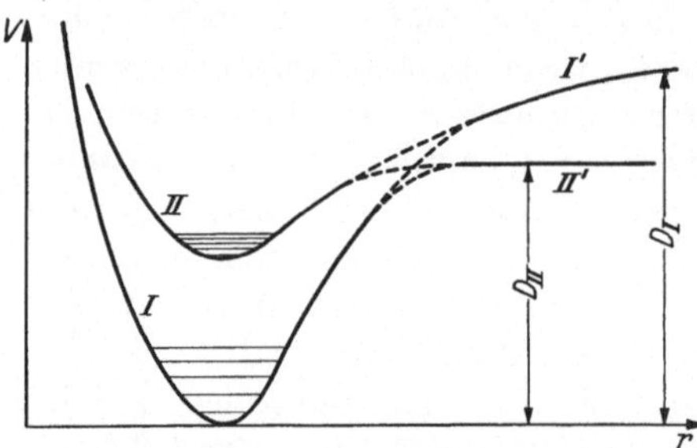

Abb. 82. Potentialkurven zur Veranschaulichung der Zuordnungs-Unbestimmtheit (Überschneiden oder Ausweichen von Molekülzuständen).

Der z. B. beim ClO_2 beobachtete[927] besonders langsame Einsatz der Prädissoziation dagegen beruht nach Franck, Sponer und Teller noch auf einem anderen Effekt. Hier liegt wahrscheinlich eine eindimensionale Schwingung vor, bei der die zur Prädissoziation günstige Kernlage direkt überhaupt nicht erreicht wird (Bildpunkt erreicht Schnittkurve nicht). Infolge der Kopplung zwischen den verschiedenen Schwingungen im Molekül geht die eindimensionale Schwingung allmählich aber doch in eine kompliziertere über. Aus der linearen Bildkurve in unserer Darstellung wird damit also eine Lissajous-Figur, die schließlich die Schnittkurve der Potentialflächen erreichen und damit Prädissoziation bewirken kann.

Es wurde oben (S. 217) bereits erwähnt, daß das häufige Auftreten von Prädissoziation die Zuordnung von Schwingung und Dissoziation und die Deutung der Kontinua mehratomiger Moleküle sehr erschwert, ja daß in vielen Fällen ein klarer physikalischer Unterschied zwischen Dissoziation und Prädissoziation nicht mehr gemacht werden kann. Zur Erläuterung diene die für zweiatomige Moleküle gezeichnete Abb. 82. Bei sehr geringer gegenseitiger Störung der beiden Elektronenterme sind die zur Dissoziation führenden Kurvenäste I' und II' eindeutig den Kurven I und II zuzuordnen; ein strahlungsloser Übergang $I \to II'$ bedeutet dann Prädissoziation. Bei sehr starker Störung umgekehrt weichen die beiden Elektronenterme einander aus; die richtige Zuordnung ist I zu II' und II zu I'. Der oberhalb von II' liegende kontinuierliche Energiebereich stellt dann das zu den Schwingungszuständen von I gehörende Dissoziationskontinuum selbst dar. In dem bei mehratomigen Molekülen häufig vorkommenden Fall mittlerer Störung dagegen ist die Zuordnung nicht eindeutig, und entsprechend kann die Unterscheidung von Dissoziation und Prädissoziation hier ihren Sinn verlieren. Physikalisch bedeutet das, daß man nicht mehr unterscheiden kann zwischen einem strahlungslosen Elektronensprung und einer bei genügender Schwingungsanregung mit dieser automatisch erfolgenden, im Endergebnis ebenfalls zur Dissoziation führenden Elektronenumordnung.

66. Die Deutung der Kontinua und ihre Stützung durch photochemische und Fluoreszenzbeobachtungen.

Bei den kontinuierlichen Spektren mehratomiger Moleküle haben wir es vorwiegend mit Absorptionskontinua zu tun; unsere Aufgabe ist also deren Zuordnung zu bestimmten Dissoziationsprozessen, d. h. ein spektroskopisches Studium des primären photochemischen Zerfalls mehratomiger Moleküle. Wichtig ist deshalb zunächst die Untersuchung, ob ein Spektrum ein echtes Kontinuum ist und nicht ein unaufgelöstes Bandenspektrum darstellt, eine Möglichkeit, die bei den mehratomigen Molekülen wegen der großen Zahl der Schwingungs- und Rotationsmöglichkeiten und der entsprechenden Häufung von Bandenlinien stets im Auge zu behalten ist.

Bezüglich der Zuordnung der echten Kontinua zu bestimmten Zerfallsprozessen ist folgendes zu beachten. Bei den zweiatomigen Molekülen ergibt nach Abschn. 39 die langwellige Grenze des Kontinuums bei Absorption vom Schwingungsgrundzustand aus den Wert der Dissoziationsenergie des oberen Zustands, vom Normalzustand des Moleküls aus gerechnet. Bei mehratomigen Molekülen kann die entsprechende Frequenz nur eine obere Grenze für die Zerfallsenergie darstellen. Denn der Zerfall setzt zwar erst bei dieser Frequenz ein; es ist aber noch unbekannt, ob die absorbierte Energie völlig zur Lösung der einen Bindung verwandt wird, oder ob nicht gleichzeitig andere Schwingungen (infolge der Wechselwirkung der Schwingungen untereinander, s. S. 216 f.) angeregt werden und einen Teil der absorbierten Energie übernehmen. Auf die Übereinstimmung der der kurzwelligen Grenze eines Absorptionskontinuums entsprechenden Energie mit einer aus anderen Daten berechneten Dissoziationsenergie bzw. Abtrennarbeit für ein Atom oder Radikal darf deshalb kein zu großer Wert gelegt werden. Insbesondere gilt das für die Fälle, in denen gar nicht festgestellt werden kann, ob die beobachtete langwellige Grenze wirklich dem Übergang vom Schwingungsgrundzustand zur fraglichen Dissoziationsgrenze entspricht. Von direkterem Interesse für die Kenntnis des Molekülbaues ist dagegen der Wert eines Absorptionsmaximums, weil er als vertikale Anregungsenergie nach dem FRANCK-CONDON-Prinzip bei genügend niedriger Temperatur die Höhe des angeregten Zustandes über dem schwingungslosen Grundzustand angibt. Aus der Breite der Maxima läßt sich dabei ähnlich wie in Abschn. 38 auf die Neigung der Potentialflächen bei der betreffenden Kernlage schließen[928].

Als gesichert kann die Deutung eines Kontinuums bei unserer gegenwärtigen Kenntnis also nur dann gelten, wenn sie durch Beobachtungen anderer Art gestützt bzw. bestätigt wird, und hier sind zu nennen erstens die Beobachtung der Fluoreszenz der Dissoziationsprodukte, und zweitens deren direkte Feststellung auf chemischem Wege, d. h. der Schluß aus den Folgereaktionen auf den primären photochemischen Zerfall.

Wir halten es im gegenwärtigen Zeitpunkt noch für zwecklos, den Versuch einer Diskussion des gesamten vorliegenden Beobachtungsmaterials hier zu machen. Wir bringen daher als Grundlage für weitere Arbeit auf diesem Gebiete nur die Literatur aller uns bekannt gewordenen Untersuchungen kontinuierlicher Spektren mehratomiger Moleküle im Dampfzustand (S. 335f.) und besprechen nur kurz einige allgemeine Ergebnisse der Deutung sowie einige gesicherte Beispiele für durch Beobachtungen anderer Art gestützte Deutungen.

a) Ionisations- und Dissoziationskontinua mehratomiger Moleküle.

Wichtig ist zunächst die Unterscheidung von Ionisations- und Dissoziationskontinua. Ionisationskontinua werden, wie schon S. 31 f. gezeigt, bei mehratomigen Molekülen besonders leicht beobachtet, wenn ein nicht bindendes Elektron angeregt und schließlich abgetrennt wird. Da in diesem Fall durch die Anregung und Ionisierung der Bindungscharakter und damit die Kernanordnung nicht oder nur unwesentlich verändert werden, treten nach dem FRANCK-CONDON-Prinzip ganz vorwiegend Übergänge vom nichtschwingenden normalen Molekül zum ebenfalls schwingungslosen angeregten bzw. ionisierten Molekül auf. Zu den verschiedenen Elektronensprüngen gehören daher isolierte Einzelbanden, die leicht als solche zu erkennen sind. Daher konnte zuerst PRICE[103-108] in solchen Fällen richtige RYDBERG-Serien von Banden mit anschließenden Ionisationsgrenzkontinua in Absorption finden (s. S. 31). Diese Spektren liegen im kurzwelligen Ultraviolett und sind außerordentlich intensiv, da es sich um Elektronensprünge normal großer Übergangswahrscheinlichkeit handelt und die Intensität sich auf ein enges Spektralgebiet konzentriert. Ionisationskontinua sind bei mehratomigen Molekülen also wegen der Möglichkeit der Ionisierung nichtbindender Elektronen viel leichter beobachtbar als bei den zweiatomigen, wo Elektronenanregung und Ionisation im allgemeinen mit einer starken Bindungslockerung verbunden sind.

Bei der Beobachtung kurzwelliger Absorptionskontinua mehratomiger Moleküle erhebt sich also die Frage, ob es sich um Dissoziations- oder Ionisationskontinua handelt. Die Entscheidung ist möglich durch Untersuchung der auf der langwelligen Seite der Kontinua auftretenden Struktur, da Ionisationskontinua im allgemeinen von RYDBERG-Serien von Bandengruppen begleitet sind, während Dissoziationskontinua entweder allein oder auf der kurzwelligen Seite konvergierender Bandenzüge auftreten.

b) Die Deutung der Cl_2O-Kontinua und ihr photochemischer Zerfall.

Als Beispiel für die durch photochemische Untersuchungen gestützte Deutung des Absorptionskontinuums eines mehratomigen Moleküls behandeln wir das Cl_2O. Es ist spektroskopisch von FINKELNBURG, SCHUMACHER uns STIEGER[928] und photochemisch von diesen sowie SCHUMACHER und TOWNEND[1024] untersucht worden. Das zwischen 6700 und 2200 Å liegende kontinuierliche Absorptionsspektrum besitzt ein scharfes, schmales Maximum bei 6250 Å, zwei breitere bei 5300 und 4100 Å und ein äußerst intensives, breites Maximum bei 2560 Å. Das erste, steile Maximum wird der Dissoziation

$$(66,1) \qquad Cl_2O \rightarrow ClO + O$$

zugeordnet, ein Prozeß, für den aus der Bildungswärme des Cl_2O und den Dissoziationsenergien des O_2, Cl_2 und ClO sich $1{,}9 \pm 0{,}2$ Volt errechnet, während die Energie des ersten Maximums $1{,}98$ Volt beträgt. Ob das Cl-Atom hierbei angeregt ist oder nicht, läßt sich wegen der kleinen Anregungsenergie des untersten metastabilen Terms von $0{,}1$ Volt nicht entscheiden. Die beiden folgenden Maxima bei $2{,}3$ und $3{,}0$ Volt werden dem gleichen Zerfall, aber mit Anregung eines der Dissoziationsprodukte, zugeordnet. Da höhere Anregungsstufen weder beim Cl noch beim ClO bekannt sind, läßt sich nichts Sicheres aussagen. Das letzte, intensivste Maximum endlich wird einer Dissoziation in drei Atome

$$(66,2) \qquad Cl_2O \rightarrow Cl + Cl + O$$

zugeordnet, die $4{,}0$ Volt erfordert, während das breite Maximum mit $4{,}8$ Volt, wie [928] gezeigt wird, etwa um den für ein so breites Maximum zu erwartenden Betrag kurzwelliger liegt. Die gleichzeitig durchgeführte Untersuchung des photochemischen Zerfalls des Cl_2O bestätigte diese spektroskopischen Schlüsse, indem sich im Gebiet 4360—3130 Å die gefundene Quantenausbeute nur durch den Primärprozeß (66,1) deuten ließ (etwaige Anregung kann aus der Quantenausbeute nicht festgestellt werden). Bei Bestrahlung mit der Linie 2537 Å haben SCHUMACHER und TOWNEND[1024] dagegen, wie zu erwarten, eine um eins größere Quantenausbeute erhalten, die sich nur durch den Primärprozeß (66,2) darstellen läßt. Die spektroskopische Deutung der Kontinua wird also durch diese photochemischen Beobachtungen bestätigt.

c) Die Deutung der Hg-Dihalogenide und ihre Stützung durch Fluoreszenzbeobachtungen an den Dissoziationsprodukten.

Als Beispiel für eine durch Fluoreszenzbeobachtungen gestützte Deutung kontinuierlicher Spektren mehratomiger Moleküle besprechen wir die Deutung der Spektren der Reihe HgJ_2, $HgBr_2$, $HgCl_2$, CdJ_2 durch WIELAND[1053—1055]. In den Absorptionsspektren dieser Moleküle und der entsprechenden Cd- und Zn-Verbindungen treten neben Banden auch zahlreiche Kontinua auf, die außer von WIELAND noch von BUTKOW[899] untersucht und gedeutet worden sind. Eine Übersicht über die Maxima der gefundenen Absorptionskontinua gibt Tabelle 18. Bei $HgBr_2$ findet BUTKOW noch ein Maximum bei 2100 Å, das von WIELAND aber nicht gefunden werden konnte.

Tabelle 18. Absorptionsmaxima dreiatomiger Metallhalogenide in Å.

	Kontinuierliche Maxima				
	A	B	C	D	E
HgJ_2	2660	2240	1920	1730	~ 1600
$HgBr_2$	2240	1850	1700	1600	
$HgCl_2$	1850	1810	1600	1500	
CdJ_2	2610	2205	2025		

Da bei HgJ_2 und CdJ_2 der Abstand der beiden ersten Maxima ziemlich gut mit dem Dublettabstand des Jodatoms übereinstimmt, und der Abstand des bei WIELAND fehlenden zweiten $HgBr_2$-Kontinuums vom ersten etwa dem Dublettabstand des Broms entspricht, deutete BUTKOW die Kontinua A als Dissoziation in normale Dissoziationsprodukte gemäß Gleichung

$$(66,3) \qquad\qquad HgX_2 \rightarrow HgX + X,$$

während bei der durch das zweite Maximum angezeigten Dissoziation jeweils das Halogenatom im angeregten Zustand ($^2P_{1/2}$) sein sollte.

In sehr schöner Weise versuchte nun WIELAND zur Prüfung dieser Zuordnung die Fluoreszenz der Dämpfe heranzuziehen. Er fand, daß bei Einstrahlung im Gebiet der Kontinua A keine Fluoreszenz auftritt, während bei Einstrahlung im Gebiet eines der kurzwelligeren Maxima stets Bandenfluoreszenz beobachtet wurde. Jedem Absorptionsmaximum entsprach dabei ein besonderes Fluoreszenzbandenspektrum, das seiner Struktur nach einem zweiatomigen Molekül zugehörte. Die Quecksilberhalogenide zerfallen also nach WIELANDs Deutung bei Einstrahlung eines der kurzwelligeren Maxima gemäß der Gleichung

$$(66,4) \qquad\qquad HgX_2 + h\,c\,\nu_1 \rightarrow HgX' + X$$

mit der darauf folgenden Fluoreszenzemission

$$(66,5) \qquad\qquad HgX' \rightarrow HgX + h\,c\,\nu_2,$$

wobei ersichtlich die Differenz $h\,c\,\nu_1 - h\,c\,\nu_2$ eine obere Grenze für die Dissoziationsenergie beim Zerfall in normale Dissoziationsprodukte (66,3) darstellt. Aus der rohen Kantenanalyse der den Dissoziationsprodukten HgX' zugeschriebenen Fluoreszenzspektren ergab sich als unterer Term mit ziemlicher Sicherheit jeweils der HgX-Grundzustand, während die oberen Zustände angeregte Elektronenzustände des HgX darstellen. Damit scheint nachgewiesen, daß die Absorptionsmaxima B, C, D der dreiatomigen Quecksilberhalogenide einen Zerfall in normale Halogenatome und angeregte zweiatomige Quecksilberhalogenide anzeigen. Gegenüber dieser klaren Schlußweise verliert die BUTKOWSche Deutung trotz der bei HgJ_2 und CdJ_2 so guten Übereinstimmung stark an Wahrscheinlichkeit. Die ersten Maxima A, die nicht von Fluoreszenz begleitet sind, deutet WIELAND als Zerfall in normale zweiatomige Halogenide und je ein metastabiles Halogenatom gemäß

$$(66,6) \qquad HgX_2 \to HgX + X' \, (^2P_{1/2}).$$

Das analog gebaute CdJ_2-Spektrum deutet WIELAND unter Ablehnung der BUTKOWSchen Deutung in entsprechender Weise.

d) Kontinuierliche Spektren und Atomabtrennarbeit bei vielatomigen Kohlenwasserstoffen und ihren Derivaten.

Von besonderem chemischem Interesse sind natürlich die Schlüsse, die man aus den Kontinua auf die Bindungsfestigkeit von Reihen analoger Moleküle, namentlich der Kohlenwasserstoffe und ihrer Derivate, ziehen kann. Dabei interessiert als Einleitungsvorgang für viele Reaktionen besonders die zur photochemischen Abtrennung des ersten Atoms erforderliche Energie. Soweit es sich dabei um Sprengung streng lokalisierter Bindungen handelt, können aus den langwelligen Grenzen der Kontinua einigermaßen brauchbare Werte gewonnen werden, doch kann man sich aus mehrfach erwähnten Gründen (Schwingungsübertragung auf andere Bindungen) im allgemeinen nicht zu fest auf sie verlassen. Von großem Wert sind aber die in den letzten Jahren in steigendem Maße vorgenommenen Vergleiche der Absorptionskontinua analoger Moleküle, wie sie mit zuerst von HENRICI[951] für das Methan und seine Halogenderivate durchgeführt worden sind. Hier läßt sich der Einfluß verschiedener Substituenten auf die Bindungsfestigkeit studieren, und die mehr oder minder große Veränderung bestimmter Spektren bei Substitution läßt Schlüsse auf die mehr oder minder strenge Lokalisierung des betreffenden angeregten Elektrons im Molekül zu. Auf Einzelheiten können wir nicht eingehen. Einige theoretische Gesichtspunkte zu dieser Frage diskutiert auch MULLIKEN.

67. Die Spektren der mehratomigen VAN DER WAALS-Moleküle.

Im Zusammenhang mit den zweiatomigen Molekülen haben wir in Abschn. 34d, 45, 51, 60 und 61 auch diejenigen zweiatomigen Systeme und ihre Spektren behandelt, deren Wechselwirkung nur auf den VAN DER WAALSschen Kräften beruht, und die daher entweder als locker gebundene VAN DER WAALS-Moleküle oder gar nur als Stoßpaare Träger von Spektren sind. In entsprechender Weise sollen hier die Spektren der mehratomigen Systeme besprochen werden, deren innere Wechselwirkung wenigstens zwischen bestimmten Molekülteilen nur auf VAN DER WAALSschen Kräften beruht, und deren bekanntestes das aus zwei O_2-Molekülen gebildete $(O_2)_2$-VAN DER WAALS-Molekül ist.

Für die Theorie der VAN DER WAALS-Zustände und ihre Übergangsregeln sei auf Abschn. 34 verwiesen, dessen Ergebnisse wir weitgehend übertragen können, da wir z. B. die beiden valenzmäßig gebundenen O_2-Moleküle im O_4 als die beiden wechselwirkenden Zentren auffassen können. In ähnlicher Weise, wie sich die Spektren der zweiatomigen VAN DER WAALS-Moleküle nach Fall V der Kontinua (S. 147 und 154) wegen der geringen Bindungsenergie eng an die Spektren des angeregten Atoms anschließen, ist das auch hier der Fall. Die $(X_2)_2$-Spektren sind denen des X_2 eng benachbart, da der Einfluß der nur wenige Hundertstel Volt betragenden X_2-X_2-Bindungsenergie sehr klein ist und als Störung des X_2 aufgefaßt werden kann. Ähnlich wie bei den zweiatomigen VAN DER WAALS-Molekülen bei schwacher Wechselwirkung aber verbotene Atomübergänge auftreten können, beobachten wir auch bei den mehratomigen VAN DER WAALS-Molekülen das Auftreten von Spektren (Bandensystemen), die im isolierten X_2-Molekül verboten sind. Die Intensität solcher Spektren muß dann der Konzentration dieser VAN DER WAALS-Doppelmoleküle bzw. Stoßpaare proportional sein, d. h. ähnlich wie beim Hg_2 (S. 193 f.) mit dem Quadrat des Druckes der Einzelmoleküle zunehmen. Abweichungen von linearer Druckproportionalität der Absorption deuten also stets auf die Existenz von VAN DER WAALS-Komplexen (es müssen ja nicht stets nur Doppelmoleküle sein!) hin.

Für die Spektren erwarten wir, wie bei den zweiatomigen VAN DER WAALS-Molekülen, infolge der Beteiligung der kinetischen Energie kontinuierliche Bänder, deren Breite vom relativen Verlauf der kombinierenden Potentialkurven abhängt.

a) Das $(O_2)_2$ und seine Derivate.

Die bisher einzigen gründlich untersuchten mehratomigen VAN DER WAALS-Moleküle sind das $(O_2)_2$ und die verwandten Moleküle O_2X_2 und O_2Y. Nachdem schon bei den ersten Untersuchungen über die Sauerstoffabsorption[1062, 1100, 1101] Abweichungen vom BEERschen Gesetz und Anzeichen quadratischer Druckabhängigkeit verschiedener Teile des Spektrums gefunden worden waren, und nachdem dann LEWIS[1084] aus der Absättigung des Paramagnetismus des O_2 mit abnehmender Temperatur auf die Bildung von $(O_2)_2$-Molekülen geschlossen hatte, ist in den letzten Jahren die Frage der $(O_2)_2$-Spektren von verschiedenen Seiten systematisch angegriffen worden. Die eingehendsten, direkt mit diesem Ziel durchgeführten Experimentaluntersuchungen sind wohl die von FINKELNBURG und STEINER[1067], SALOW[1095] sowie SALOW und STEINER[1097], während besonders ELLIS und KNESER[1065] sowie FINKELNBURG[1066] sich um die Deutung der Ergebnisse im Sinne der VAN DER WAALS-Molekülbildung bemüht haben.

Im komprimierten, flüssigen und festen Sauerstoff treten außer den dem O_2 angehörenden atmosphärischen Sauerstoffbanden bei 7600 Å, einem schwachen, von HERZBERG[1583] gefundenen verbotenen O_2-System bei 2800—2400 Å und dem in Abschn. 54 eingehend besprochenen intensiven Absorptionssystem zwischen 2000 und 1300 Å eine Anzahl breiter kontinuierlicher Absorptionsbänder im Sichtbaren und nahen Ultraviolett auf, deren Lage Tabelle 19 zeigt, sowie schließlich ein den HERZBERG-Banden sich überlagernder Zug von Triplettbanden im Gebiet 2900—2400 mit bis etwa 2000 Å anschließendem Kontinuum. Nach den oben genannten Untersuchungen[1067, 1095, 1097], die inzwischen von HERMAN und Mitarbeitern[1071—1075] bestätigt worden sind, steigt die Absorption aller dieser Spektren mit dem Quadrat des Druckes, was für ihre Zuordnung zum $(O_2)_2$ spricht. Sie verhalten sich dagegen sehr verschieden gegenüber Fremdgaszusatz. Auf die Absorption der breiten sichtbaren Absorptionsbänder bleibt Fremdgaszusatz ohne jeden Einfluß (SALOW[1095]). Die Absorption des ultravioletten Systems $\lambda < 2800$ Å dagegen geht bei konstant gehaltenem O_2-Partialdruck linear mit dem Fremdgasdruck; verschiedene Gase wirken dabei sehr verschieden stark.

Tabelle 19. Die kontinuierlichen $(O_2)_2$-Bänder und ihre Deutung.

λ in Å	ν in cm^{-1}	$\Delta\nu$	Deutung nach ELLIS-KNESER
6295	15881	—	$^3\Sigma\,^3\Sigma \to\,^1\Delta\,^1\Delta$
5771	17323	1442	$^3\Sigma\,^3\Sigma \to\,^1\Delta\,^1\Delta +\ \omega$
5324	18778	1455	$^3\Sigma\,^3\Sigma \to\,^1\Delta\,^1\Delta + 2\,\omega$
4950	20196	1418	$^3\Sigma\,^3\Sigma \to\,^1\Delta\,^1\Delta + 3\,\omega$
4632	21583	1387	$^3\Sigma\,^3\Sigma \to\,^1\Delta\,^1\Delta + 4\,\omega$
4771	20954	—	$^3\Sigma\,^3\Sigma \to\,^1\Delta\,^1\Sigma$
4470	22365	1411	$^3\Sigma\,^3\Sigma \to\,^1\Delta\,^1\Sigma +\ \omega$
4210	23746	1381	$^3\Sigma\,^3\Sigma \to\,^1\Delta\,^1\Sigma + 2\,\omega$
3974	25156	1410	$^3\Sigma\,^3\Sigma \to\,^1\Delta\,^1\Sigma + 3\,\omega$
3805	26274	—	$^3\Sigma\,^3\Sigma \to\,^1\Sigma\,^1\Sigma$
3609	27701	1427	$^3\Sigma\,^3\Sigma \to\,^1\Sigma\,^1\Sigma +\ \omega$
3436	29095	1394	$^3\Sigma\,^3\Sigma \to\,^1\Sigma\,^1\Sigma + 2\,\omega$
3282	30460	1365	$^3\Sigma\,^3\Sigma \to\,^1\Sigma\,^1\Sigma + 3\,\omega$
3150	31737	1277	$^3\Sigma\,^3\Sigma \to\,^1\Sigma\,^1\Sigma + 4\,\omega$

Die Deutung der Erscheinungen wurde von ELLIS und KNESER[1065] sowie FINKELNBURG[1066] gegeben und von SALOW und STEINER[1097] verfeinert. Danach handelt es sich bei dem ultravioletten System, dessen Konvergenzstelle innerhalb der Meßgenauigkeit mit der Dissoziationsenergie des O_2-Moleküls von 5,09 Volt übereinstimmt, um ein verbotenes O_2-System, dessen Übergangswahrscheinlichkeit durch die O_2-O_2-Bindung stark vergrößert wird. Die Absorption findet also in *einem* O_2 statt; das andere unangeregte O_2 wirkt lediglich mittels VAN DER WAALSscher Kräfte auf das erste ein. Aus diesem Grunde kann seine Rolle auch von einem anderen normalen Molekül oder Atom übernommen werden, das mit dem O_2 eine genügend große, nach den Formeln des Abschn. 34d berechenbare VAN DER WAALS-Wechselwirkung besitzt. Diese Überlegung FINKELNBURGs[1066] wurde von SALOW[1095] in vollem Umfang experimentell bestätigt. Tabelle 20 gibt in der ersten Spalte die von SALOW und STEINER untersuchten VAN DER WAALS-Moleküle, in der zweiten die Absorptionsintensität dieser Moleküle für das ultraviolette System, bezogen auf O_2—O_2, und in der dritten zum Vergleich die Größe der VAN DER WAALS-Bindungsenergie, ebenfalls auf die nach den Formeln S. 122f. berechnete des O_2—O_2 bezogen. Tabelle 20 zeigt, daß der Gang der Absorptionsintensität der der VAN DER WAALS-Wechselwirkung parallel geht.

Im Gegensatz zu diesem Ultraviolettsystem können die in Tabelle 19 aufgeführten kontinuierlichen Bänder wegen des fehlenden Fremdgaseinflusses nur von $(O_2)_2$ und nicht von O_2-Fremdgasmolekülen absorbiert werden. Eine interessante Deutung dieser kontinuierlichen Bänder, deren Zuordnung zum $(O_2)_2$ nicht mehr zweifelhaft ist, haben ELLIS und KNESER[*][1065] vorgeschlagen. Diese konnten zeigen, daß die Maxima der Bänder sich durch die Formel

$$v = n \cdot {}^1\!\varDelta + m \cdot {}^1\!\varSigma + v \cdot \omega$$
$$n = 1, 2 \quad m = 1, 2 \quad v = 0, 1, 2, 3$$

darstellen lassen. Hierin bedeuten ${}^1\!\varDelta$ und ${}^1\!\varSigma$ die beiden tiefsten Singulettzustände des O_2 (der Grundzustand ist ja ein ${}^3\!\varSigma$), während ω der Größenordnung nach mit dem Grundschwingungsquant des O_2 und den untersten

Tabelle 20.

VAN DER WAALS-Molekül	Relative Absorptionsintensität	Relative Bindungsenergie
O_2—O_2	1,00	1,00
O_2—He	0,01	0,19
O_2—Ne	0,05	0,45
O_2—Ar	0,86	0,92
O_2—N_2	0,71	0,86
O_2—CO_2	1,1	1,75

Schwingungsquanten der Singulettzustände übereinstimmt. Die kontinuierlichen Bänder werden damit also Übergängen zu solchen oberen Zuständen des $(O_2)_2$ zugeordnet, in denen *beide* O_2-Moleküle angeregt sind (s. Tabelle 19). Gegen diese Hypothese, die allerdings zur Zeit die einzige zur Erklärung der Bänder existierende ist, sind ernsthafte theoretische Bedenken von FINKELNBURG[1066] und PRESENT[1087] vorgebracht worden. Bei der geringen Wechselwirkung der beiden O_2-Moleküle müssen deren Elektronen nämlich als so weitgehend voneinander unabhängig angenommen werden, daß eine in *einem* Absorptionsakt erfolgende Anregung je eines Elektrons in jedem der beiden O_2-Partner extrem unwahrscheinlich ist. Die Messungen des molekularen Absorptionskoeffizienten dieser Bänder durch SALOW und STEINER[1097] zeigen aber, daß dieser dieselbe Größenordnung wie bei einem gewöhnlichen verbotenen Übergang besitzt. Auf der anderen Seite ist die ELLIS-KNESERsche Hypothese nicht nur die einzige vorliegende Deutung überhaupt und vermag zudem die Wellenlängen aller beobachteten Banden gut wiederzugeben, sondern sie macht auch verständlich, weshalb bei diesen Kontinua im Gegensatz zu dem ultravioletten System Fremdgaszusatz ohne Einfluß bleibt. Die Frage muß also als noch offen bezeichnet

---

* Der Versuch der Ermittlung der Dissoziationsenergie des $(O_2)_2$ aus der Breite der Bänder in dieser Arbeit beruht nach FINKELNBURG[1066] auf einem zahlenmäßigen Irrtum, ebenso der Vergleich der Absorption von gasförmigem und flüssigem Sauerstoff (s. SALOW und STEINER[1097]).

werden, stellt aber wegen der grundsätzlichen Bedeutung der Wechselwirkung der Elektronen zweier schwach gebundener Partner ein theoretisches Problem von großem Interesse dar.

Erwähnt sei noch, daß die Existenz von $(O_2)_2$ auch im festen Zustand, auf die wir in Abschn. 77a und 79a noch zurückkommen, sehr augenfällig durch die Röntgenuntersuchungen von VEGARD[1099] gezeigt wird, der im festen γ-Sauerstoff einen Abstand je zweier O_2-Moleküle von 3,48 Å feststellte, während der Abstand von zwei offenbar nicht zusammengehörenden O_2-Molekülen sich zu 3,68 Å ergab. Für alle weiteren Einzelheiten über das $(O_2)_2$-Problem muß auf die Literatur verwiesen werden.

b) Sonstige mehratomige VAN DER WAALS-Moleküle.

In Analogie zum $(O_2)_2$ erwarten wir die Existenz zahlreicher ähnlicher VAN DER WAALS-Moleküle, deren Studium von Interesse sein dürfte. Systematische Untersuchungen liegen außer den erwähnten noch in keinem Fall vor. Auf die Existenz eines $(NO)_2$-VAN DER WAALS-Moleküls hatte LAMBREY[1082] aus der von ihm beobachteten annähernd quadratischen Druckabhängigkeit der Absorption der NO-γ-Banden geschlossen; und dieser Schluß wurde gestützt durch Folgerungen aus dem Gang des 2. Virialkoeffizienten und reaktionskinetische Untersuchungen, die eine NO—NO-Bindungsenergie von 0,1 Volt erwarten ließen. Nach neuen Versuchen von BRODERSEN[1063] scheint die von LAMBREY gefundene quadratische Druckabhängigkeit sich jedoch nicht zu bestätigen, so daß die Frage noch ganz offen ist. In Analogie zum $(O_2)_2$ sind ferner gewisse Spektren der Elemente Schwefel, Phosphor, Selen und Tellur mehratomigen VAN DER WAALS-Komplexen zugeordnet worden[1091, 1092—1094], doch sind gesicherte Einzelheiten noch nicht bekannt. Es liegt ferner in der Literatur noch eine Notiz von GLOCKLER und MARTIN[1068] über ein Analogon zu den Hg-Edelgasmolekülen, nämlich ein CH_4-Hg-VAN DER WAALS-Molekül vor, dessen Spektrum in Fluoreszenz auf der langwelligen Seite der Hg-Linie λ 2537 Å beobachtet wurde. Eingestrahlt wurde dabei diese Linie in ein Gemisch von 1 Atm. CH_4 und bei 20° C gesättigtem Hg-Dampf. Ob dagegen ein diffuses Band, das MITCHELL[1086] in der Fluoreszenz eines Hg-NH_3-Gemisches beobachtet hat, wirklich als VAN DER WAALS-Spektrum aufzufassen ist, erscheint sehr zweifelhaft.

Wir haben uns bei unseren Betrachtungen bisher im wesentlichen auf den gasförmigen Zustand beschränkt. Es sei deshalb nur kurz erwähnt, daß mehratomige VAN DER WAALS-Komplexe in Lösungen als Assoziationen eine große Rolle spielen, und daß eine Sonderklasse mehratomiger VAN DER WAALS-Moleküle in der Chemie als Molekülverbindungen in den letzten Jahren steigendem Interesse begegnet. Für Einzelheiten sei etwa auf die Darstellung von BRIEGLEB[1407] verwiesen.

XII. Linienbreiten.

68. Allgemeines über Linienbreiten und Kontinua.

Eine Darstellung der kontinuierlichen Spektren wäre unvollständig ohne die wenigstens kurze Behandlung aller der Erscheinungen, die die Intensitätsverteilung innerhalb der einzelnen Spektrallinie bedingen. Auch die schärfste Spektrallinie besitzt nämlich eine von der Auflösung des Spektralapparates unabhängige „natürliche" Breite, stellt also in Wirklichkeit ein kontinuierliches Spektrum bestimmter Ausdehnung und Intensitätsverteilung dar. Wird die betreffende Linie nun nicht von einem isolierten, ruhenden Atom bzw. Molekül absorbiert oder emittiert, sondern von Atomen, die eine thermische Bewegung ausführen und außerdem in Wechselwirkung mit ihrer Umgebung stehen (gaskinetische Stöße, Einfluß von Feldern und anderes), so machen sich diese Einflüsse durch Veränderung der Breite und Intensitätsverteilung des die Linie darstellenden Kontinuums bemerkbar, und die Untersuchung dieser Veränderungen der Linien gestattet umgekehrt entsprechende Rückschlüsse auf den Bewegungszustand der Atome und die auf sie von der Umgebung ausgeübten Wirkungen. Das Problem ist also grundsätzlich das gleiche wie bei vielen Kontinua.

Wir behandeln die Linienbreiten im Anschluß an die Molekülkontinua, weil die interessantesten Veränderungen der Linien, die Druckverbreiterungen und -verschiebungen, mit wenigen Ausnahmen (Abschn. 73c) als Extremfälle echter Molekülkontinua angesehen werden können, wie das in Abschn. 31 bereits angedeutet worden ist. Faßt man nämlich das emittierende oder absorbierende Zentrum mit den es umgebenden störenden Teilchen als ein System auf (vgl. S. 103), so ergibt sich die Intensitätsverteilung des Spektrums, also der Linie, aus der Größe der Elektronenanregung und der Kernbewegung (Bewegung der störenden Teilchen) in gleicher Weise wie bei einem vielatomigen Molekül. Wie schon in Abschn. 31 gezeigt, führt also ein gerader Weg von diesen hier zu behandelnden druckverbreiterten Linien über die in Abschn. 61 behandelten VAN DER WAALS-Bänder locker gebundener Atomsysteme zu den großen Molekülkontinua. Nicht unter den Begriff der Molekülkontinua fallen dagegen die natürliche Breite und die DOPPLER-Verbreiterung der Spektrallinien, gewisse Sonderfälle von Verbreiterungen (namentlich S. 244 f.) sowie gewisse Erscheinungen der kosmischen Linienbreiten, die aber sinnvoll im Zusammenhang mitbehandelt werden müssen.

Wir charakterisieren eine Spektrallinie durch Angabe ihrer Intensitätsverteilung $J(v)$ und ihrer Halbwertbreite γ. Da $J(v)$ von der Dicke der strahlenden oder absorbierenden Schicht abhängt, wird die Intensitätsverteilung auf eine unendlich dünne Schicht bezogen. Wir bezeichnen ferner stets die Gesamtintensität der Linie als eins, normieren also

$$(68,1) \qquad\qquad \int J(v)\,dv = 1.$$

Als Halbwertbreite γ einer Linie bezeichnen wir die Wellenzahlbreite der Linie bei der halben Maximalintensität $J(\nu_0)$, definieren γ also* bei symmetrischem Linienverlauf durch die Gleichung

$$(68,2) \qquad J\left(\nu_0 \pm \tfrac{1}{2}\gamma\right) = \tfrac{1}{2} J(\nu_0).$$

Unsere Behandlung der Linienbreite ist grundsätzlich die gleiche für Absorptions- wie für Emissionslinien. Die Anwendung der Ergebnisse auf letztere hat aber zur Voraussetzung, daß die Wechselwirkung der angeregten Atome untereinander vernachlässigt werden kann, und daß ferner die Anregung über die ganze Breite der Linie erfolgt, daß also etwa zur Fluoreszenzanregung ein Kontinuum und nicht eine scharfe Linie benutzt wird. Bei der Anwendung der Theorie auf verbreiterte Emissionslinien in Gasentladungen ist ferner noch der Einfluß der umgebenden geladenen Teilchen auf $J(\nu)$ zu berücksichtigen (vgl. S. 243 und 250). Besonders interessant ist die Frage der Linienbreiten bei kosmischen Lichtquellen (S. 252 f.), bei denen sich mancherlei Beziehungen zu den Linienbreiten in geschichteten Gasentladungen und umgekehrt ergeben.

69. Die natürliche Linienbreite.

Bei der Behandlung der natürlichen Linienbreite zeigt sich sehr klar der in Abschn. 2a aufgezeigte Unterschied der klassischen und der quantenmechanischen Betrachtungsweise.

Klassisch stellt die Emission einer Spektrallinie ja die Ausstrahlung einer gedämpften Welle durch den das Atom ersetzenden Oszillator der Frequenz $c \cdot \nu_0$ dar. Die Dämpfung bewirkt nun eine zeitabhängige Abweichung der ausgestrahlten Frequenz $c \cdot \nu$ von der Eigenfrequenz des Oszillators $c\nu_0$, und wir erhalten die Intensitätsverteilung des resultierenden Spektrums durch eine FOURIER-Analyse zu

$$(69,1) \qquad J(\nu) = \frac{1}{2\pi} \frac{\gamma}{(\nu_0 - \nu)^2 + (\gamma/2)^2}.$$

Hierin ist γ die Halbwertbreite der Linie in Wellenzahleinheiten:

$$(69,2) \qquad \gamma(\nu) = \frac{4\pi e^2}{3 m c^2} \nu_0^2 \quad \mathrm{cm}^{-1},$$

die sich also im Wellenlängenmaß zu

$$(69,3) \qquad \gamma(\lambda) = \frac{4\pi e^2}{3 m c^2} = 1{,}19 \cdot 10^{-4}\ \text{Å}$$

unabhängig von der Wellenlänge ergibt.

Nach der für diesen Fall namentlich von WEISSKOPF und WIGNER[1386, 1387] entwickelten quantenmechanischen Theorie beruht die natürliche Linienbreite auf den Breiten ΔE_i der beiden kombinierenden

---

* Diese Definition scheint besonders im Hinblick auf das Experiment hier geeigneter als die im theoretischen Teil des Schrifttums vielbenutzte sog. Halbbreite $\tfrac{1}{2}\gamma$.

Energieniveaus. Die Breite ΔE eines Energiezustands ist dabei nach der HEISENBERGschen Ungenauigkeitsbeziehung mit der durch Gl. (2,15) definierten Lebensdauer des Zustandes verknüpft durch die Beziehung

$$(69,4) \qquad \Delta E_i \cdot \tau_i \cong h \,.$$

$1/\tau_i$ ist aber nach Abschn. 2b einfach die Zahl der sekundlichen Übergänge vom Zustand E_i zu tieferliegenden Zuständen E_k und ergibt sich aus Gl. (2,15) und (2,17) zu

$$(69,5) \qquad \frac{1}{\tau_i} = \frac{8\,\pi^2\,e^2}{m\,c} \sum_k v_{ik}{}^2 f_{ik} \,.$$

Die in Wellenzahlen gemessene Halbwertbreite γ der bei Kombination der Zustände E_1 und E_2 entstehenden Spektrallinie ist also gleich der Summe der in der gleichen Einheit gemessenen Breiten der Energiezustände:

$$(69,6) \qquad \gamma(v) = \gamma_1 + \gamma_2 = \frac{\Delta E_1}{h\,c} + \frac{\Delta E_2}{h\,c} \,.$$

Aus Gl. (69,4), (69,5) und (69,6) erhalten wir also, wenn wir mit k alle unterhalb E_1, mit l alle unterhalb E_2 liegenden Zustände bezeichnen:

$$(69,7) \qquad \gamma(v) = \frac{4\,\pi\,e^2}{m\,c^2} \left[\sum_k v_{1k}{}^2 f_{1k} + \sum_l v_{2l}{}^2 f_{2l} \right] \; \mathrm{cm}^{-1} \,.$$

Wenden wir Gl. (69,7) auf den Fall der Na-D-Linien an, so verschwindet die erste Summe in der Klammer (wie für alle Resonanzlinien), da E_1 der Grundzustand ist, unterhalb dessen keine Zustände mehr existieren, und in der zweiten Summe ist $l=1$, da von E_2 aus spontan nur der Übergang zum Grundzustand E_1 möglich ist. Für diesen Übergang ist nun $f_{21} = 1/3$, und unsere quantenmechanische Formel (69,7) reduziert sich auf die klassische Formel (69,3) der Halbwertbreite.

Nach der exakten Gl. (69,7) ist also die Breite einer Linie nicht allein durch die Wahrscheinlichkeit dieses betreffenden Übergangs bestimmt, sondern hängt noch von der Wahrscheinlichkeit aller sonstigen Übergänge ab, die von den kombinierenden Energiezuständen aus erfolgen können. Eine Linie sehr geringer Übergangswahrscheinlichkeit kann also trotzdem eine erhebliche Breite besitzen, falls nämlich von ihrem oberen Zustand aus noch andere Übergänge großer Wahrscheinlichkeit möglich sind.

Diese Ergebnisse der quantenmechanischen Theorie sind durch die Beobachtungen, namentlich von UNSÖLD[1366], in vollem Umfang bestätigt worden. Sie sind auch dann gültig, wenn der mit der Linienemission konkurrierende Übergang großer Wahrscheinlichkeit ein strahlungsloser Übergang etwa in einen kontinuierlichen Energiebereich ist, wie das bei der Autoionisation (S. 34) und der Prädissoziation (S. 138) der Fall ist. Bei diesen beiden Erscheinungen bewirkt die große Wahrscheinlichkeit der Übergänge ins Kontinuum (Zerfallswahrscheinlichkeit) eine außerordentliche Verkürzung der Lebensdauer der angeregten Zustände und damit nach Gl. (69,7) eine sehr große Halbwertbreite der bei Kombination mit diesen Zuständen entstehenden Linien.

Noch auf einen Punkt sei endlich hingewiesen. Findet die betrachtete Absorption und Emission in einem Raum sehr hoher Strahlungsdichte statt, so ist das zweite Glied in Gl. (2,8) nicht mehr zu vernachlässigen, und die hohe Strahlungsdichte kann (vgl. S. 9) Übergänge in beiden Richtungen erzwingen und dadurch eine Vergrößerung der f-Werte in Gl. (69,7) bewirken, die sich durch eine Vergrößerung der Halbwertbreite bemerkbar macht. Dieser Effekt ist allerdings erst bei einer Strahlungsdichte entsprechend Temperaturen über 10000° zu berücksichtigen.

70. Die Doppler-Breite von Spektrallinien.

Die zweite Erscheinung, die eine endliche Breite der von isolierten Atomen emittierten oder absorbierten Linien bewirkt, ist der Dopplereffekt infolge der thermischen Bewegung der Teilchen. Bewegt sich ein Teilchen mit der Geschwindigkeit v_x in der Beobachtungsrichtung, so erscheint seine Wellenzahl v um

$$(70,1) \qquad d\nu = \nu_0 \cdot v_x / c$$

gegenüber der emittierten Wellenzahl ν_0 verschoben. Da in einem Gas vom Molekulargewicht M und der absoluten Temperatur T der Anteil der Moleküle mit Geschwindigkeiten zwischen v_x und $v_x + dv_x$

$$(70,2) \qquad \frac{d N_0}{N_0} = \sqrt{\frac{M}{2\pi R T}} \cdot e^{-\frac{M v_x^2}{2 R T}}$$

ist, wo R die Gaskonstante bedeutet, erhält man für die Intensitätsverteilung der Doppler-verbreiterten Linie bei Vernachlässigung der natürlichen Linienbreite:

$$(70,3) \qquad J(\nu) = \sqrt{\frac{M c^2}{2\pi R T \nu_0^2}} \cdot e^{-\frac{M c^2}{2 R T \nu_0^2}(\nu - \nu_0)^2}$$

und daraus die Halbwertbreiten:

$$(70,4) \qquad \begin{cases} \gamma(\nu) = 2\sqrt{\ln 2} \cdot \sqrt{\dfrac{2 R T}{M c^2}}\, \nu_0 \quad \mathrm{cm}^{-1} \\[2ex] \gamma(\lambda) = 2\sqrt{\ln 2} \cdot \sqrt{\dfrac{2 R T}{M c^2}}\, \lambda_0 \quad \mathrm{cm}. \end{cases}$$

Da natürliche Breite und Doppler-Breite stets gemeinsam auftreten, ist es für die Möglichkeit der Trennung beider Effekte sehr wichtig, daß erstere nach Gl. (69,3) von λ unabhängig, letztere aber λ proportional ist. Im Röntgengebiet ($\lambda < 100$ Å) ist daher die Doppler-Breite vernachlässigbar gegenüber der natürlichen Breite, während im Ultrarot umgekehrt die Doppler-Breite überwiegt. Ein Vergleich von Gl. (69,1) und (70,3) zeigt ferner, daß die Intensitätsverteilung in

beiden Fällen eine verschiedene ist. Abb. 83 zeigt beide Verteilungen
für den Fall gleicher Halbwertbreite und gleicher Gesamtintensität der
Linien. Man sieht, daß in den Linienflügeln stets die von der natürlichen
Breite herrührende Intensitätsverteilung (sog. Dispersionsverteilung) vorherrscht. Messungen an den Linienflügeln geben daher Aufschluß über
die natürliche Breite auch DOPPLER-verbreiterter Linien.

Bei der Ableitung der Linienform (70,3) haben wir die natürliche Breite außer acht gelassen. Die tatsächliche Intensitätsverteilung bei Berücksichtigung beider Effekte sieht daher etwas anders
aus. Die hier zu weit führende Berechnung ist von VOIGT[1374] und
Anderen[1245, 1310, 1405] ausgeführt wor-
den; die Ergebnisse sind bei WEISS-
KOPF[1385] diskutiert.

Für die Linienbreiten und Linienkonturen in der Astrophysik spielen
außer dem bisher behandelten DOPP-
LER-Effekt infolge thermischer Bewegung noch die DOPPLER-Effekte
eine wesentliche Rolle, die auf der
verschieden gerichteten und verschieden großen Bewegung verschiedener
Gebiete der als punktförmige Lichtquellen erscheinenden Fixsterne beruhen. Es sind dies:

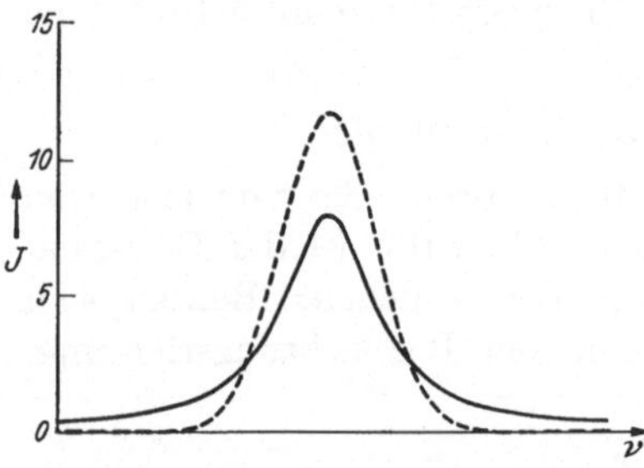

Abb. 83.   Intensitätsverteilung in einer
Spektrallinie natürlicher Breite (————)
und bei DOPPLER-Verbreiterung (------)
unter der Annahme gleicher Halbwertbreite
und gleicher Gesamtintensität.
(Nach WEISSKOPF[1385].)

1. DOPPLER-Verbreiterungen infolge Rotation des ganzen Sterns,
2. DOPPLER-Verbreiterungen infolge turbulenter Bewegungen in der
Atmosphäre des Sterns, und
3. das Auftreten breiter Emissionsbänder in gewissen Sternspektren
infolge von Ejektion der Sternmaterie durch Novae und verwandte unstabile Sterne.

Die axiale Rotation eines Sterns bewirkt für das von seinen verschiedenen Teilen zu uns gelangende Licht DOPPLER-Verschiebungen,
deren Größe aus Gl. (70,1) folgt, wenn man für v_x die in die Beobachtungsrichtung fallende Komponente der Rotationsgeschwindigkeit ein-
setzt. Da bei der großen Entfernung auch der uns nächsten Fixsterne
eine Trennung des von den beiden Seiten des Sterns kommenden Lichts
unmöglich ist, macht sich die Rotation eines Fixsterns als DOPPLER-
Verbreiterung der in seinem Spektrum auftretenden Linien bemerkbar.
Formeln für die Linienkonturen sind von CARROLL[1127], STRUVE[1346, 1350]
sowie SWINGS und CHANDRASEKHAR[1353] angegeben worden; letztere
berücksichtigen auch noch den Einfluß der Randverdunklung sowie
den der Rotation auf den Ionisierungsgrad der Atome. Beobachtungen
über die Rotationsverbreiterung liegen namentlich von STRUVE, ELVEY
und Mitarbeitern[1155, 1157, 1346, 1347, 1350] vor.

Daß Konvektionsströmungen und turbulente Bewegungen in Sternatmosphären eine zusätzliche DOPPLER-Verbreiterung ergeben, ist ohne weiteres klar. Genaue Rechnungen über diesen Einfluß auf die Linienkonturen macht WELLMANN[1389].

Auch die Ejektion leuchtender Materie aus extrem turbulenten Sternen, wie Novae und WOLF-RAYET-Sternen, muß zu DOPPLER-Verbreiterungen und -Verschiebungen der von diesen sich ausdehnenden Atmosphären emittierten Linien führen. BEALS[1119, 1120] hat zuerst die breiten Emissionsbänder der Novae, für die er selbst und WRIGHT[1403] schöne Beispiele reproduzieren, durch solche Expansion erklärt, wobei er auf Expansionsgeschwindigkeiten von 1500—2000 km/sec kam. Verfeinerungen seiner Überlegungen und Rechnungen bringen GENARD[1176] sowie GERASIMOWIC und MELNIKOV[1177]. Eine ausführliche Darstellung der DOPPLER-Verbreiterung in Sternspektren findet sich in dem neuen Buch von UNSÖLD[1370a].

71. Grundsätzliches über die Theorien der Druckverbreiterung.

Im Gegensatz zu der natürlichen Breite und der DOPPLER-Breite sind die im folgenden zu behandelnden Verbreiterungen Druckeffekte, d. h. Funktionen der Dichte und Temperatur des Gases, in das das emittierende oder absorbierende Zentrum eingebettet ist. Das Problem ist in allen Fällen das gleiche: Die Energien der beiden kombinierenden Zustände des Atoms oder Moleküls sind Funktionen der Kernanordnung, d. h. der Entfernungen aller störenden Teilchen vom Zentrum, und der zwischen diesen und dem Zentrum wirkenden Kräfte. Die bei dem Übergang absorbierte Wellenlänge hängt ferner ab von der gleichzeitig stattfindenden Änderung der kinetischen Energie des Systems. Wie bei den echten Molekülkontinua haben wir es bei einem Übergang mit einer Änderung des Elektronenzustands des Zentrums sowie des Kernbewegungszustands des ganzen Systems (Atom + störende Umgebung) zu tun; die absorbierte oder emittierte Energie setzt sich also aus Elektronenenergie und kinetischer Energie der Kernbewegung zusammen. Die Berechnung des im Mittel über einen längeren Zeitraum absorbierten oder emittierten Spektrums, d. h. der Intensitätsverteilung $J(\nu)$ der Linie, erfordert also erstens eine Statistik über die störende Wirkung aller umgebenden Moleküle, und zweitens die Berechnung der bei den Übergängen erfolgenden Umsetzung von kinetischer Energie in Strahlung und umgekehrt. Während dieser letzte Anteil temperaturabhängig ist, gibt die statistische Rechnung die Linienbreite für verschwindende Temperatur. Zu ihrer Berechnung ist die Kenntnis der zwischen Zentrum und Störteilchen wirkenden Kräfte erforderlich. Bei Störung durch ungeladene Teilchen, die mit dem Zentrum nicht identisch sind (Fremddruckverbreiterung), sind das die in Abschn. 34d behandelten additiv wirkenden VAN DER WAALS-Kräfte, bei Störung durch

Teilchen, die mit dem Zentrum identisch sind (Eigendruckverbreiterung), dagegen die nicht additiven Resonanzkräfte (s. S. 123), bei Störung durch geladene Teilchen und solche mit permanenten Dipolen endlich COULOMBsche und verwandte elektrische Kräfte.

Für jeden dieser Fälle gibt es zwei theoretische Behandlungsmethoden, die man gewöhnlich als Stoßtheorien und statistische Theorien unterscheidet. Bei geringem Gasdruck kann man die Störungen des emittierenden oder absorbierenden Zentrums nämlich sinnvoll als Stöße auffassen, wobei das Atom in den zwischen den Stößen liegenden Zeiten ungestört bleibt. Man spricht dann von Stoßverbreiterungen (Abschn. 72). Bei sehr hohem Gasdruck umgekehrt ist das Zentrum praktisch niemals ungestört, und die Größe der Störung und damit die der entsprechenden Linienverbreiterung und -verschiebung läßt sich nur auf statistischem Wege unter Berücksichtigung aller umgebenden Teilchen berechnen, wobei aber die Umsetzung der kinetischen Energie mit in Rechnung zu setzen ist. Wir behandeln zunächst die Theorien der Stoßverbreiterung, anschließend die statistischen Theorien.

72. Die Theorien der Stoßverbreiterung.

Die von LORENTZ[1243] stammende klassische Theorie der Stoßverbreiterung ist von WEISSKOPF[1383, 1384] verfeinert und quantenmechanisch begründet worden. Sie ist in ihrer klassischen Form außerordentlich einfach.

a) Die LORENTZsche Theorie und ihre Verfeinerung.

Durch die Annäherung eines Störteilchens an das strahlende Atom auf eine Entfernung, die kleiner ist als der „optische Stoßradius" ϱ, tritt eine Phasenänderung der vom Atom ausgestrahlten Welle ein. Die Theorie nimmt damit also an, daß die gestörte Ausstrahlung aus einzelnen kurzen Wellenzügen der Länge $1/\tau_{st}$ besteht, wenn τ_{st} die im Mittel zwischen zwei Stößen von Störteilchen auf das Zentrum liegende Zeit ist. Die Dauer der ungestörten Ausstrahlung wird also durch diese Stöße gegenüber der natürlichen Lebensdauer verkürzt, und die Linienbreite daher entsprechend Abschn. 69 (in der klassischen Auffassung wegen der „Stoßdämpfung") vergrößert. Durch Ausführung der FOURIER-Analyse der durch die Stöße verkürzten Wellenzüge erhält man, wenn man noch die statistische Streuung der Stoßzahlen $1/\tau_{st}$ berücksichtigt, für die Intensitätsverteilung der stoßverbreiterten Linie:

$$(72,1) \qquad J(\nu) = \frac{1}{2\pi} \frac{\gamma_{nat} + \gamma_{st}}{(\nu_0 - \nu)^2 + \left(\dfrac{\gamma_{nat}}{2} + \dfrac{\gamma_{st}}{2}\right)^2}.$$

Der Vergleich mit Gl. (69,1) zeigt, daß die Linie Dispersionsverteilung besitzt mit einer Halbwertbreite

$$(72,2) \qquad \gamma = \gamma_{nat} + \gamma_{st}; \qquad \gamma_{st} = \frac{1}{c \cdot \tau_{st}} \ \mathrm{cm}^{-1},$$

die sich aus der natürlichen Halbwertbreite und der Stoßdämpfungs-halbwertbreite additiv zusammensetzt. Hierbei ist die Stoßzahl $1/\tau_{st}$ nach der kinetischen Gastheorie gegeben durch

$$(72,3) \qquad \frac{1}{\tau_{st}} = \varrho^2 N \bar{v} = \frac{2 \varrho^2 N}{\pi} \sqrt{2 \pi k T \frac{m_1 + m_2}{m_1 m_2}},$$

worin m_1 und m_2 die Massen der mit der mittleren Geschwindigkeit $\bar{v}$ sich bewegenden Stoßpartner sind und N die Molekülzahl pro cm³ ist.

Für den Stoßdurchmesser ϱ hatte LORENTZ[1225] einfach die gaskinetischen Werte angesetzt, war damit aber zu viel zu kleinen Halbwertbreiten gelangt. WEISSKOPF[1383] hat dagegen gezeigt, daß eine einfache Phasenänderung des emittierten Wellenzuges bereits durch ein Vorbeifliegen des Störteilchens in recht beträchtlichem Abstand bewirkt wird. Ist nämlich die durch Annäherung eines Störteilchens auf die Entfernung r bewirkte Frequenzänderung (bzw. im quantenmechanischen Bild die entsprechende durch h dividierte Energiezustandsänderung) $c \cdot \Delta \nu(r)$, so ist die durch das vorbeifliegende Teilchen bewirkte Phasenänderung

$$(72,4) \qquad \Delta \varphi = c \cdot \int_0^\infty \Delta \nu(r) \, dt,$$

und wir sprechen von einem „optischen Stoß", wenn diese Phasenänderung von der Größenordnung eins ist. Die Größe des Stoßdurchmessers ϱ hängt also von der durch die Annäherung des Störteilchens bewirkten Energiezustandsänderung

$$(72,5) \qquad \Delta E(r) = h c \Delta \nu(r)$$

und damit von dem Potential der zwischen den Teilchen wirkenden Kräfte ab. Hierbei sind r, ϱ und die mittlere Geschwindigkeit $\bar{v}$ verknüpft durch die Beziehung

$$(72,6) \qquad r = \sqrt{\bar{v}^2 t^2 - \varrho^2}.$$

b) Die Störung durch Teilchen gleicher Art (Eigendruckverbreiterung).

Zwischen gleichen Teilchen besteht nach Abschn. 34d wegen der Möglichkeit des Energieaustauschs von Teilchen zu Teilchen eine Resonanzkraft, deren Potential mit r^{-3} geht. Durch die Annäherung eines mit dem Zentrum identischen Atoms wird also die Energie des angeregten Zustands um den Betrag

$$(72,7) \qquad \Delta E = \pm h \cdot K/r^3 \qquad K = \frac{e^2 f}{16 \pi^2 m c v_0}$$

geändert. Die resultierende Frequenzänderung ist, da die Energieänderung des Grundzustands nur mit r^{-6} geht und daher gegen (72,7) vernachlässigt werden kann,

$$(72,8) \qquad c \cdot \Delta \nu = \pm K/r^3.$$

Durch Einsetzen von (72,8) in (72,4) erhält man daraus unter Berücksichtigung von (72,6) für den Stoßdurchmesser

$$(72,9) \qquad \varrho = \sqrt{\frac{4\,\pi\,K}{\bar{v}}}$$

und endlich für die aus der Eigendruckverbreiterung resultierende Halbwertbreite durch Einsetzen von (72,9) in (72,3) und (72,2):

$$(72,10) \qquad \gamma = \frac{4\,\pi}{c}\,KN = \frac{f\,e^2}{4\pi\,m\,c^2\,v_0}\,N \quad \text{cm}^{-1}.$$

Die Halbwertbreite ist also der Gasdichte N proportional.

Diese WEISSKOPFsche Theorie ist kürzlich von FURSSOW und WLASSOW[1175] ausgebaut und verfeinert worden. Da nämlich bei der Störung angeregter Atome durch unangeregte gleicher Art die Verkürzung der Lebensdauer auf dem Energieaustausch beruht, sehen diese Verfasser die Wirkung eines optischen Stoßes nicht in einer Phasenveränderung gemäß Gl. (72,4), sondern in einer *Amplitudenänderung* der ausgestrahlten Welle. Ein Vorbeifliegen eines Störteilchens in großem Abstand bewirkt somit eine Dämpfung, Stöße im engeren Sinn (geringer Abstand des Störteilchens) eine plötzliche Änderung, unter Umständen sogar eine Umkehr des Vorzeichens der Amplitude der ausgestrahlten Welle. Die auf Grund dieser Vorstellungen klassisch wie quantenmechanisch von FURSSOW und WLASSOW berechnete Eigendruckverbreiterung führt zu Ausdrücken der gleichen Form wie die oben abgeleiteten, ergibt aber in Übereinstimmung mit den Experimenten größere Breiten. Die Halbwertbreite in Wellenzahlen ergibt sich nach dieser Theorie nämlich zu

$$(72,10\,\text{a}) \qquad \gamma = \frac{4\,e^2\,f}{3\,m\,c^2\,v_0}\cdot N \quad \text{cm}^{-1}.$$

c) Die Störung durch ungeladene Fremdteilchen (Fremddruckverbreiterung).

Die Wechselwirkung zwischen neutralen Atomen verschiedener Art ist nach Abschn. 34 d durch die VAN DER WAALSschen Kräfte bestimmt. Die durch Annäherung eines fremden Teilchens an das Zentrum bewirkte Frequenzänderung ist nach Abschn. 34 dα

$$(72,11) \qquad c\cdot\varDelta v = b/r^6,$$

woraus sich wieder durch Einsetzen in (72,4) unter Berücksichtigung von (72,6) für den optischen Stoßdurchmesser

$$(72,12) \qquad \varrho = \sqrt[5]{\frac{3\,\pi^2}{4}\,\frac{b}{v}}$$

ergibt und durch Einsetzen in (72,3) und (72,2) für die aus dieser Fremddruckverbreiterung folgende Halbwertbreite

$$(72,13) \qquad \gamma = 2{,}2\,\frac{b^{2/5}\,\bar{v}^{\,3/5}\,N}{c} \quad \text{cm}^{-1}.$$

Besitzen die störenden Moleküle oder das Zentrum permanente Dipole, so können zu der Frequenzstörung (72,11) noch Anteile hinzukommen, die dem Richt- und Induktionseffekt der Dipole entsprechen.

d) Die Störung durch Elektronen und Ionen.

Befindet sich das absorbierende oder emittierende Zentrum in einem Raum hoher Elektronen- und Ionendichte (Sternatmosphäre, Gasentladungsplasma), so können die zur Stoßverbreiterung führenden Phasenänderungen auch durch optische Stöße von Elektronen und Ionen bewirkt werden. Da die Linien der meisten Elemente im elektrischen Feld Aufspaltungen zeigen, die mit dem Quadrat der Feldstärke gehen (quadratischer Starkeffekt), beträgt die durch ein Elektron oder Ion im Abstand r vom Zentrum bewirkte Frequenzänderung (vgl. UNSÖLD[1370])

$$(72,14) \qquad c \cdot \varDelta \nu = C/r^4,$$

wobei C für jede Linie aus Messungen des quadratischen Starkeffekts entnommen werden muß, da eine Berechnung aus atomtheoretischen Daten noch Schwierigkeiten macht.

Durch Einsetzen von (72,14) in (72,4) unter Berücksichtigung von (72,6) ergibt sich für den optischen Stoßdurchmesser

$$(72,15) \qquad \varrho = \pi^{2/3 \, -1/3} \, C^{1/3}$$

und durch Einsetzen in (72,3) und (72,2) für die Halbwertbreite

$$(72,16) \qquad \gamma = \frac{\pi^{4/3}}{c} \cdot \bar{v}^{1/3} \, C^{2/3} \, N_e \ \mathrm{cm}^{-1},$$

worin N_e jetzt die Zahl der Elektronen im cm³ ist. Die Stöße der langsamen Ionen sind hierbei vernachlässigt, können aber leicht ebenfalls in Rechnung gesetzt werden.

e) Der Einfluß der Häufigkeitsverteilung; Asymmetrien und druckproportionale Verschiebungen.

Die bisher behandelte reine Stoßdämpfungstheorie betrachtet die gestörte Strahlung als bestehend aus einzelnen kurzen Wellenzügen ungestörter Frequenz, und führt daher zu der symmetrischen Form (72,1) der stoßverbreiterten Linie, wobei die Halbwertbreite der Dichte der störenden Teilchen proportional ist. Diese Theorie gilt streng aber nur bei recht geringen Drucken, nämlich solange die Stoßzeit selbst klein ist gegenüber dem zwischen zwei Stößen liegenden Zeitraum ungestörter Ausstrahlung.

Bei steigender Dichte der störenden Teilchen wird diese Bedingung der reinen Stoßverbreitungstheorie ungültig, und es müssen nun die Stoßzeiten selbst, während deren vom Zentrum gestörte Frequenzen emittiert und absorbiert werden, für die Linienform und -breite in

Rechnung gesetzt werden. Dies geschieht durch Einführung der sog. Häufigkeitsverteilung, die die Häufigkeit des Auftretens jeder einzelnen gestörten Frequenz angibt. Wir gehen in Abschn. 73 genauer auf sie ein. Hier genügt der Hinweis, daß die Häufigkeitsverteilung im allgemeinen eine unsymmetrische Funktion ist, da die Frequenzstörungen je nach der Art der Wechselwirkungen bevorzugt eine Vergrößerung oder Verkleinerung der Frequenzen ergeben. Der Einfluß der Häufigkeitsverteilung neben der reinen Stoßdämpfung macht sich also durch das Auftreten von Unsymmetrien in der Linienform $J(\nu)$ und durch Verschiebungen des Intensitätsmaximums der Linien bemerkbar. Solange die nach S. 243 abzuleitende, durch die Häufigkeitsverteilung allein bestimmte statistische Halbwertbreite (73,2) einer Linie aber noch kleiner ist als die Stoßdämpfungsbreite — und das ist bei Drucken unterhalb etwa 10 Atm. meist der Fall —, ist die Linienverschiebung gleich der halben Stoßdämpfungsbreite und geht damit wie diese proportional mit dem Druck. Diese Druckproportionalität von Linienbreite und Verschiebung des Linienmaximums im Bereich der Gültigkeit der Stoßdämpfungstheorie ist experimentell vielfach geprüft und bestätigt worden.

73. Die statistische Theorie der Verbreiterung und Verschiebung.

Gehen wir zum Fall sehr hoher Dichte der störenden Teilchen über, so muß die Stoßdämpfungstheorie ihren Sinn verlieren, weil zwischen den Stößen keine Zeiten ungestörter Ausstrahlung mehr liegen, sondern das Zentrum einer dauernden, aber stets wechselnden Störung unterliegt. Die bisher gemachten Versuche zu einer Theorie dieser Verbreiterungen nehmen — was sicher nicht streng erlaubt ist — die durch die Störungen bewirkten Energiezustandsänderungen als langsam gegenüber der bei Elektronensprüngen erfolgenden an und rechnen einfach statistisch. Sie setzen die Intensität einer bestimmten Frequenz also als proportional derjenigen Zeit an, während der die entsprechende Energieniveaudifferenz im Atom vorhanden ist, setzen die Intensitätsverteilung in der Linie also gleich der Häufigkeitsverteilung. Man setzt dann einfach gemäß Gl. (72,7), (72,11) oder (72,14) die Wechselwirkung zwischen Zentrum und Störteilchen an und integriert über alle Störteilchen, die noch einen Beitrag liefern.

a) Fremdgasstörung bei hohen Drucken.

Die Rechnung ist von KUHN[1230] und MARGENAU[1247, 1253] für den Fall der additiv wirkenden VAN DER WAALS-Kräfte, also für die Fremddruckverbreiterung, durchgeführt worden. Diese „statistische", für sehr hohe Gasdichten geltende Intensitätsverteilung $J_s(\nu)$ ergibt sich dann zu

$$(73,1) \qquad J_s(\nu) = k\, c^{-1/2}\, (\nu_0 - \nu)^{-3/2} \cdot e^{-\frac{\pi k^2}{c(\nu_0 - \nu)}}; \quad k = \tfrac{2}{3}\pi \sqrt{-b} \cdot N,$$

wo b die durch Gl. (72,11) gegebene VAN DER WAALS-Konstante ist, gilt aber nicht mehr für große $(\nu_0 - \nu)$, da im Gebiet kleiner Kernabstände Gl. (72,11) nicht mehr gilt (vgl. S. 122f.). Aus (73,1) folgt für die Halbwertbreite

$$(73,2) \qquad \gamma \cong 0{,}8 \, \frac{\pi^3}{c} \, b \, N^2 \ \text{cm}^{-1}$$

und für die Verschiebung des Linienmaximums

$$(73,3) \qquad \nu_0 - \nu = \frac{(\tfrac{2}{3}\pi)^3}{c} \, b \, N^2 .$$

Verschiebung und Halbwertbreite gehen nach dieser für hohe Gasdichten gültigen Theorie also mit dem Quadrat der Dichte, und das ist auch tatsächlich beobachtet worden. Der Übergang vom linearen zum quadratischen Verlauf tritt nach den Beobachtungen von WATSON und MARGENAU[1379, 1257] sowie HULL[1212, 1213] bei Verbreiterung der Kaliumresonanzlinien durch Stickstoff und Argon bei etwa 15 Atm. Druck ein, und die Rechnung zeigt, daß bei diesem Druck Stoßdämpfungsbreite und statistische Breite annähernd gleich werden.

Zum vollen Erfassen der Verhältnisse bei hohen Drucken aber darf man nicht mit einem bestimmten einfachen Potentialansatz wie (72,11) rechnen, sondern man gewinnt einen besseren Überblick durch Heranziehen des tatsächlichen Potentialkurvenverlaufs der verschiedenen Zustände, indem man für kernnahe Stöße Zentrum und Störteilchen im Sinn unserer mehrfach gemachten Ausführungen als *ein* System betrachtet und die verbreiterte Linie damit als Molekülkontinuum auffaßt, für das alle Erkenntnisse der Kap. VII—X gültig sind. Die Zusammenhänge zwischen den Linienverbreiterungen dieser Art und den Kontinua etwa der Metall-Edelgasmoleküle (S. 214) liegen damit auf der Hand. Der Fall des Hg_2 (S. 193f.) zeigt zugleich die Möglichkeit der Behandlung von Eigendruckverbreiterungen bei hohen Drucken, deren statistische Behandlung an der Nichtadditivität der hierbei auftretenden Wechselwirkungen scheitert. KUHN[1231] hat kürzlich diesen Übergangsfall zwischen Molekülkontinua und Linienverbreiterung behandelt und dabei gezeigt, daß für die Linienflügel tatsächlich nur Zweierstöße verantwortlich sind, die Molekülbehandlung hier also vernünftiger erscheint als die statistische.

b) Verbreiterungen und Verschiebungen durch Elektronen und Ionen.

Eine befriedigende Theorie der Verbreiterung durch Elektronen und Ionen würde zunächst die genaue Kenntnis des Starkeffekts in sehr inhomogenen Feldern erfordern. Die vorliegende, im wesentlichen auf DEBYE[1143] und HOLTSMARK[1197, 1198] zurückgehende Theorie beruht auf der Annahme, daß für die als Starkeffekt aufgefaßte Verbreiterung das durch alle Ladungsträger der Umgebung erzeugte elektrische Feld im Mittelpunkt des absorbierenden Atoms maßgebend sei. Die im Vergleich zur Ausdehnung der Elektronenhülle sicher nicht unbeträchtliche Inhomogenität des Feldes wird also vernachlässigt. DEBYE zeigte, daß sich für diesen Fall das mittlere Feld als Funktion der Zahl der Ladungsträger N im cm³ darstellt als

$$(73,4) \qquad F = 2{,}6 \cdot e \cdot N^{2/3}.$$

Für die Halbwertbreite infolge dieser Starkeffektverbreiterung folgt daraus:

$$(73,5) \qquad \gamma = C \cdot N^{2/3},$$

worin die Konstante C wie in Abschn. 72d aus der Aufspaltung der Linie im elektrischen Feld bestimmt werden muß.

Die Proportionalität der statistischen Verbreiterung von Linien im zeitlich und räumlich inhomogenen elektrischen Feld mit $N^{2/3}$ ist in vielen Fällen experimentell bestätigt worden (s. S. 250). Die Starkeffektverbreiterung nimmt außerordentlich große Werte an für Linien mit linearem Starkeffekt, also namentlich für die BALMER-Linien des Wasserstoffs und die Alkalilinien. Die in kondensierten Entladungen beobachteten extremen Linienverbreiterungen (vgl. etwa S. 301 f.) sind im wesentlichen der Wirkung der hohen Elektronen- und Ionendichte in diesen stromstarken Entladungen zuzuschreiben.

c) Verbreiterung und Verschiebung hoch angeregter Atomzustände.

Für die Störung hoch angeregter Atomzustände, wie sie als obere Zustände der höheren Alkalihauptserienglieder beobachtet werden, ist nach FERMI[1161] ein von der üblichen Fremddruckstörung abweichender Effekt verantwortlich, der eine Verschiebung und Verbreiterung der angeregten Atomzustände und damit der Linien selbst bewirkt. Für große Hauptquantenzahlen nämlich umschließt bzw. umkreist das Leuchtelektron (Valenzelektron) den Atomrumpf in solcher Entfernung ($r \sim 500$ Å für $n = 30$ bei den Alkalien), daß bei Atmosphärendruck mehrere tausend störende Fremdgasatome sich in seinem Innern befinden. Die Störung des hoch angeregten Atomzustands beruht dann nach FERMI auf zwei Ursachen. Einmal wirkt auf die innerhalb der Schale oder Bahn des Valenzelektrons befindlichen Störatome das Feld des einfach geladenen Atomrumpfs und bewirkt in ihnen eine Polarisation, die sich in einer Energieverminderung des Systemzustands bemerkbar machen muß. Zweitens findet eine Energieänderung, also Verschiebung des Zustands, infolge der Wechselwirkung des angeregten Elektrons selbst mit den Störteilchen statt. Wir behandeln zunächst diese Verschiebungseffekte und gehen auf die neuerdings von REINSBERG[1313] untersuchte Verbreiterung anschließend ein.

Die durch die Polarisation bewirkte Energiezustandsänderung ist ersichtlich

$$(73,6) \qquad \Delta E = -\frac{\alpha}{2\,h} \sum_k F_k{}^2 = -\frac{\alpha\,e^2}{2\,h} \sum_k \frac{1}{r_k{}^4}\,,$$

wo α die Polarisierbarkeit der Störteilchen, F_k das am Ort des k-ten Störteilchens wirksame, vom Atomrumpf herrührende Feld und r_k der Abstand des k-ten Teilchens vom Atomrumpf ist. Die Störteilchen mögen dabei keine permanenten Dipole besitzen. Unter der Annahme

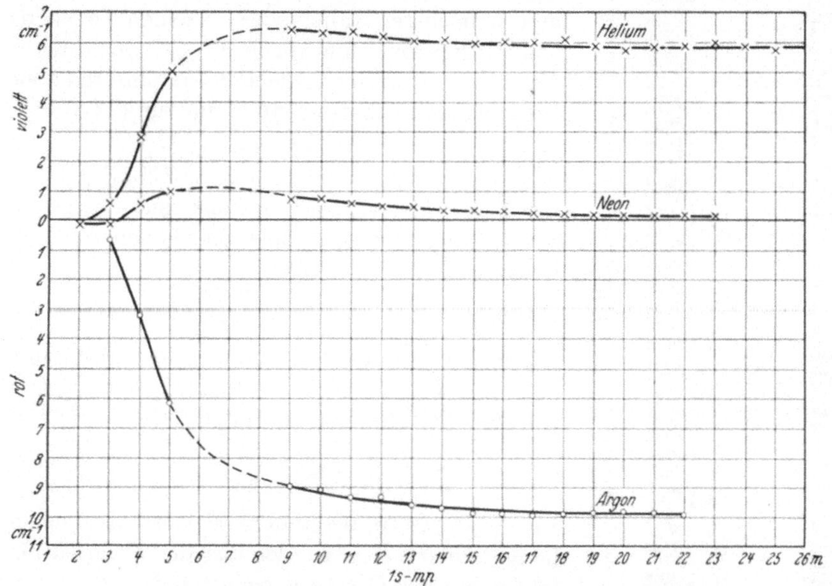

Abb. 84. Verschiebung der höheren Glieder der Cäsiumhauptserie durch Helium, Neon und Argon von 1 Atm. Druck. (Nach FÜCHTBAUER, SCHULZ und BRANDT[1174].)

gleichförmiger Verteilung der Störteilchen, deren Dichte N im cm³ sei, erhalten wir daraus eine Rotverschiebung

$$(73,7) \qquad \Delta_1 \nu = -10\,\frac{e^2\,\alpha}{h\,c}\,N^{4/3}\ \mathrm{cm}^{-1}.$$

Die zweitens in Rechnung zu setzende Wechselwirkung des Valenzelektrons mit den Störteilchen stellt sich klassisch dar als Ergebnis der Stöße des langsam auf seiner großen Bahn umlaufenden Elektrons mit den Störteilchen und läßt damit an einen Zusammenhang mit dem RAMSAUER-Effekt denken. Wellenmechanisch kommt die Lösung des Problems heraus auf die Berechnung der Eigenwerte des Elektrons in einem Feld, das sich zusammensetzt aus dem des eigenen Atomrumpfs (Potential V) und denen der Störteilchen (Potentialanteile V_k). Entsprechend der langsamen Bewegung des Elektrons ändert sich ψ räumlich so langsam, daß es über den Bereich vieler Störteilchen konstant gleich $\overline{\psi}$ gesetzt werden kann; über den gleichen Bereich ist auch V praktisch konstant. Die SCHRÖDINGER-Gleichung des Problems schreibt sich dann

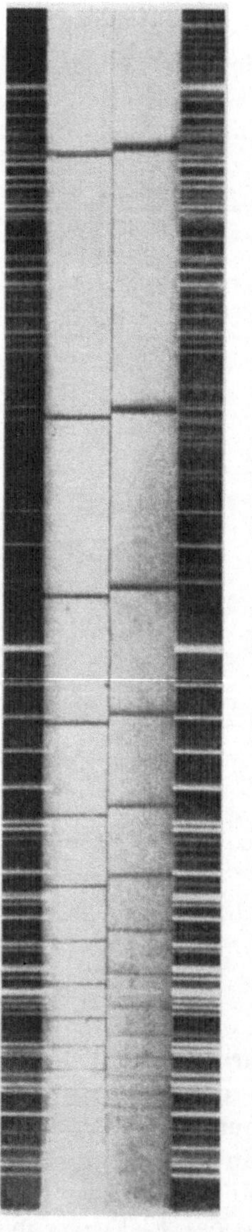

Abb. 85. Verbreiterung und Verschiebung der höheren Glieder der Rubidiumhauptserie durch Argon von 5,8 Atm. Druck. (Aufnahme von ZE und YI[1404].)

$$(73,8) \quad \Delta\,\overline{\psi} + \frac{8\,\pi^2\,m}{h^2}\left[(E-V)\,\overline{\psi} - \sum_k \overline{V_k\,\psi}\right] = 0.$$

Die Summe in der Klammer läßt sich berechnen, wenn man bedenkt, daß die Anteile V_k der neutralen Störteilchen zum Gesamtpotential nur in nächster Nähe jedes einzelnen Teilchens beträchtlich groß sind gegen $(E-V)$, in größerer Entfernung von den Teilchenmittelpunkten aber verschwinden. Man erhält dann für (73,8)

$$(73,9) \quad \Delta\,\psi + \frac{8\,\pi^2\,m}{h^2}\left(E-V-\frac{h^2\,a\,N}{2\,\pi\,m}\right)\overline{\psi} = 0.$$

Die Eigenwerte E des Elektrons sind also gegen die des ungestörten Atoms verschoben um den Betrag

$$(73,10) \qquad \Delta E = -\frac{h^2\,a\,N}{2\,\pi\,m}\,.$$

Hierin ist die Größe a mit dem Wirkungsquerschnitt σ langsamer Elektronen in dem betreffenden Störgas verknüpft durch

$$(73,11) \qquad a = \sqrt{\frac{\sigma}{2\,\pi}}\,.$$

Die durch (73,10) bestimmte Wellenzahlverschiebung addiert sich zu der aus der Polarisation folgenden zur Gesamtverschiebung

$$(73,12) \quad \nu_0 - \nu = -\frac{10\,e^2\,\alpha}{h\,c}\,N^{4/3} \pm \frac{h\,a}{2\,\pi\,c\,m}\cdot N\,.$$

Nach REINSBERG[1311] ist dabei das Vorzeichen des zweiten Gliedes negativ (Rotverschiebung), wenn der RAMSAUER-Querschnitt σ für kleine Elektronengeschwindigkeiten ein Minimum besitzt, andernfalls positiv (Violettverschiebung).

Wie man sieht, ist in den Formeln der Bahnradius des angeregten Elektrons nicht enthalten. Im Gültigkeitsbereich der Theorie müssen also Verschiebung und, wie wir gleich zeigen werden, auch Verbreiterung der hohen Serienglieder von der Hauptquantenzahl unabhängig sein; und gerade das war für $n > 15$ von AMALDI und SEGRÉ[1112] sowie FÜCHTBAUER und Mitarbeitern[1165, 1170, 1171, 1173, 1174] beobachtet worden (s. Abb. 84).

Wie die Theorie verlangt, ist die Größe der Verschiebung unabhängig von dem speziellen angeregten Atom und hängt nur von der Natur des Störgases ab. Auch die Richtung der Verschiebungen steht mit der Theorie in Übereinstimmung. Einen Überblick über die Größe solcher Verschiebungen gibt Abb. 85, die die Verschiebung der Rubidium-hauptserie bei Zusatz von 5,8 Atm. Argon zeigt.

Die Abhängigkeit der *Verbreiterung* der Serienlinien von der Seriennummer (Hauptquantenzahl des oberen Zustands), die nach FÜCHTBAUER und SCHULZ[1173] den aus Abb. 86 ersichtlichen Verlauf zeigt, ist kürzlich von REINSBERG[1313] berechnet worden. Sie wird als Abhängigkeit des in Abschn. 72 definierten optischen Stoß durchmessers ϱ von der Hauptquanten-

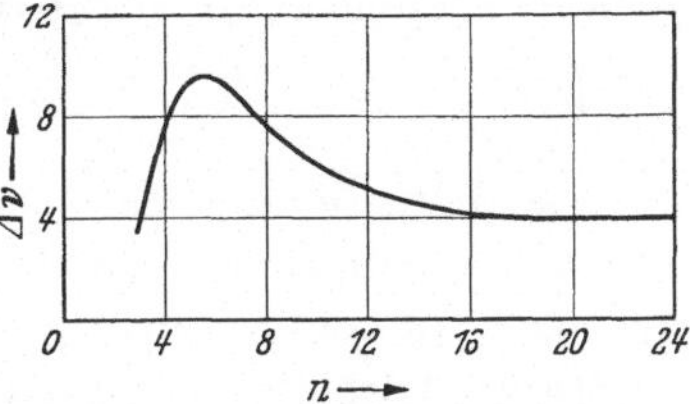

Abb. 86. Verbreiterung der höheren Glieder der Natriumhauptserie durch Argon in Abhängigkeit von der Gliednummer. (Aus REINSBERG[1313].)

zahl des angeregten Zentrums aufgefaßt. Die Theorie ist damit also eine zu Abschn. 72 gehörende Stoßverbreiterungstheorie und wird hier nur wegen des Zusammenhangs mit der oben berechneten Verschiebung behandelt. Zur Berechnung von ϱ setzte REINSBERG ein Potential gemäß Abb. 87 an, das bei kleinem Kern-abstand das Potential des Atomrumpfes $\dfrac{\alpha\, e^2}{2\, r^4}$ ist [vgl. Gl. (73,6)], bei größerem Abstand bis zum Abstand des angeregten Elektrons vom Rumpf aber konstant gleich dem über diese Kugel ausgeschmierten Potential der Elektronenwolke ist und außerhalb der Kugel plötzlich auf Null abfällt. Mit diesem Ansatz gelingt es ihm nicht nur, den in Abb. 86 dargestellten Verlauf der Breite mit der

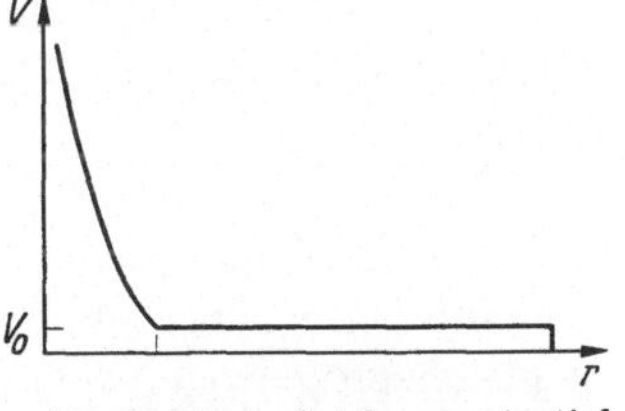

Abb. 87. Wechselwirkungspotential eines hoch angeregten Alkaliatoms und eines Edelgasatoms. (Nach REINSBERG[1313].)

Hauptquantenzahl zu erklären, sondern auch den konstanten Grenz-wert der Breite hoch angeregter gestörter Energieniveaus zu

$$(73,13) \qquad \Delta E_\infty (v) = \frac{5\, T_0}{2\, c} \left(\frac{\pi\, N}{2} \right)^{1/3} \left(\frac{l^2}{4\, h} \right)^{2/3} (2\pi k)^{1/6} (\varepsilon - 1)^{2/3}\, p \, (m\, T^5)^{-1/6}$$

zu berechnen. Hierin ist N die Zahl der Störteilchen im cm^3 bei $T_0 = 0°$ C, ε die Dielektrizitätskonstante des Störgases, m die Masse eines Störteilchens und T die Versuchstemperatur. Die Linienbreite setzt sich nach Gl. (69,6) aus den Breiten der beiden kombinierenden Energiezustände zusammen, doch beträgt die des Grundzustandes nur wenige Prozent von der durch Gl. (73,13) gegebenen des angeregten Zustandes. Die von REINSBERG auf Grund dieser Theorie berechneten Linienbreiten der durch Edelgase gestörten Alkaliatome stimmen mit den von FÜCHTBAUER und SCHULZ[1173] gemessenen im Mittel bis auf etwa 20% überein.

74. Die Messung von Linienbreiten.

Fast alle für den Vergleich mit der Theorie in Frage kommenden genauen Messungen von Linienbreiten sind an Absorptionslinien ausgeführt worden. Der Absorptionskoeffizient ε_λ wird dabei meist auf eine Schicht der Dicke $\lambda/4\,\pi$ bezogen, hängt also mit der Schichtdicke l und dem Brechungsindex n_λ zusammen durch

$$(74,1) \qquad\qquad n_\lambda \cdot \varepsilon_\lambda = \frac{\lambda}{4\,\pi\,l}\,\ln\frac{J_0\,(\lambda)}{J\,(\lambda)}\,.$$

Die Messung der Intensitätsverteilung einer Linie wird meist wie bei allen Kontinua photographisch-photometrisch durchgeführt. Bei geringen Linienbreiten und einem homogenen Kontinuum als Absorptionslichtquelle kann man aber deren Intensität $J_0(\nu)$ sowie die Plattenempfindlichkeit in dem betreffenden engen Spektralbereich als konstant annehmen. Bleibt man nun noch im geraden Teil der Gradationskurve der Platte, so gibt die Registrierkurve der Schwärzungsverteilung direkt die Intensitätsverteilung in der Linie. Dazu muß allerdings die Anordnung so gewählt werden, daß auch die Linienmitte nicht mehr als 80% absorbiert. Bei größeren Breiten und zu ganz genauen Messungen wird man die Platte dagegen eichen, d. h. die Messung wie üblich an einen schwarzen Strahler (s. S. 274 und 284) anschließen.

Außer dieser direkten Methode der Breitenmessung gibt es noch eine Anzahl indirekter Methoden, die meist darauf hinauslaufen, daß die Gesamtabsorption $\int\limits_0^\infty n\varepsilon\,d\nu$ gemessen und unter der Annahme einer bestimmten Linienform [etwa Dispersionsverteilung nach Gl. (69,1)] die Linienbreite berechnet wird. Diese Messung der Gesamtabsorption ist gleichzeitig wegen des aus Abschn. 2, Gl. (2,20) und (2,17) folgenden Zusammenhanges dieser Größe mit der Übergangswahrscheinlichkeit und dem f-Wert der Linie von Interesse.

Zur Trennung der verschiedenen Effekte, die für die beobachtete Breite einer Linie verantwortlich sein können, sind besondere Methoden ausgearbeitet worden. Wichtig ist namentlich die Messung der natürlichen Breite einer Linie, die gleichzeitig eine große DOPPLER-Breite besitzt. Da nach S. 236 die Intensitätsverteilung in den Linienflügeln im wesentlichen durch die natürliche Breite bestimmt ist, mißt MINKOWSKI[1272] erstere und berechnet daraus die natürliche Breite. Um genügend starke Absorption der wenig intensiven Linienflügel zu erhalten und doch nicht durch Stoßverbreiterung bei hohem Druck gestört zu sein, verwendet er lange Absorptionsrohre bei sehr geringem Gasdruck.

75. Die Ergebnisse der Untersuchungen über Linienbreiten.

Da es unmöglich ist, die Ergebnisse aller experimentellen Arbeiten über Linienbreiten und Linienverschiebungen hier zu besprechen, bringen wir im Anhang die vollständige Literatur und beschränken uns hier auf eine Übersicht über die wichtigsten Ergebnisse.

a) Untersuchungen an Absorptionslinien.

Die Ergebnisse der Messungen von Verbreiterungen und Verschiebungen stehen *qualitativ* durchweg mit den in Abschn. 69—73 dargestellten Theorien in Übereinstimmung, *quantitativ* dagegen ergeben sich noch teilweise sehr erhebliche Abweichungen, besonders bei der Eigendruckverbreiterung. Natürliche Linienbreiten und der Übergang zur beginnenden Störung durch Stoßverbreiterung sind direkt besonders von MINKOWSKI[1271, 1272, 1273], SCHÜTZ[1324], WEINGEROFF[1382] und KORFF[1228] gemessen worden, während KUNZE[1236], ZEMANSKY[1405] und SCHÜTZ[1325, 1326] Linienbreiten auf dem indirekten Weg (vgl. S. 248) bestimmt haben.

Der lineare Anstieg der Stoßdämpfungsbreite mit der Dichte des Fremdgases sowie die ebenfalls druckproportionale Verschiebung der Linienmaxima bei mäßigen Drucken sind von fast allen Beobachtern bestätigt worden, namentlich von MINKOWSKI[1271, 1273] und in einem größeren Druckbereich von FÜCHTBAUER und Mitarbeitern[1166—1169, 1172] sowie WATSON und MARGENAU[1379]. Letztere sowie HULL[1212, 1213] fanden beim Übergang zu sehr hohen Drucken (über 15 Atm.) auch die von der Theorie S. 243 geforderte Abweichung der Druckproportionalität in Richtung eines quadratischen Anstiegs, wobei HULL[1213] auch den Temperatureinfluß auf Verbreiterung und Verschiebung untersuchte. Messungen der Eigendruckverbreiterung und Bestimmungen optischer Stoßdurchmesser (vgl. S. 239) sind für Hg-Hg von ORTHMANN und PRINGSHEIM[1290], für Na-Na von KORFF[1228] und für Cs-Cs von WAIBEL[1376] ausgeführt worden und haben außerordentlich große Werte ergeben ($\varrho \simeq 50$ Å für Hg-Hg).

Messungen der Verbreiterung und Verschiebung der höheren Hauptserienglieder der Alkaliatome endlich sind, wie in Abschn. 73c bereits besprochen, von AMALDI und SEGRÉ[1112] sowie besonders von FÜCHTBAUER und Mitarbeitern[1165, 1170, 1171, 1173, 1174] ausgeführt worden. Schöne Aufnahmen bringen ZÉ und SHANG-YI[1404], die kürzlich die Verschiebung und Verbreiterung[1404a] der Rb-Linien durch hohe Edelgasdrucke gemessen haben (s. Abb. 85).

b) Untersuchungen an Emissionslinien.

Beobachtungen über Verbreiterungen, Verschiebungen und Asymmetrien von Emissionslinien finden sich zahlreich in der gesamten spektroskopischen Literatur, jedoch nur wenige quantitative Untersuchungen. So zeigt z. B. WOLFSOHN[1399], daß die große Breite der Cu-Emissionslinien im offen brennenden Cu-Bogen auf Druckeffekten beruht, und schlägt zur Vermeidung dieser Störung das Arbeiten mit Vakuumbogen vor. Als Druckeffekt ist ferner von Weizel[1388] die große, unsymmetrische Breite der He-Linie 585 Å erkannt und mittels des Franck-Condon-Prinzips aus den Potentialkurven des He_2 erklärt worden (vgl. S. 193 und 243). In die gleiche Gruppe von Erscheinungen gehören zahlreiche andere unsymmetrisch verbreiterte Emissionslinien, als deren Extremfall die von Oldenberg u. A. beobachteten, in Abschn. 61 behandelten van der Waals-Emissionsbänder aufzufassen sind. Hingewiesen sei noch auf eine ganz neue Untersuchung der Breiten und Konturen der Emissionslinien einer Quecksilber-Hochdruckentladung, die von Rompe und Schulz[1318a] ausgeführt wurde.

In allen stromdichten Entladungen (vgl. besonders Abschn. 100) treten sehr stark verbreiterte Emissionslinien auf, deren Breite als Wirkung der umgebenden Elektronen und Ionen, gemäß Abschn. 72d und 73b, zu deuten ist. Die hierher gehörenden enormen Verbreiterungen der Alkali- und besonders der Balmer-Linien des Wasserstoffs sind namentlich von Hulburt[1206–1208], Holtsmark und Trumpy[1202], und Finkelnburg[347] untersucht worden, wobei das $N^{2/3}$-Gesetz von Abschn. 73b bestätigt gefunden wurde. Den von Finkelnburg untersuchten Übergang der verbreiterten Balmer-Linien in ein reines Kontinuum (s. Abb. 40) haben wir in Abschn. 26 bereits besprochen und erklärt.

c) Die Verbreiterung von Bandenlinien.

Über die Verbreiterung von Bandenlinien liegen aus älterer und aus jüngster Zeit eine Anzahl von Arbeiten vor. Die Breite von Linien solcher Moleküle, die keine permanenten Dipole besitzen, wird als unabhängig von der Rotations- und Schwingungsquantenzahl gefunden, und zwar im Gebiet der Rotationsschwingungsbanden wie der Elektronenbanden. Die Verbreiterung ist als Stoßverbreiterung proportional dem Gasdruck und ist in ihrer Größe der von Atomlinien mit demselben Elektronenübergang vergleichbar, wie namentlich von Watson und Hull[1378] nachgewiesen worden ist. Dieser Befund wurde von Margenau[1254] gedeutet, der die in Abschn. 72a und 73a dargestellte Theorie der Fremddruckverbreiterung auf dipollose Moleküle anwandte und zeigte, daß der Einfluß der Schwingung und Rotation vernachlässigbar ist gegenüber der durch die f-Werte der Elektronenübergänge bestimmten Linienbreite.

Anders liegt der Fall bei Dipolmolekülen, deren Störung in einer ganz neuen Arbeit von Margenau und Warren[1255] berechnet wurde. Zuerst haben hier Herzberg und Spinks[1192] bei HCN auf eine auffallend große Breite der Bandenlinien hingewiesen und Anzeichen für eine Abhängigkeit der Breite von der Rotationsquantenzahl gefunden. Watson und Margenau[1380] zeigten dann, daß für Moleküle mit Dipolmomenten über $2 \cdot 10^{-18}$ el. stat. Einheiten ($\mu = 2{,}5$ bei HCN) der Dipolrichteffekt für die Linienbreite maßgebend wird, und daß für diese tatsächlich eine Abhängigkeit von der Rotation zu erwarten ist, und zwar in dem Sinn, daß die statistisch am stärksten besetzten Rotationszustände auch die größten Breiten besitzen sollen. Diese theoretische Erwartung wurde bestätigt durch eine schöne neue Arbeit von CORNELL[1131], der die Fremddruckverbreiterung der Linien einer Anzahl von Banden der Moleküle H_2O, HCN und NH_3 maß und maximale Breiten bei den theoretisch zu erwartenden J-Werten feststellte. Der Absolutwert der bei NH_3 gemessenen Breiten stimmte dabei überein mit den theoretischen Ergebnissen von MARGENAU und WARREN[1255] über den Einfluß der VAN DER WAALS-Wechselwirkung symmetrischer mehratomiger Dipolmoleküle auf die Breite der Bandenlinien.

d) Die Breite von Röntgenlinien.

Über die Breite von Röntgenlinien sind in den letzten Jahren mit dem stark auflösenden Doppelkristall-Röntgenspektrometer eine ganze Anzahl aufschlußreicher Untersuchungen ausgeführt worden. Diese haben fast durchweg Linienbreiten ergeben, die wesentlich über den durch die Strahlungsdämpfungsformel (69,3) gegebenen liegen. Deshalb haben MARGENAU[1252] und PRINS[1306] die quantenmechanische Theorie der natürlichen Linienbreite (s. S. 234) durch Berücksichtigung der freien und besetzten Plätze der inneren Elektronenschalen auf den Fall der Röntgenlinien angewendet. Bei der Berechnung der Lebensdauer von Röntgentermen ist dabei auch der AUGER-Effekt in Rechnung zu setzen, d. h. die Möglichkeit strahlungsloser Übergänge, bei denen ein Elektron in einen tieferen Zustand übergeht, während gleichzeitig ein anderes Elektron das Atom verläßt, also ionisiert wird (vgl. S. 36, Abb. 13). Nach PRINS[1306] ist z. B. die große Breite der vom L_I-Niveau ausgehenden Linien durch strahlungslose Übergänge $L_I \rightarrow L_{III}$ bedingt, durch die die Lebensdauer des L_I-Niveaus verkleinert wird. Mit dieser Deutung steht in Einklang, daß die entsprechenden Linien stets eine zu geringe relative Intensität besitzen: die Fluoreszenzintensität wird ja ebenfalls durch die strahlungslosen Übergänge verkleinert. Diese Ergebnisse bilden also eine schöne Stütze der quantenmechanischen Auffassung [Gl. (69,7) S. 234] der natürlichen Linienbreite.

Es tritt nun die Frage auf, ob die beobachteten Breiten von Röntgenlinien nicht auch durch Effekte der in Abschn. 73 behandelten Art, nämlich durch eine gegenseitige Störung der Atome im Gitter bzw. im Molekülverband, hervorgerufen werden können. Untersuchungen über den Einfluß des Aggregatzustands auf die Linienbreite (SHAW und BEARDEN[1333], WILHELMY[1392]) haben ergeben, daß ein solcher für die K_α-Linie reiner Elemente anscheinend nicht vorliegt, während die chemische Bindung von Atomen im Molekül auf die Breite offensichtlich von Einfluß ist, wie Unterschiede der K_α-Linie von Kupfer bei Antikathoden aus Cu, CuO und CuF_2 ergeben haben. Ganz gewaltige

Unterschiede zwischen den Breiten der im Gas und im Metallgitter erzeugten Linien treten aber auf bei Übergängen in den äußeren Elektronenschalen, also für sehr langwellige Röntgenlinien. Diese sind von HOUSTON[1204] sowie JONES, MOTT und SKINNER[1218] im Zusammenhang mit der Elektronentheorie der Metalle (vgl. S. 264) gedeutet worden. Diese langwelligen Röntgenlinien sind bei Erzeugung im Metallgitter richtige Kontinua, die durch Übergänge zwischen den breiten Energiebändern der halbfreien Metallelektronen zustande kommen. Im nächsten Kapitel gehen wir in Abschn. 79 im Zusammenhang der Spektren fester Körper auf sie noch näher ein und zeigen einige Beispiele (s. Abb. 91).

76. Linienbreiten in der Astrophysik.

Das weiteste Anwendungsgebiet hat die Theorie der Linienbreiten in der Astrophysik gefunden, wo genaue Messungen von Linienkonturen in immer wachsendem Maße zur Untersuchung aller Einzelheiten der Atmosphären von Sonne und Fixsternen herangezogen werden. Bei der Ausdehnung der Probleme, die eigentlich die gesamte Astrophysik umfassen, können hier wieder nur die wichtigsten Fragen und Ergebnisse angedeutet werden. Eine sehr ausführliche Darstellung des ganzen Gebiets findet sich in dem während der Drucklegung erschienenen Buch von UNSÖLD[1370a].

a) Die Theorie der FRAUNHOFERschen Linien.

Bei den den Astrophysiker interessierenden Linien handelt es sich im allgemeinen um die dunklen, in der Atmosphäre der Sterne entstehenden FRAUNHOFERschen Linien, nur in selteneren Fällen um Emissionslinien. Voraussetzung für die Ableitung von Folgerungen aus Linienkonturen ist daher eine genaue Kenntnis des Entstehens der FRAUNHOFER-Linien. Im Gegensatz zu den im Laboratorium untersuchten Linien wird eine als FRAUNHOFERsche Linie beobachtete Intensitätsverminderung $J(\nu)$ des von der Photosphäre ausgestrahlten kontinuierlichen Spektrums (für dieses s. S. 280) durch das Zusammenwirken von selektiver Absorption und selektiver Streuung der betreffenden Wellenlängen bewirkt (Einzelheiten s. etwa UNSÖLD[1368] und BRUGGENKATE[1124]). Das Entscheidende ist aber, wie schon SCHWARZSCHILD[1331] erkannte, daß die FRAUNHOFERschen Linien in einem optisch völlig inhomogenen Medium, nämlich der bezüglich Temperatur, Dichte, Gaszusammensetzung und Ionisationsgrad mit der Höhe stark veränderlichen Sternatmosphäre, ihren Ursprung haben. Die verschiedenen Teile der Linien stammen dabei aus sehr verschiedenen Schichten der Atmosphäre: die Linienmitte, für deren Wellenlänge Absorptions- und Streukoeffizient sehr groß sind, aus sehr hohen Schichten, die Linienflügel entsprechend abnehmenden Werten des Absorptionskoeffizienten aus Schichten wachsender Tiefe. Kompliziert werden die Verhältnisse endlich noch dadurch, daß in den obersten Schichten der Atmosphären (Chromosphären, Protuberanzen) noch eine Emission (Fluoreszenz im weiteren Sinn einschließlich Wiedervereinigung) stattfindet, die sich den FRAUNHOFERschen Linien überlagert.

Die Frage des Einflusses der verschiedenen in Abschn. 69—73 behandelten Verbreiterungseffekte auf die beobachteten Linienkonturen von Sonne und Fixsternen ist vielfach untersucht worden. Daß die exakte Gültigkeit der quantenmechanischen Formel (69,7) für die natürliche Linienbreite von UNSÖLD[1366] durch Messungen an den BALMER-Linien der Sonne bestätigt wurde, ist S. 234 schon erwähnt worden. Einen Einfluß von Stoßdämpfung durch elektrische Teilchen nach Abschn. 72d auf die Breite der diffusen Mg-Linien im Sonnenspektrum wies ebenfalls UNSÖLD[1370] nach. Daß die in vielen Sternspektren beobachtete große Breite der elektrisch so empfindlichen BALMER-Linien des Wasserstoffs (s. S. 244) als Starkeffekt zu deuten ist, zeigte 1922 ATKINSON[1117]. HULBURT[1209, 1210] verglich die betreffenden Linienkonturen mit im Laboratorium erhaltenen Konturen Starkeffekt-verbreiterter BALMER-Linien, und RUSSELL und STEWART[1322] sowie VASNECOV[1371] zeigten, daß die Starkeffektverbreiterung proportional $(p_e/T)^{2/3}$ sein muß, wenn p_e der Druck der freien Elektronen und T die absolute Temperatur bedeutet. PANNEKOEK und VERWEY[1203] endlich berechnen die Konturen Starkeffekt-verbreiterter BALMER-Linien in Abhängigkeit von der Temperatur und der Gravitation an der Sternoberfläche, um damit ein Kriterium für die Identifizierung von weißen Zwergen zu gewinnen.

b) Linienkonturen und Physik der Sonne.

Aus der oben erwähnten Tatsache, daß die Mitte und die verschiedenen Teile der Flügel einer FRAUNHOFERschen Linie aus verschieden tiefen Schichten der Atmosphäre der Sonne bzw. des Fixsterns stammen, folgt die Möglichkeit der Untersuchung der Struktur von Sternatmosphären auf dieser Grundlage.

Eine solche Möglichkeit bietet die Spektroheliographie, nämlich die Photographie der Sonne nicht nur im Licht einer bestimmten Spektrallinie, sondern im Licht eines schmalen Wellenlängenbereichs einer Linie. Man erhält auf diese Weise (vgl. etwa UNSÖLD[1362]) ein Bild der Verteilung des betreffenden Elements über die verschiedenen Höhen der Atmosphäre.

Eine zweite sehr wichtige Methode benutzte SCHWARZSCHILD[1331] bereits in seiner grundlegenden Arbeit über die FRAUNHOFER-Linien im Jahre 1914, nämlich die Untersuchung der Veränderung der Linienkontur beim Übergang von der Sonnenmitte zum Sonnenrand hin. Während man bei Aufnahme einer Linie im Zentrum der Sonnenscheibe senkrecht in deren Atmosphäre „hinabschaut", gibt die Aufnahme derselben Linie am Sonnenrand die Intensitätsverteilung bei vorherrschender Wirkung der hohen Schichten der Sonnenatmosphäre. Die Messung von Linienkonturen an mehreren Stellen zwischen Mitte und Rand der Sonnenscheibe erlaubt also, die Veränderung von Absorption und Streuung mit der optischen Tiefe zu untersuchen. Messungen sind nach Schwarzschild von Plaskett[1305], Righini[1317], Cherrington[1129] und neuerdings von Minnaert und Houtgast[1281] ausgeführt worden; in der letzten Arbeit findet sich eine gute Diskussion der bisher erzielten Ergebnisse.

Für die Untersuchung der Chromosphäre der Sonne sind Messungen von Linienkonturen in Abhängigkeit von der Höhe von Interesse, weil sie die Änderung der Dichte der betreffenden Atome mit der Höhe zu berechnen gestatten. Solche Messungen an den Linien H und K des Ca^+ sind von Woltjer[1400, 1401] ausgeführt worden (vgl. aber Unsöld[1364]), an H_α und H_β von Keenan[1221, 1222] und an den Linien des Sr^+ von Viazamizyn[1373]. Eine ausführliche Besprechung der gesamten Verhältnisse in der Chromosphäre bringt neuerdings Menzel[1261].

Eine weitere Frage endlich, in der Untersuchungen an Linienkonturen eine Klärung zu bringen scheinen, ist die etwaiger Schwankungen der Ultraviolettstrahlung der Sonne. Da die Absorptionsintensität der Flügel der Balmer-Linien im Sonnenspektrum von der Zahl der zweiquantigen H-Atome in den tieferen Schichten der Atmosphäre abhängt, und diese wieder von der Ultraviolettstrahlung der noch tiefer liegenden Schichten der Sonne, bietet die Untersuchung der Flügel der Balmer-Linien die Möglichkeit, die Konstanz der nicht direkt erfaßbaren Ultraviolettstrahlung der Sonne zu kontrollieren. Nach vorbereitenden Untersuchungen von Abbot, Fowle und Aldrich[1103] sowie von Minnaert, Bleeker und van der Meer[1279] hat neuerdings Kharadse[1224] tatsächlich Schwankungen der Breite von H_γ und H_δ gefunden, die zeitlich mit den Epochen der Sonnentätigkeit zusammenfallen.

c) Linienkonturen und Struktur der Fixsternatmosphären.

Der Versuch der Übertragung der im vorigen Abschnitt behandelten Erkenntnisse auf die Fixsternatmosphären war naheliegend. Nach einem ersten Vorstoß in dieser Richtung von Moore und Russell[1283] gaben 1927 die Untersuchungen von Unsöld[1360—1362, 1368] den Anstoß zu einem systematischen Angriff auf die Physik der Sternatmosphären, der noch keineswegs abgeschlossen ist. Besonders fruchtbar war Unsölds Erkenntnis, daß abgesehen von elektrisch besonders empfindlichen Linien wie denen des Wasserstoffs die Breite einer Linie der Größe $\sqrt{N_n f_{n'n}}$ proportional ist, wo f die durch Gl. (2,17) definierte Oszillatorenstärke der Linie und N_n die Zahl der betreffenden Atome im Anfangszustand n über $1\ cm^2$ der Photosphäre darstellt. Untersuchungen der Linienbreiten gestatten also quantitativ die stoffliche Zusammensetzung der Sternatmosphären zu ermitteln. Auf die große Zahl der auf dieser Erkenntnis aufbauenden und sie weiterführenden

Arbeiten soll nur hingewiesen werden. Die Veröffentlichungen von MINNAERT[1277] und WELLMANN[1389] geben ein Bild des bisher Erreichten und zeigen gleichzeitig die sehr weitgehenden Folgerungen, die der theoretische Astrophysiker aus genügend genau gemessenen Linienkonturen ableiten kann. WELLMANN bespricht dabei eingehend die verschiedenen, auf die Linienkontur wirkenden Einflüsse einschließlich der atmosphärischen Turbulenz (s. S. 236) und zeigt, daß eine recht gute Berechnung der Linienkonturen ohne die meist üblichen einschränkenden Voraussetzungen über eine Homogenität der Atmosphäre ausführbar ist. Dabei wird die Veränderung von Dichte, Zusammensetzung und Ionisationsgrad der Atmosphäre berücksichtigt. Umgekehrt lassen sich dann aus den Linienkonturen Schlüsse auf die Verteilung der verschiedenen Atomarten und Anregungszustände über die Atmosphäre ziehen, sowie auf den Anteil, den die verschiedenen Atomprozesse, wie Absorption und Streuung, am Zustandekommen der beobachteten spektralen Erscheinungen haben.

Auch das Problem der hellen Linien in den Sternspektren ist in diesem Zusammenhang in Angriff genommen worden[1217, 1140, 1348].

Die breiten Emissionsbänder der Novae und WOLF-RAYET-Sterne sind in Abschn. 70 bei der Behandlung des DOPPLER-Effekts bereits besprochen worden, ebenso wie der Einfluß von Turbulenzerscheinungen auf die Linienkonturen. EVERSHED[1160] hat die breiten Linien im Siriusspektrum auf diese Weise zu erklären versucht, STRUVE[1347] untersuchte die Turbulenz der Atmosphären in Abhängigkeit vom Spektraltyp der betreffenden Sterne, und MINKOWSKI[1275] hat neuerdings den Versuch gemacht, aus Linienkonturen im Spektrum des Orionnebels auf Turbulenz in diesem Gasnebel zu schließen.

d) Linienbreite und Leuchtkraft von A- und B-Sternen.

Kurz hingewiesen sei endlich noch auf den Versuch von ADAMS und JOY[1104, 1105], aus den Linienbreiten von B- und A-Sternen auf deren Leuchtkraft (absolute Größe) und daraus mittels der scheinbaren Größe auf die Entfernung dieser Sterne zu schließen. Die Grundlage dieses von EDWARDS[1150] weitergeführten Versuchs bildet die Beobachtung an einer großen Anzahl von Sternen bekannter Leuchtkraft, daß die Linien von B- und A-Sternen großer Leuchtkraft im Durchschnitt recht scharf, die von solchen Sternen geringer Leuchtkraft dagegen breit und diffus sind. Untersuchungen an mehreren hundert Sternen erlaubten die Aufstellung und Eichung einer empirischen Beziehung zwischen Leuchtkraft und Linienbreite. STRUVE[1347] führte die Untersuchung fort und deutet die beobachtete Breite als Starkeffekteinfluß. Er wählte als Vergleichslinien deshalb bekannte elektrisch unempfindliche Linien und beobachtete die Verbreiterungen und Verschiebungen zahlreicher Linien in Abhängigkeit von der Leuchtkraft der betreffenden Sterne.

XIII. Kontinuierliche Spektren von Flüssigkeiten, Lösungen und Kristallen.

Im Anschluß an die Behandlung der Molekülkontinua einerseits und der durch die Verbreiterung von Spektrallinien sich anzeigenden zwischenmolekularen Kräfte andererseits gelangen wir jetzt zur Behandlung derjenigen kontinuierlichen Spektren, deren typisches Aussehen und Verhalten gerade auf der Wechselwirkung der absorbierenden und emittierenden Zentren mit der Umgebung beruht. Es sind das die Spektren der Flüssigkeiten, Lösungen und Kristalle. Ist bei ersteren der Zusammenhang mit dem bei hohem Druck verbreiternd wirkenden Gas infolge der ungeordneten Wärmebewegung der Flüssigkeitsmoleküle um das Zentrum noch offensichtlich, so treten bei den Kristallen die durch die Gittersymmetrie bedingten periodischen Störungen auf das Zentrum in den Vordergrund und gestatten, im Gegensatz zu dem komplizierteren Fall der Flüssigkeit, nun wieder eine theoretische Berechnung der Energiezustände und ihrer Breite.

Bei der Behandlung des Zusammenhangs von Molekülkontinua, VAN DER WAALS-Bändern und Linienverbreiterungen (S. 100 f.) haben wir zwei Behandlungsmethoden besprochen, die zu einem Verständnis der Vorgänge führen. Wir können entweder vom Standpunkt des absorbierenden Zentrums aus die Wirkungen der umgebenden Teilchen als Störungen ansehen und das entsprechende Spektrum als verbreiterte Linie auffassen, oder wir können das Zentrum mit den Störteilchen zusammen als Mehrzentrensystem (Molekül) betrachten und behandeln das entstehende Spektrum dann als Molekülkontinuum. Ähnlich ist es im Fall der Flüssigkeitsspektren und am ausgeprägtesten im Fall der Kristallspektren. Hier geht man entweder von den ungestörten Energiezuständen eines Gitteratoms- bzw. -ions aus und führt die periodische Wirkung der Gesamtheit der Gitternachbarn als Störung ein, die eine Verbreiterung der Energieniveaus und damit der Spektren bewirkt; oder man betrachtet den ganzen Kristall als ein vielatomiges Molekül und leitet seine Energieniveaus, deren Breite, und daraus die Spektren, unter Berücksichtigung der Gittersymmetrie und der temperaturabhängigen Gitterbewegungen, ähnlich wie bei den vielatomigen Molekülen ab.

Die in diesem Kapitel zu behandelnden Erscheinungen gliedern sich nun in die Spektren der reinen Flüssigkeiten, d. h. der kondensierten Gase und Dämpfe, und in die der Lösungen, wobei der Einfluß der verschiedenen Lösungsmittel auf bestimmte gelöste Zentren besondere Beachtung verdient. Ähnlich ist es bei den festen Körpern, deren Spektren für den Fall der Bindung im Molekülgitter, Ionengitter oder Atomgitter zu untersuchen sind, und wo als wichtiger Sonderfall die Einbettung von Fremdstoffzentren in Kristalle zu behandeln ist.

Eine Durchsicht der gewaltigen Literatur über die Spektren von Lösungen und Kristallen zeigt, daß eine vollständige Behandlung im Rahmen dieses Buches unmöglich ist. Wir beschränken uns deshalb darauf, den Zusammenhang der in Flüssigkeiten, Lösungen und Kristallen auftretenden kontinuierlichen Spektren mit den übrigen von uns behandelten Erscheinungen *grundsätzlich* klar zu stellen. Wir verweisen dabei besonders auf einige zusammenfassende Darstellungen der verschiedenen Gebiete, in denen die ältere Literatur zu finden ist, und beschränken uns in diesem Kapitel ohne jeden Anspruch auf Vollständigkeit auf die Erwähnung einiger wichtiger neuerer Arbeiten.

77. Die Beeinflussung primär diskontinuierlicher Spektren durch die Überführung ihrer Träger in den flüssigen Zustand.

Bei der Behandlung der Spektren von Molekülen im flüssigen bzw. gelösten Zustand haben wir zu unterscheiden zwischen solchen Spektren, die echte Molekülkontinua darstellen, und solchen, die bei Absorption durch Moleküle im gasförmigen Zustand diskret sind und erst durch die Wirkung der Umgebung infolge Verbreiterung der Energiezustände zu Energiebändern kontinuierlich werden. Mit letzteren befassen wir uns jetzt; erstere werden in Abschn. 78 kurz behandelt.

a) Verbreiterungen, Verschiebungen und Intensitätsänderungen.

Die Wirkung der umgebenden Moleküle in Flüssigkeiten oder Lösungen auf ein absorbierendes Zentrum kann ähnlich behandelt werden wie eine Störung durch hohen Gasdruck (Kap. XII), wobei die Störung im verflüssigten Gas oder Dampf als Eigendruckeffekt (S. 239), die in Lösung als Fremddruckeffekt (S. 240, 243) aufzufassen ist. Neben den elektrischen Wirkungen zwischenmolekularer Felder infolge von Ionen sowie Molekülen mit vorhandenen oder induzierten Dipolen sind es bei gleichartigen Molekülen wieder Resonanzkräfte und allgemein die VAN DER WAALSschen Kräfte (S. 121 f.), die Veränderungen des ursprünglichen Molekülspektrums im flüssigen und gelösten Zustand bewirken. Wir können diese Veränderungen einteilen in Verbreiterungen, Verschiebungen und Intensitätsänderungen.

Nur bei äußerst kleinen Störungen durch die Umgebung wird eine Molekülrotation im flüssigen oder gelösten Zustand noch möglich sein; im allgemeinen werden die Rotationsniveaus infolge der Störung, die man als Stoßdämpfung (S. 238) auffassen kann, völlig verbreitert und die einzelnen Banden folglich kontinuierlich sein. Die verschiedenen Banden sind aber meist noch deutlich zu unterscheiden; sie werden erst bei sehr starker Störung durch Ionen oder starke Dipole so verschmiert, daß der Eindruck eines völlig kontinuierlichen Spektrums entsteht (s. Abb. 88).

Ähnlich wie bei den in Kap. XII behandelten Druckerscheinungen treten auch im flüssigen und gelösten Zustand Verschiebungen von Spektren auf, die grundsätzlich darauf beruhen, daß durch die umgebenden Moleküle die Potentialkurven der kombinierenden Zustände des Zentrums gegenüber denen des isolierten Moleküls verschoben werden. Diese Veränderung wird namentlich die Potentialkurve des angeregten Zustands betreffen, wo einer Kernabstandsvergrößerung durch die Nachbarmoleküle besondere Widerstände entgegengesetzt werden, sowie den kernfernen Teil der Grundzustandskurve. Diese letzte Annahme wird bestätigt z. B. durch eine Untersuchung von JUNG und GUDE[1429. 1430], die eine besonders starke Verschiebung der zu höheren Schwingungszuständen gehörenden NH_3-Banden im gelösten Ammoniak festgestellt haben.

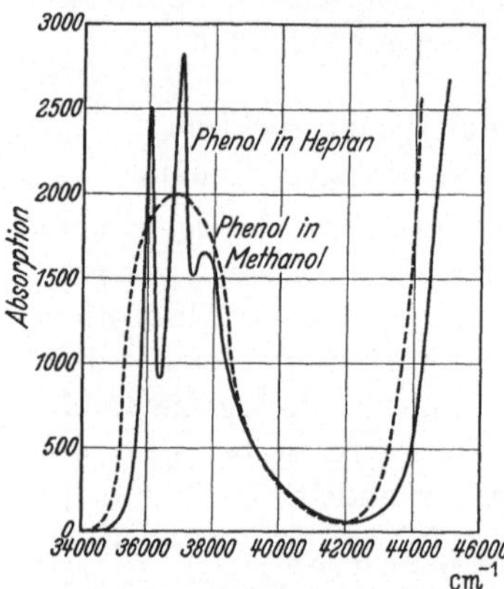

Abb. 88. Verwischung der Feinstruktur von Lösungsspektren durch Lösungsmittel mit großem Dipolmoment. (Nach SCHEIBE und FRÖMEL[1447].)

Auch starke Intensitätsänderungen ganzer kontinuierlicher Banden sind vielfach beobachtet worden. Sie betreffen meist Spektren, die nicht dem isolierten Molekül, sondern Assoziationen (VAN DER WAALS-Komplexen, s. S. 231) zugehören. Die Häufigkeit der Bildung solcher Komplexe und damit die Intensität ihrer Spektren nimmt beim Übergang vom gasförmigen in den flüssigen Zustand im allgemeinen erheblich zu, hängt in Lösungen aber in oft komplizierter Weise vom Verdünnungsgrad ab. Das BEERsche Gesetz ist für diese Spektren daher nicht gültig.

b) Die Spektren von Molekülen in gasförmiger, flüssiger und fester Phase.

Spektroskopisch ist die Frage des Aggregatzustands, also die Veränderung des Spektrums beim Übergang vom isolierten Molekül zur Flüssigkeit und zum festen Kristall, noch wenig untersucht worden. Eingehend bearbeitet sind außer dem H_2O-Molekül bisher in Absorption und Fluoreszenz das C_6H_6, ferner in Absorption das Assoziations- oder VAN DER WAALS-Molekül $(O_2)_2$.

Die Fluoreszenz des Benzols hat REIMANN[1441] im gasförmigen, flüssigen, gelösten und festen Zustand bei verschiedenen Temperaturen untersucht. Seine Ergebnisse zeigt in graphischer Darstellung Abb. 89. Die Ergebnisse REIMANNs werden durch Absorptionsuntersuchungen von KRONENBERGER und PRINGSHEIM[1432] bestätigt. Die scharfe Bandenstruktur des C_6H_6-Dampfes verschwindet beim Übergang in den flüssigen Zustand, so daß kontinuierliche verwaschene Bänder entstehen, die in Emission wie Absorption um etwa 250 cm⁻¹ nach langen Wellen verschoben sind. Bei Lösung in Alkohol nimmt diese Verschiebung bei zunehmender Verdünnung des Benzols bis auf etwa 160 cm⁻¹ ab. Beim Übergang zum festen Benzol bei Temperaturen zwischen 0° und —50° C ändert sich das Spektrum in Absorption nicht; in Fluoreszenz steigt die Intensität stark an, und die langwelligen Bandkanten scheinen

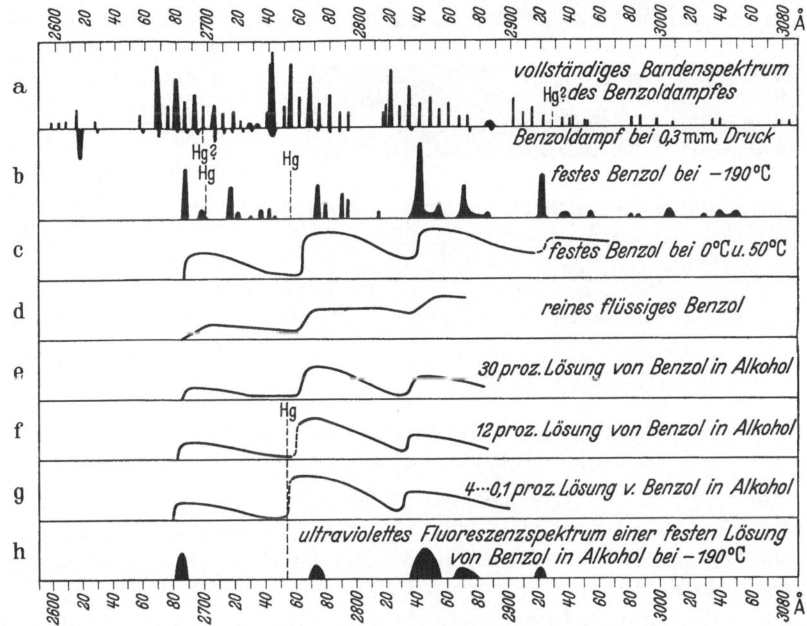

Abb. 89. Graphische Darstellung der Fluoreszenzspektren des Benzols in verschiedenen Aggregatzuständen, in Lösungen verschiedener Konzentration und bei verschiedenen Temperaturen. (Nach REIMANN[1441].)

schärfer zu werden (Abb. 89). Wie weit letzteres ein Intensitätseffekt ist, muß noch untersucht werden. Bei Abkühlung auf —180° C dagegen ziehen sich in Absorption wie in Emission die Spektren zu einzelnen, fast linienartig scharfen Bändern zusammen, wobei gleichzeitig eine komplizierte Nebenstruktur auftritt, deren Deutung noch nicht klar ist. Abb. 90 zeigt diese Verhältnisse am Absorptionsspektrum des C_6H_6. Ein dem beschriebenen analoges Verhalten zeigen die Fluoreszenzspektren von p-Xylol und Naphthalin. In allen diesen Fällen ist Rotationsstruktur im festen Zustand sicher nicht vorhanden; die „Linien" sind als kontinuierliche Bänder aufzufassen, deren durch die ungeordnete Wärmebewegung bewirkte Breite bei abnehmender Temperatur verschwindet.

17*

Daß es sich bei diesen Veränderungen der Spektren anscheinend um eine allgemeine Erscheinung handelt, zeigen die Untersuchungen von PRIKHOTKO, RUHEMANN und FEDERITENKO[1088-1090] über die kontinuierlichen Bänder des $(O_2)_2$-VAN DER WAALS-Moleküls (s. S. 229). Beim Übergang vom hochkomprimierten Gas zur Flüssigkeit und zum Kristall tritt auch hier, abgesehen von kleinen Verschiebungen, nur eine Verschärfung der langwelligen Grenzen der Bänder auf. Erst beim Übergang zu der unterhalb 24° abs. existierenden α - Form des Sauerstoffs ziehen sich die breiten Kontinua zu fast linienartig schmalen Bändern zusammen, während gleichzeitig wieder neue linienhafte Begleiter auftreten (s. auch S. 263).

Abb. 90 a—c. Absorptionsspektrum des Benzols im flüssigen (a), festen (b), und dampfförmigen (c) Zustand. (Nach KRONENBERGER und PRINGSHEIM[1432].)

c) Die Spektren von Lösungen und der Einfluß des Lösungsmittels.

Den Einfluß der Lösungsmittelmoleküle auf das Spektrum des gelösten Zentrums kann man, wie erwähnt, als Fremddruckeffekt auffassen und theoretisch behandeln. Wie bei der Fremddruckverbreiterung (Kap. XII) beobachtet man zwei Wirkungen, nämlich Änderungen der Struktur, Breite und Intensitätsverteilung innerhalb des primären Spektrums sowie Verschiebungen des gesamten Spektrums. Letztere eignen sich besonders zum quantitativen Vergleich des Einflusses verschiedener Lösungsmittel. Viel Beobachtungsmaterial über diese Frage ist besonders von SCHEIBE und seinen Mitarbeitern[1447] zusammengetragen worden. Nach diesen Untersuchungen sind die beobachteten Wirkungen im wesentlichen auf die Wechselwirkung von Dipolen zurückzuführen, sind also an sich schwach, wenn das gelöste Molekül kein oder nur ein kleines Dipolmoment besitzt. Bezogen werden die beobachteten spektralen Veränderungen auf Lösungen in hochsymmetrischen, wenig deformierbaren, dipollosen Lösungsmitteln wie Hexan, Cyclohexan und Heptan.

Bei Lösung in Dipollösungsmitteln treten nun infolge der Beeinflussung der Potentialkurven der kombinierenden Molekülzustände Verschiebungen der Absorptionsmaxima auf, deren Richtung sich erst bei genauer Kenntnis der Potentialkurven vorhersagen läßt. Die Verschiebungen sind um so größer, je größer das Dipolmoment des Lösungsmittelmoleküls und je weniger räumlich ausgedehnt dieses selbst ist. Von zwei Lösungsmittelmolekülen mit gleichem Dipolmoment wirkt also das aus mehr Atomen bestehende größere Molekül weniger stark, weil die gegenseitige Einstellung der Dipole durch die sterische Behinderung der großen Moleküle erschwert wird. Sehr schön paßt zu dieser Deutung die Beobachtung von SCHEIBE[1444], daß bei Lösung eines Dipolmoleküls im Gemisch eines Dipollösungsmittels mit einem dipollosen Lösungsmittel eine viel größere Verschiebung des Spektrums beobachtet wird, als dem Mischungsverhältnis entspricht. Die Dipollösungsmittelmoleküle bilden nämlich Assoziationskomplexe mit den gelösten Molekülen und kommen so stärker zur Wirkung als bei gleichmäßiger Mischung.

Je größer das Dipolmoment des Lösungsmittels ist, um so größer ist natürlich auch die Verbreiterung der Linien bzw. Banden des ursprünglichen Spektrums, eine um so stärkere Verwaschung der Feinstruktur wird also beobachtet (s. Abb. 88).

Eine besonders interessante Gruppe von Lösungsspektren sind die von Atomen. Während diese im Gaszustand einzelne scharfe Linien absorbieren, verbreitern die Linien bei Lösung der Atome in Dipollösungsmitteln zu kontinuierlichen Bändern von oft mehreren 1000 cm^{-1} Breite, die man folglich als Extremfälle von Linienverbreiterungen auffassen muß. In diesem Zusammenhang ist namentlich eine Untersuchung von BONHOEFFER und REICHARDT[1406] zu nennen, die die Hg-Linie 2537 Å bei Lösung von Quecksilber in Hexan, Wasser und Alkoholen untersuchten und Kontinua mit Halbwertbreiten bis zu 1400 cm^{-1} und interessanter Temperaturabhängigkeit fanden, für die eine Erklärung von FINKELNBURG[376] vorgeschlagen wurde. Daß die Veränderungen des Spektrums beim Übergang von der Lösung zum festen Zustand (Kristall) sich in ähnlicher Weise vollziehen wie bei den oben S. 259f. behandelten reinen Substanzen Benzol und Sauerstoff, zeigt z. B. eine neuere Untersuchung von NUTTING und SPEDDING[1437] über das Absorptionsspektrum des Gadoliniumions Gd^{+++}.

78. Die Beeinflussung primär kontinuierlicher Spektren durch die Umgebung der Moleküle im flüssigen bzw. gelösten Zustand.

Die Veränderung eines echten kontinuierlichen Spektrums bei Überführung des Zentrums in eine Flüssigkeit oder Einbettung in ein Lösungsmittel bietet die Möglichkeit, die Störung des von dem Kontinuum angezeigten Vorgangs durch die Umgebung zu verfolgen. So bleibt z. B. das die Photodissoziation des Azetons anzeigende Absorptionskontinuum mit Maximum bei 36000 cm^{-1} bei Lösung in dem dipollosen Lösungsmittel Hexan weitgehend ungeändert, während Lösung in Wasser eine Verschiebung des Kontinuums um fast 0,3 Volt nach kurzen Wellen bewirkt. Der Dissoziationsvorgang wird also durch die Einbettung der Azetonmoleküle in Wasser stark behindert, die aufzuwendende Energie wird größer. In gleicher Weise ist die Verschiebung der langwelligen Grenze des H_2O-Absorptionskontinuums bei 1780 Å beim Übergang vom dampfförmigen in den flüssigen (und festen) Zustand zu deuten (vgl. S. 264).

Es ist nach dem Gesagten verständlich, daß in Flüssigkeiten und Lösungen auch solche echte Kontinua beobachtet werden können, die im Gaszustand nicht auftreten. Dies ist der Fall, sobald die Voraussetzungen für den Prozeß nur im flüssigen Zustand vorliegen. So ist das im Gaszustand viel und stets vergeblich gesuchte kontinuierliche Elektronen-Affinitätsspektrum der Halogene (s. S. 56), das dem Vorgang

$$X + \text{Elektron} \rightleftarrows X^- + h\,c\,\nu$$

entspricht, in Lösungen von SCHEIBE und Mitarbeitern[1445, 1446] gefunden und eingehend untersucht worden. Negative Ionen sind eben in Lösung sehr häufig, treten im Gaszustand aber so selten auf, daß ihr Absorptionsspektrum nicht beobachtbar ist.

79. Die Spektren von Kristallen.

Bei der Besprechung der Spektren von Kristallen hat man zu unterscheiden zwischen den Kristallen mit Molekülgitter und denen mit Metall- oder Ionengitter. Während in den ersteren die Moleküle nur durch schwache Kräfte vom VAN DER WAALSschen Typ zusammengehalten werden und die Spektren solcher Kristalle daher weitgehend denen der entsprechenden Moleküle bei hohem Gasdruck bzw. im flüssigen Zustand gleichen, liegt im Metall- und Ionengitter echte Elektronenbindung vor, die sich in einer grundlegenden Veränderung der Energiezustände der Gitterbausteine (Atome oder Ionen) bemerkbar macht. Die noch in den Anfängen stehende experimentelle und theoretische Erfassung dieser Kristallspektren läßt daher besonders interessante Einblicke in den Aufbau der festen Materie erhoffen. Die neuesten Untersuchungen über die kontinuierlichen Absorptionsbänder der Alkalihalogenidkristalle sind ein erster Schritt in dieser Richtung.

Die Theorie der Kristallspektren kann hier nur angedeutet werden. Faßt man den Kristall als vielatomiges Molekül auf, so entsteht jeder seiner Energiezustände aus der Zusammenführung der Energiezustände sämtlicher N Bausteine (vgl. S. 110). Die Spektren der Kristalle kommen aber wieder durch Übergänge einzelner Elektronen zustande; Breite und Besetzung ihrer Energiezustände bestimmen also den Charakter des Spektrums. Der Zustand eines einzelnen solchen Elektrons in einem aus N Bausteinen bestehenden Kristall ist bei Vernachlässigung der Störung durch die Umgebung N-fach entartet. Durch die Störung der umgebenden Elektronen aber wird die Entartung aufgehoben, und jeder Energiezustand des Einzelelektrons spaltet in ein aus N Zuständen bestehendes und für $N \to \infty$ kontinuierliches Energieband auf. Die Breite dieser Energiebänder ist sehr klein für die Zustände der innersten Atomelektronen, die durch den Einbau in das Gitter nicht merklich beeinflußt werden, und ist sehr groß für die Zustände der Valenzelektronen. Für diese sind die beiden eben erwähnten Fälle zu unterscheiden. Handelt es sich bei den Kristallbausteinen um abgesättigte Moleküle, zwischen denen nur VAN DER WAALSsche Wechselwirkungen bestehen (S. 121f.), so sind die Elektronen streng lokalisiert (S. 217f.); ihre gegenseitige Störung ist nur geringfügig, und die Zustände auch der Valenzelektronen dieser Molekülgitterkristalle sind sehr schmale Bänder. Bei den aus Atomen oder Ionen aufgebauten Kristallen dagegen ist die Wechselwirkung der Valenzelektronen, die oft kaum mehr lokalisiert sind, ganz wesentlich größer, und mit ihr auch die Breite der Energiebänder dieser Elektronen, die sich im einzelnen aus dem Grad der Wechselwirkung berechnen läßt (vgl. etwa [1419]).

a) Die Spektren von Kristallen mit Molekülgitter.

Bei der Besprechung der Molekülgitterspektren können wir uns kurz fassen, da wir auf die genauer untersuchten Spektren bereits in Abschn. 77b eingegangen sind. Gründliche Untersuchungen liegen nämlich nur vor über die Absorption und Fluoreszenz des festen Benzols von KRONENBERGER und PRINGSHEIM[1432] sowie REIMANN[1441] und über die Absorption des festen Sauerstoffs von PRIKHOTKO, RUHEMANN und FEDERITENKO[1088—1090]. In allen Fällen zeigt sich, daß die Kristallspektren weitgehend denen des gasförmigen und flüssigen Zustands gleichen, daß die kontinuierlichen Bänder aber beim Kristall gegenüber der Flüssigkeit bedeutend an Schärfe gewinnen und sich vielfach in Gruppen schärferer Einzelbänder auflösen. Auch diese Einzelbänder aber sind rein kontinuierlich; Rotationsstruktur ist nicht festzustellen. Zahlreiche Aufnahmen und Photometerkurven in den angeführten Arbeiten zeigen dies sehr klar. Besonders interessant ist der Befund beim $(O_2)_2$. Der feste Sauerstoff existiert nämlich in drei Modifikationen γ, β und α, deren obere Existenzgrenzen die Temperaturen 54,1°, 43,8° und 24,1° abs. sind. Beim Übergang vom flüssigen Sauerstoff zur γ-Form, zur β-Form und schließlich zur α-Form werden die Bänder immer schärfer, die langwelligen Grenzen immer steiler. Daß dies nicht lediglich eine Folge der abnehmenden Temperatur ist (Einfrieren der Rotation), zeigt eine Beobachtung bei der Umwandlungstemperatur der γ- in die β-Form: bei gleicher Temperatur zeigte die β-Form weit schärfere Bänder als die gleichzeitig anwesende γ-Form. Der Einfluß der Symmetrie der verschiedenen Kristallgitter ist damit klar erwiesen.

Erwähnt werden muß endlich eine Arbeit von CASSEL[1412] über die ultraviolette Absorption des Eises. Die langwellige Grenze dieser

Absorption, die einer Dissoziation in OH + H zugeordnet wird, liegt bei Eis um 0,6—0,7 Volt kurzwelliger als bei H_2O-Dampf, wobei der Unterschied der Absorptionsgrenzen für leichtes und schweres Eis annähernd derselbe ist wie für leichtes und schweres Wasser.

In allen diesen Fällen bleibt also beim Einbau der Moleküle in ein Kristallgitter der allgemeine Typus der Spektren erhalten; die beobachteten Unterschiede lassen dabei Rückschlüsse auf die Wirkung der Umgebung auf das Zentrum zu, und diese Wirkung ist wegen der Symmetrie der Anordnung im Kristall offensichtlich eine viel geordnetere als in der Flüssigkeit.

b) Die Spektren der Metallatome im Gitter.

Die Eigenart der Kristalle mit Metallgitter ist die starke gegenseitige Störung der Valenzelektronen, die sich im Energieansatz durch einen großen Wert des Austauschintegrals entsprechend einem weitgehenden Überlappen der Elektroneneigenfunktionen ausdrückt. Sie bewirkt, daß die Energiebänder der Valenzelektronen, die für optische Übergänge in Frage kommen, mehrere Volt breit sind. Die zu den verschiedenen Anregungszuständen der Valenzelektronen gehörenden Energiebänder überlagern sich infolgedessen. Nach dem PAULI-Prinzip haben unter Berücksichtigung des Spins in einem Energieband zwei Elektronen je Atom Platz. Voraussetzung für metallische Leitung, d. h. Elektronenbeweglichkeit im Gitter, ist aber, daß im Kristall auch nicht voll besetzte Energiebänder vorkommen. Das ist bei den Metallen mit *einem* Valenzelektron, wie den Alkalien, Cu, Ag und Au, stets der Fall (oberstes Band halb besetzt), bei *zwei*wertigen Metallen aber nur dann, wenn zwei Energiebänder sich überlagern und die Elektronen sich auf beide verteilen. Da die gegenseitige Störung der Elektronen und damit die Energiebandbreite mit der Höhe der Energiezustände zunehmen, ergeben sich folgende Schlüsse für die vom Metallgitter absorbierten Spektren.

Da die Absorption aus einem mehrere Volt breiten Energieband in ein höheres, noch breiteres erfolgt, werden von den Metallen selbst unter Berücksichtigung der die Übergangsmöglichkeiten stark einschränkenden Auswahlregeln (s. etwa [1419]) primär statt der Spektrallinien breite, über weite Spektralgebiete sich erstreckende kontinuierliche Spektren absorbiert. Auf Grund der Auswahlregeln lassen sich aus den Grenzen der Kontinua und ihrer Temperaturabhängigkeit genaue Schlüsse auf die Lage und Eigenschaften der Energiebänder ziehen. Ein weiteres Mittel hierzu ist die S. 252 schon erwähnte Beobachtung der langwelligen Röntgenemissionsbänder, die dadurch zustande kommen, daß Leitungselektronen aus ihrem breiten Energieband in durch Stoßionisation frei gewordene Plätze in einem der untersten Energieniveaus springen. Da deren Breite gegenüber der des Energie-

bandes der Leitungselektronen vernachlässigbar klein ist, gibt die Breite
und Intensitätsverteilung der Röntgenemissionsbänder direkt die Verteilung der Elektronen auf das oberste Energieband an. Abb. 91 a zeigt
ein solches Lithiumband. Da beim einwertigen Li nur die Hälfte des
Bandes mit Elektronen besetzt ist, bricht das Kontinuum nach kurzen
Wellen zu plötzlich ab. Abb. 91 b zeigt ein zum zweiwertigen Mg gehörendes
Spektrum, das die Überlagerung zweier Energiebänder direkt sichtbar
macht. Allgemein befinden sich bei den Metallen Theorie und Beobachtung in guter Übereinstimmung.

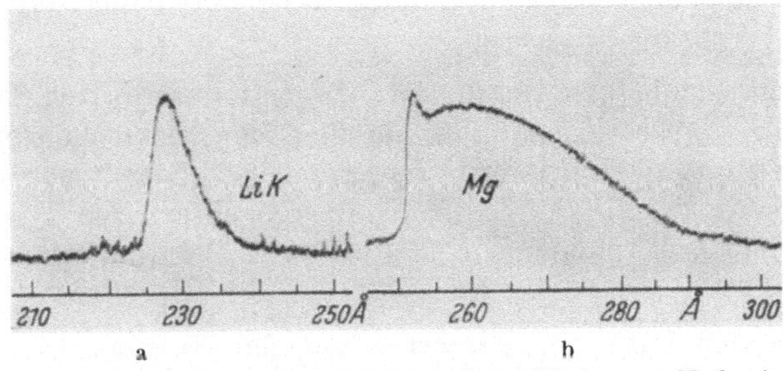

Abb. 91. Intensitätsverteilung langwelliger Röntgenemissionsbänder zum Nachweis der Besetzung
der Energiebänder der Leitungselektronen beim einwertigen Lithium (a) und dem zweiwertigen
Magnesium (b). (Aus FRÖHLICH[1449].)

c) Die Spektren von Kristallen mit Ionengitter.

Die entscheidenden Untersuchungen über die Ionengitterspektren
sind von POHL und seinen Schülern[1439] an den Alkalihalogenidkristallen
ausgeführt worden. Die infolge der gegenseitigen Störung der äußeren
Elektronen aus kontinuierlichen Bändern verschiedener Breite bestehenden Absorptionsspektren sind im gesamten Spektralgebiet vom
fernsten Ultraviolett bis ins Rot auf Grund dieser Arbeiten weitgehend
bekannt, und ihr Verhalten gegenüber Einstrahlung verschiedener
Wellenlängen, gegenüber Temperaturänderungen und Anlegen elektrischer Felder ist eingehend untersucht worden. Obwohl über die Deutung
der einzelnen Bänder teilweise noch weitgehende Meinungsverschieden-
heiten bestehen, lassen sich doch die wesentlichen Vorgänge im Kristall
deutlich erkennen. So sind namentlich verschiedene Gruppen von
Absorptionen klar zu trennen. Als absorbierende Zentren treten nämlich erstens die im idealen Kristallgitter eingebauten Alkali- und Halogenionen auf, zweitens die gleichen Ionen an Oberflächen und Fehlstellen
des Kristalls und drittens gitterfremde Zentren, wie besonders die
durch Neutralisation der Ionen entstehenden Alkali- und Halogenatome,
von denen jeweils ein Paar durch den Sprung eines Elektrons vom
negativen Halogen- zum positiven Alkaliion entsteht.

Die Alkali- und Halogenionen im Kristallgitter können grundsätzlich
die für diese Ionen im isolierten Zustand möglichen Elektronensprünge

unter Lichtabsorption ausführen, nur sind ihre Energieniveaus infolge der Wirkung des umgebenden Gitters wieder verschoben und verbreitert. Die Lage der Banden läßt sich aber aus den Termschemata der Ionen, den Ionisierungsspannungen, der Elektronenaffinität und der Gitterbindungsenergie berechnen. Auch die Breite der Energiebänder, die für angeregte Niveaus wieder nach Volt zählt, läßt sich wie beim Metallgitter berechnen.

Bei Alkali- und Halogenionen, die an Kristalloberflächen oder Fehlstellen sitzen, also allgemein an Stellen unsymmetrischer, veränderter Einwirkung der Umgebung, zeigt sich diese durch das Auftreten veränderter Absorptionsbänder an.

Entstehen schließlich durch die Absorption gitterfremde Zentren, z. B. Alkali- und Halogenatome durch einen Elektronensprung vom Halogenion zum Alkaliion, oder werden solche Zentren von außen her (additive Verfärbung) in den Kristall eingeführt, so wirken diese wieder als absorbierende Zentren für neue kontinuierliche Banden (Farbbanden).

Je nach der Lage der gitterverschobenen Energieniveaus der beteiligten Ionen und Atome, die sich in ihrer Abstandsabhängigkeit wie bei den Molekülen Kap. VII—X durch Potentialkurven darstellen lassen, erfolgt nach der Absorption der Rücksprung des Elektrons (Rückbildung der Atome zu Ionen) unter Strahlungsemission (Fluoreszenz bzw. Phosphoreszenz) oder unter Energieaufnahme. Phosphoreszenz, also Emission längere Zeit nach der Absorption, wird dann eintreten, wenn der Elektronenrücksprung vom Alkaliatom zum Halogenatom durch schnelle Abwanderung des Elektrons in das Gitter verhindert wird. Erst wenn das Elektron auf seiner Wanderung von neuem auf ein Halogenatom trifft, kann dann die Rückbildung eines Halogenions erfolgen. Der bei allen Phosphoreszenzerscheinungen beobachtete Temperatureinfluß versteht sich aus dem Gesagten wegen der Temperaturabhängigkeit der Elektronenbeweglichkeit von selbst. Auch daß Phosphore mit seltenen Erden als emittierenden Zentren meist sehr scharfe, linienartige Spektren emittieren[1459], paßt in das entworfene Bild. Da bei den seltenen Erden der Elektronensprung in einer inneren Schale erfolgt, unterliegt er viel weniger der Störung durch die Gitterumgebung. Auf alle Einzelheiten dieser äußerst fesselnden Erscheinungen hier einzugehen, ist leider unmöglich. Es sollte lediglich gezeigt werden, wie diese Kristallspektroskopie eine folgerichtige Weiterentwicklung der experimentellen wie theoretischen Untersuchungen, die in den vorhergehenden Kapiteln besprochen wurden, darstellt, und wie sie interessanteste Einblicke in den Aufbau der Materie im festen Zustand ermöglicht.

XIV. Temperaturstrahlung und schwarze Strahlung.

80. Temperaturstrahlung und schwarze Strahlung und ihr Zusammenhang mit der primären atomaren Absorption und Emission.

Unter allen möglichen Intensitätsverteilungen im gesamten Spektrum ist eine dadurch ausgezeichnet, daß sie lediglich eine Funktion der Temperatur des strahlenden Systems und von der besonderen Anregungsart völlig unabhängig ist. Diese Verteilung der Intensität aller emittierten Wellenlängen stellt sich dann ein, wenn zwischen allen Bestandteilen des strahlenden Systems (normale und angeregte Moleküle, Atome, Ionen, Elektronen) sowie der Strahlung selbst thermodynamisches Gleichgewicht besteht. Man spricht dann von Temperaturstrahlung. Besitzt das strahlende System nun noch die weitere Eigenschaft, im gesamten Spektralgebiet kontinuierlich absorbieren und emittieren zu können, und zwar auffallende Strahlung jeder beliebigen Wellenlänge vollständig zu absorbieren, so besteht Gleichgewicht auch mit den Lichtquanten *aller* Energien, und man bezeichnet den Körper als *vollkommen schwarz* und die von ihm emittierte Strahlung als schwarze Strahlung der absoluten Temperatur T. *Schwarze Strahlung ist also Temperaturstrahlung mit völlig kontinuierlichem Spektrum.*

Bei der Ableitung der Gesetze der schwarzen Strahlung wird vielfach die Existenz von „Resonatoren“, die jede beliebige Wellenlänge absorbieren und emittieren können, einfach vorausgesetzt. Es bleibt dann die Frage unbeantwortet, weshalb etwa die Sonne annähernd schwarze Strahlung, also ein kontinuierliches Spektrum, emittiert, während die für die Emission primär verantwortlichen Atome, Ionen und Elektronen zum großen Teil nur einzelne Wellenlängen in Form von Spektrallinien ausstrahlen. Wir werden deshalb in Abschn. 82—84 besonders auf die Frage eingehen, *unter welchen physikalischen Bedingungen* aus den primär emittierten, jedenfalls teilweise diskontinuierlichen Spektren schwarze Strahlung entstehen kann. Für den Überblick über die Gesetze der schwarzen Strahlung setzen wir den schwarzen Körper als bekannt voraus.

81. Die Gesetze der Temperaturstrahlung und der schwarzen Strahlung.

Wir leiten zunächst die für das Folgende notwendigen Gesetze der Temperaturstrahlung und der schwarzen Strahlung ab, und zwar an Hand eines Modells, eines von beliebiger Materie erfüllten Hohlraums, dessen Wände und Inneres sich im thermodynamischen Gleichgewicht befinden mögen.

a) Das Kɪʀᴄʜʜᴏғғsche Gesetz.

Bezeichnen wir mit $\varrho(v)\,dv$ die Energiedichte der Strahlung im Wellenzahlintervall dv an einem bestimmten Raumpunkt, und mit $J(v)\,dv$ die

Flächenhelligkeit, d. h. die 1 cm² der Oberfläche unter dem Öffnungswinkel 1 in 1 sec senkrecht durchsetzende Energiemenge linear polarisierter Strahlung, ist ferner n der Brechungsindex des Mediums und c die Lichtgeschwindigkeit, so ist der Zusammenhang zwischen der Energiedichte $\varrho(\nu)$ und der Flächenhelligkeit $J(\nu)$ gegeben durch

$$(81,1) \qquad J(\nu) = \frac{c}{8\,\pi\,n}\,\varrho(\nu).$$

Bezeichnen wir weiter mit $e(\nu)$ den Emissionskoeffizienten unseres Mediums, d. h. mit $e(\nu)\,d\nu$ den von der Volumeinheit in 1 sec in den Raumwinkel 1 emittierten Energiebetrag linear polarisierter Strahlung im Wellenzahlintervall $d\nu$, und mit $\varepsilon(\nu)$ den Absorptionskoeffizienten, so ergibt die Gleichsetzung der von einem Volumenelement emittierten und absorbierten Energie, daß im Gleichgewicht gelten muß:

$$(81,2) \qquad \frac{e(\nu)}{\varepsilon(\nu)} = J(\nu).$$

Für den praktisch interessierenden Fall, daß zu der die Oberfläche eines Körpers verlassenden Strahlung in verschiedenen Spektralgebieten verschieden tiefe Schichten beitragen, gibt Gl. (81,2) nicht mehr direkt die Flächenhelligkeit. Man gewinnt $J(\nu)$ vielmehr aus der Strahlungsbilanz an der als unendlich dünne Trennfläche von Körper und Außenraum aufgefaßten Oberfläche. Von der auf den Körper auffallenden Strahlung $J(\nu)$ wird ein Bruchteil $A(\nu)$, den man als das *Absorptionsvermögen* des Körpers bezeichnet, unter dessen Oberfläche absorbiert, der Rest $(1-A)\,J(\nu)$ reflektiert. Die die Oberfläche des Körpers verlassende Strahlung setzt sich zusammen aus diesem reflektierten Anteil und einem unter der Oberfläche emittierten Anteil $E(\nu)$, den man das *Emissionsvermögen* des Körpers nennt. Im Gleichgewicht muß also gelten

$$(81,3) \qquad \left\{ \begin{array}{l} J(\nu) = [1-A(\nu)]\cdot J(\nu) + E(\nu) \\[2mm] J(\nu) = \dfrac{E(\nu)}{A(\nu)}. \end{array} \right.$$

Dieses ist das KIRCHHOFFsche Gesetz, das besagt, daß *das Verhältnis von Emissions- und Absorptionsvermögen eines Körpers konstant und gleich der Flächenhelligkeit seiner Oberfläche ist*. Diese Ableitung setzt lediglich thermisches Gleichgewicht voraus, gilt also allgemein für Temperaturstrahlung. Ein schwarzer Körper ist nun nach Abschn. 80 dadurch ausgezeichnet, daß er alle auf ihn auffallende Strahlung vollkommen absorbiert. Das Absorptionsvermögen eines schwarzen Körpers ist also für Strahlung *aller Wellenlängen* gleich eins. Daraus folgt nach (81,3), daß das Emissionsvermögen eines schwarzen Körpers gleich seiner Flächenhelligkeit ist.

$$(81,4) \qquad E(\nu)_{\text{schwarz}} = J(\nu).$$

Das KIRCHHOFFsche Gesetz besagt jetzt: Im thermodynamischen Gleichgewicht ist das Verhältnis E/A für alle Wellenlängen gleich dem

Emissionsvermögen des schwarzen Körpers. Aus (81,3) und (81,4) folgt weiter, daß das Emissionsvermögen des schwarzen Körpers das größte bei der betreffenden Temperatur überhaupt mögliche ist. Denn da das Absorptionsvermögen aller realen Körper kleiner als eins ist, ist auch ihr Emissionsvermögen $E(\nu)$ bei Temperaturstrahlung kleiner als das des schwarzen Körpers, der somit einen Grenzfall darstellt. Auf diesem KIRCHHOFFschen Gesetz bauen alle weiteren Überlegungen dieses Kapitels auf.

b) Das PLANCKsche Gesetz der Intensitätsverteilung des schwarzen Strahlers.

Die Energieverteilung im Spektrum des schwarzen Strahlers ist von PLANCK auf Grund der Quantenhypothese und statistischer Überlegungen abgeleitet worden und hat bekanntlich den Anstoß zur Entwicklung der gesamten Quantenphysik gegeben. Danach ist die Strahlungsdichte $\varrho(\nu)$ als Funktion der Temperatur T gegeben durch

$$(81,5) \qquad \varrho(\nu)\,d\nu = \frac{8\,\pi\,h\,\nu^3}{e^{\frac{h\,c\,\nu}{k\,T}}-1}\,d\nu,$$

und für die Flächenhelligkeit eines Temperaturstrahlers bzw. das nach Gl. (81,4) dieser gleiche Emissionsvermögen des schwarzen Strahlers folgt nach Gl. (81,1)

$$(81,6) \qquad J(\nu)\,d\nu = E(\nu)_{\text{schwarz}}\,d\nu = \frac{h\,c\,\nu^3}{e^{\frac{h\,c\,\nu}{k\,T}}-1}\,d\nu.$$

An Stelle der PLANCKschen Ableitung mittels der Hohlraumschwingungen klassischer Oszillatoren bringen wir die EINSTEINsche Ableitung des PLANCKschen Gesetzes (s. [4]), die den Zusammenhang mit den atomaren Vorgängen deutlicher werden läßt. Dazu betrachten wir ein abgeschlossenes System, in dem sich Gasmoleküle und Strahlung bei der Temperatur T im Gleichgewicht befinden. Die relative Häufigkeit der Moleküle in den verschiedenen möglichen Anregungszuständen E_i ist dann nach BOLTZMANN gegeben durch

$$(81,7) \qquad \frac{N(E_i)}{N(E_0)} = g_i \cdot e^{-\frac{E_i - E_0}{k\,T}},$$

worin g_i das statistische Gewicht von E_i, $N(E)$ die Molekülzahl im Zustand E und E_0 den Grundzustand bedeutet. Der Energieaustausch zwischen diesen Molekülen und dem Strahlungsfeld erfolgt nach den in Abschn. 2b behandelten Gesetzen der Absorption sowie der spontanen und erzwungenen Emission. Da der Energieaustausch im thermodynamischen Gleichgewicht die Zustandsverteilung der Moleküle nicht verändern darf, muß die Zahl der Emissionsprozesse in der Zeiteinheit gleich der der entsprechenden Absorptionsprozesse sein. Für Übergänge zwischen E_n und E_m bei der Strahlungsdichte ϱ muß also nach Gl. (2,7) und (2,8) gelten

$$(81,8) \qquad g_n \cdot e^{-\frac{E_n - E_0}{kT}} \varrho\, B_{n,m} = g_m \cdot e^{-\frac{E_m - E_0}{kT}} (A_{m,n} + \varrho\, B_{m,n}).$$

Unter Berücksichtigung von (2,10) folgt daraus für die Strahlungsdichte

$$(81,9) \qquad \varrho = \frac{A_{m,n}/B_{m,n}}{e^{\frac{E_m - E_n}{kT}} - 1},$$

und daraus ergibt sich unter Berücksichtigung von

$$(2,9) \qquad A_{m,n} = 8\pi h \nu^3 B_{m,n}$$

und

$$(1,1) \qquad E_m - E_n = h c \nu$$

direkt die PLANCKsche Gleichung (81,5). Allein aus dieser Forderung des durch Quantensprünge nicht gestörten Verteilungsgleichgewichts folgt also das Gesetz der Energieverteilung des schwarzen Körpers (81,5) bzw. (81,6) und daraus unter Berücksichtigung von (81,3) die Intensitätsverteilung $J(\nu)$ auch für die Temperaturstrahlung nichtschwarzer Körper. Abb. 92 zeigt $J(\lambda)$-Kurven eines schwarzen Strahlers für eine Anzahl von Temperaturen.

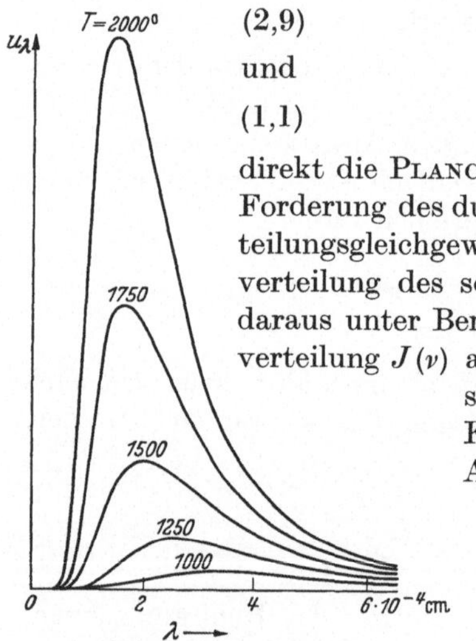

Abb. 92. Intensitätsverteilung der Emission schwarzer Strahler verschiedener Temperatur, aufgetragen gegen die Wellenlänge. (Nach FÜRTH: Theoret. Physik.)

c) Die Gesetze von WIEN und STEFAN-BOLTZMANN.

Aus dem PLANCKschen Gesetz Gl. (81,6) folgen direkt die beiden praktisch wichtigen Gesetze über die Abhängigkeit des Intensitätsmaximums und der Gesamtstrahlung von der Temperatur T.

Durch Transformieren von Gl. (81,6) auf Wellenlängen, Differenzieren und Nullsetzen erhält man für die Wellenlänge des Intensitätsmaximums $\lambda_{\max}$ das WIENsche Verschiebungsgesetz

$$(81,10) \qquad \lambda_{\max} = \frac{h c}{4{,}965\, k T},$$

oder

$$(81,11) \qquad \lambda_{\max} \cdot T = 2{,}88 \cdot 10^7,$$

worin λ in Å, T in Grad absolut gemessen wird.

Die Gesamtstrahlung eines schwarzen Körpers bezogen auf den Raumwinkel eins erhalten wir durch Integration von (81,6) über ν:

$$(81,12) \qquad \int\limits_0^\infty J(\nu)\, d\nu = h c \int\limits_0^\infty \frac{\nu^3}{e^{\frac{h c \nu}{kT}} - 1}\, d\nu = \frac{\pi^4 k^4}{15\, c^2 h^3}\, T^4.$$

Die gesamte einseitige Abstrahlung von 1 cm² Oberfläche, d. h. in den Raumwinkel $2\,\pi$, ist demnach

$$(81,13) \qquad S = \frac{2\,\pi^5\,k^4}{15\,c^2\,h^3}\,T^4 = \sigma\,T^4$$

mit

$$\sigma = 5{,}75 \cdot 10^{-12}\ \text{Watt cm}^{-2}\ \text{Grad}^{-4}.$$

Das ist das STEFAN-BOLTZMANNsche Gesetz.

82. Die Möglichkeiten für das Auftreten angenähert schwarzer Strahlung.

Nach Abschn. 81 sind für das Auftreten vollkommen schwarzer Strahlung zwei Bedingungen Voraussetzung, die in Wirklichkeit niemals voll erfüllt sind, nämlich thermodynamisches Gleichgewicht, das ein abgeschlossenes System erfordert und infolge des Strahlungsaustritts durch die Beobachtungsöffnung stets gestört ist, sowie 100%iges Absorptionsvermögen im gesamten Spektralbereich. Wir besprechen zunächst die drei Grundtypen von Temperaturstrahlern und untersuchen die Möglichkeiten für das Auftreten möglichst angenähert schwarzer Strahlung.

a) Die Hohlraumstrahlung.

Die vollkommenste Annäherung an den schwarzen Strahler stellt ein auf konstanter Temperatur gehaltener Hohlraum mit spiegelnden, wärmeundurchlässigen Wänden und möglichst kleiner Beobachtungsöffnung dar. Daß auch bei einem merklich unter eins liegenden Absorptionsvermögen A der Wand durch vielfache Reflexion der Strahlung das Emissionsvermögen $E(\nu)$ der Austrittsöffnung des Hohlraums sich dem theoretischen Maximalwert $J(\nu) = E(\nu)_{\text{schwarz}}$, d. h. dem Emissionsvermögen des schwarzen Strahlers, beliebig weit nähert, ist leicht einzusehen. Sind die Wände wärmeundurchlässig, so wird der nicht absorbierte Anteil von Strahlung reflektiert, d. h. Absorptionsvermögen A und Reflexionsvermögen R ergänzen sich zu eins: $A = 1 - R$. Wir berechnen jetzt die Strahlungsintensität $J(\nu)$ vor einer Reihe aufeinanderfolgender Reflexionsstellen eines Lichtstrahls im Innern des Hohlraumes. Am Punkt 1 wird von der erhitzten Wand die Strahlung $E(\nu)$ emittiert. Am Punkt 2 wird von dieser Strahlung der Betrag $R \cdot E(\nu) = (1 - A)\,E(\nu)$ reflektiert; hinzukommt der von Punkt 2 der Wand emittierte Anteil $E(\nu)$, so daß vom Punkt 2 die Strahlung $E(\nu) + E(\nu)\,R$ ausgeht. Bei der zweiten Reflexion wird $R\,(E_\nu + E_\nu\,R)$ reflektiert und E_ν emittiert; es resultiert also $E_\nu + E_\nu\,R + E_\nu\,R^2$, und im Grenzfall unendlich häufiger Reflexion wird die den Hohlraum verlassende Strahlungsintensität

$$(82,1) \qquad \left\{ \begin{aligned} E_{\text{Hohlraum}} &= E_\nu + E_\nu\,R + E_\nu\,R^2 + \cdots = \\ &= E_\nu/1 - R = E_\nu/A = J(\nu) = E(\nu)_{\text{schwarz}} \end{aligned} \right.$$

gleich dem Emissionsvermögen des schwarzen Körpers [s. G. (81,4)]. Die Abweichungen der Hohlraumstrahlung von der schwarzen Strahlung sind bei gegebenem Absorptionsvermögen A der Wand um so kleiner, je mehr Reflexionen erfolgt sind, bei gegebener Reflexionszahl um so kleiner, je größer das Absorptionsvermögen ist. Auf die experimentelle Erzeugung schwarzer Strahlung nach diesem Grundsatz gehen wir in Abschn. 83 ein.

b) Annähernd schwarze Strahlung fester glühender Körper.

Die Intensität der Temperaturstrahlung fester Körper, auf die wir in Abschn. 85 im einzelnen zurückkommen werden, hängt nach Gl. (81,3) vom Absorptionsvermögen A ab und wird eine um so bessere Annäherung an die Emission des schwarzen Körpers darstellen, je größer und konstanter A über das gesamte Spektrum ist, je weniger Strahlung die Oberfläche des Körpers also reflektiert und durchläßt. Allgemeine Gesetzmäßigkeiten lassen sich schwer angeben, da A stark von der atomaren Struktur des Körpers (vgl. S. 262 f.), von der kristallinen Grobstruktur, von der Rauhigkeit der Oberfläche und schließlich von der Temperatur abhängt (s. S. 277 f.). Für das sichtbare Spektralgebiet ist die Farbe (Grad der Schwärze) ein Merkmal, doch kann auch ein für das Auge schwarz erscheinender Körper besonders im Ultrarot Gebiete geringen Absorptionsvermögens besitzen. Platinmoor und die verschiedenen Rußarten stellen wohl die besten Annäherungen an schwarz strahlende Oberflächen dar; mit Ölschwarz kann man nach RUBENS und HOFFMANN[1480] bei geeigneter Aufbringung A-Werte von 0,93—0,97 in den verschiedenen Spektralgebieten erzielen.

c) Temperaturstrahlung ausgedehnter Gasmassen.

Der Absorptions- und Emissionskoeffizient von Gasen weist wegen der Diskontinuität der Gasspektren eine starke Abhängigkeit von der Wellenlänge auf; dicht beieinander liegende Spektralgebiete unterscheiden sich im Absorptionskoeffizienten oft um viele Größenordnungen. Trotzdem kann eine solche Gasmasse, etwa ein aus diesem Gas bestehender Stern, sich weitgehend wie ein schwarzer Körper verhalten, wenn er genügend ausgedehnt ist. Bedingung dafür ist ja, daß die auf die Oberfläche auffallende Strahlung aller Wellenlängen vollkommen absorbiert wird; es ist gleichgültig, in welcher Tiefe dies geschieht. Strahlung der Wellenlänge einer intensiven Absorptionslinie des Gases wird beispielsweise bereits von 1 mm Schichtdicke vollständig absorbiert, während Strahlung einer benachbarten Wellenlänge, für die der Absorptionskoeffizient 10^8mal kleiner sein möge, zur vollständigen Absorption eine Schichtdicke von 100 km benötigt. Ist die Ausdehnung der Gasmasse also so groß, daß die Strahlung *aller* Wellenlängen des gesamten Spektrums in ihr vollständig absorbiert wird, so beträgt trotz außerordentlich großer Schwankungen des Absorptions*koeffizienten* das Absorptions*vermögen* eins, und die Gasmasse strahlt im thermodynamischen

Gleichgewicht wie ein schwarzer Körper. Bei Sternen ist, wie wir in Abschn. 86 sehen werden, diese Bedingung erfüllt. Die trotzdem auftretenden Abweichungen von der schwarzen Strahlung müssen also in dem nur mangelhaft erfüllten thermodynamischen Gleichgewicht begründet liegen (die Temperatur steigt mit zunehmender Tiefe des Sterns).

83. Die experimentelle Erzeugung schwarzer Strahlung.

Die Erzeugung möglichst vollkommen schwarzer Strahlung ist von Interesse einmal zur experimentellen Prüfung der Strahlungsgesetze von Abschn. 81, sowie praktisch zur Verwendung als Vergleichsspektrum für quantitative spektralphotometrische Zwecke. Da über den Gegenstand bereits eingehende Darstellungen vorliegen[1475, 1476, 1471], erwähnen wir nur die grundsätzlich wichtigsten Punkte.

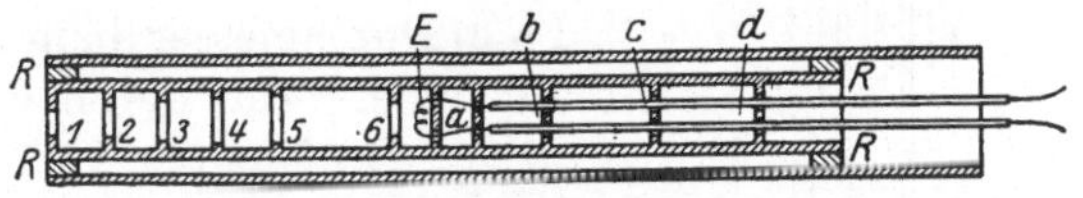

Abb. 93. Schwarzer Strahler nach LUMMER und KURLBAUM. (Aus LAX und PIRANI[1475].)

Verwendet werden ausschließlich geschwärzte, meist zylindrische Hohlräume, die elektrisch geheizt und durch möglichst kleine, axial oder radial angebrachte Bohrungen anvisiert werden. Als Rohrmaterial dienen für niedrige Temperaturen besonders Porzellan und Magnesia, für hohe Temperaturen Kohle, Iridium und Wolfram. Die Temperaturkontrolle erfolgt bei Temperaturen bis etwa 2500° mit Thermoelementen; bei den höchsten Temperaturen ist sie nur noch pyrometrisch möglich, setzt dann also eines der Strahlungsgesetze als bekannt voraus.

Eine der bekanntesten Ausführungen eines schwarzen Strahlers zeigt Abb. 93 nach LUMMER und KURLBAUM[1477]. Die Konstruktion ist ohne weiteres verständlich; das Rohr wird von außen durch eine Wicklung elektrisch geheizt; E ist das zur Temperaturmessung dienende Thermoelement. Ein grundsätzlich ähnlicher Iridiumrohrofen der Phys. Techn. Reichsanstalt ist von HOFFMANN[1473] beschrieben worden. Die für Temperaturen bis 3000° brauchbaren Kohlerohröfen, die besonders von WARBURG und Mitarbeitern[1481] entwickelt worden sind, werden direkt vom Heizstrom durchflossen. Als Nachteil ist anzuführen, daß sie wegen der chemischen Empfindlichkeit der Kohle bei hohen Temperaturen als Vakuumöfen benutzt werden müssen. Die Strahlung muß also durch Fenster beobachtet werden, deren Durchlässigkeit für die verschiedenen Wellenlängen gesondert zu untersuchen ist. Diesen Nachteil vermeiden die ebenfalls direkt beheizbaren, ohne Schwierigkeit bis 3300° verwendbaren Wolframrohröfen (s. FEHSE[1469]). Das Wolframrohr befindet sich bei diesen Ausführungen in einer reduzierenden Atmosphäre aus Wasserstoff-Stickstoff-Gemisch, das durch die fensterlose Beobachtungsöffnung abströmt. Für alle Einzelheiten dieser Ofenkonstruktionen, mit denen alle bisherigen experimentellen Untersuchungen über die schwarze Strahlung ausgeführt worden sind, muß auf die ausführlichen Darstellungen verwiesen werden.

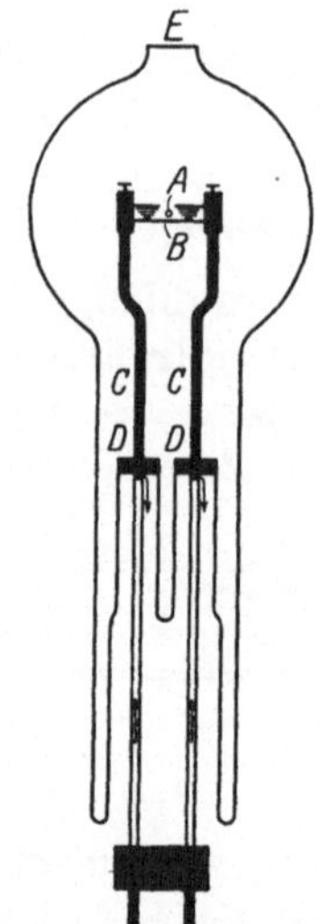

Abb. 94. Schwarzer Strahler nach DORGELO für spektroskopische Zwecke. (Aus LAX und PIRANI[1475].)

Von spektroskopischem Interesse sind die als Vergleichslichtquellen für quantitative Messungen der Intensitätsverteilung in Spektren wichtigen kleinen Ausführungen schwarzer Strahler. Abb. 94 zeigt eine von DORGELO[1468] angegebene evakuierbare Lampe, in der ein Kohleröhrchen von 4 mm Durchmesser und etwa 0,5 mm Wandstärke durch einen Strom von 40—100 Amp. erhitzt wird. Von den zwei radialen Bohrungen A und B von 0,3 bzw. 1 mm Durchmesser dient die eine zur Beobachtung, die andere zur pyrometrischen Temperaturkontrolle. Beobachtet wird durch Glas- oder Quarzfenster. Bei einer ähnlichen Anordnung von ZWICKER[1484] dient als schwarzer Strahler ein axial durchbohrter Wolframstift, der durch Elektronenbombardement von einer umgebenden geheizten Wolframspirale aus, die gegen den Stift 2000 Volt negativ geladen wird, bis zum Schmelzpunkt erhitzt werden kann.

84. Beobachtungen über den Übergang von diskreter Gasstrahlung zu kontinuierlicher schwarzer Strahlung.

Aus den Überlegungen von S. 272 geht hervor, daß im Laboratorium angenähert schwarze Strahlung von im wesentlichen diskontinuierlich absorbierenden verdünnten Gasen wegen der geringen zur Verfügung stehenden Schichtdicken nicht erhalten werden kann, da die Unterschiede im Absorptionskoeffizienten verschiedener Wellenlängen zu groß sind. Mit wachsender Gasdichte werden die Verhältnisse dadurch günstiger, daß infolge von Linienverbreiterungen (s. Kap. XII) in den zwischen den einzelnen Linien liegenden Spektralgebieten der Emissions- und Absorptionskoeffizient stark anwächst und dadurch schon eine geringere Schichtdicke zum Ausgleich der Unterschiede im Absorptionskoeffizienten ausreicht. Besonders unterstützt wird diese Entwicklung, wenn — wie bei den Funkenentladungen — infolge der Wirkung freier Elektronen und Ionen (vgl. Kap. IV und V) eine echte kontinuierliche Absorption und Emission in den zwischen den Linien liegenden Gebieten vorhanden ist. Unterschiede bei Längs- und Querbeobachtung von Funkenentladungen in Kapillaren zeigen diesen Einfluß der Schichtdicke sehr deutlich.

Auch hier sind im allgemeinen die Unterschiede im Absorptionskoeffizienten verschiedener Wellenlängen noch zu groß, um bei der kleinen Schichtdicke etwa von Funken vollkommene Absorption für alle Wellenlängen zu ergeben. Diese liegt aber angenähert vor, wenn die physikalischen Bedingungen des strahlenden Plasmas solche sind, daß von einer Strahlung einzelner Atome nicht mehr gesprochen werden kann (vgl. S. 98), sondern man es mit der Strahlung eines in sich zusammenhängenden Plasmas zu tun hat, das im Extremfall Ähnlichkeit mit einem glühenden festen Körper hat. Jedenfalls ist sehr hoher Gasdruck oder ein sehr hoher Ionisierungsgrad Voraussetzung für die kontinuierliche Strahlung solcher Gase, die unter gewöhnlichen Anregungsbedingungen im wesentlichen diskontinuierliche Spektren besitzen.

Die Emission schwarzer Strahlung, d. h. kontinuierlicher Strahlung PLANCKscher Intensitätsverteilung, durch solche Lichtquellen ist nun nur möglich, wenn außer der Bedingung $A_\nu = 1$ für alle ν noch die zweite erfüllt ist, daß thermodynamisches Gleichgewicht zwischen allen an der Emission beteiligten Elementarteilchen, Molekülen, Atomen, Ionen, Elektronen und Lichtquanten, besteht. Da die zur Erfüllung von $A = 1$ nach dem obigen erforderlichen extremen physikalischen Bedingungen bisher nur ganz kurzzeitig, d. h. über etwa 10^{-7} sec, zu verwirklichen sind, ist die Bedingung des gleichzeitigen thermodynamischen Gleichgewichts praktisch unerfüllbar.

Wir kennen zwei Erscheinungen, die unserer Ansicht nach einen Übergang von der diskontinuierlichen zur schwarzen Gasstrahlung darstellen, und zwar die in Abschn. 100 eingehend behandelten extremen Funkenentladungen, sowie das in Abschn. 102d besprochene Verdichtungsstoßleuchten. Die Frage der schwarzen Strahlung von Funkenentladungen ist namentlich von WREDE[1686] und FINKELNBURG[1470] diskutiert worden.

Bei den Metalldrahtentladungen wie beim Unterflüssigkeitsfunken (vgl. [1556]) beträgt die Gasdichte mehrere Atmosphären, der Ionisationsgrad in der Funkenbahn nach dem Durchbruch nahezu 100%. Außer Elektronenbremsstrahlung (Abschn. 21) und Elektronenrekombinationskontinua (Kap. IV) müssen in diesem Funkenstadium also extrem verbreiterte Linien emittiert werden. Kontinua und Linienverbreiterungen zusammen ergeben dabei bereits ein so weitgehend „ausgeschmiertes" Spektrum, daß eine geringe Schichtdicke zur Homogenisierung gemäß S. 272 ausreicht. Der Nachweis starker kontinuierlicher Absorption ist denn auch experimentell direkt erbracht worden[1487-1491]. Die Bedingung $A_\nu \sim 1$ für alle ν dürfte in diesen Fällen von extremen Funkenentladungen also weitgehend erfüllt sein, und zwar weil das emittierte Spektrum primär, d. h. ohne Berücksichtigung des Einflusses der optischen Tiefe, schon nahezu kontinuierlich ist. Wieweit man dagegen von einem thermodynamischen Gleichgewicht bei einem so schnell verlaufenden Vorgang reden kann, bei dem die Energieaufnahme aus dem Feld ausschließlich durch die geladenen Teilchen erfolgt und erst durch Stöße auf die ungeladenen übertragen werden muß, erscheint recht problematisch. Versuche über diesen Punkt sind im Gang. Die von WREDE[1686] beobachtete Violettsverschiebung des Intensitätsmaximums bei Energiesteigerung, aus der er nach dem WIENschen Gesetz Gl. (81,11) auf das Vorliegen von Temperaturstrahlung schloß, läßt sich jedenfalls ohne diese Annahme aus den Primärprozessen der Emission erklären[1556]; auch weicht die Intensitätsverteilung der Funkenkontinua sehr beträchtlich von den PLANCKschen Kurven ab. Wir glauben also, daß die Abweichungen von der schwarzen Strahlung gerade durch das fehlende Gleichgewicht bedingt sind.

Ähnlich liegen die Verhältnisse beim Verdichtungsstoß, wo (vgl. S. 312) in der Front der Stoßwelle eine plötzliche Gaskompression bis über die Dichte fester Körper stattfindet. Unabhängig davon, ob wir die dabei auftretende intensive Leuchterscheinung auf Atomstoßanregung oder einfach bilanzmäßig als durch die hohe Temperatur der Wellenfront bedingt auffassen: jedenfalls erfolgt die Emission bei der herrschenden extremen Dichte in Form eines primär kontinuierlichen Spektrums, das entweder aus echten Kontinua oder extremen Linienverbreiterungen entsteht. Auch hier wird die an sich sehr geringe Schichtdicke ausreichen, um gemäß Abschn. 82c das Spektrum weitgehend zu homogenisieren, so daß $A_\nu \sim 1$ für alle ν in grober Näherung erfüllt sein könnte. Da die Energiezufuhr in diesem Fall nicht über die Elektronen, sondern über die Gasteilchen direkt erfolgt, dürfte die Gleichverteilung der Energie im Plasma eine bessere sein als beim Funken. Da die Abhängigkeit der Emission vom zeitlichen Verlauf der Erscheinung aber ebenso wie die Intensitätsverteilung der Leuchterscheinung noch nicht genügend bekannt sind, sind weitergehende Folgerungen einstweilen unmöglich.

Immerhin sind die beiden behandelten Erscheinungen interessante Fälle für den Übergang reiner Gasstrahlung zu kontinuierlicher, mehr oder weniger schwarzer Strahlung, deren genauere experimentelle Untersuchung sich sehr lohnen würde. Selbstverständlich beziehen sich diese Ausführungen nur auf die Emission zur Zeit der extremen Bedingungen, während die den Kontinua überlagerten, während des zeitlichen Abklingens emittierten Linien hier außer Betracht bleiben müssen.

85. Experimentelle Ergebnisse über die Temperaturstrahlung fester Körper.

Bei der Behandlung der Absorptionsspektren der festen Körper in Abschn. 79 haben wir bereits festgestellt, daß eine *einfache* Theorie dieser Spektren noch fehlt, daß sie vielmehr in wenig übersichtlicher Weise von atomaren und Gittereigenschaften des betreffenden Körpers abhängen. Das gleiche gilt naturgemäß für die durch Temperaturerhöhung angeregte Strahlung der festen Körper. Wegen der praktischen Bedeutung der Temperaturstrahlung hochschmelzender Stoffe für die Lichttechnik liegt ein gewaltiges Versuchsmaterial über die Strahlung der einzelnen Stoffe in Abhängigkeit von allen physikalischen Bedingungen vor, über das verschiedentlich zusammenfassend berichtet worden ist (s. besonders [1476]). Wir bringen deshalb nur die wesentlichsten Ergebnisse und empirischen Gesetzmäßigkeiten, um sie in den Zusammenhang unserer Darstellung einzugliedern.

Betrachten wir zunächst nur für Strahlung undurchlässige Stoffe, so gilt für diese wieder

$$(85,1) \qquad A_\nu = 1 - R_\nu.$$

Der nicht absorbierte Teil auffallender Strahlung wird also reflektiert. Wegen dieser Abhängigkeit vom Reflexionsvermögen ist die Temperaturstrahlung sehr stark von der Oberflächenbeschaffenheit abhängig. Kleine Änderungen der Grob- oder Feinstruktur der Oberfläche bewirken im allgemeinen bereits erhebliche Änderungen des Absorptionsvermögens und damit der Emission. Daher ist für den Vergleich der Strahlungseigenschaften bei verschiedenen Temperaturen wesentlich, daß diese Temperaturänderungen keinerlei Oberflächenveränderungen bewirken dürfen, wenn die Werte vergleichbar sein sollen.

Bei strahlungsdurchlässigen Stoffen gilt statt (85,1):

$$(85,2) \qquad A_\nu = (1 - R_\nu)\,(1 - e^{-\varepsilon(\nu)\,l}),$$

wo $\varepsilon(\nu)$ der Absorptionskoeffizient und l die Schichtdicke ist. Daß bei strahlungsdurchlässigen Körpern auch die Grobstruktur des Kristalls von entscheidender Bedeutung ist, versteht sich von selbst. Schon wenige Sprünge in einem durchsichtigen Kristall verändern das Absorptionsvermögen und damit auch die Strahlung stark, und noch größer sind die Unterschiede der Strahlung eines klaren Kristalls und eines aus Kristallpulver gepreßten Körpers.

Zur Charakterisierung der Temperaturstrahlung nichtschwarzer Körper benutzt man vielfach die Angaben der *„schwarzen Temperatur“* und der *„Farbtemperatur“*. Dabei versteht man unter $T_s(\nu)$ die Temperatur eines schwarzen Strahlers, der bei der betreffenden Wellenzahl die gleiche Emission besitzt wie der betrachtete Körper. Im allgemeinen wird also T_s für verschiedene Spektralgebiete verschieden groß sein. Besitzt dagegen ein Körper im gesamten Spektrum ein konstantes Absorptionsvermögen (etwa $A = 0{,}7$), so unterscheidet sich auch T_s von der wahren Körpertemperatur stets um einen konstanten Faktor, und man spricht von einem *grauen* Strahler. Die Farbtemperatur T_F besitzt eine Bedeutung nur für das sichtbare Spektralgebiet. Mit T_F bezeichnet man die Temperatur eines schwarzen Strahlers, dessen Intensität in dem verglichenen Spektralgebiet eine ähnliche Verteilung besitzt (gleicher Farbeindruck) wie die des untersuchten Strahlers.

Man kann die Temperaturstrahler nun allgemein einteilen in graue Strahler, in Temperaturstrahler mit bestimmter Farbtemperatur und in Strahler ohne Farbtemperatur. Die Intensitätsverteilung der Strahler dieser letzten Gruppe läßt sich infolge stark selektiver Emissionsmaxima auch nicht in Annäherung durch die Intensitätsverteilung eines schwarzen Strahlers darstellen.

Graue Strahler sind in erster Linie Kohle und Graphit, für die zahlreiche Messungen an Kohlefadenlampen wegen des früher großen technischen Interesses ausgeführt worden sind. Als mittleren Wert kann man für Kohle im Sichtbaren ein Emissionsvermögen von 0,7 ansetzen; die Flächenhelligkeit glühender Kohle beträgt also etwa 70% von der des schwarzen Strahlers gleicher Temperatur. Im langwelligen Ultrarot fällt das Emissionsvermögen von Kohle noch weiter ab. Graphitierte Kohle besitzt ein etwas kleineres Emissionsvermögen als reine Kohle.

Das größte praktische Interesse besitzt die Temperaturstrahlung der Metalle, insbesondere die der schwerschmelzenden. Bei den Metallen ist wegen der schon bei geringen Schichtdicken praktisch vollständigen Undurchlässigkeit für Strahlung Gl. (85,1) erfüllt. Für das langwellige Ultrarot gibt die MAXWELLsche Theorie einen Zusammenhang zwischen Absorptionsvermögen A, Leitfähigkeit σ und Wellenlänge λ:

$$(85,3) \qquad A = 1 - R = 2 \sqrt{\frac{c}{\sigma \cdot \lambda}},$$

der für Wellenlängen $\lambda \gg c/\sigma$ gültig ist. Ersetzt man zur praktischen Berechnung σ durch den spezifischen Widerstand ϱ in Ohm pro cm-Würfel und mißt λ in cm, so ist in erster Näherung

$$(85,4) \qquad A = 0,365 \sqrt{\frac{\varrho}{\lambda}}.$$

Die Messungen an verschiedenen Metallen ergaben im langwelligen Ultrarot bei $26\,\mu$ gute Übereinstimmung mit Gl. (85,4), unterhalb $10\,\mu$ dagegen bereits sehr erhebliche Abweichungen. In dem praktisch interessierenden sichtbaren Spektralgebiet ist man bei der Temperaturstrahlung der Metalle daher bis auf weiteres auf die empirischen Gesetzmäßigkeiten angewiesen. Zunächst haben die Messungen des *Gesamtemissionsvermögens* der Metalle E_g eine starke Zunahme von E_g mit der Temperatur ergeben. Unter 1000° abs. ist E_g verschwindend klein, erreicht aber bei 2800° abs. bereits 0,3. Man hat deshalb die Gesamtstrahlung S der Metalle durch eine dem STEFAN-BOLTZMANNschen Gesetz (81,13) ähnliche Form darzustellen versucht

$$(85,5) \qquad S = C \cdot T^n,$$

worin C und n Konstanten oder in nächster Näherung Temperaturfunktionen sind und n wegen der Temperaturabhängigkeit von E_g stets größer als 4 ist. Auch die Form

$$(85,6) \qquad S = \sigma \, T^4 \, (1 - e^{a\,T}),$$

in der lediglich a eine Materialkonstante darstellt und σ die STEFAN-BOLTZMANNsche Konstante (81,13) ist, vermag die Gesamtstrahlung der Metalle gut darzustellen.

Die Temperaturabhängigkeit des Emissionsvermögens in den ein-zelnen Spektralgebieten ist äußerst ver-schieden und besitzt teilweise verschiedene Vorzeichen; im Sichtbaren ist sie im all-gemeinen sehr gering. Auch die Wellen-längenabhängigkeit des Emissionsvermö-gens $E(\nu)$ ist bei den Metallen mit Aus-nahme von Gold, Silber und Kupfer nur gering. E_ν liegt für die meisten hochschmel-zenden Metalle zwischen 0,3 und 0,4; etwas tiefer liegen Rh und Ir, etwas höher W und Ta. Die Temperaturstrahlung von Cu, Ag und Au zeichnet sich durch intensive selektive Emission (Anregung von Energie-bändern gemäß Abschn. 79) aus, die sich in plötzlichen Änderungen des Emissions-vermögens bemerkbar macht. Bei Ag steigt dieses bei 3600 Å sehr schnell von 0,1 auf über 0,8, während bei Cu und Au diese Sprungstellen im Sichtbaren (bei 5500 und 5000 Å) liegen und bewirken, daß diese Metalle grünlich strahlen und ihre Intensitätsverteilung sich nicht durch die eines schwarzen Körpers annähern läßt (fehlende Farbtemperatur).

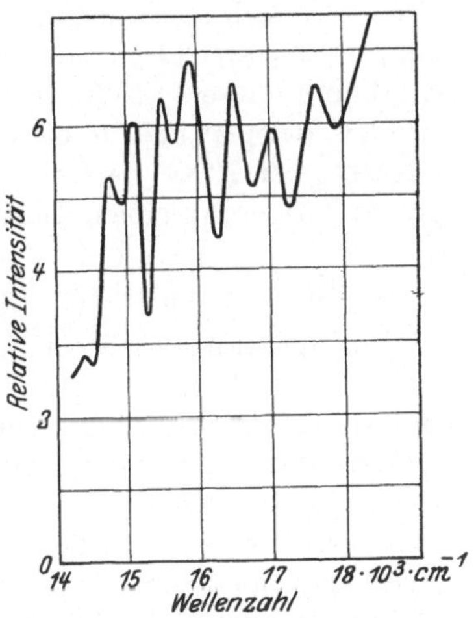

Abb. 95. Beispiel für einen Selektiv-strahler. Emissionsspektrum von Neodymoxyd bei Erhitzung in Was-serstoffflamme von 1200—1300° abs. (Aus LAX und PIRANI[1476].)

Außer der Temperaturstrahlung der Kohle und der Metalle ist im wesentlichen noch die einer Anzahl hochschmelzender Oxyde unter-sucht worden. Diese Verbindungen zeigen im allgemeinen sehr viel kompliziertere Emissionsspektren mit zahlreichen Maxima, die an-zeigen, daß die Energieniveaus der Elektronen beim Einbau der Moleküle in das Gitter bei weitem nicht so stark verbreitern wie die der Metallelektronen im Metall-

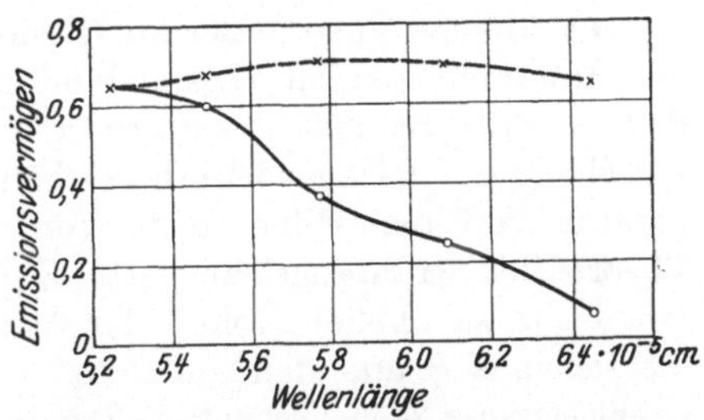

Abb. 96. Emissionsvermögen eines 2,39 mm dicken Rubinkristalls in Abhängigkeit von der Wellenlänge und der Temperatur: —o— bei Zimmertemperatur, ----x---- bei 1373° abs. (Aus LAX und PIRANI[1476].)

gitter (vgl. Abschn. 79). Am deutlichsten beobachtet man diese fast diskontinuierliche Strahlung bei den Oxyden der seltenen Erden, bei denen die Elektronensprünge so weitgehend in den inneren Schalen der Atome erfolgen, daß ihre Störung durch den Einbau in den festen Körper nur gering ist (s. Abb. 95). Das Emissionsvermögen dieser

Stoffe zeigt also starke, äußerst unstetige Änderungen mit der Wellenlänge; von einer definierten Farbtemperatur kann keine Rede sein. Erwartungsgemäß wirkt steigende Temperatur aber in Richtung einer Glättung des Spektrums, da jedes einzelne Maximum (Energieband) verbreitert, verflacht und sich meist auch nach langen Wellen zu verschiebt (Zusammenhang mit Kap. XII). Mit steigender Temperatur nähert sich also die Strahlung dieser Stoffe immer mehr der schwarzen Strahlung. Ein schönes Beispiel hierfür bietet der Rubin, der bei niedriger Temperatur selektiv, bei 1370° dagegen im ganzen sichtbaren Gebiet fast wie ein grauer Körper mit einem Emissionsvermögen von 0,8 strahlt (vgl. Abb. 96).

86. Die kontinuierliche Strahlung der Sonne und der Fixsterne *.

Die Spektren der Sonne und der Fixsterne bestehen aus einem kontinuierlichen Emissionsspektrum mit überlagerten Absorptions- und in einigen Fällen auch Emissionslinien. Die genaue Messung der Intensitätsverteilung dieser kontinuierlichen Spektren ist eine der schwierigsten Aufgaben der praktischen Astrophysik (Einzelheiten s. [1474, 1370a]) und noch keineswegs befriedigend gelöst. Fest steht aber, daß das kontinuierliche Spektrum der Sonne und der meisten Fixsterne in ganz grober Näherung die Intensitätsverteilung schwarzer Strahler besitzt, und zwar mit Temperaturen, die im allgemeinen zwischen 3000° und 25 000° liegen (bei der Sonne etwa 6000° s. Abb. 97).

Bei dem Versuch einer Theorie der kontinuierlichen Sternspektren können die Absorptionslinien außer acht gelassen werden, da sie, wie wir aus Kap. XII, S. 252 wissen, in den äußeren, bestimmt nicht kontinuierlich strahlenden Schichten der Atmosphären entstehen.

Die übliche Theorie der kontinuierlichen Sternspektren geht aus von der Annahme lokalen thermodynamischen Gleichgewichts, die besagt, daß in jeder Schicht des Sterns ein der betreffenden Temperatur entsprechendes Gleichgewicht herrschen soll. Die Abhängigkeit der Temperatur von der Höhe, d. h. vom Sternradius, folgt dabei aus der Theorie des Strahlungstransports. Zur Vereinfachung rechnet man, statt mit der tatsächlichen Höhe h der Atmosphäre, mit der optischen Tiefe τ, die sich aus h und dem mittleren Absorptionskoeffizienten $\bar\varepsilon$ (bei Vernachlässigung der Absorptionslinien) ergibt als

$$(86,1) \qquad \tau = \int_0^h \bar\varepsilon \, dh .$$

Da die Temperaturänderung dT beim Fortschreiten um dh gleich $\bar\varepsilon \cdot dh$ ist, läßt sich T in Abhängigkeit von τ leicht berechnen. Bezeichnet man nun mit T_{eff} die nach Gl. (81,13) aus der Gesamtstrahlung folgende „effektive Temperatur" des Sterns, so ergibt sich für die

---

* Vgl. zu Abschn. 86 besonders das während der Drucklegung erschienene Werk von *Unsöld* [1370a] „Physik der Sternatmosphären".

Temperatur T in einer bestimmten optischen Tiefe τ:

$$(86,2) \qquad T = T_{\text{eff}} \cdot \sqrt{0,5 + 0,75\,\tau}\,.$$

Für die optische Tiefe $\tau = 2/3$ wird also $T = T_{\text{eff}}$. In der mittleren optischen Tiefe $\tau = 2/3$ muß also die das Kontinuum ausstrahlende sog. *Photosphäre* liegen; die darüber liegenden Schichten bilden die *Chromosphäre*, in der die Absorptionslinien entstehen. Rechnen wir zur Atmosphäre die Sternschichten, die uns direkt Licht zustrahlen (die aus tieferen Schichten kommende Strahlung wird fast vollständig absorbiert), so folgt aus der Definition des Absorptionskoeffizienten für die optische Tiefe der gesamten Atmosphäre etwa $\tau = 5$. Aus (86,2) folgt dann, daß die Temperatur dort $T = 1{,}44\,T_{\text{eff}}$ ist, während für die Oberflächentemperatur der Atmosphäre, deren Bedeutung allerdings etwas problematisch ist, aus (86,2) für $\tau = 0$ der Wert $T = 0{,}8\,T_{\text{eff}}$ folgt. Die Temperaturgrenzen der Atmosphäre sind damit festgelegt.

Macht man nun die in ihrer Bedeutung gleich noch zu diskutierende Annahme, daß der Absorptionskoeffizient ε_ν (immer unter Vernachlässigung der Absorptionslinien) von der Wellenlänge unabhängig, also im gesamten Spektrum konstant ist, so folgt aus dem lokalen thermodynamischen Gleichgewicht nach Abschn. 81 b sofort, daß jede einzelne Schicht die ihrer Temperatur entsprechende schwarze Strahlung emittiert. Die die Sonne verlassende Strahlung ergibt sich dann durch Integration über alle Schichten unter Berücksichtigung der mit der Tiefe zunehmenden Absorption. Dabei ist aber noch der Winkel ϑ in Rechnung zu setzen, unter dem die beobachtete Strahlung die Schichten der Atmosphäre schneidet, da bei radialem Austritt ($\vartheta = 0$) Strahlung aus tieferen Schichten beobachtet wird als bei streifendem Austritt ($\vartheta \sim 90°$), wo alle Strahlung aus den höchsten Schichten stammt. Für die resultierende Strahlung ergibt sich so

$$(86,3) \qquad J_\nu(\vartheta) = \int\limits_0^\infty E_\nu(\tau)\, e^{-\tau \sec \vartheta} \cdot \sec \vartheta\, d\tau,$$

wo $E_\nu(\tau)$ die durch (81,6) bestimmte PLANCKsche Strahlungsfunktion für die der optischen Tiefe τ entsprechende Temperatur T ist. (86,3) läßt sich auswerten, da ja τ als Funktion von T durch (86,2) bekannt ist; und es ergibt sich nach Integration über ϑ, daß $J(\nu)$ nahezu gleich der Intensitätsverteilung eines schwarzen Strahlers der Temperatur T_{eff} ist. Für die Sonne, wo die zu verschiedenen ϑ gehörende Strahlung direkt getrennt beobachtbar ist, zeigt Abb. 97, wieweit die Übereinstimmung reicht. Sehr befriedigend ist erfüllt die ϑ-Abhängigkeit der Gesamtintensität, die als „Randverdunklung" beobachtet wird.

Aus dieser angenäherten Übereinstimmung von Theorie und Beobachtung schließt man nun, daß die der Theorie zugrunde gelegten Voraussetzungen des lokalen thermodynamischen Gleichgewichts und des von λ unabhängigen Absorptionskoeffizienten eine brauchbare Annäherung an die Wirklichkeit darstellen.

Theoretisch interessiert besonders die λ-Unabhängigkeit des Absorptionskoeffizienten. Das die Atmosphäre der Sterne bildende hoch ionisierte Gasgemisch absorbiert außer mehr oder weniger verbreiterten Linien ja namentlich die die Photoionisation der verschiedenen angeregten und ionisierten Atome bewirkenden Grenzkontinua (vgl. S. 22 f.);

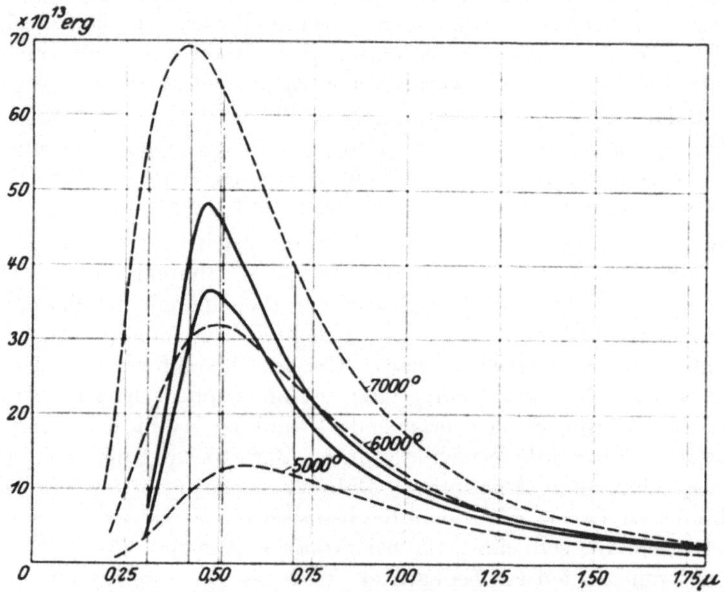

Abb. 97. Energieverteilung der mittleren und der zentralen Sonnenstrahlung (untere bzw. obere ausgezogene Kurve) verglichen mit schwarzen Strahlungen verschiedener Temperatur nach BRILL. (Aus KIENLE [1474].)

gemäß Kap. V absorbieren ferner kontinuierlich die freien Elektronen. Die kontinuierliche Absorption setzt sich also aus zahlreichen Anteilen zusammen. Beachtet man noch, daß die elektrischen Störungen gemäß Kap. VI eine starke Verschmierung der langwelligen Kanten der zahlreichen einzelnen Absorptionskontinua bewirken, so sind Unstetigkeiten eigentlich nur noch an den Seriengrenzen des im Sternaufbau vorherrschenden Wasserstoffs zu erwarten und auch beobachtet worden. Im übrigen ist aber ein einigermaßen stetiger Gang des Absorptionskoeffizienten mit der Wellenlänge (wenn auch keineswegs eine Konstanz) durchaus zu erwarten. Versuche, diesen Gang direkt theoretisch aus den in Kap. III und V behandelten Absorptionsprozessen zu berechnen, sind vielfach unternommen und kürzlich von KIENLE[1474] kurz zusammenfassend dargestellt worden (vgl. auch S. 41 und 91). Die Frage ist aber noch in keiner Weise geklärt.

Als erste rohe Näherung ergab aber die Annahme eines λ-unabhängigen Absorptionskoeffizienten befriedigende Ergebnisse. Man geht deshalb weiter so vor, daß man aus den Abweichungen der beobachteten Intensitätsverteilungen der Sonne und der wenigen bisher untersuchten Fixsterne (vgl. [1474]) von der schwarzen Strahlung auf den tatsächlichen Verlauf von ε_ν mit der Wellenlänge zu schließen versucht. So hat kürzlich MULDERS[1478] die Energieverteilung im Spektrum der Sonne zwischen 3000 und 23000 Å neu bestimmt, indem er die durch Absorption der FRAUNHOFERschen Linien verlorene Energie mit in Rechnung setzte, und hat dabei ebenfalls recht erhebliche Abweichungen von der schwarzen Strahlung der Temperatur $T = T_{\text{eff}}$ gefunden. So soll die Farbtemperatur T_F der Sonne im Gebiet 9500—4100 Å 7140° abs. betragen gegenüber nur 4850° im Gebiet 3000—4000 Å. Aus seinen Untersuchungen, deren Bestätigung abzuwarten bleibt, berechnet MULDERS dann die Wellenlängenabhängigkeit des Absorptionskoeffizienten. Die Voraussetzung des lokalen thermodynamischen Gleichgewichts dürfte bei der Sonne und den ihr ähnlichen späten Typen trotz der nachgewiesenen, früher unterschätzten turbulenten Strömungen wohl ausreichend erfüllt sein. Anders ist das bei besonders turbulenten, in ihrer Struktur weniger stabilen Sternen, z. B. bei zahlreichen Riesen der frühesten Spektralklassen und namentlich den δ Cephei-Sternen, den WOLF-RAYET-Sternen und den Novae. Hier sind genaue Messungen der Intensitätsverteilung der kontinuierlichen Spektren sowie eine nähere Kenntnis der physikalischen Bedingungen in den Atmosphären notwendig, um genauere Aussagen zu machen.

87. Einige Anwendungen der Gesetze der Temperaturstrahlung.

a) Anwendungen in der Lichttechnik.

Über die technische Anwendung der Temperaturstrahlung fester Körper braucht nicht viel gesagt zu werden. Zu lichttechnischen Zwecken wurden alle in Abschn. 85 behandelten Temperaturstrahler herangezogen. Dabei ist die früher allgemein benutzte Kohlefadenlampe inzwischen von der Metallfadenlampe verdrängt worden, die namentlich mit Wolframfäden wegen der hohen erreichbaren Temperatur einen besseren Wirkungsgrad und nach dem WIENschen Gesetz Gl. (81,11) ein weißeres Licht liefert. Die Temperaturstrahlung der Kohle wird noch in den Bogenlampen als Lichtquelle ausgenutzt; der beim Brennen sich ausbildende positive Krater bildet dabei in vielen Fällen einen Hohlraum, der fast schwarz strahlt. Auch die in letzter Zeit viel verwendete Wolfram-Punktlichtlampe ist ein Temperaturstrahler; als Lichtquelle dient ein Wolframblock, der den positiven Pol einer Bogenentladung in Stickstoff bildet und sich dabei auf Weißglut erhitzt. Auch die Temperaturstrahlung schwer schmelzender Oxyde endlich ist früher viel zu lichttechnischen Zwecken benutzt worden; erwähnt sei nur der solche Oxyde enthaltende AUER-Lichtglühstrumpf, bei dessen Strahlung allerdings auch Chemilumineszenz eine Rolle spielt, sowie der NERNST-Stift.

b) Schwarze Strahlung als Normalspektrum für Intensitätsmessungen.

Eine entscheidende Rolle spielt die schwarze Strahlung bei allen physikalischen wie technischen Strahlungsmessungen, weil ihre Energieverteilung das einzige theoretisch einwandfrei festgelegte Intensitätsmaß darstellt und daher das Bezugsspektrum für alle Intensitätsmessungen bildet. Alle Absolutmessungen spektraler Energien kommen also auf einen Vergleich mit der schwarzen Strahlung der betreffenden Wellenlänge heraus, wobei dieser entweder direkt durch spektralphotometrischen Vergleich der beiden Lichtquellen oder häufiger photographisch-photometrisch durch Vergleich der Schwärzungen der photographischen Platte ausgeführt wird. Da die Erzeugung exakt schwarzer Strahlung mit den in Abschn. 83 beschriebenen Strahlern für viele Zwecke zu kompliziert ist, wird häufig ein Zwischennormal eingeführt, indem das spektrale Emissionsvermögen einer unter bestimmten konstanten Verhältnissen betriebenen Wolframbandlampe durch Vergleich mit einem schwarzen Strahler nach Abschn. 83 geeicht wird und dann als indirektes Strahlungsnormal für weitere Intensitätsmessungen dient. Während auf diese Weise Messungen der absoluten Intensitätsverteilung im sichtbaren und ultraroten Spektralbereich mit guter Genauigkeit ohne grundsätzliche Schwierigkeiten durchgeführt werden können, fehlt es vorläufig noch an einem geeigneten Normalspektrum für das fernere Ultraviolett, da die Intensität der schwarzen Strahlung bei den heute erreichbaren Temperaturen in diesem Gebiet zu steil abfällt.

c) Ermittlung hoher Temperaturen aus Strahlungsmessungen.

Eine besondere Bedeutung besitzt die schwarze Strahlung wegen des durch die Gl. (81,6), (81,11) und (81,13) gegebenen Zusammenhangs zwischen den meßbaren Strahlungsgrößen und der Temperatur zur Messung solcher Temperaturen, die mit anderen Methoden nicht mehr erfaßt werden können. Hierbei dient als Anschlußpunkt der Strahlungsmessungen an die gasthermometrisch bestimmte Skala der Schmelzpunkt des Goldes bei 1063° C; zur Messung wird in das geschmolzene Gold ein Hohlkörper eingeführt und dessen schwarze Strahlung bestimmt. Bei allen Temperaturbestimmungen durch Strahlungsmessungen erhält man natürlich wahre Temperaturwerte nur bei Vorliegen schwarzer Strahlung, sonst je nach der Meßmethode schwarze oder Farbtemperaturen (vgl. S. 277), aus denen sich bei Kenntnis des Emissionsvermögens bei der betreffenden Wellenlänge die wahre

Temperatur berechnen läßt. Absolutmessungen der Temperatur sind daher nur für wenige Stoffe, für die $A(\nu)$ bekannt ist, ausführbar; für alle Relativmessungen aber genügt die Angabe der schwarzen oder der Farbtemperatur.

Die schwarze Temperatur eines strahlenden Körpers läßt sich bestimmen aus der Gesamtstrahlung nach Gl. (81,13), aus dem Intensitätsmaximum der Strahlung nach Gl. (81,11) oder genauer durch direkten photometrischen Vergleich der Strahlung bestimmter Wellenlängen mit der gleichen Wellenlänge eines geeichten Strahlers. Zur Messung der Gesamtstrahlung dienen geschwärzte Widerstandsthermometer (Bolometer) oder Thermosäulen nach Eichung mittels eines schwarzen Strahlers nach Abschn. 83; die Temperaturbestimmung aus dem Intensitätsmaximum erfolgt photographisch-photometrisch oder mittels sehr schmaler Thermosäulen oder Bolometer.

Am meisten verwendet werden aber wohl die optischen Pyrometer, die die schwarze Temperatur bei einer bestimmten Wellenlänge messen. Diese wird entweder durch Filter oder genauer nach spektraler Zerlegung durch einen Spalt ausgeblendet. Verglichen werden also grundsätzlich photometrisch die Helligkeiten einer Lichtquelle bekannter mit einer solchen unbekannter schwarzer Temperatur bei der gleichen Wellenlänge. Dabei wird entweder die Intensität der einen Lichtquelle durch einen Graukeil oder durch NICOLsche Prismen meßbar verändert, bis Intensitätsgleichheit entsteht (Pyrometer von LE CHATELIER und WANNER), oder es wird ein als Vergleichslichtquelle dienender geeichter Glühfaden bis zur Intensitätsgleichheit mit der zu messenden Lichtquelle geheizt (HOLBORN und KURLBAUM). Auch die Messung der Farbtemperatur geschieht photometrisch; hierbei wird die Farbe der einen Lichtquelle in meßbarer Weise bis zur Farbgleichheit verändert. Bezüglich aller Einzelheiten muß auf das spezielle Schrifttum verwiesen werden (s. [1472]).

Außer für die Technik sind Temperaturbestimmungen aus Strahlungsmessungen von größter Bedeutung natürlich für die Astrophysik. In erster Näherung wird ja nach Abschn. 86 die Strahlung von Sonne und Fixsternen als schwarz angenommen. Farbtemperatur und schwarze Temperatur müssen dann übereinstimmen, so daß die Abweichungen beider ein Maß für die Genauigkeit liefern, mit der diese Voraussetzung erfüllt ist. Für rohe Temperaturbestimmungen von Fixsternen werden vielfach einfach die sog. *Farbenindizes* benutzt, d. h. die Temperatur wird aus dem Intensitätsunterschied zweier Wellenlängen, etwa im Blau und Grün, berechnet.

XV. Übersicht über die beobachteten Gaskontinua in Absorption und Emission, nach Elementen geordnet.

Zur Erleichterung der Übersicht über die vorliegenden Beobachtungen kontinuierlicher Gasspektren, sowie besonders zum praktischen

Gebrauch des experimentellen und technischen Physikers, bringen wir in diesem Kapitel eine nach Elementen geordnete Übersicht über die bisher bekannten und die zu erwartenden Absorptions- und Emissionskontinua mit kurzen Hinweisen auf ihre Anregungsbedingungen und ihre Deutung. Dabei wird bei den im Zusammenhang mit der Theorie auch experimentell schon ausführlich behandelten Spektren lediglich auf die betreffenden Abschnitte des Buches verwiesen, während die bisher nicht behandelten Kontinua ausführlicher besprochen werden sollen.

88. Die Kontinua des Wasserstoffs.

a) Absorption.

In Absorption zeigt normales, aus H_2-Molekülen bestehendes Wasserstoffgas lediglich ein Kontinuum, das sich im äußersten Ultraviolett bei 850 Å an ein ausgedehntes Bandensystem anschließt, und dessen Intensität nach dem ferneren Ultraviolett zu abfällt. Es ist ein Photodissoziationskontinuum des H_2 (Absorptionsfall II) und in Abschn. 42 und 59a bereits kurz erwähnt worden (Literatur [642, 622]). Atomarer Wasserstoff, wie er in Entladungen und namentlich bei den hohen Temperaturen der kosmischen Lichtquellen eine große Rolle spielt, besitzt ein Absorptionskontinuum, das sich von $\lambda\,911$ Å an nach kurzen Wellen zu erstreckt und der Photoionisation des normalen H-Atoms entspricht. Bei genügend hoher Temperatur (z. B. Sonnenatmosphäre) und daher genügender Anreicherung zweiquantig angeregter H-Atome tritt ferner das der Photoionisation dieser angeregten H-Atome entsprechende BALMER-Grenzkontinuum in Absorption auf, das sich von seiner Grenze bei 3644 Å an nach dem Ultraviolett zu erstreckt. Beide Kontinua sind in Kap. III, Abschn. 7b ausführlich behandelt worden. Bezüglich ihrer Bedeutung für die Astrophysik vgl. Abschn. 13.

b) Emission.

In Emission zeigt der Wasserstoff eine ganze Anzahl Kontinua, die sich durch ihre verschiedenen Anregungsbedingungen im allgemeinen gut unterscheiden lassen. Von den Grenzkontinua des H-Atoms liegt das LYMAN-Kontinuum, wie erwähnt, im kurzwelligen Ultraviolett bei $\lambda < 911$ Å, das BALMER-Kontinuum bei $\lambda < 3644$ Å und das PASCHEN-Kontinuum im nahen Ultrarot bei $\lambda < 8200$ Å. Für die Deutung der Kontinua s. Abschn. 15a, Kap. IV. Sie sind besonders sauber zu beobachten in der elektrodenlosen Ringentladung[166], ferner mit großer Intensität in kondensierten Entladungen bei Drucken von 5—50 mm Hg, wo das BALMER-Kontinuum leicht bis 2200 Å beobachtet werden kann und das PASCHEN-Kontinuum weit ins sichtbare Spektralgebiet reicht.

Das auffallendste Wasserstoffkontinuum aber ist das bei eigentlich allen Entladungen in trockenem Wasserstoff zwischen 0,1 und 10 mm Hg auftretende intensive Emissionskontinuum im Gebiet 5000—1680 Å (die langwellige Grenze ist nicht scharf) mit Maximum bei 2500 Å. Es wird bei der Dissoziation angeregter H_2-Moleküle ausgestrahlt und ist mit seiner gesamten, sehr ausgedehnten Literatur in Abschn. 59, S. 184f. ausführlich behandelt worden. Technisch sowie für den Spektroskopiker spielt es als kontinuierliche Ultraviolettlichtquelle eine Rolle (s. S. 185). Bei höheren Drucken und Stromdichten erscheint dem H_2-Kontinuum überlagert gelegentlich als Intensitätsmaximum bei 3600 Å das BALMER-Grenzkontinuum des Atoms.

In Entladungen bei sehr geringem Druck (10^{-3}—10^{-4} mm Hg) wird ferner ein sehr wenig intensives Kontinuum im Gebiet 5500—4000 Å emittiert, das gelegentlich dem $H_2{}^+$-Ion zugeschrieben worden ist (vgl. S. 192). Eine genaue Untersuchung fehlt noch.

Bei Wasserstoffentladungen sehr hoher Stromdichte, wie man sie bei Kondensatorentladungen entweder durch Kapillaren bei einigen Zentimetern Druck oder bei freien Entladungen in hohem Druck erhält[347], beobachtet man endlich ein von 6600—3000 Å reichendes, äußerst intensives Emissionskontinuum (Abb. 44), das vielfach als Druckkontinuum bezeichnet wird. Es entsteht durch Zusammenfließen der infolge der sehr großen interatomaren Feldstärken auf mehrere Tausend Å verbreiterten BALMER-Linien mit dem BALMER-Kontinuum zu einem homogenen Spektrum und wurde in Abschn. 26 bereits besprochen.

89. Die Kontinua der Alkalien.

a) Absorption.

Die Dämpfe der Alkalimetalle zeigen in Absorption je ein an die Grenze der Hauptserie nach kurzen Wellen sich anschließendes Kontinuum, dessen Intensität vom Lithium über das Natrium, Kalium, Rubidium zum Cäsium stark abfällt. Die langwelligen Grenzen dieser Absorptionskontinua sind in Spalte 2 der Tabelle 21 angegeben. Die Kontinua entsprechen der Ionisation der normalen Atome und sind in Abschn. 7a eingehend behandelt worden. Bei Beobachtung mit einem Spektralapparat geringer Dispersion erscheint außer diesen Grenzkontinua bei nicht zu geringem Dampfdruck gelegentlich noch ein ausgedehnter kontinuierlicher Untergrund in Absorption, der sich bei größerer Dispersion in Banden auflösen läßt, die den zweiatomigen Alkalimolekülen zugehören. Schmale kontinuierliche Bänder, die häufig als Begleiter der Absorptionslinien beobachtet werden, gehören den zweiatomigen VAN DER WAALS-Molekülen der Alkalien an und sind in Abschn. 61 behandelt worden.

b) Emission.

In allen stromstarken Entladungen bei nicht zu geringen Dampfdrucken (stets bei $p > 1$ mm Hg) treten intensiv die Grenzkontinua der verschiedenen Linienserien auf. Ihre langwelligen Grenzen gibt Tabelle 21 in Å für die Hauptseriengrenzkontinua (H.S.) mit der Grenze 1^2S, sowie die langwelligeren Komponenten der Nebenserien (N.S.) und BERGMANN-Serien (B.S.) mit den Grenzen $^2P_{3/2}$ und $^2D_{3/2}$.

Die gesamte Intensität sowie die Ausdehnung der Kontinua wächst stark mit zunehmendem Dampfdruck und zunehmender Stromdichte der Entladung. Nebenserien- und BERGMANN-Serien-Kontinua sind im allgemeinen wesentlich intensiver als die Hauptserienkontinua (vgl. S. 57); bei zunehmendem Dampfdruck macht sich dieser Unterschied immer stärker bemerkbar. In Emission sind die Kontinua des Li äußerst schwach; ihre Intensität nimmt zu in der Reihe Na, K, Rb, Cs, bedingt durch den in dieser Reihenfolge zunehmenden Dampfdruck und die abnehmende Ionisierungsspannung.

Tabelle 21. Langwellige Grenzen der Alkaligrenzkontinua in Å.

	H.S.	N.S.	B.S.
Li	2299	3497	8192
Na	2412	4085	8144
K	2856	4552	7423
Rb	2967	4790	6974
Cs	3183	5082	5948

Außer in Entladungen treten diese Grenzkontinua, die in Abschn. 15a bereits behandelt worden sind, intensiv im Spektrum aller mit Alkalisalzen beschickten Flammen auf, und zwar dort mit besonders starkem Übergreifen der Kontinua über die Grenzen nach langen Wellen zu (vgl. S. 97 sowie 307), stets in Verbindung mit einem allgemeinen kontinuierlichen Untergrund, dessen Deutungsmöglichkeiten in Abschn. 21d diskutiert worden sind.

Bei hohen Dampf- und Stromdichten tritt ferner bei allen Alkalien eine äußerst starke Verbreiterung der Resonanzlinien auf, die beim ersten Glied 2000 Å erreichen und damit den Eindruck selbständiger Emissionskontinua erwecken kann. Sie beruht auf der starken Störbarkeit des Valenzelektrons der Alkalien (allgemeine Theorie s. Abschn. 75b).

Auch in Emission treten in Entladungen als Begleiter intensiver Linien die in Absorption schon erwähnten schmalen kontinuierlichen Bänder auf, die als Spektren kurzlebiger VAN DER WAALS-Moleküle oder Stoßpaare von zwei Alkaliatomen in Abschn. 61 eingehend behandelt worden sind.

Als Besonderheiten, deren Deutung noch fehlt, sind der Vollständigkeit halber zu nennen beim Cäsium drei schmale, bei hohem Dampfdruck auftretende Emissionskontinua bei 7187, 7127 und 7060 Å, die in Absorption Struktur zeigen[1558], sowie bei Natrium zwei im Vakuumbogen von BARTELS[150] zusammen mit den Grenzkontinua beobachtete Emissionskontinua mit Maxima bei 4364 und 4526 Å. Von diesen ist das erstere das intensivere und besitzt eine Breite von etwa 150 Å; das zweite ist weniger intensiv und etwa halb so breit. Beide Kontinua zeigen einen steileren Intensitätsabfall nach rot als violett. Als Deutungsmöglichkeiten kommen nach einem Vorschlag von KUHN[760] wohl in erster Linie Molekülzerfallsvorgänge in Frage, so daß es sich um Molekülemissionskontinua Fall I handeln würde.

90. Die Kontinua der Erdalkalien.

Tabelle 22 gibt eine Zusammenstellung der wesentlichsten Seriengrenzen der Erdalkalien, die als langwellige Grenzen von Grenzkontinua in Frage kommen. In Absorption können unter normalen Bedingungen nur die Hauptseriengrenzkontinua (Grenze ^1S) auftreten; beobachtet ist bisher nur das des Mg bei 1630 Å ([85]).

In Emission können alle angeführten Grenzkontinua auftreten. Nach den empirischen Regeln für Spektren mit Singulett- und Triplettsystem (S. 53f.) treten die Triplettkontinua und von diesen wieder die in Spalte 5 stehenden Nebenserienkontinua im allgemeinen mit größerer Intensität auf. Beobachtet ist bisher nur das 2 ^3P-Emissionskontinuum des Mg bei 2514 Å in der positiven Säule stromstarker Entladungen[1609].

Tabelle 22. Langwellige Grenzen der wichtigsten möglichen Seriengrenzkontinua der Erdalkalien in Å.

	^1S	^1P	^1D	^3S	$^3P_2$	$^3D_2$
Be	1330	3064	9286	4326	1880	7610
Mg	1630	3756	6574	4883	2514	7290
Ca	2027	3897	3641	5627	2941	3455
Sr	2177	4126	3878	5920	3222	3621
Ba	2378	4171	3263	6300	3506	3082

In der Hohlkathodenentladung in Erdalkalidämpfen beobachtet man ferner nach HAMADA[730] eine Reihe kontinuierlicher Spektren, die anscheinend locker gebundenen VAN DER WAALS-Molekülen zuzuordnen sind. Im Ca-Dampf soll um die Resonanzlinie 4227 Å ein von 5100 bis 3980 Å reichendes Kontinuum auftreten. Auch in der Gegend der Mg-Resonanzlinie 2852 Å wird ein Kontinuum gefunden, das sich von 2669 Å mit mehreren Maxima bis 4412 Å erstrecken soll und im Bereich 3681 bis 3265 Å Fluktuationen besitzt, die nach der Linie 2852 hin konvergieren und folglich in Analogie zum Spektrum Nr. 9 des Hg_2 (vgl. S. 201) dem 2 ^1P-Zustand des Atoms zuzuordnen wären. In der gleichen Entladung werden ferner bei Mg schmale kontinuierliche Bänder bei 4662, 4608 und 2713 Å beobachtet, die wohl gemäß Abschn. 51 und 61 als VAN DER WAALS-Bänder zu deuten sind.

Schließlich liegen noch einige Beobachtungen über den kontinuierlichen Grund der Bunsen- und Knallgasflamme bei Zusatz von Erdalkalisalzen vor. Die Gesamtintensität ist geringer als bei Alkalisalzen, nimmt aber wie bei diesen mit abnehmender Ionisierungsenergie in der Reihe Ca, Sr, Ba zu[261] (vgl. auch S. 307).

91. Die Kontinua der Metalle der zweiten Gruppe des periodischen Systems.

Tabelle 23 gibt die Wellenlängen der langwelligen Grenzen der wichtigsten möglichen Seriengrenzkontinua der Atome, und zwar in der ersten Spalte die in Absorption möglichen Hauptserienkontinua, die allerdings wegen des ungünstigen Spektralgebiets bisher nicht direkt beobachtet worden sind. Es folgen jetzt die einzelnen beobachteten Kontinua:

a) Zink.

Zinkdampf zeigt in Absorption ein bei hohem Druck kontinuierlich erscheinendes, bei niedrigem Druck in Fluktuationen sich auflösendes Spektrum im Gebiet 2700—2400 Å, ferner ein kontinuierliches Band bei der Resonanzlinie 2139 Å, das von einer scharfen Kante bei 2064 Å aus sich je nach Druck und Temperatur verschieden weit nach langen Wellen zu erstreckt, endlich noch ein schmales Kontinuum bei 2002 Å. Alle diese Spektren gehören zum Zn_2-VAN DER WAALS-Molekül und sind in Abschn. 60 ausführlich behandelt.

Tabelle 23. Seriengrenzen von Zn, Cd, Hg in Å.

	^1S	^1P	^1D	^3S	$^3P_2$	$^3D_2$
Zn	1320	3445	7512	4525	2331	7697
Cd	1379	3465	7506	4748	2456	7677
Hg	1188	3320	7781	4579	2491	7841

In Emission ist in der positiven Säule einer Gasentladung schwach das Triplettnebenserienkontinuum des Atoms $\lambda < 2331$ Å beobachtet worden. In den verschiedensten Entladungen bei nicht zu geringem Dampfdruck sowie in Fluoreszenz treten ferner auf: ein intensives Kontinuum 4900—4000 mit Maximum bei 4450 Å, ein Zug Fluktuationen im Gebiet 3080—2400 Å, ein von 2140 Å nach langen Wellen sich ausdehnendes Band, sowie ein schmales Kontinuum bei 2002 Å. Diese Emissionsspektren gehören zum Zn_2 und sind in Abschn. 60 behandelt.

b) Kadmium.

Cd-Dampf besitzt im nahen Ultraviolett ein Absorptionskontinuum mit Fluktuationen, das sich von 2212 Å aus allmählich bis 3050 Å ausbreitet. Kurze Absorptionsbänder, die gelegentlich feine Struktur zeigen, liegen bei 3261 Å, 3180—3140 Å und bei 2140—1990 Å, ein Zug diffuser Banden im Gebiet 2800—2650 Å. Alle diese Absorptionsspektren gehören zum Cd_2-Molekül und sind in Abschn. 60 behandelt worden.

In Emission ist in Entladungen bei nicht zu geringer Stromdichte (über 1 Amp./cm²) das bei $\lambda < 2456$ Å liegende Grenzkontinuum der Triplettnebenserie beobachtet worden. In den meisten schwächeren Entladungen bei höherem Druck sowie in Fluoreszenz treten ferner auf: ein intensives, breites Kontinuum im Gebiet 5100—3800 Å mit Maximum bei 4650 Å und Fluktuationen zwischen 4500 und 4200 Å, ein nahe der Resonanzlinie 2288 Å gelegenes kontinuierliches Band, das bei 2212 Å endet und bis 3000 Å langsam abfällt, ferner schmale Bänder, zum Teil mit Struktur, bei 3261 Å, 3180—3140 Å, 2900—2650 Å sowie

2136—2112 Å. Alle diese in ihrer Erscheinung von Druck und Temperatur stark abhängigen Emissionsspektren gehören wieder zum Cd_2-Molekül (Einzelheiten s. S. 207f.).

c) Quecksilber.

Quecksilberdampf absorbiert eine große Anzahl meist von Druck und Temperatur stark abhängiger kontinuierlicher oder sehr diffuser Spektren zwischen 3000 und 1400 Å (s. Tabelle 17), die alle dem Hg_2 angehören und in Abschn. 60 in allen Einzelheiten behandelt worden sind. Bei hohem Dampfdruck und hoher Temperatur können diese Spektren zu einem von 1800—3000 Å kontinuierlich absorbierenden Spektrum zusammenfließen.

In Emission beobachtet man in geeigneten Bogenentladungen bei niedrigem Druck schwach die Atomgrenzkontinua 2490, 4580 und 3320 Å (vgl. Tabelle 23). Alle übrigen Emissionskontinua in stromschwachen Entladungen, sowie in Fluoreszenz, zwischen 5500 und 1600 Å gehören wieder zum Hg_2 und sind in Abschn. 60 ausführlich behandelt. Auch sie können bei hohem Dampfdruck gelegentlich zu einem fast homogenen Kontinuum zusammenfließen.

Im Spektrum von Hg-Bogenentladungen beobachtet man bei sehr großer Stromdichte und Dampfdrucken von 25—200 Atm. (technische Quecksilber-Höchstdrucklampen[1550, 1551, 1608]) außer enormen Linienverbreiterungen, die ihr größtes Ausmaß bei Kondensatorstoßentladungen in Quecksilber erreichen, noch einen intensiven, Stromstärke- und Druckabhängigen kontinuierlichen Untergrund (Abb. 98). Im Extremfall fließen verbreiterte Linien und kontinuierlicher Grund zu einem fast homogenen Kontinuum zusammen. Bei sehr hohem Ionisierungsgrad der Entladungsstrecke kommt zur Erklärung die in Abschn. 21d, S. 90 behandelte Strahlung freier Elektronen in Frage, während in Bogenentladungen bei hohem Druck wohl eine Strahlung angeregter Atome im Stoß mit normalen vorliegt, die zu den Rekombinationskontinua Fall IV (S. 151f.) gehört.

92. Die Kontinua der Elemente der dritten Gruppe des periodischen Systems.

a) Bor.

Echte Bor-Kontinua sind weder in Absorption noch in Emission beobachtet worden. Dagegen tritt in allen Bogenentladungen und Flammen, in denen Spuren von Bor und Sauerstoff zusammenkommen, ein grünes Leuchten auf, dessen Spektrum, das sog. Borsäurekontinuum, ein rein kontinuierliches Spektrum mit einer Reihe ausgeprägter Maxima verschiedener Intensität bei den Wellenlängen λ: 6400, (6180), 6000, 5800, (5724), (5594), 5480, 5180, 4930, 4720, 4535, 4370, 4195, 4078 Å ist. Daß das Spektrum wirklich kontinuierlich ist, zeigte SCHEIB[1657] durch Untersuchung bei großer Dispersion. Der Träger dieses „Borsäurekontinuums" ist noch nicht festgestellt; doch kommt in erster Linie das BO-Molekül in Frage, da das Spektrum in borfreien Bogenentladungen nicht gefunden werden konnte. Als Deutung hat man dann wegen der welligen Struktur an Fall III der Emissionskontinua zu denken. Völlig abwegig scheint dagegen der Deutungsversuch von WALLES[1680], der aus der auffallenden Wellenlängenübereinstimmung zwischen den Maxima des Borsäurespektrums und den diffusen Absorptionsbanden des Ozons (sog. CHAPPUIS-Banden nach WULF[1059]) die Identität beider Spektren herleiten will und seine Deutung als Ozon-Emissionsspektrum durch den Nachweis zu stützen sucht, daß das Borsäurespektrum im Bogen nur in sauerstoffhaltiger Atmosphäre erscheint. Abgesehen davon, daß bei der geringen Meßgenauigkeit diffuser Fluktuationen die angegebene Übereinstimmung leicht eine zufällige sein kann, müßte die Frage der Bildung angeregter O_3-Moleküle genauer untersucht werden, was WALLES nicht tut. Selbst wenn man nämlich eine geringe Ozonbildung im Bogen wie in der Flamme annimmt, so ist die Existenz strahlender angeregter O_3-Moleküle in diesen Lichtquellen extrem unwahrscheinlich. Da aber die Anwesenheit von Sauerstoff wie von Bor Voraussetzung für das Auftreten des Borsäurekontinuums zu sein scheint, liegt es nahe, an BO als Träger zu denken.

b) Die Erdmetalle Al, Ga, In, Tl.

Die als langwellige Kanten von Atomgrenzkontinua in Frage kommenden Seriengrenzen der Erdmetalle zeigt Tabelle 24. Da der Grundzustand der $^2P_{3/2}$-Zustand ist, können die in der zweiten Spalte aufgeführten Nebenseriengrenzkontinua in Absorption auftreten; beobachtet sind sie bisher noch nicht, wohl wegen der Schwierigkeit, genügend hohe Dampfdrucke zu erhalten. Vom Aluminium und Gallium sind aus dem gleichen Grund auch noch keine Emissionskontinua beobachtet worden; dagegen sind die drei Grenzkontinua des Thalliums und die zwei langwelligeren des Indiums in Entladungen gefunden worden, wobei die zu den Grenzen $^2P_{3/2}$ und $^2D_{3/2}$ des Tl gehörenden Kontinua bei Dampfdrucken über 0,01 mm Hg mit sehr großer Intensität auftreten[178].

Tabelle 24. Seriengrenzen der Erdmetalle in Å.

	$^2P_{3/2}$	^2S	$^2D_{3/2}$
Al	2075	4359	6310
Ga	2102	4237	7355
In	2249	4484	7270
Tl	2410	3724	6580

In der Hohlkathodenentladung in Tl-Dampf werden ferner nach HAMADA[730] eine große Anzahl ausgedehnter Kontinua, teilweise mit Fluktuationen, beobachtet, die fast das gesamte Spektralgebiet von 6500—2740 Å bedecken und bei höherem Dampfdruck zu einem welligen Kontinuum zusammenfließen können. Die einzelnen Kontinua stehen stets, wie bei den Kontinua der VAN DER WAALS-Moleküle, Abschn. 60, mit Atomlinien in Zusammenhang, so daß man auch bei

Thallium an locker gebundene Tl_2-Moleküle als Träger dieser Spektren denken muß. Eine genauere experimentelle Untersuchung ist aber zunächst notwendig.

93. Die Kontinua der Elemente der vierten und fünften Gruppe.

Kontinua von Elementen der vierten und fünften Gruppe des periodischen Systems sind nicht bekannt geworden mit Ausnahme eines Absorptionskontinuums des Stickstoffs, das sich von einer an ein Bandensystem anschließenden Grenze bei $\lambda\,990$ Å aus nach kurzen Wellen erstreckt und einer Photodissoziation des N_2 entspricht (s. S. 144).

94. Die Kontinua der Sauerstoffgruppe des periodischen Systems.

a) Sauerstoff.

Sauerstoff besitzt im fernen Ultraviolett ein äußerst intensives, von 1750—1300 Å reichendes Absorptionskontinuum mit Maximum bei 1450 Å, das sich an die kurzwellige Grenze der sog. RUNGE-FÜCHTBAUER-Banden anschließt und eine Dissoziation des O_2 anzeigt. In Abschn. 54 sind alle Einzelheiten dieses Kontinuums im Zusammenhang mit der Theorie behandelt. Außerdem absorbiert Sauerstoff ein äußerst schwaches Kontinuum mit langwelliger Grenze bei 2400 Å, das nur bei großer Schichtdicke (25 m) beobachtbar ist und offensichtlich einem verbotenen Übergang zugehört, bei dem das Molekül in zwei normale Atome dissoziiert[1583]. PRICE und COLLINS[106] haben ferner zwei schwache Absorptionskontinua des O_2 bei $\lambda < 1105$ und $\lambda < 740$ Å beobachtet, die Dissoziations- oder Ionisationskontinua sein können.

Eine Gruppe weiterer Absorptionskontinua tritt im hochkomprimierten, flüssigen und festen Sauerstoff auf und gehört zu einem $(O_2)_2$-Komplex. Es sind dies ein intensives Absorptionskontinuum mit langwelliger Grenze bei 2410 Å, das sich dem oben erwähnten schwachen System überlagert und die Dissoziation eines der beiden O_2-Moleküle in zwei normale Atome anzeigt (auf der langwelligen Seite schließt sich bis 2800 Å ein Bandenzug an), sowie eine Reihe breiter kontinuierlicher Bänder, deren intensivste bei λ 6900, 6300, 5780, 5335, 4775, 3815, 3617 und 3453 Å liegen und die blaue Farbe des hochkomprimierten, flüssigen und festen Sauerstoffs bedingen. Bezüglich aller Einzelheiten von Beobachtung und Deutung sei auf die Abschn. 67a, 77b und 79a verwiesen.

Im Zusammenhang mit den Sauerstoffspektren sei auch die Ozonabsorption erwähnt. Außer einer Gruppe kontinuierlicher Banden zwischen 6100 und 4300 Å besitzt O_3 ein intensives Absorptionskontinuum im Gebiet 2900—2300 Å mit Maximum bei 2550 Å. Es entspricht einem Zerfall des O_3 in O_2 und O. Dieses Ozonabsorptionskontinuum ist es, das die Beobachtung der ultravioletten Spektren der Sonne und der Fixsterne unmöglich macht, weil infolge seines großen Absorptionskoeffizienten der geringe Ozongehalt unserer Atmosphäre (etwa 2 mm

Schichtdicke bei Atmosphärendruck) zur völligen Absorption der Ultraviolettstrahlung in diesem Gebiet ausreicht.

Emissionskontinua des Sauerstoffs selbst sind nicht bekannt. Dagegen wird meist als „kontinuierliches Sauerstoffnachleuchten" das bei geringer Dispersion kontinuierlich erscheinende Spektrum einer Nachleuchterscheinung bezeichnet, die man in schwachen Entladungen bei Drucken von 1—3 mm Hg und besonders gut in der elektrodenlosen Ringentladung in Sauerstoff bei Verunreinigung mit Stickstoff beobachtet. Das gleiche Leuchten tritt bei der direkten Einwirkung von Ozon auf NO-Gas auf, dagegen nicht bei Entladungen in ganz reinem Sauerstoff. Das Spektrum dieses Leuchtens überdeckt das ganze sichtbare Spektralgebiet im Bereich 6700—4200 Å mit einem Maximum im Gelbrot und abklingender Intensität nach dem Violett zu, soll aber nach einer neuen Mitteilung von STODDART[1667] in diffuse Banden auflösbar und mit Sicherheit einer Reaktion O_3—NO zuzuschreiben sein. Literatur: [1582, 1591, 1604, 1642. 1659, 1667, 1670, 1671].

b) Schwefel.

Die Absorptionsspektren des Schwefeldampfs zeigen eine starke Abhängigkeit von Temperatur und Druck, was auf die Bildung höherer Komplexe S_4, S_6, S_8 zurückzuführen ist, die im wesentlichen kontinuierlich absorbieren, während S_2 teils scharfe, teils infolge von Prädissoziation diffuse Banden absorbiert. Bei hohem Dampfdruck absorbiert Schwefeldampf im ganzen Ultraviolett von 3500 Å an praktisch kontinuierlich, während bei hoher Temperatur im gleichen Gebiet eine Reihe teils scharfer, teils diffuser Bandensysteme auftreten, die sich bis ins sichtbare Gebiet erstrecken. In Emission sind Kontinua nicht bekannt geworden, zumal die Prädissoziation zeigenden Banden ja im allgemeinen in Emission schwer beobachtbar sind (vgl. S. 141).

c) Selen.

Selendampf zeigt bei hohem Dampfdruck kontinuierliche Absorption von λ 4900 Å bis ins Ultraviolett; bei geringem Druck findet man Banden bis 3238 Å, an die sich nach kürzeren Wellen hin kontinuierliche Absorption anschließt. Über Emissionskontinua des Selens scheint nichts bekannt zu sein.

d) Tellur.

Die Absorptionsspektren des Tellurdampfs sind denen des Schwefels und Selens sehr ähnlich, nur daß das große Trägheitsmoment des Te_2 eine Struktur mit kleinen Spektralapparaten noch weniger aufzulösen gestattet. So absorbiert Tellurdampf bei hohem Druck im ganzen Gebiet von λ 6000 Å abwärts fast kontinuierlich; bei niedrigem Druck zeigen sich im sichtbaren Gebiet Banden, zum Teil mit Prädissoziation, an die sich von 3720 Å an nach dem Ultraviolett zu ein Kontinuum anschließen soll, das wohl als Dissoziationskontinuum Fall II (S. 142) zu deuten ist. Emissionsspektren des Te_2 sind in einer Bogenentladung großer Stromdichte von Rompe[420] untersucht worden. Vom Rot bis 5200 Å finden sich diffuse Banden, anschließend bis 4360 Å ziemlich scharfe Banden, aber auf einem kontinuierlichen Untergrund, anschließend bis 3890 Å wieder diffuse Banden und von dieser Wellenlänge an ein echtes Emissionskontinuum, das bei der Wiedervereinigung von normalen und angeregten Te-Atomen zu Molekülen emittiert wird (vgl. S. 153).

95. Die Kontinua der Halogene.

Die Absorptions- und Emissionskontinua der Halogene wurden in Abschn. 53 in aller Ausführlichkeit behandelt; Tabelle 9, S. 161 gibt eine Übersicht über alle beobachteten Spektren. Wir erwähnen deshalb hier nur die für den Experimentator und den Photochemiker wichtigsten, auffallendsten Kontinua.

Alle Halogene zeigen je ein besonders intensives Absorptionsgebiet, das den Molekülen zuzuordnen ist, und zwar Fluor bei 3800—2000 Å mit Maximum bei 2900 Å, Chlor bei 4000—2800 Å mit Maximum bei 3300 Å, Brom bei 5000—3500 Å mit Maximum bei 4200 Å und Jod vom Rot bis 4500 Å mit Maximum bei 5200 Å. Diese Absorptionsgebiete sind bei F_2 und Cl_2 rein kontinuierlich und zeigen den Zerfall in Atome an; bei Br_2 und J_2 besteht der langwellige Teil aus Banden, an die sich nach kurzen Wellen zu das Dissoziationskontinuum anschließt. Außer diesen Hauptabsorptionsgebieten besitzen alle Halogene mehrere Absorptionsgebiete im Ultraviolett. Das gleiche gilt für die aus zwei verschiedenen Halogenatomen zusammengesetzten Mischmoleküle. Für alle Einzelheiten sei auf Abschn. 53 verwiesen.

In Emission beobachtet man bei allen Halogenentladungen je zwei kontinuierlich erscheinende breite Bänder mit ziemlich scharfen langwelligen Grenzen und langsamem Intensitätsabfall nach kurzen Wellen zu. Tabelle 10, S. 168 gibt in Spalte 1 die Grenzen des breiteren Bands, das mit abnehmender Intensität noch über das schmale, kurzwelligere Band hinausreicht, dessen ungefähre Grenzen Spalte 2 angibt (vgl. [478]).

Beim Erhitzen von Halogendämpfen auf über 600° C treten ferner schwache Emissionskontinua, zum Teil in Begleitung von Banden, auf, deren Wellenlängengebiete ungefähr denen der großen Absorptionskontinua entsprechen, und die als Molekülrekombinationskontinua nach Abschn. 50 gedeutet werden müssen; Einzelheiten vgl. Abschn. 53d.

96. Die Kontinua der Edelgase.

a) Helium.

Helium absorbiert im äußersten Ultraviolett $\lambda < 504$ Å das der Photoionisation des normalen Atoms entsprechende Hauptseriengrenzkontinuum, das in Abschn. 7c quantitativ behandelt worden ist.

In Emission können außer diesem Hauptserienkontinuum, das von Lyman[181] in einer Ausdehnung von 504—400 Å beobachtet worden ist (Abb. 18), noch die anderen in Tabelle 25 angeführten Grenzkontinua auftreten und sind unter den günstigen Bedingungen der Hohlkathode sowie in Entladungsröhren an Orten hoher Ionendichte und geringer Elektronengeschwindigkeit (vgl. S. 47) zum Teil mit erheblicher Intensität gefunden worden[197, 168]. Wieder sind die Triplettkontinua intensiver als die Singulettkontinua, die Nebenserienkontinua als die der Hauptserie (vgl. [168]).

Außer diesen Atomgrenzkontinua emittiert Helium bei Drucken von einigen cm Hg, namentlich bei leicht kondensierten Entladungen in nicht zu weiten Rohren, ein sich über das ganze sichtbare Gebiet erstreckendes Kontinuum, sowie im äußersten Ultraviolett ein besonders bei Entladungen in Kapillaren sehr intensives Kontinuum im Bereich 1100—600 Å. Beide Kontinua, die in Abschn. 59f im einzelnen behandelt sind, werden beim Zerfall angeregter He_2-Moleküle emittiert. Das kurzwellige Kontinuum hat eine besondere Bedeutung als kontinuierliche Lichtquelle für Absorptionsversuche im äußersten Ultraviolett.

Tabelle 25. Die langwelligen Grenzen der Heliumgrenzkontinua in Å.

^1S	^1P	^3S	^3P
507	3678	2600	3421

b) Neon und Argon.

Absorptionskontinua von Neon und Argon sind nicht bekannt, ebenso keine Emissionskontinua der Atome. Beide Gase emittieren dagegen bei Entladungen (namentlich intermittierenden bzw. hochfrequenten Entladungen) bei hohem Druck (10—150 mm Hg) und geringer Stromdichte kontinuierliche Spektren, die bei Neon von 6300 Å an, bei Argon von 6100 Å an mit abnehmender Intensität bis mindestens 2200 Å reichen. Bei abnehmendem Druck verschwinden sie langsam gegenüber dem dann stärker hervortretenden Linienspektrum, das bei hohen Drucken fast völlig fehlt. In Argon tritt das Kontinuum dabei nur zusammen mit dem sog. roten Spektrum auf, nicht dagegen mit dem bei sehr niedrigem Druck vorherrschenden blauen Argonlinienspektrum. Für das Neonkontinuum gibt Johnson[1589] noch an, daß die Intensität der Stromstärke annähernd proportional sei. Erst die genauere Untersuchung kann ergeben, ob es sich hier, wie die Anregungsbedingungen vermuten lassen, wie bei den Heliumkontinua um Molekülspektren handelt. Literatur: [1526, 1527, 1589].

c) Krypton und Xenon.

Kontinuierliche Spektren beider Gase waren bisher weder in Absorption noch in Emission bekannt. Ein schwaches Emissionskontinuum, das MEGGERS und Mitarbeiter[1633] bei stromschwachen Entladungen in Quarzkapillaren bei Krypton von 10 mm Druck beobachteten, wurde von diesen selbst als Quarzfluoreszenz (s. S. 311) gedeutet, da es in Glaskapillaren nicht auftrat. Untersuchungen in Xenon waren nur von LA-PORTE[1611−1614] ausgeführt worden, doch handelte es sich dabei um stromstarke Kondensatorentladungen, so daß das beobachtete lichtstarke Kontinuum kaum als eigentliches Xenonspektrum aufzufassen ist, sondern wohl ein typisches Funkenkontinuum (vgl. S. 300f.) darstellt. Jetzt haben FINKELNBURG und VOGEL[1559] in einer noch nicht abgeschlossenen Untersuchung bei Wechselstromentladungen in reinem Krypton und Xenon bei Drucken zwischen 15 und 100 mm kontinuierliche Emissionsspektren dieser beiden Edelgase gefunden, deren Intensität mit wachsendem Druck gegenüber der der Atomlinien stark zunimmt, und die auch im übrigen den Emissionskontinua des Neons und Argons durchaus analog zu sein scheinen. Die genaue Feststellung der Grenzen sowie die quantitative Untersuchung der Abhängigkeit der Intensität von Druck und Stromdichte ist noch im Gang.

97. Die Kontinua der wichtigsten zweiatomigen Mischmoleküle.

Die kontinuierlichen Spektren der Elementmoleküle sind in der vorstehenden, nach Elementen geordneten Übersicht mit enthalten. Die kontinuierlichen Spektren der aus verschiedenen Elementen bestehenden zweiatomigen Mischmoleküle finden sich in Kap. X und die wichtigsten der mehratomigen Mischmoleküle in Kap. XI besprochen. Intensive Absorptionskontinua besitzen die Halogenwasserstoffe (S. 155f.) im gesamten Ultraviolett, ferner die meisten Halogenide (S. 171—182), von denen die Alkalihalogenide (S. 173f.) am besten untersucht und theoretisch von größtem Interesse sind. Absorptionskontinua im Ultraviolett besitzen ferner eine große Anzahl zweiatomiger Metalloxyde, Metallsulfide und Metallselenide (S. 182f.). Emissionskontinua sind bei den Halogenwasserstoffen im Ultraviolett, beim HBr allerdings bis ins Grün reichend, gefunden (S. 159), ferner bei den Alkalihalogeniden (S. 177) besonders in der Chemilumineszenz.

XVI. Die kontinuierlichen Emissionsspektren und ihre Erzeugungsmethoden.

In Ergänzung zu Kap. XV bringen wir jetzt eine Übersicht über die wichtigsten Emissionskontinua, nach ihren Erzeugungsmethoden geordnet. Dabei werden besonders diejenigen Kontinua ausführlich behandelt, deren Deutung noch nicht geklärt ist, und die daher in den vorhergehenden Kapiteln im Zusammenhang mit der Theorie nicht ausführlich besprochen worden sind.

98. Emissionskontinua in Glimmentladungen und verwandten Niederdruckentladungen.

Daß die Glimmentladung eine Quelle zahlreicher Emissionskontinua darstellt, ist seit Doves ersten Untersuchungen[1541] im Jahre 1858 bekannt. Das Gleiche gilt vom Niederdruckglimmbogen, der elektrodenlosen Ringentladung und ähnlichen Teslaentladungen. Äußerst intensiv tritt in der Glimmentladung in Wasserstoff das H_2-Kontinuum auf (s. S. 184); auch die Emissionskontinua der Halogenwasserstoffe (S. 159) und der Halogene (S. 168), sowie die zahlreichen kontinuierlichen Spektren des Quecksilbers, des Kadmiums und des Zinks (S. 193 f.) werden am einfachsten in der Glimmentladung erzeugt. Bei den Alkalien sowie bei manchen anderen Metallen bildet die Glimmentladung (dann meist mit Glühkathode) auch eine intensive Quelle der Atomgrenzkontinua in Emission (s. S. 47 f.). Diese sind ferner besonders gut in der elektrodenlosen Ringentladung[166, 1502—1507] zu erzeugen, die des Heliums auch in der Hohlkathode einer Glimmentladung[197]. Die Hohlkathode ist ferner eine sehr brauchbare Lichtquelle für die kontinuierlichen Spektren des Kalziums, des Magnesiums und des Thalliums (vgl. S. 289 und 292). In Luft, verunreinigtem Sauerstoff und besonders gut in Sauerstoff-Stickstoff-Gemischen beobachtet man in der Niederdruckentladung das in Abschn. 94 besprochene sog. Nachleuchtkontinuum des Sauerstoffs. Niederdruckentladungen hoher Wechselzahl sind besonders geeignet zur Erzeugung der kontinuierlichen Emissionsspektren der Edelgase (s. S. 192 und 296). In Teslaentladungen in geringem Druck gelingt es ferner, zahlreiche mehratomige Moleküle zur Emission kontinuierlicher wie diskontinuierlicher Strahlung anzuregen, ein systematisch noch wenig durchforschtes Gebiet.

99. Emissionskontinua in Bogenentladungen.

Auch im elektrischen Lichtbogen werden kontinuierliche Spektren beobachtet, und zwar handelt es sich besonders um einen Untergrund, dessen Intensität meist relativ zu den gleichzeitig auftretenden Linien und Banden geschätzt wird und daher von deren Intensität, d. h. mehr oder weniger leichter Anregbarkeit, abhängt.

Zunächst aber muß ein Kontinuum erwähnt werden, das intensiv besonders in der Aureole aller nicht zu stromstarken Bogenentladungen zwischen Kohlen auftritt, falls diese, was meist der Fall ist, auch nur im geringsten mit Bor verunreinigt sind. Es ist dies das sog. Borsäurekontinuum, ein welliges Emissionskontinuum im Gebiet 6400—3700 Å mit einer Reihe ausgeprägter Maxima, deren intensivste im grünen Spektralgebiet liegen (Einzelheiten vgl. S. 291).

Einen schwachen kontinuierlichen Grund hat in den Bogenspektren der meisten Metalle bei Stromstärken von 0,03—0,3 Amp. Moore[1635] gefunden. Da ein Bogen bei so geringer Stromstärke nicht ruhig brennt, benutzt er 2000 Volt Spannung. Bei höherer Stromstärke verschwand nach seinen Angaben das Kontinuum.

Im Gegensatz zu dieser noch nicht geklärten Beobachtung tritt im allgemeinen der kontinuierliche Grund in Bogenentladungen erst bei großer Stromdichte auf. Die einzelnen Beobachtungen weichen aber noch stark voneinander ab. So ist keineswegs klar, ob ein Untergrund stets als Gasstrahlung aufzufassen ist; beim Kohlebogen wird man vielmehr stets auch an glühende Kohleteilchen als Träger denken müssen, und Beobachtungen von KING[1597] an einem 1000 Amp.-Eisenbogen zeigen, daß in der Umgebung des Bogens Eisentröpfchen mikroskopischer Größe in solcher Zahl auftreten, daß ihre Beteiligung an der Strahlung nicht unmöglich ist. Auf der anderen Seite zeigt das Auftreten eines kurzwelligen kontinuierlichen Grundes in Bogenspektren, deren langwelliges Ende frei von einem solchen ist, daß kontinuierliche Gasstrahlung im Bogen vorkommt. Da die Abhängigkeit dieser Kontinua von den Anregungsbedingungen und besonders von der Stromdichte noch nicht untersucht ist, läßt sich einstweilen auch nicht entscheiden, ob — was nur bei sehr hohem Ionisierungsgrad möglich wäre — eine Strahlung freier Elektronen nach FINKELNBURG[261] vorliegt, oder ob es sich um eine mit Fall IV der Molekülkontinua (s. S. 153) verwandte Strahlung angeregter Atome im Stoß mit unangeregten handelt.

Ein solches kurzwelliges Kontinuum $\lambda < 4300$ Å hat KING[1597] in seinem 1000 Amp.-Eisenbogen einwandfrei festgestellt, während bei HUMPHREYS[1214], der zuerst einen Eisenbogen unter 100 Atm. Druck untersucht hat (s. auch [1575]), der bei den Funkenspektren noch zu erwähnende Effekt auftrat, daß durch Zusammenfließen der stark verbreiterten und verschobenen Fe-Linien ein Emissionskontinuum entstand, von dem sich in Absorption infolge des umgebenden Fe-Dampfmantels die Fe-Linien abhoben. Kontinuierliche Spektren in einem Unterwasserbogen bei Stromstärken über 20 Amp. hat KONEN[1606] beobachtet. Da aber das Spektrum des zwischen Metallelektroden brennenden Unterwasserbogens sich von dem des entsprechenden Luftbogens nicht merklich unterscheidet*, ist bei KONENs Beobachtung doch wohl an eine Beteiligung von Kohleteilchen zu denken. Die Frage ist aber noch nicht geklärt. Das Gleiche gilt von der Gasstrahlung des bei Stromstärken bis zu 250 Amp. brennenden BECK-Bogens[1565], in dessen Gasstrahlung ein kontinuierlicher Anteil nachgewiesen zu sein scheint, und ganz besonders von dem interessanten, von GERDIEN und LOTZ[1567, 1569] untersuchten Lichtbogen, dessen Säule durch ein wassergekühltes Diaphragma eingeschnürt ist. Die im eingeschnürten Teil bei einer Stromdichte von 10000 Amp./cm² außerordentlich intensive Gasstrahlung

---

* Unveröffentlichte Versuche vom Verfasser und H. HESS.

besteht im wesentlichen aus zwei Anteilen, den stark verbreiterten
BALMER-Linien (Wasserstoff entsteht durch H_2O-Zersetzung) und einem
kontinuierlichen Grund, dessen Flächenhelligkeit nach den Angaben der
Verfasser die des positiven Kraters eines Kohlebogens um das fünffache
übertraf. Ein lichtstarkes kontinuierliches Spektrum wird endlich von der
zur Zeit in stürmischer Entwicklung begriffenen Quecksilber-Höchstdruck-
bogenlampe emittiert, und zwar in Form stark verbreiterter Linien und

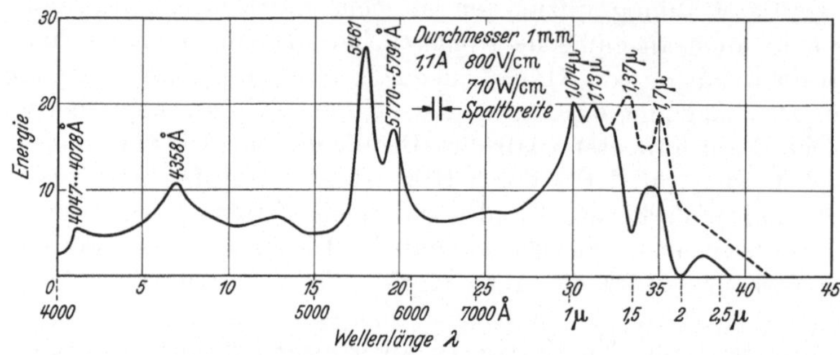

Abb. 98.   Intensitätsverteilung im Spektrum einer wassergekühlten 200 Atm.-Quecksilber-
Höchstdrucklampe.   (Nach ELENBAAS[1550].)

eines von diesen unabhängigen Grundes (Intensitätsverteilung s. Abb. 98),
dessen Intensität mit wachsendem Druck und wachsender Stromdichte
zunimmt[1550, 1551].

100. Emissionskontinua in Funkenentladungen.

Unter Funkenentladungen sollen hier im engeren Sinn stromstarke
Kondensatorentladungen verstanden werden, da die spektralen Erschei-
nungen unkondensierter Funken je nach dem Gasdruck denen der
Glimm- oder der Bogenentladungen zuzurechnen sind.

Die bei allen Funkenentladungen auftretenden Erscheinungen starker
Linienverbreiterungen und eines kontinuierlichen Grundes prägen sich
am deutlichsten in einer Reihe extremer Fälle von Kondensatorentladungen aus, dem Unterwasserfunken, dem stromdichten Vakuumfunken
in Kapillaren und den elektrischen Metalldrahtexplosionen, die unter
b) bis d) behandelt werden.

a) Allgemeines über Funkenkontinua.

Daß in kondensierten Entladungen bei allen Gasen und Elektroden-
metallen kontinuierliche Spektren und Linienverbreiterungen unge-
wöhnlichen Ausmaßes vorkommen, ist schon seit WÜLLNERs Untersuchungen[1687, 1688] im Jahre 1869 bekannt (Übersicht über die älteren
Arbeiten s. [8]). Seine Beobachtung, daß namentlich die BALMER-Linien
des Wasserstoffs in kondensierten Entladungen enorm verbreitern und
bei höheren Drucken zu einem Kontinuum zusammenfließen können,

hat dann in viel späterer Zeit zu exakten Untersuchungen angeregt; aber erst die Ausdehnung
auf andere Gase zeigte klar, daß zwei Erscheinungen zu unterscheiden sind: die Linienverbreiterungen, die bei wasserstoffähnlichen, hoch
angeregten Atomen leicht 1000 Å erreichen
können, und der von ihnen unabhängige kontinuierliche Grund. Diese Erscheinung des kontinuierlichen Grundes, der anscheinend nicht wesentlich durch die individuellen Eigenschaften
der betreffenden Atome oder Moleküle bedingt
ist, ist von FINKELNBURG[259, 260, 1556] eingehend
untersucht und zu einer einheitlichen Erklärung
der verschiedenen oben erwähnten Funkenentladungen herangezogen worden. Nach Unter
suchungen von LAWRENCE und DUNNINGTON[1615]
sowie HAMOS[1576] über die Abhängigkeit der spektralen Emission vom zeitlichen Ablauf des Funkens
wird dieser bei allen kondensierten Entladungen
beobachtete kontinuierliche Grund zur Zeit
höchster Stromdichte und zusammen mit stark
verbreiterten Emissionslinien ausgestrahlt, während sich das Spektrum mit abnehmender Stromdichte jedes einzelnen Entladungsstoßes allmählich zum normalen Linienspektrum ohne kontinuierlichen Grund weiterentwickelt. Das gewöhnlich beobachtete Funkenspektrum, wie es etwa
auch der Blitz zeigt, stellt also eine Überlagerung
der in den verschiedenen einander folgenden
Funkenstadien emittierten Spektren dar.

Allgemein nimmt mit wachsendem Druck
und wachsender Stromdichte die Intensität des
Grundes und fast stets auch die Größe der
Linienverbreiterung stark zu. Bei linienreichen
Spektren, wie etwa dem des Eisens, wachsen die
einzelnen verbreiterten Linien dann zu einem
intensiven Emissionskontinuum zusammen. Da
der Funkenkanal dabei stets von einem Mantel
aus unangeregtem Gas bzw. Dampf umgeben
ist, erscheint das bei geringem Druck normale
Emissionslinienspektrum nun umgekehrt als Ab-
sorptionslinienspektrum auf hellem kontinuierlichem Grund, wie Abb. 99 schön zeigt. Daß
Wasserstoff bei kondensierten Entladungen im

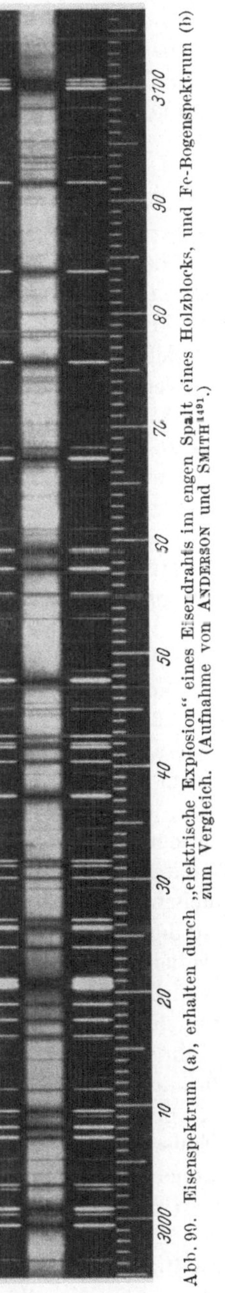

Abb. 99. Eisenspektrum (a), erhalten durch „elektrische Explosion" eines Eisendrahts im engen Spalt eines Holzblocks, und Fe-Bogenspektrum (b) zum Vergleich. (Aufnahme von ANDERSON und SMITH[1491].)

komprimierten Gas ein homogenes Emissionskontinuum von λ 6700 Å abwärts zeigt, wurde in Abschn. 26 schon erwähnt. Bemerkenswert ist dabei die kurzwellige Ausdehnung des Grenzkontinuums, das bei 50 mm Hg von 3650—2000 Å reicht und selbst bei 30 Atm. Druck noch eine Ausdehnung von mehreren hundert Å besitzt (vgl. S. 43f. und 97 sowie Abb. 40).

b) Metalldrahtentladungen.

Eine besonders ausgeprägte Form des Hochdruckfunkens stellen die zuerst von ANDERSON[1487—1489, 1491] untersuchten Entladungen eines auf 70 000 Volt aufgeladenen 0,4 μF-Kondensators durch sehr dünne Metalldrähte dar. Durch den sehr großen Momentanstrom werden die dünnen Drähte anscheinend in äußerst kurzer Zeit verdampft — ANDERSON spricht von „exploded wires" — und die eigentliche Funkenentladung findet in dem so erzeugten Metalldampf statt. Läßt man die Metalldrahtentladungen in freier Luft von Atm.-Druck vor sich gehen, so zeigt ihr Spektrum stark verbreiterte Linien mit Selbstumkehr (wegen des umgebenden Metalldampfmantels) sowie einen schwachen kontinuierlichen Untergrund. „Explodiert" der Draht dagegen in dem schmalen Schlitz eines kräftigen Holzblocks, der eine Ausdehnung der hoch erhitzten Metalldampfwolke verhindert, so beobachtet man ein äußerst intensives, ganz gleichmäßiges Kontinuum, von dem sich in Absorption die Linien des Drahtmetalls abheben. Um die Entwicklung dieses Spektrums aufzuklären, untersuchte ANDERSON die gleichen Drahtentladungen in einem engen Holzrohr in Abhängigkeit vom Gasdruck. Bei 20 mm beobachtete er noch ziemlich scharfe Emissionslinien; zwischen 50 und 130 mm bildete sich ein deutliches kontinuierliches Spektrum aus, und bei sämtlichen Linien machte sich Selbstumkehr bemerkbar, wobei die eigentliche, stark verbreiterte Linie sich so weit nach langen Wellen verschob, daß scheinbar schmale Absorptionslinien mit breiten Emissionsbändern an ihrer langwelligen Seite dem kontinuierlichen Grund überlagert waren. Von 200 mm Hg an war nur ein gleichmäßiges Emissionskontinuum mit scharfen Absorptionslinien sichtbar, wobei ersteres bei weiterem Druckanstieg noch an Intensität gewann. Auf Grund eines natürlich recht zweifelhaften Vergleichs der zur Erzielung gleicher Schwärzung notwendigen Belichtungszeiten berechnet ANDERSON für das Leuchten seiner Drahtentladungen etwa die hundertfache Flächenhelligkeit der Sonne. Durch sehr schöne Drehspiegelversuche hat SMITH[1663] dann die Zeitabhängigkeit der spektralen Emission untersucht und gefunden, daß während der ersten Oszillationen, d. h. zur Zeit höchster Stromdichte, nur das Kontinuum emittiert wird. Während der folgenden, mit abnehmender Stromstärke stattfindenden Oszillationen treten dann die Emissionslinien auf, deren anfänglich sehr große Breite mit abnehmender Stromdichte geringer wird. Die geschilderten Erscheinungen treten bei allen Metallen, ferner auch bei Entladungen durch mit Salzlösungen getränkte Asbestfasern auf[1656, 1547]. Eine Abhängigkeit des Kontinuums vom verwendeten Metall scheint nachgewiesen, und zwar ist es um so intensiver, je leichter das Metall verdampft, und je geringer seine Ionisierungsenergie ist. Die Intensität des Kontinuums wächst stark mit Erhöhung der Kondensatorspannung. Bei Einschalten von Selbstinduktion in den Entladungskreis nimmt sie wie bei dem gleich zu behandelnden Unterwasserfunken ab; bei genügender Vergrößerung der Selbstinduktion erhält man einen allmählichen Übergang zum gewöhnlichen Funken- und schließlich zum Bogenspektrum. Erwähnenswert ist schließlich, daß das Entladungsplasma auch stark kontinuierlich absorbiert, und zwar zeigte bei ANDERSONs Maximalstromdichte schon eine 2 mm dicke Schicht totale Absorption.

c) Der Unterflüssigkeitsfunke.

Mit den Metalldrahtentladungen nahe verwandt sind die Unterflüssigkeitsfunken, bei denen die den Funkenkanal umgebende Flüssigkeit einer Ausdehnung des gebildeten Metalldampfs während der Funkenzeit von etwa 10^{-6} sec einen sehr großen Widerstand entgegen-

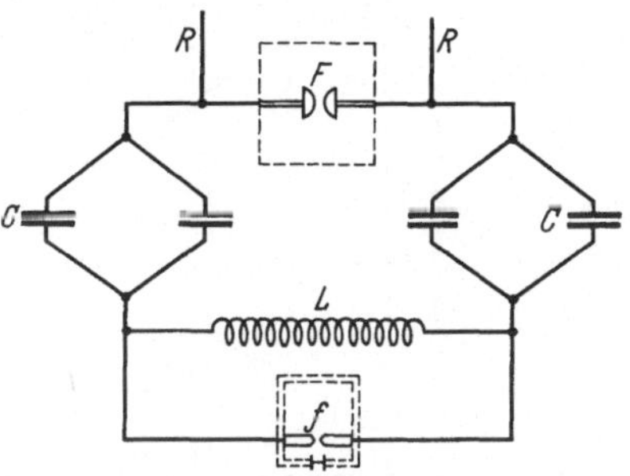

Abb. 100. Unterwasserfunkenschaltung nach v. ANGERER und JOOS [Ann. Phys., Leipzig (4) Bd. 74 (1924) S. 746]. *RR*: Leitungen vom Resonanztransformator; *F*: Luftfunkenstrecke zum Regulieren; *f*: Unterwasserfunkenstrecke.

setzt, so daß wir es ebenfalls mit einem typischen Hochdruckfunken zu tun haben. Das Spektrum ist ein intensives, über das ganze sichtbare und ultraviolette Spektralgebiet bis mindestens λ 1850 Å sich erstreckendes Emissionskontinuum, auf dem in Absorption die verbreiterten Bogenlinien und meist in Emission stark verbreitert die Funkenlinien des Elektrodenmetalls erscheinen. Ob diese, wie man annehmen sollte, wie bei den Drahtentladungen in einem späteren Funkenstadium emittiert werden als das Kontinuum, ist nicht bekannt, da Drehspiegelversuche nicht ausgeführt worden sind. KONEN, der den Unterwasserfunken zuerst genauer untersuchte[1606], wies auf die Brauchbarkeit dieser Lichtquelle für Absorptionsversuche im Ultraviolett hin. Als solche ist er denn auch viel benutzt und oft beschrieben worden; eine beliebte Schaltung zeigt Abb. 100.

Das sehr intensive Kontinuum tritt nach CURIE[1537] und STUECKLEN[1673] bei allen Metallen und in allen untersuchten Flüssigkeiten (Wasser, Salzlösungen, Öle und andere Kohlenwasserstoffe, Tetrachlorkohlenstoff, geschmolzener Schwefel, Phosphor, Brom und flüssiger Sauerstoff) auf, also auch in nicht wasserstoffhaltigen Flüssigkeiten, womit die anfangs vielfach vertretene Deutung des Spektrums als Wasserstoff-Druckkontinuum von selbst entfällt. Als Deutung schlägt FINKELNBURG[1556] wieder Strahlung der freien Elektronen im Plasma vor (s. auch S. 99). Die Intensität des Kontinuums wächst stark bei Vergrößerung der Kondensatorspannung sowie Verkleinerung des Elektrodendurchmessers (Stromdichteerhöhung). Einschalten von Selbstinduktion in den Entladungskreis schwächt das Kontinuum und bewirkt gleichzeitig eine Intensitätsabnahme der Funkenlinien; bei weiterer Vergrößerung der Selbstinduktion erhält man einen allmählichen Übergang zum Bogenlinienspektrum in Emission auf schwachem kontinuierlichem Grund.

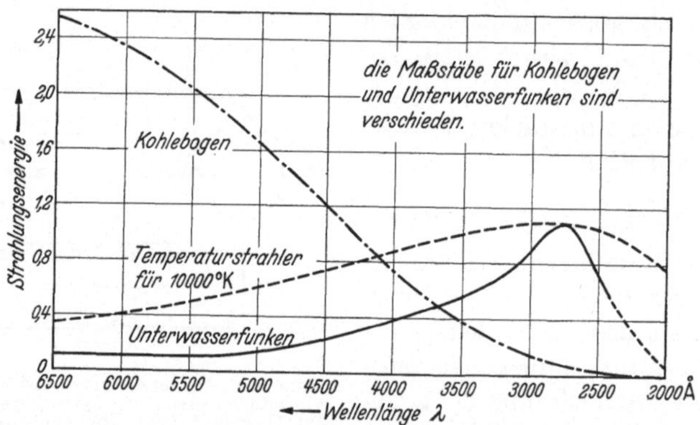

Abb. 101. Vergleich der relativen Intensitätsverteilung in den kontinuierlichen Spektren des Unterwasserfunkens, des positiven Kraters eines Kohlebogens bei 3775° abs. und eines schwarzen Strahlers von 10000° abs. Die Ordinatenmaßstäbe für Kohlebogen und Unterwasserfunken sind verschieden. (Nach WYNEKEN[1693].)

Die Energieverteilung im Kontinuum ist von WYNEKEN[1693] photographisch-photometrisch und im sichtbaren Gebiet auch direkt photometrisch gemessen worden; das Ergebnis zeigt Abb. 101. Durch Versuche wurde dabei festgestellt, daß der Abfall vom Maximum bei 2850 Å nach kurzen Wellen zu reell und nicht durch Absorption des Wassers bzw. der in ihm enthaltenen kolloidalen Metallteilchen bedingt ist. Die gefundene Energieverteilung soll vom Metall nicht abhängen; die Abhängigkeit von der Stromdichte ist leider nicht untersucht worden. Letzteres versucht WREDE[1686] durch Variation der zum Unterwasserfunken parallel liegenden Luftfunkenstrecke. Seine Abb. 102 zeigt, daß bei zunehmender Funkenenergie neben einem Anwachsen der Gesamtintensität (Belichtungszeiten 1:40) eine Intensitätsverschiebung nach kurzen Wellen zu stattfindet. Diese ist für die Elektrodenmetalle Zn, Cd, Cu, Pb und Sn deutlich ausgeprägt, weniger klar nur für Al und Mg, die an sich schon ein besonders intensives Kontinuum im Ultraviolett ergeben. Durch Isochromatenmessungen kommt WREDE zu dem Ergebnis, daß es sich bei dem Unterwasserfunkenkontinuum um schwarze Strahlung (vgl. S. 267f.) handeln soll, die dem WIENschen und PLANCKschen

Gesetz gehorcht. Als Temperaturen erhält er für geringe Funkenenergie 7500° abs., für große Funkenenergie 10100° abs. Da WREDE aber nicht unerhebliche Korrekturen wegen störender Emission und Absorption verbreiterter Linien anbringen muß, läßt sich die Sicherheit seines Ergebnisses, das dem in Abb. 101 dargestellten von WYNEKEN offenbar widerspricht, schwer beurteilen. Bezüglich der Deutung des Kontinuums als schwarze Strahlung siehe S. 275.

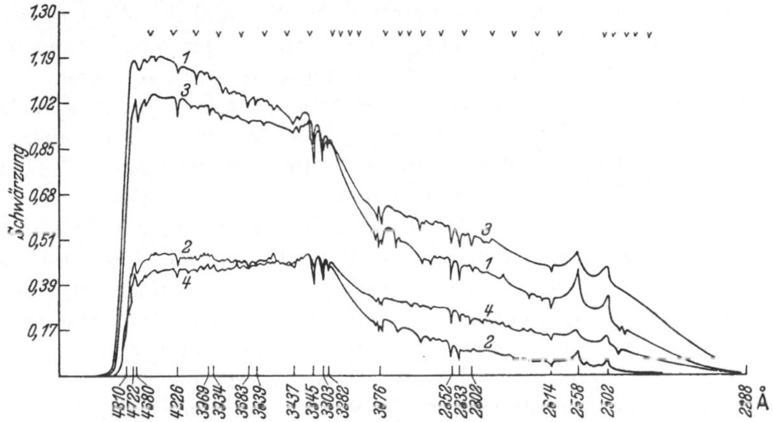

Abb. 102. Schwärzungsverteilung von Aufnahmen des Unterwasserfunkenspektrums bei Zn-Elektroden, in Abhängigkeit von der Funkenenergie.
Kurve 2 und 1: Kleine Energie; Belichtungszeit 40 und 120 sec.
Kurve 4 und 3: Große Energie; Belichtungszeit 1 und 3 sec.
(Nach WREDE[1686].)

d) Vakuumentladungen hoher Stromdichte.

Zu den Funkenentladungen gehören endlich die stromstarken Kondensatorentladungen durch Kapillaren bei sehr geringem Gasdruck, die LYMAN[181] als kontinuierliche Absorptionslichtquelle für das äußerste Ultraviolett bis herab zu 300 Å entwickelt hat, und die physikalisch besonders von ANDERSON[1490] eingehend untersucht worden sind. ANDERSON arbeitet mit einem Kondensator von 1—2 μF, einer Spannung von 35000 Volt und mit Gasdrucken zwischen 0,1 und 10 mm Hg. Die spektrale Emission hängt angeblich nur von der aus den elektrischen Daten berechneten Stromdichte ab; sie ist unabhängig von der Natur des Füllgases und in den angegebenen Grenzen auch vom Druck in der Röhre. Bei einer (berechneten) Stromdichte von über 10000 Amp./cm² tritt ein gleichmäßig kontinuierliches Spektrum auf, das bei wachsender Stromdichte bald die zuerst noch vorhandenen Funkenlinien des Füllgases verdeckt; überlagert erscheinen beim Arbeiten mit Quarzröhren in Absorption die Linien des Si, in Emission stark verbreitert die des Si⁺, schärfer die des Si⁺⁺. Drehspiegelaufnahmen zeigten, daß bei der höchsten Stromdichte wie bei den Metalldrahtentladungen ein reines Kontinuum emittiert wird. Sofort nach dem Anlegen der Spannung erscheinen für einen Augenblick ($t < 10^{-6}$ sec) die Bogen- und Funkenlinien des Füllgases; erst bei abnehmender Stromdichte erscheinen später die Emissionslinien des Si^+ und Si^{++} in allmählich abnehmender Breite. Mit dem Auftreten der Siliziumlinien hängt noch eine interessante Erscheinung zusammen. Bei Entladungen in dünnen Kapillaren stellt ANDERSON ein allmähliches Ausweiten der Kapillaren bei gleichzeitigem Auftreten von schwarzem Siliziumbelag und gasförmigem Sauerstoff fest. Die Untersuchung der auftretenden Si- und O_2-Mengen ergab, daß diese durch SiO_2-Zersetzung beim Abbau der Quarzwand entstanden sein mußten. Dieser Befund scheint für einen atomaren Abbau der Wand mehr als für ein Losschlagen von Quarzsplittern zu sprechen, die, zum Glühen erhitzt, zeitweilig als Ursache für das kontinuierliche Leuchten angesehen wurden. Letzteres muß vielmehr nach FINKELNBURG[1556] als Strahlung der Elektronen im Plasma gedeutet werden, allerdings unter starker Berücksichtigung der Ergebnisse von Abschn. 26. Wie bei den Drahtentladungen findet auch bei den Vakuumfunken eine starke kontinuierliche Selbstabsorption im strahlenden Plasma statt, die stromdichteabhängig ist. Nach ANDERSON absorbierte bei 30000 Amp./cm² eine Schicht von 1 cm Dicke vollständig (gleiche Intensität einer langen, 1 cm weiten Röhre „end on" und quer), bei 100000 Amp./cm² bereits eine solche von 1 mm Dicke. Die Intensität des Kontinuums ist außerordentlich groß. Sie entspricht nach ANDERSONs thermoelektrischen Messungen bei den Wellenlängen 7000, 4500 und 3500 Å den Intensitäten schwarzer Strahler der Temperaturen 52000°, 33000° und 19000° (bezüglich des Zusammenhangs dieser Strahlung mit der schwarzen Strahlung vgl. S. 275).

101. Emissionskontinua in Flammen.

Eine systematisch in neuerer Zeit wenig untersuchte Quelle kontinuierlicher Emissionsspektren sind die Flammen. KIRCHHOFF und BUNSEN[1598, 1599] fanden bereits 1860 kontinuierliche Spektren in der mit Alkalisalzen beschickten Flamme, und die Untersuchungen in den folgenden Jahren von ATTFIELD[1501], PLÜCKER[1648], DIBBITS[1538] u. A. [1522, 1570, 1578, 1617, 1618, 1665, 1666] ergaben eindeutig, daß kontinuierliche Spektren auch bei zahlreichen Verbrennungsvorgängen emittiert werden. Daß es sich dabei auch um echte Gasstrahlung handeln kann, folgt daraus, daß Kontinua auch in solchen Flammen beobachtet wurden, in denen glühende feste Teilchen, wie etwa Ruß, nicht vorhanden sein konnten. Eine ausführliche Darstellung der älteren Literatur siehe [8].

Auf Grund unserer jetzigen Kenntnis müssen wir bei den Flammenspektren zwei Arten von Kontinua unterscheiden und werden diese der Reihe nach behandeln, nämlich erstens solche, die von der Temperatur und dem durch diese bedingten Ionisierungsgrad der Flammengase abhängen, und zweitens die bei einer chemischen Reaktion (unter Umständen Verbrennung) entstehenden Chemilumineszenzkontinua.

a) Temperaturflammen.

Von den infolge von Temperaturanregung emittierten Flammenspektren sind am besten untersucht die der Alkalien in der Bunsenflamme. Diese selbst zeigt ohne Salzzusatz, d. h. im „nichtleuchtenden" Zustand, nur ein äußerst schwaches Kontinuum im sichtbaren Gebiet. Die Intensität dieses Kontinuums steigt ganz erheblich bei Zusatz eines Alkalisalzes; gleichzeitig steigt infolge der niedrigen Ionisierungsspannung der Alkalien die Ionendichte gegenüber der nichtleuchtenden Flamme auf mehr als das hundertfache. Nach LENARD[1618], STARK[1665, 1666] u. A. wächst die Intensität des kontinuierlichen Grundes mit abnehmender Ionisierungsspannung des zugesetzten Alkalis, d. h. sie ist am geringsten bei Lithium ($V_G = 5{,}37$ Volt) und steigt über Natrium (5,12 Volt), Kalium (4,32 Volt) und Rubidium (4,16 Volt) zu Cäsium (3,88 Volt), hängt also offensichtlich vom Ionisierungsgrad in der Flamme ab. Nach EDER und VALENTA[1548] tritt auch bei Zusatz der nächst den Alkalien am leichtesten ionisierbaren Elemente Kalzium, Strontium und Barium ($V_G = 6{,}09$, 5,67, 5,19 Volt) ein kontinuierlicher Grund in der Flamme auf. Der nach diesen Beobachtungen offensichtliche Zusammenhang zwischen Grund und Ionendichte wird noch deutlicher durch LENARDs Nachweis, daß die Kontinua zusammen mit den Nebenserien intensiv nur im heißesten Mantel der Bunsenflamme, d. h. am Ort größter Ionendichte, und ganz schwach im nächst kühleren Mantel auftreten. Die Tatsache, daß das Auftreten von kontinuierlichem Grund und Nebenserien offensichtlich an die gleichen Bedingungen geknüpft ist, hat LEDER[1617] zu der Ansicht geführt, daß ersterer lediglich durch Verbreiterung der Nebenserien bedingt sei. Unseres Erachtens zeigen aber LEDERs eigene Messungen ebenso wie neuere Untersuchungen klar die Existenz eines von den Linien unabhängigen Grundes. Ganz eindeutig nachgewiesen wird diese Unabhängigkeit durch Untersuchungen von LIVEING und DEWAR[1622, 1623] über die Explosion komprimierter Gase bei Zusatz von Alkalimetallsalz. LIVEING und DEWAR fanden nämlich, daß die Metallinienverbreiterung nur von der Konzentration der Metallatome abhing, während Drucksteigerung lediglich eine Zunahme der Intensität des kontinuierlichen Grundes bewirkte, also wohl infolge des durch die Temperaturerhöhung bewirkten höheren Ionisationsgrades. Daß die Träger der Emission von kontinuierlichem Grund und Nebenserien tatsächlich die Alkaliionen sind, wurde nun geradezu bewiesen durch LENARDs Beobachtung[1618], daß die Träger dieser Spektren in der Flamme — im Gegensatz zu den Trägern der Hauptserien — bei Anlegen eines elektrischen Feldes wandern, also geladen sein müssen.

Im einzelnen werden in allen Alkalispektren Intensitätsmaxima beobachtet, die sich mit abnehmender Ionisierungsspannung des Metalls von Blauviolett nach Grün verschieben, woraus unter Berücksichtigung der Termschemata ihre Deutung als Nebenserienkontinua (s. S. 49 und 288) folgt, die gemäß Abschn. 26 nach langen Wellen über die

Seriengrenze übergreifen und sich dem bei allen Flammen vorhandenen Grund überlagern.

In gleicher Weise wie in der Bunsenflamme tritt auch im Spektrum der Knallgasflamme ein kontinuierlicher Grund auf, jedoch infolge der höheren Temperatur auch mit größerer Intensität. Auch hier erhält man eine starke Intensitätszunahme bei Alkalizusatz. Im übrigen verhalten sich die Spektren genau wie die in der Bunsenflamme, ein Zeichen dafür, daß der Chemismus der Flamme keinen direkten Einfluß auf das Verhalten dieser Kontinua hat. Aber auch den Chemilumineszenzkontinua ist, sofern die Flammentemperatur genügend hoch ist, stets ein kontinuierlicher Grund unterlagert, dessen Intensität mit zunehmender Temperatur und zunehmendem Druck wächst. Dieser Grund wird von FINKELNBURG[261] wieder als Strahlung der freien Elektronen im Ionenplasma gedeutet. Für den allgemeinen Zusammenhang dieses Grundes mit den Elektronen und Ionen spricht auch das Ergebnis eines neuen Versuches von MALINOWSKI und Mitarbeitern[1628—1631], die beim Anlegen eines elektrischen Feldes von etwa 1000 Volt/cm an eine Azetylen-Sauerstoffflamme eine starke Intensitätsverminderung des Kontinuums infolge des Herausziehens der Elektronen und Ionen aus dem Plasma beobachteten.

b) Chemilumineszenzflammen.

Als bestes Beispiel für die zweite Gruppe der Flammenkontinua, nämlich die auf dem jeweiligen Mechanismus der Flammenreaktionen beruhenden Emissionskontinua, sei das vielfach untersuchte, von 5800 bis 3000 Å reichende Kontinuum der in Sauerstoff brennenden CO-Flamme erwähnt, das offensichtlich mit der Reaktion

$$2\,CO + O_2 = 2\,CO_2$$

zusammenhängt. WESTON[1682], BONE und LAMONT[1523] sowie KONDRATJEW[1603] haben diesen Zusammenhang in neuerer Zeit untersucht und aus der Abnahme der relativen Intensität des Kontinuums mit dem Druck geschlossen, daß es außer dem mit kontinuierlicher Emission verbundenen Prozeß der CO_2-Bildung noch einen strahlungslosen Bildungsprozeß gibt, der mit jenem in Konkurrenz steht. Die bei Zumischung von H_2 und H_2O beobachteten spektralen Veränderungen lassen dabei gewisse Schlüsse auf diese verschiedenen Reaktionsmechanismen zu.

Emissionskontinua findet man außer bei der CO-Flamme auch bei vielen anderen Gasflammen. So brennt Wasserstoff in Sauerstoff, NO_2 und Chlor stets unter Emission eines lichtstarken Kontinuums mit Maximum im Grün. Die Schwefelflamme wie die des Schwefelwasserstoffs zeigt nach DIBBITS[1538] einen kontinuierlichen Grund mit intensivem Maximum im grün-blauen Spektralgebiet; das Gleiche gilt für die Flamme des Schwefelkohlenstoffs in den verschiedensten Gasen. Auf

Druckänderung reagieren die verschiedenen Flammen durchaus verschieden. Nach FRANKLAND[1560] brennt Wasserstoff in 10 Atm. Sauerstoff mit äußerst heller, im gesamten sichtbaren Gebiet kontinuierlich strahlender Flamme, deren Intensität nach LIVEING und DEWAR[1623] proportional dem Druck zunimmt. In neuerer Zeit haben namentlich BONE und seine Mitarbeiter[1524] dieses Gebiet weiter bearbeitet, doch fehlt noch eine systematische Untersuchung der Kontinua. Nur erwähnt sei hier noch eine Arbeit von NICHOLS[1643, 1644] über die sog. Oxydationslumineszenz. Über das Auftreten von Emissionskontinua bei der explosiven Verbrennung von Kohlenwasserstoff-Luft-Gemischen im Verbrennungsmotor und ihren Zusammenhang mit Reaktionsmechanismus und Reaktionsgeschwindigkeit berichten kürzlich BECK und ERICHSEN[1513].

Die echten Chemilumineszenzkontinua in Flammen sind jedenfalls Molekülkontinua, und zwar meist wohl als Emissionskontinua Fall IV (s. S. 152) zu deuten, gegebenenfalls unter sinn-

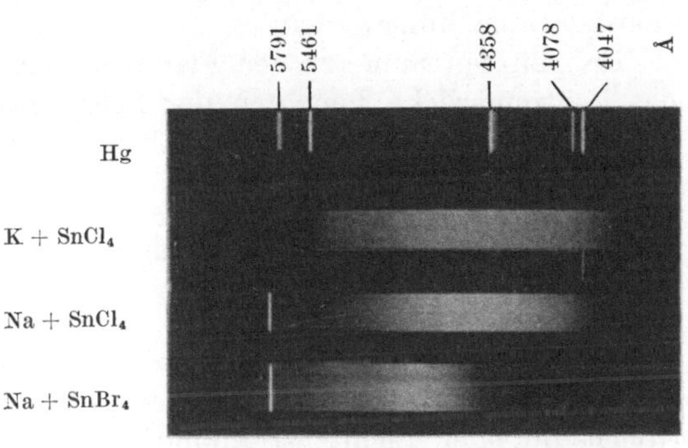

Abb. 103. Chemilumineszenzkontinua hochverdünnter Flammen. (Nach POLANYI und SCHAY[1649].)

gemäßer Übertragung auf mehratomige Moleküle (vgl. S. 220). Es ist aber in vielen der eben erwähnten Flammen nicht leicht, die sicher vorhandenen Reaktionskontinua von dem oben behandelten, bei hohem Ionisierungsgrad auftretenden kontinuierlichen Grund zu trennen.

Die sauberste und einwandfreieste Methode der Untersuchung von Chemilumineszenzkontinua ist ohne Zweifel die von POLANYI[1649] stammende Methode der hochverdünnten Flammen, die wir bei der Behandlung der Alkalihalogenidkontinua, Abschn. 56, bereits erwähnt haben. In erster Linie ist hier eine Untersuchung von POLANYI und SCHAY[1649] zu nennen, die bei der Reaktion hochverdünnter Alkalidämpfe (Na, K) mit Zinnhalogeniden ($SnCl_4$ und $SnBr_4$) rein kontinuierliche Spektren im sichtbaren Spektralbereich (s. Abb. 103) fanden, die offensichtlich bei der Reaktion direkt emittiert wurden, da ein Kontrollversuch im elektrischen Feld keinerlei Schwächung des Leuchtens ergab. Die Verfasser deuten das Leuchten durch die Reaktionsfolge

$$Na + SnCl_4 \rightarrow NaCl + SnCl_3$$
$$SnCl_3 + SnCl_3 \rightarrow SnCl_4 + SnCl_2 + h\,c\nu$$

und führen als Stütze dieser Annahme an, daß ein ähnliches Leuchten bei elektrischen Entladungen in $SnCl_4$-Dampf von REISMANN[1651] sowie bei der Einwirkung von aktivem Stickstoff auf $SnCl_4$ von STRUTT[1669] beobachtet worden ist.

Auch von KROCSAK und SCHAY[1610] ist ein Emissionskontinuum bei Versuchen mit hochverdünnten Flammen gefunden worden, und zwar bei der Reaktion zwischen Kalium und den Halogenmolekülen Cl_2 und Br_2. Als Deutung wird eine Emission nach Fall I der Molekülkontinua (s. S. 148) beim Zerfall eines angeregten K_2-Moleküls vorgeschlagen, doch fehlen noch weitere Untersuchungen. Schließlich sei noch auf die S. 175 bereits erwähnte Arbeit von BEUTLER und JOSEPHY[557] über die in hochverdünnten Flammen gefundenen Alkalihalogenid-Rekombinationskontinua hingewiesen.

Im weiteren Sinne zu den Flammenkontinua gehört schließlich noch das kontinuierliche Leuchten der hoch erhitzten Halogendämpfe, das Abschn. 53d behandelt und ebenfalls als Molekülrekombinationsleuchten erkannt wurde.

102. Sonstige Erzeugungsarten von Emissionskontinua.

a) Kontinuierliche Nachleuchterscheinungen.

Als Nachleuchterscheinung bezeichnet man eine Strahlung, die von Gasen oder Dämpfen nach vorhergegangener Anregung durch Elektronenstoß oder Lichteinstrahlung emittiert wird, wenn die zwischen Anregung und Emission liegende Zeit erheblich größer ist als die mittlere Lebensdauer angeregter Zustände. Am besten sind Nachleuchtspektren beobachtbar in intermittierenden Entladungen in den zwischen den einzelnen Stromstößen liegenden Pausen, sowie räumlich getrennt von der eigentlichen Entladung durch Absaugen der angeregten Gase und Dämpfe aus der Entladung und Beobachtung des Leuchtens im Absaugrohr. Drei verschiedene Gruppen kontinuierlicher Emissionsspektren können im Nachleuchten auftreten und sind dort beobachtet worden.

In stromstarken Funkenentladungen bieten die stromlosen Pausen zwischen den einzelnen Durchschlägen den gebildeten Ionen und Elektronen wegen des verschwindenden Feldes Gelegenheit zur Wiedervereinigung unter Emission von Seriengrenzkontinua. Diese werden daher, wie LYMAN[181] schon frühzeitig bemerkt hat, besonders intensiv in der intermittierenden Entladung, d. h. eigentlich im Nachleuchten, beobachtet (vgl. Abschn. 15).

Zweitens werden im Nachleuchten solche Strahlungsvorgänge beobachtet, die durch Stöße zweiter Art, und namentlich durch Stöße mit metastabilen Teilchen, erst hervorgerufen werden, bei denen folglich notwendig zwischen primärer Anregung und späterer Emission eine gewisse Dunkelzeit liegt. Kontinuierliche Spektren dieser Art werden besonders von VAN DER WAALS-Molekülen, wie Hg_2, Cd_2 und Zn_2, emittiert; ihr bekanntester Vertreter ist das große grüne Quecksilberkontinuum mit Maximum bei 4850 Å (Einzelheiten vgl. S. 195f.). Über solche Nachleuchterscheinungen bei Fluoreszenzanregung siehe auch [747].

Als dritte Gruppe der Nachleuchterscheinungen sind endlich die auf chemischen Reaktionen von in der Entladung erst gebildeten Teilchen beruhenden Strahlungsvorgänge zu nennen. Diese bilden also einen Sonderfall der Chemilumineszenzen, wie wir sie bereits bei den Flammenspektren in Abschn. 101 behandelt haben. Dieser Gruppe gehört das in Abschn. 94a erwähnte sichtbare Nachleuchtkontinuum an, das nach Entladungen in Sauerstoff-Stickstoff-Gemischen beobachtet wird und anscheinend einer Reaktion zwischen O_3 und NO zuzuschreiben ist, die in der Entladung aus O_2 und N_2 gebildet werden.

b) Kontinuierliche Oberflächenlumineszenzen.

In großer Zahl und äußerst mannigfacher Intensitätsverteilung treton kontinuierliche Spektren als Oberflächenlumineszenzen fester Körper auf, wobei die Art der Anregung durch Bestrahlung mit kurzwelligem Licht oder Röntgenstrahlen, durch Elektronen- oder Kanastrahlbeschuß nur geringe Unterschiede bewirkt. Eine ausführliche Behandlung dieser mit Kap. XIII eng zusammenhängenden Erscheinungen findet sich bei PRINGSHEIM[417]. Zu unterscheiden sind zwei Gruppen von Lumineszenzkontinua, nämlich Anregung kontinuierlicher Energiebänder und Bremsstrahlung langsamer Elektronen. In gewissen Fällen können beide Erscheinungen zusammenwirken.

Nach Abschn. 79 besitzen die Valenzelektronen der im Kristallgitter gebundenen Atome keine scharfen Energiezustände; es stehen ihnen vielmehr im festen Körper, der als Polymolekül aufgefaßt werden kann, Energiebänder von oft mehreren Volt Breite zur Verfügung. Die Anregung solcher äußerer Elektronen im festen Körper durch Lichteinstrahlung oder Korpuskularstoß ist daher von der Emission breiter kontinuierlicher Spektren gefolgt, und bei Anregung verschiedener Bänder beobachtet man Emissionskontinua im sichtbaren und ultravioletten Gebiet mit Intensitätsmaxima bei verschiedenen Wellenlängen. Die Spektren der meisten Phosphore (vgl. S. 266), mit Ausnahme der Chrom und seltene Erden enthaltenden, bestehen ebenso wie die etwa der Gläser und des Quarzes aus solchen Emissionskontinua.

Als zweite Ursache für kontinuierliche Oberflächenlumineszenz kommt die Bremsstrahlung auf die Oberfläche auftreffender Elektronen in Frage. Sie wird beobachtet an Metallen und Halbleitern. Bei Elektronenbombardement von Metallflächen in Entladungen haben MOHLER und BOECKNER[293—295] solche im Sichtbaren und nahen Ultraviolett gelegenen Kontinua beobachtet (vgl. S. 78f.); sie treten ferner auf als Detektorleuchten an den Ein- und Austrittsstellen von Elektronen am Detektorkristall, besonders schön am Karborundum (S. 82f.), und sie werden endlich beim Auftreffen schneller Elektronen auf gewisse Metalle, besonders Thorium, als Äonaeffekt sowie als Leuchten des Antikathodenbrennfleckes beobachtet (S. 86 f.).

c) Kontinuierliche Strahlung stoßartig verdichteter Gase.

Eine interessante, noch wenig untersuchte Erscheinung ist das kontinuierliche Leuchten stoßartig komprimierter Gase, das als Leuchten von Verdichtungsstoßwellen besonders bei Detonationen sowie schwach auch nach RAMSAUER[1650] beim Einschießen eines Geschoßes in einen geschlossenen Gewehrlauf beobachtet wird.

Das Verdichtungsstoßleuchten ist kürzlich von MURAOUR und MICHEL-LÉVY[1637−1640] eingehend untersucht worden. Der einfachste ihrer in zahlreichen Variationen durchgeführten Versuche ist der folgende: Zwei Mengen eines äußerst brisanten Sprengstoffs werden in geringem Abstand voneinander zur Detonation gebracht. Durch die Detonation wird in dem umgebenden Gas je eine kugelförmig sich ausbreitende Stoßwelle erzeugt, und beim Zusammenprall beider beobachtet man eine $4 \cdot 10^{-6}$ sec dauernde, äußerst intensive Leuchterscheinung. Ein ähnliches, nur weniger intensives Leuchten begleitet die Ausbreitung der Stoßwelle infolge der Wirkung der Wellenfront auf das ruhende Gas und wird sehr intensiv beim Auftreffen auf ein Hindernis, z. B. einen festen Körper. Es gelang nun, nachzuweisen, daß die glühenden Detonationsschwaden an der Entstehung des Leuchtens nicht beteiligt sind, daß es sich vielmehr lediglich um eine Wirkung der in der umgebenden Atmosphäre erzeugten Stoßwellen handelt. Die Eigenschaften der Leuchterscheinung sind im einzelnen kurz folgende:

Das Spektrum des Stoßleuchtens ist stets kontinuierlich und reicht vom Rot unter günstigen Bedingungen bis zur Grenze der Beobachtung unterhalb 2000 Å; die Intensität fällt vom Rot nach dem Ultraviolett zu ab. Das Leuchten ist unter sonst gleichen Bedingungen um so intensiver, je höher die Detonationsgeschwindigkeit des Sprengstoffs ist, d. h. je brisanter dieser ist. Bei gegebenem Sprengstoff und gegebenem Zentrenabstand ist das Leuchten nur von der Natur des umgebenden Gases abhängig; seine Intensität ist am größten in einatomigen Gasen höchster Dichte und nimmt in der Reihenfolge Kr, Ar, Cl_2, O_2, N_2, CO_2, H_2, C_4H_{10} ab. Von dieser Intensitätsabnahme ist besonders der ultraviolette Teil der Strahlung betroffen. Für ein bestimmtes Gas nimmt die Ultraviolettintensität mit wachsender Entfernung vom Wellenursprung ab.

Eine Theorie der Erscheinung existiert noch nicht. Wichtig für die Deutung ist, daß die Gasdichte in der Front der Detonationsstoßwellen von der Größenordnung der Dichte fester Körper ist, daß wir es also nicht mehr mit einem gewöhnlichen Gas, sondern mit einem Zustand zu tun haben, der dem eines sehr hoch erhitzten festen Körpers ähnlich ist. In einem solchen hochkomprimierten Plasma fehlt der klare Unterschied zwischen gebundenen und freien Elektronen und damit auch der zwischen Stoßanregung von Elektronen mit nachfolgendem Übergang in ein anderes Energieband einerseits und echter Elektronenbremsstrahlung andererseits (Extremzustand von Störung, vgl. S. 98). Nach FINKELNBURG[1557] ist als primäre Ursache des Leuchtens der Korpuskularstoß der die Front der Stoßwelle bildenden Atome anzusehen. Einen genauen Mechanismus der Lichtanregung anzugeben, ist für diesen Grenzfall zwischen Gasstrahlung und Strahlung fester Körper schwer möglich. Gerade als Übergangsfall kommt aber dem Detonationsstoßleuchten ein besonderes Interesse zu (vgl. auch S. 276).

Eine mit dem Detonationsstoßleuchten sicher verwandte Erscheinung mit anscheinend kontinuierlichem Spektrum hat RAMSAUER[1650] beobachtet, der durch Hineinschießen eines Geschoßes in einen am Ende verschlossenen Gewehrlauf eine stoßartige Kompression des im Lauf eingeschlossenen Gases bewirkte. Da nach seinen Rechnungen die Gaskompression bis zur Dichte der Flüssigkeit erfolgte, dürften die Verhältnisse eine Annäherung an die in der Stoßwellenfront herrschenden darstellen. Die Deutung des von RAMSAUER beobachteten Leuchtens dürfte daher in der gleichen Richtung zu suchen sein. Leider wurden die Versuche wegen der Materialschwierigkeiten nicht fortgesetzt.

103. Kontinuierliche Spektren in der Lichttechnik.

Zur technischen Anwendung, d. h. zu Beleuchtungszwecken, sind grundsätzlich alle genügend intensiven Emissionskontinua geeignet und besitzen hierzu auch deutliche Vorteile gegenüber den monochromatischen Lichtquellen, da ihre Farbe leichter als die jener wunschgemäß verändert werden kann. In weitestem Umfang wurde und wird bekanntlich die kontinuierliche Temperaturstrahlung der festen Körper, und zwar heute namentlich der hochschmelzenden Metalle und der Kohle, in den Metallfadenlampen sowie den Wolfram- und Kohlebogenlampen zu Beleuchtungszwecken benutzt. In Abschn. 87a ist diese lichttechnische Anwendung der Temperaturstrahlung bereits behandelt worden. Zur Steigerung der Lichtausbeute hat man versucht, außer der Temperaturstrahlung der Elektroden auch die kontinuierliche Strahlung heranzuziehen, die vom Gasplasma bei hoher Stromdichte emittiert wird. Der BECK-Bogen sowie der Versuchsbogen von GERDIEN und LOTZ, über die in Abschn. 99 berichtet wurde, sind erfolgreiche Versuche in dieser Richtung.

Bei den in letzter Zeit besonders weiterentwickelten Niederdruck-Gasentladungslampen (Leuchtröhren) werden z. B. bei Cäsium und Kalium die im sichtbaren Gebiet sehr intensiven und bei einigen mm Druck auch sehr ausgedehnten Atomgrenzkontinua (vgl. S. 48 und 60) zur Erzielung einer guten Lichtausbeute bei gleichzeitig angenehm weißer Farbe des Lichts herangezogen. Man spricht gelegentlich vom „Ausschmieren" des Spektrums zwischen den intensiven Emissionslinien.

Eine ganze Anzahl Erscheinungen der Kontinuaspektroskopie wirken bei der wohl leistungsfähigsten modernen Lichtquelle, der Quecksilber-Hochdrucklampe, zur Erzielung eines günstigen Lichteindrucks zusammen. Ein äußerst intensiver kontinuierlicher Grund, der bei allen stromdichten Entladungen auftritt (vgl. S. 300 f.), ergibt zusammen mit den sichtbaren Grenzkontinua des Hg (S. 47 f.) und äußerst starken Linienverbreiterungen (S. 250) ein weitgehend kontinuierliches Spektrum von befriedigendem Farbeindruck. Zur beleuchtungstechnischen Nutzbarmachung des ultravioletten Anteils der Strahlung werden dabei vielfach noch gewisse Phosphore herangezogen, die durch die ultraviolette Bestrahlung zur Emission sichtbaren kontinuierlichen Lichts angeregt werden (vgl. S. 311) und so als Lichttransformatoren wirken.

Noch nicht in weiterem Umfang ausgenutzt ist wegen der technischen Schwierigkeiten die intensive kontinuierliche Strahlung stromstarker Kondensatorentladungen (vgl. S. 300 f.), zumal zur Erzielung eines befriedigenden Eindrucks die Funkenfolge eine sehr schnelle sein muß.

104. Emissionskontinua in kosmischen Systemen.

Die wichtigsten an Himmelsobjekten beobachteten Emissionskontinua sind die in grober Näherung PLANCKsche Intensitätsverteilung zeigenden kontinuierlichen Spektren der Sonne und der Fixsterne, die in Abschn. 86 behandelt worden sind. Sie gestatten die für die theoretische Astrophysik äußerst wichtige Bestimmung der effektiven Temperatur der lichtaussendenden Schicht der Sterne (S. 280 f.), aus der sich nach Gl. (86,2) die Temperatur der einzelnen Atmosphärenschichten berechnen läßt. Außer dieser kontinuierlichen Temperaturstrahlung beobachtet man in kosmischen Systemen von speziellen Kontinua das BALMER-Grenzkontinuum, und zwar in Emission in den Spektren der Chromospäre der Sonne und mancher Fixsterne (S. 54), in Absorption in den Spektren der meisten Fixsterne (S. 40).

Außerdem treten Emissionskontinua bei drei speziellen Gruppen von kosmischen Systemen auf, bei den diffusen und planetarischen Gasnebeln, bei den Kometen, und bei der Sonnenkorona.

Die physikalischen Verhältnisse in den galaktischen Nebeln und besonders die Theorie des Leuchtens der Gasnebel ist in Abschn. 17 c bereits behandelt worden. Diese Nebel stellen ausgedehnte Materiemassen sehr geringer Dichte dar, die teils gasförmig, teils als kosmischer Staub, weite Räume in unserem Sternsystem erfüllen, und deren Leuchten nach dem übereinstimmenden Ergebnis aller Untersuchungen[167, 196] mit der Strahlung benachbarter oder zentraler Fixsterne in ursächlichem Zusammenhang steht. Besitzen diese Zentralsterne eine sehr hohe effektive Temperatur (O-Sterne und frühe B-Sterne), so strahlen sie in großer Intensität kurzwelliges Licht $\lambda < 900\,\text{Å}$ aus, das von dem den Hauptbestandteil der Gasnebel bildenden Wasserstoff kontinuierlich absorbiert wird (s. S. 28) und den in Abschn. 17c behandelten Mechanismus der Emission des BALMER-Kontinuums, der BALMER- und der Nebellinien in Gang setzt. Die Intensität des BALMER-Kontinuums ist dabei direkt ein Maß für die Häufigkeit dieses Vorgangs. Außerdem aber findet an den vorhandenen Staubteilchen eine diffuse Reflexion und an den übrigen Nebelteilchen eine RAYLEIGHsche Streuung der kontinuierlichen Temperaturstrahlung des Zentralsterns statt, die sich der Gasemission überlagert. Bei Zentralsternen geringerer effektiver Temperatur (spätere B-Sterne und A-Sterne) tritt wegen der abnehmenden Intensität der kurzwelligen Ultraviolettstrahlung der geschilderte Emissionsprozeß in seiner Bedeutung immer mehr zurück, so daß die Spektren dieser Nebel im wesentlichen im Licht der die Strahlung bewirkenden Fixsterne leuchten (vgl. [196]).

Über die kontinuierlichen Spektren der Kometen liegen nur mit verhältnismäßig kleiner Dispersion gemachte Beobachtungen vor. ROSENBERG[1655] und BOBROVNIKOFF[1519-1521] haben aus Beobachtungen der Intensität und Polarisation festgestellt, daß die Kometen in einem Sonnenabstand kleiner als etwa 1 astronomische Einheit ($=$ mittlere Entfernung Erde—Sonne) im wesentlichen im reflektierten bzw. gestreuten Sonnenlicht leuchten, daß bei größerem Sonnenabstand hingegen ein violettes Kontinuum mit Maximum bei $4000\,\text{Å}$ auftritt, dessen Intensität einen anderen Gang mit der Sonnenentfernung zeigt als das „Sonnentypkontinuum". Diese Beobachtung ist auch durch neuere Beobachtungen bestätigt worden, während allerdings BALDET[1510] wieder Zweifel an der Echtheit des violetten Kontinuums äußert. COHN[1533] diskutiert die verschiedenen Deutungsmöglichkeiten und zeigt, daß zur Erklärung des Kontinuums nur echte Gasstrahlung in Frage kommt. Da aber kontinuierliche Fluoreszenz von Gasen bei geringem Druck nicht bekannt ist, bleibt als Deutung, falls es sich um ein echtes Kontinuum handelt, nur die Bremsstrahlung freier Elektronen in den Feldern positiver Ionen, deren Möglichkeiten von COHN[1533] und FINKELNBURG[1555] besprochen werden.

Den Kontinua überlagert sind zahlreiche Emissionsbanden, besonders des C_2, CN, CO^+ und N_2^+. Die Anregung dieser Spektren in den Kometen hat kürzlich WURM[1689-1692] theoretisch untersucht und nachgewiesen, daß bei diesem Anregungsmechanismus kontinuierliche Absorption kurzwelligen Sonnenlichts durch verdampfende Kometenmaterie eine entscheidende Rolle spielt. Sowohl CO^+ wie auch CN entstehen jedenfalls teilweise durch Photodissoziation (s. Kap. VII und VIII) größerer Moleküle (CO_2, C_2N_2 ?), wobei die nach der Theorie von Kap. VIII den dissoziierenden Partnern mitgeteilte kinetische Energie sich direkt in den beobachteten Molekülgeschwindigkeiten nachweisen läßt. Auf die Photodissoziation folgt dann durch erneute kontinuierliche Absorption Photoionisation zu CO^+, N_2^+ usw. (vgl. S. 31). Die Abhängigkeit der Kometenstrahlung von der Sonnenentfernung und die sonstigen Folgerungen aus dieser Theorie stimmen mit der Beobachtung gut überein.

Auch über die Deutung des kontinuierlichen Spektrums der Sonnenkorona sind die Meinungen lange auseinander gegangen. Die Korona bildet bekanntlich den äußersten Teil der Sonnenatmosphäre und besteht aus Wolken von Materie sehr geringer Dichte, die sich jedenfalls zum größten Teil radial von der Sonne fortbewegen mit Geschwindigkeiten der Größenordnung 20 km/sec. Das Spektrum der Korona besteht aus einem Emissionskontinuum, das in seinem innersten Teil von hellen Linien überlagert ist und in seinem äußeren Teil, d. h. mehr als 5′ vom Rand entfernt, die FRAUNHOFERschen Absorptionslinien enthält. Über die Abhängigkeit der Intensität des Kontinuums vom Sonnenrand besteht noch keine Übereinstimmung zwischen den verschiedenen Beobachtern. Wegen des Fehlens der FRAUNHOFER-Linien im Spektrum der inneren Korona hat man ihr Kontinuum lange Zeit nicht als einfaches Streukontinuum ansehen wollen. Die statt dessen gemachten Deutungsvorschläge (RAMAN-Kontinuum, Bremsstrahlung[1632, 1532]) sind aber alle widerlegt worden, und da die Intensität des Kontinuums jedenfalls im Bereich 4840—3820 Å nach LUDENDORFF[1624] genau mit der des Sonnenkontinuums übereinstimmt, kommt zur Erklärung wohl nur die zuerst von SCHWARZSCHILD[1660] vorgeschlagene Deutung als Elektronenstreukontinuum in Frage. Wegen der großen ungeordneten Geschwindigkeiten der streuenden freien Elektronen in der Korona erleidet das Sonnenlicht bei der Streuung an ihnen Wellenlängenverschiebungen verschiedener Größe und verschiedenen Vorzeichens, die das Verschwinden der FRAUNHOFER-Linien bewirken. Da nach GROTRIAN[1573, 1574] und MOORE[1636] die Breite der in der äußeren Korona beobachteten FRAUNHOFER-Linien mit der im Sonnenspektrum beobachteten Breite genau übereinstimmt, muß es sich bei der Korona um eine diffuse Reflexion an Teilchen handeln, die wesentlich größer sind als die Wellenlänge des Lichts, also an kosmischem Staub. Das Spektrum der Korona besteht also aus zwei Anteilen, dem in der inneren Korona an den freien Elektronen gestreuten und dem in der äußeren Korona an Staubteilchen reflektierten Sonnenlicht. GROTRIAN[1574] hat auf Grund von Intensitätsmessungen diese beiden Anteile zu trennen versucht und kommt zu dem Schluß, daß die innere Korona aus einer sehr dünnen, hoch ionisierten Gashülle besteht, während sich in größerem Abstand von der Sonne Staubmassen bis weit in den Raum hinein ausbreiten und durch Reflexion des Sonnenlichts die äußere Korona ergeben. Aus Intensitätsabschätzungen scheint zu folgen, daß ein Zusammenhang dieser äußeren Korona mit dem Zodiakallicht besteht, das demnach sozusagen den äußersten Ausläufer der Sonnenkorona darstellen würde.

Literaturverzeichnis.

Im folgenden ist die Literatur über kontinuierliche Spektren, nach Möglichkeit vollständig bis zum 1. Januar 1938, aufgeführt. Zur Erleichterung der Übersicht erfolgte die Einteilung, sachlich geordnet, nach Kapiteln und gelegentlich auch Abschnitten; innerhalb dieser ist die Reihenfolge alphabetisch. Grundsätzlich wird jede Arbeit nur *einmal* angeführt, und zwar die zu *mehreren* Kapiteln gehörenden Veröffentlichungen in *dem* Zusammenhang, in dem sie das größte Interesse besitzen. Bei der Benutzung des Literaturverzeichnisses ist also zu beachten, daß z. B. nicht *alle* Arbeiten über mehratomige Moleküle unter Kap. XI zu finden sind, da die Ionisationskontinua dieser Moleküle wegen ihres Zusammenhangs mit den übrigen Ionisationsspektren unter Kap. III aufgeführt sind. Bei Arbeiten über eine spezielle Frage wird, soweit das möglich ist, das behandelte Gebiet kurz gekennzeichnet. Das geschieht durch Angabe des betreffenden Abschnitts (z. B. „A 21"), zu dem die Arbeit gehört, in Abschn. 60/61 ferner durch Angabe des behandelten Spektrums (z. B. „Hg"), in Kap. XII endlich nur durch die Angabe „astr." hinter solchen Arbeiten über Linienbreiten, die sich ausschließlich auf astrophysikalische Fragen beziehen.

I/II: Einleitung und allgemeine Theorie der Elektronenkontinua.

1. BOHR, N.: Phil. Mag. Bd. 26 (1913) S. 1.
2. BOHR, N.: On the quantum theory of line spectra, Bd. II. Kopenhagener Akademie 1918.
3. BORN, M., W. HEISENBERG u. P. JORDAN: Z. Phys. Bd. 35 (1926) S. 557.
4. EINSTEIN, A.: Phys. Z. Bd. 18 (1917) S. 121.
5. EPSTEIN, P. S.: Ann. Phys., Lpz. Bd. 50 (1916) S. 815.
6. EPSTEIN, P. S.: Proc. Acad. Sci., Amst. Bd. 23 (1921) S. 1194.
7. EPSTEIN, P. S.: Proc. nat. Acad. Amer. Bd. 12 (1926) S. 629.
8. FINKELNBURG, W.: Phys. Z. Bd. 31 (1930) S. 1.
9. FINKELNBURG, W.: Phys. Z. Bd. 34 (1933) S. 529.
10. FINKELNBURG, W.: Naturwiss. Bd. 23 (1935) S. 330.
11. FUES, E.: Ann. Phys., Lpz. (4) Bd. 81 (1926) S. 295.
12. GORDON, W.: Ann. Phys., Lpz. (5) Bd. 2 (1929) S. 1031.
13. HARTREE, D. R.: Proc. Cambr. phil. Soc. Bd. 24 (1928) S. 89.
14. HARTREE, D. R.: Phys. Z. Bd. 30 (1929) S. 517.
15. HULME, R. H.: Proc. roy. Soc., Lond. A Bd. 133 (1931) S. 381.
16. HUND, F.: Physik Bd. 1 (1933) S. 165.
17. HYLLERAAS, E. A.: Die Grundlagen der Quantenmechanik mit Anwendungen auf atomtheoretische Ein- und Mehrelektronenprobleme. Oslo 1932.
18. JOOS, G. u. W. FINKELNBURG: Physik Bd. 4 (1936) S. 35.
19. KRAMERS, H. A.: Phil. Mag. Bd. 46 (1923) S. 836.
20. KRAMERS, H. A.: Z. Phys. Bd. 39 (1926) S. 828.
21. KUHN, W.: Z. Phys. Bd. 33 (1925) S. 408.
22. LADENBURG, R.: Z. Phys. Bd. 4 (1921) S. 451.
23. MECKE, R.: Handbuch der Physik Bd. 21, S. 634. Berlin 1929.
24. REICHE, F. u. W. THOMAS: Z. Phys. Bd. 34 (1925) S. 510.
25. ROSE, M. E.: Phys. Rev. Bd. 51 (1937) S. 484.

26. Stern, O. u. M. Volmer: Phys. Z. Bd. 20 (1919) S. 183.
27. Sugiura, Y.: J. Phys. Radium Bd. 8 (1927) S. 113.
28. Wentzel, G.: Z. Phys. Bd. 27 (1924) S. 257.
29. Weyl, H.: Math. Ann. Bd. 68 (1910) S. 220.

III. Ionisationskontinua.

30. Appleton, E. V. u. S. Chapman: Proc. Inst. Radio Engrs., N.Y. Bd. 23 (1935) S. 658 (A 13).
31. Arnulf, A., D. Barbier, D. Chalonge u. R. Canavaggia: C. R. Acad. Sci., Paris Bd. 202 (1936) S. 1571 (A 13).
32. Auger, P.: Thèses Paris 1926 (A 10).
33. Barbier, D., D. Chalonge u. E. Vassy: C. R. Acad. Sci., Paris Bd. 200, (1935) S. 1730 (A 13).
34. Becker, R.: Z. Phys. Bd. 18 (1923) S. 325.
35. Bethe, H.: Handbuch der Physik, 2. Aufl., Bd. 24, Teil I, S. 475. Berlin 1933 (A 9).
36. Beutler, H.: Z. Phys. Bd. 93 (1935) S. 177 (A 10).
37. Beutler, H.: Z. Phys. Bd. 86 (1933) S. 495, 710 (A 10).
38. Beutler, H. u. K. Guggenheimer: Z. Phys. Bd. 87 (1934) S. 19, 176 (A 10).
39. Beutler, H. u. K. Guggenheimer: Z. Phys. Bd. 88 (1934) S. 25 (A 10).
40. Beutler, H. u. W. Demeter: Z. Phys. Bd. 91 (1934) S. 131, 143, 202, 218 (A 10).
41. Beutler, H. u. H. O. Jünger: Z. Phys. Bd. 101 (1936) S. 285 (A 10).
42. Beutler, H. u. H. O. Jünger: Z. Phys. Bd. 100 (1936) S. 80 (A 10).
43. Biermann, L.: Veröff. Sternw. Göttingen 1933 Nr. 34 (A 13b).
44. Boeckner, C. u. F. L. Mohler: Bur. Stand. J. Res., Wash. Bd. 5 (1930) S. 831 (A 7).
45. Bothe, W.: Z. Phys. Bd. 40 (1926) S. 653 (A 9).
46. Bothe, W.: Handbuch der Physik, 2. Aufl., Bd. 23, Teil 2. Berlin 1933 (A 9).
47. Braddick, H. J. J. u. R. W. Ditchburn: Proc. roy. Soc., Lond. A Bd. 143 (1934) S. 472 (A 7).
48. Braddick, H. J. J. u. R. W. Ditchburn: Proc. roy. Soc., Lond. A Bd. 150 (1935) S. 478 (A 7).
49. Broglie, M. de: C. R. Acad. Sci., Paris Bd. 163 (1916) S. 87 (A 9).
50. Brunetti, R.: Linc. Rend. Bd. 2 (1925) S. 252.
51. Burkhardt, G.: Ann. Phys., Lpz. Bd. 26 (1936) S. 567 (A 11).
52. Christoph, W.: Ann. Phys., Lpz. Bd. 30 (1937) S. 446 (A 12).
53. Cuthbertson, C.: Proc. roy. Soc., Lond. A Bd. 114 (1927) S. 650 (A 7).
54. Debye, P.: Phys. Z. Bd. 18 (1917) S. 428.
55. Ditchburn, R. W.: Proc. roy. Soc., Lond. A Bd. 117 (1928) S. 486 (A 7).
56. Ditchburn, R. W.: Z. Phys. Bd. 107 (1937) S. 719 (A 7).
57. Ditchburn, R. W. u. J. Harding: Proc. roy. Soc., Lond. A Bd. 157 (1936) S. 66 (A 7).
58. DuMond, J. W.: Rev. Mod. Phys. Bd. 5 (1933) S. 1 (A 11).
59. DuMond, J. W. u. H. A. Kirkpatrick: Phys. Rev. Bd. 52 (1937) S. 419 (A 11).
60. Eddington, A. S.: Month. Not. Bd. 83 (1922) S. 32 (A 13b).
61. Eddington, A. S.: Month. Not. Bd. 84 (1924) S. 104 (A 13b).
62. Eddington, A. S.: Der innere Aufbau der Sterne. Berlin 1928 (A 13b).
63. Epstein, P. S. u. M. Muskat: Proc. nat. Acad. Amer. Bd. 15 (1929) S. 405 (A 7).
64. Fano, U.: Nuovo Cim. Bd. 12 (1935) S. 1 (A 10).
65. Fano, U.: Nuovo Cim. Bd. 12 (1935) S. 154 (A 10).
66. Fischer, J.: Ann. Phys., Lpz. (5) Bd. 8 (1931) S. 821.
67. Franz, W.: Ann. Phys., Lpz. (5) Bd. 29 (1937) S. 721 (A 11).

68. Freudenberg, K.: Z. Phys. Bd. 67 (1931) S. 417 (A 7).
69. Fues, E.: Z. Phys. Bd. 43 (1927) S. 726 (A 10).
70. Greiner, E.: Z. Phys. Bd. 81 (1933) S. 543 (A 12).
71. Hall, H.: Rev. Mod. Phys. Bd. 8 (1936) S. 358 (A 9, A 12).
72. Hargreaves, J.: Proc. Cambr. phil. Soc. Bd. 25 (1929) S. 75 (A 7).
73. Harrison, G. H.: Proc. nat. Acad. Amer. Bd. 8 (1922) S. 260 (A 7).
74. Harrison, G. R.: Phys. Rev. Bd. 24 (1924) S. 466 (A 7).
75. Hartmann, J.: Phys. Z. Bd. 18 (1917) S. 429 (A 13).
76. Henning, H. J.: Ann. Phys., Lpz. (5) Bd. 13 (1932) S. 599 (A 8).
77. Hicks, B.: Phys. Rev. Bd. 52 (1937) S. 436 (A 11).
78. Holtsmark, J.: Phys. Z. Bd. 20 (1919) S. 88.
79. Huggins, W. u. L.: Atlas of representative stellar spectra. London 1899 (A 13).
80. Jauncey, G. E. M.: Phil. Mag. Bd. 48 (1924) S. 81 (A 9).
81. Jen, C. K.: Chin. J. Phys. Bd. 2 (1936) S. 38.
82. Kappeler, H.: Ann. Phys., Lpz. (5) Bd. 27 (1936) S. 129 (A 11).
83. Kirkpatrick, P., P. A. Ross u. H. O. Ritland: Phys. Rev. Bd. 50 (1936) S. 928 (A 11).
84. Körwien, H.: Z. Phys. Bd. 91 (1934) S. 1 (A 7).
85. Kremenewsky, N.: Phys. Z. Sowjet. Bd. 2 (1932) S. 491 (A 7).
86. Ladenburg, R.: Jb. Radiol. Bd. 17 (1921) S. 430.
87. Lawrence, E. O. u. N. E. Edlefsen: Phys. Rev. Bd. 34 (1929) S. 1056 (A 7).
88. Loeb, B.: Rev. Mod. Phys. Bd. 8 (1936) S. 267 (A 12).
89. Milne, E. A.: Phil. Mag. Bd. 47 (1924) S. 209.
90. Milne, E. A.: Month. Not. Bd. 85 (1925) S. 750.
91. Mohler, F. L.: Rev. Mod. Phys. Bd. 1 (1929) S. 216 (A 7, A 12, A 15).
92. Mohler, F. L. u. C. Boeckner: Bur. Stand. J. Res., Wash. Bd. 3 (1929) S. 303 (A 7).
93. Nishina, Y. u. J. Rabi: Verh. dtsch. phys. Ges. Bd. 9 (1928) S. 6 (A 9).
94. Öhman, Y.: Astr. Jaktagelser och Unders. Stockholms Obs. Bd. 11 (1933) Nr. 10 (A 13).
95. Öhman, Y.: Astr. Jaktagelser och Unders. Stockholms Obs. Bd. 12 (1935) S. 1 (A 13).
95a. Öhman, Y.: Ark. Mat. Astr. Fys. Bd. 25 B (1937) Nr 20 (A 13).
96. Öhman, Y. u. W. Jwanowska: Ark. Mat. Fys. Bd. 25 B (1936) S. 6 (A 13).
97. Oppenheimer, J. R.: Z. Phys. Bd. 41 (1927) S. 268.
98. Oppenheimer, J. R.: Phys. Rev. Bd. 31 (1928) S. 66.
99. Pannekoek, A.: Month. Not. Bd. 91 (1930) S. 162 (A 13b).
100. Pannekoek, A.: Publ. Astr. Inst. Amst. Bd. 4 (1935) (A 13b).
101. Pannekoek, A.: Handbuch der Astrophysik, Bd. III, 1 (1930) S. 256.
102. Phillips, M.: Phys. Rev. Bd. 39 (1932) S. 905 (A 7).
103. Price, W. C.: Phys. Rev. Bd. 47 (1935) S. 419, 444, 510 (A 8).
104. Price, W. C.: J. chem. Phys. Bd. 3 (1935) S. 256 (A 8).
105. Price, W. C.: J. chem. Phys. Bd. 4 (1936) S. 147, 539, 547 (A 8).
106. Price, W. C. u. G. Collins: Phys. Rev. Bd. 48 (1935) S. 714 (A 8).
107. Price, W. C. u. W. M. Evans: Nature, Lond. Bd. 139 (1937) S. 630 (A 8).
108. Price, W. C. u. W. M. Evans: Proc. roy. Soc., Lond. A. Bd. 162 (1937), S. 110 (A 8).
109. Price, W. C. u. R. W. Wood: J. chem. Phys. Bd. 3 (1935) S. 439 (A 8).
110. Rathenau, G.: Z. Phys. Bd. 87 (1933) S. 32 (A 8).
111. Ross, L. C.: Phys. Rev. Bd. 37 (1931) S. 532 (A 9).
112. Russell, H. N.: Astrophys. J. Bd. 78 (1933) S. 239 (A 13b).
113. Sauter, F.: Ann. Phys., Lpz. (5) Bd. 9 (1931) S. 217 (A 9).
114. Schnaidt, F.: Ann. Phys., Lpz. (5) Bd. 21 (1934) S. 89 (A 11).
115. Seiler, K.: Ann. Phys., Lpz. (5) Bd. 27 (1936) S. 329 (A 9).

116. Shenstone, A. G.: Phys. Rev. Bd. 38 (1931) S. 873 (A 10).
117. Sommerfeld, A.: Phys. Rev. Bd. 50 (1936) S. 38 (A 11).
118. Sommerfeld, A.: Ann. Phys., Lpz. (5) Bd. 29 (1937) S. 715 (A 11).
119. Sommerfeld, A. u. G. Schur: Ann. Phys., Lpz. (5) Bd. 4 (1930) S. 409, 433 (A 9).
120. Stobbe, M.: Ann. Phys., Lpz. (5) Bd. 7 (1930) S. 661.
121. Strömgren, B.: Z. Astrophys. Bd. 4 (1932) S. 118 (A 13b).
122. Sugiura, Y.: Z. Phys. Bd. 44 (1927) S. 190 (A 7).
123. Sugiura, Y.: Phil. Mag. Bd. 4 (1927) S. 495 (A 7).
124. Swirles, B.: Proc. roy. Soc., Lond. A Bd. 141 (1933) S. 554 (A 13b).
125. Thoma, A.: Z. Phys. Bd. 94 (1935) S. 621 (A 7).
126. Trumpy, B.: Z. Phys. Bd. 47 (1928) S. 804 (A 7).
127. Trumpy, B.: Z. Phys. Bd. 54 (1929) S. 372 (A 7).
128. Trumpy, B.: Z. Phys. Bd. 71 (1931) S. 720 (A 7).
129. Unsöld, A.: Z. Astrophys. Bd. 3 (1931) S. 84 (A 13).
130. Unsöld, A.: Z. Astrophys. Bd. 8 (1934) S. 32, 225 (A 13b).
131. Vinti, J. P.: Phys. Rev. Bd. 42 (1932) S. 632 (A 7).
132. Vinti, J. P.: Phys. Rev. Bd. 44 (1933) S. 524 (A 7).
133. Wagner, A.: Phys. Z. Bd. 18 (1917) S. 433 (A 9).
134. Wentzel, G.: Z. Phys. Bd. 40 (1926) S. 574 (A 9).
135. Wentzel, G.: Z. Phys. Bd. 43 (1927) S. 1, 779 (A 11).
136. Wentzel, G.: Z. Phys. Bd. 43 (1927) S. 524 (A 10).
137. Werner, S.: Z. Phys. Bd. 90 (1934) S. 384 (A 12).
138. Wheeler, J. A.: Phys. Rev. Bd. 43 (1933) S. 258 (A 7).
139. White, H. E.: Phys. Rev. Bd. 38 (1931) S. 2016 (A 10).
140. Wood, R. W.: Astrophys. J. Bd. 29 (1909) S. 100 (A 7).
141. Wood, R. W.: Phil. Mag. Bd. 18 (1909) S. 530.
142. Woolley, R. v. D. R.: Month. Not. Bd. 95 (1934) S. 101 (A 13b).
143. Woolley, R. v. D. R.: Observatory Bd. 58 (1935) S. 297 (A 13b).
144. Ch'ing-Sung Yü: Lick Obs. Bull. Bd. 12 (1926) S. 104 (A 13).

IV. Seriengrenzkontinua in Emission.

145. Arakatsu, B., Y. Ota u. K. Kimura: Mem. Fac. Sci. Agricult. Taihoku Univ. Bd. 5 (1932) S. 13.
146. Atkinson, R. d'E.: Z. Phys. Bd. 51 (1928) S. 188.
147. Bailland, J. u. D. Chalonge: J. Phys. Radium Bd. 3 (1932) S. 53 (A 15c).
148. Bartels, H.: Z. Phys. Bd. 25 (1924) S. 378.
149. Bartels, H.: Phys. Z. Bd. 31 (1930) S. 1016.
150. Bartels, H.: Z. Phys. Bd. 73 (1931) S. 203.
151. Bartels, H.: Z. Phys. Bd. 105 (1937) S. 704.
152. Boeckner, C.: Bur. Stand. J. Res., Wash. Bd. 6 (1931) S. 277.
153. Chalonge, D. u. Ny Tsi Zé: C. R. Acad. Sci., Paris Bd. 190 (1930) S. 425.
154. Cillié, G.: Month. Not. Bd. 92 (1932) S. 820.
155. Cillié, G.: Month. Not. Bd. 96 (1936) S. 771.
156. McCrea, W. H.: Month. Not. Bd. 89 (1929) S. 483.
157. Davidov, B.: Phys. Z. Sowjet. Bd. 5 (1934) S. 432.
158. Dewey, J. M.: Phys. Rev. Bd. 35 (1930) S. 155.
159. Döpel, R.: Z. Phys. Bd. 87 (1934) S. 356.
160. Evershed, J.: Phil. Trans. roy. Soc. Lond. A Bd. 197 (1901) S. 399.
161. Franck, J.: Z. Phys. Bd. 47 (1928) S. 509.
162. Fukuda, M.: Bull. Inst. phys. chem. Res., Tokio Bd. 26 (1935) S. 21.
163. Glockler, G. u. M. Calvin: J. chem. Phys. Bd. 4 (1936) S. 492.
164. Hayner, L. J.: Phys. Rev. Bd. 26 (1925) S. 364.
165. Hayner, L. J.: Z. Phys. Bd. 35 (1926) S. 365.

166. HERZBERG, G.: Ann. Phys., Lpz. Bd. 84 (1927) S. 565.
167. HUBBLE, E. P.: Astrophys. J. Bd. 56 (1922) S. 162, 400.
168. JANCKE, H. O.: Z. Phys. Bd. 99 (1936) S. 169.
169. JEN, C. K.: Phys. Rev. Bd. 43 (1933) S. 540.
170. JOHNSON, M. C.: Month. Not. Bd. 85 (1925) S. 813.
171. JOHNSON, M. C.: Month. Not. Bd. 86 (1926) S. 300.
172. KARPOV, B. G.: Lick Obs. Bull. Bd. 16 (1934) S. 159.
173. KENTY, C.: Phys. Rev. Bd. 32 (1928) S. 624.
174. KENTY, C. u. L. A. TURNER: Phys. Rev. Bd. 31 (1928) S. 710.
175. KESSEL, H.: Z. Phys. Bd. 70 (1931) S. 614.
176. KREFFT, H.: Naturwiss. Bd. 19 (1931) S. 269.
177. KREFFT, H.: Phys. Z. Bd. 32 (1931) S. 948.
178. KREFFT, H : Z. Phys. Bd. 77 (1932) S. 752.
179. LAX, E., M. PIRANI u. R. ROMPE: Naturwiss. Bd. 23 (1935) S. 393.
180. LYMAN, TH.: Nature, Lond. Bd. 113 (1924) S. 785.
181. LYMAN, TH.: Astrophys. J. Bd. 60 (1924) S. 1.
182. MENZEL, D. H.: Astrophys. J. Bd. 85 (1937) S. 330.
183. MENZEL, D. H. u. J. G. BAKER: Astrophys. J. Bd. 86 (1937) S. 70.
184. MENZEL, D. H. u. G. CILLIÉ: Astrophys. J. Bd. 85 (1937) S. 88.
185. MENZEL, D. H. u. C. L. PEKERIS: Month. Not. Bd. 96 (1935) S. 77.
186. MOHLER, F. L.: Phys. Rev. Bd. 31 (1928) S. 187.
187. MOHLER, F. L.: Phys. Rev. Bd. 43 (1933) S. 374.
188. MOHLER, F. L.: Bur. Stand. J. Res., Wash. Bd 10 (1933) S. 771.
189. MOHLER, F. L.: Bur. Stand. J. Res., Wash. Bd. 17 (1936) S. 45.
190. MOHLER, F. L.: Bur. Stand. J. Res., Wash. Bd. 17 (1936) S. 849.
191. MOHLER, F. L.: Bur. Stand. J. Res., Wash. Bd. 19 (1937) S. 447.
191a. MOHLER, F. L.: Bur. Stand. J. Res., Wash. Bd. 19 (1937) S. 559.
192. MOHLER, F. L. u. C. BOECKNER: Bur. Stand. J. Res., Wash. Bd. 2 (1929) S. 489.
193. NEWMAN, F. H.: Phil. Mag. Bd. 6 (1928) S. 807.
194. NICHOLSON, J. W.: Month. Not. Bd. 85 (1925) S. 253.
195. OPPENHEIMER, J. R.: Phys. Rev. Bd. 31 (1928) S. 349.
196. PAGE, T. L.: Month. Not. Bd. 96 (1936) S. 604.
197. PASCHEN, F.: Berl. Ber. 1926 S. 135.
198. PLASKETT, H. H.: Harv. Coll. Obs. Circ. 1928 Nr. 335.
199. POOL, M. L.: Phys. Rev. Bd. 30 (1927) S. 848.
200. LORD RAYLEIGH: Proc. roy. Soc., Lond. A Bd. 112 (1926) S. 14.
201. RÜCHARDT, E.: Z. Phys. Bd. 15 (1923) S. 164.
202. SEELIGER, R.: Phys. Z. Bd. 30 (1929) S. 329.
203. SLIPHER, V. M.: Lowell Obs. Bull. 1912 Nr. 55.
204. STARK, J.: Ann. Phys., Lpz. (4) Bd. 51 (1916) S. 220.
205. STARK, J.: Ann. Phys., Lpz. (4) Bd. 52 (1917) S. 255.
206. STRUVE, O., C. T. ELVEY u. F. E. ROACH: Astrophys. J. Bd. 84 (1936) S. 219.
207. STUECKELBERG, E. C. G. u. P. M. MORSE: Phys. Rev. Bd. 36 (1930) S. 16.
208. SUGA, T.: Astrophys. J. Bd. 70 (1929) S. 201.
209. TAKAMINE, T. u. T. SUGA: Sci. Pap. Inst. phys. chem. Res., Tokio Bd. 13 (1930) S. 1.
210. WEBB, H. W. u. D. SINCLAIR: Phys. Rev. Bd. 37 (1931) S. 182.
211. WESSEL, W.: Ann. Phys., Lpz. (5) Bd. 5 (1930) S. 611.
212. WRIGHT, W. H.: Lick Obs. Bull. Bd. 9 (1917) S. 54.
213. WRIGHT, W. H.: Publ. Lick Obs. Bd. 13 (1918) S. 193, 256.
214. WRIGHT, W. H.: Proc. Amer. phil. Soc. Bd. 49 (1920) S. 530.
215. WRIGHT, W. H.: Lick Obs. Bull. Bd. 10 (1921) S. 101.
216. WRIGHT, W. H.: Nature, Lond. Bd. 109 (1922) S. 810.
217. ZANSTRA, H.: Astrophys. J. Bd. 65 (1927) S. 50.

V. Elektronen-Bremskontinua.

218. Aurén, T. E.: Medd. Nobelinst. Bd. 6 (1925) Nr. 13 (A 20).
219. Balinkin, J. A.: Phil. Mag. Bd. 11 (1931) S. 315 (A 21).
220. Barkla, C. G.: Phil. Trans. roy. Soc., Lond. Bd. 204 (1905) S. 467 (A 20).
221. Bassler, E.: Ann. Phys., Lpz. (4) Bd. 28 (1909) S. 860 (A 20).
222. Beatty, R. T.: Proc. roy. Soc., Lond. A Bd. 89 (1913) S. 314 (A 20).
223. Behnken, H.: Z. Phys. Bd. 3 (1920) S. 48 (A 20).
224. Bell, G. E.: Brit. J. Radiol. Bd. 9 (1936) S. 680 (A 20).
225. Betz, H.: Z. Phys. Bd. 95 (1935) S. 189 (A 21).
226. Blake, F. C. u. W. Duane: Phys. Rev. Bd. 9 (1917) S. 568 (A 20).
227. Blake, F. C. u. W. Duane: Phys. Rev. Bd. 10 (1917) S. 93, 624 (A 20).
228. Bodin, E.: Thèses Paris 1926 (A 21).
229. Boeckner, C.: Bur. Stand. J. Res., Wash. Bd. 9 (1932) S. 413, 583 (A 21).
230. Böggild, J.: Z. Phys. Bd. 77 (1932) S. 100 (A 20).
231. Bouwers, A.: Diss. Utrecht 1924 (A 20).
232. Bronstein, M.: Z. Phys. Bd. 32 (1925) S. 881 (A 20).
233. Claus, B.: Ann. Phys., Lpz. (5) Bd. 11 (1931) S. 331 (A 21).
234. Cohn, W. M.: Phys. Z. Bd. 32 (1931) S. 559 (A 21).
235. Cohn, W. M.: Z. Phys. Bd. 70 (1931) S. 662, 667, 679 (A 21).
236. Cohn, W. M.: Z. Phys. Bd. 72 (1931) S. 392 (A 21).
237. Cohn, W. M.: Z. Phys. Bd. 73 (1932) S. 662 (A 21).
238. Cohn, W. M.: Z. Phys. Bd. 75 (1932) S. 544 (A 21).
239. Dasanacharya, B.: Phys. Rev. Bd. 36 (1930) S. 1675 (A 20).
240. Dauvillier, A.: Ann. Phys., Paris Bd. 13 (1920) S. 49 (A 20).
241. Davies, L. P.: Proc. roy. Soc., Lond. A Bd. 124 (1929) S. 268 (A 20).
242. Davis, B.: Phys. Rev. Bd. 9 (1917) S. 64 (A 20).
243. Déchêne, G.: Thèses Paris 1934 (A 21).
244. Dessauer, F. u. E. Back: Verh. dtsch. phys. Ges. Bd. 21 (1919) S. 168 (A 20).
245. Determann, H.: Ann. Phys., Lpz. (5) Bd. 30 (1937) S. 481 (A 20).
246. Duane, W.: Proc. nat. Acad. Amer. Bd. 13 (1927) S. 662 (A 20).
247. Duane, W.: Proc. nat. Acad. Amer. Bd. 14 (1928) S. 450 (A 20).
248. Duane, W.: Proc. nat. Acad. Amer. Bd. 15 (1929) S. 805 (A 20).
249. Duane, W. u. J. C. Hudson: Phys. Rev. Bd. 33 (1929) S. 635 (A 20).
250. Duane, W. u. F. L. Hunt: Phys. Rev. Bd. 6 (1915) S. 166 (A 20).
251. Duane, W., H. H. Palmer u. C. S. Yeh: J. opt. Soc. Amer. Bd. 5 (1921) S. 213 (A 20).
252. Duane, W., H. H. Palmer u. C. S. Yeh: Proc. nat. Acad. Amer. Bd. 7 (1921) S. 237 (A 20).
253. Duane, W., H. H. Palmer u. C. S. Yeh: Phys. Rev. Bd. 18 (1921) S. 98 (A 20).
254. Duane, W. u. T. Shimizu: Phys. Rev. Bd. 11 (1918) S. 491 (A 20).
255. Duane, W. u. T. Shimizu: Phys. Rev. Bd. 14 (1919) S. 525 (A 20).
256. Dukelski, W. M.: Fisitscheski Shurnal (A) Bd. 7 (1937) S. 279 (A 20).
257. DuMond, J. W. u. V. Bollman: Phys. Rev. Bd. 51 (1937) S. 400 (A 20).
258. Feder, H.: Ann. Phys., Lpz. (5) Bd. 1 (1929) S. 497 (A 20).
259. Finkelnburg, W.: Phys. Rev. Bd. 45 (1934) S. 341 (A 21).
260. Finkelnburg, W.: Z. Phys. Bd. 88 (1934) S. 297, 768 (A 21).
261. Finkelnburg, W.: Z. Phys. Bd. 93 (1935) S. 201 (A 21, 101).
262. Foote, P. D., W. F. Meggers u. R. L. Chenault: J. opt. Soc. Amer. Bd. 9 (1924) S. 541 (A 21).
263. Friedrich, W.: Ann. Phys., Lpz. Bd. 39 (1912) S. 377 (A 20).
264. Gaunt, J. A.: Phil. Trans. roy. Soc., Lond. Bd. 229 (1930) S. 163 (A 19).
265. Gaunt, J. A.: Proc. roy. Soc., Lond. A Bd. 126 (1930) S. 654 (A 19).
266. Guminski, K.: Bull. Acad. Sci. Pol. Bd. 3 (1936) S. 145 (A 21).
267. Güntherschulze, A. u. H. Betz: Z. Phys. Bd. 74 (1932) S. 681 (A 21).

268. HAM, W. R.: Phys. Rev. Bd. 30 (1910) S. 96 (A 20).
269. HULL, A. W.: Phys. Rev. Bd. 7 (1916) S. 156 (A 20).
270. HULL, A. W. u. M. RICE: Proc. nat. Acad. Amer. Bd. 2 (1916) S. 265 (A 20).
271. KAYE, W. C.: Phil. Trans. roy. Soc., Lond. Bd. 209 (1908) S. 237 (A 20).
272. KAYE, W. C.: Proc. Cambr. phil. Soc. Bd. 15 (1909) S. 269 (A 20).
273. KIRKPATRICK, P.: Phys. Rev. Bd. 22 (1923) S. 37, 226 (A 20).
274. KIRKPATRICK, P. u. P. A. ROSS: Phys. Rev. Bd. 51 (1937) S. 529 (A 20).
275. KIRSCHBAUM, H.: Ann. Phys., Lpz. Bd. 46 (1915) S. 85 (A 20).
276. KULENKAMPFF, H.: Ann. Phys., Lpz. Bd. 69 (1922) S. 548 (A 20).
277. KULENKAMPFF, H.: Ann. Phys., Lpz. Bd. 87 (1928) S. 597 (A 20).
278. KULENKAMPFF, H.: Phys. Z. Bd. 30 (1929) S. 514 (A 20).
279. KULENKAMPFF, H.: Handbuch der Physik, 2. Aufl., Bd. 23, Teil 2, S. 142. Berlin 1933 (A 20).
280. LAURITSEN, C. C.: Phys. Rev. Bd. 36 (1930) S. 1680 (A 20).
281. LEDOUX-LEBARD, R. u. A. DAUVILLIER: C. R. Acad. Sci., Paris Bd. 163 (1916) S. 754 (A 20).
282. LEDOUX-LEBARD, R. u. A. DAUVILLIER: C. R. Acad. Sci., Paris Bd. 164 (1917) S. 687 (A 20).
283. LEDOUX-LEBARD, R. u. A. DAUVILLIER: La Physique des Rayons X. Paris 1921 (A 20).
284. LENARD, P.: Quantitatives über Kathodenstrahlen aller Geschw. Heidelberg 1918.
285. LILIENFELD, J. E.: Phys. Z. Bd. 20 (1919) S. 280 (A 21).
286. LILIENFELD, J. E. u. F. ROTHER: Phys. Z. Bd. 21 (1920) S. 249, 360 (A 21).
287. LOEBE, W. W.: Ann. Phys. Bd. 44 (1914) S. 1033 (A 20).
288. LOSSEW, O. W.: Phil. Mag. Bd. 6 (1928) S. 1024 (A 21).
289. LOSSEW, O. W.: Phys. Z. Bd. 30 (1929) S. 920 (A 21).
290. LOSSEW, O. W.: Phys. Z. Bd. 32 (1931) S. 692 (A 21).
291. MAUE, A. W.: Ann. Phys. Bd. 13 (1932) S. 161 (A 19).
292. MILLER, D. C.: Phys. Rev. Bd. 8 (1916) S. 326 (A 20).
293. MOHLER, F. L.: Bur. Stand. J. Res., Wash. Bd. 8 (1932) S. 357 (A 21).
294. MOHLER, F. L. u. C. BOECKNER: Bur. Stand. J. Res., Wash. Bd. 6 (1931) S. 673 (A 21).
295. MOHLER, F. L. u. C. BOECKNER: Bur. Stand. J. Res., Wash. Bd. 7 (1931) S. 751 (A 21).
296. MOSELEY, J. H. u. C. G. DARWIN: Phil. Mag. Bd. 26 (1913) S. 210 (A 20).
297. MÜLLER, A.: Phys. Z. Bd. 19 (1918) S. 489 (A 20).
298. NEDELESKY, L.: Phys. Rev. Bd. 42 (1932) S. 641 (A 19).
299. NEUNHÖFFER, M.: Ann. Phys., Lpz. (4) Bd. 81 (1926) S. 493 (A 10).
300. NICHOLAS, W. W.: Phys. Rev. Bd. 29 (1927) S. 619 (A 20).
301. NICHOLAS, W. W.: Bur. Stand. J. Res., Wash. Bd. 2 (1929) S. 837 (A 20).
302. NICHOLAS, W. W.: Bur. Stand. J. Res, Wash. Bd. 5 (1930) S. 843 (A 20).
303. OPPENHEIMER, J. R.: Z. Phys. Bd. 55 (1929) S. 725 (A 19).
304. REBOUL, M. G.: J. Phys. Radium (6) Bd. 3 (1922) S. 20, 341 (A 21).
305. REBOUL, M. G.: J. Phys. Radium (6) Bd. 7 (1926) S. 275 (A 21).
306. REBOUL, M. G.: J. Phys. Radium (6) Bd. 2 (1931) S. 86 (A 21).
307. REBOUL, M. G. u. M. BODIN: J. Phys. Radium Bd. 3 (1922) S. 341 (A 21).
308. REBOUL, M. G. u. M. BODIN: C. R. Acad. Sci., Paris Bd. 179 (1924) S. 37 (A 21).
309. REBOUL, M. G., G. DÉCHÊNE u. R. JAQUESSON: J. Phys. Radium Bd. 8 (1927) S. 199 (A 21).
310. RICHARDSON, O. W. u. F. S. ROBERTSON: Proc. roy. Soc., Lond. Bd. 115 (1927) S. 280 (A 20).
311. RICHARDSON, O. W. u. F. S. ROBERTSON: Proc. roy. Soc., Lond. Bd. 124 (1929) S. 188 (A 20).

312. Ross, P. A.: J. opt. Soc. Amer. Bd. 16 (1928) S. 375, 433 (A 20).
313. Rother, F. u. W. M. Cohn: Naturwiss. Bd. 18 (1930) S. 155 (A 21).
314. Rother, F. u. W. M. Cohn: Phys. Z. Bd. 31 (1930) S. 687 (A 21).
315. Rump, W.: Z. Phys. Bd. 43 (1927) S. 254 (A 20).
316. Rutherford, E. u. J. Barnes: Phil. Mag. Bd. 30 (1915) S. 361 (A 20).
317. Sauter, F.: Ann. Phys., Lpz. (5) Bd. 18 (1933) S. 486 (A 19).
318. Sauter, F.: Ann. Phys., Lpz. (5) Bd. 20 (1934) S. 404 (A 19).
319. Scherzer, O.: Ann. Phys., Lpz. (5) Bd. 13 (1932) S. 137 (A 19).
320. Silberstein, L.: Phil. Mag. Bd. 19 (1935) S. 1042 (A 20).
321. Smith, L. P.: Phys. Rev. Bd. 40 (1932) S. 885 (A 19).
322. Smith, L. P.: Rev. Mod. Phys. Bd. 6 (1934) S. 69 (A 19).
323. Sommerfeld, A.: Phys. Z. Bd. 10 (1909) S. 969 (A 19).
324. Sommerfeld, A.: Proc. nat. Acad. Amer. Bd. 15 (1929) S. 393 (A 19).
325. Sommerfeld, A.: Ann. Phys., Lpz. (5) Bd. 11 (1931) S. 257 (A 19).
326. Stark, J.: Phys. Z. Bd. 8 (1907) S. 881.
327. Stark, J.: Phys. Z. Bd. 10 (1909) S. 902 (A 20).
328. Stark, J.: Phys. Z. Bd. 11 (1910) S. 107 (A 20).
329. Sugiura, Y.: Sci. Pap. Inst. phys. chem. Res., Tokio Bd. 11 (1929) S. 1 (A 19).
330. Sugiura, Y.: Sci. Pap. Inst. phys. chem. Res., Tokio Bd. 13 (1930) S. 23 (A 19).
331. Taylor, L. S.: Phys. Rev. Bd. 37 (1931) S. 1684 (A 21).
332. Ulrey, C. T.: Phys. Rev. Bd. 11 (1918) S. 401 (A 20).
333. Wagner, E.: Ann. Phys., Lpz. (4) Bd. 57 (1918) S. 401 (A 20).
334. Wagner, E.: Jb. Radiol. Bd. 16 (1919) S. 216 (A 20).
335. Wagner, E.: Phys. Z. Bd. 21 (1920) S. 621 (A 20).
336. Wagner, E. u. P. Ott: Ann. Phys., Lpz. (4) Bd. 85 (1928) S. 425 (A 20).
337. Webster, D. L.: Phys. Rev. Bd. 7 (1916) S. 599 (A 20).
338. Webster, D. L.: Phys. Rev. Bd. 18 (1921) S. 155 (A 20).
339. Webster, D. L. u. A. E. Hennings: Phys. Rev. Bd. 21 (1923) S. 312 (A 20).
340. Wien, W.: Ann. Phys., Lpz. (4) Bd. 18 (1905) S. 991 (A 20).
341. Zecher, G.: Ann. Phys., Lpz. (4) Bd. 63 (1920) S. 28 (A 20).

VI. Störungen von Elektronenkontinua.

342. Bogdanowich, B. W.: Phys. Z. Sowjet. Bd. 11 (1937) S. 83 (A 27).
343. Cioffari, B.: Phys. Rev. Bd. 51 (1937) S. 630 (A 27).
344. Dewey, J.: Phys. Rev. Bd. 35 (1930) S. 1439.
345. Dewey, J. u. H. P. Robertson: Nature, Lond. Bd. 121 (1928) S. 709.
346. Fabrikant, W.: C. R. U.S.S.R. Bd. 3 (1936) S. 215 (A 26).
347. Finkelnburg, W.: Z. Phys. Bd. 70 (1931) S. 375 (A 26).
348. Kossel, W.: Z. Phys. Bd. 2 (1920) S. 470 (A 27).
349. Kronig, R. de L.: Z. Phys. Bd. 75 (1933) S. 191, 468 (A 27).
350. Kudar, J.: Z. Phys. Bd. 57 (1929) S. 705 (A 24).
351. Kuhn, H.: Z. Phys. Bd. 61 (1930) S. 805 (A 25).
352. Lanczos, C.: Z. Phys. Bd. 65 (1930) S. 431 (A 24).
353. Lanczos, C.: Z. Phys. Bd. 68 (1931) S. 204 (A 24).
354. Oppenheimer, R.: Phys. Rev. Bd. 31 (1928) S. 66 (A 24).
355. Pauling, L. Phys. Rev. Bd. 34 (1929) S. 954 (A 27).
356. Prins, J. A.: Physica, Haag Bd. 1 (1934) S. 1174 (A 27).
357. Robertson, H. P. u. J. Dewey: Phys. Rev. Bd. 31 (1928) S. 973.
358. Skinner, H. W. B. u. J. E. Johnston: Proc. roy. Soc., Lond. Bd. 161 (1937) S. 420 (A 27).
359. Sugita, M.: Proc. phys. math. Soc. Japan Bd. 16 (1934) S. 254.
360. Traubenberg, R. v.: Phys. Z. Bd. 31 (1930) S. 958.
361. Wentzel, G.: Phys. Z. Bd. 31 (1930) S. 1006 (A 24).
362. Tsi-Zé, Ny u. Choong Shiu-Piaw: J. Phys. Radium (7) Bd. 6 (1935) S. 147 (A 25).

VII/IX. Theorie und Systematik der Molekülkontinua.

363. Asundi, R. K. u. R. Samuel: Proc. Indian Acad. Sci. Bd. 3 (1936) S. 562 (A 39).
364. Bengtsson, E. u. R. Rydberg: Z. Phys. Bd. 59 (1930) S. 540.
365. Bewersdorff, O.: Z. Phys. Bd. 103 (1936) S. 598 (A 36).
366. Bonhoeffer, K. F. u. E. Farkas: Z. phys. Chem. Bd. 134 (1928) S. 337 (A 40).
367. Born, M. u. J. Franck: Z. Phys. Bd. 31 (1925) S. 411.
368. Born, M. u. J. Franck: Ann. Phys., Lpz. (4) Bd. 76 (1925) S. 225.
369. Condon, E. U.: Phys. Rev. Bd. 28 (1926) S. 1182 (A 36).
370. Condon, E. U.: Phys. Rev. Bd. 32 (1928) S. 858 (A 38).
371. Ditchburn, R. W. u. H. J. J. Braddick: Nature, Lond. Bd. 134 (1934) S. 935.
372. Duschinsky, F. u. P. Pringsheim: Physica, Haag Bd. 2 (1935) S. 923.
373. Dymond, E. G.: Z. Phys. Bd. 34 (1925) S. 553 (A 39).
374. Eisenschitz, R. u. F. London: Z. Phys. Bd. 60 (1930) S. 491 (A 34d).
375. Eliashewich, M. u. B. Stepanov: Phys. Z. Sowjet. Bd. 10 (1936) S. 703 (A 40).
376. Finkelnburg, W.: Z. Phys. Bd. 96 (1935) S. 699.
377. Finkelnburg, W.: Z. Phys. Bd. 99 (1936) S. 798.
378. Franck, J.: Z. phys. Chem. Bd. 120 (1926) S. 144.
379. Franck, J. u. H. Kuhn: Naturwiss. Bd. 20 (1932) S. 923.
380. Franck, J. u. H. Sponer: Gött. Nachr. 1928 S. 241.
381. Glockler, G.: J. chem. Phys. Bd. 2 (1934) S. 823.
382. Goldstein, L.: J. Phys. Radium (7) Bd. 4 (1933) S. 123 (A 38, 39).
383. Grundström, R. u. E. Hulthén: Nature, Lond. Bd. 125 (1930) S. 634.
384. Heitler, W. u. F. London: Z. Phys. Bd. 44 (1927) S. 455.
385. Henri, V.: Strukture des Molecules. Paris 1925.
386. Henri, V. u. S. A. Schou: Z. Phys. Bd. 49 (1928) S. 774.
387. Herzberg, G.: Z. Phys. Bd. 61 (1930) S. 604 (A 40).
388. Herzberg, G.: Z. phys. Chem. Abt. B. Bd. 10 (1930) S. 189 (A 39, 40).
389. Herzberg, G.: Erg. exakt. Naturwiss. Bd. 10 (1931) S. 207 (A 40).
390. Hogness, T. R. u. J. Franck: Z. Phys. Bd. 44 (1927) S. 26.
391. Hopfield, J. J.: Phys. Rev. Bd. 29 (1927) S. 356.
392. Huggins, M. L.: J. chem. Phys. Bd. 4 (1936) S. 308 (A 34).
393. Hund, F.: Z. Phys. Bd. 63 (1930) S. 719 (A 33).
394. Hylleraas, E. A.: Z. Phys. Bd. 96 (1935) S. 661 (A 34).
395. James, H. M.: J. chem. Phys. Bd. 2 (1934) S. 794 (A 34).
396. James, H. M. u. A. S. Coolidge: J. chem. Phys. Bd. 1 (1933) S. 825 (A 34).
397. James, H. M. u. A. S. Coolidge: Phys. Rev. Bd. 51 (1937) S. 1001 (A 36).
398. Kirkwood, J. G.: J. chem. Phys. Bd. 1 (1933) S. 597 (A 34).
399. Klein, O.: Z. Phys. Bd. 76 (1932) S. 226 (A 34).
400. Kronig, R. de L.: Z. Phys. Bd. 50 (1928) S. 347 (A 40).
401. Kronig, R. de L.: Z. Phys. Bd. 62 (1930) S. 300 (A 40).
402. Kuhn, H.: Z. Phys. Bd. 63 (1930) S. 458 (A 38).
403. Lochte-Holtgreven, W.: Z. Phys. Bd. 103 (1936) S. 395 (A 40).
404. London, F.: Z. Phys. Bd. 63 (1930) S. 245 (A 34).
405. London, F.: Z. phys. Chem. Abt. B. Bd. 11 (1930) S. 222 (A 34).
406. Lotmar, W.: Z. Phys. Bd. 93 (1935) S. 528 (A 34).
407. Massey, H. S. W. u. R. A. Buckingham: Nature, Lond. Bd. 138 (1936) S. 77 (A 34).
408. Mitchell, A. C. G. u. M. W. Zemansky: Resonance Radiation and Excited Atoms. Cambridge Univ. Press 1934.
409. Morse, P. M.: Phys. Rev. Bd. 34 (1929) S. 57 (A 34).
410. Mulliken, R. S.: Rev. Mod. Phys. Bd. 4 (1932) S. 1 (A 33).
411. Mulliken, R. S.: Phys. Rev. Bd. 51 (1937) S. 310.
412. Nickerson, J. L.: Phys. Rev. Bd. 38 (1931) S. 1907.

413. Nickerson, J. L.: Phys. Rev. Bd. 47 (1935) S. 707.
414. Oldenberg, O.: Z. Phys. Bd. 56 (1929) S. 563 (A 34).
415. Polanyi, M. u. E. Wigner: Z. Phys. Bd. 33 (1925) S. 429.
416. Present, R. D.: J. chem. Phys. Bd. 3 (1935) S. 122 (A 34).
417. Pringsheim, P.: Fluoreszenz und Phosphoreszenz, 2. Aufl. Berlin 1928.
418. Rice, O. K.: J. chem. Phys. Bd. 1 (1933) S. 375 (A 40).
419. Rompe, R.: Z. techn. Phys. Bd. 17 (1936) S. 381 (A 50).
420. Rompe, R.: Z. Phys. Bd. 101 (1936) S. 214 (A 50).
421. Rosen, N. u. P. M. Morse: Phys. Rev. Bd. 42 (1932) S. 210 (A 34).
422. Rydberg. R.: Z. Phys. Bd. 73 (1932) S. 382.
423. Slater, J. C. u. J. G. Kirkwood: Phys. Rev. Bd. 37 (1931) S. 682 (A 34).
424. Sponer, H.: Leipzig. Vortr. 1931 S. 107 (A 38, 39).
425. Sponer, H.: Molekülspektren. Berlin 1936.
426. Stenvinkel, G.: Z. Phys. Bd. 62 (1930) S. 201 (A 40).
427. Terenin, A.: Z. Phys. Bd. 44 (1927) S. 713.
428. Trautz, M.: Z. anorg. allg. Chem. Bd. 102 (1918) S. 119 (A 39).
429. Trivedi, H.: Proc. Acad. Sci. U.P. India Bd. 4 (1934) S. 59 (A 36).
430. Trivedi, H.: Proc. Acad. Sci. U.P. India Bd. 5 (1935) S. 171 (A 36).
431. Turner, L. A.: Z. Phys. Bd. 65 (1930) S. 464 (A 40).
432. Turner, L. A.: Z. Phys. Bd. 68 (1931) S. 178 (A 40).
433. Villars, D. S. u. E. U. Condon: Phys. Rev. Bd. 35 (1930) S. 1028 (A 34, 40).
434. Weizel, W.: Handbuch der Experimentalphysik, Erg.-Bd. 1, Bandenspektren. 1931.
435. Wigner, E. u. E. E. Witmer: Z. Phys. Bd. 51 (1928) S. 859 (A 33).
436. Witmer, E. E.: Proc. nat. Acad. Amer. Bd. 12 (1926) S. 238.
437. Wohl, K.: Z. phys. Chem. Abt. B. Bd. 14 (1931) S. 36 (A 34).
438. Zener, C.: Proc. roy. Soc., Lond. A Bd. 140 (1933) S. 660.

X.
52: Halogenwasserstoffe.

439. Bates, J. R., J. O. Halford u. L. C. Anderson: J. chem. Phys. Bd. 3 (1935) S. 415.
440. Bates, J. R., J. O. Halford u. L. C. Anderson: J. chem. Phys. Bd. 3 (1935) S. 531.
441. Bonhoeffer, K. F.: u. W. Steiner: Z. phys. Chem. Bd. 122 (1926) S. 287.
442. Coehn, A. u. K. Stückardt: Z. phys. Chem. Bd. 91 (1916) S. 722.
443. Datta, A. K.: Z. Phys. Bd. 77 (1932) S. 404.
444. Dutta, A. K. u. S. C. Deb: Z. Phys. Bd. 93 (1935) S. 127.
445. Goodeve, C. F. u. A. W. C. Taylor: Proc. roy. Soc., Lond. A Bd. 152 (1935) S. 221.
446. Goodeve, C. F. u. A. W. C. Taylor: Proc. roy. Soc., Lond. A Bd. 154 (1936) S. 181.
447. Kulp, M.: Z. Phys. Bd. 67 (1931) S. 8.
448. Rollefson, G. K. u. J. H. Booher: J. Amer. chem. Soc. Bd. 53 (1931) S. 1728.
449. Tingey, H. C. u. R. H. Gerke: J. Amer. chem. Soc. Bd. 48 (1926) S. 1838.
450. Trivedi, H.: Proc. nat. Acad. India Bd. 6 (1936) S. 18.
451. Warburg, E.: Ber. preuß. Akad. Wiss. Bd. 76 (1916) S. 314.
452. Weizel, W., H. W. Wolff u. H. E. Binkele: Z. phys. Chem. Abt. B. Bd. 10 (1930) S. 459.

53: Halogene.

453. Acton, A. P., R. G. Aickin u. N. S. Bayliss: J. chem. Phys. Bd. 4 (1936) S. 474.
454. Aickin, R. G. u. N. S. Bayliss: Trans. Faraday Soc. Bd. 33 (1937) S. 1333.
455. Angerer, E. v.: Z. Phys. Bd. 11 (1922) S. 167.

456. AVRAMENKO, L. u. V. KONDRATJEW: Phys. Z. Sowjet. Bd. 10 (1936) S. 741.
457. BARRAT, S. u. C. B. STEIN: Proc. roy. Soc. Lond. A Bd. 122 (1929) S. 582.
458. BAYLISS, N. S.: Proc. roy. Soc. Lond. A Bd. 158 (1937) S. 551.
459. BAYLISS, N. S.: Trans. Faraday Soc. Bd. 33 (1937) S. 1339.
460. BHATNAGAR, S. S., D. L. SHRIVASTAVA, K. N. MATHUR u. R. K. SHARMA:
     Phil. Mag. (7) Bd. 5 (1928) S. 1226.
461. BOVIS, P.: Ann. Phys., Paris (10) Bd. 10 (1928) S. 232.
462. BROWN, W. G.: Phys. Rev. Bd. 38 (1931) S. 1179.
463. BROWN, W. G.: Phys. Rev. Bd. 38 (1931) S. 1187.
464. BROWN, W. G. u. G. E. GIBSON: Phys. Rev. Bd. 40 (1932) S. 529.
465. CAMPETTI, A.: Atti Acad. Torino Bd. 70 (1934) S. 618.
466. CIAMICIAN, G.: Wien. Ber. Bd. 78 (2) (1879) S. 873.
467. CORDES, H.: Z. Phys. Bd. 74 (1932) S. 34.
468. CORDES, H.: Z. Phys. Bd. 97 (1935) S. 603.
469. CORDES, H. u. H. SPONER: Z. Phys. Bd. 63 (1930) S. 334.
470. CORDES, H. u. H. SPONER: Z. Phys. Bd. 79 (1932) S. 170.
471. CURTIS, W. E. u. S. F. EVANS: Proc. roy. Soc., Lond. A Bd. 141 (1933) S. 603.
472. DABROWSKI, L.: Acta phys. polon. Bd. 3 (1934) S. 301.
473. DARRYSHIRE, O.: J. chem. Phys. Bd. 4 (1936) S. 747.
474. DARBYSHIRE, O.: Proc. roy. Soc., Lond. A Bd. 159 (1937) S. 93.
475. DHAR, N. R. u. P. N. BHARGAVA: Indian J. of Phys. Bd. 19 (1936) S. 43.
476. EDER, J. M. u. E. VALENTA: Denkschr. Wien. Akad. Bd. 68 (1900) S. 523.
477. EDER, J. M. u. E. VALENTA: Denkschr. Wien. Akad. Bd. 68 (1900) S. 437.
478. ELLIOT, A. u. W. H. R. CAMERON: Proc. roy. Soc., Lond. A Bd. 158 (1937)
     S. 681.
479. EVANS, E. J.: Astrophys. J. Bd. 32 (1910) S. 1.
480. EVANS, E. J.: Astrophys. J. Bd. 32 (1910) S. 291.
481. EVERSHED, J.: Phil. Mag. Bd. 39 (1895) S. 460.
482. FRANCK, J.: Z. Phys. Bd. 5 (1921) S. 428.
483. FRANCK, J. u. R. W. WOOD: Verh. dtsch. phys. Ges. Bd. 13 (1911) S. 84.
484. FREDENHAGEN, C.: Phys. Z. Bd. 8 (1907) S. 89, 407, 679.
485. FRUTH, H. F.: Phys. Rev. Bd. 31 (1928) S. 614.
486. GALE, H. G. u. G. S. MONK: Phys. Rev. Bd. 29 (1927) S. 211.
487. GERLACH, W.: Phys. Z. Bd. 24 (1923) S. 467.
488. GERLACH, W. u. F. GROMANN: Z. Phys. Bd. 18 (1923) S. 239.
489. GERLACH, W. u. F. GROMANN: Naturwiss. Bd. 13 (1925) S. 608.
490. GIBSON, G. E.: Z. Phys. Bd. 50 (1928) S. 692.
491. GIBSON, G. E.: Phys. Rev. Bd. 39 (1932) S. 550.
492. GIBSON, G. E. u. N. S. BAYLISS: Phys. Rev. Bd. 41 (1932) S. 388.
493. GIBSON, G. E. u. N. S. BAYLISS: Phys. Rev. Bd. 44 (1933) S. 188.
494. GIBSON, G. E. u. H. C. RAMSBERGER: Phys. Rev. Bd. 30 (1928) S. 598.
495. GIBSON, G. E. u. O. K. RICE: Phys. Rev. Bd. 39 (1932) S. 551.
496. GIBSON, G. E. u. O. K. RICE: Phys. Rev. Bd. 50 (1936) S. 380.
497. GIBSON, G. E., O. K. RICE u. N. S. BAYLISS: Phys. Rev. Bd. 44 (1933) S.193.
498. GILLAM, A. E. u. R. A. MORTON: Proc. roy. Soc., Lond. A Bd. 124 (1929) S. 604.
499. GRAY, L. T. M. u. D. W. G. STYLE: Proc. roy. Soc., Lond. A Bd. 126 (1929)
     S. 603.
500. HAMER, R. u. C. K. RIZER: J. opt. Soc. Amer. Bd. 16 (1928) S. 122.
501. JONES, F. W. u. W. SPOONER: Trans. Faraday Soc. Bd. 31 (1935) S. 811.
502. KILCHING, L.: Z. wiss. Photogr. Bd. 15 (1916) S. 293.
503. KONDRATJEW, V. u. A. LEIPUNSKY: Z. Phys. Bd. 50 (1928) S. 366.
504. KONDRATJEW, V. u. A. LEIPUNSKY: Z. Phys. Bd. 56 (1929) S. 353.
505. KONEN, H.: Ann. Phys. Bd. 65 (1898) S. 257.
506. KUHN, H.: Z. Phys. Bd. 39 (1926) S. 77.

507. LAIRD, E. R.: Astrophys. J. Bd. 14 (1901) S. 85.
508. McLENNAN, J. C.: Proc. roy. Soc., Lond. A Bd. 88 (1913) S. 284.
509. McLENNAN, J. C.: Proc. roy. Soc., Lond. Bd. 91 (1916) S. 23.
510. LIVEING, G. D.: Proc. Cambr. phil. Soc. Bd. 12 (1904) S. 337.
511. LOOMIS, F. W. u. A. J. ALLEN: Phys. Rev. Bd. 33 (1929) S. 639.
512. LUDLAM, E. B. u. W. WEST: Proc. Edinburgh Mathem. Soc. Bd. 44 (1924) S. 185.
513. MECKE, R.: Ann. Phys., Lpz. (4) Bd. 71 (1924) S. 104.
514. MULLIKEN, R. S.: Phys. Rev. Bd. 46 (1934) S. 549.
515. MULLIKEN, R. S.: J. chem. Phys. Bd. 4 (1936) S. 620.
516. OLDENBERG, O.: Z. Phys. Bd. 18 (1923) S. 1.
517. OLDENBERG, O.: Z. Phys. Bd. 25 (1924) S. 136.
518. OLDENBERG, O.: Z. Phys. Bd. 27 (1924) S. 189.
519. OLDENBERG, O.: Phys. Rev. Bd. 43 (1933) S. 501.
520. OLDENBERG, O.: Phys. Rev. Bd. 43 (1933) S. 534.
521. PASCHEN, F.: Wiedemanns Ann. Bd. 50 (1893) S. 409.
522. PASCHEN, F.: Wiedemanns Ann. Bd. 51 (1894) S. 1.
523. PASCHEN, F.: Wiedemanns Ann. Bd. 52 (1894) S. 209.
524. PATKOWSKI, J.: Acta phys. polon. Bd. 3 (1934) S. 385.
525. PESKOW, N.: J. phys. Chem. Bd. 21 (1917) S. 382.
526. PRINGSHEIM, E.: Wiedemanns Ann. Bd. 45 (1892) S. 428.
527. PRINGSHEIM, E.: Wiedemanns Ann. Bd. 49 (1893) S. 347.
528. PRINGSHEIM, P.: Z. Phys. Bd. 5 (1921) S. 130.
529. PRINGSHEIM, P.: Z. Phys. Bd. 7 (1921) S. 206.
530. PRINGSHEIM, P. u. B. ROSEN: Z. Phys. Bd. 50 (1928) S. 1.
531. RABINOWITCH, E. u. W. C. WOOD: Trans. Faraday Soc. Bd. 32 (1936) S. 540.
532. RAO, C. M. B. u. R. SAMUEL: Current Sci. Bd. 4 (1936) S. 811.
533. RIBAUD, G.: Ann. Phys., Paris Bd. 12 (1919) S. 107.
534. SALET, G.: Poggendorfs Ann. Bd. 147 (1872) S. 320.
535. SCHEIBE, G.: Z. phys. Chem. Abt. B. Bd. 5 (1929) S. 355.
536. SIRACUSANO, N.: Linc. Rend. (6) Bd. 7 (1928) S. 835.
537. SIRACUSANO, N.: Cim. (N. S.) Bd. 5 (1928) S. 273.
538. SKORKO, E.: Nature, Lond. Bd. 131 (1933) S. 366.
539. SKORKO, E.: Acta phys. polon. Bd. 3 (1934) S. 191.
540. SMITHELS, A.: Phil. Mag. Bd. 37 (1894) S. 245.
541. SPONER, H. u. W. W. WATSON: Z. Phys. Bd. 56 (1929) S. 184.
542. STEUBING, W.: Ann. Phys., Lpz. (4) Bd. 58 (1919) S. 55.
543. STEUBING, W.: Ann. Phys., Lpz. (4) Bd. 64 (1921) S. 673.
544. STEUBING, W.: Z. Phys. Bd. 32 (1925) S. 159.
545. STRUTT, R. J. u. A. FOWLER: Proc. roy. Soc., Lond. A Bd. 86 (1911) S. 105.
546. UCHIDA, Y.: Sci. Pap. Inst. phys. chem. Res., Tokio Bd. 30 (1936) S. 71.
547. UREY, H. C. u. J. R. BATES: Phys. Rev. Bd. 33 (1929) S. 279.
548. UREY, H. C. u. J. R. BATES: Phys. Rev. Bd. 34 (1929) S. 1541.
549. VOGT, K. u. J. KOENIGSBERGER: Z. Phys. Bd. 13 (1921) S. 292.
550. WARREN, D. T.: Phys. Rev. Bd. 47 (1935) S. 1.
551. WARTENBERG, H. v. u. J. TAYLOR: Gött. Nachr. 1930 Heft 1.
552. WARTENBERG, H. v., G. SPRENGPR u. J. TAYLOR: Z. phys. Chem., Bodenstein-
     band 1931 S. 61.
553. WOLF, K. L.: Z. Phys. Bd. 35 (1926) S. 490.
554. WOOD, R. W.: Phil. Mag. Bd. 12 (1906) S. 324.
555. WOOD, R. W. u. C. F. MEYER: Phil. Mag. Bd. 30 (1915) S. 454.

            54/58: O_2, Halogenide, Oxyde, Sulfide.

556. ANGERER, E. v. u. A. MÜLLER: Phys. Z. Bd. 26 (1925) S. 643.
557. BEUTLER, H. u. B. JOSEPHY: Z. phys. Chem. Abt. A. Bd. 139 (1928) S. 482.

558. BEUTLER, H. u. H. LEVI: Z. Elektrochem. Bd. 38 (1932) S. 589.
559. BEUTLER, H. u. H. LEVI: Z. phys. Chem. Abt. B. Bd. 24 (1934) S. 263.
560. BIRGE, R. T. u. H. SPONER: Phys. Rev. Bd. 28 (1926) S. 259.
561. BORN, M. u. W. HEISENBERG: Phys. Z. Bd. 23 (1924) S. 388.
562. BRICE, B. A.: Phys. Rev. Bd. 35 (1930) S. 960.
563. BRICE, B. A.: Phys. Rev. Bd. 38 (1931) S. 658.
564. BUTKOW, K. u. A. TERENIN: Z. Phys. Bd. 49 (1928) S. 865.
565. BUTKOW, K.: Z. Phys. Bd. 58 (1929) S. 232.
566. DATTA, A. K. u. P. K. SEN-GUPTA: Proc. roy. Soc., Lond. A Bd. 139 (1933) S. 397.
567. DESAI, M. S.: Bull. Acad. Allahabad Bd. 1 (1931) S. 116.
568. DESAI, M. S.: Proc. roy. Soc., Lond. Bd. 136 (1932) S. 76.
569. DESAI, M. S.: Z. Phys. Bd. 85 (1933) S. 360.
569a. FERGUSON, W. F. C.: Phys. Rev. Bd. 32 (1928) S. 607.
570. FRANCK, J. u. H. KUHN: Z. Phys. Bd. 43 (1927) S. 164.
571. FRANCK, J. u. H. KUHN: Z. Phys. Bd. 44 (1927) S. 607.
572. FRANCK, J., H. KUHN u. G. ROLLEFSON: Z. Phys. Bd. 43 (1927) S. 155.
573. HAMADA, H.: Phil. Mag. Bd. 18 (1934) S. 1134.
573a. JENKINS, F. A. u. G. D. ROCHESTER: Phys. Rev. Bd. 52 (1937) S. 1135.
573b. JENKINS, F. A. u. G. D. ROCHESTER: Phys. Rev. Bd. 52 (1937) S. 1141.
573c. JEVONS, W.: Proc. roy. Soc., Lond. A Bd. 110 (1926) S. 365.
574. KONDRATJEW, V.: Z. Phys. Bd. 39 (1926) S. 191.
575. KONDRATJEW, V.: Nature, Lond. Bd. 121 (1928) S. 571.
576. LADENBURG, R., C. C. VAN VOORHIS u. J. C. BOYCE: Phys. Rev. Bd. 40 (1932) S. 1018.
577. LADENBURG, R. u. C. C. VAN VOORHIS: Phys. Rev. Bd. 43 (1933) S. 315.
578. LEVI, H.: Diss. Berlin 1934.
579. MATHUR, L. S.: Proc. roy. Soc., Lond. A Bd. 162 (1937) S. 83.
579a. MATHUR, L. S.: Indian J. of Phys. Bd. 11 (1937) S. 177.
580. MÜLLER, A.: Ann. Phys., Lpz. (4) Bd. 82 (1922) S. 39.
581. NEUJMIN, H.: Phys. Z. Sowjet. Bd. 5 (1934) S. 580.
582. PETROWA, A.: Acta physicochim. Bd. 4 (1936) S. 559.
583. SCHMIDT,-OTT, H. D.: Z. Phys. Bd. 69 (1931) S. 724.
584. SCHNEIDER, E. G.: J. chem. Phys. Bd. 5 (1937) S. 106.
585. SEN-GUPTA, K. P.: Proc. roy. Soc., Lond. A Bd. 143 (1934) S. 438.
586. SEN-GUPTA, P. K.: Bull. Acad. Sci. U.P. Allahabad Bd. 2 (1933) S. 245.
587. SEN-GUPTA, P. K.: Z. Phys. Bd. 88 (1934) S. 647.
588. SHARMA, R. S.: Bull Acad. Sci. U.P. Allahabad Bd. 3 (1933) S. 17.
589. SOMMERMEYER, K.: Z. Phys. Bd. 56 (1929) S. 548.
590. STUECKELBERG, E. C. G.: Phys. Rev. Bd. 42 (1932) S. 518.
591. TERENIN, A.: Z. Phys. Bd. 37 (1926) S. 98.
592. TRIVEDI, H.: Proc. Acad. Sci. U.P. India Bd. 5 (1935) S. 27.
593. TRIVEDI, H.: Proc. Acad. Sci. U.P. India Bd. 5 (1935) S. 171.
594. VISSER, G. H.: Diss. Groningen; Physica, Haag Bd. 9 (1929) S. 115.

59: Wasserstoff.

595. ALMASY, F. u. G. KORTÜM: Z. Elektrochem. Bd. 42 (1936) S. 607.
596. BARBIER, D., D. CHALONGE, H. KIENLE u. J. WEMPE: Z. Astrophys. Bd. 12 (1936) S. 178.
597. BAY, Z., W. FINKELNBURG u. W. STEINER: Z. phys. Chem. Abt. B. Bd. 11 (1931) S. 351.
598. BAY, Z. u. W. STEINER: Z. Phys. Bd. 45 (1927) S. 337.
599. BAY, Z. u. W. STEINER: Z. phys. Chem. Abt. B. Bd. 1 (1928) S. 239.
600. BAY, Z. u. W. STEINER: Z. Elektrochem. Bd. 34 (1928) S. 657.

601. Bay, Z. u. W. Steiner: Z. Phys. Bd. 59 (1929) S. 48.
602. Beutler, H.: Z. phys. Chem. Abt. B. Bd. 29 (1935) S. 315.
603. Blackett, P. M. S. u. J. Franck: Z. Phys. Bd. 34 (1925) S. 389.
604. Bonhoeffer, K. F.: Z. phys. Chem. Bd. 113 (1924) S. 199.
605. Brasefield, C. J.: Phys. Rev. Bd. 33 (1929) S. 925.
606. Bruggencate, P. ten: Naturwiss. Bd. 18 (1930) S. 113.
607. Carst, A.: Ann. Phys., Lpz. (4) Bd. 75 (1924) S. 665.
608. Chalonge, D.: C. R. Acad. Sci., Paris Bd. 191 (1930) S. 128.
609. Chalonge, D.: C. R. Acad. Sci., Paris Bd. 192 (1931) S. 1551.
610. Chalonge, D.: J. Phys. Radium (7) Bd. 2 (1931) S. 104.
611. Chalonge, D.: Ann. Phys., Paris Bd. 1 (1933) S. 123.
612. Chalonge, D. u. H. Lambrey: C. R. Acad. Sci., Paris Bd. 188 (1929) S. 1104.
613. Chalonge, D. u. Ny Tsi Zé: C. R. Acad. Sci., Paris Bd. 189 (1929) S. 243.
614. Chalonge, D. u. Ny Tsi Zé: C. R. Acad. Sci., Paris Bd. 190 (1930) S. 632.
615. Chalonge, D. u. Ny Tsi Zé: Rev. Opt. Bd. 9 (1930) S. 145.
616. Chalonge, D. u. Ny Tsi Zé: J. Phys. Radium (7) Bd. 1 (1930) S. 416.
617. Chalonge, D. u. E. Vassy: C. R. Acad. Sci., Paris Bd. 196 (1933) S. 1979.
618. Coolidge, A. S., H. M. James u. R. D. Present: J. chem. Phys. Bd. 4 (1936) S. 193.
619. Crew, W. H. u. E. Hulburt: Phys. Rev. Bd. 27 (1926) S. 800.
620. Crew, W. H. u. E. Hulburt: Phys. Rev. Bd. 28 (1926) S. 936.
621. Déjardin, G. u. R. Schwégler: Rev. Opt. Bd. 13 (1935) S. 313.
622. Dieke, G. H. u. J. J. Hopfield: Z. Phys. Bd. 40 (1927) S. 299.
623. Dorsch, K. E. u. H. Kallmann: Z. Phys. Bd. 44 (1927) S. 565.
624. Dufour, A.: Ann. Chim. et Phys. Bd. 9 (1906) S. 361.
625. Finkelnburg, W.: Z. Phys. Bd. 62 (1930) S. 624.
626. Finkelnburg, W.: Z. Phys. Bd. 66 (1930) S. 345.
627. Finkelnburg, W. u. W. Weizel: Z. Phys. Bd. 68 (1931) S. 577.
628. Freeman, J. M.: Astrophys. J. Bd. 64 (1926) S. 122.
629. Gehrcke, E.: Z. techn. Phys. Bd. 4 (1923) S. 194.
630. Gehrcke, E. u. E. Lau: Berl. Ber. 1923 S. 242.
631. Gehrcke, E. u. E. Lau: Ann. Phys., Lpz. (4) Bd. 76 (1925) S. 673.
632. Goldstein, L.: C. R. Acad. Sci., Paris Bd. 193 (1931) S. 485.
633. Goldstein, L.: J. Phys. Radium (7) Bd. 4 (1933) S. 44.
634. Gonsalves, V. E.: Physica, Haag Bd. 2 (1935) S. 1003.
635. Gull, H. C. u. A. E. Martin: J. sci. Instrum. Bd. 12 (1935) S. 379.
636. Herzberg, G.: Ann. Phys., Lpz. (4) Bd. 84 (1927) S. 553.
637. Herzberg, G.: Phys. Z. Bd. 28 (1927) S. 727.
638. Hiedemann, E.: Z. Phys. Bd. 50 (1928) S. 618.
639. Hiedemann, E.: Verh. dtsch. phys. Ges. Bd. 10 (1929) S. 28.
640. Himstedt, F. u. H. v. Dechend: Phys. Z. Bd. 9 (1908) S. 852.
641. Holm, R. u. Th. Krüger: Phys. Z. Bd. 20 (1919) S. 1.
642. Hopfield, J. J.: Phys. Rev. Bd. 20 (1922) S. 573.
643. Hopfield, J. J.: Phys. Rev. Bd. 35 (1930) S. 1133 (He_2).
644. Hopfield, J. J.: Phys. Rev. Bd. 36 (1930) S. 784 (He_2).
645. Horton, F. u. A. C. Davies: Phil. Mag. Bd. 46 (1923) S. 872.
646. Horton, F. u. A. C. Davies: Nature, Lond. Bd. 113 (1924) S. 273.
647. Hukumoto, Y.: Sci. Rep. Tohoku Univ. Bd. 18 (1929) S. 581, 585, 597.
648. Hukumoto, Y.: Nature, Lond. Bd. 125 (1930) S. 975.
649. Hukumoto, Y.: Sci. Rep. Tohoku Univ. Bd. 19 (1930) S. 301.
650. Hukumoto, Y.: Sci. Rep. Tohoku Univ. Bd. 19 (1931) S. 773.
651. Hukumoto, Y.: Sci. Rep. Tohoku Univ. Bd. 20 (1931) S. 599.
652. Hukumoto, Y.: Sci. Rep. Tohoku Univ. Bd. 26 (1931) S. 433.
653. Hukumoto, Y.: Phys. Rev. Bd. 37 (1931) S. 1552.

654. Jacobi, G.: Phys. Z. Bd. 37 (1936) S. 808.

655. James, H. M., A. S. Coolidge u. R. D. Present: J. chem. Phys. Bd. 4 (1936) S. 187.

656. Jezewski, H.: J. Phys. Radium (6) Bd. 9 (1928) S. 278.

657. Jungjohann, W.: Z. wiss. Photogr. Bd. 9 (1910) S. 84.

658. Kaplan, J.: Proc. nat. Acad. Amer. Bd. 13 (1927) S. 760.

659. Kaplan, J.: Phys. Rev. Bd. 33 (1929) S. 638.

660. Kistiakowsky, G. B.: Rev. sci. Instrum. Bd. 2 (1931) S. 549.

661. Lambrey, H. u. D. Chalonge: J. Phys. Radium Bd. 10 (1929) S. 99.

662. Lau, E.: Ann. Phys., Lpz. (4) Bd. 77 (1925) S. 183.

663. Lau, E.: Naturwiss. Bd. 14 (1926) S. 982.

664. Lawrence, E. O. u. N. E. Edlefsen: Rev. sci. Instrum. Bd. 1 (1930) S. 45.

665. Lawson, R. W.: Phil. Mag. Bd. 26 (1913) S. 966.

666. Leifson, S. W.: Astrophys. J. Bd. 63 (1926) S. 73.

667. Lemon, H. B.: Nature, Lond. Bd. 113 (1924) S. 127, 570.

668. Lewis, E. P.: Science, New York Bd. 41 (1915) S. 947.

669. Lewis, E. P.: Phys. Rev. Bd. 16 (1920) S. 367.

670. Lunt, R. W. u. C. A. Meek: Proc. roy. Soc., Lond. A Bd. 158 (1936) S. 146.

671. Merton, T. R. u. S. Barrat: Phil. Trans. roy. Soc., Lond. Bd. 222 (1922) S. 369.

672. Munch, R. H.: Amer. Chem. Soc. J. Bd. 57 (1935) S. 1863.

673. Oldenberg, O.: Z. Phys. Bd. 41 (1927) S. 1.

674. Plücker, J. u. J. W. Hittorf: Phil. Trans. roy. Soc., Lond. Bd. 155 (1865) S. 22.

675. Richardson, O. W.: Molecular hydrogen and its spectrum. New Haven 1934.

676. Richardson, O. W. u. T. Tanaka: Nature, Lond. Bd. 113 (1923) S. 192.

677. Richardson, O. W. u. T. Tanaka: Proc. roy. Soc., Lond. A Bd. 106 (1924) S. 640.

678. Schüler, H. u. K. L. Wolf: Z. Phys. Bd. 33 (1925) S. 42.

679. Schüler, H. u. K. L. Wolf: Z. Phys. Bd. 35 (1926) S. 477.

680. Seeliger, R. u. E. Pommering: Ann. Phys., Lpz. (4) Bd. 59 (1919) S. 589.

681. Smith, A. E. u. R. D. Fowler: J. opt. Soc. Amer. Bd. 26 (1936) S. 79.

682. Smith, N. D.: Phys. Rev. Bd. 49 (1936) S. 345.

683. Stark, J., M. Görcke u. M. Arndt: Ann. Phys., Lpz. (4) Bd. 54 (1917) S. 81.

684. Steensholt, G.: Z. Phys. Bd. 100 (1936) S. 547.

685. Stevens, D. S.: Rev. sci. Instrum. Bd. 6 (1935) S. 40.

686. Takahashi, Y.: Japan. J. Phys. Bd. 4 (1927) S. 103.

687. Takahashi, Y. u. Y. Hukumoto: Sci. Rep. Tohoku Univ. Bd. 17 (1928) S. 675.

688. Tournaire, A. u. E. Vassy: C. R. Acad. Sci., Paris Bd. 201 (1935) S. 957.

689. Tournaire, A. u. E. Vassy: C. R. Acad. Sci., Paris Bd. 202 (1936) S. 562.

690. Urey, H. C., G. M. Murphy u. J. A. Duncan: Rev. sci. Instrum. Bd. 3 (1932) S. 497.

691. Vencov, S.: C. R. Acad. Sci. Paris, Bd. 189 (1929) S. 279.

692. Watson, H. E.: Proc. roy. Soc., Lond. Bd. 82 (1909) 189.

693. Wendt, G. u. R. A. Wetzel: Ann. Phys., Lpz. (4) Bd. 50 (1916) S. 419.

694. Weth, M.: Ann. Phys., Lpz. (4) Bd. 62 (1920) S. 589.

695. Winans, J. G. u. E. C. G. Stueckelberg: Proc. nat. Acad. Amer. Bd. 14 (1928) S. 867.

696. Wood, R. W.: Proc. roy. Soc., Lond. A Bd. 97 (1920) S. 455.

696a. Wood, R. W. u. G. H. Dieke: Phys. Rev. Bd. 53 (1938) S. 146.

697. Wüllner, A.: Poggendorfs Ann. Bd. 135 (1868) S. 504.

60/61: Hg_2, Cd_2, Zn_2 und sonstige zweiatomige van der Waals-*Moleküle*.

698. Arnot, F. L. u. J. C. Milligan: Proc. roy. Soc., Lond. A Bd. 153 (1936) S. 359 (Hg).

699. Asterblum, M.: Z. Phys. Bd. 43 (1927) S. 427 (Hg).

700. ASTERBLUMOWNA, M.: C. R. séanc. polon. Bd. 3 (1927) S. 79 (Hg).
701. BARNES, B. T.: Phys. Rev. Bd. 36 (1930) S. 1468 (Hg).
702. BROWN, L. F.: Science, New York (N. S.) Bd. 69 (1929) S. 191 (Hg).
703. BRZOZOWSKA, J.: Z. Phys. Bd. 63 (1930) S. 577 (Hg).
704. BRZOZOWSKA, J.: C. R. Soc. Pol. Bd. 5 (1931) S. 207 (Hg).
705. CHAKRABORTI, B. K.: Indian J. of Phys. Bd. 10 (1936) S. 155 (K_2).
706. CHILD, C. D.: Phys. Rev. Bd. 17 (1921) S. 270 (Hg).
707. CHILD, C. D.: Astrophys. J. Bd. 55 (1922) S. 329 (Hg).
708. CHOW, T. C. u. K. T. CHAO: Chin. J. Phys. Bd. 2 (1936) S. 22 (Hg).
709. CRAM, W.: Phys. Rev. Bd. 46 (1934) S. 205 (Cd).
710. CRAM, W. u. J. G. WINANS: Phys. Rev. Bd. 41 (1932) S. 388 (Cd).
711. CREW, W. H. u. L. H. DAWSON: J. opt. Soc. Amer. Bd. 17 (1928) S. 261 (Hg).
712. CREW, W. H. u. W. N. THORNTON: J. opt. Soc. Amer. Bd. 19 (1929) S. 358 (Hg).
713. DATTA, S. u. B. H. CHAKROVARTY: Indian J. of Phys. Bd. 7 (1932) S. 273 (K_2).
714. DAWSON, L. H. u. W. H. CREW: Phys. Rev. Bd. 31 (1928) S. 1109 (Hg).
715. DUFFIEUX, M.: C. R. Acad. Sci., Paris Bd. 184 (1927) S. 1434 (Hg).
716. ELIASHEWICH, M. u. A. TERENIN: Nature, Lond. Bd. 125 (1930) S. 856 (Hg).
717. FATERSON, A.: Bull. Acad. Pol. A 1934 S. 239 (Hg).
718. FATERSON-ANIELA, A.: Acta phys. polon. Bd. 3 (1934) S. 323 (Hg).
719. FINKELNBURG, W.: Z. Phys. Bd. 81 (1933) S. 781 (HgA, Hg, Cd, Zn).
720. FINKELNBURG, W.: Z. Phys. Bd. 96 (1935) S. 714 (Cd).
721. FINKELNBURG, W.: Acta phys. polon. Bd. 5 (1936) S. 1 (Hg, Cd, Zn).
722. FOOTE, P. D., A. E. RUARK u. R. L. CHENAULT: Phys. Rev. Bd. 37 (1931)
     S. 1685 (Hg).
723. FORSYTHE, W. E. u. M. A. EASLEY: Phys. Rev. Bd. 36 (1930) S. 150 (Hg).
724. FRANCK, J. u. W. GROTRIAN: Z. Phys. Bd. 4 (1921) S. 89 (Hg).
725. FRANCK, J. u. W. GROTRIAN: Z. techn. Phys. Bd. 3 (1922) S. 194 (Hg).
726. FRANK, J. M.: Phys. Z. Sowjet. Bd. 4 (1933) S. 637 (Hg).
727. GROTRIAN, W.: Z. Phys. Bd. 5 (1921) S. 148 (Hg).
728. HAGENBACH, A. u. H. KONEN: Z. wiss. Photogr. Bd. 1 (1903) S. 342 (Hg).
729. HAMADA, H.: Nature, Lond. Bd. 127 (1931) S. 555 (Hg, Cd, Zn, Mg, Tl).
730. HAMADA, H.: Phil. Mag. (7) Bd. 12 (1931) S. 50 (Hg, Cd, Zn, Mg, Tl).
731. HAMADA, H.: Phil. Mag. (7) Bd. 15 (1933) S. 574 (Na).
732. HARTLEY, W. N.: Proc. roy. Soc., Lond. A Bd. 49 (1891) S. 384 (Hg).
733. HARTLEY, W. N.: Proc. roy. Soc., Lond. Bd. 76 (1905) S. 428 (Hg).
734. HORI, T.: Z. Phys. Bd. 61 (1930) S. 481 (Hg).
735. HOUTERMANS, F. G.: Z. Phys. Bd. 41 (1927) S. 140 (Hg).
736. HULUBEI, H.: C. R. Acad. Sci., Paris Bd. 193 (1931) S. 154 (Hg).
737. JABLONSKI, A.: Z. Phys. Bd. 45 (1927) S. 878 (Cd).
738. JABLONSKI, A.: Bull. Acad. Sci. Pol. Bd. 10 A (1928) S. 163 (Cd).
739. JABLONSKI, A. u. P. PRINGSHEIM: Z. Phys. Bd. 73 (1931) S. 281 (Na).
740. JEZEWSKY, H.: C. R. Soc. Pol. de Phys. Bd. 8 (1927) S. 161 (Hg).
741. KALÄHNE, A.: Wiedemanns Ann. Bd. 65 (1898) S. 815 (Hg, Cd).
742. KAPUSCINSKI, W.: Nature, Lond. Bd. 116 (1925) S. 170 (Cd).
743. KAPUSCINSKI, W.: C. R. Soc. Pol. de Phys. Bd. 3 (1927) S. 1 (Cd).
744. KAPUSCINSKI, W.: Z. Phys. Bd. 41 (1927) S. 214 (Cd).
745. KAPUSCINSKI, W.: Bull. int. Acad. Pol. 1930 S. 453 (Zn).
746. KAPUSCINSKI, W.: Acta phys. polon. Bd. 3 (1934) S. 537 (Hg, Cd).
747. KAPUSCINSKI, W.: Acta phys. polon. Bd. 5 (1936) S. 39 (Hg, Cd).
748. KÖRNICKE, E.: Z. Phys. Bd. 33 (1925) S. 219 (Hg).
749. KOTECKI, A.: Acta phys. polon. Bd. 4 (1936) S. 489 (Cd).
750. KOTECKI, A.: Acta phys. polon. Bd. 6 (1937) S. 144 (Cd).
751. KREFFT, H. u. R. ROMPE: Naturwiss. Bd. 19 (1931) S. 269 (Tl-Edelgas).
752. KREFFT, H. u. R. ROMPE: Z. Phys. Bd. 73 (1932) S. 681 (Metall-Edelgas).

753. Kremenewsky, N.: Verh. opt. Inst. Leningrad Bd. 8 (1931) (Hg).
754. Kremenewsky, N.: Z. Phys. Bd. 71 (1931) S. 792 (Hg).
755. Kremenewsky, N.: C. R. Acad. Sci. U.S.S.R. 1934 (Hg).
756. Kroebel, W.: Z. Phys. Bd. 56 (1929) S. 114 (Hg).
757. Kuhn, H.: Naturwiss. Bd. 16 (1928) S. 352 (Hg).
758. Kuhn, H.: Naturwiss. Bd. 18 (1930) S. 332 (K_2).
759. Kuhn, H.: Z. Phys. Bd. 72 (1931) S. 462 (Hg).
760. Kuhn, H.: Z. Phys. Bd. 76 (1932) S. 782 (Na, K, Cs).
761. Kuhn, H.: Proc. roy. Soc., Lond. A Bd. 158 (1937) S. 230 (Hg, HgA).
762. Kuhn, H. u. S. Arrhenius: Z. Phys. Bd. 82 (1933) S. 716 (Cd).
763. Kuhn, H. u. K. Freudenberg: Z. Phys. Bd. 76 (1932) S. 38 (Hg).
764. Kuhn, H. u. O. Oldenberg: Phys. Rev. Bd. 41 (1932) S. 72 (Hg-Edelgas).
765. Landau, S. u. H. Pienkiewics: Phys. Z. Bd. 14 (1913) S. 381 (Hg).
766. Landsberg, G. u. L. Mendelstam: Phys. Z. Sowjet. Bd. 8 (1935) S. 378 (Hg).
767. Landsberg, G. u. L. Mendelstam: Acta phys. polon. Bd. 5 (1936) S. 79 (Hg).
768. McLennan, J. C. u. E. Edwards: Phil. Mag. Bd. 30 (1915) S. 695 (Hg, Cd, Zn).
769. Lindblad, B.: Nature, Lond. Bd. 136 (1935) S. 67 (Ca).
770. Lindblad, B.: Astr. Jaktagelser och Unders. Stockholms Obs. Bd. 12 (1935) S. 2 (Ca).
771. Lingen, S. van der: Z. Phys. Bd. 6 (1921) S. 403 (Cd).
772. Lingen, S. van der: Z. Phys. Bd. 10 (1922) S. 38 (Hg).
773. Lingen, S. van der u. R. W. Wood: Astrophys. J. Bd. 54 (1921) S. 149 (Hg).
774. Meyer, E.: Z. Phys. Bd. 37 (1926) S. 639 (Hg).
775. Mohler, F. L. u. H. R. Moore: J. opt. Soc. Amer. Bd. 15 (1927) S. 74 (Cd).
776. Moore, H. R.: Science, New York Bd. 66 (1927) S. 543 (Hg-Edelgas).
777. Mrozowska, J.: Acta phys. polon. Bd. 2 (1933) S. 81 (Hg).
778. Mrozowski, S.: Z. Phys. Bd. 50 (1928) S. 657 (Hg).
779. Mrozowski, S.: Z. Phys. Bd. 54 (1929) S. 422 (Hg).
780. Mrozowski, S.: Z. Phys. Bd. 55 (1929) S. 338 (Hg).
781. Mrozowski, S.: Z. Phys. Bd. 60 (1930) S. 410 (Hg).
782. Mrozowski, S.: Z. Phys. Bd. 62 (1930) S. 314 (Hg, Cd, Zn).
783. Mrozowski, S.: Phys. Rev. Bd. 36 (1930) S. 1168 (Hg).
784. Mrozowski, S.: Z. Phys. Bd. 87 (1934) S. 340 (Hg).
785. Mrozowski, S.: Acta phys. polon. Bd. 3 (1934) S. 215 (Hg).
786. Mrozowski, S.: Z. Phys. Bd. 91 (1934) S. 600 (Cd, Zn).
787. Mrozowski, S.: Acta phys. polon. Bd. 5 (1936) S. 85 (Hg).
788. Mrozowski, S.: Z. Phys. Bd. 104 (1937) S. 288 (Hg, Cd, Zn).
789. Mrozowski, S.: Z. Phys. Bd. 106 (1937) S. 458 (Hg).
789a. Mrozowski, S.: Acta phys. polon. Bd. 6 (1937) S. 201.
790. Nagaoka, H.: Japan. J. Phys. Bd. 1 (1922) S. 1 (Hg).
791. Narkiewicz-Jodko, K.: Acta phys. polon. Bd. 2 (1933) S. 311 (Hg).
792. Nielsen, W. M.: Phys. Rev. Bd. 38 (1931) S. 888 (Hg).
793. Niewodniczanski, H.: Nature, Lond. Bd. 117 (1926) S. 555 (Hg).
794. Niewodniczanski, H.: Nature, Lond. Bd. 118 (1926) S. 877 (Hg).
795. Niewodniczanski, H.: C. R. Soc. Pol. de Phys. Bd. 3 (1927) S. 31 (Hg).
796. Niewodniczanski, H.: Z. Phys. Bd. 49 (1928) S. 59 (Hg).
797. Niewodniczanski, H.: Z. Phys. Bd. 55 (1929) S. 676 (Hg).
798. Okon, M.: Acta phys. polon. Bd. 4 (1935) S. 215 (Zn).
799. Okubo, J. u. E. Matayama: Nature, Lond. Bd. 129 (1932) S. 653 (Hg).
800. Okubo, J. u. E. Matayama: Tohoku Univ. Sci. Rep. Bd. 22 (1933) S. 383 (Hg).
801. Okuda, T.: Nature, Lond. Bd. 138 (1936) S. 168 (K_2).
802. Oldenberg, O.: Z. Phys. Bd. 47 (1927) S. 184 (Hg-Edelgas).
803. Oldenberg, O.: Z. Phys. Bd. 51 (1928) S. 605 (Hg-Edelgas).
804. Oldenberg, O.: Z. Phys. Bd. 55 (1929) S. 1 (Hg-Edelgas).

805. Phillips, F. S.: Proc. roy. Soc., Lond. Bd. 89 (1913) S. 39 (Hg).
806. Pienkowski, S.: Bull. Acad. Pol. (A) Bd. 11 (1928) S. 241 (Hg).
807. Pienkowski, S.: Z. Phys. Bd. 50 (1928) S. 787 (Hg).
808. Piwnikiewicz: Rozpr. Akad. Um. Krakow (A) Bd. 14 (1914) S. 61 (Hg).
809. Preston, W. M.: Phys. Rev. Bd. 49 (1936) S. 140 (HgA).
810. Preston, W. M.: Phys. Rev. Bd. 51 (1937) S. 298 (Metall-Edelgas).
811. Pringsheim, P. u. O. D. Saltmarsh: Proc. roy. Soc., Lond. A Bd. 154 (1936) S. 90 (Hg).
812. Pringsheim, P. u. A. Terenin: Z. Phys. Bd. 47 (1928) S. 330 (Hg).
813. Lord Rayleigh: Proc. roy. Soc., Lond. Bd. 108 (1925) S. 262 (Hg).
814. Lord Rayleigh: Proc. roy. Soc., Lond. Bd. 111 (1926) S. 456 (Hg).
815. Lord Rayleigh: Nature, Lond. Bd. 118 (1926) S. 767 (Hg).
816. Lord Rayleigh: Proc. roy. Soc., Lond. Bd. 114 (1927) S. 620 (Hg).
817. Lord Rayleigh: Proc. roy. Soc., Lond. Bd. 116 (1927) S. 702 (Hg).
818. Lord Rayleigh: Proc. roy. Soc., Lond. Bd. 119 (1928) S. 349 (Hg).
819. Lord Rayleigh: Nature, Lond. Bd. 123 (1929) S. 127 (Hg).
820. Lord Rayleigh: Nature, Lond. Bd. 123 (1929) S. 488 (Hg).
821. Lord Rayleigh: Proc. roy. Soc., Lond. A Bd. 125 (1929) S. 1 (Hg).
822. Lord Rayleigh: Nature, Lond. Bd. 127 (1931) S. 10 (Hg).
823. Lord Rayleigh: Nature, Lond. Bd. 127 (1931) S. 125 (Hg).
824. Lord Rayleigh: Nature, Lond. Bd. 127 (1931) S. 662 (Hg).
825. Lord Rayleigh: Nature, Lond. Bd. 127 (1931) S. 854 (Hg).
826. Lord Rayleigh: Nature, Lond. Bd. 128 (1931) S. 724 (Hg).
827. Lord Rayleigh: Proc. roy. Soc., Lond. A Bd. 132 (1931) S. 650 (Hg).
828. Lord Rayleigh: Proc. roy. Soc., Lond. A Bd. 135 (1932) S. 617 (Hg).
829. Lord Rayleigh: Proc. roy. Soc., Lond. A Bd. 137 (1932) S. 101 (Hg).
830. Lord Rayleigh: Proc. roy. Soc., Lond. A Bd. 146 (1934) S. 272 (Hg).
831. Robertson, J. K.: Phil. Mag. Bd. 14 (1932) S. 795 (Hg, Cd).
832. Robertson, J. K.: Nature, Lond. Bd. 135 (1935) S. 308 (Cd).
833. Robertson, J. K., K. A. McKinnon u. W. H. Zinn: J. opt. Soc. Amer. Bd. 17 (1928) S. 417 (Hg).
834. Rollefson, R.: Phys. Rev. Bd. 35 (1930) S. 1177 (Hg).
835. Rompe, R.: Z. Phys. Bd. 74 (1932) S. 175 (Cs).
836. Rosselot, G. A.: Phys. Rev. Bd. 49 (1936) S. 871 (Hg).
837. Schmidt, E.: Z. Phys. Bd. 31 (1925) S. 475 (Hg).
838. Sosnowski, L.: C. R. Acad. Sci., Paris Bd. 195 (1932) S. 224 (Cd).
839. Sosnowski, L.: Acta phys. polon. Bd. 1 (1932) S. 327 (Cs).
840. Stark, J.: Ann. Phys., Lpz. (4) Bd. 16 (1905) S. 490 (Hg).
841. Stark, J. u. G. Wendt: Phys. Z. Bd. 14 (1913) S. 561 (Hg).
842. Stark, J. u. G. Wendt: Phys. Z. Bd. 14 (1913) S. 567 (Hg).
843. Steubing, W.: Phys. Z. Bd. 10 (1909) S. 787 (Hg).
844. Stuecklen, H.: Naturwiss. Bd. 22 (1934) S. 288 (Hg).
845. Subbaraya, T. S.: Proc. Indian Acad. Sci. Bd. 1 (1934) S. 166 (Hg).
846. Subbaraya, T. S.: Proc. Indian Acad. Sci. Bd. 1 (1935) S. 484 (Cd).
847. Subbaraya, T. S.: Proc. Indian Acad. Sci. Bd. 1 (1935) S. 663 (Zn).
848. Swietoslawska, J.: Acta phys. polon. Bd. 3 (1934) S. 261 (Cd).
849. Swietoslawska, J.: Z. Phys. Bd. 91 (1934) S. 354 (Cd).
850. Takamine, T.: Z. Phys. Bd. 37 (1926) S. 72 (Hg).
851. Tate, J. T.: Phys. Rev. Bd. 25 (1925) S. 110 (Hg).
852. Thornton, W. N. u. W. H. Crew: Phys. Rev. Bd. 33 (1929) S. 1072 (Hg).
853. Volkringer, H.: C. R. Acad. Sci., Paris Bd. 183 (1926) S. 780 (Hg).
854. Volkringer, H.: C. R. Acad. Sci., Paris Bd. 184 (1927) S. 150 (Hg).
855. Volkringer, H.: C. R. Acad. Sci., Paris Bd. 186 (1928) S. 1717 (Zn).
856. Volkringer, H.: C. R. Acad. Sci., Paris Bd. 188 (1929) S. 321 (Hg).

857. VOLKRINGER, H.: J. Phys. Radium Bd. 10 (1929) S. 88 (Hg).
858. VOLKRINGER, H.: Ann. Phys., Paris (10) Bd. 14 (1930) S. 15 (Hg, Zn).
859. WALDEN, S. DE: Acta phys. polon. Bd. 1 (1932) S. 223 (Hg).
860. WALTER, I. M. u. S. BARRAT: Proc. roy. Soc., Lond. A Bd. 122 (1928) S. 201 (Hg).
861. WARBURG, E.: Wiedemanns Ann. Bd. 40 (1890) S. 14 (Hg).
862. WARING, R. K.: Phys. Rev. Bd. 32 (1928) S. 435 (CdIn, HgTl).
863. WIEDEMANN, E. u. G. C. SCHMIDT: Wiedemanns Ann. Bd. 57 (1896) S. 454 (Hg).
864. WINANS, J. G.: Phys. Rev. Bd. 31 (1928) S. 710 (HgZn).
865. WINANS, J. G.: Phil. Mag. Bd. 7 (1929) S. 555 (Cd, Zn).
866. WINANS, J. G.: Phys. Rev. Bd. 36 (1930) S. 1020 (Hg).
867. WINANS, J. G.: Phys. Rev. Bd. 37 (1931) S. 107 (Hg).
868. WINANS, J. G.: Phys. Rev. Bd. 37 (1931) S. 897 (Hg).
869. WINANS, J. G.: Phys. Rev. Bd. 37 (1931) S. 902 (Hg, Cd, Zn).
870. WINANS, J. G.: Phys. Rev. Bd. 38 (1931) S. 583 (Hg).
871. WINANS, J. G.: Phys. Rev. Bd. 39 (1932) S. 745 (Hg).
872. WINANS, J. G.: Phys. Rev. Bd. 41 (1932) S. 388 (Hg).
873. WINANS, J. G.: Phys. Rev. Bd. 42 (1933) S. 800 (Hg).
874. WINANS, J. G. u. W. CRAM: Nature, Lond. Bd. 135 (1935) S. 344 (Cd).
875. WINANS, J. G. u. R. ROLLEFSON: Phys. Rev. Bd. 35 (1930) S. 1436 (Cd).
876. WOOD, R. W.: Astrophys. J. Bd. 26 (1907) S. 41 (Hg).
877. WOOD, R. W.: Phys. Z. Bd. 10 (1909) S. 466 (Hg).
878. WOOD, R. W.: Proc. roy. Soc., Lond. A Bd. 99 (1922) S. 362 (Hg).
879. WOOD, R. W. u. D. V. GUTHRIE: Astrophys. J. Bd. 29 (1909) S. 211 (Cd, Tl).
880. WOOD, R. W. u. V. VOSS: Nature, Lond. Bd. 121 (1928) S. 418 (Hg).
881. WOOD, R. W. u. V. VOSS: Proc. roy. Soc., Lond. A Bd. 119 (1928) S. 698 (Hg).
882. WURM, K.: Z. Phys. Bd. 70 (1932) S. 736 (Na).
883. WURM, K. u. H. J. MEISTER: Z. Astrophys. Bd. 13 (1936) S. 25 (Ca).
884. ZÉ, N. T. u. W. W. PO: C. R. Acad. Sci., Paris Bd. 202 (1936) S. 1428 (Rb).
885. ZIELINSKI, G.: C. R. Acad. Sci., Paris Bd. 197 (1933) S. 1109 (Hg).
886. ZIELINSKI, G.: Acta phys. polon. Bd. 3 (1934) S. 517 (Hg).
887. ZIELINSKI, G.: C. R. Acad. Sci., Paris Bd. 200 (1935) S. 1313 (Hg).
888. ZIELINSKI, G.: Acta phys. polon. Bd. 4 (1935) S. 139 (Hg).

XI. Kontinua mehratomiger Moleküle (außer Abschn. 67).

889. ALI, S. N. u. R. SAMUEL: Nature, Lond. Bd. 137 (1936) S. 72.
890. ALI, S. N. u. R. SAMUEL: Proc. Indian Acad. Sci. Bd. 3 (1936) S. 399.
890a. ASUNDI, R. K. u. S. M. KARIM: Proc. Indian Acad. Sci. Bd. 6 A(1937) S. 281.
891. ASUNDI, R. K., C. M. B. RAO u. R. SAMUEL: Proc. Indian Acad. Sci. Bd. 1 (1935) S. 542.
892. ASUNDI, R. K. u. R. SAMUEL: Proc. phys. Soc., Lond. Bd. 48 (1936) S. 28.
893. BADGER, R. M. u. SHO-CHOW WOO: J. Amer. chem. Soc. Bd. 53 (1931) S. 2572.
894. BANOW, A. W.: Acta physicochim. Bd. 2 (1935) S. 733.
895. BLACET, F. E., W. G. YOUNG u. J. G. ROOF: J. Amer. chem. Soc. Bd. 59 (1937) S. 608.
896. BLUM, E. u. G. HERZBERG: J. phys. Chem. Bd. 41 (1937) S. 91.
897. BOWEN, E. J. u. H. W. THOMPSON: Nature, Lond. Bd. 133 (1934) S. 571.
898. BRODERSEN, P. H., P. FRISCH u. H. J. SCHUMACHER: Z. phys. Chem. Abt. B. Bd. 37 (1937) S. 25.
899. BUTKOW, K.: Z. Phys. Bd. 71 (1931) S. 678.
900. BUTKOW, K.: Phys. Z. Sowjet. Bd. 4 (1933) S. 577.
901. BUTKOW, K.: Phys. Z. Sowjet. Bd. 5 (1934) S. 906.
902. BUTKOW, K.: Z. Phys. Bd. 90 (1934) S. 810.
903. BUTKOW, K. u. S. BOIZOWA: Phys. Z. Sowjet. Bd. 5 (1934) S. 393.

904. Butkow, K. u. W. Tschassowenny: Acta physicochim. Bd. 5 (1936) S. 137.
905. Carr, E. P. u. H. Stuecklen: Helv. phys. Acta Bd. 6 (1933) S. 261.
906. Carr, E. P. u. H. Stuecklen: J. chem. Phys. Bd. 4 (1936) S. 760.
907. Carr, E. P. u. M. K. Walker: J. chem. Phys. Bd. 4 (1936) S. 751.
908. Cassel, E. J.: Proc. roy. Soc., Lond. A Bd. 153 (1936) S. 534.
909. Chalonge, D. u. L. Lefèbre: C. R. Acad. Sci., Paris Bd. 197 (1933) S. 444.
910. Cheesman, G. H. u. H. J. Emeléus: J. chem. Soc. 1932 S. 2847.
911. Collins, J. R. u. C. Moran: Phys. Rev. Bd. 49 (1936) S. 875.
912. Datta, A. K. u. M. N. Saha: Bull. Acad. Allahabad Bd. 1 (1931) S. 19.
913. Deb, S. C.: Bull. Acad. Allahabad Bd. 1 (1931) S. 92.
914. Deb, S. C. u. B. Mukerjee: Bull. Acad. Sci. U.P. India Bd. 1 (1932) S. 110.
915. Duncan, A. B. F.: Phys. Rev. Bd. 47 (1935) S. 822.
916. Duncan, A. B. F.: J. chem. Phys. Bd. 3 (1935) S. 131.
917. Duncan, A. B. F.: J. chem. Phys. Bd. 4 (1936) S. 638.
918. Duncan, A. B. F. u. J. P. Howe: J. chem. Phys. Bd. 2 (1934) S. 851.
919. Duncan, A. B. F. u. J. W. Murray: J. chem. Phys. Bd. 2 (1934) S. 636.
920. Duschinsky, F.: Acta physicochim. Bd. 5 (1936) S. 651.
920a. Duschinsky, F.: Acta physicochim. Bd. 7 (1937) S. 551.
921. Dutt, A. K.: Proc. roy. Soc., Lond. A Bd. 137 (1932) S. 366.
922. Dutta, A. K.: Proc. roy. Soc., Lond. A Bd. 138 (1932) S. 84.
923. Dutta, A. K. u. P. K. Sen-Gupta: Proc. roy. Soc., Lond. A Bd. 139 (1933) S. 397.
924. Errera, J. u. V. Henri: J. Phys. Radium Bd. 9 (1928) S. 205.
925. Evans, E. J.: Phil. Mag. Bd. 31 (1916) S. 55.
926. Fajans, E. u. C. F. Goodeve: Trans. Faraday Soc. Bd. 32 (1926) S. 511.
926a. Fink, P. u. C. F. Goodeve: Proc. roy. Soc., Lond. A Bd. 163 (1937) S. 592.
927. Finkelnburg, W. u. H. J. Schumacher: Z. phys. Chem., Bodensteinband 1931 S. 714.
928. Finkelnburg, W., H. J. Schumacher u. G. Stieger: Z. phys. Chem. Abt. B. Bd. 15 (1931) S. 127.
929. Franck, J., H. Sponer u. E. Teller: Z. phys. Chem. Abt. B. Bd. 18 (1932) S. 88.
930. Ginsel, L. A.: Physica, Haag Bd. 3 (1936) S. 578.
931. Glissmann, A. u. H. J. Schumacher: Z. phys. Chem. Abt. B. Bd. 24 (1934) S. 328.
932. Göpfert, H.: Z. wiss. Photogr. Bd. 34 (1935) S. 156.
933. Goodeve, J. W.: Trans. Faraday Soc. Bd. 30 (1934) S. 504.
934. Goodeve, C. F. u. F. D. Richardson: Trans. Faraday Soc. Bd. 33 (1937) S. 453.
935. Goodeve, C. F. u. N. O. Stein: Trans. Faraday Soc. Bd. 27 (1931) S. 359.
936. Goodeve, C. F. u. J. I. Wallace: Trans. Faraday Soc. Bd. 26 (1930) S. 254.
937. Goodeve, C. F. u. B. A. M. Windsor: Trans. Faraday Soc. Bd. 32 (1936) S. 1518.
938. Hamada, H.: Sci. Rep. Tohoku Univ. Bd. 22 (1933) S. 31.
939. Haq, M. J. u. R. Samuel: Nature, Lond. Bd. 137 (1936) S. 496.
940. Haq, M. J. u. R. Samuel: Proc. Indian Acad. Sci. Bd. 3 (1936) 487.
941. Haq, M. J. u. R. Samuel: Proc. Indian Acad. Sci. Bd. 5 A (1937) S. 423.
942. Harris, L.: Nature, Lond. Bd. 118 (1926) S. 482.
943. Harris, L.: Proc. nat. Acad. Amer. Bd. 14 (1928) S. 690.
944. Hausser, K. W., R. Kuhn u. G. Seitz: Z. phys. Chem. Abt. B. Bd. 29 (1935) S. 391.
945. Heel, A. C. S. van: Proc. Amst. Acad. Bd. 35 (1926) S. 1112.
946. Hemptinne, M. de: J. Phys. Radium Bd. 9 (1928) S. 357.
947. Henri, V.: Nature, Lond. Bd. 134 (1934) S. 498.

948. HENRI, V. u. C. H. CARTWRIGHT: C. R. Acad. Sci., Paris Bd. 200 (1935) S. 1532.
949. HENRI, V. u. O. R. HOWELL: Proc. roy. Soc., Lond. A Bd. 128 (1930) S. 192.
950. HENRI, V. u. H. DE LASZLO: Proc. roy. Soc., Lond. A Bd. 105 (1924) S. 662.
951. HENRICI, A.: Z. Phys. Bd. 77 (1932) S. 35.
952. HERZBERG, G.: Z. phys. chem. Abt. B. Bd. 17 (1932) S. 68.
953. HERZBERG, G. u. R. KÖLSCH: Z. Elektrochem. Bd. 39, (1933) S. 572.
954. HERZBERG, G. u. G. SCHEIBE: Z. phys. Chem. Abt. B. Bd. 7 (1930) S. 390.
955. HERZBERG, G. u. E. TELLER: Z. phys. Chem. Abt. B. Bd. 21 (1933) S. 409.
956. HESE, H., A. ROSE u. R. Gräfin ZU DOHNA: Z. Phys. Bd. 81 (1933) S. 745.
957. HILGENDORFF, H. J.: Z. Phys. Bd. 95 (1935) S. 781.
958. HOGNESS, T. R. u. L. S. TSAI: J. Amer. chem. Soc. Bd. 54 (1932) S. 153.
959. HUKUMOTO, Y.: Phys. Rev. Bd. 42 (1932) S. 313.
960. HUKUMOTO, Y.: Sci. Rep. Tohoku imp. Univ. Bd. 21 (1933) S. 906.
961. HUKUMOTO, Y.: Sci. Rep. Tohoku imp. Univ. Bd. 22 (1933) S. 13.
962. HUKUMOTO, Y.: Sci. Rep. Tohoku imp. Univ. Bd. 23 (1935) S. 846.
963. HUKUMOTO, Y.: Sci. Rep. Tohoku imp. Univ. Bd. 25 (1937) S. 1162.
964. HUND, F.: Handbuch der Physik, 2. Aufl., Bd. 24, Teil 1, S. 561. Berlin 1933.
965. HUSSAIN, S. L. u. R. SAMUEL: Current Sci. Bd. 4 (1936) S. 734.
965a. HUSSAIN, S. L. u. R. SAMUEL: Proc. phys. Soc. Bd. 49 (1937) S. 679.
966. IREDALE, T. u. W. MILLS: Proc. roy. Soc., Lond. A Bd. 133 (1931) S. 430.
967. JAKOWLEWA, A. u. V. KONDRATJEW: Phys. Z. Sowjet. Bd. 1 (1932) S. 471.
968. JONES, E. J. u. O. R. WULF: J. chem. Phys. Bd. 5 (1937) S. 873.
969. JMANISHI, S.: Nature, Lond. Bd. 127 (1931) S. 782.
970. JMANISHI, S.: Sci. Pap. Inst. phys. chem. Res., Tokio Bd. 15 (1931) S. 166.
971. KAUTZER, M.: C. R. Acad. Sci., Paris Bd. 202 (1936) S. 209.
972. KATO, S.: Sci. Pap. Inst. phys. chem. Res., Tokio Bd. 13 (1930) S. 248.
973. JAN-KHAN, M. u. R. SAMUEL: Proc. phys. Soc. Bd. 48 (1936) S. 626.
974. KIMURA, M.: Sci. Pap. Inst. phys. chem. Res., Tokio Bd. 18 (1932) S. 150.
975. KISTIAKOWSKI, G. B.: J. Amer. chem. Soc. Bd. 52 (1930) S. 102.
976. KÖNIGSBERGER, J. u. K. KÜPFERER: Ann. Phys., Lpz. (4) Bd. 37 (1912)
    S. 627.
977. KRONIG, R. DE L., A. SCHAAFSMA u. P. K. PEERLKAMP: Z. phys. Chem. Abt. B.
    Bd. 22 (1933) S. 323.
978. KU, Z. W.: Phys. Rev. Bd. 44 (1933) S. 383.
979. LANGSETH, A. u. B. QUILLER: Z. phys. Chem. Abt. B. Bd. 27 (1934) S. 79.
980. LARINOV, J.: Acta physicochim. Bd. 2 (1935) S. 67.
981. LARINOV, J.: Acta physicochim. Bd. 3 (1935) S. 11.
982. LEIGHTON, P. A. u. F. E. BLACET: J. Amer. chem. Soc. Bd. 54 (1932) S. 3165.
983. LEIGHTON, P. A. u. F. E. BLACET: J. Amer. chem. Soc. Bd. 55 (1933) S. 1766.
984. LEY, H. u. B. ARENDS: Z. phys. Chem. Abt. B. Bd. 15 (1932) S. 311.
985. LOCHTE-HOLTGREVEN, W. u. C. E. H. BAWN: Trans. Faraday Soc. Bd. 28
    (1932) S. 698.
986. LOCHTE-HOLTGREVEN, W., C. E. H. BAWN u. E. EASTWOOD: Nature, Lond.
    Bd. 129 (1932) S. 869.
987. LÖCKER, T. u. F. PATAT: Z. phys. Chem. Abt. B. Bd. 27 (1934) S. 431.
988. LÜTHY, A.: Z. phys. Chem. Bd. 107 (1923) S. 285.
989. MAHNCKE, H. E. u. W. A. NOYES jr.: J. Amer. chem. Soc. Bd. 57 (1935) S. 456.
990. MAHNCKE, H. E. u. W. A. NOYES jr.: J. chem. Phys. Bd. 3 (1935) S. 536.
991. MECKE, R.: Z. Phys. Bd. 99 (1936) S. 217.
992. MELVILLE, H. W.: Nature, Lond. Bd. 129 (1932) S. 546.
993. MELVIN, E. H. u. O. R. WULF: J. chem. Phys. Bd. 3 (1935) S. 755.
994. MILAZZO, G.: Z. phys. Chem. Abt. B. Bd. 33 (1936) S. 109.
995. MITRA, S. M.: Z. Phys. Bd. 93 (1935) S. 141.
996. MOONEY, R. B. u. E. B. LUDLAM: Trans. Faraday Soc. Bd. 25 (1929) S. 442.

997. Mooney, R. B. u. H. G. Reid: Proc. Edinburgh Mathem. Soc. Bd. 250 (1932) S. 152.

998. Müller, E. u. E. Hory: Z. phys. Chem. Abt. A. Bd. 162 (1932) S. 281.

999. Mulliken, R. S.: Phys. Rev. Bd. 40 (1932) S. 55.

1000. Mulliken, R. S.: Phys. Rev. Bd. 41 (1932) S. 49, 751.

1001. Mulliken, R. S.: Phys. Rev. Bd. 43 (1933) S. 279.

1002. Mulliken, R. S.: J. chem. Phys. Bd. 1 (1933) S. 492.

1003. Mulliken, R. S.: Phys. Rev. Bd. 46 (1934) S. 549.

1004. Mulliken, R. S.: Phys. Rev. Bd. 47 (1935) S. 413.

1005. Mulliken, R. S.: J. chem. Phys. Bd. 3 (1935) S. 375, 506, 514, 517, 564, 573, 586, 635, 720.

1006. Norrish, R. G. W., H. G. Crone u. O. D. Saltmarsh: J. chem. Soc. 1934 S. 1456.

1007. Noyes, W. A., A. B. F. Duncan u. W. M. Manning: J. chem. Phys. Bd. 2 (1934) S. 717.

1008. Oeser, E.: Phys. Z. Bd. 35 (1934) S. 215.

1009. Oeser, E.: Z. Phys. Bd. 95 (1935) S. 699.

1010. Parti, Y. P. u. R. Samuel: Proc. phys. Soc., Lond. Bd. 49 (1937) S. 568.

1011. Peerlkamp, P. K.: Physica, Haag Bd. 1 (1933) S. 150.

1012. Choong Shin-Piaw: C. R. Acad. Sci., Paris Bd. 202 (1936) S. 127.

1013. Porret, D. u. C. F. Goodeve: Trans. Faraday Soc. Bd. 33 (1937) S. 690.

1013a. Rao, A. L. S.: Proc. Indian Acad. Sci. Bd. 6 A (1937) S. 293.

1014. Rao, C. M. B. u. R. Samuel: Current Sci. Bd. 3 (1935) S. 549.

1015. Rathenau, G.: Physica, Haag Bd. 3 (1936) S. 727.

1016. Rehman, R. A., R. Samuel u. Sharf ud-Din: Indian J. of Phys. Bd. 8 (1934) S. 537.

1017. Ritschl, R.: Z. Phys. Bd. 42 (1927) S. 172.

1018. Saha, M. M. u. S. C. Deb: Bull. Acad. Sci. Allahabad Bd. 1 (1931) S. 1.

1019. Savart, J.: Ann. Chim. Bd. 11 (1929) S. 287.

1020. Schäfer, K.: Z. phys. Chem. Bd. 93 (1919) S. 312.

1021. Scheibe, G. u. H. Grieneisen: Z. phys. Chem. Abt. B. Bd. 25 (1934) S. 52.

1022. Scheibe, G., F. Povenz u. C. F. Lindström: Z. phys. Chem. Abt. B. Bd. 20 (1933) S. 283.

1023. Schou, S. A.: J. Phys. Chim. Hist. nat. Bd. 27 (1929) S. 27.

1024. Schumacher, H. J. u. R. V. Townend: Z. phys. Chem. Abt. B. Bd. 20 (1933) S. 375.

1025. Sen-Gupta, P. K.: Bull. Acad. Allahabad Bd. 3 (1933) S. 65.

1026. Sen-Gupta, P. K.: Proc. roy. Soc., Lond. A Bd. 146 (1934) S. 824.

1027. Sen-Gupta, P. K.: Bull. Acad. Allahabad Bd. 3 (1934) S. 197.

1028. Senkus, M. u. A. C. Grubb: J. chem. Phys. Bd. 3 (1935) S. 529.

1029. Sharma, R. S.: Bull. Acad. Allahabad Bd. 3 (1933) S. 87.

1030. Sharma, R. S.: Proc. Acad. Sci. U.P. India Bd. 4 (1934) S. 51.

1031. Snow, C. P. u. C. B. Alsopp: Trans. Faraday Soc. Bd. 20 (1934) S. 93.

1032. Snow, C. P. u. E. Eastwood: Nature, Lond. Bd. 133 (1933) S. 908.

1033. Stuecklen, H.: Helv. phys. Acta Bd. 6 (1933) S. 261.

1034. Terenin, A.: J. chem. Phys. Bd. 2 (1934) S. 441.

1035. Terenin, A. u. H. Neujmin: Nature, Lond. Bd. 134 (1934) S. 255.

1036. Terrien, J.: C. R. Acad. Sci., Paris Bd. 200 (1935) S. 1096.

1037. Thompson, H. W.: Nature, Lond. Bd. 132 (1933) S. 896.

1038. Thompson, H. W.: Proc. roy. Soc., Lond. A Bd. 150 (1935) S. 603.

1039. Thompson, H. W. u. J. J. Frewing: Nature, Lond. Bd. 135 (1935) S. 507.

1040. Thompson, H. W. u. A. P. Garrat: J. chem. Soc. 1934 S. 524.

1041. Thompson, H. W. u. N. Healey: Proc. roy. Soc., Lond. A Bd. 157 (1936) S. 331.

1042. Thompson, H. W. u. J. W. Linnett: Nature, Lond. Bd. 134 (1934) S. 134, 937.

1043. THOMPSON, H. W. u. J. W. LINNETT: Proc. roy. Soc., Lond. A Bd. 156
(1936) S. 108.
1044. TRIVEDI, H.: Bull. Acad. Allahabad Bd. 3 (1933) S. 23.
1045. TRIVEDI, H.: Proc. Acad. Sci. U.P. India Bd. 4 (1935) S. 263.
1046. TRIVEDI, H.: Indian J. of Phys. Bd. 9 (1935) S. 331.
1047. UREY, H. C., L. H. DAWSEY u. F. O. RICE: J. Amer. chem. Soc. Bd. 51
(1929) S. 1371, 3190.
1048. McVICKER, W. H., J. K. MARSH u. A. W. STEWART: J. Amer. chem. Soc.
Bd. 46 (1924) S. 1351.
1049. VILLARS, D. S.: J. Amer. chem. Soc. Bd. 53 (1931) S. 405.
1050. WEHRLI, M.: Helv. phys. Acta Bd. 9 (1936) S. 327.
1051. WEHRLI, M.: Helv. phys. Acta Bd. 9 (1936) S. 637.
1052. WHITE, C. F. u. C. F. GOODEVE: Trans. Faraday Soc. Bd. 30 (1934) S. 1049.
1053. WIELAND, K.: Helv. phys. Acta Bd. 2 (1929) S. 46, 77.
1054. WIELAND, K.: Z. Phys. Bd. 76 (1932) S. 801.
1055. WIELAND, K.: Z. Phys. Bd. 77 (1932) S. 157.
1056. WOLF, K. L. u. O. STRASSER: Z. phys. Chem. Abt. B. Bd. 21 (1933) S. 389.
1057. SHO-CHOW WOO u. TA-KONG LIU: J. chem. Phys. Bd. 3 (1935) S. 544.
1058. SHO-CHOW WOO u. T. C. CHU: J. Chin. chem. Soc. (chines.) Bd. 5 (1937) S. 162.
1059. WULF, O. R.: Proc. nat. Acad. Amer. Bd. 16 (1930) S. 507.
1060. WULF, O. R. u. E. M. MELVIN: Phys. Rev. Bd. 38 (1931) S. 330.
1061. ZÉ, NY TSI u. CHONG SHIN PIAW: C. R. Acad. Sci., Paris Bd. 195 (1932)
S. 309.

67: *Mehratomige* VAN DER WAALS-*Moleküle.*

1062. BAUR, F.: Handbuch der angewandten, physikalischen Chemie, Bd. 5 (1907)
S. 98 (O_4).
1063. BRODERSEN, P. H.: Erscheint 1938 Z. Phys.
1064. CARELLI, A.: Nuovo Cim. Bd. 12 (1935) S. 423 (O_4).
1065. ELLIS, J. W. u. H. O. KNESER: Z. Phys. Bd. 86 (1933) S. 583 (O_4).
1066. FINKELNBURG, W.: Z. Phys. Bd. 91 (1934) S. 1 (O_4).
1067. FINKELNBURG, W. u. W. STEINER: Z. Phys. Bd. 79 (1932) S. 69 (O_4).
1068. GLOCKLER, G. u. F. W. MARTIN: J. chem. Phys. Bd. 2 (1934) S. 46.
1069. GUILLIEN, R.: C. R. Acad. Sci., Paris Bd. 202 (1936) S. 1373 (O_4).
1070. GUILLIEN, R.: C. R. Acad. Sci., Paris Bd. 202 (1936) S. 1423.
1071. HERMAN, L.: C. R. Acad. Sci., Paris Bd. 196 (1933) S. 1877.
1072. HERMAN, L.: C. R. Acad. Sci., Paris Bd. 204 (1937) S. 1035.
1073. HERMAN, L. u. R. HERMAN: C. R. Acad. Sci., Paris Bd. 201 (1935) S. 714.
1074. HERMAN, L. u. R. HERMAN-MONTAGNE: C. R. Acad. Sci., Paris Bd. 202
(1936) S. 2064.
1075. HERMAN, L., R. LATARJET u. G. LIENDRAT: J. phys. Radium (7) Bd. 5 (1934)
S. 185.
1076. JANSSEN, J.: C. R. Acad. Sci., Paris Bd. 101 (1885) S. 642.
1077. JANSSEN, J.: C. R. Acad. Sci., Paris Bd. 102 (1886) S. 1352.
1078. JANSSEN, J.: C. R. Acad. Sci., Paris Bd. 106 (1888) S. 1118.
1079. JANSSEN, J.: C. R. Acad. Sci., Paris Bd. 108 (1889) S. 1035.
1080. KEESOM, W. H. u. K. W. TACONIS: Physica, Haag Bd. 3 (1936) S. 141.
1081. KIMBALL, G. E.: J. chem. Phys. Bd. 5 (1937) S. 310.
1082. LAMBREY, M.: Ann. Phys., Paris Bd. 14 (1930) S. 95.
1083. McLENNAN, J. C., H. D. SMITH u. J. O. WILHELM: Trans. roy. Soc. Canada,
Sect. III Bd. 24 (1930) S. 65.
1084. LEWIS, G. N.: J. Amer. chem. Soc. Bd. 46 (1924) S. 2027.
1085. LIVEING, G. D. u. J. DEWAR: Proc. roy. Soc., Lond. A Bd. 46 (1890) S. 222.
1086. MITCHELL, A. C. C.: J. Franklin Inst. Bd. 212 (1931) S. 341.
1087. PRESENT, R. D.: Phys. Rev. Bd. 48 (1935) S. 140.

1088. PRIKHOTKO, A.: Phys. Z. Sowjet. Bd. 11 (1937) S. 465.

1089. PRIKHOTKO, A. u. M. RUHEMANN: Phys. Z. Sowjet. Bd. 8 (1935) S. 294.

1090. PRIKHOTKO, A., M. RUHEMANN u. A. FEDERITENKO: Phys. Z. Sowjet. Bd. 7 (1935) S. 410.

1091. RATHENAU, G.: Physica, Haag Bd. 4 (1937) S. 503.

1092. ROSEN, B. u. M. DÉSIRANT: II. Congr. Sci. Brüssel 1935.

1093. ROSEN, B. u. N. MORGULEFF: C. R. Acad. Sci., Paris Bd. 203 (1936) S. 1349.

1094. ROSEN, B. u. L. NEVEN: C. R. Acad. Sci., Paris Bd. 203 (1936) S. 663.

1095. SALOW, H.: Diss. Berlin 1935.

1096. SALOW, H. u. W. STEINER: Nature, Lond. Bd. 134 (1934) S. 463.

1097. SALOW, H. u. W. STEINER: Z. Phys. Bd. 99 (1936) S. 137.

1098. TULIPANO, P.: Nuovo Cim. Bd. 12 (1935) S. 418.

1099. VEGARD, L.: Z. Phys. Bd. 98 (1935) S. 1.

1100. WARBURG, E.: Sitzgsber. preuß. Akad. Physik. mathem. Kl. 1914 S. 872.

1101. WARBURG, E.: Sitzgsber. preuß. Akad. Physik. mathem. Kl. 1915 S. 230.

1102. WULF, O. R.: Proc. nat. Acad. Amer. Bd. 14 (1928) S. 609, 614.

XII. Linienverbreiterungen.

1103. ABBOT, C. G., F. E. FOWLE u. L. B. ALDRICH: Ann. Smiths Inst. Bd. 4 (1922) S. 186 (astr.).

1104. ADAMS, W. S. u. A. H. JOY: Astrophys. J. Bd. 56 (1922) S. 242 (astr.).

1105. ADAMS, W. S. u. A. H. JOY: Astrophys. J. Bd. 57 (1923) S. 294 (astr.).

1106. AGARBICEANU, J.: C. R. Acad. Sci., Paris Bd. 197 (1933) S. 38.

1107. ALLEN, C. W.: Phys. Rev. Bd. 39 (1932) S. 42.

1108. ALLEN, C. W.: Astrophys. J. Bd. 85 (1937) S. 156 (astr.).

1109. ALLISON, S. K.: Phys. Rev. Bd. 34 (1929) S. 176.

1110. ALLISON, S. K.: Phys. Rev. Bd. 44 (1933) S. 63.

1111. ALLISON, S. K. u. J. H. WILLIAMS: Phys. Rev. Bd. 35 (1930) S. 149, 1476.

1112. AMALDI, E. u. E. SEGRÉ: Nuovo Cim. Bd. 11 (1934) S. 145.

1113. ARAKI, T. u. M. KURIHARA: Z. Astrophys. Bd. 13 (1937) S. 89 (astr.).

1114. ARNAM, R. VAN: Astrophys. J. Bd. 79 (1934) S. 140 (astr.).

1115. ASAGOE, K.: Japan. J. Phys. Bd. 4 (1926) S. 85.

1116. ASAGOE, K.: Sci. Rep., Tokio (B) Bd. 1 (1930) S. 47.

1117. ATKINSON, R. DE E.: Month. Not. Bd. 82 (1922) S. 396 (astr.).

1118. BAHR, E. V.: Ann. Phys., Lpz. (4) Bd. 29 (1909) S. 780.

1119. BEALS, C. S.: Month. Not. Bd. 90 (1929) S. 202 (astr.).

1120. BEALS, C. S.: Month. Not. Bd. 91 (1931) S. 966 (astr.).

1121. BEARDEN, J. A.: Phys. Rev. Bd. 43 (1933) S. 92.

1122. BEARDEN, J. A. u. C. H. SHAW: Phys. Rev. Bd. 43 (1933) S. 1050.

1123. BECKER, H.: Z. Phys. Bd. 59 (1930) S. 583.

1124. BRUGGENCATE, P. TEN: Z. Astrophys. Bd. 4 (1932) S. 159 (astr.).

1125. O'BRYAN, H. M. u. H. W. B. SKINNER: Phys. Rev. Bd. 45 (1934) S. 370.

1126. BUISSON, H. u. C. FABRY: C. R. Acad. Sci., Paris Bd. 154 (1912) S. 1224, 1500.

1127. CARROLL, J. A.: Month. Not. Bd. 88 (1928) S. 548 (astr.).

1128. CASIMIR, H.: Z. Phys. Bd. 81 (1933) S. 496.

1129. CHERRINGTON, E.: Lick Obs. Bull. 1935 Nr. 477 S. 161 (astr.).

1130. COMPTON, A. H. u. S. K. ALLISON: X-rays in theory and Experiment. New York 1935.

1131. CORNELL, S. D.: Phys. Rev. Bd. 51 (1937) S. 739.

1132. CORNELL, S. D. u. W. W. WATSON: Phys. Rev. Bd. 50 (1936) S. 279.

1133. COSTER, D.: Phil. Mag. Bd. 43 (1922) S. 1089.

1134. COSTER, D. u. R. DE L. KRONIG: Physica, Haag Bd. 2 (1935) S. 13.

1135. McCREA, W. H.: Z. Phys. Bd. 57 (1929) S. 367.

1136. CREW, H.: Phil. Mag. (7) Bd. 7 (1929) S. 312.

1137. Crew, H. u. G. V. McCauly: Astrophys. J. Bd. 39 (1914) S. 29.
1138. Curtiss, R. H.: Publ. Astr. Obs. Univ. Michig. Bd. 3 (1923) S. 1 (astr.).
1139. Dahme, A.: Z. Astrophys. Bd. 11 (1936) S. 93 (astr.).
1140. Davidowich, P.: Harv. Bull. 1927 Nr. 846 S. 5 (astr.).
1141. Davis, B. u. H. Purks: Proc. nat. Acad. Amer. Bd. 13 (1927) S. 419.
1142. Davis, B. u. H. Purks: Proc. nat. Acad. Amer. Bd. 14 (1928) S. 172.
1143. Debye, P.: Phys. Z. Bd. 20 (1919) S. 160.
1144. Dempster, A. J.: Ann. Phys., Lpz. (4) Bd. 47 (1915) S. 791.
1145. Dufour, W.: C. R. Acad. Sci., Paris Bd. 145 (1907) S. 173, 757.
1146. Dunham, Th. jr.: Harv. Bull. 1928 Nr. 858 (astr.).
1147. Dunham, Th. jr.: Phys. Rev. Bd. 44 (1933) S. 329 (astr.).
1148. Dunnington, F. G. u. E. O. Lawrence: Phys. Rev. Bd. 35 (1930) S. 134.
1149. Eddington, A. S.: Der innere Aufbau der Sterne. Berlin 1928.
1150. Edwards, D. L.: Month. Not. Bd. 87 (1927) S. 364 (astr.).
1151. Ehrenberg, W. u. H. Mark: Z. Phys. Bd. 42 (1927) S. 807.
1152. Ehrenberg, W. u. G. Susich: Z. Phys. Bd. 42 (1927) S. 823.
1153. Elvey, C. T.: Astrophys. J. Bd. 68 (1928) S. 145 (astr.).
1154. Elvey, C. T.: Astrophys. J. Bd. 69 (1929) S. 237 (astr.).
1155. Elvey, C. T.: Astrophys. J. Bd. 70 (1929) S. 141 (astr.).
1156. Elvey, C. T.: Astrophys. J. Bd. 71 (1930) S. 191 (astr.).
1157. Elvey, C. T.: Astrophys. J. Bd. 71 (1930) S. 221 (astr.).
1158. Elvey, C. T. u. O. Struve: Astrophys. J. Bd. 72 (1930) S. 277 (astr.).
1159. Ericson, A. u. B. Edlén: Z. Phys. Bd. 59 (1930) S. 656.
1160. Evershed, J.: Month. Not. Bd. 82 (1922) S. 392 (astr.).
1161. Fermi, E.: Nuovo Cim. Bd. 11 (1934) S. 157.
1162. Finkelnburg, W.: Phys. Z. Bd. 33 (1932) S. 888.
1163. Frenkel, J.: Z. Phys. Bd. 59 (1930) S. 198.
1164. Füchtbauer, C. u. F. Gössler: Z. Phys. Bd. 87 (1933) S. 89.
1165. Füchtbauer, C. u. F. Gössler: Z. Phys. Bd. 93 (1935) S. 648.
1166. Füchtbauer, C. u. W. Hofmann: Phys. Z. Bd. 14 (1913) S. 1168.
1167. Füchtbauer, C. u. W. Hofmann: Ann. Phys., Lpz. (4) Bd. 43 (1914) S. 96.
1168. Füchtbauer, C., G. Joos u. O. Dinkelacker: Ann. Phys., Lpz. (4) Bd. 71 (1923) S. 204.
1169. Füchtbauer, C. u. H. Meier: Phys. Z. Bd. 27 (1926) S. 853.
1170. Füchtbauer, C. u. H. J. Reimers: Z. Phys. Bd. 95 (1935) S. 1.
1171. Füchtbauer, C. u. H. J. Reimers: Z. Phys. Bd. 97 (1935) S. 1.
1172. Füchtbauer, C. u. C. Schell: Phys. Z. Bd. 14 (1913) S. 1164.
1173. Füchtbauer, C. u. P. Schulz: Z. Phys. Bd. 97 (1935) S. 699.
1174. Füchtbauer, C., P. Schulz u. A. F. Brandt: Z. Phys. Bd. 90 (1934) S. 403.
1175. Furssow, W. u. A. Wlassow: Phys. Z. Sowjet. Bd. 10 (1936) S. 378.
1175a. Galitzin, B.: Wied. Ann. Bd. 56 (1895) S. 78.
1176. Genard, J.: Month. Not. Bd. 92 (1932) S. 396 (astr.).
1177. Gerasimowic, B. P. u. O. A. Melnikoy: Poulk. Circ. Bd. 13 (1935) S. 3 (astr.).
1178. Gerlach, W. u. W. Schütz: Naturwiss. Bd. 11 (1923) S. 637.
1179. Glocker, R. u. M. Renninger: Naturwiss. Bd. 20 (1932) S. 122.
1180. Gössler, F. u. H. E. Kundt: Z. Phys. Bd. 89 (1934) S. 63.
1181. Gora, E.: Proc. Indian Acad. Sci. Bd. 3 A (1936) S. 272.
1182. Grillet, L.: C. R. Acad. Sci., Paris Bd. 204 (1937) S. 426.
1183. Günther, S.: Z. Astrophys. Bd. 7 (1933) S. 106 (astr.).
1184. Gwinner, E. u. H. Kiessig: Z. Phys. Bd. 107 (1937) S. 449.
1185. Hanor, M.: C. R. Acad. Sci., Paris Bd. 184 (1927) S. 281.
1186. Harris, R. E.: Astrophys. J. Bd. 59 (1924) S. 261.
1187. Harrison, G. R. u. J. C. Slater: Phys. Rev. Bd. 26 (1925) S. 176.

1188. Hasche, R. L., M. Polanyi u. E. Vogt: Z. Phys. Bd. 41 (1926) S. 587.
1189. Heard, J. F.: Month. Not. Bd. 94 (1934) S. 458.
1190. Henrici, A. u. H. Grieneisen: Z. phys. Chem. Abt. B. Bd. 30 (1935) S. 1.
1191. Hertz, G.: Verh. dtsch. phys. Ges. Bd. 13 (1911) S. 617.
1192. Herzberg, G. u. J. W. T. Spinks: Proc. roy. Soc., Lond. A Bd. 147 (1934) S. 434.
1193. Herzberg, G., J. W. T. Spinks u. W. W. Watson: Phys. Rev. Bd. 50 (1936) S. 1186.
1194. Higgs, C. D.: Astrophys. J. Bd. 70 (1929) S. 251 (astr.).
1195. Hogg, F. S.: Harv. Bull. 1928 Nr. 859 S. 4 (astr.).
1196. Holmes, F. T.: Phys. Rev. Bd. 35 (1930) S. 652.
1197. Holtsmark, J.: Phys. Z. Bd. 20 (1919) S. 160.
1198. Holtsmark, J.: Ann. Phys., Lpz. (4) Bd. 58 (1919) S. 577.
1199. Holtsmark, J.: Phys. Z. Bd. 25 (1924) S. 73.
1200. Holtsmark, J.: Z. Phys. Bd. 34 (1925) S. 722.
1201. Holtsmark, J.: Z. Phys. Bd. 54 (1929) S. 761.
1202. Holtsmark, J. u. B. Trumpy: Z. Phys. Bd. 31 (1925) S. 803.
1203. Hopfield, J. J.: Astrophys. J. Bd. 72 (1930) S. 133.
1204. Houston, W. V.: Phys. Rev. Bd. 38 (1931) S. 1797.
1205. Hoyt, F.: Phys. Rev. Bd. 36 (1931) S. 860.
1205a. Hughes, D. S. u. P. E. Lloyd: Phys. Rev. Bd. 52 (1937) S. 1215.
1206. Hulburt, E. O.: Astrophys. J. Bd. 55 (1922) S. 399.
1207. Hulburt, E. O.: Phys. Rev. Bd. 21 (1923) S. 474.
1208. Hulburt, E. O.: Phys. Rev. Bd. 22 (1923) S. 24.
1209. Hulburt, E. O.: Astrophys. J. Bd. 59 (1924) S. 177 (astr.).
1210. Hulburt, E. O.: J. Franklin Inst. Bd. 201 (1926) S. 777 (astr.).
1211. Huddleston, J.: Phys. Rev. Bd. 18 (1921) S. 327.
1212. Hull, G. F. jr.: Phys. Rev. Bd. 50 (1936) S. 1148.
1213. Hull, G. F. jr.: Phys. Rev. Bd. 51 (1937) S. 572.
1214. Humphreys, W. J.: Astrophys. J. Bd. 26 (1907) S. 18.
1215. Humphreys, W. J. u. F. L. Mohler: Astrophys. J. Bd. 3 (1896) S. 114.
1216. Jablonski, A.: Z. Phys. Bd. 70 (1931) S. 723.
1217. Jensen, H.: Z. Phys. Bd. 80 (1933) S. 448.
1218. Jones, H., N. F. Mott u. H. W. B. Skinner: Phys. Rev. Bd. 45 (1934) S. 379.
1219. Joos, G.: Phys. Z. Bd. 30 (1929) S. 168.
1220. Kallmann, H. u. F. London: Z. phys. Chem. Abt. B. Bd. 2 (1929) S. 207.
1221. Keenan, P. C.: Astrophys. J. Bd. 75 (1932) S. 277 (astr.).
1222. Keenan, P. C.: Astrophys. J. Bd. 76 (1932) S. 134 (astr.).
1223. Kenty, C.: Phys. Rev. Bd. 40 (1932) S. 633.
1224. Kharadse, E. K.: Z. Astrophys. Bd. 10 (1935) S. 339 (astr.).
1225. Kimura, N. u. G. Nakamura: Japan. J. Phys. Bd. 2 (1923) S. 61.
1226. Klüber, H. v.: Z. Phys. Bd. 44 (1927) S. 481 (astr.).
1227. Knauss, H. P. u. A. L. Bryan: Phys. Rev. Bd. 47 (1935) S. 842.
1228. Korff, S. A.: Phys. Rev. Bd. 38 (1931) S. 477.
1229. Korff, S. A.: Astrophys. J. Bd. 76 (1932) S. 124, 291 (astr.).
1229a. Krieger, C. J.: Astrophys. J. Bd. 86 (1937) S. 489 (astr.).
1230. Kuhn, H.: Phil. Mag. Bd. 18 (1934) S. 987.
1231. Kuhn, H.: Proc. roy. Soc., Lond. A Bd. 158 (1937) S. 212.
1232. Kuhn, H.: Phys. Rev. Bd. 52 (1937) S. 133.
1233. Kuhn, H. u. F. London: Phil. Mag. Bd. 18 (1934) S. 983.
1234. Kulp, M.: Z. Phys. Bd. 79 (1932) S. 495.
1235. Kulp, M.: Z. Phys. Bd. 87 (1933) S. 245.
1236. Kunze, P.: Ann. Phys., Lpz. (5) Bd. 8 (1931) S. 500.
1237. Kussmann, W.: Z. Phys. Bd. 48 (1928) S. 831.

1238. Lasareff, W.: Z. Phys. Bd. 64 (1930) S. 598.

1239. Lenz, W.: Z. Phys. Bd. 25 (1924) S. 299.

1240. Lenz, W.: Z. Phys. Bd. 80 (1933) S. 423.

1241. Lenz, W.: Z. Phys. Bd. 83 (1933) S. 139.

1242. Lindsay, E. M.: Harv. Coll. Circ. 1931 Nr. 368 (astr.).

1243. Lorentz, H. A.: Proc. Amst. Acad. Bd. 8 (1906) S. 591.

1244. Lowery, H.: Phil. Mag. Bd. 49 (1925) S. 1176.

1245. Mandersloot, W. C.: Jb. Radiol. Bd. 13 (1916) S. 1.

1246. Margenau, H.: Phys. Rev. Bd. 39 (1932) S. 860.

1247. Margenau, H.: Phys. Rev. Bd. 40 (1932) S. 387.

1248. Margenau, H.: Phys. Rev. Bd. 43 (1933) S. 129.

1249. Margenau, H.: Phys. Rev. Bd. 43 (1933) S. 374.

1250. Margenau, H.: Phys. Rev. Bd. 44 (1933) S. 931.

1251. Margenau, H.: Z. Phys. Bd. 86 (1933) S. 523.

1252. Margenau, H.: Phys. Rev. Bd. 47 (1935) S. 89.

1253. Margenau, H.: Phys. Rev. Bd. 48 (1935) S. 755.

1254. Margenau, H.: Phys. Rev. Bd. 49 (1936) S. 596.

1255. Margenau, H. u. D. T. Warren: Phys. Rev. Bd. 51 (1937) S. 748.

1256. Margenau, H. u. W. W. Watson: Phys. Rev. Bd. 44 (1933) S. 92.

1257. Margenau, H. u. W. W. Watson: Rev. Mod. Phys. Bd. 8 (1936) S. 22.

1258. Margenau, H. u. W. W. Watson: Phys. Rev. Bd. 52 (1937) S. 384.

1259. Mark, H. u. G. Susich: Z. Phys. Bd. 65 (1930) S. 253.

1260. Matuyama, E.: J. opt. Soc. Amer. Bd. 21 (1931) S. 792.

1261. Menzel, D. H.: Publ. Lick Obs. Bd. 17 (1931) S. 1 (astr.).

1262. Menzel, D. H.: Astrophys. J. Bd. 84 (1936) S. 462 (astr.).

1263. Merrill, P. W. u. O. C. Wilson jr.: Astrophys. J. Bd. 80 (1934) S. 19.

1264. Merton, R. T.: Proc. roy. Soc., Lond. A Bd. 92 (1915) S. 322.

1265. Merton, R. T.: Proc. roy. Soc., Lond. A Bd. 95 (1918) S. 30.

1266. Michelson, A. A.: Phil. Mag. Bd. 34 (1892) S. 208.

1267. Michelson, J. W. u. T. R. Merton: Phil. Trans. roy. Soc., Lond. Bd. 216 (1916) S. 459.

1268. Miller, L. F.: Astrophys. J. Bd. 53 (1921) S. 224.

1269. Milne, E. A.: Month. Not. Bd. 88 (1928) S. 188 (astr.).

1270. Milne, E. A.: Z. Phys. Bd. 47 (1928) S. 745 (astr.).

1271. Minkowski, R.: Z. Phys. Bd. 23 (1922) S. 69.

1272. Minkowski, R.: Z. Phys. Bd. 36 (1926) S. 839.

1273. Minkowski, R.: Z. Phys. Bd. 55 (1929) S. 16.

1274. Minkowski, R.: Z. Phys. Bd. 93 (1935) S. 731.

1275. Minkowski, R.: Z. Astrophys. Bd. 9 (1935) S. 202 (astr.).

1276. Minnaert, M.: Z. Phys. Bd. 45 (1927) S. 610 (astr.).

1277. Minnaert, M.: Z. Astrophys. Bd. 12 (1936) S. 313 (astr.).

1278. Minnaert, M. u. J. H. Bannier: Z. Astrophys. Bd. 11 (1936) S. 392 (astr.).

1279. Minnaert, M., W. Bleeker u. A. P. H. van der Meer: Z. Astrophys. Bd. 8 (1934) S. 59.

1280. Minnaert, M. u. J. Genard: Z. Astrophys. Bd. 10 (1935) S. 377 (astr.).

1281. Minnaert, M. u. J. Houtgast: Z. Astrophys. Bd. 12 (1936) S. 81 (astr.).

1282. Minnaert, M. u. G. F. W. Mulders: Z. Astrophys. Bd. 2 (1931) S. 165 (astr.).

1283. Moore, C. E. u. H. N. Russell: Astrophys. J. Bd. 63 (1926) S. 1 (astr.).

1284. Nagaoka, H.: Proc. imp. Acad., Tokio Bd. 6 (1930) S. 146, 224, 248, 252.

1285. Nagashima, N.: Sci. Rep. Tokyo Univ. Bd. 1 (1931) S. 133.

1286. Neumann, E. A.: Z. Phys. Bd. 62 (1930) S. 368.

1287. Okuno, G.: Proc. phys. math. Soc. Japan Bd. 18 (1936) S. 306.

1288. Opechowski, W.: Acta phys. polon. Bd. 3 (1934) S. 307.

1289. ORTHMANN, W.: Ann. Phys., Lpz. (4) Bd. 78 (1925) S. 601.
1290. ORTHMANN, W. u. P. PRINGSHEIM: Z. Phys. Bd. 46 (1927) S. 106.
1291. ORTHNER, G. u. R. ZENTNER: Wien. Ber. Bd. 144 (1935) S. 438.
1292. PANNEKOEK, A.: Proc. Acad. Sci. Amst. Bd. 34 (1931) S. 755 (astr.).
1293. PANNEKOEK, A. u. S. VERWEY: Proc. Acad. Sci. Amst. Bd. 38 (1935) S. 479 (astr.).
1294. PARRAT, L. G.: Phys. Rev. Bd. 44 (1933) S. 695.
1295. PARRAT, L. G.: Phys. Rev. Bd. 46 (1934) S. 749.
1296. PARRAT, L. G.: Phys. Rev. Bd. 50 (1936) S. 598.
1297. PASCHEN, F.: Berl. Ber. 1926 S. 135.
1298. PAUWEN, J.: Astrophys. J. Bd. 70 (1929) S. 263 (astr.).
1299. PAYNE, C. H.: Proc. nat. Acad. Amer. Bd. 14 (1928) S. 399 (astr.).
1300. PAYNE, C. H.: Harv. Bull. 1930 Nr. 874 (astr.).
1301. PECZALSKI, T. u. N. SZULC: C. R. Acad. Sci., Paris Bd. 201 (1935) S. 1335.
1302. PETERMANN, H.: Diss. Rostock 1930.
1303. PETERSEN, M. u. J. B. GREEN: Astrophys. J. Bd. 62 (1925) S. 49.
1304. PINCHERLE, L.: Linc. Rend. Bd. 20 (1934) S. 29.
1305. PLASKETT, H. H.: Month. Not. Bd. 91 (1931) S. 870 (astr.).
1306. PRINS, J.: Physica, Haag Bd. 2 (1935) S. 231.
1307. PURKS, H.: Phys. Rev. Bd. 31 (1928) S. 931.
1308. RASETTI, F.: Linc. Rend. Bd. 7 (1928) S. 561.
1309. REDMAN, R. O.: Month. Not. Bd. 95 (1935) S. 742 (astr.).
1310. REICHE, F.: Verh. dtsch. pys. Ges. Bd. 15 (1913) S. 3.
1311. REINSBERG, C.: Z. Phys. Bd. 93 (1935) S. 416.
1312. REINSBERG, C.: Naturwiss. Bd. 25 (1937) S. 172.
1313. REINSBERG, C.: Z. Phys. Bd. 105 (1937) S. 460.
1314. RENNINGER, M.: Z. Phys. Bd. 78 (1932) S. 510.
1315. RICHTMEYER, F. K. u. S. W. BARNES: Phys. Rev. Bd. 46 (1934) S. 352.
1316. RICHTMEYER, F. K., S. W. BARNES u. E. RAMBERG: Phys. Rev. Bd. 46 (1934) S. 843.
1317. RIGHINI, G.: Mem. Soc. Astr. Ital. Bd. 5 (1931) S. 283 (astr.).
1318. RITTER, M.: Ann. Phys., Lpz. (4) Bd. 59 (1919) S. 170.
1318a. ROMPE, R. u. P. SCHULZ: Z. Phys. erscheint 1938.
1319. ROSEBERRY, H. H. u. J. A. BEARDEN: Phys. Rev. Bd. 50 (1936) S. 204.
1320. ROSSELAND, S.: Theoretical Astrophysics. Oxford 1936.
1321. RUSSELL, H. N. u. C. E. MOORE: Astrophys. J. Bd. 63 (1926) S. 1 (astr.).
1322. RUSSELL, H. N. u. J. Q. STEWART: Astrophys. J. Bd. 59 (1924) S. 204 (astr.).
1323. SCHÖNROCK, O.: Ann. Phys., Lpz. (4) Bd. 20 (1906) S. 995.
1324. SCHÜTZ, W.: Z. Phys. Bd. 45 (1927) S. 30.
1325. SCHÜTZ, W.: Z. Phys. Bd. 64 (1930) S. 682.
1326. SCHÜTZ, W.: Z. Phys. Bd. 71 (1931) S. 301.
1327. SCHÜTZ, W.: Naturwiss. Bd. 20 (1932) S. 64.
1328. SCHÜTZ-MENSING, L.: Z. Phys. Bd. 34 (1925) S. 611.
1329. SCHÜTZ-MENSING, L.: Z. Phys. Bd. 61 (1930) S. 655.
1330. SCHUSTER, A.: Astrophys. J. Bd. 21 (1905) S. 1 (astr.).
1331. SCHWARZSCHILD, K.: Ber. preuß. Akad. Wiss. 1914 S. 1184 (astr.).
1332. SHANE, C. D.: Lick Obs. Bull. Bd. 16 (1932) S. 76 (astr.).
1333. SHAW, C. H. u. J. A. BEARDEN: Phys. Rev. Bd. 48 (1935) S. 18.
1334. SIEGBAHN, M.: Spektroskopie der Röntgenstrahlen. Berlin 1931.
1335. SLATER, J. C.: Phys. Rev. Bd. 25 (1925) S. 395.
1336. SMITH, L. P.: Phys. Rev. Bd. 46 (1934) S. 343.
1337. SÖDERMAN, M.: Z. Phys. Bd. 65 (1930) S. 656.
1338. SPENCER, R. C.: Phys. Rev. Bd. 38 (1931) S. 618.
1339. STARK, J.: Ann. Phys., Lpz. (4) Bd. 21 (1906) S. 422.

1340. STARK, J. u. O. HARDTKE: Ann. Phys., Lpz. (4) Bd. 58 (1919) S. 722.
1341. STARK, J. u. H. KIRSCHBAUM: Ann. Phys., Lpz. (4) Bd. 43 (1914) S. 1040.
1342. STERN, O.: Phys. Z. Bd. 23 (1922) S. 476.
1343. STEWART, J. Q.: Astrophys. J. Bd. 59 (1924) S. 30 (astr.).
1344. STRUVE, O.: Astrophys. J. Bd. 69 (1929) S. 173 (astr.).
1345. STRUVE, O.: Astrophys. J. Bd. 70 (1929) S. 85 (astr.).
1346. STRUVE, O.: Astrophys. J. Bd. 72 (1930) S. 1 (astr.).
1347. STRUVE, O.: Proc. nat. Acad. Amer. Bd. 18 (1932) S. 585 (astr.).
1348. STRUVE, O.: Astrophys. J. Bd. 76 (1932) S. 309 (astr.).
1349. STRUVE, O. u. C. D. HIGGS: Astrophys. J. Bd. 70 (1929) S. 131 (astr.).
1350. STRUVE, O. u. G. SHAJN: Month. Not. Bd. 89 (1929) S. 222 (astr.).
1351. SWAIM, F.: Astrophys. J. Bd. 40 (1914) S. 137.
1352. SCHWARZSCHILD, M. M.: Phys. Rev. Bd. 32 (1928) S. 162.
1353. SWINGS, P. u. S. CHANDRASEKHAR: Month. Not. Bd. 96 (1936) S. 883 (astr.).
1354. SWINGS, P. u. S. CHANDRASEKHAR: Month. Not. Bd. 97 (1936) S. 24 (astr.).
1355. TAKAMINE, T.: Astrophys. J. Bd. 50 (1919) S. 13.
1356. TAKAMINE, T. u. M. FUKUDA: Sci. Pap. Inst. phys. chem. Res., Tokio Bd. 1 (1927) S. 207.
1357. TAKAMINE, T. u. T. SUGA: Sci. Pap. Inst. phys. chem. Res., Tokio Bd. 29 (1936) S. 1.
1358. TRUMPY, B.: Z. Phys. Bd. 34 (1925) S. 715.
1359. TRUMPY, B.: Z. Phys. Bd. 40 (1926) S. 594.
1360. UNSÖLD, A.: Z. Phys. Bd. 44 (1927) S. 793 (astr.).
1361. UNSÖLD, A.: Z. Phys. Bd. 46 (1027) S. 705 (astr.).
1362. UNSÖLD, A.: Astrophys. J. Bd. 69 (1929) S. 209, 275 (astr.).
1363. UNSÖLD, A.: Phys. Rev. Bd. 33 (1929) S. 268 (astr.).
1364. UNSÖLD, A.: Observatory Bd. 53 (1930) S. 148 (astr.).
1365. UNSÖLD, A.: Z. Phys. Bd. 59 (1930) S. 353 (astr.).
1366. UNSÖLD, A.: Z. Astrophys. Bd. 2 (1931) S. 199.
1367. UNSÖLD, A.: Z. Astrophys. Bd. 3 (1931) S. 77 (astr.).
1368. UNSÖLD, A.: Z. Astrophys. Bd. 4 (1932) S. 339 (astr.).
1369. UNSÖLD, A.: Phys. Z. Bd. 37 (1936) S. 792 (astr.).
1370. UNSÖLD, A.: Z. Astrophys. Bd. 12 (1936) S. 56.
1370a. UNSÖLD, A.: Physik der Sternatmosphären, Berlin 1938 (astr.) (A 86).
1371. VASNEKOV, M.: Vestn. Cral. Ces. Spol. Nank. Bd. 2 (1927) (astr.).
1372. VERWEY, S.: Publ. Astr. Inst. Univ. Amst. Bd. 5 (1936) (astr.).
1373. VIAZANIZYN, V. P.: Poulk. Obs. Circ. Bd. 16 (1935) S. 3 (astr.).
1374. VOIGT, W.: Münch. Ber. 1912 S. 683.
1375. VOIGT, W.: Phys. Z. Bd. 14 (1913) S. 378.
1376. WAIBEL, F.: Z. Phys. Bd. 53 (1929) S. 459.
1377. WATSON, W. W.: J. phys. Chem. Bd. 41 (1937) S. 61.
1378. WATSON, W. W. u. G. F. HULL jr.: Phys. Rev. Bd. 49 (1936) S. 592.
1379. WATSON, W. W. u. H. MARGENAU: Phys. Rev. Bd. 44 (1933) S. 748.
1380. WATSON, W. W. u. H. MARGENAU: Phys. Rev. Bd. 51 (1937) S. 48.
1381. WEIGLE, J.: C. R. Acad. Sci., Paris Bd. 202 (1936) S. 564.
1382. WEINGEROFF, M.: Z. Phys. Bd. 67 (1931) S. 679.
1383. WEISSKOPF, V.: Z. Phys. Bd. 75 (1932) S. 287.
1384. WEISSKOPF, V.: Z. Phys. Bd. 77 (1932) S. 398.
1385. WEISSKOPF, V.: Phys. Z. Bd. 34 (1933) S. 1.
1386. WEISSKOPF, V. u. E. WIGNER: Z. Phys. Bd. 63 (1930) S. 54.
1387. WEISSKOPF, V. u. E. WIGNER: Z. Phys. Bd. 65 (1931) S. 18.
1388. WEIZEL, W.: Phys. Rev. Bd. 38 (1931) S. 642.
1389. WELLMANN, P.: Z. Astrophys. Bd. 12 (1936) S. 140 (astr.).
1390. WENDT, G.: Ann. Phys., Lpz. (4) Bd. 45 (1914) S. 1257.
1391. WILES, G. G.: Month. Not. Bd. 92 (1932) S. 401 (astr.).

1392. WILHELMY, E.: Z. Phys. Bd. 97 (1935) S. 312.
1393. WILLIAMS, E. G.: Month. Not. Bd. 92 (1932) S. 394 (astr.).
1394. WILLIAMS, E. G.: Month. Not. Bd. 97 (1937) S. 612 (astr.).
1395. WILLIAMS, E. T. R.: Astrophys. J. Bd. 72 (1930) S. 127 (astr.).
1396. WILLIAMS, J. H.: Phys. Rev. Bd. 37 (1931) S. 1431.
1397. WILLIAMS, J. H.: Phys. Rev. Bd. 45 (1934) S. 71.
1398. WIMMER, M.: Ann. Phys., Lpz. (4) Bd. 81 (1926) S. 1091.
1399. WOLFSOHN, G.: Ann. Phys., Lpz. (4) Bd. 80 (1926) S. 415.
1400. WOLTJER, J. jr.: Bull. Astr. Inst. Netherlands Bd.5 (1929) S.135, 145 (astr.).
1401. WOLTJER, J. jr.: Observatory Bd. 53 (1930) S. 211 (astr.).
1402. WOOLLEY, R. v. D. R.: Observatory Bd. 60 (1937) S. 235 (astr.).
1402a. WOOLLEY, R. v. D. R.: Month. Not. Bd. 98 (1937) S. 3 (astr.).
1403. WRIGHT, W. H.: Publ. Lick Obs. Bd. 14 (1920) S. 27.
1404. ZÉ, NY TSI u. CH'EN SHANG-YI: Phys. Rev. Bd. 51 (1937) S. 567.
1404a. ZÉ, NY-TSI u. CH'EN SHANG-YI: Phys. Rev. Bd. 52 (1937) S. 1158.
1405. ZEMANSKY, M. W.: Phys. Rev. Bd. 36 (1930) S. 219.

XIII. Flüssigkeiten, Lösungen, Kristalle.

1406. BONHOEFFER, K. F. u. H. REICHARDT: Z. Phys. Bd. 67 (1931) S. 780.
1407. BRIEGLEB, G.: Zwischenmolekulare Kräfte und Molekülstruktur. Stuttgart 1937.
1408. BRIEGLEB, G. u. J. KAMBEITZ: Z. phys. Chem. Abt. B. Bd. 27 (1934) S. 161.
1409. BRIOT, A. u. B. VODAR: C. R. Acad. Sci., Paris Bd. 201 (1935) S. 500 (A 77).
1410. BUCHHEIM, W.: Phys. Z. Bd. 36 (1935) S. 694 (A 77).
1411. CARELLI, A. u. F. CENNAMO: Nuovo Cim. Bd. 14 (1937) S. 217 (A 77).
1412. CASSEL, E. J.: Proc. roy. Soc., Lond. A Bd. 153 (1936) S. 534 (A 78).
1413. CONRAD-BILLROTH, H. u. G. FÖRSTER: Z. phys. Chem. Abt. B. Bd. 33 (1936) S. 311 (A 77c).
1414. COSTEANU, G., R. FREYMANN u. A. NAHERNIAC: C. R. Acad. Sci., Paris Bd. 200 (1935) S. 819 (A 77).
1415. CUSTERS, J. F. H. u. J. H. DE BOER: Physica, Haag Bd. 3 (1936) S. 1021.
1416. DOEHLEMANN, E. u. H. FROMHERZ: Z. phys. Chem. Abt. A. Bd. 171 (1934) S. 353 (A 77, 78).
1417. ELLIS, C. B.: Phys. Rev. Bd. 49 (1936) S. 875.
1418. FARINEAU, J.: Nature, Lond. Bd. 140 (1937) S. 508 (A 79b).
1419. FRÖHLICH, H.: Elektronentheorie der Metalle. Berlin 1936.
1420. GINSEL, L. A.: Physica, Haag Bd. 3 (1936) S. 578.
1421. GOBRECHT, H.: Ann. Phys., Lpz. Bd. 28 (1937) S. 673 (A 79).
1422. HALBAN, H. v., G. KORTÜM u. B. SZIGETI: Z. Elektrochem. Bd. 42 (1936) S. 628.
1423. HARKINS, W. D. u. H. E. BOWERS: Phys. Rev. Bd. 37 (1931) S. 108.
1424. HIPPEL, A. v.: Z. Phys. Bd. 101 (1936) S. 680 (A 79).
1425. HOWELL, O. R. u. A. JACKSON: Proc. roy. Soc., Lond. A Bd. 155 (1936) S. 33 (A 77).
1426. HUND, F.: Z. Phys. Bd. 99 (1936) S. 119 (A 79).
1427. JABLONSKI, A.: Acta. phys. polon. Bd. 4 (1936) S. 371 (A 79).
1428. JENSEN, H.: Z. Phys. Bd. 101 (1936) S. 164 (A 79).
1429. JUNG, G. u. H. GUDE: Z. Elektrochem. Bd. 37 (1931) S. 545 (A 77).
1430. JUNG, G. u. H. GUDE: Z. phys. Chem. Abt. B. Bd. 18 (1932) S. 380 (A 77).
1431. KORTÜM, G.: Naturwiss. Bd. 24 (1936) S. 780 (A 77).
1431a. KORTÜM, G.: Z. phys. Chem. Abt. B Bd. 38 (1937) S. 1 (A 77).
1432. KRONENBERGER, A. u. P. PRINGSHEIM: Z. Phys. Bd. 40 (1927) S. 75 (A 77b).
1433. MAIONE, A.: Nuovo Cim. Bd. 12 (1935) S. 441 (A 77).
1434. MOLLWO, E.: Gött. Nachr. 1935 S. 203 (A 79c).
1435. MORRELL, W. E. u. J. H. HILDEBRAND: J. chem. Phys. Bd. 4 (1936) S. 224.

1436. Neugebauer, Th.: Z. Phys. Bd. 104 (1937) S. 207 (A 79c).
1437. Nutting, G. C. u. F. H. Spedding: J. chem. Phys. Bd. 5 (1937) S. 33 (A 79c).
1438. Osgood, T. H.: Phys. Rev. Bd. 44 (1933) S. 517 (A 79b).
1439. Pohl, R. W. u. Mitarbeiter: Arbeiten aus dem 1. Phys. Inst. der Univ. Göttingen. Gött. Nachr. u. Z. Phys. 1930—1937; Übersicht: Phys. Z. Bd. 39 (1938) S. 36.
1440. Porret, D.: Proc. roy. Soc., Lond. A Bd. 162 (1937) S. 414 (A 77b).
1441. Reimann, A.: Ann. Phys., Lpz. (4) Bd. 80 (1926) S. 43 (A 77b).
1442. Richardson, O. W.: Proc. roy. Soc., Lond. A Bd. 128 (1930) S. 63 (A 77, 79).
1443. Samuel, R. u. M. Z.-Uddin: Trans. Faraday Soc. Bd. 31 (1935) S. 423 (A 77c).
1444. Scheibe, G.: Ber. dtsch. chem. Ges. Bd. 58 (1925) S. 590 (A 77c).
1445. Scheibe, G.: Ber. dtsch. chem. Ges. Bd. 59 (1926) S. 1322 (A 78).
1446. Scheibe, G.: Z. phys. Chem. Abt. B. Bd. 5 (1929) S. 361 (A 78).
1447. Scheibe, G. u. W. Frömel: Hand- und Jahrbuch der chemischen Physik, Bd. 9, IV (1935).
1448. Schneider, E. G. u. H. M. O'Bryan: Phys. Rev. Bd. 51 (1937) S. 293 (A 79c).
1449. Shishlovsky, A. A.: C. R. U.S.S.R. Bd. 15 (1937) S. 29 (A 77).
1450. Shockley, W.: Phys. Rev. Bd. 50 (1936) S. 754 (A 79c).
1451. Skinner, H. W. B.: Proc. roy. Soc., Lond. A Bd. 140 (1933) S. 277 (A 79).
1452. Slater, J. C. u. W. Shockley: Phys. Rev. Bd. 50 (1936) S. 705 (A 79c).
1453. Smekal, A.: Handbuch der Physik, 2. Aufl., Bd. 24,2 (1933) Kap. 5, S. 338 (A 79).
1454. Smekal, A.: Z. Phys. Bd. 101 (1936) S. 661 (A 79c).
1455. Södermann, M.: Z. Phys. Bd. 65 (1930) S. 656 (A 79b).
1456. Spedding, F. H.: Phys. Rev. Bd. 50 (1936) S. 571 (A 79).
1457. Stansfeld, B.: Z. Phys. Bd. 74 (1932) S. 466 (A 77).
1458. Steinmetz, H. u. A. Gisser: Naturwiss. Bd. 24 (1936) S. 172 (A 79).
1459. Tomaschek, R.: Physik Bd. 2 (1934) S. 33.
1460. Walker, J. O.: Trans. Faraday Soc. Bd. 31 (1935) S. 1432 (A 77, 78).
1461. Watson, W. H. u. D. G. Hurst: Nature, Lond. Bd. 138 (1936) S. 124 (A 79b).
1462. Wawilow, S. J. u. L. A. Tummermann: Z. Phys. Bd. 54 (1929) S. 270.
1463. Wolkenstein, M. W.: Acta physicochim. Bd. 4 (1936) S. 357 (A 77).
1464. Wrzesinska, A.: Acta phys. polon. Bd. 4 (1936) S. 475.
1465. Wu, Ta-You u. An-Tsai Kiang: Chin. J. Phys. Bd. 2 (1936) S. 10 (A 77).
1466. Yoshida, S.: Sci. Pap. Inst. phys. chem. Res., Tokio 1936 Nr. 617 S. 243 (A 79b).

XIV. Schwarze Strahlung.

1467. Barbier, D.: Z. Astrophys. Bd. 13 (1937) S. 351 (A 86).
1468. Dorgelo, H. B.: Phys. Z. Bd. 26 (1925) S. 768 (A 83, 87b).
1469. Fehse, W.: Elektrische Öfen mit Heizkörpern aus Wolfram. Braunschweig 1928 (A 83).
1470. Finkelnburg, W.: Z. Phys. Bd. 88 (1934) S. 763 (A 82, 84).
1471. Grebe, L.: Handbuch der Physik, Bd. 20, S. 121. Berlin 1928.
1472. Henning, F.: Handbuch der Physik, Bd. 9, S. 540. Berlin 1926 (A 87c).
1473. Hoffmann, F.: Z. Phys. Bd. 27 (1924) S. 285 (A 83).
1474. Kienle, H.: Erg. exakt. Naturwiss. Bd. 16 (1937) S. 437 (A 86).
1475. Lax, E. u. M. Pirani: Handbuch der Physik, Bd. 19, S. 4, 27. Berlin 1928.
1476. Lax, E. u. M. Pirani: Handbuch der Physik, Bd. 21, S. 190. Berlin 1929 (A 85).
1477. Lummer, O. u. F. Kurlbaum: Ann. Phys., Lpz. (4) Bd. 5 (1901) S. 829 (A 83).
1478. Mulders, G. F. W.: Z. Astrophys. Bd. 11 (1936) S. 132 (A 86).
1479. Planck, M.: Verh. dtsch. phys. Ges. Bd. 2 (1900) S. 202, 237 (A 81).
1480. Rubens, H. u. F. Hoffmann: Berl. Ber. 1922 S. 424 (A 83).
1481. Warburg, E. u. G. Leithäuser: Z. Beleuchtgswes. 1922 S. 78 (A 83).

1482. Wildt, R.: Astrophys. J. Bd. 84 (1936) S. 303 (A 86).
1483. Wurm, K.: Z. Astrophys. Bd. 13 (1937) S. 179 (A 86).
1484. Zwicker, C.: Diss. Amsterdam 1925.

XV/XVI. Allgemeine Emissionskontinua.

1485. Ambarzumian, V. A.: Month. Not. Bd. 93 (1933) S. 50 (A 104).
1486. Ambarzumian, V. A.: Month. Not. Bd. 95 (1935) S. 469 (A 104).
1487. Anderson, J. A.: Astrophys. J. Bd. 51 (1920) S. 37 (A 100).
1488. Anderson, J. A.: Proc. nat. Acad. Amer. Bd. 6 (1920) S. 42 (A 100).
1489. Anderson, J. A.: Proc. nat. Acad. Amer. Bd. 8 (1922) S. 231 (A 100).
1490. Anderson, J. A.: Astrophys. J. Bd. 75 (1932) S. 394 (A 100).
1491. Anderson, J. A. u. S. Smith: Astrophys. J. Bd. 64 (1926) S. 295 (A 100).
1492. Anderson, W.: Z. Phys. Bd. 20 (1923) S. 166 (A 104).
1493. Anderson, W.: Astr. Nachr. Bd. 218 (1923) S. 251 (A 104).
1494. Anderson, W.: Z. Phys. Bd. 28 (1924) S. 299 (A 104).
1495. Anderson, W.: Z. Phys. Bd. 33 (1925) S. 273 (A 104).
1496. Anderson, W.: Z. Phys. Bd. 34 (1925) S. 453 (A 104).
1497. Anderson, W.: Z. Phys. Bd. 35 (1925) S. 757 (A 104).
1498. Anderson, W.: Z. Phys. Bd. 37 (1926) S. 342 (A 104).
1499. Anderson, W.: Z. Phys. Bd. 38 (1926) S. 530 (A 101, 104).
1500. Anderson, W.: Z. Phys. Bd. 41 (1926) S. 51 (A 104).
1501. Attfield, J.: Phil. Trans. roy. Soc., Lond. Bd. 152 (1862) S. 223 (A 101).
1502. Balasse, G.: C. R. Acad. Sci., Paris Bd. 184 (1927) S. 1002, 1320 (A 98).
1503. Balasse, G.: Bull. de Belge Bd. 13 (1927) S. 543 (A 98).
1504. Balasse, G.: C. R. Acad. Sci., Paris Bd. 186 (1928) S. 310 (A 98).
1505. Balasse, G.: J. Phys. Radium (7) Bd. 5 (1934) S. 304 (A 98).
1506. Balasse, G.: Bull. de Belge Bd. 20 (1934) S. 563 (A 98).
1507. Balasse, G. u. O. Goche: Bull. de Belge Bd. 12 (1926), S. 385 (A 98, 15).
1508. Baldet, F.: Ann. Obs. Astr., Paris Bd. 7 (1926) S. 1 (A 104).
1509. Baldet, F.: Recherches sur la constitution des comètes. Orleans 1926 (A 104).
1510. Baldet, F.: C. R. Acad. Sci., Paris Bd. 199 (1934) S. 31 (A 104).
1511. Barbier, D., D. Chalonge u. E. Vassy: J. Phys. Radium (7) Bd. 6 (1935) S. 137 (A 104).
1512. Barbier, D., D. Chalonge u. E. Vassy: C. R. Acad. Sci., Paris Bd. 201 (1935) S. 128 (A 104).
1513. Beck, G. u. C. Erichsen: Forsch. Ing.-Wes. Bd. 7 (1936) S. 1 (A 101).
1514. Beileike, F. u. O. Hachenburg: Z. Astrophys. Bd. 10 (1935) S. 366 (A 104).
1515. Bleksley, A. E. H.: Nature, Lond. Bd. 138 (1936) S. 286 (A 86, 104).
1516. Bloch, F.: Phys. Rev. Bd. 50 (1936) S. 272.
1517. Bloch, L. u. E.: C. R. Acad. Sci., Paris Bd. 174 (1922) S. 1456 (A 100).
1518. Bloch, L. u. E.: J. Phys. Radium Bd. 3 (1922) S. 309 (A 100).
1519. Bobrovnikoff, N. T.: Astrophys. J. Bd. 66 (1927) S. 145, 439 (A 104).
1520. Bobrovnikoff, N. T.: Lick. Obs. Bull Bd. 407 (1929) S. 18 (A 104).
1521. Bobrovnikoff, N. T.: Publ. Lick Obs. Bd. 17 (1931) S. 309 (A 104).
1522. Boisbaudrau, L. de: Spectres lumineux. Paris 1874 (A 101).
1523. Bone, W. A. u. F. G. Lamont: Proc. roy. Soc., Lond A Bd. 144 (1934) S. 250 (A 101).
1524. Bone, W. A., Newitt u. Townend: Gaseous Combustion. London 1929 (A 101).
1525. Bonhoeffer, K. F.: Z. Elektrochem. Bd. 42 (1936) S. 449 (A 101).
1526. McCallum, S. P., L. Klatzow u. J. E. Keyston: Nature, Lond. Bd. 130 (1932) S. 810 (A 98).
1527. McCallum, S. P., L. Klatzow u. J. E. Keyston: Phil. Mag. Bd. 16 (1933) S. 193 (A 98).

1528. Carelli, A. u. M. Battista: Nuovo Cim. Bd. 11 (1934) S. 685 (A 99).
1529. Chandrasekhar, S.: Z. Astrophys. Bd. 10 (1935) S. 36 (A 13b, 17c, 104).
1530. Chandrasekhar-Aiya, S. V.: Phys. Rev. Bd. 50 (1936) S. 260.
1531. Chrétien, H.: C. R. Acad. Sci., Paris Bd. 145 (1907) S. 549 (A 104).
1532. Cohn, W. M.: Astr. Nachr. Bd. 245 (1932) S. 377 (A 104, 21).
1533. Cohn, W. M.: Astrophys. J. Bd. 76 (1932) S. 277 (A 21, 104).
1534. Cohn, W. M.: Nature, Lond. Bd. 137 (1936) S. 150 (A 21, 86, 104).
1535. Cohn, W. M.: Nature, Lond. Bd. 138 (1936) S. 127 (A 86, 104).
1536. Collins, G. u. W. C. Price: Rev. sci. Instrum. Bd. 5 (1934) S. 423 (A 100).
1537. Curie, M.: C. R. Acad. Sci., Paris Bd. 177 (1923) S. 1021 (A 100).
1538. Dibbits, C. H.: Poggendorfs Ann. Bd. 122 (1864) S. 497 (A 101).
1539. Donati: Astr. Nachr. Bd. 62 (1864) S. 378 (A 104).
1540. Dorgelo, H. B. u. T. P. K. Washington: Proc. Acad. Sci. Amst. Bd. 30 (1927) S. 33 (A 98).
1541. Dove, H. W.: Poggendorfs Ann. Bd. 104 (1858) S. 186 (A 98).
1542. Dufay, J.: C. R. Acad. Sci., Paris Bd. 182 (1926) S. 1331 (A 100).
1543. Dufay, J. u. H. Grouiller: C. R. Acad. Sci., Paris Bd. 196 (1933) S. 1574 (A 104).
1544. Dufay, J. u. H. Grouiller: C. R. Acad. Sci., Paris Bd. 203 (1936) S. 453 (A 104).
1545. Eckart, C.: Phys. Rev. Bd. 51 (1937) S. 735 (Kont.-Mess.).
1546. Eckersley, T. L.: Nature, Lond. Bd. 136 (1935) S. 953.
1547. Eckstein, L. u. I. M. Freeman: Z. Phys. Bd. 64 (1930) S. 547 (A 100).
1548. Eder, J. M. u. E. Valenta: Beiträge zur Photochemie und Spektralanalyse. Wien 1893.
1549. Einstein, A.: Astr. Nachr. Bd. 219 (1923) S. 19 (A 104).
1550. Elenbaas, W.: Physica, Haag Bd. 3 (1936) S. 859 (A 99).
1551. Elenbaas, W.: Physica, Haag Bd. 4 (1937) S. 279 (A 99).
1552. Erichsen, C.: Forsch. Ing.-Wes. Bd. 7 (1936) S. 21 (A 101).
1553. Evans, E. J.: Astrophys. J. Bd. 36 (1912) S. 228 (A 94).
1554. Evans, E. J. u. G. N. Antonoff: Astrophys. J. Bd. 34 (1911) S. 277 (A 94).
1555. Finkelnburg, W.: Astrophys. J. Bd. 80 (1934) S. 313 (A 21, 104).
1556. Finkelnburg, W.: Z. Phys. Bd. 88 (1934) S. 768 (A 100).
1557. Finkelnburg, W.: Z. Schieß- u. Sprengst.-Wes. Bd. 31 (1936) S. 109 (A 102c).
1558. Finkelnburg, W. u. O. Th. Hahn: Phys. Z. Bd. 39 (1938) S. 98 (A 89).
1559. Finkelnburg, W. u. B. Vogel: erscheint 1938 (A 96).
1560. Frankland, E.: Liebigs Ann., Suppl. Bd. 6 (1868) S. 311 (A 101).
1561. Fukuda, M.: Sci. Pap. Inst. phys. chem. Res., Tokio Bd. 6 (1927) S. 1 (A 100).
1562. Futagami, T.: Sci. Pap. Inst. phys. chem. Res., Tokio Bd. 31 (1937) S. 1 (A 100).
1563. Gale, H. G. u. W. S. Adams: Astrophys. J. Bd. 35 (1912) S. 10 (A 99).
1564. Ganesan, A. S.: Indian J. of Phys. Bd. 3 (1928) S. 95 (A 98).
1565. Gehlhoff, G.: Z. techn. Phys. Bd. 1 (1920) S. 37 (A 99).
1566. Gehlhoff, G. u. K. Rottgardt: Verh. dtsch. phys. Ges. Bd. 12 (1910) S. 492 (A 98).
1567. Gerdien, H. u. A. Lotz: Wiss. Veröff. Siemens-Konz. Bd. 2 (1922) S. 489 (A 99).
1568. Gerdien, H. u. A. Lotz: Z. techn. Phys. Bd. 4 (1923) S. 157 (A 99).
1569. Gerdien, H. u. A. Lotz: Z. techn. Phys. Bd. 5 (1924) S. 515 (A 99).
1570. Gouy, M.: Ann. Chim. et Phys. Bd. 18 (1879) S. 1 (A 101).
1571. Greaves, W. M. H.: Nature, Lond. Bd. 137 (1936) S. 405 (A 86, 104).
1572. Gross, E. u. M. Vucks: J. Phys. Radium (7) Bd. 6 (1935) S. 457.
1573. Grotrian, W.: Z. Astrophys. Bd. 3 (1931) S. 199 (A 104).
1574. Grotrian, W.: Z. Astrophys. Bd. 8 (1934) S. 124 (A 104).
1575. Hale, G. E. u. N. A. Kent: Publ. Yerkes Obs. Bd. 3 I (1903) S. 29 (A 99, 100).

1576. Hamos, V. v.: Ann. Phys., Lpz. (5) Bd. 7 (1930) S. 857 (A 100).
1577. Harada, T. u. T. Azuma: Proc. phys. math. Soc. Japan Bd. 19 (1937) S. 677 (A 99).
1578. Hartley, W. N.: Phil. Trans. roy. Soc., Lond. A Bd. 185 (1894) S. 161 (A.101).
1579. Hartley, W. N.: Proc. roy. Soc., Lond. Bd. 79 (1907) S. 242 (A 101).
1580. Held, E. F. M. van der u. J. H. Heierman: Physica, Haag Bd. 2 (1935) S. 71 (A 101).
1581. Henvey, L. G.: Astrophys. J. Bd. 85 (1937) S. 107 (A 104).
1582. Herzberg, G.: Z. Phys. Bd. 46 (1928) S. 878 (A 94, 102b).
1583. Herzberg, G.: Naturwiss. Bd. 20 (1932) S. 577 (A 94).
1584. Hori, T.: Sci. Pap. Inst. phys. chem. Res., Tokio Bd. 4 (1926) S. 59 (A 100).
1585. Hulburt, E. O.: Phys. Rev. Bd. 23 (1924) S. 107 (A 100).
1586. Hulburt, E. O.: Phys. Rev. Bd. 36 (1930) S. 13 (A 100).
1587. Hulburt, E. O.: Science, New York (N. S.) Bd. 72 (1930) S. 115 (A 100).
1588. Jevons, W.: Proc. roy. Soc., Lond. Bd. 110 (1926) S. 365 (A 98).
1589. Johnson, P.: Phil. Mag. Bd. 13 (1932) S. 487 (A 98).
1590. Jost, W.: Z. Elektrochem. Bd. 42 (1936) S. 461 (A 101).
1591. Kaplan, J.: Nature, Lond. Bd. 138 (1936) S. 35 (A 94, 102b).
1592. Kappler, E.: Ann. Phys., Lpz. (5) Bd. 25 (1936) S. 272.
1593. Kappler, E. u. J. Weiler: Ann. Phys., Lpz. (5) Bd. 25 (1936) S. 279.
1594. Kasperowicz, W.: Elektrochem. Z. Bd. 27 (1920) S. 24 (A 100).
1595. Kayser, H.: Handbuch der Spektroskopie, Bd. II (1902).
1596. Keyston, J. E.: Phil. Mag. Bd. 15 (1933) S. 1162 (A 98).
1597. King, A. S.: Astrophys. J. Bd. 62 (1925) S. 238 (A 99).
1598. Kirchhoff, G. u. R. Bunsen: Poggendorfs Ann. Bd. 110 (1860) S. 161 (A 101).
1599. Kirchhoff, G. u. R. Bunsen: Poggendorfs Ann. Bd. 113 (1861) S. 337 (A 101).
1600. Kirschstein, B. u. F. Koppelmann: Z. techn. Phys. Bd. 15 (1934) S. 604 (A 99).
1601. Kisselmann, W. u. A. Becker: Ann. Phys., Lpz. (5) Bd. 25 (1936) S. 49 (A 101).
1602. Knauss, H. P. u. A. L. Bryan: Phys. Rev. Bd. 47 (1935) S. 842 (A 100).
1603. Kondratjew, V.: Z. Phys. Bd. 63 (1930) S. 322 (A 101).
1604. Kondratjew, V.: Phys. Z. Sowjet. Bd. 11 (1937) S. 320 (A 94, 102b).
1605. Kondratjewa, H. u. V. Kondratjew: Acta physicochim. Bd. 4 (1936) S. 547 (A 101).
1606. Konen, H.: Ann. Phys., Lpz. Bd. 9 (1902) S. 742 (A 99, 100).
1607. Kopf, A.: Handbuch der Astrophysik, Bd. 4 (1929) S. 426 (A 104).
1608. Krefft, H., K. Larché u. F. Rössler: Phys. Z. Bd. 37 (1936) S. 800 (A 99).
1609. Krefft, H., M. Reger u. R. Rompe: Z. techn. Phys. Bd. 14 (1933) S. 242 (A 103).
1610. Krocsak, M. u. G. Schay: Z. phys. Chem. Abt. B. Bd. 19 (1932) S. 344 (A 101).
1611. Laporte, M.: C. R. Acad. Sci., Paris Bd. 203 (1936) S. 1341 (A 96).
1612. Laporte, M.: C. R. Acad. Sci., Paris Bd. 204 (1937) S. 1240, 1559 (A 100).
1613. Laporte, M.: Rev. gén. Électr. Bd. 41 (1937) S. 483 (A 103).
1614. Laporte, M. u. M. Pierrejean: C. R. Acad. Sci., Paris Bd. 202 (1936) S. 643 (A 100).
1615. Lawrence, E. O. u. F. G. Dunnington: Phys. Rev. Bd. 35 (1930) S. 396 (A 100).
1616. Lax, E., M. Pirani u. R. Rompe: Naturwiss. Bd. 23 (1935) S. 393 (A 103).
1617. Leder, E.: Ann. Phys., Lpz. (4) Bd. 24 (1907) S. 305 (A 101).
1618. Lenard, P.: Ann. Phys., Lpz. (4) Bd. 17 (1905) S. 197 (A 101).
1619. Lewis, E. P.: Ann. Phys., Lpz. (4) Bd. 2 (1900) S. 459 (A 102b).
1620. Liempt, J. A. M. van u. J. A. de Vriend: Rec. Trav. chim. Pays-Bas. Bd. 52 (1933) S. 160, 549, 864.

1621. Liempt, J. A. M. van u. J. A. de Vriend: Rec. Trav. chim. Pays-Bas. Bd. 53 (1934) S. 760 (A 101).
1622. Liveing, G. D. u. J. Dewar: Phil. Mag. Bd. 18 (1884) S. 161 (A 101).
1623. Liveing, G. D. u. J. Dewar: Proc. roy. Soc., Lond. Bd. 49 (1891) S. 217 (A 101).
1624. Ludendorff, H.: Sitzgsber. preuß. Akad. 1925 S. 83 (A 104).
1625. Lyman, Th.: Nature, Lond. Bd. 118 (1926) S. 156 (A 100).
1626. Lyot, B.: C. R. Acad. Sci., Paris Bd. 202 (1936) S. 1259 (A 104).
1627. Lyot, B.: C. R. Acad. Sci., Paris Bd. 203 (1936) S. 1327 (A 104).
1628. Malinowski, A. E.: Phys. Z. Sowjet. Bd. 9 (1936) S. 264 (A 101).
1629. Malinowski, A. E., B. I. Naugolnikow u. K. T. Tkatschenko: Phys. Z. Sowjet. Bd. 8 (1935) S. 536 (A 101).
1630. Malinowski, A. E. u. W. S. Rossichin: Phys. Z. Sowjet. Bd. 8 (1935) S. 541 (A 101).
1631. Malinowski, A. E. u. W. S. Rossichin: Phys. Z. Sowjet. Bd. 9 (1936) S. 268 (A 101).
1632. Mecke, R. u. R. Wildt: Z. Phys. Bd. 59 (1929) S. 501 (A 104).
1633. Meggers, W. F., T. L. de Bruin u. C. J. Humphreys: Bur. Stand. J. Res., Wash. Bd. 3 (1020) S. 129 (A 98).
1634. Minnaert, M.: Z. Astrophys. Bd. 1 (1930) S. 209 (A 104).
1635. Moore, B. E.: Astrophys. J. Bd. 54 (1921) S. 191, 246 (A 99).
1636. Moore, J. H.: Publ. Astr. Soc. Pac. Bd. 46 (1934) S. 298 (A 104).
1637. Muraour, H.: J. Phys. Radium (7) Bd. 7 (1936) S. 411 (A 102d).
1638. Muraour, H. u. A. Michel-Lévy: C. R. Acad. Sci., Paris Bd. 200 (1935) S. 924 (A 102d).
1639. Muraour, H. u. A. Michel-Lévy: C. R. Acad. Sci., Paris Bd. 201 (1935) S. 828 (A 102d).
1640. Muraour, H. u. A. Michel-Lévy: Mém. des Poudres Bd. 26 (1935) S. 171 (A 102d).
1641. Newman, F. H.: Phil. Mag. (6) Bd. 48 (1924) S. 159 (A 98, 99).
1642. Newman, F. H.: Phil. Mag. (7) Bd. 20 (1935) S. 777 (A 94, 102b).
1643. Nichols, E. L.: J. opt. Soc. Amer. Bd. 20 (1930) S. 106 (A 101).
1644. Nichols, E. L.: J. opt. Soc. Amer. Bd. 22 (1932) S. 170, 357, 456 (A 101).
1645. Panay, T. N.: C. R. Acad. Sci., Paris Bd. 204 (1937) S. 251 (A 101).
1646. Piccardi, G.: Atti Acad. Linc. Bd. 17 (1933) S. 654 (A 101).
1647. Plaats, G. J. van der: Strahlentherapie Bd. 56 (1936) S. 497 (A 99).
1648. Plücker, J.: Cosmos Bd. 21 (1862) S. 293, 312 (A 101).
1649. Polanyi, M. u. G. Schay: Z. Phys. Bd. 47 (1928) S. 814 (A 101).
1650. Ramsauer, C.: Phys. Z. Bd. 34 (1933) S. 890 (A 102d).
1651. Reismann: Z. wiss. Photogr. Bd. 13 (1914) S. 282 (A 98).
1652. Robinson, H. A.: Z. Phys. Bd. 100 (1936) S. 636 (A 100).
1653. Robinson, H. A.: Z. Phys. Bd. 101 (1936) S. 658 (A 100).
1654. Rosen, B.: Z. Phys. Bd. 52 (1928) S. 16 (A 40, 94).
1655. Rosenberg, H.: Astrophys. J. Bd. 30 (1908) S. 267 (A 104).
1656. Sawyer, R. A. u. L. Becker: Astrophys. J. Bd. 57 (1923) S. 98 (A 100).
1657. Scheib, W.: Z. Phys. Bd. 60 (1930) S. 74 (A 92).
1658. Schenk, O.: Z. anal. Chem. Bd. 12 (1873) S. 387 (A 100).
1659. Schuster, A.: Phil. Trans. roy. Soc., Lond. Bd. 170 (1879) S. 37 (A 94, 98).
1660. Schwarzschild, K.: Astr. Mitt. Sternw. Göttingen Bd. 13 (1906) S. 63 (A 104).
1661. Servigne, M.: C. R. Acad. Sci., Paris Bd. 203 (1936) S. 581 (A 102c).
1662. Sirkhar, S. C. u. B. K. Mookerjee: Indian J. of Phys. Bd. 10 (1936) S. 375.
1663. Smith, S.: Astrophys. J. Bd. 61 (1925) S. 186 (A 100).
1664. Snyder, V. D.: J. Amer. chem. Soc. Bd. 49 (1927) S. 2510 (A 100).
1665. Stark, J.: Ann. Phys., Lpz. (4) Bd. 51 (1916) S. 220 (A 101).
1666. Stark, J.: Ann. Phys., Lpz. (4) Bd. 52 (1917) S. 255 (A 101).

1667. Stoddart, E. M.: Proc. roy. Soc., Lond. A Bd. 153 (1935) S. 152 (A 94, 102b).
1668. Storer, N. W.: Lick Obs. Bull. 1929 Nr. 410 S. 41 (A 86, 104).
1669. Strutt, R. J.: Proc. roy. Soc., Lond. Bd. 85 (1911) S. 219 (A 101, 102b).
1670. Strutt, R. J.: Proc. phys. Soc., Lond. Bd. 23 (1911) S. 66 (A 94, 102b).
1671. Strutt, R. J.: Phys. Z. Bd. 15 (1914) S. 274 (A 94, 102b).
1672. Stueckelberg, E. C. G.: Nature, Lond. Bd. 137 (1936) S. 1070.
1673. Stuecklen, H.: Z. Phys. Bd. 30 (1924) S. 24 (A 100).
1674. Stuecklen, H.: Naturwiss. Bd. 19 (1930) S. 248 (A 100).
1675. Tako, H.: Sci. Pap. Inst. phys. chem. Res., Tokio Bd. 31 (1937) S. 30 (A 100).
1675a. Tominaga, H. u. G. Okamoto: Bull. Chem. Soc. Japan Bd. 12 (1937) S. 401.
1676. Townsend, J. S. u. M. H. Pakkala: Phil. Mag. Bd. 14 (1932) S. 418 (A 98).
1677. Townsend, J. S. u. E. W. Townsend: Phil. Mag. Bd. 16 (1933) S. 313 (A 98, 103).
1678. Vaudet, G. u. R. Servant: C. R. Acad. Sci., Paris Bd. 201 (1935) S. 195 (A 100).
1679. McVicker, W. H., J. K. Marsh u. A. W. Stewart: J. chem. Soc. Bd. 128 (1926) S. 17 (A 98).
1680. Walles, E.: Z. Phys. Bd. 80 (1933) S. 267 (A 92, 94, 99).
1681. Wallraff, A.: Z. techn. Phys. Bd. 17 (1936) S. 44 (A 99).
1682. Weston, F. R.: Proc. roy. Soc., Lond. A Bd. 109 (1925) S. 176, 523 (A 101).
1683. Wiedemann, E. u. G. C. Schmidt: Wiedemanns Ann. Bd. 57 (1896) S. 447 (A 102a).
1684. Whipple, F. L. u. C. P. Gaposchkin: Harv. Coll. Obs. Circ. 1936 Nr. 410 (A 86, 104).
1685. Wood, R. W.: Proc. roy. Soc., Lond. A Bd. 157 (1936) S. 249 (A 102d).
1686. Wrede, B.: Ann. Phys., Lpz. (4) Bd. 3 (1929) S. 823 (A 100).
1687. Wüllner, A.: Poggendorfs Ann. Bd. 137 (1869) S. 337 (A 98—100).
1688. Wüllner, A.: Poggendorfs Ann. Bd. 147 (1872) S. 321 (A 98).
1689. Wurm, K.: Z. Astrophys. Bd. 5 (1932) S. 10 (A 104).
1690. Wurm, K.: Z. Astrophys. Bd. 8 (1934) S. 281 (A 104).
1691. Wurm, K.: Z. Astrophys. Bd. 9 (1934) S. 62 (A 104).
1692. Wurm, K.: Z. Astrophys. Bd. 10 (1935) S. 285 (A 104).
1693. Wyneken, J.: Ann. Phys., Lpz. (4) Bd. 86 (1928) S. 1071 (A 100).
1694. Zanstra, H.: Month. Not. Bd. 97 (1936) S. 37 (A 104).

Nachtrag bei der Korrektur.

1695. Asundi, R. K. u. S. M. Karim: Proc. Indian Acad. Sci. Bd. 6 (1937) S. 328 (Kap. XI).
1696. Carroll, K. G.: Phys. Rev. Bd. 53 (1938) S. 310 (A 75c).
1697. Emeléus, K. G., E. B. Cathcart u. C. M. Minnis: Proc. roy. Irish Acad. Dublin (A) Bd. 44 (1937) S. 11 (A 53d).
1698. Gauzit, J.: C. R. Acad. Sci. Paris Bd. 206 (1938) S. 169 (A 104).
1699. Gobrecht, H.: Ann. Phys., Lzp. (5) Bd. 31 (1938) S. 181 (A 79).
1700. Gwinner, E.: Z. Phys. Bd. 108 (1938) S. 523 (A 75d).
1701. Hulburt, E. O.: Phys. Rev. Bd. 53 (1938) S. 344 (A 13).
1702. Katz, M. L.: Phys. Z. Sow.-Union Bd. 12 (1937) S. 373 (A 79c).
1703. Öhmann, Y.: Ark. Mat. Astr. Fys. Bd. 25 B (1937) Nr. 21 (A 13).
1704. Page, C. H.: Phys. Rev. Bd. 53 (1938) S. 426 (A 34d).
1705. Ramberg, J. M.: Naturwiss. Bd. 26 (1938) S. 140 (A 76).
1706. Richtmyer, F. K.: Rev. Mod. Phys. Bd. 9 (1937) S. 391 (A 75d).
1707. Rumpf, K.: Z. phys. Chem. B Bd. 38 (1938) S. 469 (A 101).
1708. Smith, N. D.: J. Opt. Soc. Amer. Bd. 28 (1938) S. 40 (A 59c).
1709. Waldmeier, M.: Z. Astrophys. Bd. 15 (1938) S. 44 (A 76, 104).

Namenverzeichnis.

Sachverzeichnis.